राजस्थान के पवित्र उपवन : संभावित खतरे तथा प्रबन्धन नीतियाँ

वर्ष 1992 में जैव विविधता पर हुए समझौते का 10वाँ अनुच्छेद विशिष्ट जैव–संसाधनों के उपयोग में संरक्षण व संवर्धनयुक्त सामंजस्य के साथ पूर्ण पारंपरिक व सांस्कृतिक मूल्यों रिवाजों के अन्तर्गत उपभोग की स्वीकृति प्रदान करता है। इस पुस्तक में पवित्र उपवन जैसे पारम्परिक रूप से संरक्षित वन क्षेत्रों एवं इससे सम्बन्धित अनुसंधानों पर ध्यान केन्द्रित है। इस पुस्तक में पवित्र उपवनों के जैविक, सामाजिक और आर्थिक स्तर, इनका अतिदोहन, विकासात्मक तथा खनन जैसी मानव जनित गतिविधियों व उनके प्रभावी प्रबंधन हेतु कार्यनीतियों को समाहित करने का प्रयास किया गया है। पुस्तक में कुल 8 अध्याय हैं, इसका आरम्भ प्राचीन भारतीय वन एवं उनकी पवित्रता, पवित्र स्थान, वृक्ष एवं उपवन का संक्षिप्त विवरण एवं इनकी पृष्ठभूमि तथा प्रेक्षण विधियों से होता है। चौथे से छठवें अध्याय में सम्पूर्ण राजस्थान में विद्यमान 123 पवित्र उपवनों की जानकारी, जैव–विविधता एवं मृदा गुण–धर्म व कार्बन–स्तर का वर्णन किया गया है। सातवें और आठवें अध्याय में उनकी आजीविका व आशंकाएँ, स्थानीय लोगों की अवधारणा और पवित्र उपवनों की प्रबंधन नीतियों व इनकी सुरक्षा व संरक्षण में स्थानीय लोगों की भागीदारी वर्णित है।

इस प्रकाशन का मुख्य उद्‌देश्य अपने पाठकों को पवित्र उपवनों के बारे में व्यापक जानकारी से अवगत कराना तथा इन उपवनों में वृक्ष आच्छादन बढ़ाना तथा स्थानीय आबादी की आजीविका के साधनों में वृद्धि करना एवं क्षेत्र में अवक्रमित पारितंत्रों की पर्यावरणीय दशाओं में सुधार करके स्थानीय, क्षेत्रीय व वैश्विक स्तर का लाभ प्रदान करना है।

यह पुस्तक नीति निर्माताओं, वन प्रबंधकों, गैर–सरकारी संगठनों, विस्तार प्रतिनिधियों, पर्यावरणविदों के साथ ही अनुसंधानकर्ताओं तथा शिक्षाविदों के लिए समान रूप से उपयोगी सिद्ध होगी जो स्थानीय लोगों के हित में इन सामुदायिक संसाधनों के विकास, संरक्षण व प्रबंधन से जुड़े हुए हैं साथ ही यह प्रभावी योजना के निर्माण एवं पवित्र उपवनों के समाजार्थिक एवं पारिस्थितिक महत्व को बढ़ाने में सहायता प्रदान करेगी।

राजस्थान के पवित्र उपवन :
संभावित खतरे तथा प्रबन्धन नीतियाँ

डॉ. जी. सिंह
शुष्क वन अनुसंधान संस्थान,
जोधपुर

द्वारा प्रकाशित

शुष्क वन अनुसंधान संस्थान, जोधपुर

द्वारा मुद्रित

साइन्टिफिक पब्लिशर्स (इंडिया), जोधपुर

द्वारा प्रकाशित
शुष्क वन अनुसंधान संस्थान
न्यू पाली रोड,
जोधपुर – 342 005, राजस्थान (भारत)
www.afri.icfre.org

द्वारा मुद्रित
साइन्टिफिक पब्लिशर्स (इंडिया)

जोधपुर

5–ए, न्यू पाली रोड
पोस्ट बॉक्स नं. 91
जोधपुर – 342 001 भारत

दिल्ली

4806/24, अंसारी रोड़
दरियागंज,
नई दिल्ली – 110 002 भारत

ISBN: 978-93-86347-86-2

भारत में मुद्रित

प्रधान मुख्य वन संरक्षक (हॉफ), राजस्थान
Principal Chief Conservator of Forests, (HoFF)
Rajasthan

A.K. GOEL
I.F.S.

प्राक्कथन

पवित्र स्थान प्राकृतिक रूप से रमणीय क्षेत्र ही नहीं हैं बल्कि तीर्थों से भी अधिक पावन हैं। यथार्थ में पवित्र उपवन वनों के वे खण्ड अथवा वृक्षों के समूह (कुंज) हैं, जो जीवन के विभिन्न रूपों से जुड़े हुए हैं तथा धार्मिक मान्यताओं एवं विश्वास के आधार पर संरक्षण प्राप्त करते हैं। ये सघन जंगली क्षेत्र के रूप में चिरकाल से ही अस्तित्व में हैं तथा धार्मिक दृष्टि से इनका आदर उसी समय से किया जाता रहा है। ये पवित्र उपवन किसी न किसी देवी या देवता को समर्पित होते हैं, जिनके कारण इनमें उपस्थित किसी भी जीव (पादप या जन्तु) को थोड़ी भी हानि पहुँचाना पूर्णतः वर्जित होता है।

वर्तमान समय में इनका अस्तित्व पीढ़ी दर पीढ़ी से चली आ रही आदिम पूजा की विधि तथा वैश्विक स्तर पर इन उपवन क्षेत्रों के संरक्षण पर दिए जा रहे ध्यान पर निर्भर है। विस्तृत पारितंत्र से युक्त होने के कारण पवित्र उपवन स्थानिक तथा दुर्लभ प्रजातियों के संरक्षण में सहायता करते हैं। अच्छी तरह से परिरक्षित पवित्र उपवन क्षेत्र वानस्पतिक, पारिस्थितिक, औषधीय, सांस्कृतिक और धार्मिक महत्व की धरोहर के समान हैं। पूर्ण रूप से रक्षित दुर्लभ तथा स्थानिक जंगली पादप प्रजातियाँ दवाओं, कृषि तथा उद्योग के क्षेत्र में मनुष्य के लिए काफी हितकारक होते हैं। वास्तव में पवित्र उपवन आनुवांशिक विविधता के स्व–स्थाने संरक्षण करने के प्राचीन भारतीय तरीके को प्रदर्शित करते हैं। पवित्र उपवन पादपीय तथा आदिम औषधीय पक्षों पर भी वैज्ञानिक विवरण उपलब्ध करते हैं।

पूरे भारत में फैले होने के बावजूद पवित्र उपवन पारम्परिक प्रबन्धन पद्धतियों से जुड़े हैं, एवं इन्हें कोई सरकारी संरक्षण प्राप्त नहीं है। जबकि आधुनिकीकरण का बढ़ता दबाव और बाजार से जुड़ी अर्थव्यवस्था पवित्र उपवनों के अवक्रमण को प्रोत्साहित कर रही हैं। पश्चिम भारत में विशेषकर राजस्थान में अनुमानित पवित्र उपवनों की संख्या 25,000 से भी ज्यादा है, परन्तु पूर्ण रूप से प्रलेखित पवित्र उपवनों तथा उनसे जुड़ी समस्याओं से संबन्धित विवरण मुश्किल से 10 प्रतिशत या इससे भी कम है। पवित्र उपवनों का प्रबन्धन तथा स्वामित्व का तरीका एक महत्वपूर्ण कारक है जिसके कारण ये उपवन इतने अधिक विलक्षण बने हुए हैं। परन्तु वर्तमान समय में उदारीकरण, निजीकरण तथा भूमण्डलीकरण के प्रकार इन पारम्परिक धरोहरों को, जिन पर स्थानीय लोगों की आजीविका निर्भर करती है, नुकसान

अरण्य भवन, झालाना संस्थानिक क्षेत्र, जयपुर - 302004
Aranya Bhawan, Jhalana Institutional Area, Jaipur - 302 004
Ph.: 0141-2700016 (O) 2651838 (R)

पहुँचा रहे हैं। जीवन को अवलंब प्रदान करने वाले इन नष्ट होते सामुदायिक संसाधनों को बचाने व संरक्षण हेतु जलवायु में अनुमानित परिवर्तन के मौजूदा ज्ञान तथा उपलब्ध वित्तीय तथा मानव संसाधनों का ध्यान रखते हुए सभी के सम्मिलित प्रयासों की आवश्यकता है।

इस पुस्तक "राजस्थान के पवित्र उपवन, संभावित खतरे तथा प्रबन्धन नीतियाँ'" में डॉ॰ जी॰ सिंह, वैज्ञानिक–जी, शुष्क वन अनुसंधान संस्थान, जोधपुर ने सामान्य तौर पर सम्पूर्ण क्षेत्र में तथा विशेषकर राजस्थान के पवित्र उपवनों के जैविक, सामाजिक तथा आर्थिक आशय को प्रस्तुत किया है। लेखक ने संक्षिप्त रूप से प्राचीन वनों, पवित्र स्थानों, पवित्र पौधों आदि से संबन्धित साहित्य एवं मौजूद दस्तावेज को समाविष्ट किया है, जिसमें राजस्थान में किए गए अध्ययन का भी भली प्रकार से समावेश है। साथ ही इसे अमल में लाये जाने जैसे रूप में प्रस्तुत किया गया है जिससे इन प्राकृतिक धरोहरों का स्थानीय समुदाय के हित में समुचित संरक्षण व प्रबन्धन किया जा सके। इस पुस्तक का अन्य महत्वपूर्ण पक्ष जैव–विविधता, मृदा कार्बन, वृक्ष प्रधानता का प्रभाव तथा उनके पुनरूद्भवन स्तर और विदेशी आक्रमणकारी प्रजातियों पर ध्यान केन्द्रित कर राज्य में 123 पवित्र उपवनों को विशेष रूप से दर्शाना है। यह पुस्तक इन संसाधनों के वैश्विक जलवायु परिवर्तन की नीतियों के अन्तर्गत संरक्षण व प्रबन्धन करने तथा उन्हें स्थानीय समुदाय की आजीविका को प्रोत्साहित करने संबन्धित दृष्टिकोण में भी उपयोगी होगी, ऐसी मुझे आशा है।

मुझे पूर्ण विश्वास है कि यह कार्य समाज तथा शोधकर्ताओं के लिए वास्तविक तौर पर लाभदायक है तथा यह नियोजनकर्ताओं, वन प्रबन्धकों, गैर–सरकारी तंत्रों तथा संस्थाओं जो कि पूर्ण रूप से हमारी सभ्यता की इस पैतृक निधि की सुरक्षा, पुनःस्थापन तथा संरक्षण हेतु प्रयासरत हैं, के लिए उपयोगी माध्यम साबित होगा।

शुभकामनाओं सहित।

(ए.के. गोयल)

अरण्य भवन, झालाना संस्थानिक क्षेत्र, जयपुर - 302004
Aranya Bhawan, Jhalana Institutional Area, Jaipur - 302 004
Ph.: 0141-2700016 (O) 2651838 (R)

लेखक की कलम से

पवित्र उपवन परम्परागत रूप से संरक्षित छोटे वन क्षेत्र हैं जिन्होंने क्षेत्र को पूर्वकाल में आवृत्त किया हुआ था। इन्हें वास्तविक वनों के अवशेष के रूप भी माना जाता है। ये परिरक्षित वन क्षेत्र अधिकतर मानव बस्तियों के निकट होते हैं तथा देवी–देवताओं के वास स्थान समझे जाते हैं। ये उपवन प्रायः विजातीय भू–क्षेत्र के भाग होते हैं जो कृषि भूमि, रोपण क्षेत्र, बंजर भूमि, जल निकाय तथा गाँवों से मिलकर बने होते हैं। ये पवित्र उपवन पुरातन काल से ही जैव–विविधता, संस्कृति, धर्म तथा मानवीय धरोहर हैं तथा दुर्लभ व संकटापन्न प्रजातियों सहित एक उत्तम पारिस्थितिकी तंत्र भी हैं। पवित्र उपवनों का महत्व इनके वैश्विक वितरण द्वारा समझा जा सकता है, जहाँ विविध संस्कृतियाँ इनके संरक्षण हेतु भिन्न–भिन्न सांकेतिक नियमों और परम्पराओं द्वारा इन्हें महत्व प्रदान करती हैं। इन उपवनों में आश्रय प्राप्त करने वाली स्थानीय तथा दुर्लभ प्रजातियाँ सामान्य प्रजातियों की तुलना में ज्यादा संवेदनशील होती हैं तथा केवल इन्हीं उपवनों में उपलब्ध पर्यावासों मे जीवित रहती हैं।

विकासात्मक गतिविधियों तथा सामाजिक अर्थव्यवस्था में परिवर्तन तथा भूमि के उपयोग की प्रक्रिया में बदलाव ने भू–दृश्य को बदल कर रख दिया है तथा इन पवित्र उपवनों को अवक्रमण की विभिन्न अवस्थाओं में पहुँचा दिया है। ये उपवन वर्तमान समय में आप्लावन, कभी–कभी हरियाली का सफाया होने, विविध खनन व अतिक्रमण, प्रतिकूल विदेशी प्रजातियों द्वारा आक्रमण तथा अन्य क्षयकारी कारकों के खतरे झेल रहे हैं। कृषि भूमि में इनकी उपस्थिति तथा अनधिकृत व अनियंत्रित रूप से पौधों की कटाई व चराई एवं सामाजिक तथा सांस्कृतिक मान्यताओं का पतन होना, इन उपवनों के अवक्रमण के अनेक कारणों में से कुछ कारण हैं। जैव–विविधता संरक्षण के लिए सुनिश्चित वैधानिक व्यवस्था के असफल होने से इस बात की आवश्यकता और अधिक हो गई है कि इन विलुप्त होते प्राकृतिक संसाधनों की सुरक्षा, संरक्षण व प्रबन्धन करने के लिए स्थानीय लोगों की सोच से जुड़ी नीतियों को अपनाया जाए। पुनः स्थापन, पुनर्वास तथा प्रबन्धन नीतियों को अमल में लाने के लिए इन पवित्र उपवनों की स्थानीय व संकटापन्न प्रजातियों की संख्या, उनके पुनरूद्भवन की स्थिति तथा पारितंत्र आदि के बारे में जानकारीयों के बीच अंतर को समझा जाए तथा क्षेत्र के सामाजिक, धार्मिक वातावरण तथा जलवायवी प्रकृति को ज्ञात किया जाए। राजस्थान में, जहाँ पर उपवन आकार में अपेक्षाकृत बड़े हैं, स्थानीय लोगों की लोक देवताओं में आस्था दृढ़ है, तथा ये उपवन वनस्पतियों और जंतुओं की अच्छी खासी संख्या को समाहित भी करते हैं। परन्तु इस संबन्ध में लोगों में जानकारी अपर्याप्त है। यह कार्य पूर्व के तथा वर्तमान के शोधों तथा राजस्थान वन विभाग की वित्तिय सहायता से सीधे तौर पर किए गए अध्ययन को शामिल करते हुए क्षेत्र के विभिन्न अध्ययनों पर आधारित है।

यह पुस्तक पवित्र उपवनों के जैविक, सामाजिक तथा आर्थिक स्तर को समाहित करते हुए दृढ़ निश्चय के साथ सामंजस्य पूर्ण प्रयास से तैयार की गई है। आठ अध्यायों में बंटी यह पुस्तक प्राचीन भारतीय वनों और उनकी पवित्रता से आरंभ होकर, पवित्र स्थानों, वृक्षों तथा उपवनों के संक्षिप्त विवरण के साथ ही क्षेत्रीय परिस्थितियों तथा क्षेत्र में प्रेक्षण एवं आकलन के तरीकों को प्रस्तुत करती है। पूरे राजस्थान में सर्वेक्षित 123 पवित्र उपवनों के वितरण की स्थिति, प्रमुख वृक्ष तथा झाड़ी प्रजातियाँ, उनकी जैव विविधता, इनमें होने वाले अतिक्रमण, मृदा के गुण

धर्म तथा कार्बन स्तर, प्रत्यक्ष बोध, स्थानीय समुदाय के विचार एवं प्रबंधन नीतियाँ अगले अध्यायों में सम्मिलित की गई हैं।

यह पुस्तक इन पवित्र उपवनों से स्थानीय निवासियों को मिलने वाले लाभों, अति– दोहन, विकास एवं खनन गतिविधियों, भिन्न–भिन्न प्रकार के अतिक्रमण से उत्पन्न होने वाले विभिन्न खतरों पर केन्द्रित है। पवित्र उपवनों की सुरक्षा व संरक्षण में स्थानीय लोगों की दिलचस्पी तथा भागीदारी के स्तर में सामंजस्य बैठाते हुए यह लोगों की सहभागिता पूर्ण प्रबंधन नीतियों पर भी ध्यान केन्द्रित करती है तथा उपवनों पर आश्रित समुदायों की संभावित जरूरतों को समझते हुए क्षेत्र विशेष से जुड़ी विचारधारा को अपनाने पर बल देती है।

इस प्रकाशन का उद्देश्य इन उपवनों में वृक्षों का आच्छादन बढ़ाना तथा स्थानीय आबादी में समुत्थान शक्ति को जाग्रत करते हुए उनके लिए आजीविका यापन के साधनों में वृद्धि करना, क्षेत्र में अवक्रमित पारितंत्रों की पर्यावरणीय दशाओं में सुधार और वैश्विक लाभ प्रदान करना है। यह प्रकाशन नीति निर्माताओं, वन प्रबंधकों, गैर–सरकारी संगठनों, विस्तार प्रतिनिधियों, पर्यावरणविदों के साथ ही साथ शोधकर्ताओं के लिए भी उपयोगी होगा, जो सामान्य तौर पर सामुदायिक संसाधनों तथा विशेष रूप से पवित्र उपवनों के विकास, संरक्षण व प्रबंधन से जुड़े हुए हैं।

यह कार्य आफरी के निदेशक श्री एन. के. वासु, आफरी के पूर्व निदेशक डॉ. टी.एस. राठौड़, डॉ. एस. एस. चौधरी, पूर्व प्रधान मुख्य वन संरक्षक (पी.सी.सी.एफ.), श्री ए.के. गोयल (पी.सी.सी.एफ.) राजस्थान, श्री एस.के. श्रीवास्तव, अतिरिक्त पी.सी.सी.एफ. (विकास), राजस्थान वन विभाग, जयपुर के उत्साह वर्धन से सम्भव हो सका है। प्रोफेसर जी. त्रिपाठी, अध्यक्ष, प्राणिविज्ञान, जयनारायण व्यास विश्वविद्यालय, जोधपुर, स्व॰ श्री ए.के. उपाध्याय, अतिरिक्त पी.सी. सी.एफ., डॉ॰ श्रुती शर्मा, अतिरिक्त पी.सी.सी.एफ., राजस्थान वन विभाग, जयपुर ने इस कार्य में सुधार हेतु अपने मत व सुझाव प्रदान किए हैं। आफरी, जोधपुर के वन पारिस्थितिकी प्रभाग के वैज्ञानिकों, कर्मचारियों तथा विभिन्न परियोजनाओं में कार्य कर रहे परियोजना अध्येताओं के साथ हिन्दी अधिकारी, आफरी की सहायता भी इस कार्य में प्राप्त हुई है। प्रकाशन कार्य के योगदान के लिए मैं इन सभी को धन्यवाद देना चाहूँगा।

मैं आशा करता हूँ कि यह पुस्तक नियोजनकर्ताओं तथा शोधकर्ताओं दोनों के लिए समान रूप से उपयोगी होगी। साथ ही इन प्राचीन पवित्र उपवनों की सुरक्षा व संरक्षण हेतु प्रभावी योजना निर्माण, ग्रामीण लोगों की सक्रिय भागीदारी से इनका पुनःस्थापन, प्रसार और पारिस्थितिक महत्व के साथ ग्रामीण आजीविका को बढ़ाने में भी यह पुस्तक उपयोगी सिद्ध होगी।

जोधपुर

जी. सिंह
वैज्ञानिक–जी व प्रभागाध्यक्ष
वन पारिस्थितिकी प्रभाग
आफरी

परिवर्णी शब्द

ए.एफ.आर.आइ.	शुष्क वन अनुसंधान संस्थान
एनोवा	भिन्नता का विश्लेषण
एफ.ए.ओ.	कृषि खाद्य संगठन
बी.डी.	मृदा घनत्व
बी.एस.आइ.	भारतीय वानस्पतिक सर्वेक्षण
भौ. क्षेत्र	भौगोलिक क्षेत्रफल
कैम्पा	प्रतिपूरक वनीकरण कोष प्रबन्धन एवं योजना प्राधिकरण
डी.एम.आर.टी.	डंकन मल्टिपल रेंज टेस्ट
D	प्रजाति प्रमुखता या सिंपसन सूचकांक
ई.एन.एस. / प्र.प्र.सं.	प्रभावी प्रजाति संख्या
जी.ओ.आई.	गवर्नमेंट ऑफ इंडिया
ग्रा	ग्राम
हे.	हेक्टेयर या 10000 वर्ग मीटर
आई.सी.ए.आर.	भारतीय कृषि अनुसंधान परिषद
आई.पी.सी.सी.	जलवायु परिवर्तन पर अंतर्राष्ट्रीय समिति
आई.वी.आई (म.मू.सू.)	महत्वपूर्ण मूल्य सूचकांक
आई.यू.सी.एन.	प्रकृति संरक्षण का अंतर्राष्ट्रीय संघ
जे. बी. एफ.	जल भागीरथी फाउंडेसन
किग्रा	किलोग्राम
किमी	किलोमीटर
मिमी	मिली मीटर
मिग्रा	मिली ग्राम
मी	मीटर
M	विलयन की मोलरिटी
एन जी ओ	गैर सरकारी संगठन
एन टी एफ पी	अकाष्ठ वनोपज
प्र. प्र. सं.	प्रभावी प्रजाति संख्या

RD	प्रजाति विशेष का सापेक्ष घनत्व
RF	प्रजाति विशेष की वितरण की सापेक्ष आवृत्ति
RDom	प्रजाति विशेष का सापेक्ष प्रभुत्व
आर. ई. डी. डी.	वनोन्मूलन और वनक्षरण से उत्सर्जन नियंत्रण
सि. सु. वि.	सिंपसन सूचकांक का विलोम
सेमी	सेंटी मीटर
टन	मेगाग्राम या 1000 किलोग्राम
यू.एन.सी.बी.डी.	संयुक्त राष्ट्र का जैव विविधता संबंधी कन्वेंशन
यू.एन.एफ.सी.सी	जलवायु परिवर्तन पर संयुक्त राष्ट्र फ्रेमवर्क कन्वेंशन
विविधता सूचकांक	शेनन-विनर विविधता सूचकांक
वृक्ष 30	सीने की ऊँचाई पर 30 सेंटीमीटर से अधिक परिधि वाले वृक्ष
वृक्ष 10	सीने की ऊँचाई पर 10–30 सेमी परिधि वाले वृक्ष
पौधे	वृक्षों के छोटे पौधे जिनकी परिधि 3.0 सेमी से लेकर 10 सेमी हो
V	विलयन का आयतन
डब्लू.सी.एम.सी.	विश्व संरक्षण निगरानी केन्द्र
डब्लू डब्लू एफ	विश्व वन्य जीव कोश
Wt	नमूनों या सेंपल का भार
योजन	दूरी मापने की प्राचीन भारतीय इकाई

अनुक्रमणिका

1

प्राचीन भारतीय वनों की पवित्रता और उनकी उपयोगिता

हिन्दू धर्म में सभी वस्तुओं का देवत्व और अंतिम सत्य के संदर्भ में वर्णन किया गया है। वेद, रामायण, गीता, पुराण और महाभारत जैसे प्राचीन ग्रंथ सदियों से सामाजिक विकास की दिशा में हमारे मार्गदर्शक रहे हैं। हिन्दू पौराणिक कथाओं में भी सम्पूर्ण विश्व को एक वन की तरह दर्शाया गया है। प्राचीन समय से ही मानव और वन तथा प्राकृतिक संसाधनों के बीच बहुत गहरा संबन्ध रहा है। प्रकृति के साथ मानवीय घनिष्ठता भारतीय सभ्यता का एक अभिन्न हिस्सा रही है।

प्रकृति तथा वन के लिए श्रद्धा से संबन्धित मानवीय आसक्ति और प्रेम का सबसे प्राचीन दृश्य का परिचय मध्य भारत के भीमबेटका में कम से कम 10000 साल पुरानी गुफा चित्रों के माध्यम से प्राप्त होता है जिस पर पक्षियों, जानवरों, और मनुष्य के चित्र इंगित है। इन सभी को पारम्परिक प्रथाओं, धार्मिक मान्यताओं, रीति–रिवाज, लोकगीत, कला और शिल्प की एक अनूठी धरोहर के तौर पर परिलक्षित किया गया है, और जो भारतीय लोगों के दैनिक जीवन में आज भी दिखाई देती है। अर्थशास्त्र, साठपथा, ब्रह्मनास, वेद, मनुस्मृति, बृहत–संहिता, रामायण, महाभारत, राजतरंगिणी आदि विभिन्न प्रकार के साहित्य वन संरक्षण की अवधारणाओं को दर्शाते हैं। सिंधु घाटी की सभ्यता के दौरान के नगर नियोजन, सामाजिक संरचना की कई विशेषताओं और जानवरों और पौधों के चित्र पर्यावरण के प्रति मानवीय जागरूकता को दिखाते हैं। मोहनजोदड़ों, लोथल, पीलीबंगा आदि जगहों पर खुदाई के दौरान पादप पत्तियाँ, मोर और एक सींग वाले हिरण, बाघ, हाथी, बैल आदि का उस समय के सिक्के, मुहर और मिट्टी के बर्तन पर पाये जाने से उन अवधियों में जैव विविधता के बारे में जागरूकता का संकेत मिलता है[(1)]। पाश्चात्य देशों विशेष रूप से ग्रीक के साहित्य में पेड़ों और जंगलों के कुछ ही विवरण मिलते हैं, जबकि भारतीय साहित्य इस तरह के विवरण से भरे हुए हैं। मनुष्य वृक्षों के साथ निकट सहचर्य में हमेशा से रहा है और इन दोनों के बीच एक घनिष्ट बंधन आपसी सम्बंध को बहुत मजबूत बनाता है। शास्त्र और उपदेश प्रकृति को पूज्य मानते हैं और इनके प्रति श्रद्धा का भाव रखते हैं और इनका संरक्षण के प्रति सम्बंध भारतीय उपमहाद्वीप में पल्लवित हो रहे सभी धर्मों में पाया जाता है। हिन्दू, बौद्ध, जैन, ईसाई, इस्लाम, और अन्य सभी धर्म सांस्कृतिक सार्वभौमिकता से संबंधित दृष्टिकोण और पर्यावरण के गठन में प्रयुक्त तत्वों के मूल्यों, विश्वासों, और मनोभावों के प्रति सम्मान पर ज़ोर देते हैं। बहुत से अनुष्ठान है जो आधुनिक समाज के लिए अर्थहीन और अंधविश्वास

पूर्ण लगते हैं परन्तु ये इंसान और प्रकृति के बीच आंतरिक रिश्ते को बनाए रखने की पारंपरिक रणनीतियां हैं जो बहुत ही आवश्यक हैं।

1. प्रकृति पूजा

इस धरा पर विद्यमान सभी वस्तुओं का जुड़ाव किसी न किसी देवता से रहा है। प्रकृति पूजा के अन्तर्गत, प्रकृति के देवगण ऐसे देवता हैं जिनको किसी न किसी प्राकृतिक संसाधनों के स्रोत जैसे पानी, वनस्पति, आकाश, प्रकाश, आग या मृत्यु और प्रजनन संरक्षक अथवा किसी भी अन्य प्राकृतिक रूप से उत्पन्न घटना में निहित शक्तियों के रूप में देखा जाता है। ये देव प्राकृतिक शक्तियों के प्रतीक माने जाते हैं और ये देवी माँ, प्रकृति माँ या जानवरों के देव के रूप में हो सकते हैं। वृक्षों, जानवरों, जंगलों, नदियों (देवी), सूर्य आदि को देव और पृथ्वी को धरती माँ के रूप में देखने की भारतीय परम्परा रही है। भारतीय पौराणिक कथाएँ पृथ्वी को सात संकेंद्रित द्वीपों में बंटा हुआ बताते हैं तथा हर द्वीप अपने ही आकार के समुद्रों से घिरा हुआ बताया गया है[2,3]। इन सातों द्वीपों का नाम वृक्ष या पादपों जिनकी वहाँ अधिकता रही है, के संस्कृत नाम के आधार पर रखा गया है (सारिणी 1.1)।

सारिणी 1.1 भारतीय पौराणिक कथनानुसार पृथ्वी के सात संकेंद्रित द्वीप एवं उनकी स्थिति

द्वीप	पादप नाम	वानस्पतिक नाम	स्थिति
जम्बू द्वीप	जामुन	*सीजिगीयम क्यूमिनी*	जम्बूद्वीप एक पौराणिक महाद्वीप है जिसमें भारतवर्ष को सम्मिलित कराते हुये अनेक देश हैं। पुराणों के अनुसार धरती पर सात द्वीप हैं जो एक संकेन्द्रीय वृत्त के रूप में हैं जिनके बीच समुद्र हैं तथा हर अगले द्वीप का आकार अपने पिछले का दुगुना है। इलाव्रत जिसका केन्द्र मेरु पर्वत है जम्बू द्वीप के केंद्र में स्थित है
प्लाक्ष द्वीप	पीपल	*फाइकस रेलीजिओसा*	प्लाक्षद्वीप का विस्तार जम्बू द्वीप से दुगुना है जिसके बीच में एक विशाल प्लाक्ष (पीपल) वृक्ष लगा हुआ है। यह जम्बू द्वीप को घेरे हुए है और ऋग्वेद के अनुसार प्लाक्ष पारस वन पौराणिक सरस्वती नदी का उद्गम स्रोत है।
साल्मली द्वीप	सेमल	*बोंबक्स सीबा*	प्लाक्षद्वीप से आगे उसके दुगुने परिमाण वाला यह द्वीप अपने आकार जितना मदिरा के सागर से घिरा हुआ व बीच में साल्मली का वृक्ष युक्त बताया गया है। यह द्वीप सात क्षेत्रों, सात पर्वतों व सात नदियों वाला है।
कुश द्वीप	कुश	*डेस्मोस्टैकिया बाइपीन्नेटा*	यह सुमेरु पर्वत (पामीर) का उत्तरी पुश्ता माना जाता है जिसमें कुशों के झाड़ की अधिकता है।
क्रौंच द्वीप	जलरक बगुला		यह हिमाचल प्रदेश को कवर करते हुए क्रौंच नामक बड़े पर्वत का क्षेत्र है। यहाँ पर देवताओं और गन्धर्वों का वास माना गया है।

शाक द्वीप	सागौन	*टेक्टोना ग्रेंडिस*	यह मट्ठा के समुद्र से घिरा हुआ बत्तीस लाख योजन का क्षेत्र है। सागौन के वृक्षों की अधिकता के कारण इसका नाम शाक द्वीप है।
पुष्कर द्वीप	पुष्कर	*निलम्बो नूसीफेरा*	मीठे जल के समुद्र से घिरा हुआ व बड़े आकार के पुष्कर (कमल) युक्त द्वीप बताया गया है। इसके बीच मानसोत्तर नामक पर्वत व इसकी ऊँचाई और लंबाई 10000 योजन बताई गई है।

वैदिक काल के दौरान हर एक गांव महावन, तपोवन और श्रीवन की तीन मुख्य श्रेणियों के अंतर्गत आता है जिसमें श्रीवन वे जंगल हैं जो समृद्धि प्रदान करते हैं। तपोवन उन वन क्षेत्रों के अंतर्गत आते हैं जहाँ ऋषि और महात्मा चिंतन करते हैं और सत्य की तलाश करते हैं। तीसरे प्रकार के वन महावन के अंतर्गत आते हैं जो क्षेत्र में विशाल और प्राकृतिक रूप से समृद्ध होते हैं और जहाँ जीवन की सभी प्रजातियों को शरण मिलती है। जिस समय महान महाकाव्य रामायण लिखा जा रहा था उस समय नैमिषारण्य, चित्रकूट, दंडकारण्य और पंचवटी घने जंगलों के रूप में आच्छादित व वन्य जीवन से भरपूर थे। लेकिन जिस समय महाभारत संकलित किया जा रहा था उस समय तक जंगलों को काफी नुकसान हो चुका था। महाभारत महाकाव्य में उद्धृत प्रसंग में अर्जुन और कृष्ण द्वारा खांडव वन का जलाया जाना इसका प्रमुख उदाहरण है। इस तरह के नुकसान को रोकने के लिए हमारे प्रज्ञ पूर्वजों ने वृक्ष काटने को एक पाप और वन तथा वनरोपण एवं उनकी सुरक्षा को ईश्वर की भक्ति के रूप में माना है। अतः प्राचीन काल से ही बहुत सी पादप प्रजातियों को हमारे लिए उपयोगी माना गया है जिनमें से कुछ हैं बरगद, पीपल, बेल, आदि। इन सबके बावजूद कुछ प्रजातियाँ विभिन्न क्षेत्रों से समय के साथ गायब हो गई हैं उदाहरणार्थ कदम्ब, अशोक और बांस वृंदावन से। प्राचीन भारतीय समय में तपोवन को एक सन्निकट पर्यावरण के रूप में पारंपरिक विश्वास और आस्था स्वरूप देखा जाता था। अतः तपोवन को उस समय का "पवित्र वन" कहा जा सकता है। इस पवित्र वन या तपोवन में जैव विविधता और पारिस्थितिकी सेवाओं की बहुलता थी जैसा कि कालिदास द्वारा लिखित अभिज्ञान शाकुंतलम सहित कई प्राचीन भारतीय दस्तावेजों में उल्लेखित है। श्रीमद्भागवत गीता में भगवान कृष्ण ने भी पूरी दुनिया को एक बरगद के पेड़ के रूप में कल्पना की है, जिसकी असीमित शाखाओं में सभी जानवरों, मनुष्यों और देवताओं का वास होता है[1]। यह समुदाय पारिस्थितिकी संकल्पना का एक सटीक उदाहरण है। आधुनिक युग में भी विभिन्न देशों में विकसित वन और जैव विविधता संरक्षण से संबन्धित कई नीतियाँ सीधे या परोक्ष रूप से प्राचीन भारत में विकसित पारंपरिक ज्ञान से प्रभावित हुई प्रतीत होती हैं।

अधिकांश प्राचीन ग्रंथों में जंगल के विषय में एवं उस क्षेत्र में इससे संबन्धित चलने वाली गतिविधियों का किसी न किसी रूप में कुछ उल्लेख मिलता है। वन हमेशा से ही मनुष्य के लिए श्रद्धेय रहे हैं और पेड़ और पौधे अधिकांश सामुदायिक समारोहों के धार्मिक आस्था के केंद्र के रूप में इस्तेमाल किये जाते हैं। लगभग 4000 साल पहले लिखे गये अग्नि पुराण का मत है कि मनुष्य को अपने भौतिक लाभ और ईश्वर कृपा के लिए वृक्षों की सुरक्षा करनी चाहिए। लगभग 2500 साल पहले का महात्मा गौतम बुद्ध का भी उपदेश है कि हर आदमी को पांच साल में वृक्ष की एक पौध लगानी चाहिए। पवित्र उपवन मंदिरों के आसपास चिह्नित किये गए थे जहाँ कुछ नियमों और अधिनियमों को लागू किया जाता था। इस प्रकार जंगल और उपवन को पवित्र माना गया है, और

फूलदार पेड़ को विशेष सम्मान प्राप्त होता है[4]। जिस तरह से विभिन्न जानवरों को देवी–देवताओं के साथ जोड़कर देखा जाता है। उसी तरह विभिन्न प्रकार के पेड़–पौधे भी हिन्दू देवी देवताओं के नाम के साथ जुड़े हुए हैं। महाभारत काव्य के अनुसार यदि किसी गाँव में फूलों और फलों से लदा हुआ एक भी वृक्ष है तो वह जगह व गाँव पूज्य और सम्मान का पात्र है। हिन्दू धर्म में प्रत्येक देवता का जुड़ाव किसी न किसी जानवर या पक्षी से है जो हमारे पशु जगत के साथ लगाव को दर्शाता है। कई पौधों को उनके प्राकृतिक सौंदर्य और औषधीय गुणों के कारण पवित्र माना गया है। इन पादपों को भी एक विशेष देवी या देवता के लिए अपनी निकटता की वजह से महत्वपूर्ण माना जाता है।

2. प्राचीन भारत के वन

भारतीय वन प्रकृति और संरचना में भी काफी प्राचीन हैं। प्रत्येक भारतीय वन जैव विविधता से भरपूर होते हैं, जहाँ कीड़ों से लेकर पक्षियों विशाल श्रृंखलाएं आश्रय प्राप्त करती हैं। तथ्य यह है कि ये बहुत लंबे समय से ही अस्तित्व में है। प्राचीन काल से ही वनों के महत्व का प्रमाण यह है कि प्रत्येक भारतीय महाकाव्य का एक अध्याय या पुस्तक जंगलों के लिए समर्पित है। उदाहरण के लिए महाभारत में अरण्यक पर्व में पांडवों द्वारा वन निर्वासन के दौरान व्यतीत किए गए बारह साल में वनों से संबन्धित अवधि का उल्लेख है। इसी तरह, रामायण महाकाव्य को विभिन्न कांड में विभाजित किया गया है जिसमें अरण्य कांड में वनों से संबन्धित वर्णन है, हालांकि किष्किन्धा कांड में भी उस क्षेत्र की भौतिक अवस्थाओं और वनों का वर्णन है। अतः भारत में अधिकांश लोग वनों और वृक्षों तथा अन्य पादपों पर केन्द्रित धार्मिक अनुष्ठानों को श्रद्धा की दृष्टि से देखते थे। उस समय के दौरान जंगल इतने विशाल होते थे कि वाल्मीकि रामायण की रचना में भी उत्तरी भारत के मैदानी इलाकों में विशाल जंगली क्षेत्र का जिक्र आता है। लगभग 7 वीं शताब्दी ईस्वी के दौरान हिन्दू राजा हर्षवर्धन के समय में आए चीनी यात्री ह्वेनत्सांग ने भी वनों की विशालता के बारे में बार–बार उल्लेख किया है जिसने उसकी व अन्य यात्रियों की यात्रा को असुरक्षित और मुश्किल बना दिया था। रामायण और महाभारत में वर्णित प्राचीन समय के कुछ महत्वपूर्ण जंगलों में दंडकारण्य, काम्यक वन, द्वैत वन, खांडव वन, और नैमिष वन प्रमुख वन हैं। प्राचीन समय में महाभारत (कौरवों और पांडवों के बीच लड़ा गया) युद्ध का मैदान कुरुक्षेत्र का क्षेत्रफल लगभग 80 वर्ग किलोमीटर था और यह सात जंगलों जैसे काम्य वन, अदिति वन, व्यास वन, फुलकी वन, सूर्य वन, मधु वन और सीता वन में विभाजित था। ऐसा कहा जाता है कि महाभारत का युद्ध काम्य वन, अदिति वन, और व्यास वन में लड़ा गया था।

2.1 दंडक वन

जैसा कि रामायण महाकाव्य में उल्लेख किया गया है, यह वन भारत में एक आध्यात्मिक महत्वपूर्ण क्षेत्र छत्तीसगढ़ के बस्तर डिवीजन, तेलंगाना, ओडिशा, महाराष्ट्र और आंध्रप्रदेश के कुछ हिस्सों को सम्मिलित करते हुए 92,200 वर्ग किलोमीटर क्षेत्र में फैला हुआ है। दंडक–अरण्य महाराजा इक्षवाकू के सौ पुत्रों में सबसे छोटे पुत्र दंडक के नाम पर दंडक वन था जो राक्षस गुरु शुक्राचार्य के शाप से बाद में राक्षस जनजातियों का वास वन गया। यह रावण के शासनकाल के तहत श्रीलंका का एक औपनिवेशिक राज्य था और रावण के गवर्नर खर को इस क्षेत्र का शासक बताया गया है। भगवान राम वनवास के समय दण्डक वन में भी गए थे एवं "पंचवटी" वन में अपनी पत्नी सीता और भाई लक्ष्मण के साथ रहते थे जो दण्डक वन से दूर नहीं है। रामायण महाकाव्य के

अनुसार, सीता और लक्ष्मण के साथ राम ने इस क्षेत्र में 14 साल के अपने कुल निर्वासन काल के 13 साल बिताए थे। ऐसा माना जाता है कि राम इस घने और भयावह जंगल में यों ही नहीं घूमे थे बल्कि इसके पीछे उनका प्रायोजन था राक्षसों और असुरों को मारना, जिससे वहाँ आश्रमों और कुटियों में रहने वाले ऋषियों और ज्ञानी जनों को सुरक्षित किया जा सके। इस भयानक जंगल में शेरों और बाघों की अधिकता थी फिर भी विभिन्न जगहों पर अलग अलग आश्रम अवस्थित थे। अतः वहाँ जंगली जानवरों और राक्षसों का किसी भी समय पहुँचना संभव था। कुछ मुख्य स्थानों में पंपा सरोवर, पंचवटी और मतंग ऋषि आश्रम आदि वर्णित हैं जहाँ पाये जाने वाले वृक्षों और झाड़ियों या झुरमुटों की विस्तृत जानकारी भी इस महाकाव्य में उल्लिखित है (सारिणी 1.2) यहाँ तक कि श्रीलंका में स्थित अशोक वाटिका में वानर रूपी श्री हनुमान ने साल, अशोक, चम्पक, उडालक, नागश अमरा और कपिमुख नामक वृक्ष देखे और वहीं खड़े अशोक के पेड़ पर चढ़ कर उन्होने पहली बार देवी सीता को देखा था।

सारिणी 1.2 रामायण काव्य के अनुसार उस समय के वनों में पाये जाने वाले वृक्ष व झाड़ी प्रजातियाँ एवं उनके पाये जाने के स्थान

क्र.	नाम				श्लोक	महाकाव्य में स्थिति	स्वभाव	वर्तमान वितरण
	संस्कृत	वानस्पति	सामान्य	पर्व				
1	अग्नि मुख	*सेमीकार्पस एनाकार्डियम*	भिलावा, भेला	अरण्यकांड सर्ग 73	3.73.5	मतंग आश्रम	मध्यम आकार का पर्णपाती वृक्ष	हिमालय का बाहरी क्षेत्र, शुष्क क्षेत्र व नम पर्णपाती वन में सामान्य रूप से
2	अंकोल	*एलेन्जियम साल्वी–फोलियम*	अकोल	किष्किंधा कांड सर्ग 1	4.1.80	पम्पा सरोवर	बड़ा कंटीला वृक्ष	भारत, पश्चिमी अफ्रीका, मेडागास्कर, दक्षिणी एशिया, फिलिपाइन, उष्ण कटिबंधीय आस्ट्रेलिया आदि
3	अर्जुन	*टर्मिनेलिया अर्जुना*	अर्जुन	किष्किंधा कांड सर्ग 1	4.1.81	पम्पा सरोवर	एक बड़ा सदाबहार वृक्ष	अफ्रीका व भारतीय–मलेशिया क्षेत्र, पूरे भारतीय क्षेत्र
4	अशोक	*सराका असोका*	अशोक	किष्किंधा कांड सर्ग 1, अरण्य कांड सर्ग 11 व 15 और 73	4.1.79, 3.11.74, 3.15.17, 3.73.4, 3.73.5	पम्पा सरोवर, अगस्त्य आश्रम, पंचवटी, मतंग आश्रम	मध्यम आकार का सदाबहार वृक्ष	पूरे भारतीय क्षेत्र के बागीचों में लगाया जाने वाला वृक्ष
5	अश्वकर्ण	*वैटेरिया इंडिका*	धूप, राल	बाल कांड सर्ग 24 और अरण्य कांड सर्ग 15	1.24.15 और 3.15.18	मलाड़ा और करुषा राज्य और पंचवटी	काफी बड़ा सदाबहार वृक्ष	पश्चिमी घाट मुख्यतः सदाबहार वन में और पर्णपाती वन में नदियों के किनारे

क्र.	नाम				श्लोक	महाकाव्य में स्थिति	स्वभाव	वर्तमान वितरण
	संस्कृत	वानस्पति	सामान्य	पर्व				
6	अश्वत्थ	*फाइकस रेलीजिओसा*	पीपल	अरण्यकांड सर्ग 73	3.73.3	मतंग आश्रम	मध्यम–बड़ा पर्णपाती वृक्ष	अधिकांश भारतीय क्षेत्र में
7	बदरी	*जिजिफ़स मोरिसियाना*	बेर	बालकांड सर्ग 24	1.24.16	मलाड़ा और करुषा राज्य	कांटेयुक्त छोटे से बड़ा झाड़ीनुमा	गर्म भारतीय क्षेत्र में सामान्य रूप से
8	बंजुल	*सराका असोका*	अशोक	किष्किंधा कांडसर्ग 1	1.1.78	पम्पा सरोवर	मध्यम से बड़ा वृक्ष	सम्पूर्ण भारत
9	बांस	*डेंड्रोकैलेमस स्ट्रिक्टस*	बांस, बंस लोचन	अरण्यकांड सर्ग 15	3.15.21	पंचवटी	बड़ा क्लम्प युक्त बांस	सम्पूर्ण भारत में मुख्यतः सूखे व पहाड़ियों के नीचे
10	बिल्वा	*एगिल मारमिलोस*	बेल	किष्किंधा कांड सर्ग 1, अरण्य कांड सर्ग 11 और बालकांड सर्ग 24	4.1.78, 3. 11.74, 3.11.74, 1.24.15	पम्पा सरोवर, अगस्त आश्रम, मलाड़ा व करुशा	मध्यम आकार का सुगंधित वृक्ष	भारतीय उपमहादीप व दक्षिण पूर्वी एशिया में फिलिपाइन तक
11	चम्पक	*माइकेलिया चंपाका*	चम्पा	किष्किंधा कांड सर्ग 1 व अरण्य कांड सर्ग 15	4.1.78	पम्पा सरोवर व पंचवटी	एक मध्यम से बड़े आकार का सदाबहार वृक्ष	दक्षिण व दक्षिण पूर्व एशिया का प्राकृतिक सदाबहार वृक्ष
12	चन्दना	*सेंटेलम एल्बम*	चन्दन	किष्किंधा कांड सर्ग 1 व अरण्यकांड सर्ग 15	4.1.82 व 3.15. 18	पम्पा सरोवर, पंचवटी	छोटे से लेकर मध्यम सदा बहार व अर्ध परजीवी वृक्ष	भारत के अर्ध शुष्क क्षेत्र से लेकर दक्षिणी प्रशांत व उत्तरी अमेरिका
13	चूत	*मेंजीफेरा इंडिका*	आम	किष्किंधा कांड सर्ग 1व अरण्य कांड सर्ग 15 व 73	4.1.80, 3. 15.17 व 3.73.3	पम्पा सरोवर, पंचवटी व मतंग आश्रम	मध्यम आकार का सदाबहार वृक्ष	पूरे भारत में फल हेतु उगाया जाने वाला वृक्ष
14	देवदारु	*सेड्रस देवदारा*	देवदार	किष्किंधा कांड सर्ग 43	4.43.13	हिमालय	बृहद सदाबहार शंकुधारी वृक्ष	पश्चिमी हिमालय के पूर्वी अफगानिस्तान, उत्तरी पाकिस्तान व उत्तरी केन्द्रीय भारत
15	धन्व	*मिमुसोप्स एलेंजी*	बकुला	अरण्यकांड सर्ग 73	3.73.4	मतंग आश्रम	छोटे से लेकर बड़े आकार का सदाबहार वृक्ष	दक्षिण एशिया, दक्षिण पूर्व एशिया व उत्तरी आस्ट्रेलिया के उष्ण कटिबंधीय वन व दलदलीय क्षेत्र

क्र.	नाम				श्लोक	महाकाव्य में स्थिति	स्वभाव	वर्तमान वितरण
	संस्कृत	वानस्पति	सामान्य	पर्व				
16	धाव	*एनोगीसस लेटीफोलिया*	धावड़ा, धाव, सफेद धावड़ा	किष्किंधा कांड सर्ग 1, अरण्य कांड सर्ग 15, बाल कांड सर्ग 24	4.1.81, 3.15.18 व 1.24.15	पम्पा सरोवर, पंचवटी व मलाड़ा व करूषा	छोटे से लेकर मध्यम आकार का वृक्ष	भारत, नेपाल, बर्मा और श्रीलंका में प्राकृतिक रूप से
17	हिंताल	*साइकस सर्सिनेलिस*	जंगली मदन मस्त का फूल	किष्किंधा कांड सर्ग 1	4.1.83	पम्पा सरोवर	मध्यम आकार का सुंदर पाम वृक्ष	दक्षिणी भारत में सामान्य रूप से उगने वाला वृक्ष
18	जम्बू	*सीजिगीयम क्यूमिनी*	जामुन	अरण्यकांड सर्ग 73	3.73.3	मतंग आश्रम	एक बड़ा सदाबहार वृक्ष	सम्पूर्ण भारत
19	कदंब	*एंथोसिफैलस कदंबा*	कदंब	अरण्यकांड सर्ग 73	3.73.4	मतंग आश्रम	एक बड़ा सदा बहार उष्ण कटिबंधीय वृक्ष	दक्षिणी व दक्षिणी पूर्वी एशिया
20	करवीर	*नेरियम इंडिकम*	कन्नेर	अरण्यकांड सर्ग 73	3.73.4	मतंग आश्रम	एक सदाबहार झाड़ी या वृक्ष	मोरक्को से लेकर दक्षिणी एशिया व भूमध्य सागरीय क्षेत्र
21	कर्णिकार	*केसिया फिस्टुला*	अमल तास	किष्किंधा कांड सर्ग 1 व 40, अरण्यकांड सर्ग 73	4.1.73, 4.40.56 व 3.73.3	पम्पा सरोवर, उदय पर्वत, मतंग आश्रम	मध्यम आकार का पर्णपाती वृक्ष	दक्षिणी पाकिस्तान से लेकर श्रीलंका व बर्मा तक
22	काश	*सेकरम स्पोंटेनियम*	काँस घास	अरण्यकांड सर्ग 15	3.15.22	पंचवटी	तीन मीटर ऊँचाई तक की एक बहुवर्षी घास	दक्षिण एशिया की प्रजाति
23	केतक	*पेंडेनस टेकटोरियस*	केवड़ा	किष्किंधा कांड सर्ग 1 व 42 और अरण्य कांड सर्ग 15	4.1.81 – 4.1.77 व 4.42.7 – 4.42.11 और 3.15.17	पम्पा सरोवर, सौराष्ट्र, बाहलिक व चन्द्रचित्र राज्य, मुराची, जातपुरा, अवन्ती व अंगलेपा नगर और पंचवटी	घाने आरयूपी में शाखायुक्त झाड़ी बहुत कम सीधा पौध	आस्ट्रेलिया, इंडोनेशिया व हवाई द्वीप तक के दलदलीय क्षेत्रों में
24	खादिर	*अकेसिया कैट्चु*	खैर	अरण्यकांड सर्ग 15	3.15.18	पंचवटी	एक मध्यम आकार का पर्णपाती वृक्ष	एशिया, चीन, उत्तरी अफ्रीका व भारत के अपेक्षाकृत सूखे क्षेत्र

क्र.	नाम				श्लोक	महाकाव्य में स्थिति	स्वभाव	वर्तमान वितरण
	संस्कृत	वानस्पति	सामान्य	पर्व				
25	खर्जूर	*फोएनिक्स डेकटाइ लिफेरा*	पिंड खजूर	अरण्यकांड सर्ग 15	3.15.16	पंचवटी	एक मध्यम आकार का वृक्ष	अफ्रीका के नखलिस्तान क्षेत्र व अन्य सूखे क्षेत्र
26	कीचक वेणू	*बम्बूसा अरुंडिनेसिया*	कांटा बांस	किष्किंधा कांड सर्ग 43	4.43.37	सीलोड़ा नदी के किनारे	कांटेदार बहुवर्षी पादप	पहाड़ी वनों में
27	किंसुका	*ब्यूटिया मोनोस्पर्मा*	पलास, ढाक	किष्किंधा कांड सर्ग 1 व अरण्यकांड सर्ग 15	4.1.75, 4.1.82 व 3.15.18	पम्पा सरोवर व पंचवटी	एक मध्यम आकार के वृक्ष	पाकिस्तान से लेकर वियतनाम तक
28	कोविदार	*बाहिनिया वैरिएगेटा*	कचनार	किष्किंधा कांड सर्ग 1	4.1.80	पम्पा सरोवर		पूरे भारतीय क्षेत्र में
29	कुकुभ	*टर्मिनेलिया अर्जुना*	अर्जुन	बालकांड सर्ग 24	1.24.15	मलाड़ा और करुषा	एक बड़ा सदाबहार वृक्ष	अफ्रीका व भारतीय–मलेशिया क्षेत्र, भारत एमई लगाया भी जा रहा है
30	कुरंटक	*बारलेरिया प्रयोनाइटिस*	बज्रदंती	किष्किंधा कांड सर्ग 1	4.1.80	पम्पा सरोवर	एक बहु शाखीय कांटे व पीले फूल वाला झाड़ी	पूरे भारतीय क्षेत्र के गर्म व सूखे क्षेत्र
31	कुरवक	*लौसोनिया इनर्मिस*	मेहदी	किष्किंधा कांड सर्ग 1	4.1.82	पम्पा सरोवर	बहुशाखीय झाड़ीसे लेकर छोटा वृक्ष	विश्व के उष्ण व शीतोष्ण कटिबंधीय क्षेत्र
32	कुशा	*डेस्मोस्टैकिया बाइपिन्नेटा*	दरबा, कुश	अरण्य कांड सर्ग 15	3.15.22	पंचवटी	लंबी झुंडयुक्त बहुबर्षी घास प्रजाति	पूरे भारतीय गर्म और शुष्क क्षेत्र
33	कूटसाल मली	*सीबा पेंटेंड्रा*	कपोक	किष्किंधा कांड सर्ग 40	4.40.39	जंबुद्वीप के पूर्वी किनारे	आधारीय सहारे के साथ तनायुक्त काफी बड़ा वृक्ष	मध्य व लैटिन अमेरिका और उष्ण कटिबंधीय पश्चिमी अफ्रीका
34	लकुच	*एर्टोकार्पस हिर्सुटस*	बड़हर	अरण्य कांड सर्ग 15	3.15.18	पंचवटी	एक सदाबहार लंबा वृक्ष	पश्चिमी घाट के सदाबहार वन परन्तु लकड़ी के लिए भी उगाया जाता है
35	लोध्र	*सिंप्लोकास रेसीमोसा*	लोधरा, लोध, सिन कोना	किष्किंधा कांड सर्ग 1 – 43	4.1.79 – 4.43.13	पम्पा सरोवर व हिमालय क्षेत्र	मध्यम आकार का सदाबहार वृक्ष या झाड़ी	चीन, दक्षिण एशिया, सम्पूर्ण पूर्वोत्तर भारतीय क्षेत्र तथा कोंकण क्षेत्र के नदियों के किनारे

क्र.	नाम				श्लोक	महाकाव्य में स्थिति	स्वभाव	वर्तमान वितरण
	संस्कृत	वानस्पति	सामान्य	पर्व				
36	माधवी	*गाएर्टनेरा रेसीमोसा*	वसंती, मधु मालती	किष्किंधा कांड सर्ग 1	4.1.77	पम्पा सरोवर	एक बड़ा सहारे के साथ बढ़ने वाला झाड़ी लता	पूरा भारत परन्तु प्रमुख रूप से महाराष्ट्र, कर्नाटक, कोंकण क्षेत्र
37	मधूका	*मधुका इंडिका*	महुवा, महुली	अरण्यकांड सर्ग 11 व किष्किंधा कांड सर्ग 1	3.11.74 और 4.1. 78	अगस्त्य आश्रम और पम्पा सरोवर	मध्यम से बड़े आकार वाला पर्णपाती वृक्ष	अपेक्षाकृत नम परन्तु अधिकांश भारतीय क्षेत्र में
38	मालती	*जेस्मिनम सेंबक*	वन चमेली, मोगरा, जई	किष्किंधा कांड सर्ग 1	4.1.76	पम्पा सरोवर	एक बड़ा वृक्षों पर यमलन द्वारा चढ़ने वाला लता	दक्षिण व दक्षिण पूर्व एशिया की प्रजाति
39	मल्लिका	*जेस्मिनम ग्रेंडीफ्लोरम*	चमेली, जाटी	किष्किंधा कांड सर्ग 1	4.1.76	पम्पा सरोवर	काष्ठीय बहुवर्षीय झाड़ी	पूरे भारत में शोभायमान झाड़ी के रूप में उगाया जाने वाला पादप
40	मुचुकुंद	*प्टेरोस्पर्मम सूबेरीफोलियम*	मुचकुंद	किष्किंधा कांड सर्ग 1	4.1.81	पम्पा सरोवर	एक छोटे से लेकर मध्यम आकार का वृक्ष	भारतीय क्षेत्र के कर्नाटक व तमिलनाडु
41	नाग	*मेसूआ फेरिया*	नागचम्पा	किष्किंधा कांड सर्ग 1 व अरण्यकांड सर्ग 73	4.1.78, 3.1.83 व 3.73.4	पम्पा सरोवर व मतंग आश्रम	एक छोटे से बड़े आकार वाले सदाबहार वृक्ष	भारत सहित दक्षिण से लेकर दक्षिण पूर्व एशिया का भाग
42	नक्तमाल	*पोंगामिया पिन्नेटा*	करंज, किरामल	किष्किंधा कांड सर्ग 1 व अरण्यकांड सर्ग 73	4.1.82 व 3.73.4	पम्पा सरोवर व मतंग आश्रम	मध्यम आकार का अरोमिल वृक्ष	भारत से उद्‌गमीत एशिया के सभी क्षेत्र एवं नदियों व सोतों के किनारे
43	नारीकेल	*कोकस नूसीफेरा*	नारियल	किष्किंधा कांड सर्ग 42	4.42.11	मुराची, जटापुर, अवन्ती, अंगालेप नगर	30 मीटर की ऊँचाई तक का पाम वृक्ष	पूरा उष्ण कटिबंधीय क्षेत्र
46	नील व न्यग्रोधा	*फाइकस बेंघालेन्सिस*	बरगद, वट	किष्किंधा कांड सर्ग 1 व अरण्य कांड सर्ग 73	4.1.79 व 3.73.4	पम्पा सरोवर व मतंग आश्रम	वायवीय जड़ों के साथ बहुत बड़ा वृक्ष	भारतीय व समीप के देशों के अधिकांश क्षेत्रों में

क्र.	नाम				श्लोक	महाकाव्य में स्थिति	स्वभाव	वर्तमान वितरण
	संस्कृत	वानस्पति	सामान्य	पर्व				
47	निप	*बेरिंगटोनिया रेसीमोसा*	समुद्रफ, लनिवार, सादफली	अरण्यकांड सर्ग 15	3.15.18	पंचवटी	मध्यम से छोटे आकार का भूरा रेशेदार छिलकायुक्त वृक्ष	पश्चिमी समुद्र तटीय भारत
48	पद्म	*निलम्बो नूसीफेरा*	कमल	किष्किंधा कांड सर्ग 1	4.1.76	पम्पा सरोवर	एक खूबसूरत जलीय पादप	जापान, चीन व भारतीय क्षेत्र का पौधा व भारतीय गरम स्तनों में पाया जाता है।
49	पदमक	*प्रूनस सिरेसोइडिस*	हिमालय न वन्य चेरी	किष्किंधा कांड सर्ग 1 व 43	4.1.79 व 3.73.4	पम्पा सरोवर व मतंग आश्रम तथा हिमालय		पूर्वी एशिया में पाया जाने वाला परन्तु हिमालय से लेकर दक्षिण पश्चिम चीन व बर्मा तक
50	पनस	*आर्टोकार्पस हेटरोफिलस*	कटहल	अरण्यकांड सर्ग 11, 15 व 73	3.11.74, 3.15.166 व 3.73.3	अगस्त्य आश्रम, पंचवटी व मातंग आश्रम	एक बड़ा सदाबहार वृक्ष	दक्षिण व दक्षिण पूर्वी एशिया सहित भारत में प्राकृतिक रूप से उगने वाला वृक्ष
51	परिभद्रक	*एरिथ्रिना इंडिका*	पनगरा, फेरूद, फरहद	अरण्यकांड सर्ग 73 और किष्किंधा कांड सर्ग 1	3.73.5 और 4.1.80	मतंग आश्रम व पम्पा सरोवर	मध्यम आकार का जल्दी बढ़ने वाला वृक्ष	भारत के पर्णपाती वनों, पूर्वी अफ्रीका, उत्तरी ऑस्ट्रेलिया और हिन्द व प्रशांत महासागर के दीपों में
52	परणास	*आसिमम सेंक्टम*	तुलसी	अरण्यकांड सर्ग 15	3.15.18	पंचवटी	एक बहुशाखी खड़ा मुलायम रोमयुक्त सुगंधित पौधा	पूरे भारतीय क्षेत्र
53	पाटला	*स्टीरिओस्पर्मम छिलोनोइडिस*	पाधला, पाडरी, पारल	किष्किंधा कांड सर्ग 1, अरण्य कांड सर्ग 15 व बालकांड सर्ग 24	4.1.80, 3.15.18 व 1.24.15	पम्पा सरोवर, पंचवटी मलाड़ा व करूषा	एक बड़ा पर्णपाती वृक्ष	पूरे भारत के पर्ण पाती वनों में, कोकण क्षेत्र के पहाड़ी ढलान पर
54	पीपली	*पाईपर लोंगम*	पीपल	अरण्यकांड सर्ग 11	3.11.74	अगस्त्य आश्रम	बहुवर्षी काष्ठीय जड़ों द्वारा आरोही एक पतला सुरभित पादप	भारतीय गर्म प्रदेश

क्र.	नाम				श्लोक	महाकाव्य में स्थिति	स्वभाव	वर्तमान वितरण
	संस्कृत	वानस्पति	सामान्य	पर्व				
55	प्लाक्ष	*फाइकस रेलीजिओसा*	पीपल	अरण्यकांड सर्ग 73	3.73.3	मतंग आश्रम	वायवीय जड़ों वाला बृहद सदाबहार वृक्ष	दक्षिण पूर्व एशिया के देशों में प्राकृतिक रूप में
56	प्रियाल	*बूचनानिया लंजन*	चिरोंजी	अरण्यकांड सर्ग 73	3.73.3	मतंग आश्रम	सीधा बेलना कार तनों वाला सदाबहार वृक्ष	भारत के शुष्क व नम पर्णपाती व अर्ध सदाबहार वनों में
57	पुन्नाग	*कैलोफाइलम इनोफाइलम*	उण्डी, उंडला, सुरंगी	अरण्यकांड सर्ग 15	3.15.16	पंचवटी, सौराष्ट्र, बाहलिक, चंद्रचित्र राज्य	मध्यम आकार का सदाबहार समुद्रीय वृक्ष	समुद्रतटीय भारतीय क्षेत्र तथा पूर्वी अफ्रीका, मलेशिया और ऑस्ट्रेलिया
59	रक्ता	*रूबिया कार्डिफोलिया*	भारतीय मेडर	किष्किंधा कांड सर्ग 1	4.1.82	पम्पा सरोवर		कोंकण सहित पूरे भारत के पर्वतीय जिलों में
60	साल	*वैटेरिया इंडिका*	धूप, राल	अरण्यकांड सर्ग 11, 15 व किष्किंधा कांड सर्ग 40	3.11.74, 3.15.16 और 4.40.56	अगस्त्य आश्रम – पंचवटी और उदय पर्वत	एक बड़ा भव्य सदाबहार वृक्ष	मुख्यतः सदाबहार वन तथा कभी पर्णपाती वनों में नदियों के किनारे
61	साल्मली	*बंबाक्स सीबा*	सेमल	किष्किंधा कांड सर्ग 1	4.1.82	पम्पा सरोवर	आधार पर पुश्तायुक्त एक विशाल वृक्ष	भारतीय गर्म क्षेत्र के साथ मलेशिया इंडोनेशिया, हांगकांग व ताइवान
62	शमी	*प्रोसोपिस सिनरेरीया*	खेजड़ी, कंडी	अरण्यकांड सर्ग 15	3.15.18 व 3.15.22	पंचवटी	छोटे से मध्यम आकार का वृक्ष	भारतीय शुष्क व अर्ध शुष्क क्षेत्र सहित पाकिस्तान, अफगानिस्तान और ईरान
63	संजीवनी	*सिलगिनेला ब्रायोप्टेरिस* अथवा *डेस्मोट्राइकम फिंब्रिएटम*	संजीवनी	युद्ध कांड सर्ग 89	6.89.16	हिमालय का द्रोणगिरि पर्वत	एक शाकीय पादप	पश्चिमी व पूर्वी भारतीय उष्ण कटिबंधीय पर्वतीय क्षेत्रों में
64	शिंशुप	*दलबर्जिया लेटीफोलिया*	सन सिपा, शीशम, गुरुसरा	किष्किंधा कांड सर्ग 1	4.1.81	पम्पा सरोवर	एक बड़े आकार का वृक्ष	नम पर्णपाती वन में वृद्धि करने वाला वृक्ष जो भारत के मध्यप्रदेश, गुजरात, केरल, आदि प्रदेश

क्र.	नाम				श्लोक	महाकाव्य में स्थिति	स्वभाव	वर्तमान वितरण
	संस्कृत	वानस्पति	सामान्य	पर्व				
65	सिंधुवार	*वाइटेक्स निगुंडो*	निर्गुंडी, सेन्हुयार	किष्किंधा कांड सर्ग 1	4.1.77	पम्पा सरोवर	एक बड़े आकार का गंधयुक्त झाड़ी	भारत के गर्म व नमी वाले स्थानों में
66	शिरीष	*अल्बिजिया लेबेक*	काला सिरिस, चिचोला	किष्किंधा कांड सर्ग 1	4.1.81	पम्पा सरोवर	एक बड़ा फैला हुआ पर्णपाती वृक्ष	पूरे भारत में रोड के किनारे व बगीचों में
67	सुपुष्पी	*क्लाइटोरिया टरनेटिया*	अपरा जिता, कोयली	किष्किंधा कांड सर्ग 1	4.1.77	पम्पा सरोवर	एक सुंदर दिखने व सहारे के साथ वृद्धि करने वाला तथा नीले फूल वाला पौध	भारतीय बगीचों व बाड़ के किनारे परन्तु एशिया, अफ्रीका व अमेरिका के भूमध्य रेखीय प्रदेश में प्राकृतिक रूप से
68	सुरक्त	*प्टेरोकार्पस सेंटेलिनस*	रक्त चन्दन	अरण्यकांड सर्ग 73	3.73.5	मतंग आश्रम	एक बड़ा पर्णपाती वृक्ष	भारत के मुख्यतः आंध्रप्रदेश के साथ कर्नाटक तथा तामिलनाडु में
69	स्यंदन	*लेगेरस्ट्रोमिया स्पीसीओसा*	तमन, जारूल, मोटा बोंडारा	किष्किंधा कांड सर्ग 1 व अरण्यकांड सर्ग 15	4.1.82 व 3.15.18	पम्पा सरोवर व पंचवटी	एक छोटे से लेकर मध्यम आकार का पर्णपाती वृक्ष	भारत के अधिकांश क्षेत्र में
70	ताल	*बोरेसस फ्लेब्लिफर*	ताड	अरण्यकांड सर्ग 15 और किष्किंधा कांड सर्ग 40 व 42	3.15.16 व 4.40. 53/56 और 4.42. 46	पंचवटी, उदय पर्वत तथा मेरु व अस्ताद्री पर्वतों के बीच	एक बड़ा, सीधा व एक लिंगाश्रयी पाम वृक्ष	पूरे भारत सहित थाइलैंड
71	तमाल	*गार्सिनिया हेन्बुरिई*	तमाल	अरण्यकांड सर्ग 15 व किष्किंधा कांड सर्ग 40 व 42	3.15.16 व 4.40.56 व 4.42.11	पंचवटी, उदय पर्वत और मुराची, जातपुरा, अवन्ती और एंगालेपा नगर	एक छोटा व मध्यम आकार का सदाबहार वृक्ष	सियाम, कोचीन, चीन तथा आसाम व खासी पहाड़ियों के सदाबहार वन
72	तिलक	*सिनेमोनम इनर्स*	दाल चीनी	किष्किंधा कांड सर्ग 1 और अरण्य कांड सर्ग 15व 73	4.1.78 व 4.1.83 और 3.15.17 व 3.73.4	पम्पा सरोवर, पंचवटी और मतंग आश्रम	एक मध्यम आकार का वृक्ष	बर्मा, चीन, ताइवान में पाया जाता है। भारत में भी इसे लगाया जाता है

क्र.	नाम				श्लोक	महाकाव्य में स्थिति	स्वभाव	वर्तमान वितरण
	संस्कृत	वानस्पति	सामान्य	पर्व				
73	तिंदुक	*डियोस्पाइरस मिलेना क्सिलन*	तेंदू	अरण्यकांड सर्ग 11 व 73 और बालकांड सर्ग 24	4.11.74, 3.73.3 और 1.24.15	अगस्त्य व मतंग आश्रम तथा मालदा व कुरुषा	एक मध्यम आकार का सदाबहार वृक्ष	पूरे भारत में
74	तिनिस	*लेर्गस्ट्रोएमा स्पेसीओसा*	तमन, मोटा बंडोरा	अरण्यकांड सर्ग 15 और किष्किंधा कांड सर्ग1	3.15.16, 4.1.82	पंचवटी और पम्पा सरोवर	एक मध्यम आकार का पर्णपाती वृक्ष	भारत सहित पूरे दक्षिण पूर्व एशिया में
75	उदालक	*कार्डिया मिक्सा*	लसोड़ा	किष्किंधा कांड सर्ग 1 – 42	4.1.81 व 4.42.7	पम्पा सरोवर, सौराष्ट्र, बाहलिक, और चंद्रचित्र	मध्यम आकार का चौड़ी पत्ती वाला पर्णपाती वृक्ष	भारतीय उपमहादीप में अफगानिस्तान से लेकर बर्मा तक
76	वकुल	*मिमुसोप्स एलेंजी*	वकुला, मौलश्री	किष्किंधा कांड सर्ग 1 व 42	4.1.78 व 4.42.7	पम्पा सरोवर, सौराष्ट्र, बाहलिक, और चंद्रचित्र	छोटे से लेकर बड़े आकार का सदाबहार वृक्ष	दक्षिण व दक्षिण–पूर्व एशिया तथा उत्तरी आस्ट्रेलिया के उष्ण कटिबंधीय क्षेत्र
77	वासंती	*हिप्टेज बेंघालेन्सिस*	मधु मालती	किष्किंधा कांड सर्ग 1	4.1.77	पम्पा सरोवर	एक बड़ी दूसरे वृक्षों पर चढ़ने वाली सदाबहार लता	भारत के अधिकांश भागों में

2.2 काम्यक वन

गंगा के किनारे स्थित परमानिकोटि छोड़ने के पश्चात पांडव पश्चिमी दिशा में गए जहाँ वे यमुना और दृस्टावती नदियों को पार कर वैदिक सरस्वती नदी के किनारे स्थित काम्यक जंगल पहुँचे थे। अतः काम्यक वन कुरु राज्य की पश्चिमी सीमा पर स्थित सरस्वती नदी के तट पर तथा कुरुक्षेत्र मैदान के पश्चिम में स्थित था जिसके अन्दर काम्यक नामक एक सुंदर सरोवर भी था। महाभारत महाकाव्य में काम्यक वन की स्थिति थार रेगिस्तान के उत्तर में स्थित झील तृणविंदु के पास होने के रूप में उल्लेख भी है। यह जंगल सन्यासियों का पसंदीदा स्थान था जो सरस्वती के किनारे एक समतल जंगली मैदान के रूप में स्थित था और पक्षियों और हिरणों से भरपूर था। वहाँ पांडव एक तपस्वी के रूप में रहते थे। कुरुक्षेत्र के उत्तर में स्थित सरस्वती नदी की सहायक नदी मारकंडा के किनारे ऋषि मार्कंडेय का आश्रम था। काम्यक और द्वैत वन जंगलों में पांडव अपने वन जीवन के बिताए गए 12 साल में जहाँ–जहाँ गए और जो कुछ समय बिताया वर्तमान में वे सभी पवित्र स्थानों में शामिल हैं।

चित्र 1.1 प्राचीन भारत में विभिन्न वनों की स्थिति।

2.3 द्वैत वन

विभिन्न साहित्यों के अनुसार द्वैत वन काम्यक वन के दक्षिण में स्थित था लेकिन चित्र 1.1 में इसकी स्थिति काम्यक वन के उत्तर पूर्व में बतायी गई है जो उचित भी प्रतीत होती है। यहाँ वन के बीच विभिन्न प्रकार के फूलों युक्त पादपों से घिरा द्वैत नामक एक मनोहर सरोवर भी था। यह वन पक्षियों, हाथी और विभिन्न प्रकार के पेड़ों का निवास स्थान भी था। यह कुरु जंगल के दक्षिण–पश्चिमी सरहद और हरियाणा में थार रेगिस्तान के उत्तरी विस्तार वाले सीमा के निकट स्थित बताया गया है जो सरस्वती नदी, जो वहाँ

भोगवती नाम से जानी जाती थी, के तट पर स्थित था। इस वन में पवित्र अंजीर, रूद्राक्ष, रोहितका, बेंत, बेर, कत्था, सिरिस, बेल, ईगुड़ा, करीर, पीलू और शमी के वृक्षों की अधिकता का जिक्र है (सारिणी 1.3)। यह एक सुंदर वन था जो एक जंगल कम पर एक नायाब बगीचे की तरह अधिक प्रतीत होता था। यहाँ विशाल व लंबे मजबूत पेड़ थे जो बुलबुल, मोर और अन्य सुंदर पक्षियों के निवास स्थान थे। जंगलों में निवास के 12 वर्ष के प्रारंभिक वर्षों में पांडव कुरु जंगल से लगातार आने वाले लोगों से बचने के लिए काम्यक वन से द्वैत वन आए थे जहाँ कुरु राजकुमार दुर्योधन इस वन के आसपास के क्षेत्र में कौरवों के पशु–चरने के स्थानों के निरीक्षण के ढोंग के तहत पांडवों के कष्ट को देखने के लिए आया था। तथा यहीं पर स्थित द्वैत झील के पास दुर्योधन एवं अन्य को गन्धर्वों द्वारा कैद किया गया था। गुमनाम रूप से निर्वासन के अपने तेरहवें वर्ष को व्यतीत करने के लिए पांडवों ने द्वैत वन से मत्स्य प्रदेश में यहीं से प्रवेश किया था।

सारिणी 1.3 महाभारत काव्य के अनुसार उस समय के वनों में पाये जाने वाले वृक्ष व झाड़ी प्रजातियाँ एवं उनके पाये जाने के स्थान

क्र.	संस्कृत नाम	वानस्पतिक नाम	सामान्य नाम	पर्व	श्लोक	महाकाव्य में स्थिति	स्वभाव	वर्तमान वितरण
1	आम्रातक	*स्पोंडियस पिन्नेटा*	आमड़ा, जंगली आम	शाल्य पर्व	9.36.59	सरस्वती नदी	मध्यम आकार का पर्णपाती वृक्ष	सामान्य रूप से पाया जाने वाला वृक्ष
2	अरिमेद	*अकेसिया फार्नेसियाना*	विलायती कीकर	द्रोण पर्व	7.153.24	कुरुक्षेत्र युद्ध	काँटेदार झाड़ी व छोटा वृक्ष	केन्द्रीय अमेरिका, भारत के अधिकांश क्षेत्रों में
3	आष्टा पदिक	*वेलेरिस डाइकोटोमा*	भद्रमुंजा	अनुशासन पर्व	8.54.6	राजा कुशीक का देश, गंगा नदी के किनारे गन्धर्वों से संबन्धित	मध्यम आकार का सदाबहार वृक्ष	उरे भरण के बगीचों में उगाया जाने वाला वृक्ष
4	अशोक	*सराका असोका*	अशोक	अनुशासन पर्व	8.54.4	राजा कुशीक का देश	मध्यम आकार का सदाबहार वृक्ष	भारत के सभी भागों में
5	अश्वत्थ	*फाइकस रेलीजियोसा*	पीपल	शाल्य पर्व	9.33.58, 9.4.27	सरस्वती नदी	बड़े आकार का पर्णपाती वृक्ष	भारत के सभी भागों में
6	अति मुक्तक	*हिपटेज बेंघालेन्सिस*	मधुमालती हलाद वेल, मदहावी लता	शाल्य पर्व व अनुशासन पर्व	9.36.60, 8.54.4	सरस्वती नदी व राजा कुशीक का देश	बड़े आकार वाली वेलनुमा झाड़ी	भारत के सभी भागों में
7	बदरी	*जिजीफस मोरिसियाना*	बेर	वान, द्रोण व शाल्य पर्व	3.174.23, 8.153.24, 9.366.58	द्वैत वन, कुरुक्षेत्र, सरस्वती नदी तथा कुरुक्षेत्र युद्ध क्षेत्र	कांटेदार झाड़ीनुमा वृक्ष	शुष्क क्षेत्र के अधिकांश भागों में

क्र.	संस्कृत नाम	वानस्पतिक नाम	सामान्य नाम	पर्व	श्लोक	महाकाव्य में स्थिति	स्वभाव	वर्तमान वितरण
8	भव्य	*डाइलेनिया इंडिका*	भावन, वक्त्र शोधन	अनुशासन पर्व	8.54.5	राजा कुशीक का राज्य	एक सदाबहार झाड़ी से लेकर बड़ा वृक्ष	भारत के सभी भागों में
9	बिल्वा	*एगिल मारमिलोस*	बेल	वान व शाल्य पर्व	3.174.23 व 9.3.59	द्वैत वन, कुरुक्षेत्र, सरस्वती नदी	एक मध्यम आकार का वृक्ष	भारतीय उपमहाद्वीप के अधिकांश भागों में
10	चम्पक	*माइकेलिया चम्पाका*	चम्पा	अनुशासन व द्रोण पर्व	8.54.5 व 7.153.24	राजा कुशीक का राज्य व कुरुक्षेत्र युद्ध क्षेत्र	मध्यम से लेकर बड़े आकार का वृक्ष	दक्षिण व दक्षिण पूर्व एशिया
11	धव	*एनोगीसस पेंडुला*	धावड़ा, सफेद धावड़ा	अनुशासन पर्व	8.54.4	राजा कुशीक का राज्य	छोटे से लेकर मध्यम आकार का वृक्ष	भारत, नेपाल, बर्मा, श्रीलंका
12	ईगुड़ा/ ईगुड़ी	*बैलेनाइट्स राक्सबरघाई*	हिंगोटा, हिंगोली	शाल्य, वन व द्रोण पर्व	9.36.58, 3.174.23व 7.153.24	सरस्वती नदी, द्वैत वन, कुरुक्षेत्र	एक कांटेदार सदाबहार वृक्ष	शुष्क क्षेत्रों के रेतीले मैदानी क्षेत्रों में
13	करीर	*कैपेरिस डेसीडुआ*	केर, करील, करीर	शाल्य, वन, द्रोण और कर्ण पर्व	9.36.58, 3.174.2, 7.153.24, 8.30.24	सरस्वती नदी, द्वैत वन, कुरुक्षेत्र, कुरु जंगल	एक छोटा बहू शाखा वाली झाड़ी या वृक्ष	अफ्रीका, भारत सहित मध्य पूर्व और दक्षिणी एशिया के शुष्क क्षेत्र
14	कर्णिकर	*केसिया फिस्टुला*	अमलतास	अनुशासन पर्व	13.54.5	राजा कुशीक देश	मध्यम आकार का पर्णपाती वृक्ष	दक्षिण एशिया के पाकिस्तान से बर्मा व श्रीलंका तक फैला हुआ यहाँ की जन्मगत वृक्ष प्रजाति है।
15	काश्मर्य	*बारबेरिस वल्गेरिस*	काशमल	शाल्य पर्व	9.36.58	सरस्वती नदी	लगभग 4 मीटर ऊँचाई तक का पर्णपाती झाड़ी प्रजाति	केन्द्रीय और दक्षिणी यूरोप, उत्तरी-पश्चिमी अफ्रीका, और पश्चिमी एशिया, अब उत्तरी यूरोप और अमेरिका तक विस्तृत
16	केतक	*पेंडेनस टेंक्टोरियस*	केवड़ा, केतकी	अनुशासन पर्व	13.54.4	राजा कुशीक का देश	घने बहुशाखी मुश्किल से खड़ा रहने वाला झाड़ी प्रजाति	भारतीय प्रायदीप का समुद्री तट व दलदल वाले क्षेत्र
17	खदिर	*अकेसिया कैटिचू*	खेर, खादिर	वान पर्व	3.174.23	द्वैत वन, कुरुक्षेत्र व सरस्वती नदी	मध्यम आकार का पर्णपाती कांटेदार वृक्ष	एशिया, चीन, उत्तरी अफ्रीका में पाया जाता है। शुष्क भारतीय क्षेत्र

क्र.	संस्कृत नाम	वानस्पतिक नाम	सामान्य नाम	पर्व	श्लोक	महाकाव्य में स्थिति	स्वभाव	वर्तमान वितरण
								में प्राकृतिक रूप उपलब्ध
18	कोविदार	*बाहिनिया वैरिएगेटा*	कचनार	द्रोण पर्व	7.153.24	कुरुक्षेत्र युद्ध क्षेत्र	मध्यम आकार का वृक्ष	भारतीय शुष्क वनों में
19	न्याग्रोध	*फाइकस बेंघालेन्सिस*	बरगद, वट	द्रोण पर्व	7.153.24	कुरुक्षेत्र युद्ध क्षेत्र	वायवीय जड़ों के साथ एक बड़ा वृक्ष	अधिकांश भारतीय क्षेत्र
20	पलास	*ब्यूटिया मोनोस्पर्मा*	पलास, धाक, खाखरा	शाल्य पर्व	9.36.58	सरस्वती नदी	एक मध्यम आकार का पर्णपाती वृक्ष	पाकिस्तान से लेकर सम्पूर्ण दक्षिणी पूर्वी एशिया
21	पनस	*आर्टोकार्पस हेटरोफिलस*	कटहल, फनासा	शाल्य व अनुशासन पर्व	9.36.58 व 8.54.5	सरस्वती नदी व राजा कुशीक का देश	एक बड़ा कुछ कुछ सदाबहार वृक्ष	दक्षिण व दक्षिण पूर्व एशिया। भारत में प्रमुख रूप से पश्चिमी घाट
22	पारिजात	*निक्टेंथिस अर्बोरट्रिस्ट्रिस*	पारिजात, हरसिंगार	शाल्य पर्व	9.36.60	सरस्वती नदी	कठोरता में फलने फूलने वाला झाड़ी व वृक्ष प्रजाति	भारत, दक्षिणी एशिया, उत्तरी पाकिस्तान से लेकर थाइलैंड तक
23	पीलू	*साल्वाडोरा ओलिओइडिस*	पीलु, मीठाजाल	शाल्य, सभा, वन, द्रोण, और कर्ण पर्व	9.36.59, 2.47.4, 3.174.23, 7.153.24, 8.30.24	अरसवाती नदी, कंबोज देश, द्वैत वन, कुरुक्षेत्र (युद्ध क्षेत्र सहित), कुरु जंगल	झाड़ीनुमा सदाबहार एक छोटा वृक्ष	भारत से लेकर अरब तक के शुष्क क्षेत्र
24	प्लाक्ष	*फाइकस रेलीजिओसा*	पीपल, बोधी वृक्ष	शाल्य, वान और द्रोण पर्व	9.36.58, 3.174.23, 7.153.24	सरस्वती नदी, द्वैत वन, कुरुक्षेत्र युद्ध क्षेत्र	एक बड़े से लेकर मध्यम आकार का पर्णपाती वृक्ष	भारत में अधिकांश जगहों पर
25	रोहीतक	*टिकोमेला अंडयुलेटा*	रोहिडा, डेजर्ट टीक	वन, सभा व उद्योग पर्व	3.174.23 व 3.241.67, 2.29.4 और 2.29.4	द्वैत वन, कुरुक्षेत्र, सरस्वती नदी, पश्चिमी खंडावप्रस्थ, कुरु जंगल व रोहितका वन	शुष्क एवं अर्ध शुष्क क्षेत्रों में पाया जाने वाला पर्णपाती से कुछ हद तक सदाबहार वृक्ष	भारत से लेकर अरब व शुष्क क्षेत्रों में 35 मीटर से 1200 मीटर ऊँचाई तक पाया जाने वाला वृक्ष
26	सहकारस	*मैंजीफेरा इंडिका*	टाम, आम्र, आमला	अनुशासन पर्व	8.54.4	आजा कुशीक का देश	मध्यम आकार का पर्णपाती वृक्ष	भारत के अधिकांश हिस्सों में पाया जाने वाल फल वृक्ष
27	शमी	*प्रोसोपिस सिनरेरीया*	खेजड़ी, झंड कंडी	सभा, वीरात, द्रोण,	2.47.4, 4. 5.12, 7. 153.24, 8.	कंबोज राज्य, यमुना नदी, कुरुक्षेत्र, कुरु	छोटे से मध्यम आकार का वृक्ष	भारतीय उपमहाद्वीप के अर्ध शुष्क व शुष्क क्षेत्र

क्र.	संस्कृत नाम	वानस्पतिक नाम	सामान्य नाम	पर्व	श्लोक	महाकाव्य में स्थिति	स्वभाव	वर्तमान वितरण
				कर्ण, व शाल्य पर्व	30.24, 9, 46.12, 9, 46.16, 9, 46.18	जंगल, सरस्वती नदी		
28	शिरीष	*अल्बिजिया लेबेक*	काला सिरिस	वन पर्व	3.174.23	द्वैत वन, कुरुक्षेत्र, सरस्वती नदी	एक बड़े आकार का फैला हुआ वृक्ष	दक्षिण उष्ण कटिबंधीय से लेकर उपोष्ण कटिबंधीय एशिया व भारतीय क्षेत्र
29	शयाम	*साल्वाडोरा पर्सिका*	पिलु, खरा जाल, झक, मिराजोली	अनुशासन पर्व	13.54.6	राजा कुशीक राज्य	एक छोटे आकार का एक फीट से ज्यादा व्यास का मुड़ा हुआ तना वाला वृक्ष	कोंकण, महाराष्ट्र व भारतीय शुष्क क्षेत्र यथा गुजरात, राजस्थान, पंजाब, हरियाणा
30	तिलक	*वाइटेक्स एल्टिसीमा*	तिलक पुष्प	अनुशासन पर्व	13.54.5	राजा कुशीक का राज्य	लगभग 40 मीटर की ऊँचाई वाला बड़ा वृक्ष	दक्षिणी भारत में पाया जाने वाला सदाबहार से लेकर पर्णपाती वृक्ष
31	उद्दालक	*कार्डिया मिक्सा*	लसोड़ा	अनुशासन पर्व	13.54.4	राजा कुशीक का देश	चौंडी पत्तीवाला मध्यम आकार का पर्णपाती वृक्ष	प्राकृतिक रूप से भारतीय उपमहाद्वीप में बर्मा से लेकर पूर्वी अफगानिस्तान तक
32	वामसा	*डेंड्रोकैलेमस* प्रजाति	बांस	विराट पर्व	4.57.६	कुरुक्षेत्र युद्ध क्षेत्र		एशिया के उष्ण कटिबंधीय क्षेत्र
33	वंजुल	*सराका अशोका*	अशोक	अनुशासन पर्व	8.54.5	राजा कुशीक का देश	मध्यम आकार का सदाबहार वृक्ष	भारतीय बगीचों में लगाया जाने वाला सदाबहार वृक्ष
34	वारण पुष्प	*कैलोफाइलम इनोफाइलम*	पुयाग, उंदी, सुर्पूंखा उंदला	अनुशासन पर्व	13.54.6	राजा कुशीक का देश	मध्यम आकार का सदाबहार वृक्ष	पूर्वी अफ्रीका से लेकर दक्षिण समुद्र तटीय भारत, मलेशिया और आस्ट्रेलिया
35	वट	*फाइकस बेंघालेन्सिस*	बरगद, न्यग्रोध	वन पर्व	3.1.39, 3. 13.74	गंगा के किनारे परमानिकोटी से लेकर उत्तरी हस्तीनापुर तक	वायवीय जड़ के साथ बहुत बड़ा वृक्ष	बांगलादेश व श्रीलंका सहित भारतीय तथा हिमालयन क्षेत्र में पाया जाने वाला पर्णपाती वृक्ष

क्र.	संस्कृत नाम	वानस्पतिक नाम	सामान्य नाम	पर्व	श्लोक	महाकाव्य में स्थिति	स्वभाव	वर्तमान वितरण
36	वेणू या किचक वेणू	*बम्बूसा अरुंडिनेसिया*	कांटा बांस	अनुसासन व आभा पर्व	2.48.2 व 13.109.47	मेरु और मंदार पर्वतों के बीच सेलोदा नदी के किनारे	बहुवर्षीय सीधा तना वाला घासीय प्रजाति	पर्वतीय वनों में प्राकृतिक रूप से पाया जाने वाला पादप
37	वेतस	*केलेमस रोटंग*	रतनपाम, बेंत	वान पर्व	3.174.23	द्वैत वन, कुरुक्षेत्र, सरस्वती नदी	लगभग 10 मीटर ऊँचाई वाला पौधा जिसमें भूमिगत तना क्षैतिज वृद्धि करता है।	पूर्वोत्तर भारत व नमीयुक्त अन्य क्षेत्र
38	विभीतक	*टर्मिनेलिया बेलिरिका*	बहेड़ा, विभिता	शाल्य पर्व	9.36.58	सरस्वती नदी	एक बड़े आकार का पर्णपाती वृक्ष	मैदानी व गिरिपाद के वनीय क्षेत्रों में पाया जाने वाला वृक्ष जो दक्षिणी-पूर्वी एशिया में पाया जाता है

2.4 खांडव वन

यह महाभारत में उल्लेखित प्राचीन जंगलों में से एक है। यह यमुना नदी के पश्चिम में स्थित था। पांडवों ने इस वन को साफ कर अपनी राजधानी का निर्माण किया था और इस जंगल के मुख्य देव देवराज इंद्र के नाम पर अपनी राजधानी का नाम इंद्रप्रस्थ रखा था। यह जंगल पहले तक्षक नाम के एक राजा के नेतृत्व में नाग जन जातियों द्वारा बसाया हुआ बताया गया है। अर्जुन और कृष्ण ने आग लगाकर इस जंगल को साफ किया था जिसमें इस जंगल के निवासियों को विस्थापित होना पड़ा था और इसी घटना को तक्षक नाग और कुरु राजा (परीक्षित), जो कलियुग के अन्त में इंद्रप्रस्थ और हस्तिनापुर से इस क्षेत्र पर शासन करते थे, के बीच शत्रुता का मूल कारण माना गया है। महाभारत के अनुसार, इंद्र खांडव जंगल के रक्षक देव व नागराज तक्षक के मित्र भी थे और इसी की वजह से जब खान्डव वन जलाया जा रहा था तो इंद्र ने अपने वज्र के साथ अर्जुन पर हमला कर उसे घायल कर दिया था। रामायण के अनुसार मधु नामक एक असुर इस जंगल और इसके आस पास के क्षेत्र पर शासन करता था, जो राजा रामचन्द्र के भाई शत्रुघ्न से हार गया था। शत्रुघ्न ने बाद में इस जंगल को साफ कर मथुरा नामक शहर की स्थापना की। महाभारत महाकाव्य के अनुसार मथुरा बाद में सुरसेन राज्य की राजधानी बना।

2.5 नैमिष वन

नैमिष या नैमिषारण्य भी एक प्राचीन वन है जिसका वर्णन महाभारत, रामायण और पुराणों में किया गया है। इसकी स्थिति पंचाल और कौशल राज्यों के बीच उत्तर प्रदेश में स्थित गोमती नदी के तट पर मानी गयी है। नैमिष वन के ऋषियों और उनके द्वारा प्रतिपादित यज्ञ का वर्णन अक्सर प्राचीन साहित्यों में देखने को मिलता है[5]। विश्व शांति

के लिए एक यज्ञ हेतु संतों के सम्मेलन में, जिसकी अध्यक्षता प्रसिद्ध ऋषि शौनक ने की थी, में महाभारत कथा को इसी नैमिषारण्य जंगल में सुनाया गया था। इसी वन में शौनक ऋषि ने भगवान शिव की स्तुति में श्लोक भी लिखा था। इससे पहले नैमिषारण्य का उल्लेख रामायण में भी मिलता है। रामायण को लिखने वाले ऋषि वाल्मीकि का आश्रम भी इसी वन के आस–पास था। रामायण में युद्ध–कांड की पुष्पिका के अनुसार भगवान राम के जुड़वां पुत्रों कुश और लव द्वारा अश्वमेघ में इस महाकाव्य को भी यहीं सुनाया गया था।

2.6 अन्य वन

उपर्युक्त वनों के अलावा कुछ अन्य जंगलों को भी विभिन्न प्राचीन साहित्यों में वर्णित किया गया है। पाराशर ऋषि कृत वृक्षायुर्वेदा (लगभग 400 ई.पू.) में वन को पेड़, झाड़ियों, लताओं और घास प्रजातियों का स्वाभाविक रूप से वृद्धि के रूप में वर्णित किया गया है। कैत्ररथ वन का एक सुंदर वन के रूप में वर्णन किया गया है जहाँ देवताओं और गन्धर्वों का अक्सर आवागमन होना माना गया है। कालका वन को कैत्ररथ वन के पश्चिम में मानसरोवर के पास स्थित बताया गया है। कीरत वन हलादिनी (ब्रह्मपुत्र) नदी के साथ पूर्वी हिस्से में स्थित वर्णित है। ये तीनों वन उच्च हिमालय क्षेत्र में स्थित हैं। अपरांत वन को भ्रगु–कच्छ (कच्छ क्षेत्र) तक फैला हुआ वर्णित किया गया है जबकि सौराष्ट्र वन को अवंती और द्वारवती राज्यों तक विस्तृत बताया गया है[(6)]।

3. प्राचीन समय में जैव विविधता

वनों की चर्चा करते हुए वाल्मीकि रामायण में वन और अरण्य शब्द का प्रयोग किया गया है। वन शब्द का एक छोटे आकार के वनीकरण, वांछित पौधों के एक समूह जिसकी खेती की गई है और एक उद्देश्य के लिए संरक्षित वन को निरूपित करने के लिए प्रयोग किया गया है। राम, सीता और लक्ष्मण ने चित्रकूट जंगल में अपना कुछ समय बिताया था जो समृद्ध जैव विविधता वाला था। श्रीलंका में भी दो प्रकार के जंगलों का वर्णन है जैसे एक प्राकृतिक काष्ठीय वन और अशोक वाटिका जैसे राजकीय ऐश्वर्य वाले उपवन। भारतीय जंगलों का औषधीय पौधों की भूमि के रूप में भी वर्णन किया गया है। रामायण महाकाव्य में पक्षियों, जानवरों जैसे बाघों तथा हाथियों के आवागमन का भी वर्णन मिलता है। ऋषि वाल्मिकी ने बहुत सारी वृक्ष प्रजातियों के नाम गिनाए हैं जो उस समय विभिन्न स्थानों पर पाये जाते थे। इनमें से कुछ हैं: स्यादन (*लेगरस्ट्रोमिया पार्विफ्लोरा*), लोध (*सिंप्लोकोस रेसीमोसा*), धाव (*एनोगीसस लेटीफोलिया*), ढाक या पलाश (*ब्यूटिया मोनोस्पर्मा*), अकोल (*एलेंजियम साल्वीफोलियम*), भावी (*डाइलेनिया इंडिका*), तिनसा (*ऊजीनिया ऊजिनेंसिस*), बिल्व (*एगिल मारमिलोस*), बाँस (*डेंड्रोकैलेमस स्ट्रिक्टस*), कासम्री (*मेलाइना आरबोरिया*), नीम (*एजाडीरेच्टा इंडिका*), सखुआ (*सोरिया रोबस्टा*), बरुन (*क्रेटीवा यूनिलाकुलेरिस*), महुआ (*मधुका लांगीफोलिया*), तिलक (*वेण्ड्लैंडिया एक्सर्टा*) आदि[(7)]।

चाणक्य के अर्थशास्त्र में हिमालय से लेकर समुद्र तक के क्षेत्र को विभिन्न क्षेत्रों में बांटा गया है जैसे वन (अरण्य), ग्राम क्षेत्र (ग्राम्य), पहाड़ (पर्वत), नम या आर्द्र क्षेत्र (औडका), शुष्क क्षेत्र (भौमा), समतल (सम) और ऊबड़–खाबड़ भूमि (विसावा)। अस्मक (गोदावरी का ऊपरी मैदान), अवन्ती (मालवा) और अपरंता (कोंकण) मिलकर अखंड क्षेत्र

का निर्माण करते हैं। उन दिनों में भी नुकसान के आधार पर अपराध करने वालों पर अलग–अलग राशि का दंड लगाया जाता था। उन पादपों पर विशेष जोर दिया जाता था जो फूल, फल या छाया प्रदान करने वाले होते थे। आर्थिक रूप से समृद्ध वनों में जो वन बड़े, संसाधनों से भरपूर, सुगम और नदी द्वारा सिंचित होते थे वे ज्यादा महत्वपूर्ण समझे जाते थे क्योंकि ऐसे वन कठिनाइयों के समय आश्रय प्रदान करने वाले होते हैं। अर्थशास्त्र में उल्लिखित पर्यावरणीय विषय वर्तमान समाज के लिए भी उतना ही प्रासंगिक है। वर्ष 1972 में स्टॉकहोम में हुए मानव और पर्यावरण सम्मेलन में उल्लिखित कुछ सिद्धान्त बहुत कुछ अर्थशास्त्र में दिये गए सिद्धांतों के समान प्रतीत होते हैं[1]। भारत में भी जल, वन और वन्य जीव से संबन्धित बहुत से पर्यावरणीय नियमों और अर्थशास्त्र की शिक्षा और सिद्धांतों में भी बहुत समानता है। अपराधियों के लिए विभिन्न प्रकार के दण्ड का प्रावधान मनुस्मृति और बहुत से अन्य प्राचीन साहित्यों में भी वर्णित है[1,6]। जानवरों का संरक्षण और पालतू बनाना, जैव–विविधता की सुरक्षा और शाकाहारी भोजन करने के विचार को ज्यादा महत्व दिया जाता था। खर (गर्दभ), अश्व (घोड़ा), उष्ट्र (ऊँट), म्रग (हिरण), इभा (हाथी), अजा (बकरी), अहि (सांप), अहिसा (भैंस) की हत्या करना पाप समझा जाता था।

यद्यपि चरक और सुश्रुत संहिता को चिकित्सा विज्ञान का बहुमूल्य प्राचीन भारतीय दस्तावेज़ समझा जाता है, लेकिन इनमें पारिस्थितिकी और पर्यावरण के संदर्भ में भी वर्णन मिलता है। इन दोनों संहिताओं में भूमि को मृदा, वातावरण और वनस्पतियों की प्रकृति के आधार पर तीन भागों में बांटा गया है। ये हैं जंगल अथवा खुले स्थान का वह क्षेत्र जहाँ शुष्क हवा सामान्य रूप से बहती थी। इस क्षेत्र में पाये जाने वाले मुख्य वृक्ष खादिरा (*अकेसिया कैट्चु*), आसन (*टर्मिनेलिया टोमेंटोसा*), बादरी (*जीजिफस जूजूबा*) आदि थे। दूसरी प्रकार की भूमि समुद्र के किनारे का दल–दली क्षेत्र जिन्हें अनुपा कहा जाता था जो नदियों के जल और ठंडी हवा द्वारा प्रभावित था। ऐसे क्षेत्र में पाये जाने वाले पादप वंजुला (बेंत), हिन्ताल (*बोरेसस फ्लेब्लिफर*), नारिकेला (*कोकस नूसीफेरा*), विभिन्न प्रकार के कमल और कुमुदिनी, वारीपर्णी (जलकुंभी प्रजाति), मुसीका–पर्णी (*सलविनिया* प्रजाति), जल नीली (एल्गी) और सैवाल (मास) आदि थे। तीसरे प्रकार की भूमि उपरोक्त दोनों प्रकारों के बीच की गुणवत्ता वाली थी जिसे "साधारण" भूमि कहा जाता था। मंदरा या पारिजातक (*निक्टैंथिस अरबोर–ट्रिस्टिस*) और संतना (कल्प वृक्ष) इस क्षेत्र के मुख्य वृक्ष थे। खाद्य स्वभाव और आश्रय स्थल के आधार पर सुश्रुत ने जंतुओं और मछलियों को भी वर्गीकृत किया था।

अरण्यक और उपनिषद "ब्रहदारण्यक" वैदिक काल में वानिकी परम्पराओं के नजरिए से महत्वपूर्ण माने गए हैं। इनमें पादपों की तुलना माँ, मित्रों और देवताओं के साथ की गई है। पेड़ों की आवाज का ड्रम, तम्बूरे और बांसुरी की आवाज के साथ तुलना की गयी है। पानी को शुद्धता का प्रतीक माना गया है जिसे प्रदूषण से मुक्त रखने की सलाह दी गई है तथा इसे एक सामुदायिक संसाधन के रूप में माना गया है जिससे सभी लोग इसका इस्तेमाल सुचारु रूप से एवं आवश्यकतानुसार कर सके। पादपों को वृक्ष, बढ़ने वाली शाखाओं के साथ झाड़ी, शाकीय, जड़ी बूटी वाले पादप, प्रसार या अवशोष्य पौधे, झाड़ीनुमा पादप, आरोही लताएँ, जमीन पर फैलने वाली बेलों में वर्गीकृत किया गया है। जड़ी बूटी गुण वाले पादपों को उपचारात्मक शक्ति के रूप में माना गया है[8]। तमिल संगम ग्रंथों की तिन्नई अवधारणा, जो ईसाई युग की शुरुआत के आसपास प्रतिपादित हुई

थी, पर्यावरणीय क्षेत्रों के महत्व की विस्तृत और शुरूआती अवधारणा का एक आकर्षक उदाहरण है। परिदृश्य स्तर पर भूमि को पांच प्रकार के पारिस्थितिकी क्षेत्रों में वर्गीकृत किया गया है जो समाज के सांस्कृतिक और सामाजिक संरचना के साथ घनिष्ठता से जुड़े पाये गए हैं। ये पारिस्थितिकी क्षेत्र हैं, जल निकाय के तटीय क्षेत्र, झील, चरागाह क्षेत्र, शुष्क क्षेत्रों और पर्वतीय अरण्य।

जीवित प्रजातियों और पर्यावरण के बीच अन्तः–संबंध का भी विस्तृत वर्णन देखने को मिलता है, जिसमे प्राकृतिक गतिशीलता को बनाए रखना, पादपों और वृक्षों, स्थानीय पादपों और जंतुओं की अच्छी देख भाल एवं सुरक्षा, और ऐसा मूल्य जो एक पारिस्थितिक सिद्धान्त के अनुसार कार्य नहीं करने पर भुगतान किया जाना चाहिए, का वर्णन किया गया है[9]। औषधीय पौधे जैसे पलाश, अर्जुन (*टर्मिनेलिया अर्जुना*), जव (*हार्डेनम वल्गेयर*), प्लाक्ष (*फाइकस रेलीजिओसा*), हरिद्रा (*कर्कुमा डामेस्टिका*), हरीतिका आदि का इलाज के लिए इस्तेमाल किया जाता था। वैदिक प्राचीन ग्रंथों के बाद का सबसे प्रतिष्ठित साहित्य सुरपाल का वृक्षायुर्वेद है जिसमें बीजोत्पत्ति कांड नामक अध्याय में वन पारिस्थितिकी प्रणालियों का वर्णन है। उस समय वनों को अटावी, वीपीना, गहन, कानन, बन, अरण्यनी आदि नामों से जाना जाता था। रामायण महाकाव्य में अर्जुन, जूपापुष्पा या करनीकर (*हिबिस्कस म्यूटाबिलिस*) आदि सीताजी के पसंदीदा पादपों के रूप में बताया गया है। लंका के राजा रावण की अशोक में वाटिका साल (*सोरिया रोबस्टा*), अशोक (*सराका इंडिका*), चंपा (*माइकेलिया चम्पाका*) आदि पादपों के मिलने का वर्णन है। चन्दन (*सेंटेलम एल्बम*) उस समय में भी बहुत लोकप्रिय वृक्ष था।

4. पवित्रता

जंगलों और वन उत्पादों के रूप में प्राकृतिक संसाधन आरंभिक काल के दौरान रहने वाले जीवों के लिए अस्तित्व का एक बुनियादी स्रोत रहे हैं। ये जंगल, वृक्ष या वृक्ष समूह कुछ मान्यताओं जिसे वे व्यक्त करते हैं, के माध्यम से पवित्र माने जाते हैं। इन मान्यताओं रूपी यह शक्ति हममें पूजा, विस्मय या डर जैसे भावनात्मक नजरिए पैदा करती हैं। अतः वृक्षों या वनों के प्रति सम्मान, विस्मय, पूजा या भय रूपी भावना उन्हें पवित्र बनाते हैं और उनके उपयोग की बजाय इन्हें संरक्षित और सुरक्षित रखने की भावना जागृत करते हैं। फूल और फल वाले वृक्ष प्राचीन काल में विशेष श्रद्धा के योग्य माने गए हैं। जिस तरह जानवरों को देवी–देवताओं का विभिन्न प्रकार से सहयोगी माना गया है, उसी तरह पेड़ों और पादपों का जुड़ाव भी हिंदू देवताओं और उनके मंदिरों से है। जंगलों के प्रति स्थानीय लोगों के विचार, उनका आवंटन और उपयोग पर एक व्यापक और शक्तिशाली प्रभाव के अंतर्गत जंगलों का धार्मिक वर्गीकरण भी मिलता है। वनों के वर्गीकरण का मूल्य प्रणाली के आधार पर भी व्याख्या की गयी थी जो प्रासंगिक गुण और प्रयोजनों के द्वारा भूमि के अंतर को व्यक्त करती है। वनों की प्रतीकात्मक रूप से भी विभेदीकरण करने की आवश्यकता को बताया गया जिससे लोगों को ऐसा महसूस हो कि वनों से उनकी जरूरतें पूरी हो सकती हैं। इस तरह वन समाज के सामंजस्य कारकों, साझा प्रतीकों और समाज के विखंडन और प्रचलित कोड से बचने के लिए प्रतीकात्मक या स्थानिक अभयारण्यों के रूप में भी रहे हैं। जंगलों का धार्मिक वर्गीकरण जैसे वृक्ष प्रजातियों, उनके आकार, उम्र और ऐतिहासिक संबंध के आधार चार स्तरों में संचालित होते दिखाई देते हैं। वृक्षों के समूह को अपनी जगह, उपलब्ध सामग्री, इतिहास, या अन्य सामाजिक कार्यों

के साथ संबंधों के आधार पर पवित्र माना गया है। वनों को उनके द्वारा प्रदत्त वस्तुओं और सेवाओं जिससे मंदिर या अन्य धार्मिक संस्थान संपोषित होते हैं, के आधार पर भी संरक्षित किया जाता रहा हैं[9]।

वैदिक संस्कृति के दौरान भी प्रत्येक गांव में एक छोटा जंगल अवश्य हुआ करता था, और कोई गाँव तब तक पूर्ण नहीं होता था जब तक उसके आस पास कोई वनीय क्षेत्र न हो। इस तरह यह सांस्कृतिक परिदृश्य की अवधारणा को जन्म देता है जैसे पवित्र वन और वृक्ष, पवित्र गलियारे और एक किस्म के रूप में नृ–वानिकी प्रथाएँ जो कि हमारे पारम्परिक समाज में पारिस्थितिकी तंत्र अवधारणाओं को प्रतिबिंबित करती है[6]। एक भू परिदृश्य को मूल्यवान और पवित्र मानते हुए इस परम्परा को आगे भी जारी रखा गया। यहाँ तक कि अलग–अलग प्रजातियों या सूक्ष्म इकाइयों को भी बाद के वैदिक काल में पवित्र माना जाता था। मंदिर वन, मठ वन, पवित्र और पूजनीय वृक्ष, पवित्र वन, पवित्र उपवन आदि इसके सबसे अच्छे उदाहरण हैं। हमारी प्राचीन शिक्षा प्रणाली भी बहुत कुछ आश्रम से संबन्धित थी जो सामान्यतः जंगलों में स्थित थे और इन आश्रमों को भी पवित्र माना जाता था। इस तरह का सबसे महत्वपूर्ण आश्रम नैमिषारण्य वन में स्थित ऋषि शौनक का था जिन्हें 10,000 शिष्यों के गुरु के रूप में परिभाषित किया गया है। कई आश्रमों के बीच स्थित ऋषि कण्व का आश्रम भी उस समय शिक्षा का एक प्रमुख केंद्र था जो मालिनी–सरयू (घाघरा) नदी की एक सहायक नदी के तट पर स्थित था। महर्षि व्यास का आश्रम भी शिक्षा के लिए अग्रणी माना जाता था, जहाँ व्यास जी अपने शिष्यों जैसे सुमंत्र, वैसंपायन, जामिनी, पैला और सुक (व्यास जी के प्रसिद्ध पुत्र एवं शिष्य) आदि को वेदों की शिक्षा दिया करते थे। इस अवधि के दौरान अन्य मुख्य आश्रमों में सरस्वती नदी के तट पर काम्यक वन में वशिष्ठ और विश्वामित्र के आश्रम के साथ ही कुरु जंगल में भी कई आश्रम थे। रामायण महाकाव्य में भी आश्रमों का वर्णन है जहाँ राम ने अपने 14 वर्ष के वनवास के दौरान भ्रमण किया था। संगम (इलाहाबाद) के निकट यमुना नदी पार करने के बाद राम अपनी पत्नी सीता और भाई लक्ष्मण के साथ चित्रकूट जंगल पहुँचे जिस क्षेत्र में ऋषि वाल्मीकि, ऋषि मांडव्य और सती अनसुया के पति ऋषि अत्री के आश्रम थे, जो सभी जंगलों में विद्यमान थे और पवित्र स्थलों में गिने जाते हैं। हस्तिनापुर, कुरु वंश की राजधानी खुद एक वन क्षेत्र में स्थित था। इसी तरह ऊपरी गंगा के मैदान में स्थित कुरु और पांचाल देश भी वनीय क्षेत्र में थे। देवी पुराण में नौ पवित्र जंगलों का वर्णन मिलता है जिनमें से कुरु, निमिषा और उत्पलरण्य जंगलों की स्थित ऊपरी गंगा के मैदानी इलाकों में बताया गया है। हस्तिनापुर में किए गए खुदाई के दौरान मिले परागकण का अध्ययन उन दिनों यहाँ पर चीड़ पाइन (*पाइनस राक्सबरघाई*), शीशम (*डलबर्जिया सिसु*) दुद्धि (*होलोराइना एंटिडिसेंटेरीका*) आदि प्रजातियों की उपस्थिति दर्शाता है[10]। इसी प्रकार पांचाल राज्य के अहिछत्र क्षेत्र में आँवला (*एम्ब्लिका आफिसिनेलिस*), बेर (*जिजिफस न्यूमुलेरिया*), गूलर (*फाइकस ग्लोमरेटा*) प्रजातियों की अधिकता थी[11]।

आश्रम जीवन के माध्यम से जंगलों और उसमें विचरण करने वाले जीवों से वहाँ रहने वाले लोगों के साथ ही स्थानीय लोगों की निकटता का बोध संस्कृत के महाकवि कालिदास द्वारा रचित अभिज्ञान शाकुंतलम और विक्रमोर्वशीयम से भी होता है। उन दिनों वन शांति और सौम्यता की जगह होते थे, जहाँ पौधे और जानवर लोगों के बहुत करीब हुआ करते थे। इसका मुख्य उदाहरण ऋषि आश्रम के पास शकुंतला द्वारा महाराजा

दुष्यन्त से एक हिरण को बचाया जाना था जिसे राजा दुष्यंत ने मारने की कोशिश की थी। वैशाली, कुशीनारा और चंपा जैसे प्राचीन शहरों में भी पवित्र उपवनों के होने का वर्णन मिलता है। वृक्षों को भी विशेष रूप से लगाया जाता था जिसमें बरगद, साल या अशोक विशिष्ट प्रकार के वृक्ष होने के रूप में वर्णित हैं। हिन्दू भारत की पारंपरिक मान्यताओं से ब्रजभूमि और वृन्दावन के आसपास के क्षेत्र हमेशा से ही एक बहुत अच्छा पर्यावरण संतुलन वाले क्षेत्र रहे हैं। प्राचीन भारतीय ग्रंथों ने सदियों से पवित्र उपवनों की अवधारणा पर प्रकाश डाला है। उदाहरण के लिए, वृन्दावन अपने पवित्र कदंब (*एंथोसिफैलस कदंबा*), पीपल (*फाइकस रेलीजिओसा*), तमाल (*गार्सिनिया हेन्बुरेई*), आम्लकी और वट (*फाइकस बेंघालेन्सिस*) के वृक्षों के उपवनों के लिए प्रसिद्ध था। प्राचीन समय में भी देवता या गंधर्व द्वारा जंगलों की देख भाल का जिक्र मिलता हैं जैसा कि पाराशर ऋषि के साहित्य में उपलब्ध कैत्ररथ वन, जहाँ देवताओं और गन्धर्वों का विचरण माना गया है। पाराशर ऋषि का आश्रम जिसे "वदरिकाश्रम" के नाम से जाना जाता है, इस क्षेत्र में बादरी (बेर प्रजाति) की प्रधानता को इंगित करता है[12]। महाभारत में भी कहा गया है कि देवराज इंद्र खांडव वन की रक्षा करने वाले देव थे यही वजह है कि यह क्षेत्र पांडवों द्वारा स्थापित नगर के रूप में जाना जाता था और जब इंद्रप्रस्थ की स्थापना के लिए यह वन अर्जुन और कृष्ण द्वारा जलाया जा रहा था तो इंद्र ने अपने वज्र के साथ अर्जुन पर प्रहार किया था। मतंग आश्रम (जहाँ राम की मुलाकात शबरी से हुई थी), पंपा सरोवर और ऋष्यमूक पर्वत (जहाँ वानर राज बाली के छोटे भाई सुग्रीव, हनुमान के साथ रहते थे), सभी वहाँ ऋषि मतंग के अभिशाप के कारण वानर राज बाली से सुरक्षित थे[13]। अतः प्राचीन समय में भी वन, वृक्ष और मनुष्य में अंतरंग संबन्ध थे जिससे वनों और वृक्षों को सुरक्षा और मनुष्यों को इसका प्रतिफल प्राप्त होता था।

5. निष्कर्ष एवं अनुशंसाएँ

जंगलों और प्रकृति की विविधता पुरातन काल से मानव जाति को आकर्षित करती रही है, और प्राकृतिक वातावरण में सद्भाव के साथ रहना भारतीय सभ्यता का एक अभिन्न अंग है। यह भारतीय पारम्परिक प्रथाओं, धार्मिक मान्यताओं, रीति–रिवाज, लोकगीत और कला और शिल्प के विभिन्न रूपों में भी दिखाई देता है। भारत में वनों के लिए धार्मिक कोड एवं उनकी पवित्रता देश के इतिहास, भू–परिदृश्य, और संस्कृति में पूर्ण रूप से अंतर्निहित है। ये संकेतक स्पष्ट रूप से संरचित और कई हजार साल से चले आ रहे एक मौखिक दिशा निर्देश, तथ्य और न्याय द्वारा समर्थित भी रहे हैं।

इस पृथ्वी पर उपस्थित सभी वस्तुएँ चाहे वह जल, नदी, वन, वृक्ष, जन्तु, अग्नि, वायु आदि कोई भी हो सभी को परमात्मा का अंश माना जाता है और इन सभी को किसी न किसी देवी या देवता के साथ जुड़ा हुआ माना गया है। हमारे सभी प्राचीन ग्रंथों जैसे वेद, रामायण, गीता, पुराण और महाभारत में जंगलों और उनमें पाये जाने वाले पादप और जीव जन्तु का विस्तृत वर्णन मिलता है। यह दर्शाता है कि प्राचीन काल में भी लोगों की वनों और प्राकृतिक संसाधनों से बहुत ज्यादा घनिष्ठता थी। हालांकि प्राचीन जंगल राक्षस, असुर, गंधर्व जनजातियों से भरे पड़े थे, लेकिन असंख्य आश्रमों और वहाँ प्रसारित होने वाली शिक्षा यह दर्शाती है कि ये शांति और सद्भाव के भी प्रतीक थे।

डेकन क्षेत्र के वन (दंडकारण्य) के विभिन्न स्थानों पर राम का भ्रमण, ऋषि अगस्त्य के साथ उनकी वार्ता एवं विभिन्न प्रकार के अस्त्रों को प्राप्त करना, और गोदावरी नदी के

तट पर स्थित पंचवटी वन में रहना सभी का वर्णन रामायण में है जिनको पवित्र माना जाता है। इसी तरह पांडवों का काम्यक वन, द्वैत वन और खांडव वन या नैमिष वन आदि वनों में स्थित विभिन्न स्थानों पर जाना एवं रहना आदि का वर्णन महाभारत में उल्लेखित है तथा ये सभी स्थान आज भी पवित्र माने जाते हैं।

विभिन्न जंगलों में स्थित आश्रम वैदिक काल से ही शिक्षा और जैव–विविधता के केंद्र रहे हैं जो मानव जाति और पर्यावरण के बीच निकट सहयोग के संकेतक हैं। अधिकांश प्राचीन भारतीय महाकाव्य और संहिता पादपों और जानवरों की विविधता और उनके संरक्षण व समुचित उपयोग का विधिवत वर्णन करते हैं। फूलों का महत्व प्राचीन काल से ही है जिसका वर्गीकरण चिकित्सीय उपयोग, धार्मिक उपयोग और अन्य सामान्य उपयोग और विभिन्न कारकों के आधार पर किया गया था।

इस प्रकार वन, वृक्ष और स्थान की पवित्रता प्राचीन काल से ही हिन्दू धर्म के अंश के रूप में अस्तित्व में है, जिन्हें वर्तमान समय में भी संजोए रखने की आवश्यकता है।

■■■■

2

पवित्र स्थल, वृक्ष एवं उपवन : एक संक्षिप्त विवरण

धार्मिकता से जुड़ी सभी वस्तुएँ सम्मान एवं श्रद्धा का विषय होती हैं। पवित्र या पावन के लिए अंग्रेजी शब्द सेक्रेड की उत्पति एक लैटिन शब्द सेसर से हुई हैं जिसका अर्थ होता है प्रतिबंधित करना या आकर्षक बनाना। एक स्थान, एक व्यक्ति, एक वृक्ष या एक वस्तु (पिंड) पवित्र रूप में अभिहित हो सकते हैं, जिसे विशेष अथवा विलक्षण समझा जाता है। ये पवित्र स्थान आमतौर पर न केवल भौगोलिक सुन्दरता लिए होते हैं बल्कि तीर्थ स्थानों की अपेक्षा अधिक पवित्र भी माने जाते हैं, जिससे इनके प्रति सहृदय सम्मान प्रकट होता है। लोगों की वंश वृद्धि तथा जीवन की अनवरतता के लिए इन स्थानों पर विश्वास किया जाता है क्योंकि जहाँ से हम आए हैं हमें एक दिन वहीं जाना है। आदिम मानव के मध्य समष्टि (समग्रता) के रूप में प्रकृति की अवधारणा अज्ञात थी तथा केवल अलग–अलग प्राकृतिक प्रतिभास (दृश्य) जैसे तारे, वर्षा तथा पशु ही प्राकृतिक रूप अथवा शक्तियाँ समझे जाते थे जो उस समय के मनुष्य को प्रभावित करता था तथा इस तरह ये आदर व उपासना के प्रतीक बने हुए थे।

1. पवित्र स्थल

पवित्र वन या क्षेत्र पूरे विश्व में व्यापक रूप में विद्यमान हैं जो विभिन्न अलग–अलग क्षेत्रों में फैले हुये हैं। इनके अंगभूत भागों को भी पवित्र प्राकृतिक स्थानों के रूप में माना जाता हैं। घास स्थलियाँ, नदियाँ तथा उनके उद्‌गम स्थल जैसे उत्तराखण्ड में गंगोत्री तथा यमुनोत्री, मध्य प्रदेश में अमरकंटक आदि पवित्र स्थान हैं। नदी तटीय क्षेत्र की अनुश्रुतियाँ (दंतकथाएँ) या कहानियाँ अलग–अलग स्थान अथवा स्थान समूह का इतिहास और तीर्थ यात्रा के मार्ग जैसे सदियों पूर्व भगवान श्री राम जिस मार्ग से होते हुए लंका को गए थे, या इसी प्रकार से मिलते–जुलते अन्य मार्ग भी पवित्र माने गए हैं। ये पावन प्राकृतिक स्थान पर्यावरण संरक्षण के लिए महत्वपूर्ण क्षेत्र हैं[(14)]। कुछ खास पवित्र स्थान सदियों और यहाँ तक की सहस्राब्दियों से अचल रूप से विद्यमान हैं जो हजारों लोगों, श्रद्धालुओं, तीर्थ यात्रियों तथा दर्शकों को आकर्षित कर रहे हैं। उदाहरण के रूप में कुछ स्थान जैसे बिहार में बौद्ध गया, महाराष्ट्र में अजंता एलोरा तथा ऐलीफेंटा की गुफाएँ तथा पंजाब में अमृतसर हैं। भारत के विभिन्न भागों जैसे हरिद्वार, इलाहाबाद, नासिक तथा उज्जैन कुम्भ मेले के आयोजन के लिए प्रसिद्ध हैं जहाँ लोग पवित्र नदियों में डुबकी लगाते हैं, जबकि राजस्थान के जैसलमेर में रामदेवरा, अजमेर में पुष्कर, बाँसवाड़ा में बणेश्वर धाम अन्य पवित्र स्थल हैं। प्रतापगढ़ जिले में सीता माता अभ्यारण्य तथा

बासवाड़ा के घोटिया अम्बा स्थान भी पौराणिक रूप से भगवान राम से जुड़े हैं। यद्यपि सीता माता अभ्यारण्य महर्षि वाल्मिकी आश्रम तथा देवी सीता के दोनों पुत्रों 'लव–कुश के जन्म स्थान से सम्बन्धित बताया जाता हैं। घोटिया अंबा श्री राम व पांड़वों से संबंधित हैं जिनमें भगवान श्रीराम रामकुण्ड पर तथा पांड़व भीम कुण्ड पर अपने वन निर्वासन के दौरान आए थे। यहाँ पांडवों ने वर्षा ऋतु के दौरान भीम कुण्ड से घोटिया अंबा से जुड़ी एक सुरंग को मार्ग के रूप में प्रयोग किया था। पवित्र उपवन ऐसे स्थान हैं जिसके अंदर मानवीय गतिविधियाँ, जो नुकसानदेह होती हैं, वर्जित होती हैं अथवा इनमें प्रवेश विशिष्ट वर्गों जैसे कर्मकाण्ड विशेषज्ञों, स्वास्थ्य लाभ देने वालों या वरिष्ठ जन के लिए ही सीमित होता हैं। इन पवित्र स्थानों को एक सम्मिश्रित स्थानों के रूप में भी देखा जाता हैं जिनका विस्तार प्राकृतिक से सामाजिक–सांस्कृतिक, प्रागैतिहासिक से लेकर ऐतिहासिक, आधुनिक या नव सृजित, गुप्त या निजी से लेकर सार्वजनिक, एकल संस्कृति (या धर्म) से लेकर बहु सांस्कृतिक (या बहु–धार्मिक) तक होता हैं। इनका गुणों की दृष्टि से आंतरिक से बाह्य, तार्किक से अतार्किक तथा संरक्षित से संकटापन्न में उपयोगी तौर पर भिन्न–भिन्न विश्लेषण भी किया जा सकता हैं।

2. पूज्य पौधे

पौधे पर्यावरण में सजीव व निर्जीव को जोड़ने वाले प्रमुख माध्यम हैं। वृक्षों और मनुष्यों के मध्य एक अनूठा संबंध हैं[13,15]। उदाहरणस्वरूप वृक्ष तथा मनुष्य दोनों ही ऐसी वायु उत्सर्जित करते हैं जो दूसरों के जीने के लिए आवश्यक हैं। वृक्ष प्रकाश संश्लेषण प्रक्रिया में एक उप उत्पाद के रूप में ऑक्सीजन उत्पन्न करते हैं जिसका हम श्वास लेने में उपयोग करते हैं, वहीं हम ऑक्सीजन लेकर कार्बन डाइ आक्साईड उत्सर्जित करते हैं जिसका उपयोग वृक्ष अपना भोजन बनाने में करते हैं जो मुख्य रूप से कार्बोहाइड्रेट होता हैं। वृक्ष संसार की अनेक पौराणिक कथाओं तथा धर्मों के प्रोत्साहन में महत्वपूर्ण भूमिका अदा करते हैं तथा युगों से इनका पवित्र व सम्मानजनक स्थान भी रहा हैं। वृक्ष भौतिक तथा आध्यात्मिक सुख, रूपान्तरण, उदारता, अवलंब (सहारा), आत्मिक विकास, मेल–जोल, एकता तथा फलने–फूलने के प्रतीक रहे हैं[17]। इसके अतिरिक्त जन्म व मृत्यु के स्थान पर धार्मिक तीर्थ स्थानों, शांति, रीति–रिवाज, प्रधान समारोह व उत्सवों में वृक्षों का धार्मिक रस्मों में प्रयोग किया जाता हैं[18,19]। भारत के प्रत्येक भाग में वृक्षों की पवित्रता को बताया गया हैं[20]। देवदार (*सेड्रस देवदारा*) को देवताओं का निवास स्थान समझा जाता है, साल (*सोरिया रोबस्टा*) का उत्तर प्रदेश, बिहार, मध्यप्रदेश में आदर किया जाता हैं तथा दक्षिण भारत में नारियल को सम्मान की दृष्टि से देखा जाता हैं। उसी प्रकार से रूद्राक्ष (*इलिओकार्पस गेनाइट्रस*), बेल (*एगिल मारमिलोस*), अशोक (*सराका असोका*), कदंब (*एंथोसिफैलस चाइनेन्सिस*), पीपल (*फाइकस रेलीजिओसा*), कल्पवृक्ष (*एडेनसोनिया डिजिटेटा*) तथा खेजड़ी (*प्रोसोपिस सिनरेरिया*) राजस्थान में पवित्र समझे जाते हैं। सर्वोत्तम उदाहरण के रूप में राजस्थान में पाया जाने वाला 'कल्प–वृक्ष' हिंदू पुराणों के अनुसार मनोकामनाएँ पूर्ण करने वाला वृक्ष हैं। ये राजस्थान के अजमेर के निकट मांगलियावास में हैं जिसकी पिछले 800 से अधिक वर्षों से हिन्दू लोगों द्वारा श्रावण मास की अमावस्या को पूजा की जाती हैं (प्लेट 2.1)। ऐसा विश्वास हैं कि ऋषि 'दुर्वासा' कल्प–वृक्ष के नीचे बैठकर ध्यान लगाते थे तथा यह भी माना जाता हैं कि देवी

पार्वती ने अपने अकेलेपन को कम करने के लिए कल्प–वृक्ष से प्रिय पुत्री अशोक सुंदरी को उत्पन्न किया था।

बन्नी (*अकेसिया फेरुगिनिया*) को भी पवित्र माना जाता है क्योंकि यह वह वृक्ष हैं जिसे महाभारत के समय पांड्वों के अपने एक वर्ष के अज्ञातवास के दौरान अर्जुन ने अपने गांड़ीव (धनुष) तथा बाणों को छिपाने के लिए सुनिश्चित किया था[21]। लेकिन दूसरी किंवदन्ती के अनुसार वस्त्रों तथा हथियारों के छुपाने में प्रयुक्त वृक्ष खेजड़ी था। मनुष्य ने पुरातन समय से ही अपनी विभिन्न आवश्यकताओं की पूर्ति एवं प्रतिरक्षा हेतु इन वृक्षों का प्रोत्साहन एवं उनकी रक्षा की हैं। वृक्षों की रक्षा के लिए जीवन का बलिदान देना राजस्थान के इतिहास में भी देखा जा सकता हैं। जब जोधपुर के राजा ने वर्ष 1730 ई. में चूना उत्पादन हेतु भट्ठी में प्रयोग के लिए खेजड़ली गांव में खेजड़ी के वृक्षों को काटने के लिए सैनिकों को आदेश दिया। तब सैनिकों के साथ श्रमिक लोक देवी के निषेध को स्वीकार नहीं करते हुये व ग्रामीणों से यह कहते हुए वृक्ष काटने को तत्पर हो गए कि ''अगर तुम वृक्षों को बचाना चाहते हो तो कर अदा करो; अगर कर अदा नहीं करोगे तो हम वृक्ष काटेगें''। इसके प्रत्युत्तर में एक महिला अमृता देवी ने अपने एक तुकबंदी दोहे में ऐसे कहा –

दाम दिया दाग लागे, टुकड़ो न देवा दान।
सिर साटे रूख रहे, तो भी सस्तो जाण।

इस नारे के साथ ग्रामीण खेजड़ी वृक्षों के तनों के साथ लिपट गए जबकि श्रमिकों ने अपनी कुल्हाड़ी से उन्हें काटना आरम्भ किया। इस घटना क्रम में एक के बाद एक 363 लोग वृक्ष को बचाने के निमित्त हताहत हुए। इस प्रकार के विश्वास व समर्पण का एक अन्य उदाहरण पर्वतीय पौधे *सौसुरिया आबवेलेटस* तथा *डेल्फिनियम वेस्टिटम* को, जिन्हें स्थानीय देवताओं के साथ जोड़कर एवं निश्चित दिन व समय के दौरान गांव के पुजारी को छोड़कर गांव के किसी भी व्यक्ति तथा बाहरी व्यक्ति को फूल तोड़ने की अनुमति न देकर, संरक्षित किया गया हैं[22]। पूज्य वृक्ष केवल हिन्दू परम्पराओं से ही संबंधित नहीं हैं बल्कि शेमेनिक, इजीप्शियन, सुमेरियन, टोल्ती, मायण, नोर्स्क, सेल्टिक तथा क्रिश्चियन परम्पराओं से भी संबंधित हैं तथा यह समग्र संसार में व्याप्त प्राचीन संस्कृतियों में वृक्षों के अस्तित्व के विश्वास का प्रसार करता है (सारिणी 2.1)। विश्व संरक्षण निगरानी केंद्र (1982) शिकार करने और इसका संग्रह कर जीवन यापन करने वाले समुदायों की संरक्षण सम्बन्धी इस परम्परा को हजारो वर्षों अथवा कृषीय युग से पूर्व के समय को स्पष्ट करता हैं। धरती पर विशालतम पौधों के रूप में वृक्ष पौराणिक कल्पना के लिए एक मुख्य प्रेरणा स्रोत रहे हैं तथा अपने स्वयं के विलक्षण गुणों के कारण ये वृक्ष सभी संस्कृतियों में प्रदाता के रूप में पूजनीय रहे हैं। इसके अंतर्गत एक अकेला वृक्ष या वृक्षों का समूह अथवा उपवन की पूजा करने की प्रथा एशिया तथा यूरोप को सम्मिलित करते हुए पूरे संसार के अधिकतर जगहों पर अलग–अलग समय फलती फूलती रही हैं[23]। ईसाईयत व इस्लाम में वृक्षों की पूजा–अर्चना (अराधना) को मूर्तिपूजा के रूप में लिया गया जिसके कारण यूरोप तथा अधिकतर पश्चिम एशिया में शायद यह वनों के विनाश के रूप में परिलक्षित हुआ।

सारिणी 2.1. संसार के कुछ पूजनीय वृक्ष तथा इन वृक्षों में विहित परम्परा

स्थानीय नाम	वानस्पतिक नाम	परम्परा
विलो वृक्ष	*सैलिक्स एल्बा*	जापानी परम्परा के अनुसार ऐसा विश्वास हैं कि जहाँ कहीं भी विलो का वृक्ष होता हैं, वहाँ प्रेत का वास होता हैं।
ऐश वृक्ष	*फ्रेक्सिनस* प्रजाति	यह वृक्ष स्वास्थ्य लाभ देने तथा सम्मोहन से संबंधित हैं जैसे वेल्श जादूगर या भगवान ग्विडियन के पास ऐश वृक्ष की छड़ी होती हैं। यह वृक्ष देव ओडिन के नोर्स मत से भी संबंधित हैं।
पवित्र ओक	*क्वेरकस मेहलेनबरगी*	देशी भारतीय दन्त कथाएँ दावा करती हैं कि यह वृक्ष स्वास्थ्य लाभ देने की शक्ति रखता हैं। यह भारतीयों के द्वारा एक पवित्र पुण्यदायी वृक्ष के रूप में देखा जाता है, इस वृक्ष की पूजा मनोकामना पूर्ति के लिए की जाती हैं।
इटैलियन साइप्रस	*क्यूप्रेसस सेमपरवीरेन्स*	यह वृक्ष एक 'विषादपूर्ण वृक्ष' के रूप में जाना जाता हैं तथा गत 2000 वर्षों से मृत्यु व शोक से संबंधित रहा हैं।
बोधी वृक्ष	*फाइकस रेलिजीओसा*	महात्मा बुद्ध ने इस वृक्ष के नीचे ज्ञान प्राप्त किया था जिससे यह वृक्ष उनकी मृत्यु के बाद उनकी उपस्थिति तथा पूजा का निमित्त समझा जाने लगा।
वित्च वृक्ष	*थुजा आक्सीडेंटेलिस*	चिपेवा भारतीय आदिवासी लोगों में यह वृक्ष पवित्र माना जाता हैं। लेकिन लोगों का अब इस वृक्ष के समीप जाना प्रतिबंधित हैं।
बरगद (वट) वृक्ष	*फाइकस बेंघालेन्सिस*	अपनी आकृति के कारण यह वृक्ष अविनाशी जीवन को दर्शाता हैं। श्रीमद्भगवत गीता में भगवान श्री कृष्ण अर्जुन को जीवन का सही अर्थ बताने के लिए वट वृक्ष का एक प्रतीक के तौर पर प्रयोग करते हैं।
लेबनानिज सीडर	*सेड्रस लेबनानी*	यह वृक्ष ईसाई धर्म में काफी महत्वपूर्ण हैं तथा बाईबल में 75 बार इसका नाम संकलित हैं। यह लेबनान का राष्ट्रीय गौरव का प्रतीक भी हैं।
कल्प वृक्ष	*एडेन्सोनिया डिजिटेटा*	इस वृक्ष के अपने विशालकाय आकार, जड़ों, आकर्षक रूप तथा दीर्घकालिक क्षय के कारण लोगों का विश्वास हैं कि कल्प वृक्ष मृत आत्माओं की चमत्कारिक विशेषताओं को रखता हैं तथा विवेकपूर्ण निर्णय लेने में सहायता करता हैं।
क्रिसमस वृक्ष	*एबीज अल्बा पिरैमिडेलिस*	अत्यधिक प्रसिद्ध यह वृक्ष परम्परा में यूले वृक्ष के रूप में जाना जाता हैं तथा घर से बाहर इसे लटकती मोमबत्तियों से सजाया जाता हैं।

भारत विश्व में एक ऐसा देश हैं जहाँ विभिन्न समुदाय के लोग भिन्न–भिन्न रूप में प्रकृति की पूजा करते हैं[24]। पत्थरों व पहाड़ों की पूजा, पौधों और वृक्षों की पूजा, पशुओं की पूजा, तत्वों की पूजा, आकाशीय पिण्ड़ों की पूजा, यहाँ तक कि मनुष्य की पूजा उनमें से कुछ हैं[25]। पवित्र उपवनों के रूप में देवी–देवताओं तथा पूर्वजों को समर्पित वृक्षों और वन खण्ड़ों को संरक्षण देकर प्रकृति पूजा की चली आ रही परम्परा तीसरी व चौथी सहस्राब्दी ईसा पूर्व से भी प्राचीन हैं जो कि उच्च विकसित हडप्पा सभ्यता के दौरान का समय है[26, 27]। मोहनजोदड़ो की मुहरों पर विशाल पीपल वृक्ष के साथ उसके तने से लगे गेण्डे के दो सिंगों की नक्काशी इस प्रकार का एक अन्य उदाहरण हैं। यहाँ तक कि वैदिक समय के दौरान वृक्षोपासना का एक महत्वपूर्ण स्थान होता था जहाँ सोम देव का वनस्पतियों के प्रधान देवता के रूप में वर्णन किया गया हैं। हिन्दू धर्म अनेक वृक्षों तथा

औषधीय पौधों से जुड़े हुए उत्सवों के आयोजन से समृद्ध हैं (सारिणी 2.2)। विभिन्न प्रजातियों के अनेक वृक्ष अलग–अलग देवताओं से संबंधित हैं। उदाहरणस्वरूप पीपल, बरगद, गूलर भगवान विष्णु जी से संबंधित हैं, जबकि बेल तथा मौलश्री भगवान शिव को अतिप्रिय हैं। भगवान दत्तात्रेय का सम्बंध गूलर से हैं, जबकि रूद्र देव (भगवान शिव का ही एक रूप) बेल वृक्ष तथा रूद्राक्ष से संबंधित हैं। *अकेसिया फेरुगिनिया* भी एक सम्मानित वृक्ष हैं क्योंकि यह शनि देव तथा अग्निदेव का प्रतिनिधित्व करता हैं।

सारिणी 2.2. भारत में धार्मिक पर्व तथा उनसे संबंधित पवित्र वृक्ष

पर्व	पर्व का माह	संबंधित प्रजाति
महाशिवरात्रि	फरवरी	बेल, बेर, धतूरा
शीतलाष्टमी	मार्च	नीम
दशा माता	मार्च / अप्रैल	खेजड़ी या शमी
नीम सप्तमी	अप्रैल	नीम
वट सावित्री	मई	वट (बरगद)
बिल्व मंगल	मई–जून	बेल
सावन के सोमवार	जुलाई मध्य–अगस्त मध्य	बेल
कादी व्रत	सितम्बर	केला या कदली
जीवित पुत्रिका	सितम्बर / अक्टूबर	बरियारा, भुईनी
चौथ व्रत	नवम्बर	गन्ना
प्रबोधिनी एकादशी या तुलसी विवाह	नवम्बर	तुलसी
सोमवारी अमावस्या	महीने की अमावस्या तिथि जो सोमवार को पड़ती हो।	पीपल
आंवला एकादशी	मार्च	आंवला

भारत में लगभग प्रत्येक त्यौहार किसी न किसी पेड़ या अन्य पौध प्रजाति तथा विभिन्न प्रजातियों से प्राप्त खाद्य पदार्थों से जुड़ा हैं। फसल कटाई का उत्सव एक वार्षिक समारोह होता हैं जो कि कटाई के निर्धारित समय से संबन्धित होता हैं। संसार में जलवायु तथा फसलों में अंतर को देखते हुए फसल कटाई के समय होने वाले उत्सव भिन्न–भिन्न स्थानों पर अलग–अलग समय में होते हैं। चेरी वृक्ष के वार्षिक पुष्पण (फूलों से लद जाने की अवस्था) का उत्सव जापान या हनोई में जापानी जीवन का प्रमुख आकर्षण हैं। इस समय हर उम्र के लोग घर से बाहर समय व्यतीत करते हैं। फूलों से लदे हुए चेरी वृक्षों की सुन्दरता का लोग अपने परिवार, मित्रों तथा सहकर्मियों के साथ दिन–रात आनंद लेते हैं। मौसम के अनुसार इस उत्सव की प्रमुख गतिविधियों में खाद्य पदार्थ जैसे बांस तना, चावल की पिण्डियाँ तथा जंगली सब्जियाँ खाना, खेल खेलना, संगीत वाद्यों को सुनना तथा गायन आदि शामिल हैं[(28)]। फसलों की कटाई से संबंधित पंजाब का 'बैसाखी' त्यौहार सौर कैलेण्डर के अनुसार अप्रेल माह की 13वीं तिथि को मनाया जाता हैं, इस दिन से भारत में हिन्दू सौर नव वर्ष आरम्भ होता हैं। अतः इस दिन को पूरे देश में नववर्ष दिन के रूप में अलग–अलग नामों से मनाया जाता हैं जैसे उत्तर भारत में विशेषकर पंजाब तथा हरियाणा में रबी की फसल कटाई के समय। इस पर्व को एक प्रकार से प्रकृति की जैवविविधता के उत्सव के रूप में भी देखा जा सकता हैं। भारत में विभिन्न व्रतों के समय चौलाई तथा कुट्टू वनस्पति का प्रयोग करना एक आम विधान

हैं। यह इस बात को प्रकट करता हैं कि हमारे पूर्वज अरसे से यह जानते थे कि चौलाई व कुट्टू अन्न की श्रेणी में नहीं आते हैं। उदाहरण के लिए असम, भारत में डिमासास समुदाय द्वारा पवित्र समझे जाने वाले 31 पादप प्रजातियों में से 13 प्रजातियाँ पूजा–अर्चना किए जाने से संबंधित हैं, 21 प्रजातियों के नाम का उपयोग किसी क्षेत्र विशेष अथवा गावों के नामकरण में किया जाता हैं जबकि 8 प्रजातियाँ वंशों (कुटुम्बों) के नामकरण से जुड़ी हुई हैं[29]।

3. पूज्य उपवन

आदर्श भौगोलिक विशेषताओं से युक्त व समुदाय केन्द्रित जैव–विविधता के भण्डार पवित्र उपवन प्रकृति का ही एक भाग हैं। वास्तव में ये उपवन वनों के खण्ड या वृक्षों के समूह होते हैं जो जीवन के अन्य पक्षों से संबंधित हैं तथा जिनकी सुरक्षा विश्वास और धार्मिक मान्यताओं पर आधारित हैं[30]। ये उपवन क्षेत्रीय या लोक देवियों या देवताओं को समर्पित होते हैं जिसके कारण उपवन क्षेत्र में साधारण सी क्षति या नुकसान करना पूर्णतः निषिद्ध होता हैं। पवित्र उपवन या देववन क्षेत्रीय पारितंत्र के विशुद्ध खण्ड के रूप में देखे जाते हैं तथा ये स्वस्थान पर आनुवांशिक स्रोतों के संरक्षण एवं अनेकों संकटग्रस्त व स्थानिक प्रजातियों के लिए शरणस्थली के रूप में कार्य करते हुए अनोखे उदाहरण भी प्रस्तुत करते हैं[31]। साधारणतया इन पवित्र उपवनों में वृक्षों या उनकी शाखाओं या टहनियों को काटना–तोड़ना कड़े तौर पर वर्जित होता हैं। यहाँ तक की इन उपवनों में वृक्षों से नीचे गिरी हुई पत्तियों को एकत्र कर ले जाने की भी अनुमति कम ही होती हैं। कहीं–कहीं पवित्र उपवन दाह संस्कार करने या शव गाड़ने की भूमि से भी संबंधित होते हैं।

संसार में पवित्र उपवनों के वितरण सम्बन्धी साहित्य यह दर्शाता हैं कि जैव–विविधता के संरक्षण के लिए पूज्य उपवनों की अवधारणा (व्यवस्था) विश्व भर में स्थानीय समुदायों द्वारा अपनाई जाती रही हैं[32], जैसे ऑस्ट्रेलिया की आदिम जातियाँ, काकेसस पर्वतीय क्षेत्र के समुदाय, प्राचीन स्लेविक मानव, जर्मन आदिवासियों[33], ग्रीक तथा रोम के लोग, अफ्रीका के कियूकू जाति[34], और पूर्वी अफ्रीका के म्बीरे आदिवासी[35]। ईसाईयत तथा इस्लाम के फैलाव से पूर्व मध्य पूर्व एशिया तथा यूरोप के अधिकतर भागों में पूज्य देव वनों की अधिकता थी। फ्रेजर[36] ने भी ऐसे पवित्र उपवनों का जिक्र किया हैं जिनकी संख्या यहाँ व्यापक थी या जो अभी यूरोप, भारत, आस्ट्रेलिया, अमेरिका, अफ्रीका, चीन तथा जापान में हैं। सेल्टोसों के बीच पुरोहितों द्वारा की जाने वाली ओक वृक्ष की उपासना काफी ज्यादा प्रचलित हैं। स्वीडन की प्राचीन धार्मिक राजधानी उपासला में एक पवित्र उपवन हैं जिसमें उपलब्ध प्रत्येक वृक्ष को दिव्य समझा जाता हैं। फिनिश, यूग्रियन कबीलों में भी ऐसे पवित्र उपवनों जो बाड़ द्वारा सुरक्षित किए जाते हैं, मूर्ति पूजा काफी प्रचलित हैं। अफ्रीका महाद्वीप, जहाँ आदिवासी समुदायों की अधिकता हैं, वह भी पवित्र वनों तथा देव वनों से भरा पूरा है[37–41]।

4. भारत में पवित्र उपवन

भारत में पवित्र उपवन चिरकाल से विद्यमान हैं और संसार के अधिकतम सघन पवित्र उपवन भारत में ही हैं। भारतीय समाज में निहित विभिन्नता धार्मिक विश्वास, रीति–रिवाज, विभिन्न प्रकार के निषेधों, संस्कृति, भाषा तथा आजीविका की अवधारणाओं के

अनुरूप पवित्र उपवन की उपलब्धता लगभग 4000 से अधिक सजातीय समूहों के आकार तथा संघटन के अनुसार परिवर्तित होती हैं[42,43]। इससे भी अधिक अन्य मुख्य धर्मों के अपने वर्चस्व की कायम करने की अपेक्षा हिन्दू धर्म के लचीले नियमों तथा जनजातियों को शामिल करने तथा असंख्य स्थानीय रीति–रिवाजों को अपने अन्दर समाहित करने की क्षमता के कारण भारत में पवित्र उपवनों की एक बड़ी संख्या अब भी विद्यमान हैं। ये पवित्र उपवन वनस्पति, जीवन के अन्य स्वरूपों तथा भौगोलिक विशेषताओं को लिए हुए प्रकृति के सघन वनीय भू–भाग होते हैं, जिन्हे मानव समाज द्वारा परिसीमित व संरक्षित रखकर विश्वास व धार्मिक मान्यता के द्वारा अपेक्षाकृत अछूता रखा गया हैं[44–47]। ये पवित्र उपवन स्थानीय समुदायों द्वारा अपने पूर्वजों की आत्माओं अथवा स्थानीय देवी–देवताओं को समर्पित होते हैं। इन पूजनीय उपवनों को स्थानीय समुदायों द्वारा आमतौर पर रीति–रिवाजों के आधार पर तथा सांस्कृतिक पारिस्थितिकी आशय से निषेध व अनुशास्ति द्वारा संरक्षित किया जाता हैं। क्षेत्र विशेष के वानस्पतिक इतिहास पर निर्भर करते हुये ये वन बहु–प्रजातियों, बहु–श्रेणी प्राथमिक वन या वृक्षों के एक समूह द्वारा बने होते हैं। कभी कभी ये उपवन एक ही वृक्ष प्रजाति से संघटित होता हैं, जबकि एक अकेला वृक्ष भी क्षेत्र में अपने आकार तथा उपयोगिता के कारण उपवन के समान ही पवित्र समझा जा सकता हैं जैसे की बरगद (*फाइकस बेंघालेन्सिस*) का वृक्ष। पवित्र उपवनों का अस्तित्व व महत्व के बारे में भारत के प्रथम महानिरीक्षक सर डी. ब्रेंडिस[48] द्वारा वर्णित शब्दों का अनुवाद इस प्रकार हैं –

> "भारत में पवित्र उपवनों से संबंधित बहुत कम जानकारियाँ प्रकाशित हुई हैं, परन्तु पवित्र उपवन अपेक्षाकृत बहुत अधिक संख्या में हैं। मैने इन्हें लगभग सभी राज्यों में पाया हैं। एक उदाहरण के स्वरूप मैंने गारो और खासी पहाड़ियों का उल्लेख किया है........ मद्रास राज्य के कुर्ग का देवरा काडुस और सालम जिले की सभी पर्वत श्रेणियों ....शुष्क क्षेत्रों में विशेष तौर पर राजपूताना में पवित्र उपवन बहु संख्यक रूप में हैं...........मेवाड़ में ये ज्यादातर काला धोकड़ा (*एनोगीसस पेंडुला*) से संघटित हैं......... प्रतापगढ़ तथा बांसवाड़ा में .... पवित्र उपवनों को मालवन कहा जाता है, जिसमें एक ही प्रजाति के वृक्ष होते हैं............ये.............नियमानुसार धार्मिक भवनों के निर्माण या मरम्मत कार्य हेतु लकड़ी की आवश्यकता को छोड़कर इनके अन्दर कभी कुल्हाड़ी नहीं चलाई जाती है"।

पवित्र उपवनों व विभिन्न मानवजातीय समूहों के जुड़ाव से संबन्धित उपलब्ध जानकारी यह सूचित करती हैं कि पवित्र उपवन आदिवासी तथा गैर आदिवासी दोनों ही समाजों में पाये जाते हैं। यह क्षेत्रीय स्तर पर मानव जातीय संबंधों में विभिन्ता को दर्शाता हैं। फिर भी इन पवित्र उपवनों के साथ भिन्न–भिन्न वर्णों की जातियों का संबन्ध अभी तक अस्पष्ट हैं। इसी प्रकार गैर आदिवासी प्रकार बिहार, मध्य प्रदेश, उड़ीसा, पश्चिम बंगाल आदि राज्यों में जहाँ आदिवासी तथा दोनों ही समुदाय पाये जाते हैं, गैर आदिवासी क्षेत्रों में भी पवित्र उपवनों का अस्तित्व समझ से परे हैं। वास्तव में पवित्र उपवनों में विभिन्न देवियों और देवताओं की पूजा की जाती हैं तथा प्रत्येक उपवन में किसी न किसी लोक देवता या देवी का वास होने के कारण इनका नामकरण भी उन्हीं के नाम पर किया जाता हैं। मध्य प्रदेश, भारत के पंचमढ़ी जीव–मण्डल आरक्षित क्षेत्र में कुल 19 देवताओं की स्थानीय लोगों द्वारा पूजा–अर्चना की जाती हैं[48]। अधिक महत्वपूर्ण बात यह हैं कि पवित्र उपवनों से जुड़े विभिन्न पारम्परिक रीति रिवाज हिमालय, पूर्वोत्तर

भारत, बिहार के पर्वतीय क्षेत्रों, उड़ीसा, मध्यप्रदेश, आन्ध्रप्रदेश, कर्नाटक, तमिलनाडु तथा केरल आदि प्रदेशों में पहले से ही प्रतिवेदित हैं[(49–51)]। एक आकलन के अनुसार भारत में पवित्र उपवनों की संख्या 1,00,000 तथा 1,50,000 के मध्य हैं जो लगभग 1,00,000 हेक्टेयर क्षेत्र से अधिक भूमि को आच्छादित करते हैं[(52–54)]। परन्तु लिखित प्रमाणयुक्त देव वनों की संख्या इनकी तुलना में बहुत कम हैं (सारिणी 2.3)। ये पवित्र उपवन अपने पर्यावासों की भिन्नता के साथ संसाधनों से सम्पन्न वनाच्छादित पश्चिमी घाट तथा पूर्वोत्तर के प्राकृतिक स्थानों से लेकर प्राकृतिक संसाधनों से अति वंचित दशाओं वाले रेगिस्तानी उत्तर–पश्चिम तथा मध्य भारत में भी स्थित हैं। हिमालयी क्षेत्र में सबसे बड़ी पवित्र उपवनों की संख्या जो लगभग 5,000 हैं, हिमाचल प्रदेश में दर्ज हैं[(56)]।

सारिणी 2.3. भारत में दर्ज किए गए पवित्र उपवन उनके स्थानीय नाम व स्रोतो के साथ

क्रम	राज्य	स्थानीय नाम	संख्या	संदर्भ
1	आंध्र प्रदेश	पवित्र वन	761	57, 58
2	अरुणाचल प्रदेश	गुंफा वन	65	59, 60
3	असम	थान, मडेको	40	60
4	बिहार	सरना	–	–
5	छत्तीसगढ़		600	61, 62
6	दिल्ली		1	63
7	गोवा	देवराइस	55	64
8	गुजरात	देवराई, पन्न	65	65–68
9	हरियाणा		248	69
10	हिमाचल प्रदेश		5000	56
11	जम्मू और कश्मीर		96	70–71
12	झारखंड	सरना	21	72
13	कर्नाटक	देवरा काडु	1424	73, 74
14	केरल	कावु, सारा कावु	2000	75
15	मध्य प्रदेश	–	275	76
16	महाराष्ट्र	देवराई, देवरहटी, देवगुड़ी	2808	77
17	मणिपुर	गमखप, मौहक	365	60
18	मेघालय	की ला लिंगदोह, की ला किन्तांग, की ला नियाम	79	60, 78
19	मिजोरम	मामून्द, ङ्गावपुई	काफी	78
20	उड़ीसा	जहेरा, ठाकुरम्मा	322	79, 80
21	पांडिचेरी	कोविल काडु	15	81
22	राजस्थान	ओरण, केंकरी, जोगमाया	3164	24, 82
23	सिक्किम	गुम्पावन	56	60
24	तमिलनाडु	स्वामी शोला, कोइलकाडु	448	83
25	उत्तराखंड	देवभूमि, बुग्याल	55	84
26	उत्तरप्रदेश	–	36	85–88
27	पश्चिम बंगाल	गरमथान, हरीथान, जहेरा, सबीत्रिथन, संथाल बुरीथान	670	89
	कुल		18669	

पूर्वोत्तर में मेघालय का पूर्वी खासी पहाड़ी जिला क्षेत्र तथा असम में कारबी एंगलांग जिले भी छोटे–बड़े विभिन्न आकारों के पवित्र उपवनों से समृद्ध हैं। ये दोनों जिले यहाँ की मूल जनजातियों की जनसंख्या से आबाद हैं, जो कि क्षेत्र में पवित्र उपवनों के संरक्षण के विभिन्न प्रकार के उपाय के उदाहरण प्रस्तुत करती हैं[(90–95)]। मिजोरम में प्रत्येक गांव के पास अपना एक पवित्र उपवन हैं जिनका आकार एक गांव से दूसरे गांव में अलग–अलग होता हैं। पश्चिमी घाट से संबंधित राज्य महाराष्ट्र, गोवा, कर्नाटक, तमिलनाडु तथा केरल विश्व जैव–विविधता के बेहद संवेदनशील स्थानों में से एक हैं। यहाँ पवित्र उपवनों की संख्या संतोषजनक हैं और अकेले कर्नाटक में ही करीब 1500 पवित्र उपवन दर्ज हैं। उच्च आबादी से युक्त उत्तर प्रदेश में भी पवित्र उपवनों की संख्या काफी अधिक हैं, जहाँ केवल देवी पाटन क्षेत्र में ही 32 पवित्र उपवनों के होने की जानकारी दी गइ हैं[(85)]। वृक्षों की कटाई तथा अन्य किसी संसाधन को क्षति पहुँचाना छोटे उपवनों में बिल्कुल निषिद्ध होता हैं जबकि बड़े उपवन प्रायः संसाधनों के स्रोत रूपी वनों के रूप में कार्य करते हैं जिनमें से लोगों को अकाष्ठ वन उत्पादों को अपने भरण–पोषण के लिए प्राप्त करने की अनुमति होती हैं। केरल में लगभग 2000 पवित्र उपवनों का अभिलेखन किया गया हैं जिनमें से 100 से भी अधिक सर्प प्रजातियों को समर्पित हैं, जो कृषीय फसलों को नुकसान करने वाले कीटों तथा चूहों की संख्या को नियंत्रित रखकर फसलों को बचाते हैं। राजस्थान ऐसा दूसरा क्षेत्र हैं जहाँ पवित्र उपवनों, जो यहाँ ओरण के नाम से जाने जाते हैं, की संख्या गांवों की संख्या से भी अधिक हैं[(96,97)]। राजस्थान के जोधपुर जिले के 1846 ग्रामों में सामुदायिक संसाधनों पर किए गए एक सम्पूर्ण सर्वेक्षण में, जिसमें ओरण (देववन), गोचर तथा अन्य शामिल हैं, ओरण, गोचर, अगोर तथा परती भूमि की संयुक्त संख्या 3278 पाई गई हैं जबकि इन्हीं क्षेत्रों में जल निकायों की संख्या 3497 मिली है[(98)]। राजस्थान में किए गए एक अध्ययन के अनुसार एवं 1027 उपवन व गांवों की संख्या के आधार पर अनुमानित देववनों की संख्या 25000 हो सकती हैं[(99)]।

भारत के पवित्र उपवन विभिन्न स्थानों पर भिन्न–भिन्न नामों से जाने जाते हैं जैसे इन्हें महाराष्ट्र में देवरे, देवारकेद तथा कर्नाटक में सिद्धारवनम कहा जाता हैं, राजस्थान में ओरण, केंकरी, मालवन तथा योगमाया, बाग, आदि व बिहार में शरण्य कहा जाता हैं[(100,101)]। झारखण्ड तथा उड़ीसा के आदिवासी क्षेत्रों में इसे जोहार[(102)], जबकि हरियाणा में पवित्र उपवनों का कोई स्थानीय नाम नहीं हैं, हालांकि कुरूक्षेत्र जिले में लगभग 248 पवित्र उपवन पाये गए हैं[(103)]। मिजोरम में पवित्र उपवनों को नगावपुई कहा जाता हैं। प्रत्येक गांव के पास स्वयं के विभिन्न आकारों के पवित्र उपवन होते हैं। पवित्र उपवनों में से वृक्ष काटने की अनुमति नही होती है, सिवाय उन वृक्षों के जो अत्यधिक प्राचीन होने से जर्जर या सूख चुके होते हैं।

4.1 पवित्र उपवनों के प्रकार

पवित्र उपवनों का वर्गीकरण स्थानीय देवताओं, सुरक्षा के प्रकार या पूजन का प्रकार जैसे मंदिर उपवन, समाधि उपवन, आश्रम उपवन तथा तीर्थ उपवन, के आधार पर किया गया हैं[(104)]। फिर भी पश्चिमोत्तर भारत विशेषकर राजस्थान में मुख्यतः चार प्रकार के पवित्र उपवन पाये जाते हैं जो देव वन या बनी, काकेर बनी, ओरण तथा बाग के नाम से जाने जाते हैं। दक्षिणी अरावली श्रृंखला तथा विंध्याचल श्रृंखला क्षेत्र में उपलब्ध पवित्र उपवनों को तीन मुख्य वर्गों में वर्गीकृत किया गया है। इन उपवनों का प्रथम स्वरूप

आदिवासी लोगों द्वारा विकसित तथा व्यवस्थित किया जाता है तथा ये वन झरनों या पहाड़ी के समीप अवस्थित होते हैं और देववनों के रूप में जाने जाते हैं। दूसरे प्रकार के उपवन भगवान शिव को समर्पित व जल संभरों के समीप होते हैं जिन्हें शिव के विभिन्न नामों से जाना जाता है (सारिणी 2.3)।

तीसरे प्रकार के उपवन बरगद या पीपल आदि अकेले वृक्ष होते हैं जिनके साथ जैव विविधता का जुड़ाव अधिक होता है। इन पवित्र उपवनों के प्रबन्धन में संस्थागत व्यवस्थाओं को धार्मिक आस्थाओं के साथ जोड़कर सुनिश्चित किया जा सकता हैं। यद्यपि इन पवित्र उपवनों को उनकी वैधानिक स्थिति तथा प्रबन्धन के आधार पर भी वर्गीकृत किया गया हैं जो अलग अलग क्षेत्रों और गांवों में भिन्न–भिन्न होते हैं। कुछ पवित्र उपवन समुदाय के विभिन्न जाति समूहों द्वारा जुड़े होते हैं तथा उन्हीं के द्वारा उनका रखरखाव भी किया जाता हैं। कुछ उपवनों का पूरे गाँव द्वारा तथा कुछ उपवन जो विस्तृत भौगोलिक क्षेत्र वाले होते हैं उनका रखरखाव निकटस्थ जिले द्वारा किया जाता हैं। विस्तृत अखिल भारतीय उपवन भी होते हैं जो क्षेत्र में बड़े होते हैं व जहाँ पर देश के कई भागों या राज्यों के लोग शामिल होते हैं जैसे रामदेवरा। कुछ उपवनों में संसाधनों के दोहन के सभी प्रकार कड़े तौर पर प्रतिबंधित होते हैं जबकि कुछ उपवनों में लोग भूमि सतह पर गिरी हुई पत्तियाँ और सूखी वृक्ष शाखाएं जैसी चीजें अथवा वृक्षों से फल एकत्र कर सकते हैं। अधिकतर पवित्र उपवन निम्नलिखित तीन वर्गों के अन्तर्गत आते हैं –

- राज्य वन विभाग के नियंत्रण में।
- राजस्व तथा अन्य सरकारी विभागों के नियंत्रण में।
- निजी स्वामित्व वाले पवित्र उपवन।

पवित्र उपवनों का कुशल प्रबंधन तथा स्वामित्व उन महत्वपूर्ण कारणों में से एक हैं जिनके द्वारा वे इतने विशिष्ट बने हुए हैं। ज्यादातर मामलों में पवित्र उपवनों पर स्थानीय समुदायों का स्वामित्व होता हैं तथा उनके द्वारा ही उनका प्रबन्धन किया जाता है। कई बार एक अथवा अनेक परिवारों या कुटुम्बों द्वारा भी ऐसा किया जाता हैं[(105)]। महाराष्ट्र में अधिकतम पवित्र उपवन इसी प्रकार वन विभाग या राजस्व विभाग में से किसी एक के नियंत्रण में हैं[(106)]। पश्चिम महाराष्ट्र में मन्दिरों से जुड़े हुए अनेक उपवन सरकार द्वारा 1960 के दशक में गठित की गई पश्चिम महाराष्ट्र देवस्थान प्रबन्धन समिति के निरीक्षण में हैं[(107)]। राजस्थान में ओरण का रख–रखाव ग्राम पंचायत द्वारा किया जाता हैं जबकि मेघालय में ये पवित्र उपवन जिला निकाय के नियंत्रण में हैं[(108)]। यद्यपि पवित्र उपवनों का रख–रखाव विभिन्न गांवों से शामिल किए गए लोगों वाली मंदिर समिति द्वारा भी किया जाता हैं, जैसा कि हरियाली उपवन गढवाल में मिलता हैं[(93)], पुणे जिले के महादेव कालिस गाँव में कुटुम्ब के वरिष्ठ जनों द्वारा, कोल्हापुर जिले के कुंबीस में गाँव के वरिष्ठ जनों द्वारा और उड़ीसा के कोरापुट जिले के कांताबंशिनी ठाकुर्मा में पवित्र उपवनों का प्रबन्धन प्रोजा आदिवासयों के दो कुलों द्वारा किया जाता हैं। कुल–कुटुम्बों पर आधारित देववन के रख–रखाव करने का तरीका व्यापक रूप से मध्य पूर्वी व पूर्वोत्तर भारत के संथाल, ओरांव, मिलन्दा, खारिया तथा अन्य आदिवासियों में विस्तृत रूप से देखने को मिलता हैं। केरल में कई पवित्र उपवनों पर एक ही परिवार का (जैसे ओलुर कावु उपवन), परिवारों के एक समूह का (जैसे एस एन पूरम उपवन), एक जाति का या एक ट्रस्ट का (जैसे इरिंगोल कावु पवित्र उपवन) का स्वामित्व होता हैं[(109)]। इससे यह स्पष्ट हैं

कि उपवनों में अतिक्रमण की न तो अनुमति दी जाती हैं न ही उसे अनदेखा किया जाता हैं किन्तु इन उपवनों का पशुओं द्वारा खुली चराई में उपयोग किया जा सकता हैं। इन पवित्र उपवनों से प्राप्त किए गए विभिन्न प्रकार के उत्पादों का व्यावसायिक उपभोग नहीं किया जाता, वहीं हरे–भरे पेड़ काटना, इस क्षेत्र में शौच जाना तथा इन उपवनों में शिकार करने की अनुमति बिल्कुल नहीं होती हैं। इन उपवनों से केवल धार्मिक समारोह हेतु सूखी लकड़ी का उपयोग करने की ही अनुमति होती हैं। ऐसे कार्य करने वाले दोषी (उल्लंघन कर्ता) पक्ष को दण्डित किया जाता हैं तथा उस पक्ष पर स्थानिक ग्राम पंचायत द्वारा जुर्माना लगाया जाता हैं जो अनाज के रूप में हो सकता है या कुछ धनराशि अथवा दोनों ही रूपों में।

5. पवित्र उपवनों का महत्व

पवित्र उपवनों में जीवन के विविध रूप पारितंत्र की प्रक्रिया को अनेकरूपता प्रदान करते हैं, जिनमें जैव–विविधता संरक्षण, वातावरण के प्रदूषकों का सफाया, ऑक्सीजन का पुनः उत्पादन, सूक्ष्म जलवायवी नियमन, मृदा का स्थिरीकरण, भौमजल का पुनःभरण, मृदा अपरदन की रोकथाम तथा कार्बन प्रच्छादन या एकत्रीकरण शामिल हैं। इसी प्रकार पवित्र उपवन कई वन प्रजातियों के विविध जीन निकाय को समाहित रखते हैं जिनके सामाजिक धार्मिक जुड़ाव का अत्यधिक महत्व होता हैं, जिनमें सबसे महत्वपूर्ण हैं ऑक्सीजन का उत्पादन[110,111,112]। उदाहरण के लिए गुजरात के कच्छ क्षेत्र के दो छोटे पवित्र उपवनों में 78 पादप प्रजातियाँ दर्ज की गई हैं[68] जिनमें गुजरात के शुष्क क्षेत्र की लगभग 75 प्रतिशत वृक्ष प्रजातियाँ पाई गई हैं[66,67]। इन पवित्र उपवनों द्वारा उपलब्ध कराई जाने वाली मुख्य सुविधाएँ हैं खाद्य तथा अखाद्य उत्पादों का प्रबन्धन और सुविधाओं पर नियंत्रण जो कि पारितंत्र की विभिन्न प्रक्रियाओं द्वारा प्राप्त होती हैं। इसके साथ ही अवलंब देने वाली सेवाएँ जो कि पर्यावास करने तथा पारितंत्र के चलने में सहायता प्रदान करती हैं तथा मनोरंजन तथा मानवीय प्रेरणा से जुड़ी हुई सांस्कृतिक सुख–सुविधाएँ भी इसके अंतर्गत सम्मिलित हैं (सारिणी 2.4)।

सारिणी 2.4. पवित्र उपवनों द्वारा उपलब्ध कराई जाने वाली विभिन्न सेवाएँ

प्रबंधकारी सेवाएं	• मृदा एवं जल का संरक्षण।
	• पेयजल एवं सिंचाई हेतु पानी की आपूर्ति में मदद।
	• अकाष्ठ वनोपज के स्रोत जैसे औषधीय पौधे, जलाऊ लकड़ी, चारा आदि के रूप में।
नियमन सेवाएं	• जल प्रवाह नियमन तथा जल–चक्रण का अनुरक्षण या रख–रखाव।
	• प्राकृतिक आपदाओं एवं विभिन्न प्रकार के प्रदूषकों में कमी करना।
सहायक सेवाएं	• कार्बन भंडारण तथा कार्बन शमन द्वारा जलवायु परिवर्तन में नियंत्रण में सहायता।
	• पादप परागकण तथा इनके बीजों के बिखराव में सहायक।
	• वनस्पति तथा प्राणियों के लिए सूक्ष्म जलवायवी सुधार।
सांस्कृतिक तथा मनोरंजन की सुविधा	• धार्मिक, सांस्कृतिक परम्परा तथा प्रजातीय पहचान।
	• रमणीय प्राकृतिक दृश्य एवं शोध व शिक्षा को प्रोत्साहन।

पवित्र उपवनों के आर्थिक लाभों में मुख्य हैं मवेशियों के चरने के लिए स्थान का मिलना, पेयजल की उपलब्धता का स्थान, मनुष्य एवं मवेशियों के लिए विश्राम स्थल और औषधीय एवं मानव उपयोगी पादप पौधों की शरण स्थली के रूप में होना। इसके साथ ही पर्यावरणीय लाभों में जैव–आनुवांशिक विविधता के लिए आश्रय स्थल, संबंधात्मक और व्यवस्थापन संबन्धित मानवीय एवं सामाजिक नियमों (कोड) के भण्डार, सौंदर्यबोधी परम्परा और धार्मिकता के स्थानीय तथा सार्वभौमिक स्थान, और सामुदायिक संसाधनों एवं निजी कार्य क्षेत्र और शेष जगत के मध्य सार्वजनिक या सांस्कृतिक स्थल आदि के रूप में हैं।

5.1 धार्मिक–सांस्कृतिक लाभ

अधिकतर पवित्र उपवन निश्चित तौर पर किसी न किसी देवी–देवताओं से संबंधित हैं। स्थानीय लोग अपने प्रधान देवता को संतुष्ट करने के लिए ऐसे क्षेत्रों में वार्षिक धार्मिक कृत्य तथा समारोह करते हैं, जिससे परिवार एवं समुदाय का कुशलमंगल सुनिश्चित हो सके। समुदायों द्वारा पूज्य व सुरक्षित ये पवित्र उपवन समुदायों की अपनी सांस्कृतिक पहचान को स्पष्ट करने में भी सहायता करते हैं। इन धार्मिक कृत्यों के दौरान पशु–पक्षियों की बलि भी दी जाती हैं, जबकि सुसंस्कृत उपवनों में सब्जियों, फलों या मिठाईयों का अर्पण भी इस कृत्य के लिए किया जाता हैं। ये धार्मिक–कृत्य मानव समुदाय, मवेशियों तथा फसलों आदि की कुशलता और उत्तम स्वास्थ्य हेतु किए जाते हैं। ऐसा माना जाता हैं कि प्रधान देवी–देवता लोगों की कुशलता का ध्यान रखते हैं तथा उपवनों के नियम का उल्लंघन करने वाले को सजा देकर (अधिकतर मृत्यु) उपवनों की रक्षा करते हैं[73,113,114]। संकट के समय लोग अपनी मनोकामना की पूर्ति के लिए पशुओं, पक्षियों, मनुष्यों आदि की मृण्मूर्ति देने की प्रतिज्ञा लेते हैं एवं मनोकामना पूर्ण होने पर इन मृणमूर्तियों का चढ़ावा दिया जाता हैं। पश्चिम बंगाल के कुछ उपवनों में अधिकतर हाथी और घोड़ों की मणमूर्ति अर्पित करनी देखी गई हैं लेकिन यह प्रथा अब पूर्वी उत्तरप्रदेश में भी देखने को मिलती हैं। उपवनों का अधिकतर रख–रखाव स्थानीय समुदायों तथा एक परिवार, परिवार समूह या एक कुटुम्ब के स्वामित्व से होता हैं। दूसरे वर्ग का प्रतिनिधित्व वे उपवन करते हैं जिनका रखरखाव पूरे गाँव के समुदाय करते हैं। स्थानीय स्तर पर वे पवित्र वन के उपवन होते हैं जिनमें अधिक विस्तृत भौगोलिक क्षेत्र से लोग आते हैं जिसमें आमतौर पर कुछ पड़ोसी जिलों के लोग पूजा करने के लिए एक निश्चित उपवन में जाते हैं जैसे केरल के इरिंगरोल तथा उड़ीसा के कांताबंशिनी उपवन जिसकी देख–रेख स्थानीय समुदायों या समितियों द्वारा की जाती हैं। क्षेत्रीय स्तर पर पवित्र उपवन वे स्थान हैं जहाँ विभिन्न जिलों और राज्यों के लोग भाग लेते हैं जैसे केरल में सबरीमाला तथा राजस्थान मे रामदेवरा। इस प्रकार के उपवनों का रखरखाव मंदिर ट्रस्ट द्वारा किया जाता हैं। इससे अगले उच्चतर स्तर में अखिल भारतीय जैसी अवधारणा वाले उपवन भी देखने को मिलते हैं जहाँ देश के कई भागों से लोग भाग लेने आते हैं। गढ़वाल हिमालय क्षेत्र में हरियाली पवित्र उपवन इसका प्रमुख उदाहरण हैं[93] तथा मंदिर ट्रस्ट द्वारा उनका रखरखाव किया जाता हैं। पवित्र उपवनों का अन्य वर्ग वह हैं जिसमें पूवर्जों की आत्माओं का निवास होता हैं, ऐसा विश्वास किया जाता हैं।

पवित्र उपवनों में महत्वपूर्ण सामाजिक–सांस्कृतिक उत्सव भी होते रहते हैं तथा इन पवित्र उपवनों में कई पर्व भी मनाए जाते हैं[115]। ये वार्षिक पर्व पवित्र उपवन क्षेत्र से जुड़े होते हैं तथा एक से नौ दिनों तक की अवधि के तथा विभिन्न क्षेत्रों में अलग–अलग

अवधि के होते हैं[116]। इसके कुछ उदाहरण इस प्रकार हैं – रतनमहल के भीलों द्वारा दीपावली के अवसर पर वर्ष में एक बार उपवनों में भोजन व मदिरा भेंट की जाती हैं[117], सलुई तथा करन पर्वों के दौरान सामूहिक रूप से एकत्र होना, दक्षिण पश्चिम बंगाल के कबीलों में विवाह समारोह होना, बिहार के विभिन्न कबीलों द्वारा मुख्य त्योहारों का पवित्र उपवनों में मनाया जाना[118], छोटा नागपुर के कबीलों में युवाओं का समाजिक परिवेश से बदलाव[119], तथा महाराष्ट्र के रत्नागिरि जिले में होली, नवरात्रि, देवदिवाली जैसे उत्सवों को मनाना[106,120] आदि।

5.2 जैव–विविधता का संरक्षण

स्थानीय समुदायों का सांस्कृतिक तथा आध्यात्मिक रूपी पारिस्थितिक पक्ष जैव–विविधता तथा भूमि के अन्य प्राकृतिक रूपों को उनके पर्यावासों में संरक्षित करने में सहायता करते हैं क्योंकि पवित्र स्थानों में जैव–विविधता तथा संरक्षण कार्यों में एक महत्वपूर्ण संबंध होता हैं[121,122]। पवित्र उपवन एक सक्रिय तंत्र हैं, क्योंकि किसी भी पादप समुदाय का प्रजाति संघटन समय दर समय प्राकृतिक रूप से पारिस्थितिकी अनुक्रमण के साथ परिवर्तित होता रहता हैं, वह भी केवल तब जब प्राकृतिक विक्षोभ या मानवीय हस्तक्षेप नहीं होता हैं। परिणाम के रूप में एक बड़े भू–भाग पर विभिन्न पादप समुदायों के विभिन्न निकायों का सम्मिश्रण भी हो सकता हैं तथा यह क्षेत्र में जैव–विविधता को कायम रखने में सहायता करता हैं। मानवीय प्रभाव को कम करने के लिए ही पवित्र उपवनों में प्रवेश व हस्तक्षेप करने पर सांस्कृतिक प्रतिबंध होता हैं। पवित्र उपवनों में मानवीय प्रभाव को कम करने के लिए इनमें प्रवेश और हस्तक्षेप पर निर्धारित विभिन्न प्रकार के सांस्कृतिक प्रतिबंधों के कारण ही ये वन जैव विविधता और जीव द्रव्य (जर्म प्लाज्म) के भंडार बने हुए हैं, जो एक समूह के विनिर्माण एवं विविध पारिस्थितिकीय प्रक्रियाओं को काफी समय तक लगातार बनाए रखते हैं[123,124]। किसी क्षेत्र का धार्मिक तथा सांस्कृतिक स्तर व उसके पवित्र होने का प्रमाण उसकी जैव–विविधता के संरक्षण को बढ़ाता हैं[125]। ये पवित्र उपवन राष्ट्रीय उद्यानों, अभ्यारण्यों तथा अन्य संरक्षित क्षेत्रों के सम्पूरक भी होते हैं[126,127]। कई बार ये पवित्र उपवन समीपवर्ती वन क्षेत्र की तुलना में प्रजातियों तथा उनके महत्व के आधार पर अधिक विविधता प्रदर्शित करते हैं, क्योंकि आमतौर पर वन क्षेत्रों में एक ही प्रकार की प्रजाति का रोपण होता हैं या इनमें प्रजातियों की सख्या कम होती हैं[128,129]। केरल के मात्र 1.4 वर्ग किमी क्षेत्र के एक पवित्र उपवन में आवृत्तबीजी पादपों की 722 प्रजातियाँ प्रेक्षित की गई हैं जबकि साइलेंट वैली के 90 वर्ग किमी वन क्षेत्र में 960 प्रजाति दर्ज की गई हैं[130]। इन पवित्र उपवनों में कई संकटग्रस्त, दुर्लभ तथा स्थानिक प्रजातियाँ एवं उनके वन्य संबंधी भी पाये गए हैं। उनमें से कुछ हैं *फोएबा हैंसियाना, रश हुकेरी* तथा *फ्लैक्टोरिया कटफ्रेकटा* मणिपुर के पवित्र उपवनों में[131], *कून्सटेरिया केरलेन्सिस*[132], *बेल्फैरिस्टीमा एम्ब्रेनिफोलिया, बूचनानिया लेन्सियोलेटा, सीजिगीयम ट्रेवनकोरिकम* और *सिनेमोनम क्विलोनेन्सिस* केरल के पवित्र उपवनों में[133] तथा *मिरिस्टिका मलाबारिका, गार्सिनिया गम्मीगट्टा* कर्नाटक के पवित्र वनों में[45]। कुछ दुर्लभ पौधे राजस्थान के पवित्र वनों या ओरणों में भी प्रेक्षित किए गए हैं जैसे *अकेसिया कैट्चु, अकेसिया निलोटिका, एनोगीसस सेरेसिया, ब्लीफेरिस सिंडिका, बोस्वेलिया सिरेटा, कैरेलूमा एडुलिस, फाइकस बेंघालेन्सिस, फाइकस ग्लोमेरेटा, फाइकस रेलीजिओसा, ग्लोसोनीमा वैरिएन्स, हैलोक्सिलान रिकर्वम, कम्मीफोरा वाइटी, ट्रीबुलस राजस्थानेन्सिस, जिजीफस* प्रजातियाँ आदि[128,134,135]।

इन पवित्र उपवनों में एक साथ रहने के लिए वृक्षों व झाड़ियों के सहज प्रभाव भी देखने में दिलचस्प हैं जो एक दूसरे को वृद्धि हेतु प्रोत्साहित करते हैं (प्लेट 2.1)। जिम्बाबवे में पवित्र उपवनों में जहाँ उसके समकक्ष स्थानों की अपेक्षा 50 प्रतिशत कम वृक्ष कटाई होने से उनके महत्व को विशिष्ट रूप से दर्शाया गया हैं और इन पवित्र उपवनों में 133 प्रकार की देशी प्रजाति पाई गई हैं दूसरी तरफ वे विभिन्न खतरों व संकटग्रस्त या नष्ट होने की कगार पर हैं[39]। इसी प्रकार सरकार द्वारा व्यवस्थित व आरक्षित वन क्षेत्रों की अपेक्षा कम विस्तृत क्षेत्रों वाले पवित्र उपवनों में काष्ठीय पादपों की प्रजाति प्रचुरता तथा वर्गिकीय विविधता अधिक पाई गई हैं[121]। यहाँ तक की कुछ काष्ठीय प्रजातियाँ वन क्षेत्रों में अनुपस्थित थी, जिससे यह ज्ञात होता हैं कि उपवन कुछ प्रजातियों के लिए शरणस्थल के तौर पर कार्य करते हैं। विभिन्न पारितंत्रों तथा अजैव कारकों वाले पवित्र उपवनों का प्रजातीय रूप से समृद्ध होना तथा विविधता का विवरण प्रस्तुत किया गया हैं जिसमें कम ऊँचाई वाले निचले स्थानों पर उपलब्ध पवित्र उपवनों की तुलना में परती भूमि में शाकीय प्रजातियों की अल्फा विविधता उच्चतर प्रेक्षित की गई हैं। अधिक ऊँचाई की अपेक्षा कम ऊँचाई वाले क्षेत्रों में वृक्ष प्रजातियों की प्रचुरता अधिक पाई गई हैं, वहीं वृक्ष प्रजातियों की बीटा विविधता को ऊँचाई बढ़ने के साथ बढ़ते हुए क्रम में पाया गया है[136]। मृदा पी.एच. मान, कुल फॉस्फोरस, कुल पोटैशियम, धनायन विनिमय क्षमता तथा मृदा ढलान प्रतिशत में परिवर्तन कुछ मापदण्डों से संबंधित होते हैं जो जीव भौतिकीय कारकों द्वारा संचालित पवित्र उपवनों में जैव विविधता में बदलाव को प्रदर्शित करता है। वहीं मनुष्य तथा जीव भौतिकीय कारकों का संयोजन चक्रीय क्रम में छोड़ी गई पड़त भूमि में वनस्पतियों में परिवर्तन को दर्शाता हैं। पक्षियों के साथ ही कई जन्तु प्रजातियाँ जो या तो संकटग्रस्त हैं या दुर्लभ श्रेणी में आती जा रही हैं संसार के विभिन्न पवित्र उपवनों में सुरक्षित आश्रय प्राप्त करती हैं[104,137,138]।

5.3 औषधीय महत्व

जैव–विविधता के संरक्षण के अलावा पवित्र उपवनों की भूमिका जीवन को अवलंब देने वाली व्यवस्था के रूप में भी महत्वपूर्ण हैं। पवित्र उपवन स्थानीय समुदायों को फल, पत्तियाँ, रेशे, गोंद, राल तथा औषधीय पौधे उपलब्ध कराकर मानव–जाति की सहायता करते हैं[139–142]। लोगो की यह धारणा हैं कि रोजमर्रा के लिए आवश्यक प्रजातियाँ अगर उनके गाँव के आस–पास कहीं भी अन्यत्र नहीं मिलती हैं, तो पवित्र उपवनों में उनके मिलने की सम्भावना सबसे अधिक होती हैं। इस तरह ये पवित्र उपवन कई आयुर्वेदिक, आदिवासी तथा लोक प्रसिद्ध औषधियों के लिए पौधशाला व भण्डार के रूप में कार्य करते हैं[81,143,144]। अधिकतर उपवनों के समीप रहने वाले स्थानीय लोग अशिक्षित होते हैं परन्तु वे पारम्परिक रीति–रिवाजों, संस्कारों, उत्सवों और लोक आस्थाओं के साथ बड़े उत्साह से व निष्ठापूर्वक जुड़े होते हैं[145]। जैसा कि हिमालय क्षेत्र में पाई गई संजीवनी बूटी जिसका उपयोग वीर हनुमान द्वारा भगवान श्री राम के भ्राता लक्ष्मणजी को पुनर्जीवित करने के लिए किया गया था, से सभी भारतीय सुपरिचित हैं। मानवीय हस्तक्षेप को कम करते हुए अगर प्रजातियों को पवित्र उपवनों में परिरक्षित किया जाए तो उनके विलोपन के आसार कम होते हैं। ये पवित्र उपवन जीनोटाइप को सुरक्षित रखने के लिए भी कार्य करते हैं, जो वन वृक्ष–प्रजनन कार्यक्रमों में तथा क्षेत्र में प्राकृतिक उत्पादकता के संसूचक के रूप में उपयोगी सिद्ध हो सकते हैं। पारिस्थतिकी रूप से महत्वपूर्ण प्रजातियाँ जैसे *एल्बिजिया लेबेक, फाइकस ग्लोमरेटा,* खेजड़ी आदि पोषक तत्वों की उच्च मात्रा को मृदा

तथा पादप तंत्र दोनों मे संरक्षित करते हैं। औषधीय पौधों का संरक्षण प्रकृति में अपने को कायम रखने के लिए अनिवार्य रूप से आवश्यक हैं[146–148]। अतः विभिन्न अध्ययनों में संकलित किए गए पवित्र उपवनों को सम्मिलित करते हुए बड़ी संख्या में औषधीय पौधों रूपी सार्वजनिक संसाधनों को एक आवश्यक घटक रूप में संरक्षण करने की जरूरत है[143,149–151]।

5.4 अकाष्ठ उत्पादन का स्रोत

ऐसी मान्यता हैं कि लोग सामान्यतौर पर अपने घरेलू उपयोग के लिए पवित्र उपवनों से वृक्षों को न ही काटते हैं न ही पादपों को एकत्र करते हैं[17,42,107130,152], परन्तु बहुत सी रिपोर्ट एक निश्चित आर्थिक लाभ हेतु सीमित अथवा संधारणीय तरीके से जैवमात्रा के दोहन से इन स्थानीय संसाधनों पर असर का संकेत देती हैं[153,154]। पवित्र उपवन मवेशियों के लिए छाया तथा चारा और मनुष्यों के लिए भोजन तथा आजीविका उपलब्ध कराते हैं। पश्चिम राजस्थान में ओरण रूपी ये पवित्र वन स्थानीय आजीविका को सुरक्षा प्रदान करते हैं तथा छोटे वन उत्पाद भी प्रदान करते हैं जो कि ओरण क्षेत्र से एकत्र कर प्रयोग में लिए जाते हैं अथवा बेच दिए जाते हैं। पवित्र उपवनों में जलाऊ लकड़ी व मवेशियों के लिए चारा उपलब्ध रहता है, तथा ग्रामीणों द्वारा इसका उपयोग भी किया जाता हैं। टोकरी बनाने के लिए घास, मिट्टी के बर्तन बनाने के लिए मृदा तथा झाड़ू बनाने के लिए पत्तियों का संचयन किया जाता है। पवित्र उपवन शहद, फल, बीज तथा औषधीय पौधे अन्य अकाष्ठ वनोत्पाद प्रदान करते हैं जो स्थानीय उपयोग या बाजार हेतु उपलब्ध होते हैं। घोसले बनाने वाले और वृक्ष में कोटर (बिल) में रहनें वाले पक्षी जैसे उल्लू, तोते, कठफोड़वा खजूर तथा अन्य ऊँचे वृक्षों में अपने निवास (कोटर) स्थान में रहते हैं तथा कीटो व अन्य कृषीय फसल के लिए हानिकारक कीड़ों को खा कर किसानों की मदद करते हैं। पवित्र उपवन जंतुओं की आबादी से भी महत्वपूर्ण रूप से समृद्ध होते हैं। पवित्र उपवनों से निश्चित वृक्ष प्रजातियों की कटाई जैसे *कैरिओटा यूरेन्स*, आम, *एंटेडा फैसिओलोइडिस, डायोस्पाइरोस मिलेनाक्सिलान* आदि कई परिवारों को आजीविका प्रदान कराती है[79,107,155]। कुछ मामलों में कई उपवनों से मृत्यु के पश्चात दाह संस्कार के लिए भी लकड़ी प्राप्त की जाती हैं[156]। राजस्थान में पवित्र वनों (ओरणों) में पाये जाने वाले कुछ महत्वपूर्ण फल प्रदाता वृक्ष और पौधे जैसे मीठा जाल, केर, खेजड़ी, बेर, गूँदा आदि प्रजातियाँ हैं, वहीं तेल प्रदाता प्रजातियाँ जाल व तुम्बा, चारा के लिए खेजड़ी, रोहिडा, बेर, आरडु, और फाग प्रजातियाँ, और जलाऊ लकड़ी के लिए ऊपर उद्धृत सभी प्रजातियों के साथ कंकेड़ा आदि शामिल हैं।

5.5 जल आपूर्ति के स्रोत तथा जलभृतो का पुनः भरण

अधिकतर पवित्र उपवन तालाबों, झीलों, जल धाराओं या नदियों के रूप में जल स्रोतों से युक्त रहते हैं[85,96]। लोगों में आम धारणा रहती हैं कि वनों से वर्षा होती हैं तथा वनों के अन्तर्गत आने वाले जल संभर प्रत्येक गाँव में पवित्र समझे जाते हैं। कई बार गांव में जल का एक मात्र स्रोत ऐसे उपवनों का झरना होता है। वहीं कई पवित्र उपवनों से क्षेत्र में ताजा पानी की आपूर्ति की जाती है विशेषकर वहाँ जहाँ जल खारा होता हैं तथा पीने योग्य नहीं रहता। महाराष्ट्र की पुणे जिले की परींचे घाटी का पवित्र उपवन जल स्रोत के निकट है तथा जल अभाव के दौरान पानी की उपलब्धता के लिए उत्तरदायी हैं[120]। इसी प्रकार मेघालय में लूम–शाइलांग–नांगक्रीम पवित्र उपवन मेघालय

की राजधानी शिलांग में आठ झरनों का उद्गम स्थान हैं। जल संरक्षण में पवित्र उपवनों के सर्वाधिक सार्थक योगदान का प्रमाण राजस्थान में देखा जा सकता हैं जहाँ ओरणों से जुड़े जल निकाय स्थानीय निवासियों के साथ ही मवेशियों के लिए भी जीवन रेखा के समान काम करते हैं। सामान्यतौर पर छोटे प्राकृतिक जल निकाय पवित्र उपवनों के समीप तथा उनके अंदर व्यवस्थित होते हैं, जो सूखे के दौरान पेयजल की समस्या से निजात दिलाने में मदद करते हैं (प्लेट 2.2ब)।

राजस्थान के जोधपुर जिले के ओरणों, चारागाहों, पड़त भूमियों तथा आगोर में 3497 जल निकाय दर्ज किए गए हैं[62]। लेकिन विभिन्न क्षेत्रों विशेषकर शुष्क क्षेत्रों में तालाबों, कुण्ड़ों या नाड़ियों में मृदा अपरदन के फलस्वरूप गाद भरने से इन जल संग्रहण इकाईयों की क्षमता घटने की समस्याएं आम हैं[157]। वर्तमान समय में पश्चिमी राजस्थान में स्थानीय समुदायों द्वारा सरकारी और गैर सरकारी संस्थाओं की मदद से जल निकायों में चारों ओर के इलाके में खुदाई करके तथा कंक्रीट की संरचनाएं बनाकर प्राकृतिक प्रवाह को संरक्षित करने तथा इनको स्वच्छ रूप में बनाए रखने के प्रयास किए जा रहे हैं। उदाहरण के लिए आगोर तथा पवित्र उपवनों में तालाबों और पोखरों की सफाई व जीर्णोद्धार का कार्य जल भागीरथी प्रतिष्ठान, जोधपुर, जो कि एक गैर सरकारी संस्था है, द्वारा किया जा रहा हैं जिससे न केवल पेयजल की कई गाँवों में बढ़ोत्तरी हुई है बल्कि समीपवर्ती गाँवों में भी भौम जल का पुनः भरण हुआ हैं। राजस्थान के अलवर जिले के कई ओरणों (देव वनों) जैसे गरवाजी, अदावल, तालवृक्ष, कालका, भर्तृहरी, नारायणी माता, नदेश्वर जी, परासर जी तथा सरिस्का अभ्यारण में व अन्य स्थानों पर बड़े सदानीर झरनों का सिंचाई तथा अन्य प्रयोजनो के लिए पूरे वर्ष के दौरान उपयोग किया जाता हैं जिससे जल संभरणों या जल स्रोतों का संरक्षण भी होता हैं[85]। वहीं जोधपुर जिले के ओरणों में विद्यमान केवल 7.6 प्रतिशत तालाब ही चिरस्थायी तथा पूरे वर्ष जल से भरे रहने वाले पाये गए हैं[96]। ये ओरण अपने सरोवरों, जल स्रोतों, कुओं, जल धाराओं तथा झरनों में अमूल्य जल संरक्षित रखते हैं, जो कि इनका एक आवश्यक गुण होता हैं तथा यहाँ जल की उपलब्धता मानव समुदायों को इस महत्वपूर्ण सामुदायिक संसाधन का संधारणीय उपयोग कराने की एक प्रेरणा प्रदान करती हैं। हाडौती क्षेत्र के पवित्र वनों, जिन्हें देव वनी कहा जाता हैं, के क्षेत्रों में यह आस्था हैं कि स्थानीय देवता समुदाओं के जल निकायों तथा अन्य जल संग्रहण व्यवस्थाओं की सुरक्षा करते हैं। तालाबों की मुख्य मेड़ पर वृक्षों को लगाया जाता हैं जिससे मेड़ को जल रोकने में मजबूती प्रदान की जा सके। देव वन के हिस्से के रूप में तालाब के निचले भू–भाग के एक बड़े क्षेत्र का सीमांकन किया जाता हैं जिससे जलभराव की स्थिति में वृक्षीय वृद्धि से संबन्धित नुकसान की भरपाई की जा सके। इसका सबसे अच्छा उदाहरण राजस्थान के झालावाड़ जिले में झारन महादेवजी का पवित्र उपवन हैं, जो एक जल सोते के किनारे स्थित हैं एवं इसका जल एक बड़े सरोवर में एकत्र होता हैं जिसका उपयोग पूरे वर्ष भर झालावाड़ शहर की जलापूर्ति में किया जाता हैं। कुछ दुर्लभ पादप प्रजातियाँ जैसे *बम्बूसा हेमिल्टोनाइ* और *स्क्लिचेरा ओलिओसा* इस क्षेत्र में विद्यमान इसी हरे भरे पवित्र उपवन में उपलब्ध हैं।

पवित्र उपवनों में पाये जाने वाले तालाब और सोते सामान्यतः परिवार्षिक होते हैं और कुछ मामलों में अधिकांश जंतुओं और पक्षियों की जल संबन्धित आवश्यकताओं की पूर्ति हेतु अंतिम पड़ाव का काम करते हैं विशेषकर सूखे के मौसम में। अतः इन पवित्र उपवनों की एक प्रमुख पारिस्थितिकीय विशेषता इनके अंदर तथा आस पास के क्षेत्रों के जीव

जंतुओं के लिए आवश्यक जल स्रोत प्रदान करना भी हैं[130,148]। इसके अतिरिक्त पवित्र उपवनों में उपलब्ध वनस्पतियों से होने वाले वाष्पोत्सर्जन से वायवीय आर्द्रता में वृद्धि के फलस्वरूप इनके आस पास के क्षेत्रों में वायवीय तापमान में कमी होती हैं। इसके चलते सूक्ष्म जीव जंतुओं के लिए यहाँ अनुकूल वातावरण बनता हैं[90]। कभी कभी कुछ पादप प्रजातियाँ जैसे खस–खस व मूंज घास और वृक्ष प्रजातियाँ मृदा को बांधे रखने में सहायक होती हैं, जिससे मृदा अपरदन से बचाव होता हैं।

खाडू

यह अलवर जिले के कुछ गांवों में संसाधन उपयोग की एक महत्वपूर्ण पारंपरिक व्यवस्था हैं। जहाँ प्रत्येक परिवार समूह अपने पशुओं को निर्धारित जोहड़ (तालाब) के पास चराने के लिए लाता हैं, जिनकी इस गांव में संख्या ग्यारह हैं। परिवारों को जोहड़ पर अधिकार उत्तराधिकार में प्राप्त होता हैं। प्रत्येक ग्रामीण को यह सर्वविदित जानकारी होती हैं कि कौन से जोहड़ का उपयोग किस परिवार के द्वारा किया जाता हैं। जल स्रोत तथा चराई की भूमि जो कि जल स्रोत के चारों ओर व्यवस्थित होती हैं दोनों की ही प्रबंधन की जिम्मेदारी परिवार की होती हैं। यह प्रक्रिया इन संसाधनों के अत्यधिक दोहन को कम करती हैं तथा विद्यमान संसाधनों के विवेकपूर्ण उपयोग को बढ़ावा देती हैं। इस प्रकार पारिस्थितिकी और कुटुम्ब प्रधान इतिहास के आपसी संबन्ध की यह खाडू व्यवस्था संसाधन संरक्षण उपयोग को प्रोत्साहित करती हैं तथा परिवार की आने वाली पीढ़ियों की खुशहाली सुनिश्चित करती हैं।

5.6 पोषण चक्र में मृदा व जल का संरक्षण

पवित्र उपवन मृदा तथा जल संरक्षण में एक अत्यन्त महत्वपूर्ण भूमिका निभाते हैं जैसे पत्तियों का कुल समेकित विशिष्ट क्षेत्रफल, पत्तियों में नाइट्रोजन की सांद्रता, छत्रक अंतरावरोधन, तना द्वारा प्रवाह, सतही जलप्रवाह और मृदा अपरदन और सतही अपतृण की मात्रा आदि[159]। मृदा सतह पर तृणशैय्या या अपतृण की जैव मात्रा का अधिक जमाव प्रभावी रूप से तृणशैय्या आच्छादित मृदा की अधिकतम जल धारण क्षमता में वृद्धि के साथ ही सतही बहाव व मृदा अपरदन को कम करता हैं। सूक्ष्म जड़ों की बढ़ी हुई जैवमात्रा भी सतह पर बहाव तथा मृदा क्षरण को कम करती हैं। यह इस बात का संकेतक हैं कि एक पवित्र उपवन में उच्च वितान या छत्रक का विस्तार मृदा सतह पर जल बहाव तथा मृदा क्षरण को नियंत्रित करने में महत्वपूर्ण भूमिका निभाता हैं। चेरापँजी पारितंत्र में मावसमाई पवित्र उपवन एक अत्यधिक वर्षा वाला क्षेत्र हैं जहाँ तृणशैय्या के द्रुत गति से अपघटन के कारण इन उपवनों में मृदा में प्राप्य पोषक तत्व बहुत अधिक होते हैं। जबकि मृदा के पास स्वयं में पवित्र उपवन की विशाल जैवमात्रा को अवलम्ब देने के लिए पोषक तत्वों की मात्रा कम होती है। मृदा की सतही परत पर विकसित अत्यंत पतली जड़ें सतह से ऊपर की विशाल जैवमात्रा को अवलंब देने तथा पोषक तत्वों के सुचारू चक्रण के लिए महत्वपूर्ण होते हैं[160,161]। अनेक सूक्ष्म जीव, अकशेरूकी प्राणी, फंगस आदि का फलना–फूलना तथा प्रजातियों के बड़े समूह जो इन पवित्र उपवनों के लिए स्वदेशी नहीं हैं, नया निवास बनाकर पनपने तथा पोषक चक्र में सहायता कर सकते हैं[162]। सघन जड़ों का जाल पोषक तत्वों को पानी के साथ घुल व रिस कर मृदा सतह से बह जाने से रोकता हैं तथा मृदा की नमी को पुनः संचित करके पुनरूद्भवन तथा

शाकीय प्रजातियों की वृद्धि को बढ़ाता हैं। अधिक महीन एवं सूक्ष्म जड़ें वातावरणीय कार्बन को मृदीय कार्बन युक्त यौगिकों के रूप में स्थानान्तरित करने वाले माध्यम के समान कार्य करती हैं, जो मृदा में कार्बन एकत्रीकरण को बढ़ाने में सहायता करता हैं। पवित्र उपवनों के बाहर की भूमि जो कि इन पादप जड़ों के जाल तथा तृण शैय्या युक्त नहीं होती हैं, अधिक समय तक पादप वृद्धि को कायम नहीं रख सकती हैं[90,163]। ये सभी कारक यह संकेत देते हैं कि स्थानीय या क्षेत्रीय जैवविविधता को बनाए रखने, भू–भाग को स्वस्थ रखने तथा स्थानीय समुदायों की सामाजिक–सांस्कृतिक एकता को कायम रखने के लिए इन पवित्र उपवनों का संरक्षण आवश्यक हैं[164]।

5.7 कार्बन चक्रण तथा कार्बन प्रच्छादन

धार्मिक आधार पर वन परिरक्षण[165,166], सांस्कृतिक धरोहरों का संरक्षण[167,168] तथा प्राकृतिक संसाधनों के अंधाधुंध दोहन एवं पवित्र वनों की निर्धारित परिसीमा के अंदर मनुष्य के निवास करने पर रोक लगाना अप्रत्यक्ष रूप से पर्यावरण के संरक्षण में योगदान देता हैं तथा उनमें वास करने वाले जीव जंतुओं की सुरक्षा करता हैं जिससे कार्बन संरक्षण तथा जलवायु परिवर्तन की गंभीरता भी कम होती हैं[169]। जलवायु परिवर्तन पर संयुक्त राष्ट्र के सम्मेलन तथा क्योटो प्रटोकॉल रिर्पोटिंग के लिए वृक्षों या झाड़ियों की जैवमात्रा में अलग–अलग कार्बन संचयन का आकलन आवश्यक हैं। वर्ष 2010 के एक आकलन के अनुसार वैश्विक वनों की जैवमात्रा में संचित जैविक कार्बन की मात्रा लगभग 288.8 बिलियन टन थी जो कि वर्ष 1990 में आकलित 299.2 बिलियन टन से कम थी[170]। भूमि के प्रति इकाई क्षेत्र में विशाल जैवमात्रा तथा व्यापक विविधता को समाहित रखने के कारण पवित्र उपवन भूमण्डलीय कार्बन चक्रण में महत्वपूर्ण योगदान देते हैं। वृक्ष अधिकांश कार्बन डाइऑक्साइड वातावरण से ग्रहण करते हैं तथा इसके बाद वे प्रकाश संश्लेषण तथा श्वसन के संयुक्त प्रभाव में इसे बाहर छोड़ते हैं। पौधे वातावरण के कार्बन का प्रकाश संश्लेषण उत्पादों, उपस्थित जैवमात्रा, तृण शैय्या के रूप में संग्रह करते हैं तथा मृदा जैव कार्बन की वृद्धि में भी योगदान देते हैं। बिना रखरखाव वाले पुराने वृद्धि करते हुए वनों में कार्बन प्रच्छादन क्षमता रोपित व प्रबन्धित वनों की अपेक्षा बेहतर होती हैं[171]। इसलिए एक भली प्रकार से व्यवस्थित पवित्र उपवन में प्राचीन वृक्षों तथा उनकी गहनतर सूक्ष्म जड़ों के कारण कार्बन संग्रहण की बड़ी संभावना हो सकती हैं, साथ ही अच्छी तादाद में वृद्धि करते हुए नए युवा वृक्ष भविष्य के कार्बन संचयन को सुनिश्चित करते हैं। इसके अतिरिक्त एक संरक्षित पवित्र उपवन अपनी उच्च जैवमात्रा के कारण अन्य वन पारितंत्रों की तुलना में महत्वपूर्ण रूप से अधिक कार्बन का संचय करता हैं[172]। महाराष्ट्र के पुणे जिले के नंदगूर गांव में सोमजायची राय ने पवित्र उपवन में उपलब्ध वृक्ष प्रजातियों में कार्बन प्रच्छादन क्षमता का अध्ययन किया जहाँ 5 हेक्टर क्षेत्र में 4000 वृक्षों की प्रजातियाँ दर्ज की गई हैं[171]। इस क्षेत्र में 180 वृक्षों के साथ बहेड़ा प्रधान प्रजाति व इसमे कार्बन प्रच्छादन 327.8 टन पाया गया है, इसके बाद *फाइकस एम्प्लिसीमा* में 221 टन कार्बन संचयन प्राप्त हुआ। *ग्निडिया ग्लोका* न्यूनतम कार्बन प्रच्छादन क्षमता को दर्शाता हुआ पाया गया है जो कि 0.0808 टन है जबकि इससे थोड़ा ज्यादा कार्बन प्रच्छादन वाली प्रजाति *नाथापोडाइटिस निमोनियाना* (0.182 टन) है। पश्चिम अफ्रीका के बेनिन में प्रतिबंधित प्रजाति न्जांगसा (*रिसीनोडेंड्रन हूदेलोट्टी*) पर किए गए एक अध्ययन में इस प्रजाति के वृक्षों में एक उच्चतम कार्बन प्रच्छादन तथा इस नकदी फसल के वृक्षारोपण से पड़त भूमी के सुधार की क्षमता देखी गई हैं, वहीं

एंटिएरिस टाक्सिकेरिया तथा अफ्रीका बोर्डर वृक्ष *न्यूबोल्डिया लेविस* भी बेनिन में रोपण के लिए इन कार्यों हेतु उपयुक्त पाये गए हैं[174]। फिर भी विभिन्न अध्ययनों में मृदा कार्बन संग्रहण में बहुत अधिक स्थानिक परिवर्तन देखा गया हैं तथा अपने आप में अलग थलग पाये जाने वाले पवित्र उपवनों में यह गिरावट अधिक देखी गई हैं। वृक्षों की सघनता महत्वपूर्ण और सकारात्मक रूप से कार्बन संग्रहण व पक्षियों की विविधता से संबन्धित होती प्रतीत होती हैं तथा पारितंत्र की सेवा में वृद्धि हेतु वृक्ष सघनता बढ़ाने पर विचार करने की आवश्यकता हैं, क्योंकि पृथक पड़े क्षेत्रों में इन सेवाओं में अधिक गिरावट होती हैं[175]।

5.8 पवित्र उपवन तथा क्षेत्रीय विषमांगता

पवित्र उपवन एक पृथक व्यवस्था नही हैं। वे प्रकृति में ग्रामीण तथा शहरी दोनों क्षेत्रों में सार्थक सिद्ध हुए हैं[176]। पवित्र उपवनों में प्रेक्षित किए गए वनस्पति तथा प्राणि प्रजातियों, जलवायवी दशाओं व पर्यावरण की दृष्टि से विशिष्ट होते हैं। उपवन असंख्य पक्षियों को भोजन तथा घोंसला बनाने के लिए आधार प्रदान करते हैं जिसके परिणामस्वरूप उनके द्वारा बीट करने से पादप बीजों के बिखराव तथा मृदा के उर्वरण में सहायता मिलती हैं। भू–दृश्य के विभिन्न घटकों का मोजेक रूप जैसे वन, कृषि भूमि, चारागाह, रोपण स्थल तथा मानवीय निवास स्थल की उपस्थिति उपवन की प्राकृतिक विषमांगता व विविधता को बढ़ाते हैं। विभिन्न प्रकार के वृक्षों से आच्छादित ये पवित्र उपवन सूक्ष्म जलवायु तथा पर्यावास की विविधता को बनाए रखने में महत्वपूर्ण भूमिका अदा करते हैं, जो अनेक विशालकाय तथा सूक्ष्म वनस्पतियों व जंतुओं का पालन–पोषण करते हैं[165]। पवित्र उपवनों के क्षेत्र विभिन्न जीवित रूपों जैसे अधिपादप, झाड़ियाँ तथा काष्ठीय लताओं आदि के लिए अधिक आंतरिक भागों की विविधता प्रस्तुत करते हैं जिससे क्षेत्रीय विविधता में वृद्धि होती हैं[177]। यद्यपि उपवनों का विभिन्न कारणों से छोटे छोटे क्षेत्रों में विखण्डन प्रायः बीजों के बिखराव तथा दुर्लभ पौधों के पुनरूद्भवन पर असर डालता हैं जो आखिरकार क्षेत्र में पौधों की संख्या में कमी का कारण होता है। एक अध्ययन में वनों से बढ़ती हुई दूरी के कारण पवित्र उपवनों में कार्बन तथा नाईट्रोजन संचयन में विचारणीय गिरावट देखी गई हैं जो घटती हुई मृदा उर्वरता की संकेत हैं[164]। औसत लघु आकार, बीजों के स्रोतों से पृथक होना तथा घटते मृदा स्तर के कारण पवित्र उपवन अधिक कमजोर होने लगे हैं। इसमें भी अधिक परागणकारियों तथा बीज प्रकीर्णन करने वाले कारकों पर प्रतिकूल प्रभाव पड़ा हैं जिससे वृक्षों और पशुओं के मध्य सहोपकारिका संबंध कम हो गया हैं। भारतीय कोंकण क्षेत्र में किए गए *एंटिएरिस टाक्सिकेरिया* तथा *स्ट्रीकनास नक्सओमिका* वृक्ष प्रजाति से संबंधित अध्ययन में छोटे उपवनों की तुलना में बड़े उपवनों में बेहत्तर पौध वृद्धि व चुनाव क्षमता जैसे पौध सघनता और पौधों के जीवित रहने की क्षमता दोनों ही अच्छे पाये गए हैं। फिर भी उपवन के अलग–अलग आकार, पर्यावास की गुणवत्ता, इनमें आपसी जुड़ाव, तथा पौधों की संख्या को बढ़ाने में बीज प्रकीर्णन करने वाले कारकों की भूमिका भी महत्वपूर्ण हो सकती हैं।

5.9 पवित्र उपवन तथा पशु विविधता

अधिकतर हिन्दू देवताओं का संबन्ध पशुओं, पक्षिओं तथा अन्य प्राणियों के साथ अपनी सवारी या वाहनों के रूप में हैं। प्रकृति में तालमेल बढ़ाने के लिए तथा पारितंत्र में संतुलन को बनाए रखने के लिए मनुष्य के साथ पशुओं तथा अन्य प्राणियों का संरक्षण

भी अनिवार्य हैं। देवताओं के साथ जानवरों का वाहन के रूप में सहचर्य तथा पौराणिक कथाओं में इनका संयोजन पारिस्थितिकी संतुलन को बनाए रखने के लिए एवं पशुओं और पौधों के संरक्षण हेतु एक सोचा समझा प्रयत्न हैं। उदाहरणार्थ गरूड़ (बाज) को भगवान विष्णु का वाहन (आवागमन का साधन) माना गया हैं जबकि मोर को मुरगन का, बैल को भगवान शिव का, बाघ को देवी दुर्गा या अम्बा का तथा चूहे को विनायक (गणेश) का वाहन माना गया हैं। भगवान शिव सिंह चर्म को वस्त्र के रूप में प्रयोग करते है वहीं एक सरीसृप किंग कोबरा को आभूषण के रूप में गले में धारण करते हैं। सांपों की भी नाग पंचमी के दिन पूजा अर्चना की जाती है तथा प्राकृतिक आहार श्रृंखला को बनाए रखने तथा पवित्र उपवनों के पर्यावरण की सुरक्षा रखने के लिए दूध अर्पित किया जाता है। बंदरों को वीर हनुमानजी के प्रति श्रद्धाभाव से देखा जाता है जबकि भालूओं व वानरों को भगवान श्री रामचंद्र की सेना के रूप में देखा जाता हैं।

हालांकि पवित्र उपवनों में पाए जाने वाले अधिकतर जीव वो हैं जो उपवनों में वास करते हैं, जैसे सांप, मेंढ़क, छिपकलियाँ तथा अन्य छोटे जीव हैं। फिर भी प्राणि–जगत का एक बड़ा वर्ग जो उपवनों में घोंसले तथा बिल बनाता हैं वो भी भोजन, आश्रय आदि के लिए अस्थायी तौर पर उपवन में आते हैं। इसके अतिरिक्त पवित्र उपवन के चारों ओर बसे निकटवर्ती गाँवों के पशुओं को भी ये विश्राम स्थल उपलब्ध कराते हैं। अनेक पवित्र उपवन कई दुर्लभ स्थानिक संकटग्रस्त पौधों व जानवरों की प्रजातियों के आवास हैं जैसे पश्चिम राजस्थान के पवित्र उपवन साँडा व अन्य सरीसृप के लिए एक निवास स्थान के रूप में कार्य करते हैं[(178)] पक्षी पवित्र उपवन के एक सामान्य प्राणि हैं तथा इनकी विविधता व बहुलता किसी एक निश्चित पर्यावास में पारिस्थितिकी स्तर को दर्शाती हैं[(170)]। राजस्थान में विश्नोई समाज के गांवों के समीप के ओरणों में चिंकारा, काला हिरन (प्लेट 2.2स) तथा प्रवासी पक्षी जैसे कुर्जा (*एंथ्रोपोइडिस विर्गो*) तथा महत्वर्पूण पक्षी गोड़ावन को पूर्ण संरक्षण प्राप्त होता हैं[(179)]।

6. आशंकाएँ और अवसर

वर्तमान उदारीकरण, निजीकरण तथा भूमंडलीकरण के समय में मानव समुदाय सतत आजीविका उपार्जन के क्षेत्रों व पांरपरिक आधारों का लगभग त्याग कर रहे हैं। वन, चारागह भूमि तथा अन्य सार्वजनिक भूमि संसाधनों पर बाजार व्यवस्था के अनुसार ढलने के लिए दबाव पड़ रहा हैं, जहाँ सामान्य तौर पर प्रकृति को एक उपभोग की वस्तु समझा जाता हैं। यह मानव जाति को अपनी परम्पराओं और रीति–रिवाजों, जो कि पवित्र उपवनों की सुरक्षा व रखरखाव के मार्गदर्शी सिद्धान्त थे, के मार्ग से भटका रहा हैं। बाजार केन्द्रित सामाजिक व्यवस्थाएं प्रकृति एवं प्राकृतिक संसाधनों के लिए आदर पूर्ण रवैया नहीं रखती हैं। अतः इस बाजार से जुड़ी हुई आजीविका उर्पाजन की व्यवस्थाओं में जीवन की पवित्रता का कोई स्थान नहीं हैं। इससे भी अधिक आधुनिक शिक्षा प्रणाली में, जैसा कि प्राचीन शिक्षा प्रणाली में दृष्टिगोचर होता हैं, स्थानीय परम्पराओं के प्रति सम्मान का दृष्टिकोण भी नही हैं। परिणाम के रूप में व्यापक रूप से फैले ये उपवन सांस्कृतिक एंव जैव अक्षतता दोनों पक्षों में कमजोर हो रहें हैं। जनसंख्या व पशुधन का बढ़ता दबाव तथा अतिक्रमण मुख्य खतरा बनता जा रहा हैं। विभिन्न सरकारों द्वारा इन अतिक्रमणों को नियमित करना इसे और भी भयावह बना रहा हैं। अधिकांश पवित्र उपवनों का क्षेत्र तथा उनकी वैधानिक स्थिति स्पष्ट रूप से रेखांकित व वर्णित नहीं हैं तथा उल्लंघन कर्ताओं

के विरुद्ध प्रभावी कानून का अभाव भी हैं। विकासात्मक गतिविधियाँ, कृषीय अतिक्रमण, बढ़ता संसाधन उपयोग, मवेशी का मृदा अपर्मदन तथा मंदिरों का जीर्णोद्वार इन महत्वपूर्ण पर्यावासों को नष्ट करने में मुख्य भूमिका निभा रहे हैं[180]। अति दोहन तथा अवैज्ञानिक तरीके से विभिन्न उपयोगों के लिए पौधों का संग्रहण, सामाजिक मूल्यों का क्षरण तथा युवा पीढ़ी में इन पवित्र उपवनों एवं परम्पराओं के प्रति आस्था की कमी अन्य मुख्य कारण हैं[104,143]। इन सब आशंकाओं के बावजूद भी यहाँ अपार अवसर हैं अतः बहुउपयोगों हेतु सदैव बढ़ती आशंकाओं तथा बदलती बाजारी अर्थव्यवस्था के साथ इन संसाधनों के प्रबंधन हेतु विकल्प ढूँढना एक चुनौती हैं।

7. निष्कर्ष तथा अनुशंसाएँ

पवित्र स्थान, पवित्र वृक्ष तथा पवित्र उपवन चिरकाल से फलते–फूलते रहे हैं। भारत में प्रत्येक सजीव प्रतिरूप की पूजा–अर्चना करने की संस्कृति जीवन की पवित्रता का प्रचार करने का एक तरीका हैं तथा धर्म एवं पारिस्थितिकी जैव विविधता विशेषकर दुर्लभ प्रकार के सजीवों की सुरक्षा पवित्र उपवनों के माध्यम से करना जैव विविधता संरक्षण हेतु किए गए मनुष्य द्वारा महत्वपूर्ण कार्यों में से एक हैं।

पवित्र उपवनों में दुर्लभ, संकटग्रस्त, असुरक्षित तथा विलोपन से आशंकित पादपों तथा जंतुओं की बड़ी उपलब्धता, सांस्कृतिक धरोहरों की समृद्धि तथा इनके सक्रिय जैव विविधता के संरक्षण में सहयोग का विशिष्ट उदाहरण हैं। जैव विविधता के संरक्षण के साथ ही पवित्र उपवन मृदा एवं जल का भी संरक्षण करते है तथा स्वयं में जल व औषधीय पौधों के स्रोत हैं। इसके अलावा ये विभिन्न सजीव रूपों की सुरक्षा करने व वातावरण की कार्बन डाई आक्साइड गैस को अलग करने की महत्वपूर्ण भूमिका भी निभाते हैं जो जलवायु परिवर्तन की गंभीरता को कम करने में सहायता करता हैं।

पारंपरिक मान्यताओं में हो रही कमी, पाश्चात्यीकरण तथा बाजार से जुड़ी अर्थ व्यवस्थाओं और सामाजिक आर्थिक कारण पवित्र उपवनों की गरिमा को आहत कर रहे हैं। वैधानिक व्यवस्था तथा जागरूकता में कमी, आंतरिक राजनीतिक विरोध, वित्तीय सहायता का अभाव अथवा कमी तथा विभिन्न प्रकार की विदेशी प्रजातियों का इन पारिस्थितिक तंत्र में अतिक्रमण इन स्थानों के अवक्रमण का कारण हैं। कुछ पवित्र उपवनों से चराई, कटाई तथा जैवमात्रा का सफाया होना इन उपवनों के ह्रासोन्मुख होने के परिणाम के रूप में सामने आ रहा हैं।

विद्यमान जैव विविधता को कायम रहने तथा जीवन को आधार प्रदान करने वाले इन नष्ट होते संसाधनों की पवित्र मान्यताओं के संरक्षण व संर्वधन हेतु सभी के सम्मिलित प्रयासों की आवश्यकता हैं[181]। आवश्यक संरक्षण तथा इनकी प्राकृतिक पहचान व पवित्रता को बनाए रखने हेतु स्थानीय समुदाय के लोगो का सहयोग और अधिक बढ़ाये जाने की आवश्यकता हैं। इसी प्रकार से समीपवर्ती ग्रामीण समुदायों को क्षेत्र में विद्यमान उपवन की पवित्रता को कायम रखने तथा उन्हें समृद्ध बनाने के लिए शिक्षित व प्रशिक्षित करने की आवश्यकता हैं।

चंडी माता की वनी, प्रतापगढ में अर्जुन के वृक्ष

कोसलू, बाडमेर के कूबड माता का ओरण में जाल वृक्ष के साथ एक मन्दिर.

अजमेर जिले के मांगलियावास में कल्पवृक्ष

हनुमानजी की वनी बाराँ में इमली के वृक्ष

कोटा जिले में डालीकैंड्रोन वृक्ष के नीचे एक देवस्थान

कोटा जिले में कंकेडा वृक्ष के नीचे एक देवस्थान

प्लेट 2.1. राजस्थान में कुछ पवित्र वृक्ष जिनके नीचे लोग पूजा करते हैं।

प्लेट 2.2 अ. सिणधरी, बाड़मेर के कुबड़माता ओरण में मीठा जाल, पिलवन व इरना प्रजातियों (बाएँ) और मंगल दास की वनी, अलवर में मीठा जाल, कंकेड़ा और *कडाबा फ्रुटीकोसा* (दाएँ) का एक साथ वृद्धि करना।

प्लेट 2.2ब. वाडरा हनुमानजी के ओरण में तालाब, सिरोही (बाएँ) तथा गौजाई जिले ओरण में जल निकाय (दाएँ) का उपयोग ग्रामीणों द्वारा विभिन्न प्रयोजनों के लिए किया जाता हैं।

प्लेट 2.2 स. डूगंरपुर जिले के भिलूडा गाँव में रघुनाथजी देव वन में देशी बबूल पर बुगले (बाएँ) तथा स्नेक बर्ड के घोसले तथा लोहावट, जोधपुर के ओरनों में वन्य जीवों की संरक्षण द्वारा सुरक्षा (दाएँ)

■■■■

3

पवित्र उपवन पृष्ठभूमि और प्रेक्षण अभिलेखन

प्रकृति पूजा की विभिन्न पारंपरिक प्रथाएँ प्रचलित हैं। ऐसी ही एक महत्वपूर्ण परंपरा है वृक्ष या वन पूजन जिसका दुनिया भर में पालन किया जाता है और इसे पवित्र वन या पुनीत वन/उपवन या ओरण पूजा के नाम से जाना जाता है। वृक्षों का समूह या वन क्षेत्रों का संरक्षण पौराणिक किवदंतियों के आधार पर लोक देवताओं, दैविक आत्माओं, प्रकृति प्रेमी और स्थानीय नायकों के नाम पर किया जाता है। सामान्य तौर पर इन पवित्र उपवनों का स्थानीय समुदायों द्वारा अपने लोक देवियों या देवताओं की पूजा करने के लिए इस्तेमाल किया जाता है। ये उपवन स्थानीय वनस्पति के इतिहास के अनुरूप वृक्षों के समूह या बहु प्रजातियों या बहुस्तरीय वनों के प्रकार के प्राथमिक वन हो सकते हैं। वनों की कटाई और वन अवक्रमण से हो रहे हरित गैस उत्सर्जन को कम करने के लिए जलवायु परिवर्तन पर संयुक्त राष्ट्र फ्रेमवर्क कन्वेंशन (यू.एन.एफ.सी.सी.) के तहत् 2007 में एक निर्णय लिया गया था। इसे हम वनोन्मूलन और वनक्षरण से उत्सर्जन नियंत्रण (आर.ई.डी.डी.) के नाम से जानते हैं। यह वनों या अन्य संबंधित पारिस्थितिक तंत्रों यथा ओरण या पुनीत वन में संचयित कार्बन का वित्तीय मूल्य निर्धारित करने की दिशा में एक प्रयास है, ताकि विकासशील देश वन भूमि या सामुदायिक वनों से हो रहे उत्सर्जन को कम करके सतत विकास के लिए कम कार्बन अपचय के तरीकों में निवेश कर सकें। आर.ई.डी.डी. प्लस वनों की कटाई और वन क्षरण के अलावा वन संरक्षण, वनों के सतत प्रबंधन और वन कार्बन के भंडार में वृद्धि की भूमिका को भी शामिल करता है[(182)]। इस प्रकार आर.ई.डी.डी. प्लस वनों या पवित्र उपवनों समेत सामुदायिक संसाधनों के संरक्षण और प्रबन्धन में स्थानीय लोगों की भागीदारी से संबन्धित उनके आर्थिक अधिकारों की संभावना को भी दर्शाता है[(183)]।

1. पृष्ठभूमि

स्थानीय समुदायों द्वारा एक या अधिक देवी–देवताओं को समर्पित और पूज्य सामुदायिक वनों को पवित्र उपवन या पुनीत वन कहा जाता है[(147,179,184)]। ये दुनिया भर में प्रकृति संरक्षण के सबसे महत्वपूर्ण, आदिम तरीकों में से एक है, जिसे सोचाव्स्की[(185)] ने 'लाइफ रिजर्व' का नाम दिया है। पवित्र उपवन स्थानीय लोगों द्वारा कुछ मान्यताओं पर आधारित संरक्षित अवशेषी चरमोत्कर्ष पादप समुदाय होता है। इस तरह के वन जैव विविधता से भरपूर होते हैं और कई दुर्लभ और लुप्तप्राय पौधे और वनीय व घरेलू पशु प्रजातियों के आवास होते हैं। इन पवित्र उपवनों में वर्तमान और अतीत समाज के बीच जैव विविधता, संस्कृति, धर्म और जातीय विरासत के मामले में एक जटिल कड़ी मौजूद

है[186,187]। पवित्र उपवन पूरे दुनिया भर में वितरित हैं, और विविध संस्कृतियों में इन्हे विभिन्न रूपों में पहचाना जाता है जहाँ इनके संरक्षण के लिए अलग–अलग तरीके अपनाये जाते हैं[188]। ये चारा, ईंधन, लकड़ी, फलों, जड़ों और जड़ी बूटी जैसी प्राकृतिक संपदा के स्रोत हैं और स्वामित्व वाले समुदाय के लिए 'समृद्धि के प्रतीक' माने जाते हैं। इसके अलावा, पवित्र उपवन पशुधन आधारित अर्थव्यवस्था और समुदायों के विकास को बढ़ावा देने में एक महत्वपूर्ण भूमिका निभाते हैं।

सांस्कृतिक पहलू जैसे धर्म, आस्था और परम्पराएँ लोगों को प्रकृति और प्राकृतिक वातावरण के करीब लाते हैं[189,190]। मेमोरियल पार्क और तपोवन ऐसे ही दो सांस्कृतिक परिदृश्यों के उदाहरण हैं जो आज भी मौजूद हैं[191]। एशिया, अफ्रीका और यूरोप में ऐसे कई उदाहरण हैं जहाँ प्राकृतिक संसाधनों को भी 'पवित्र' और पूजनीय माना गया है। ये कई प्रकार के प्राकृतिक स्थल भी हैं जैसे नदियां, झील, वन, उद्यान, उपवन या यहाँ तक कि सिर्फ एक वृक्ष, जिन्हें पवित्र आस्थाओं से जोड़कर प्रतिष्ठापित किया गया है ताकि इनका सामूहिक प्रबंधन आसानी से और सतत हो सके। भारत में हिंदू धर्म प्रकृति में स्थानीय परंपराओं के विलय के फलस्वरूप ही पनपा है[124]। इन सामुदायिक संरक्षित वनों के संरक्षण के लिए लम्बे समय तक की प्रतिबद्धता का आधार संसाधनों की कमी नहीं अपितु प्रकृति के लिए गहरी धार्मिक आस्था व श्रद्धा है[192]।

भारत में तपोवन अथवा पुनीत वन अति प्राचीन काल से अस्तित्व में है और देश भर में बिखरे हुए हैं, लेकिन दुर्भाग्य से इन्हें किसी संघीय कानून के माध्यम से संरक्षण प्राप्त नहीं है। ऐसा लगता है कि भारत में पवित्र उपवनों की कुल संख्या 100000 से भी अधिक हो सकती है, लेकिन दस्तावेजों में इनकी संख्या अपेक्षाकृत कम है जो कि 14272 है। भारत के राजस्थान राज्य में उच्चतम अनुमानित संख्या के साथ स्थिति और भी बुरी है जहाँ आकार में 1 हेक्टेयर से भी छोटे से लेकर जैसलमेर में मौजूद 15,000 हेक्टेयर वाले विस्तृत क्षेत्र में फैले भादरियाजी ओरण समेत लगभग 25,000 पवित्र उपवन लगभग 6 लाख हेक्टेयर क्षेत्र में फैले हुये हैं। इनमें से लगभग 5370 वर्ग किलोमीटर पवित्र उपवन क्षेत्र थार रेगिस्तान में ही हैं। कई पुनीत वन तो सिर्फ कुछ वर्ग मीटर जितने छोटे हैं। यह इंगित करता है कि 'ओरण'', या पुनीत अथवा पवित्र उपवनों की संख्या में भिन्नता सिर्फ राजस्थान में ही नहीं बल्कि जिला स्तर पर भी मौजूद है। राजस्थान में पवित्र उपवनों पर साहित्य अभिलेखन भी नगण्य है, खासकर पश्चिमी राजस्थान में जहाँ ओरण पर आधारित अभिलेख 1 प्रतिशत से भी कम हैं। अधिकतम उपलब्ध साहित्य भारत के उत्तर–पूर्व (30 प्रतिशत), पश्चिमी घाट (26 प्रतिशत), पूर्वी घाट (24 प्रतिशत), मध्य भारत, पश्चिमी हिमालय (10 प्रतिशत) और गंगा के मैदान (9 प्रतिशत) क्षेत्रों से हैं।

पवित्र उपवनों की वर्तमान दयनीय स्थिति हर जगह गहरी चिंता का विषय बनी हुई है, क्योंकि वे अधिकतर ग्रामीण इलाकों से तेजी से गायब हो रहे हैं। ये वर्तमान में जलमग्नता, पूर्ण कटाई, कृषि, खनिज खनन, अतिक्रमण आदि खतरों का सामना कर रहे हैं[193]। इनके क्षरण के बहुत से कारणों में से कुछ कृषि भूमि में इनकी उपस्थिति और पौधों की अनधिकृत एवं अनियमित कटाई, चराई और सामाजिक व सांस्कृतिक मूल्यों में आती गिरावट है। इसे देखते हुए, और जैव विविधता के संरक्षण में कानूनी तंत्र के विफल होने के कारण यह अतिआवश्यक हो गया है कि स्थानीय लोगों के पारंपरिक ज्ञान के आधार पर ही नीतियाँ तैयार की जाएँ। इसलिए न केवल पवित्र उपवनों की रक्षा के लिए, बल्कि प्रकृति संरक्षण और जैव विविधता के प्रबंधन के लिए भी पारंपरिक तरीकों को

पुनर्जीवित करने और पुरानी गलतियों को सुधारने की तत्काल आवश्यकता है[194]। कई जगहों पर पवित्र उपवनों का अतिक्रमण भी हो रहा है और इससे भी बुरी स्थिति यह है कि इसे सरकारों द्वारा अतिक्रमणकारियों के पक्ष में नियमित भी किया जा रहा है। प्रभावी कानून का अभाव अपराधियों की अवैध गतिविधियों को बढ़ावा देता है। इसके अलावा, युवा पीढ़ी में विश्वास की कमी इस बहुमूल्य भूमि संसाधन और इसमे मौजूद जैव विविधता के नुकसान के लिए प्रमुख कारण है[195]।

इस प्रवृत्ति को स्थानीय आबादी के समग्र लाभ हेतु बदलने की जरूरत है[196]। राजस्थान में मौजूद पवित्र उपवनों के बारे में प्रलेखन और विस्तृत सूची का काफी अभाव है और उपलब्ध आँकड़े भी कम और छिटपुट हैं। जैव विविधता पर संयुक्त राष्ट्र सम्मेलन (यू.एन.सी.बी.डी.) प्रत्येक देश में पाये जाने वाले जीवों व पादपों की सूची बनाने और उनसे होने वाले लाभ को साझा करने पर जोर देता है। उपरोक्त तथ्यों को देखते हुए यह फायदेमंद रहेगा कि राजस्थान के ओरण अथवा पुनीत वन क्षेत्रों की जैविक विविधता पर विस्तृत सूची बनाई जाए जिससे किसी क्षेत्र विशेष या ओरण में मौजूद विभिन्न प्रजातियों के महत्व के आधार पर उनकी प्रबंधन कार्यनीति विकसित की जा सके[197,198]। इन तथ्यों और वर्तमान की जरूरत को समझते हुए, राजस्थान वन विभाग, जयपुर की वित्तीय सहायता से राजस्थान के विभिन्न जिलों में उपलब्ध कुछ पवित्र उपवन क्षेत्रों पर दस्तावेज तैयार किया गया है और इनके सामुदायिक प्रबंधन एवं लोगों की आजीविका में सुधार के लिए इनमें से कुछ की जैविक विविधता व मृदा कार्बन तथा पोषक तत्वों का आकलन भी किया गया है। यह पुस्तक पवित्र उपवन या ओरण क्षेत्रों की जैव विविधता और मृदा कार्बन भंडारण पर एक सूची विकसित करने के साथ ही उनके प्रभावी संरक्षण और प्रबंधन तथा इन पवित्र उपवनों के पुनरुद्धार के लिए प्रबंधन योजना विकसित करने से संबन्धित है। अतः वर्तमान संकलन के मुख्य उद्देश्य हैं – (क) राजस्थान के विभिन्न जिलों में पाये जाने वाले कुछ महत्वपूर्ण 'ओरण' की पादप विविधता की सूची बनाना; (ख) इन पवित्र उपवनों में पाये जाने वाले जंतुओं की पहचान या जानकारी उपलब्ध कराना; (ग) स्थानीय स्तर पर लाभ और जलवायु परिवर्तन के प्रति अनुकूलन के लिए जैव विविधता और उत्पादकता में वृद्धि हेतु उपयुक्त प्रबंधन कार्यनीति का सुझाव प्रस्तुत करना।

2. अध्ययन का क्षेत्रीय विस्तार

भारत के उत्तर–पश्चिम में स्थित राजस्थान देश का सबसे बड़ा राज्य है जो देश के कुल भौगोलिक क्षेत्र के 10.4 प्रतिशत भाग में विस्तृत है। यह प्रदेश 23°3′ और 30°12′ उत्तर अक्षांशों और 69°30′ और 78°17′ पूर्व देशांतर के बीच स्थित है। राजस्थान पश्चिम और उत्तर–पश्चिम में पाकिस्तान से, उत्तर और उत्तर–पूर्व में पंजाब, हरियाणा और उत्तरप्रदेश राज्यों से, पूर्व और दक्षिण पूर्व में उत्तरप्रदेश और मध्यप्रदेश राज्यों से और दक्षिण पश्चिम में गुजरात राज्य से घिरा हुआ है। यह प्रदेश लगभग 3,42,239 वर्ग किलोमीटर क्षेत्र में विस्तारित है (सारिणी 3.1)।

सारिणी 3.1. राजस्थान का कुल भौगोलिक क्षेत्र, आबादी, वन क्षेत्र और वर्षा का जिलावार विवरण।

क्रमांक	जिला	कुल भौ. क्षेत्र (वर्ग किमी)	आबादी (संख्या)	कुल वन क्षेत्र (वर्ग किमी)	कुल भौ. क्षेत्र का प्रतिशत	वर्षा (मिमी)	
						सामान्य	2003–2015
1	अजमेर	8481	2584913	61310	7.23	601.8	505.54
2	अलवर	8720	3671999	178,495	21.30	657.3	644.53
3	बांसवाड़ा	4,536	1798194	123,667	24.55	950.3	945.26
4	बारां	6955	1223921	223,962	32.20	873.8	910.87
5	बाड़मेर	28,387	2604453	62,722	2.21	265.7	353.02
6	भरतपुर	5044	2549121	43,494	8.59	663.9	628.18
7	भीलवाड़ा	10,455	2410459	77,876	7.45	683.2	628.74
8	बीकानेर	30,382	2367745	124,906	4.58	243.0	303.91
9	बूँदी	5500	1113725	156,678	28.23	773.4	663.35
10	चित्तौड़गढ़	7880	1544392	182,019	16.77	841.5	830.58
11	चुरू	13,792	2041172	7122	0.42	354.7	431.63
12	दौसा	3420	1637226	28,263	8.24	561.0	647.78
13	धौलपुर	3,009	1207293	63845	21.05	744.5	657.96
14	डूँगरपुर	3,770	1388906	69,273	18.37	728.9	767.92
15	हनुमानगढ़	9580	6663971	94566	6.72	273.5	269.23
16	जयपुर	11,061	672,008	58,129	1.51	563.8	314.52
17	जैसलमेर	38,401	1830151	45,261	4.25	185.5	555.32
18	जालोर	10,640	1411327	134,979	21.70	370.0	227.74
19	झालावाड़	6219	2139658	40,535	6.84	844.3	509.37
20	झुंझुनूँ	5928	3685681	24,303	1.06	405.1	906.17
21	जोधपुर	22,250	1458459	180,206	32.59	313.7	490.81
22	करौली	5039	1950491	131,082	24.07	670.7	330.25
23	कोटा	5204	3309234	24,093	1.36	732.4	652.77
24	नागौर	17,718	2038533	96,358	7.78	311.7	790.38
25	पाली	12,357	868,231	140,704	34.18	424.4	400.46
26	प्रतापगढ़	4360	1158283	39,658	8.32	–	509.55
27	राजसमंद	4636	1338114	93,772	8.91	567.8	829.15
28	सवाईमाधोपुर	5221	2677737	63935	8.27	873.4	607.78
29	सीकर	7881	1037185	163,865	31.91	440.3	687.41
30	सिरोही	5136	1969520	63344	7.93	591.2	496.82
31	श्रीगंगानगर	11,604	1779650	23,946	1.89	226.4	871.29
32	टोंक	7200	1421711	33597	4.67	668.3	632.98
33	उदयपुर	11,761	3067549	414,170	29.83	645.0	764.16
	राज्य	342,327	68621012	3270135	9.56	575.1	505.54

स्रोतः आर्थिक एवं सांख्यिकी निदेशालय, राजस्थान सरकार, जयपुर; भो.: भौगोलिक।

2.1 क्षेत्रीय भूगोल

राजस्थान की मुख्य भौगोलिक विशेषता अरावली पर्वत श्रृंखला है, जो दक्षिण पश्चिम (माउंट आबू) में 1,722 मीटर ऊंचाई की चोटी से लेकर उत्तर–पूर्व में स्थित झुंझुनूँ जिले के खेतड़ी तक लगभग 850 किलोमीटर लंबी है। यह श्रृंखला राजस्थान को उत्तर पश्चिम में 60 प्रतिशत और दक्षिण पूर्व में 40 प्रतिशत के अनुपात में विभाजित करती है। इस पर्वत श्रृंखला के उत्तर–पश्चिम में स्थित भू–भाग रेतीला और कम पानी के साथ ही अनुत्पादक भी है, लेकिन पश्चिम और उत्तर–पश्चिम से पूर्व की ओर जाने पर स्थिति अपेक्षाकृत बेहतर होने लगती है तथा भूमि उपजाऊ और रहने योग्य क्षेत्र देखा जा सकता है। पश्चिमी क्षेत्र ग्रेट इंडियन (थार) रेगिस्तान के नाम से भी जाना जाता है, जो आम तौर पर रेतीला और शुष्क है एवं निकटवर्ती पाकिस्तान के भागों तक फैला हुआ है।

सारिणी 3.2. कृषि जलवायु क्षेत्र और राजस्थान में उनका जिलेवार वितरण

क्रमांक	कृषि जलवायु क्षेत्र	वर्षा (मिमी) रेंज	जिले
1	Iअ–अति शुष्क पश्चिमी मैदान	200–370	बाड़मेर, जोधपुर
2	Iब–सिंचित उत्तर पश्चिमी मैदान	100–350	श्रीगंगानगर, हनुमानगढ़
3	Iस–अतिशुष्क आंशिक रूप से सिंचित क्षेत्र	100–350	बीकानेर, जैसलमेर, चुरू
4	IIअ–आंतरिक ड्रेनेज शुष्क क्षेत्र	300–500	नागौर, सीकर, झुन्झुनू
5	IIब–लूनी बेसिन के अवस्था परिवर्तन कालिक मैदान	300–500	जालोर, पाली, सिरोही
6	IIIअ –अर्ध शुष्क पूर्वी मैदान	500–700	जयपुर, अजमेर, दौसा, टोंक
7	IIIब –बाढ़ प्रवण पूर्वी मैदान	500–700	अलवर, धौलपुर, भरतपुर, करौली और सवाई माधोपुर
8	IVअ–उप नम दक्षिणी मैदान	500–900	भीलवाड़ा, राजसमंद, चित्तौड़गढ़
9	IVब–नम दक्षिणी मैदान	500–1100	डूँगरपुर, उदयपुर, बांसवाड़ा व प्रतापगढ़
10	V–नम दक्षिणी पूर्वी मैदान	650–1000	बूँदी, कोटा, बारां, झालावाड़

अरावली श्रृंखला अरब सागर से उठने वाली नमीयुक्त दक्षिण पश्चिम मानसून हवाओं के समानान्तर अवस्थित होने के कारण कोई अवरोध उत्पन्न नहीं करती है जिसके चलते इसके उत्तर–पश्चिमी भाग में स्थित क्षेत्र सूखा रह जाता है। इस क्षेत्र में एक वर्ष में औसत वर्षा 400 मिमी से भी कम होती है। गोडवार, मारवाड़ और शेखावाटी क्षेत्र राज्य के उत्तरी क्षेत्र में स्थित हैं और थार रेगिस्तान के प्रमुख हिस्से बनाते हैं। पहाड़ी क्षेत्र वांगड़ दक्षिणी राजस्थान में और गुजरात की सीमा पर स्थित है। सिरोही जिले में स्थित माउण्ट आबू के अलावा, वांगड़ ही राज्य में सर्वाधिक नम क्षेत्र है, और सबसे घने जंगलों से घिरा भी है। वांगड़ का उत्तरी भाग मेवाड़ क्षेत्र में स्थित है, जिसमें उदयपुर और चित्तौड़गढ़ जिले शामिल हैं। हाड़ौती क्षेत्र बँदी, कोटा, बारां और झालावाड़ जिलों के साथ मध्यप्रदेश की सीमा व राज्य के दक्षिण पूर्व में स्थित है। मेवाड़ और हाड़ौती के उत्तर में धुंधाड़ क्षेत्र है जो राजधानी जयपुर का मुख्य क्षेत्र है। मेवात राजस्थान का पूर्वोत्तर हिस्सा है जो हरियाणा और उत्तर प्रदेश की सीमा से लगा हुआ है और जलवायु और वनस्पति

में अपेक्षाकृत बेहतर भी है। कृषि और संबद्ध क्षेत्रों में जलवायु और मृदा संसाधनों की भूमिका को समझने के लिए राजस्थान को दस कृषि जलवायु क्षेत्रों में बांटा गया है जो राजस्थान में पाये जाने वाले तीन कृषि पारिस्थितिक क्षेत्रों में फैला हुआ है[189] (प्लेट 3अ, सारिणी 3.2)।

2.2 राजस्थान की जलवायु

भारत के पश्चिमी भाग में स्थित होने और भिन्न स्थलाकृति की वजह से राजस्थान में जलवायु भी बदलता रहती है। उदाहरण के लिए, चट्टानीय अरावली, पश्चिमी शुष्क मैदान, पूर्वी उपजाऊ मैदान आदि विभिन्न जलवायु परिस्थितियों का अनुभव कराते हैं। राज्य में मौसम स्वरूप को पूर्व–मानसून, मानसून, पश्च–मानसून और शीत ऋतु में विभाजित किया जा सकता है। पूर्व–मानसून–यह मौसम सबसे सूखा और गर्म होता है। वास्तव में यह गर्म मौसम मानसून से पहले आता है तथा अप्रैल से जून तक रहता है। तापमान 32 डिग्री सेल्सियस से लेकर 45 डिग्री सेल्सियस के बीच रहता है। रेगिस्तानी क्षेत्र अरावली क्षेत्र के उत्तर पश्चिम भाग में स्थित है जहाँ सूरज की चिलचिलाती गर्मी पड़ती है जिसकी वजह से मौसम शुष्क हो जाता है। अप्रैल/मई के दौरान कई बार वायु तापमान 47–48 डिग्री सेल्सियस तक दर्ज किया गया है। वहीं सुदूर रेगिस्तानी क्षेत्र में वायवीय तापमान 50 डिग्री सेल्सियस से ऊपर पहुँच जाता है। राज्य के इकलौते हिल स्टेशन – माउण्ट आबू में सबसे कम तापमान रहता है। तापमान हालांकि शुष्क क्षेत्रों में विशेषकर रात में तेजी से गिरता है। दक्षिण–पश्चिमी सीमा से भारी हवाएँ धूल का तूफान लाती हैं, जिन्हें आम तौर पर 'आँधी' या 'काली–पीली आँधी' के रूप में जाना जाता है। **मानसून** पूर्वी क्षेत्र में जून के महीने के दौरान और पश्चिमी शुष्क क्षेत्रों में मध्य जुलाई में इस राज्य के उमस भरे और धूप में सूखे इलाके के लिए एक राहत लेकर आता है। तापमान 40 से 35 डिग्री सेल्सियस तक गिर जाता है। तापमान में गिरावट के साथ ही वायवीय नमी की मात्रा बढ़ जाती है। राज्य इस अवधि के दौरान वर्ष का 80 से 90 प्रतिशत तक वर्षा प्राप्त करता है। मानसून का यह चरण जुलाई से सितंबर तक चलता है। मानसून के बाद पश्च–मानसून आता है जो मध्य सितंबर से शुरू होकर नवंबर तक जारी रहता है। इस मौसम में एक बार फिर से हवा के तापमान में वृद्धि होती है जब औसत अधिकतम तापमान 33 डिग्री सेल्सियस और 38 डिग्री सेल्सियस के बीच रहता है। औसत न्यूनतम तापमान 18 डिग्री सेल्सियस और 20 डिग्री सेल्सियस के बीच रहता है। राजस्थान में सर्दी दिसंबर से मार्च तक रहती है और जनवरी वर्ष का सबसे ठंडा महीना है। तापमान राज्य भर में बदलता रहता है और सबसे कम तापमान 0 डिग्री सेल्सियस से भी नीचे तक पहुँच जाता है जो विशेष रूप से चुरू जिले में दर्ज किया जाता है। राज्य के उत्तर और पूर्वोत्तर क्षेत्र में मामूली वर्षा होती है। इस अवधि के दौरान, सापेक्षिक आर्द्रता सुबह 50 प्रतिशत से 60 प्रतिशत और दोपहर के समय 25 प्रतिशत से 35 प्रतिशत के बीच रहती है। औसतन, सर्दियों में तापमान 8 डिग्री सेल्सियस से 28 डिग्री सेल्सियस के बीच रहता है।

2.3 वर्षा का स्वरूप

वर्षा पूरे राजस्थान में बहुत कम, अत्यधिक अनिश्चित और परिवर्तनशील रहती है। रेगिस्तानी क्षेत्र में औसत वार्षिक वर्षा 100 मिमी भारत–पाक सीमा के पूर्वी छोर पर तथा

400 मिमी तक उत्तरी पूर्वी क्षेत्र में होती है। पूर्व से पश्चिम और दक्षिण पश्चिम से उत्तर–पूर्व में जाने पर वर्षा कम होती जाती है। अरावली के पश्चिम में वर्षा में बहुत तेजी से और उल्लेखनीय कमी आती है जिससे पश्चिमी राजस्थान एकदम शुष्क रह जाता है। अरावली पर्वत माला के पश्चिमी भाग में औसत वार्षिक वर्षा जैसलमेर के उत्तर–पश्चिम भाग में 100 मिमी से भी कम से लेकर श्रीगंगानगर, बीकानेर और बाड़मेर क्षेत्रों में 200–300 मिमी तक रहती है। नागौर, जोधपुर, चुरू और जालोर क्षेत्रों में वर्षा 300–400 मिमी और सीकर, झुन्झुनू और पाली और अरावली के पश्चिमी किनारे में वर्षा 400 मिमी से अधिक रहती है। अरावली के पूर्वी हिस्से में वर्षा अजमेर में 550 मिमी से लेकर झालावाड़ क्षेत्र में 1020 मिमी के बीच रहती है। मैदानी इलाकों जैसे बांसवाड़ा (920 मिमी) और झालावाड़ (950 मिमी) जिलों में अधिकतम वार्षिक वर्षा होती है। हालांकि राज्य में सर्वाधिक वर्षा, 1638 मिमी सिरोही जिले में माउंट आबू में होती है।

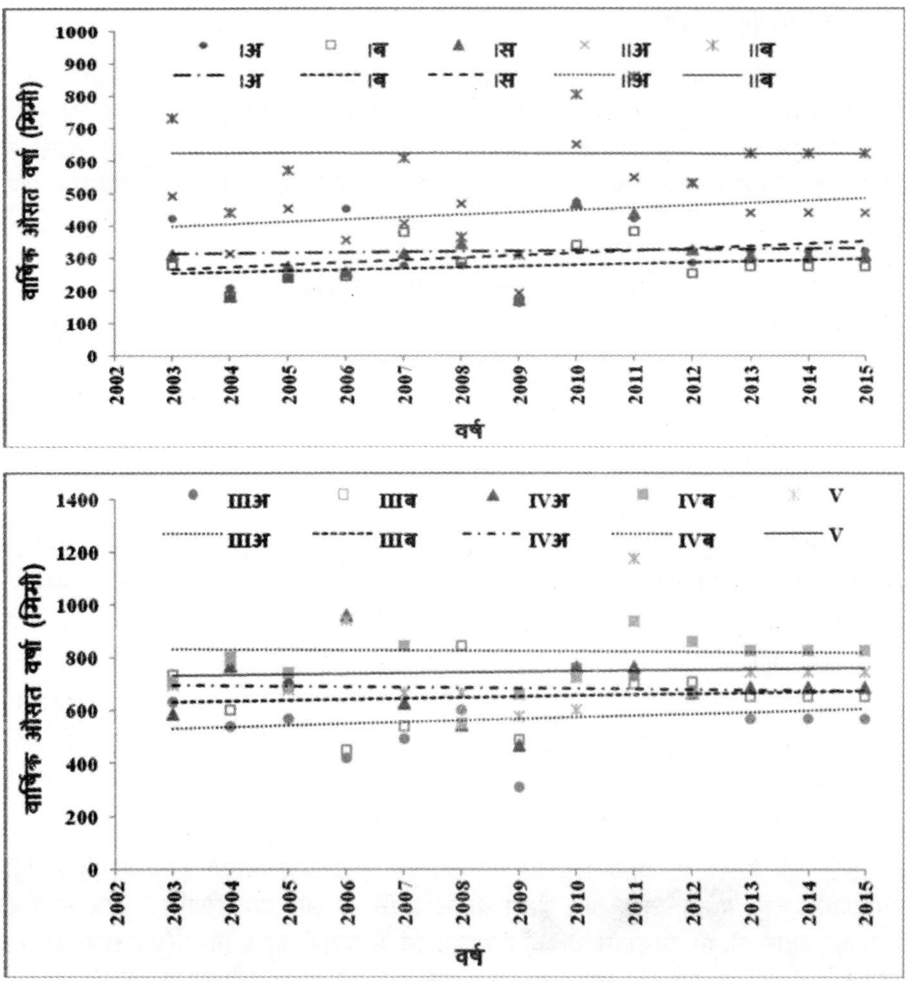

चित्र 3.1. वर्ष 2003–2015 के दौरान राजस्थान के विभिन्न कृषि जलवायु क्षेत्रों में वर्षा का रुझान।

वर्षा सभी जिलों में व्यापक रूप से भिन्न भिन्न रहती है। यहाँ तक की एक ही जिले में भी हर वर्ष वर्षा अलग अलग रहती है। लेकिन पिछले 16 साल की अवधि में, सभी जिलों में बारिश में गिरावट का रुख देखा गया है, विशेष रूप से जयपुर और जोधपुर में (चित्र 3.1)। वर्ष 1901–1935 की अपेक्षा वर्ष 1971–2005 की अवधि के दौरान वार्षिक वर्षा में जैसलमेर में 14.3 प्रतिशत कमी देखी गयी है लेकिन जोधपुर में कोई बदलाव इंगित नहीं हुआ[199]। भारत के उत्तर पश्चिमी क्षेत्र व थार रेगिस्तान में अगस्त 16–25, 2006 के दौरान 55 सेमी की रिकॉर्ड बारिश हुई जिसमें जन धन की काफी हानि हुई और बाड़मेर जिले के दो गाँव कवास व मालबा तबाह हो गए थे[200]। वर्ष 2003 से 2015 के दौरान वर्षा का रुझान Iब, Iस, IIअ और V जलवायु क्षेत्रों में बढ़ता हुआ जबकि IIब, IVअ और IVब क्षेत्रों में घटता हुआ पाया गया है। वहीं दूसरे क्षेत्रों में इस अवधि के दौरान लगभग एक समान वर्षा पाई गयी है (चित्र 3.1)।

2.4 भूमि उपयोग पैटर्न

भारतीय औसत की तुलना में राजस्थान में कुल फसल क्षेत्र और कुल बुआई क्षेत्र में बहुत ही कम अंतर है जो भारतीय औसत के पक्ष में है (सारिणी 3.3)। क्षेत्र की महत्वपूर्ण बात रेगिस्तान में भी सिंचाई के तहत क्षेत्र में वृद्धि होना है जहाँ लोग खारे पानी का उपयोग कर सिंचाई करते हैं एवं कई नकदी फसलें जैसे जीरा, रायडा, ईसबगोल आदि उगा रहे हैं।

सारिणी 3.3. भारत और राजस्थान में भूमि उपयोग सांख्यिकी का विवरण

भूमि उपयोग	भारत	राजस्थान
भूमि उपयोग आँकड़ों के लिए रिपोर्टिंग क्षेत्र	305,611	34270
वन	70,042	2735
खेती के लिए अनुपलब्ध क्षेत्र	42,954	4268
स्थायी चराई व अन्य चारागाह भूमि	10149	1697
विविध फसलों और वृक्षों के तहत भूमि	3351	17
कृषि योग्य खाली पड़त भूमि	12,857	4475
वर्तमान परती के अलावा अन्य परती भूमि	10,484	2048
वर्तमान परती भूमि	15,753	2055
कुल बुवाई क्षेत्र	140,022	16,974
कुल फसल क्षेत्र	192,197	21,745
एक बार से अधिक बोया हुआ क्षेत्र	52175	4770

स्रोतः भारत सरकार (201), आंकड़े 1000 हेक्टेयर में।

वन क्षेत्रः वन किसी भी पारिस्थितिकी तंत्र का एक महत्वपूर्ण हिस्सा होता है जो मानवीय आवश्यकता हेतु भोजन, चारा और ईंधन प्रदान करने के साथ पारिस्थितिकी तंत्र में पोषक तत्वों को बढ़ाने में भी योगदान देते हैं। राजस्थान में इसके कुल भौगोलिक क्षेत्र का 9.54 प्रतिशत क्षेत्र वन है जो कि भारत के कुल वन क्षेत्र के 20.6 प्रतिशत से काफी कम है। इसका प्रमुख कारण इस राज्य के पश्चिमी 13 जिलों में रेगिस्तान की स्थिति है। केवल दो क्षेत्र, आर्द्र दक्षिणी और नम दक्षिणी पूर्वी मैदान ही पर्याप्त वन क्षेत्र से आच्छादित हैं,

जिसमे कुल दर्ज क्षेत्र में से एक–चौथाई भू भाग वनों के अधीन है। क्षेत्र के बाकी हिस्सों में यह 6 से 15 फीसदी तक बदलता है।

प्राकृतिक वनस्पतिः पश्चिमी रेगिस्तानी क्षेत्र में, वनस्पति के रूप में मुख्य रूप से मरुद्भिद प्रजातियाँ हैं जो काँटेदार और कम विकास वाली होती है। प्रमुख प्रजातियां अकेसिया और प्रोसोपिस की हैं। जल जमाव वाले लवणीय क्षेत्रों में लवणमृदोद्भिद पाये जाते हैं। पूर्वी क्षेत्र में पर्णपाती जंगलों से लेकर उपोष्णकटिबंधीय सदाबहार वन जैसी मिश्रित वनस्पतियाँ उपलब्ध हैं, लेकिन अत्यधिक कटाई और चराई के कारण इस क्षेत्र की वनस्पतियाँ प्रतिकूल रूप से प्रभावित हुई हैं। पूर्वी क्षेत्र के वनों में पाई जाने वाली मुख्य प्रजातियाँ हैं: *एनोगिसस प्रजातियाँ* (धावड़ा), *टेक्टोना ग्रेंडिस* (सागौन), *बोसवेलिया सिरेटा* (सालर), *लेनिया कोरोमण्डेलीका* (गुरजन), *केसिया आरिकुलेटा* (आंवल), *डायोस्पाइरोस मिलेनोक्सीलान* (तेंदू), *अकेसिया कटेचू* (खैर), *एजाडिरेक्टा इंडिका* (नीम), *मधुका इंडिका* (महुआ), *सीजीगियम* प्रजाति (जामुन), *अकेसिया निलोटिका* (बबूल) आदि। घास में प्रमुख प्रजातियाँ हैं: *एप्लुड़ा म्युटिका, सेंकरस सिलिएरिस, सेंकरस सेटीगेरस, क्राइसोपोगोन मोंटेनस, क्लोरिस बारबेटा, सिम्पोगोन मार्टिनी, सी. ज्वार्नकुसा, साइनोडोन डेक्टाइलोन, डाइकेन्थियम एनुलेटम, हेटरोपोगोन कोन्टोरटस, आईसीलेमा लेक्सम, सेहिमा नर्वोसम, थिमेडा क्वाड्रीवेलविस* आदि।

गैर–कृषि उपयोगों के तहत क्षेत्रः इस श्रेणी के अंतर्गत गैर–कृषि उपयोग वाली भूमि आती है जैसे आवासीय, सड़क/रास्ता, जल निकाय आदि। इस तरह के भूमि उपयोग का हिस्सा कुल दर्ज क्षेत्रों का केवल 5 प्रतिशत है। विभिन्न कृषि जलवायु क्षेत्र में यह 3 प्रतिशत से 8 प्रतिशत तक परिवर्तित होता है।

बंजर और गैर–कृषि योग्य भूमिः इस श्रेणी की भूमि कृषि कार्य के लिए अनुपयोगी नहीं मानी जाती है। राजस्थान के कुल क्षेत्रफल का लगभग 7 प्रतिशत हिस्सा बंजर और कृषि अनुपयोगी भूमि के अंतर्गत आता है। विभिन्न क्षेत्रों में यह 10 प्रतिशत और 20 प्रतिशत तक बदलता है। हालांकि, सिंचित उत्तर–पश्चिमी मैदान में इस श्रेणी के अंतर्गत लगभग एक प्रतिशत से भी कम भूमि है।

चारागाह भूमिः इस क्षेत्र के लिए यह भूमि उपयोग की सबसे महत्वपूर्ण श्रेणियों में से एक है। स्थायी चारागाह और चराई भूमि की उपलब्धता क्षेत्रों में पशुधन अर्थव्यवस्था की स्थिति को निर्धारित करती है। राजस्थान में कुल क्षेत्रफल का लगभग 5 प्रतिशत भाग इस भूमि उपयोग के अंतर्गत आता है। सिंचित उत्तर पश्चिमी मैदान में चराई क्षेत्र लगभग नगण्य है, जबकि पूर्वी भागों में यह 4 से 7 प्रतिशत तक मौजूद है।

विविध वृक्ष फसलों और पेड़ों के तहत् भूमिः फलयुक्त वृक्ष क्षेत्र भूमि उपयोग की इस श्रेणी के अंतर्गत आता है। राजस्थान में यह क्षेत्र 1% से भी कम है। कुछ क्षेत्रों में इस भूमि उपयोग की श्रेणी पूरी तरह से गायब है।

कृषि योग्य बंजर भूमिः यह भी भूमि उपयोग की प्रमुख श्रेणियों में से एक है जो राजस्थान के कुल क्षेत्र के 13 प्रतिशत भाग में विस्तारित है। इस भूमि पर कृषि कार्य संभव हो सकता है। अति शुष्क आंशिक सिंचित क्षेत्र में इस श्रेणी के तहत भूमि पर्याप्त मात्रा में पाई जाती है, जो कि 40 प्रतिशत है जबकि उप नम दक्षिणी और सिंचित–उत्तर पश्चिमी मैदानी क्षेत्रों में क्रमशः 15 प्रतिशत और 12 प्रतिशत क्षेत्र है। क्षेत्र के बाकी हिस्सों में यह 2 से 8 फीसदी के स्तर तक बदलता है।

पड़त भूमि: पड़त या परती भूमि दो प्रकार की होती हैं। जैसे वर्तमान पड़त भूमि और लंबे समय की पड़त भूमि। एक से पांच साल के लिए निलंबित कृषि कार्य वाली भूमि इस श्रेणी के अंतर्गत आती है। राज्य स्तर पर राजस्थान का 11 प्रतिशत क्षेत्र इसके अंतर्गत आता है।

कृषि: राजस्थान के कुल दर्ज क्षेत्र का आधा फीसदी भाग कृषि क्षेत्र के अंतर्गत आता है। अन्य क्षेत्रों की बजाय सिंचित उत्तरी–पश्चिमी क्षेत्र और आंतरिक जल निकासी सूखे वाला क्षेत्र इसमें सबसे आगे हैं जो कि सिंचाई सुविधाओं, जलभृत की स्थिति और क्षेत्रों के भूभौतिकीय विशेषताओं पर निर्भर करता है। लेकिन वर्तमान समय में भूजल के उपयोग से पश्चिमी भाग के काफी क्षेत्र में कृषि कार्य हो रहा है जिसके कारण इस क्षेत्र में वायवीय आर्द्रता में वृद्धि हुई है।

3. जनसंख्या गतिशीलता

3.1 मानव आबादी

वर्ष 1951 में राजस्थान की कुल जनसंख्या 159.7 लाख थी, जिसमें 2011 तक 4.3 गुना की वृद्धि हुई है (चित्र 3.2)। वर्ष 2011 की जनगणना के अनुसार, राजस्थान में जनसंख्या घनत्व 201 व्यक्ति प्रति वर्ग किमी के साथ 686.2 लाख व्यक्ति हैं। यह 324 व्यक्ति प्रति वर्ग किमी के राष्ट्रीय औसत से कम है।

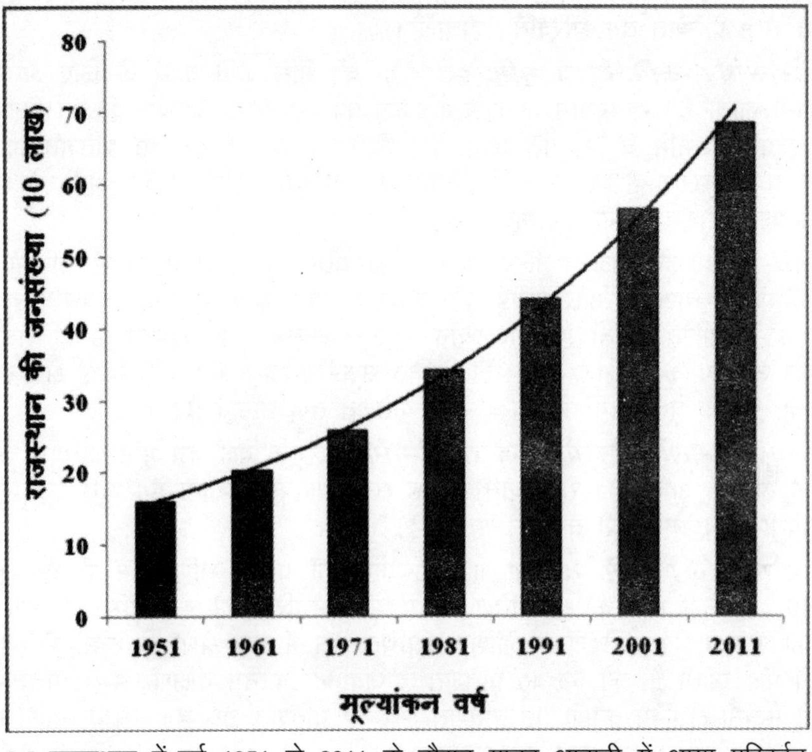

चित्र 3.2 राजस्थान में वर्ष 1951 से 2011 के दौरान मानव आबादी में आया परिवर्तन

इसके अनुसार राजस्थान भारत का आठवाँ सबसे अधिक आबादी वाला राज्य है और भारत की कुल आबादी के 5.67% भाग का गठन करता है। जनसंख्या घनत्व जैसलमेर में 7 व्यक्ति प्रति वर्ग किमी से लेकर जयपुर में 595 व्यक्ति प्रति वर्ग किमी तक परिवर्तित होता है। राज्य की कुल जनसंख्या का 75.1 प्रतिशत हिस्सा ग्रामीण क्षेत्र में निवास करता है। जबकि जनसंख्या का लगभग 30 प्रतिशत भाग अतिसंवेदनशील समुदायों के अंतर्गत आता है। इसके अंतर्गत अनुसूचित जाति और अनुसूचित जनजाति का प्रतिशत क्रमशः 19.2 प्रतिशत तथा 13 प्रतिशत है। वर्ष 2001–2011 के दौरान दशकीय वृद्धि 21.4 प्रतिशत थी। हालांकि यह आदिवासी और रेगिस्तान क्षेत्र में उच्च पाया गया है। जिलों में सर्वाधिक दशकीय वृद्धि बाड़मेर में देखी गयी है, उसके बाद जैसलमर में, जबकि सबसे कम वृद्धि गंगानगर में और उसके बाद पाली जिले में पाई गयी है। वर्ष 2001–2011 की अवधि में ग्रामीण आबादी (18.9 प्रतिशत) की तुलना में शहरी आबादी की दशकीय वृद्धि दर अधिक (29.7 प्रतिशत) पाई गई है। वर्ष 2011 की जनगणना के अनुसार शुष्क (अजमेर सहित) और अर्द्ध शुष्क क्षेत्रों में जनसंख्या घनत्व क्रमशः 139.7 व्यक्ति प्रति वर्ग किमी और 305.7 व्यक्ति प्रति वर्ग किमी था[192]।

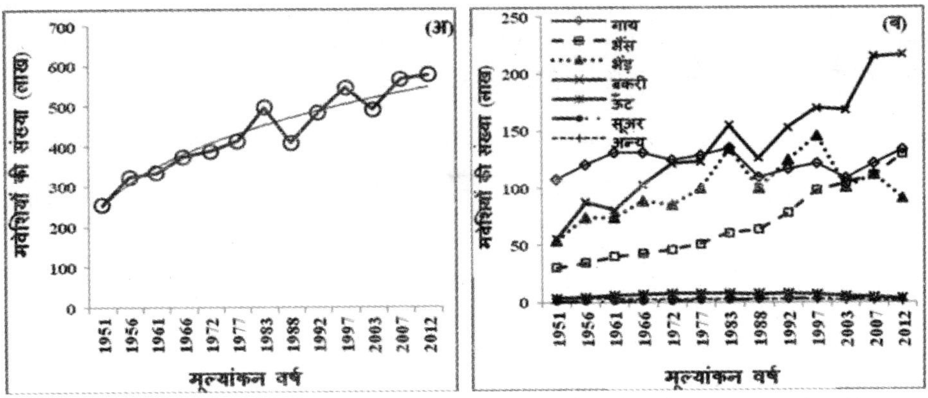

चित्र 3.3 वर्ष 1951 से 2012 के दौरान विभिन्न श्रेणियों के मवेशियों की संख्या में वृद्धि

3.2 पशुधन आबादी

राजस्थान में मवेशियों की आबादी में बड़े और छोटे जुगाली करने वाले पशु शामिल हैं। गाय और भैंस मुख्य बड़े जानवर हैं जबकि भेड़ और बकरियां प्रमुख छोटे जुगाली करने वाले पशु हैं। राजस्थान में 1951 (255.2 लाख) और 2012 (577.3 लाख) के बीच मवेशियों की कुल जनसंख्या में 2.3 गुना वृद्धि हुई है (चित्र 3अ), जो बीच–बीच के कुछ वर्षों में सूखे की वजह एवं मर्त्यता के कारण घटा भी है। वर्ष 2012 के पशु जनगणना के अनुसार, मवेशियों की कुल संख्या में 23 प्रतिशत हिस्सा गाय और 22.5 प्रतिशत हिस्सा भैंसों का है। मवेशियों की कुल संख्या में गाय, भेड़ और ऊंट की हिस्सेदारी 1951 में क्रमशः 42.3 प्रतिशत, 26.1 प्रतिशत और 1.4 प्रतिशत से वर्ष 2012 में गिरकर 23.1 प्रतिशत, 15.7 प्रतिशत और 0.56 प्रतिशत हो गयी (चित्र 3.3)। हालांकि इसी समय के दौरान भैंस, बकरी और सुअर की हिस्सेदारी कुल मवेशियों की संख्या के 11.9 प्रतिशत, 21.8 प्रतिशत और 0.2 प्रतिशत से बढ़कर 22.5 प्रतिशत, 37.5 प्रतिशत और 0.4 प्रतिशत

हो गयी है। जुगाली करने वाले छोटे पशु जैसे भेड़ और बकरियाँ राज्य में कुल मवेशियों की संख्या का 52.2 प्रतिशत है (चित्र 3ब)। जबकि वर्ष 2007 की तुलना में वर्ष 2012 में छोटे जुगाली करने वाले मवेशियों की हिस्सेदारी में कमी दूध देने वाले बड़े मवेशियों की संख्या में वृद्धि को दर्शाती है। मवेशियों की बढ़ती संख्या इस क्षेत्र में उपलब्ध प्राकृतिक संसाधनों के ऊपर बढ़ते दबाव का प्रतीक है जो घटती वनस्पतियों की संख्या एवं इनके जैवभार में कमी के रूप में दृष्टिगोचर होता है।

4. प्रेक्षण विधियाँ

वनों के जैव भौगोलिक आकड़ों के संग्रह के लिए आवश्यक कार्यविधि क्षेत्र की स्थिति, स्थलाकृति और क्षेत्र में उपलब्ध जल निकासी क्षेत्र पर निर्भर करती है। इसके लिए प्रतिचयन की डिजाईन की विस्तृत व्याख्या आवश्यक है, ताकि इसे दोबारा दूसरे स्थानों पर भी दोहराया जा सके और अन्य क्षेत्रों से इसकी तुलना की जा सके। प्रतिचयन हेतु तैयार नक्शे पर भूखंडों का सही पता लगाने के लिए निर्देशांक की जरूरत होती है। फिर एक कम्पास का उपयोग कर जमीन पर भूखंडों का पता लगाया जाता है और भूखंडों के बीच दूरी मापी जाती है। राजस्थान के सभी 33 जिलों में 123 ओरण क्षेत्रों का सर्वेक्षण किया गया है (सारिणी 3.4) तथा विभिन्न जिलों में प्रत्येक भूखंड की स्थिति जी.पी.एस. के उपयोग द्वारा दर्ज की गई है।

सारिणी 3.4. राजस्थान के विभिन्न जिलों में अध्ययन किए गए ओरण की संख्या।

क्रमांक	जिला	ओरणों की संख्या	क्रमांक	जिला	ओरणों की संख्या
1	अजमेर	3	18	भीलवाड़ा	3
2	बाड़मेर	5	19	बूँदी	3
3	बीकानेर	3	20	चित्तौड़गढ़	3
4	चुरू	3	21	दौसा	3
5	गंगानगर	4	22	धौलपुर	3
6	हनुमानगढ़	3	23	डूँगरपुर	3
7	जैसलमेर	4	24	जयपुर	3
8	जालोर	3	25	झालावाड़	5
9	झुंझुनुँ	3	26	करौली	3
10	जोधपुर	5	27	कोटा	9
11	नागौर	4	28	प्रतापगढ़	4
12	पाली	5	29	राजसमंद	3
13	सीकर	3	30	सवाईमाधोपुर	3
14	अलवर	5	31	सिरोही	3
15	बांसवाड़ा	3	32	टोंक	3
16	बारां	3	33	उदयपुर	8
17	भरतपुर	2		**कुल**	**123**

अधिकांश जिलों में न्यूनतम 3 ओरण से लेकर कोटा जिले में 9 ओरण तक का अध्ययन किया गया है। हालाँकि वन क्षेत्रों के आसपास के क्षेत्र में काफी संख्या में ओरण/देव वन मौजूद हैं परंतु वे आकार में अपेक्षाकृत छोटे हैं। यहाँ पर प्रस्तुत आँकड़े मुख्यतः वन क्षेत्र से बाहर, खासकर सामुदायिक भूमि में स्थित बड़े ओरण क्षेत्रों से लिए गए हैं। प्रत्येक ओरण में प्रभावी रूप से 1.25 हेक्टेयर (0.25 हेक्टेयर स 5 भूखंड = 1.25 हेक्टेयर) क्षेत्र का अध्ययन किया गया है जिससे बड़े ओरण क्षेत्रों के लिए एक प्रभावी प्रबंधन योजना विकसित की जा सके। इन पवित्र उपवनों या देव वनों तक आसान पहुँच और सही स्थिति के लिये भू–संदर्भित किया गया है (प्लेट 1.1अ)। कुछ ओरण की भौगोलिक स्थिति और अन्य संबंधित जानकारी को अगले अध्यायों में वर्णित किया गया है।

4.1 क्षेत्र स्तरीकरण और प्लॉट का आकार

सामान्यतः वन या ओरण क्षेत्र को अलग–अलग स्तर या क्षेत्रों में बांटा जाता है और उसके बाद प्रत्येक स्तर में उपयुक्त आकार के भूखंडों का चयन किया जाता है। अध्ययन के अंतर्गत डाले गए प्लॉटों की स्थिति उप वन अथवा ओरण के बाहरी किनारे से 20 मीटर से 200 मीटर तक अंदर होना चाहिए, जिससे किनारे के प्रभाव को कम से कम किया जा सके क्योंकि बाहरी किनारे पर मानवीय हस्तक्षेप आम तौर पर ज्यादा होता है[202]। चयनित प्लाटों की संख्या क्षेत्र स्तर विन्यास और प्रत्येक स्तर की संख्या पर निर्भर करती है, फिर भी यह तीन से कम नहीं होनी चाहिए अन्यथा सांख्यिकी विश्लेषण पूर्ण रूपेण नहीं किया जा सकता है। उदाहरण के लिए राजस्थान में किए गए अध्ययन के क्षेत्र स्तरीकरण के लिए, प्रशासनिक वन मण्डल को स्तर के रूप में माना गया है फिर प्रत्येक वन मण्डल में से 3–9 ओरणों का विस्तृत अध्ययन किया गया हैं :

राजस्थान $\longrightarrow$ वन मण्डल $\longrightarrow$ ओरण (प्रत्येक मण्डल में 3–9 ओरण)

4.2 क्षेत्र सर्वेक्षण और आँकड़ों का एकत्रीकरण

सर्वेक्षण की डिजाइन और प्लॉटों का आकार क्षेत्र की स्थिति और संसाधनों की उपलब्धता पर निर्भर करता है। कभी कभी आँकड़ों के रिकॉर्डिंग में 1 मीटर, 3 मीटर और 10 मीटर त्रिज्या की तीन संकेंद्रीय प्लॉटों के समूह (नेस्टेड प्लॉट) उपयोग में लिये जाते हैं। इसमें वृक्षों व वक्ष ऊंचाई पर 10 सेमी व्यास (डी.बी.एच.) वाले काष्ठीय पौधों से संबन्धित आँकड़े 10 मीटर त्रिज्या वाले प्लॉटों से एकत्र किए जाते हैं, जबकि छोटे पौधों (2.5 और 10 सेमी के बीच व्यास वाले काष्ठीय पौधे) से संबन्धित आँकड़े 3 मीटर त्रिज्या भूखंडों में एकत्र किए जाते हैं। अन्य सभी शाकीय वनस्पतियों और छोटे पौध के आँकड़े 1 मीटर त्रिज्या वाले प्लॉटों में लिए जाते हैं[203,204]। हालांकि वानस्पतिक अध्ययन में विशेषकर पेड़ों के लिए आयताकार प्लॉटों, पट्टी रूपी प्लॉटों (10 मीटर × 50 मीटर) या वर्ग प्लॉटों (25 मीटर × 25 मीटर, 31.5 मीटर × 31.5 मीटर या 50 मीटर × 50 मीटर) का इस्तेमाल किया जाता है। झाड़ियों और वृक्ष प्रजातियों के छोटे पौधों के लिए 5 मीटर × 5 मीटर के प्लॉटों और घास या शाकीय वनस्पतियों के लिए 1 मीटर × 1 मीटर के भूखंडों का इस्तेमाल भी किया जाता है[205–207]। लेकिन इनके आकार वृक्षों या वनस्पतियों के घनत्व पर निर्भर करता है जैसे अधिक घनत्व की वनस्पतियों वाले क्षेत्र में छोटे आकार के प्लॉट और कम वानस्पतिक घनत्व वाले क्षेत्र में बड़े आकार के प्लॉट। इसके

अतिरिक्त छोटी वनस्पतियों के लिए नेस्टेड प्रतिरूप प्लॉटों के समूह में 5 या 9 प्लॉट का उपयोग भी किया जाता है[208]। राजस्थान में किए गए अध्ययन में सभी तैंतीस जिलों का सर्वेक्षण किया गया है ताकि इन जिलों में मौजूद ओरण में उपलब्ध विभिन्न प्रकार की वनस्पतियों और उनकी संख्या एवं संरचना की जानकारी प्राप्त की जा सके। विस्तृत अध्ययन के लिए पाँच प्लॉट्स के समूह प्रारूप का एक ओरण में 5 हेक्टेयर क्षेत्र में 0.25 हेक्टेयर (50 मीटर × 50 मीटर) में वृक्ष प्रजातियों और 1.25 हेक्टेयर में उनकी जनसंख्या पर आँकड़े एकत्रित करने के लिए उपयोग किया गया है (चित्र 3.4)। परन्तु छोटे आकार के ओरण के मामले में इसी डिजाइन के साथ छोटे आकार (20 मीटर × 20 मीटर) के प्लॉटों का उपयोग किया गया है जिससे पाँच प्लॉट्स व्यवस्थित हो सकें।

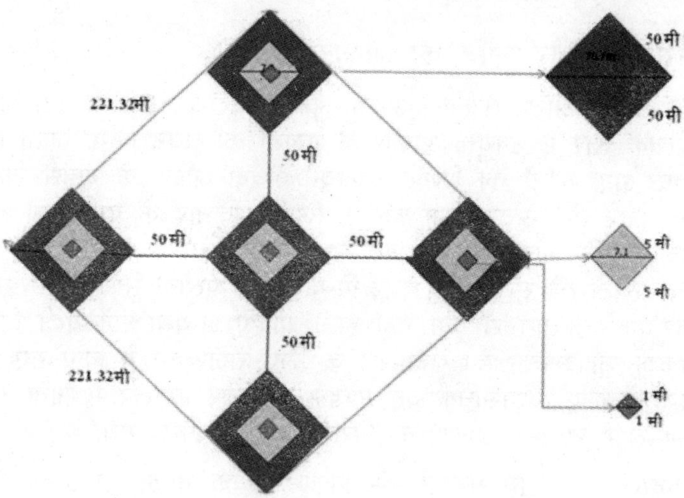

चित्र 3.4. वृक्ष, झाड़ियों और घास प्रजातियों के आँकड़े एकत्र करने हेतु एक समूह डिजाइन व संकेंद्रित नेस्टेड छोटे प्लॉट्स।

इसकी महत्ता यह है कि इसके द्वारा एक विशेष प्रजाति के वितरण की आवृत्ति का ज्ञान और एक ओरण में उपलब्ध प्रत्येक प्रजाति के महत्व मूल्य सूचकांक (इंपार्टेन्स वेलू इंडेक्स) की गणना की जा सकती है। इस प्रारूप में उपर्युक्त क्षेत्र के चार प्लॉट्स एक केन्द्रीय प्लॉट के चारों कोनों पर डाले जाते हैं। केन्द्रीय प्लॉट के कोने और अन्य प्लॉटों के कोने के बीच की दूरी 50 मीटर या क्षेत्र के आकार अनुसार रखा जा सकता है। झाड़ियों और घास प्रजातियों की जानकारी दर्ज करने के लिए छोटे प्लॉटों को उपर्युक्त बड़े प्लॉटों में संकेंद्रित डाला जाता है (चित्र 3.4)। इस संग्रह में प्रयोग किए गए आँकड़ों हेतु सर्वेक्षण अध्ययन मार्च 2013 से फरवरी 2014 के बीच किया गया था।

4.2.1 वानस्पतिक प्रेक्षण व मापन

बड़े आकार (0.25 हेक्टेयर) वाले मुख्य प्लॉटों में 1.37 मीटर की ऊँचाई या वक्ष ऊँचाई पर 10 सेमी से अधिक परिधि वाले सभी पादपों को उनकी परिधि और ऊँचाई के लिए मापा जाता है (प्लेट 1.1)। प्रत्येक 0.25 हेक्टेयर प्लॉट्स में झाड़ी प्रजातियों की आकारिकी के मापन हेतु 5 मीटर × 5 मीटर के नेस्टेड प्लॉट्स प्रयोग में लिए जाते हैं।

वक्ष ऊँचाई पर मापे परिधि के आधार पर वृक्षों को आगे 30 सेमी से अधिक और 10–30 सेमी व्यास वाले वृक्षों में अथवा 10–10 सेमी के अन्तराल पर वर्गीकृत किया जाता है। नेस्टेड प्लॉट्स में उपलब्ध सभी झाड़ियों की गणना की जाती है और भूमि सतह से 15 सेमी ऊपर पर तनों की कॉलर परिधि और ऊंचाई के लिए मापा जाता है। झाड़ियों के लिए टिलर (अंतर्भूस्तरी) संख्या की भी गणना की जाती है और लंबाई के लिए भी मापे जाते हैं। झाड़ियों की संख्या कम होने पर मुख्य प्लाट में प्राप्य सभी झाड़ियों को गिना और मापा जा सकता है। झाड़ी प्रजातियों के प्रेक्षण हेतु डाले गए प्लॉट्स में ही 1 मीटर × 1 मीटर आकार के नेस्टेड प्लॉट शाकीय वनस्पतियों और घास प्रजातियों से संबन्धित आँकड़े रिकार्ड करने के लिए डाले जाते हैं (प्लेट 1.1ब)। प्रत्येक ओरण में उपलब्धता के आधार पर घास की प्रजातियां और उनकी संख्या दर्ज की जाती हैं।

जलवायु परिस्थितियों के प्रभाव में वृक्ष प्रजातियों के प्राकृतिक पुनर्जनन से संबन्धित आँकड़े और विभिन्न प्रजातियों की संरचना में परिवर्तन की जानकारी प्राप्त करने के लिए वृक्षों के छोटे पौधों की संख्या एवं उनकी ऊँचाई तथा मोटाई भी झाड़ियों के प्लॉट्स (5 मीटर × 5 मीटर आकार) से एकत्रित किए जाते हैं। इसमे 10 सेमी अधिक लंबे और 3 से लेकर 10 सेमी परिधि वाले वृक्ष पौध को कॉलर व्यास और कुल ऊंचाई के लिए मापा जाता है[(209)]। वृक्षों, झाड़ियों अथवा अन्य प्रजातियों की पहचान हेतु स्थानीय लोगों की सहायता से स्थानीय नाम, आकारिकी और पुष्प विशेषताएँ (यदि उपलब्ध हो) रिकॉर्ड किए जाते हैं। इसके बाद 'फ्लोरा ऑफ राजस्थान', वर्गीकरण से संबन्धित अभिलेखों का उपयोग, संबंधित जिलों की वनस्पति और कार्य योजना एवं भारतीय वनस्पति सर्वेक्षण (बी. एस.आई., जोधपुर) की मदद से किया जा सकता है। भौतिक आकारिक लक्षण भी मौजूद प्रतिरूपों से दर्ज किए जाते हैं। लाये गए पादप भागों की प्रयोगशाला में सूक्ष्म विशेषताओं का अध्ययन करने और मानक संदर्भ की मदद और अन्य संबंधित प्रजातियों के साथ लक्षणों की तुलना करने के पश्चात् भी इनकी पहचान की जा सकती है[(210–213)]।

4.2.2 मानचित्रण और ओरण की सामान्य जानकारी

ओरण की पहचान स्थानीय लोगों के साथ ही जिलों या क्षेत्र में काम करने वाले वन क्षेत्र के कर्मचारियों के साथ बातचीत के आधार पर भी की जा सकती है। ओरण के भू–संरचना लक्षणों और मृदा नमी की स्थिति, अपतृण की परत, मृदा अपरदन की स्थिति आदि पर भी अपने प्रेक्षण दर्ज किये जाते हैं। मौजूदा प्रबंधन व्यवस्थाओं को भी स्थानीय समुदाय के लोगों के साथ साक्षात्कार के माध्यम से दर्ज किया जाता है।

4.2.3 विभिन्न विघ्नों का अभिलेखन

ओरणों या देव वनों में पनपने वाले खरपतवार, नजदीकी वृक्षारोपण से विभिन्न विदेशी प्रजातियों द्वारा अतिक्रमण, मृदा अपरदन, सड़कों से सापेक्ष दूरी, सड़कों और रेलवे लाइनों द्वारा ओरण का विभाजन, इनकी सुरक्षा में कमी, पशु चराई का प्रकार, खनिजों के लिए उत्खनन आदि के बारे में भी विवरण एकत्र किया जाना उचित रहता है। इसी तरह सर्वेक्षण के दौरान अतिक्रमण के प्रकार और उसकी मात्रा भी दर्ज की जानी चाहिए।

4.3 सामाजिक–आर्थिक सर्वेक्षण

पवित्र उपवन को एक स्वस्थ हालत में रखने के लिए स्थानीय सामाजिक–अर्थव्यवस्था का योगदान भी एक महत्वपूर्ण पहलू है। जहाँ गरीबी को ओरण के संरक्षण

कार्यों में बाधक माना जाता है वहीं अगर समुदाय के साथ–साथ सरकार भी विधिवत कोशिश करें तो ओरण के संरक्षण के साथ ही सामाजिक–सांस्कृतिक और धार्मिक प्रक्रियाओं के प्रोत्साहन द्वारा पर्यटन को भी बढ़ावा दिया जा सकता है[(214)]। सामाजिक व सांस्कृतिक कारणों से भारत में ओरण की सामुदायिक प्रबन्धन की एक लंबी पुरानी परंपरा रही है। ओरण के प्रति स्थानीय व्यवहार, संसाधनों के उपयोग पर प्रतिबंध सहित ओरण प्रबन्धन के कारक और ओरण से संबन्धित समारोहों के निर्धारण के लिए सामाजिक विज्ञान अनुसंधान के तरीके अपनाना भी जरूरी है[(116)]। इस उद्देश्य के लिए ओरण के पास स्थित स्थानीय निवासियों से बातचीत करने और उनके विचारों को दर्ज करने के लिए एक अच्छी तरह से डिजाइन की गई प्रश्नावली तैयार कर प्रयोग में ली जानी चाहिए (प्लेट 1.1स)। इस प्रश्नावली का उपयोग सामान्य प्रबन्धन के प्रति स्थानीय लोगों के विचार, संरक्षण की व्यवहार्यता एवं विधि, ओरण की सामाजिक स्वीकार्यता और इनके लिए प्रबंधन योजना के विकास के लिए निवासियों की राय दर्ज करने के लिए किया जा सकता है। उदाहरणार्थ राजस्थान में किए गये सर्वेक्षण में कुल 615 लोगों से बातचीत की गयी, जिसमें हिन्दू, मुसलिम और सिख संप्रदाय से उत्तरदाताओं का प्रतिशत क्रमशः 95.4 प्रतिशत, 3.7 प्रतिशत और 0.8 प्रतिशत था। उत्तरदाताओं को परिवार में सदस्यों की संख्या, आय श्रेणियों, भूमि स्वामित्व और रोजगार के आधार पर भी वर्गीकृत किया गया है।

सर्वेक्षण के दौरान उत्तरदाताओं की अधिकतम संख्या परिवार में 6–10 व्यक्ति प्रति घर पाई गयी है, जिसका प्रतिशत 55.3 है। इसके बाद प्रति घर में 5 और कम व्यक्ति पाये गए हैं। प्रति घर 10 से अधिक व्यक्ति सिर्फ 6.5 प्रतिशत उत्तरदाताओं के लिए दर्ज किये गये हैं। इसी तरह, आय की श्रेणियों को 5001 रुपये प्रति माह से कम, 5001–10000 रुपये प्रति माह और 10000 प्रति माह से अधिक वर्ग में वर्गीकृत किया गया है। प्रत्येक श्रेणी में क्रमशः 28 प्रतिशत, 54.3 प्रतिशत और 17.7 प्रतिशत उत्तरदाता थे (सारिणी 3.5)। यह इंगित करता है कि उत्तरदाताओं की सबसे ज्यादा संख्या 5,001–10,000 रुपये मासिक आय समूह वर्ग में है, जो कि राज्य के औसत की तुलना में अपेक्षाकृत कम है।

सारिणी 3.5. राजस्थान के ओरण क्षेत्र में सर्वेक्षण के दौरान उत्तरदाता परिवार के सदस्यों की संख्या और उनकी आय श्रेणियाँ।

क्रमांक	सदस्य प्रति परिवार	परिवारों की संख्या	प्रतिशत	आय (रु प्रति माह)	परिवारों की संख्या	प्रतिशत
1	1–5 सदस्य	235	38.2	5001 से कम	172	28.0
2	6–10 सदस्य	340	55.3	5001–10000	334	54.3
3	10 से उपर	40	6.5	10000 से उपर	109	17.7
	कुल	615	100.0	**कुल**	615	100.0

भूमि स्वामित्व के अनुसार, पवित्र उपवन के पास के गांवों में रहने वाले 11.4 प्रतिशत उत्तरदाता भूमिहीन पाये गए हैं और अन्य कास्तकारों के खेतों पर मजदूरों का काम कर रहे हैं। साथ ही ये पास के शहर की ओर अपनी रोजी रोटी के लिए पलायन कर जाते हैं या अपनी आजीविका के लिए सामुदायिक भूमि पर निर्भर हैं। लगभग 58.5 प्रतिशत

उत्तरदाता सीमांत श्रेणी में पाये गए हैं जबकि 21.3 प्रतिशत उत्तरदाताओं की श्रेणी छोटे किसान के रूप में है। लगभग 8.8 प्रतिशत उत्तरदाताओं के पास बड़ी मात्रा में भूमि है (सारिणी 2.6)। यह दर्शाता है कि ओरण के सबसे नजदीक के गांवों में रहने वाले लोग श्रेणी में सीमांत और गरीब हैं, तथा ज्यादातर लोग अपनी आजीविका के लिए सामुदायिक भूमि या नजदीकी ओरण पर निर्भर करते हैं और अपनी दिन प्रतिदिन की आवश्यकताओं के लिए ईंधन, चारा, और लघु वनोपज का एकत्रीकरण इन्हीं सामुदायिक भूमियों से करते हैं। इनकी आजीविका इन्हीं प्राकृतिक संसाधनों पर निर्भर करती है।

सारिणी 3.6 राजस्थान के अध्ययन क्षेत्र में भूमि–स्वामित्व के आधार पर उत्तरदाताओं की श्रेणियाँ एवं उनका प्रतिशत।

क्रमांक	भूमि जोत का समूह	परिवारों की संख्या	प्रतिशत
1	भूमिहीन	70	11.4
2	सीमांत किसान (11 बीघा से कम)	360	58.5
3	छोटे किसान (11–30 बीघा)	131	21.3
4	बड़े किसान (30 बीघा से अधिक)	54	8.8
	कुल	615	100.0

उत्तरदाताओं के रोजगार के बारे में पूछने पर पाया गया कि लगभग 78.1 प्रतिशत उत्तरदाता किसान हैं, 5.7 प्रतिशत उत्तरदाता व्यवसाय मे हैं और 3.6 प्रतिशत उत्तरदाता सरकारी सेवा में कार्यरत हैं। लगभग 9.4 प्रतिशत उत्तरदाता मजदूर की श्रेणी में हैं। केवल 1.6 प्रतिशत उत्तरदाता चरवाहों की श्रेणी में दर्ज किए गए हैं। जबकि शेष सभी मिश्रित श्रेणी में पाये गए हैं (सारिणी 3.7)।

सारिणी 3.7. राजस्थान के अध्ययन क्षेत्र में रोजगार के आधार पर उत्तरदाताओं की श्रेणियाँ एवं उनका प्रतिशत।

क्रमांक	व्यवसाय	परिवारों की संख्या	प्रतिशत
1	कृषि	480	78.1
2	व्यापार	35	5.7
3	सरकारी नौकरी	22	3.6
4	मजदूर	58	9.4
5	कृषि और मजदूर	6	1.0
6	कृषि और दुकान	4	0.7
7	चरवाहा	10	1.6
	कुल	615	100.0

5. मृदा विशेषताओं का निरूपण

अपेक्षाकृत अच्छी तरह से संरक्षित होने की वजह से ओरण कार्बन अधिग्रहण की दिशा में भी योगदान देते हैं। हालांकि ये ओरण कार्बन अधिग्रहण की दृष्टि से अनदेखे

भी रहे हैं[164]। वृक्षों के जैवभार एवं यहाँ की मृदा में कार्बन की मात्रा और भंडार में परिवर्तन का परिमाणन जलवायु परिवर्तन पर संयुक्त राष्ट्र फ्रेमवर्क कन्वेंशन (यू.एन.एफ.सी.सी.सी.) को रिपोर्ट करने के लिए आवश्यक है और क्योटो प्रोटोकॉल के तहत रिपोर्टिंग और आर.इ.डी.डी. प्लस के अंतर्गत वित्त सहायता के लिए उपयोगी भी हो सकता है[215]। तापमान, वर्षा, और मृदा विशेषताएँ जैसे क्ले मृदा के अंश और मृदा पी.एच. मान जैसे जलवायु कारक जंगलों, ओरण या कृषि पारिस्थितिक तंत्र में मृदा जैविक कार्बन और मृदा जैविक कार्बन भंडार में परिवर्तन के महत्वपूर्ण नियामक हैं। कार्बन भंडार और जैव विविधता के बीच सामान्य तौर पर सकारात्मक संबंध पाये जाते हैं, और इन दोनों की ही मात्रा उष्णकटिबंधीय नम जंगलों में उच्च रहती है[216]। इसी तरह, गाँव के आस पास के बगीचे, कृषि वानिकी प्रणालियों और वृक्ष प्रजाति विविधता आदि के बढ़ने से भी मृदा जैविक कार्बन भंडार में वृद्धि की संभावना बढ़ती है जो इन संभावनाओं पर प्रकाश डालता है कि यदि उचित प्रजातियों के पेड़ के समूह को किसी क्षेत्र में बनाए रखा जाये या इनका प्रोत्साहन किया जाए तो कार्बन भंडार में वृद्धि और वातावरणीय कार्बन डाई ऑक्साइड की मात्रा में कमी संभव है[217]। हालांकि मृदा के नमूने 1 मीटर मृदा गहराई से एकत्र किए जाते हैं[207], परन्तु राजस्थान भर में किए गए अध्ययन में 0–30 सेमी मृदा गहराई का उपयोग ही किया गया है, जहाँ लोहे की कोर का उपयोग करके केन्द्रीय प्लॉट के केंद्र बिंदु से 0–30 सेमी गहराई से मृदा नमूने एकत्र किये गए हैं। मृदा नमूने एकत्र करने के बाद पॉलिथीन बैग में डाल दिये गए और विश्लेषण कार्य के लिए प्रयोगशाला में लाये गए। मृदा नमूनों को फिर सामान्य तापमान पर सुखाने एवं 2 मिमी आकार के छिद्र वाली छलनी से छाना जाता है जिससे कि पथरीला हिस्सा (बजरी) मृदा से अलग किया जा सके। मृदा नमूनों में वास्तविक मृदा की मात्रा निम्नलिखित सूत्र से निर्धारित किया जाता है:

$$\text{मृदा अंश} = 1 - \text{बजरी अंश} \quad \text{.................} \quad (1)$$

5.1 मृदा घनत्व मापन

तय आयतन के एक लोहे का कोर कटर जिसके शीर्ष पर एक स्टील डॉली रखकर पर्याप्त रूप से और सावधानीपूर्वक हथौड़े के माध्यम से दबाव डाला जाता है जिससे कि पूरा कोर मिट्टी में धँस जाये। यह ध्यान रखा जाना चाहिए कि कोर कटर हिले नहीं। कोर के नमूनो को ध्यान से निकाला जाता है ताकि कोर को कोई नुकसान ना हो और इसके अंदर आने वाली मृदा पूर्ण रूप से सही सलामत बाहर आ जाए। कोर के कोने को स्पेटुला या स्टील के चाकू से बराबर किया जाता है जिससे कोर के बाहर वाली मृदा को हटाया जा सके। कोर के नमूने मुख्यतः 2 फुट × 2 फुट के गड्ढा खोदने के बाद 15 सेमी की गहराई पर एक साइड से लिया जाता है। परन्तु पूर्ण रूप से पथरीले क्षेत्र में ऐसा संभव नहीं होता है उस स्थिति में वहाँ दो चट्टानों के बीच की दरारों में उपलब्ध मृदा के ऊपर से ही कोर के माध्यम से नमूने लिए जा सकते हैं। प्रयोगशाला में कोर के नमूने निकटतम ग्राम वजन के लिए मापे जाते हैं और एक पहले से वजन किए हुए ग्लास बीकर में रखकर एक गर्म ओवन में 48 से 72 घंटे के लिए 110 डिग्री सेल्सियस तापमान पर रखे जाते हैं जब तक कि मृदा का एक चरम निश्चित वजन नहीं प्राप्त हो जाता। नमूनों का सूखा वजन ग्राम में दर्ज किया जाता है और कोर का आयतन घन सेंटी मीटर में दर्ज किया जाता है। मृदा घनत्व की गणना नीचे दिये गए समीकरण द्वारा

की जाती है और यह टन (मेगा ग्राम) प्रति घन मीटर मृदा घनत्व (जो कि ग्राम प्रति घन सेमी के बराबर है) के रूप में सूचित किया जाता है।

मृदा घनत्व (मेगाग्राम प्रति घन मीटर) =

सूखी मिट्टी का द्रव्यमान (ग्राम)/ कोर का आयतन (घन सेमी) .... (2)

5.2 मृदा पी.एच. और जैविक कार्बन

मृदा पी.एच., जैविक कार्बन और अन्य मृदा पोषक तत्व किसी ओरण विशेष में प्रजातियों के प्रभुत्व, ह्रास व संरचना आदि से बदलते रहते हैं। उदाहरण के लिए, ओक वनों की विशेषता उच्च मृदा जैविक कार्बन, मृदा नमी, जल धारण क्षमता, और मिट्टी की उर्वरता है[218], इसलिए प्रबन्धन विकल्प उसी के हिसाब से तैयार किए जा सकते हैं। मृदा पी.एच. मान साधारणतया 1 : 2 मृदा–जल अनुपात में मापा जाता है जबकि जैविक कार्बन मानक प्रक्रियाओं का उपयोग कर निर्धारित किया जाता है[219,220]। जैविक कार्बन निर्धारण की वाल्कले–ब्लैक विधि[220] मृदा जैविक कार्बन की 100 प्रतिशत वसूली के साथ उसका सही अनुमान प्रदान करती है[221] और इसलिए कार्बन विश्लेषण में इस्तेमाल की जाती है। इसमे पोटेशियम डाइक्रोमेट ($K_2Cr_2O_7$-$5H_2O$) ऑक्सीकारक और फेरस अमोनियम सल्फेट ($FeSO_4$ $(NH_4)_2SO_4$-$6H_2O$) अपचायीकारक के रूप में उपयोग लिया जाता है[221]।

जैविक कार्बन (%) = 1-334 × [(V_1 -V_2)/Wt] × 0-003 × M (3)

जहां V_1 – निरंक विलयन को अनुमापित करने के लिए आवश्यक फेरस अमोनियम सल्फेट विलयन का आयतन (मिली), जबकि V_2 मृदा युक्त नमूना विलयन को अनुमापित करने के लिए आवश्यक फेरस अमोनियम सल्फेट विलयन का आयतन (मिली) है। Wt – मृदा सेम्पल का भार है और M फेरस अमोनियम सल्फेट विलयन की मोलरता है।

5.3 मृदा पोषक तत्व

इस अध्ययन में मृदा से 0.5 मोलर पोटैशियम सल्फेट विलयन द्वारा निष्कर्षण के बाद सीमाड्जू–1650 पी.सी. अल्ट्रा वायलेट–विजिबुल स्पेक्ट्रोफोटोमीटर का उपयोग करके उपलब्ध अमोनियम एवं नाइट्रेट नाइट्रोजन की मात्रा का निर्धारण किया जाता है। निष्कर्षण योग्य फास्फोरस की मात्रा का निर्धारण 0.5 मोलर सोडियम बाई कार्बोनेट विलयन के उपयोग से ओल्सन की निष्कर्षण विधि[209] द्वारा निष्कर्षित करने के बाद उपर्युक्त स्पेक्ट्रोफोटोमीटर का उपयोग करके किया जाता है।

5.4 आंकड़ों की गणना और सांख्यिकीय विश्लेषण

5.4.1 विविधता चर और वन प्रकार आंकलन

विविधता चर जैसे प्रजातियों की संख्या, मेनहिनिक्क विविधता सूचकांक के अनुसार प्रजातियों की समृद्धि, शेनन–वीनर विविधता सूचकांक, प्रजाति समता और प्रजातियों के प्रभुत्व की गणना उपलब्ध मानक साहित्य[222–226] के अनुसार की जाती है। किसी एक ओरण विशेष में प्रमुख पेड़/झाड़ियों को जानने के लिए और पेड़ या झाड़ियों की प्रमुख

प्रजातियों की पहचान करने के लिए महत्व मूल्य सूचकांक (इम्पार्टेन्स वैल्यू इंडेक्स) की गणना निम्नानुसार की जाती है।

महत्व मूल्य सूचकांक = RD + RF + RDom.. (4)

जहाँ RD प्रजाति विशेष का सापेक्ष घनत्व है, RF प्रजाति विशेष की वितरण की सापेक्ष आवृत्ति है और RDom प्रजाति विशेष का सापेक्ष प्रभुत्व है।

सिम्पसन सूचकांक (D) एक ही प्रतिरूप से यादृच्छिक रूप से चयनित दो पेड़ों या झाड़ियों के एक ही प्रजाति के होने की संभावना की गणना करता है। इसकी गणना के लिए सूत्र का उपयोग किया जाता है –

$D = \Sigma(n/N)^2$... (5)

जहाँ n एक प्रजाति विशेष की कुल संख्या है और N सभी प्रजातियों की कुल संख्या है। सिम्पसन सूचकांक का मान 0 और 1 के बीच रहता है। इस सूचकांक के साथ, 0 अनंत विविधता और 1 कोई विविधता नहीं होने का प्रतिनिधित्व करता है। अर्थात सिम्पसन सूचकांक का मान जितना ज्यादा होगा, उस क्षेत्र में उतनी ही कम विविधता होगी। यह न तो सहज ज्ञान युक्त है और न ही तार्किक है, इसलिए इस समस्या के समाधान हेतु सिम्पसन सूचकांक के पारस्परिक संबंध सूचकांक यानी 1/D की गणना भी की जाती है। इस सूचकांक का मूल्य 1 को सबसे कम संख्या मानकर शुरू होता है, यानी एक समुदाय जो केवल एक ही प्रजाति से युक्त है। इसका मान जितना ज्यादा होता है क्षेत्र उतनी ही अधिक विविधता का द्योतक होता है। इसका अधिकतम मान क्षेत्र में उपलब्ध प्रजातियों की संख्या होती है। उदाहरण के लिए नमूने प्लॉट में यदि पांच प्रजातियाँ हैं, ता 1/D का अधिकतम मान 5 होगा। इसी तरह समान रूप से सामान्य प्रजातियाँ जो एक सूचकांक का एक विशेष मान देती हैं, उनको **''प्रजातियों की प्रभावी संख्या''** (एफेक्टिव नंबर ऑफ स्पीसीज) कहा जाता है। यह संबन्धित समुदाय की सच्ची विविधता है और सामान्य रूप से शैनन–वीनर सूचकांक का उपयोग करके इसकी गणना की जाती है जो शैनन एन्ट्रॉपी के रूप में भी जाना जाता है (सारिणी 3.8)। उदाहरण के लिए, प्रजातियों की प्रभावी संख्या शैनन–वीनर सूचकांक का घातांकीय (एक्स्पोनेंसियल) प्रतिरूप है।

सारिणी 3.8 सामान्य वानस्पतिक सूचकांकों का वास्तविक विविधताओं में रूपांतरण[227,228]

सूची	सूत्र	x के रूप में विविधता	pi के रूप में विविधता
प्रजाति समृद्धि	x =	X	$\sum_{i=1}^{S} p_i^0$
शैनन एन्ट्रापी	$x = -\sum_{i=1}^{S} p_i \ln p_i$	exp(x)	$\exp(-\sum_{i=1}^{S} p_i \ln p_i)$
सिम्पसन सघनता	$x = \sum_{i=1}^{S} p_i^2$	1/x	$1/\sum_{i=1}^{S} p_i^2$

5.4.2 स्थानिक प्रजातियों की संख्या और पुनर्जनन विश्लेषण

प्रकृति के संरक्षण की अंतर्राष्ट्रीय संघ (आई.यू.सी.एन.) द्वारा तैयार की गयी संकटग्रस्त प्रजातियों की रेड सूची में भारत से 132 पौधों और जानवरों की प्रजातियों को गंभीर तौर से लुप्त प्रायः श्रेणी में सूचीबद्ध किया गया है। पौधे सबसे ज्यादा संकटग्रस्त हैं जिसमे 60 प्रजातियों को गंभीर तौर से लुप्त प्रायः और 141 लुप्त प्रायः के रूप में सूचीबद्ध किया गया है। आई.यू.सी.एन. की रेड डाटा सूची में पेड़ों और झाड़ियों को अलग अलग श्रेणियों में वर्गीकृत करने के लिए नीचे प्रदान की गयी रूपरेखा का उपयोग किया जाता है:

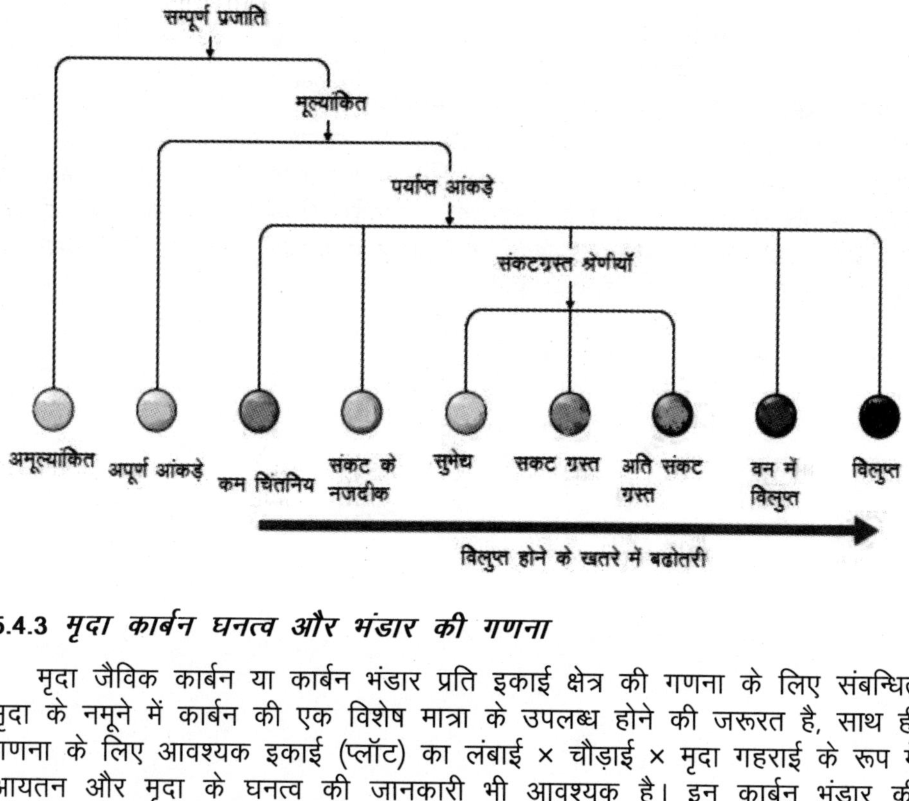

5.4.3 मृदा कार्बन घनत्व और भंडार की गणना

मृदा जैविक कार्बन या कार्बन भंडार प्रति इकाई क्षेत्र की गणना के लिए संबन्धित मृदा के नमूने में कार्बन की एक विशेष मात्रा के उपलब्ध होने की जरूरत है, साथ ही गणना के लिए आवश्यक इकाई (प्लॉट) का लंबाई × चौड़ाई × मृदा गहराई के रूप में आयतन और मृदा के घनत्व की जानकारी भी आवश्यक है। इन कार्बन भंडार की निम्नलिखित समीकरण के उपयोग से गणना की जाती है[229] –

$$Qi = CiDiEi\ (1-Gi) \times 10000 \qquad (6)$$

यहाँ Qi (टन या मेगाग्राम कार्बन प्रति हेक्टेयर) मृदा की i परत में कार्बनिक या जैविक कार्बन की मात्रा है, Ei – मीटर में मृदा की गहराई है, Ci – प्रति ग्राम मृदा में मौजूद कार्बन की मात्रा है, Di मेगाग्राम प्रति घन मीटर में मृदा घनत्व है और Gi– थोक मृदा में उपलब्ध मोटे तत्वों (बजरी या 2 मिमी ज्यादा आकार वाले पत्थर या कंकड़) की मात्रा है।

5.5 सांख्यिकीय विश्लेषण

आंकड़ों की शुद्धता के लिए सांख्यिकीय विश्लेषण जरूरी होता है जिसके लिए विभिन्न प्रकार के सांख्यिकीय पैकेज का उपयोग किया जाता है जैसे एस.पी.एस.एस.। क्योंकि राजस्थान में किए गए अध्ययन में मृदा घनत्व, मृदा जैविक कार्बन, मृदा पोषक तत्व और वृद्धि मानकों और जैव विविधता सूचकांकों का मान विभिन्न प्लॉट्स में राजस्थान के सभी 33 जिलों में 123 ओरण से प्राप्त किया गया है, इसलिए प्रमुख प्रजाति को मुख्य कारक मानकर और उपर्युक्त प्राचल को आश्रित चर के रूप में मान कर इन आंकड़ों का एक रेखीय एनोवा (भिन्नता का विश्लेषण) का उपयोग कर विश्लेषण किया गया है। जहाँ कहीं आवश्यक था, वहाँ आंकड़ों की भिन्नताओं को कम करने के लिए विभिन्न प्रकार के रूपांतरक के उपयोग से इन्हें परिवर्तित भी किया गया है[230]। डंकन मल्टिपल रेंज टेस्ट (डी.एम.आर.टी.) भी 0.05 से कम संभाव्यता स्तर पर जिलों के सजातीय सबसेट के समूह बनाने के लिए उपयोग किया गया है। वर्षा, मृदा जैविक कार्बन, और पारिस्थितिकी तंत्र के विभिन्न घटकों में जैवभार/कार्बन के बीच संबंधों को प्राप्त करने के लिए पियर्सन सहसंबंध गुणांक की भी गणना की गयी है। इन आंकड़ों की प्रवृत्ति के बारे में अनुमान लगाने के लिए वर्षा, वनस्पति विविधता, मृदा कार्बन संचय और मृदा विशेषताओं के मध्य प्रतिगमन संबंध भी निकाले व प्रदर्शित किए गए हैं, जिससे इन चरों के रूझान का सही आकलन हो सके।

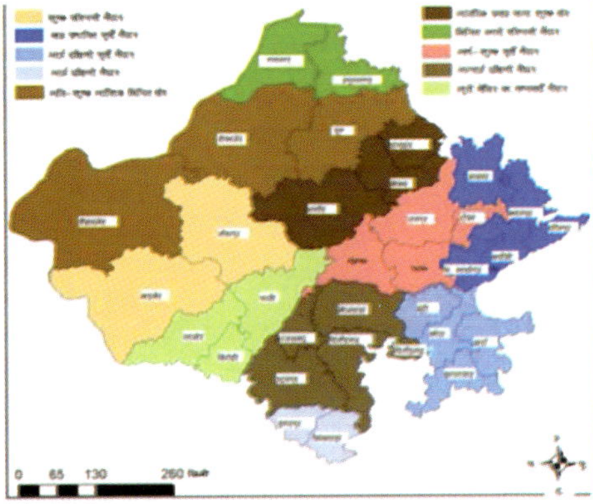

प्लेट 3.1अ. विभिन्न कृषि जलवायु क्षेत्र (बाएँ) राजस्थान में नमूना प्लॉट्स का वितरण।

प्लेट 3.1ब. देशी बबूल (*अकेसिया निलोटिका,* बाएं) का परिधि मापन और खेजड़ी वृक्ष पर चढ़े 98 सेमी परिधि का पिलवन (*कोकुलस पेंडुलस,* दाएँ) का पौधा।

प्लेट 3.1स. समुदाय के लोगों से विचार विमर्श (बाएँ) और एक पुराने ईरना (*क्लीरोडेंड्रम फ्लोमाईडिस*) का ओरण में वृक्ष के रूप में विकास (दाएँ) ।

4

राजस्थान में पवित्र उपवनों की जैव विविधता एवं स्थिति

पवित्र उपवन जैव विविधता संरक्षण में योगदान, धार्मिक विश्वास बढ़ाने और स्थानीय समुदाय और विभिन्न प्रकार के पारिस्थितिकी तंत्र सेवाओं द्वारा आय सृजन के अवसरों को उपलब्ध कराने के लिए जाने जाते हैं। ये क्षेत्र अधिकांश पादप और पशु प्रजातियों जो कि आस–पास के क्षेत्रों में विलुप्त हो गए हैं, के लिए आनुवांशिक विविधता से समृद्ध होते हैं और मानव आजीवका की समृद्धि के लिए लाभदायक भी होते हैं[104,231]। पवित्र उपवनों को अक्सर राजस्थान में सामान्य रूप से 'ओरण' के नाम से जाना जाता है, जो कई पौधे और वन्यजीव प्रजातियों के लिए एक शरण स्थली के रूप में होते हैं। यद्यपि ये सामुदायिक संसाधन काफी नाजुक और बहुत जल्द ही प्राकृतिक व कृत्रिम परिस्थितियों के प्रभाव में आने वाले होने के साथ ही भूमि उपयोग परिवर्तन, प्राकृतिक संसाधनों की अधारणीय उपयोग, मरूस्थलीकरण और जलवायु परिवर्तन जैसे गंभीर खतरों का समाना भी कर रहे हैं[232]। पवित्र वनों पर किए गए हाल ही के अध्ययन इस भूमि उपयोग को एक स्थानीय रणनीति के तौर पर देखते हैं, जो कई स्थानीय सामाजिक और पर्यावरण संबंधी समस्याओं का समाधान करने में मदद के रूप में इस प्रकार की भूमि के उपयोग को दर्शाती हैं[233,234]। इन पवित्र उपवनों का संरक्षण का प्रयास समग्र वनस्पति विविधता और कार्बन भंडार में सुधार को इंगित करता है[173,235]। फिर भी सामाजिक और पर्यावरणीय लाभ में संरक्षण और प्रबंधन के प्रभाव को आकलन करने के लिए एक प्रारम्भिक स्थिति की आवश्यकता होती है। इसलिए राजस्थान में इस प्रकार के भूमि के उपयोग की पादप विविधता और कार्बन भंडारण के महत्व को समझना ऐसे संसाधनों के विविध पारिस्थितिकी तंत्र सेवाओं की सुपुर्दगी के लिए उनकी सतत प्रबंधन की दिशा में एक अच्छा कदम हो सकता है जिससे इन्हे अधिक से अधिक लोकोपयोगी बनाया जा सके।

1. पृष्टभूमि

स्थानिक, लुप्तप्राय, या खतरे युक्त प्रजातियों के परिरक्षक होने के नाते, राजस्थान में पवित्र उपवनों को विभिन्न क्षेत्रों में भिन्न–भिन्न नामों से जाना जाता है जैसे मेवाड़ के बनी, अजमेर के केंकडी, जोधपुर के ओरण, जैसलमेर, बीकानेर के सामलात देश और अलवर के देववनी, दक्षिण पूर्वी राजस्थान क्षेत्रों में बाग और देवड़ा, मालवन, देवराय, रखात वनी आदि। अरावली और विन्ध्य क्षेत्रों में इन पवित्र उपवनों को तीन प्रमुख समूहों में वर्गीकृत किया जा सकता है। पहली प्रकार के उपवनों में वे समूह हैं जो गांवों के पास

स्थित होने के साथ ही एक पानी के स्रोत के निकट भी होते हैं। ये पवित्र उपवन अरावली की छोटी–छोटी पहाड़ियों के शीर्ष पर भी उपलब्ध हैं जहाँ लोग भेरूजी, बावसी और माताजी आदि जैसे स्थानीय देवताओं के नाम पर इनकी पूजा करते हैं। उदाहरण के लिए उदयपुर जिलें में उपलब्ध विभिन्न पवित्र उपवनों में खानपा भेरूजी, कूकावास भेरूजी, बादी रूपन माता आदि प्रमुख हैं[236]। किसी भी मन्दिर के चारो ओर स्थित चरागाह या रूँध, आम चराई की जगह और 'ओरण' अथवा काष्ठ वन के बीच बहुत ही कम विभिन्नता है[82]। जलवायु अनियमितता, विरल वनस्पति और सीमित जल संसाधनों के बावजूद पवित्र उपवनों को बनाए रखने की परंपरा अभी भी कायम है। जबकि राजस्थान इन पवित्र या पुनीत उपवनों को बनाए रखने की आदिवासी परंपराओं पर एक बहुत ही दिलचस्प अंतदृष्टि प्रदान करता है। क्षेत्र के लोगों की संरक्षण प्रथाओं की उच्चता के कारण राजस्थान का थार रेगिस्तान विश्व के किसी भी अन्य रेगिस्तानी क्षेत्र की तुलना में मानव और मवेशियों के एक घनी आबादी को प्रदर्शित करता है[201]। पश्चिमी राजस्थान में 'ओरण' नाम से प्रसिद्ध रेगिस्तान के कुल क्षेत्रफल का लगभग 8 प्रतिशत से 9 प्रतिशत भू–भाग पवित्र उपवनों या ओरण के अंतर्गत आता है। ऐसा प्रतीत होता है कि ओरण शब्द संस्कृत के शब्द 'अरण्य' से लिया गया है जिसका अर्थ होता है जंगल। ये स्थानीय देवताओं, संतों या ऐतिहासिक पुरूषों के नाम पर संरक्षित विभिन्न आकार के जंगलों के क्षेत्र हैं। लोगों का ऐसा मानना है कि अरण्य या जंगल वे जगह है जहाँ वेदों का एक हिस्से के रूप में अरण्यक (वन पुस्तकें) लिखे गए हैं। अतः ओरण का विकास एक जटिल घटना के फलस्वरूप उत्पन्न हुआ प्रतीत होता है जिसकी सामाजिक–सांस्कृतिक उपयोगिता प्रागैतिहासिक से लेकर ऐतिहासिक; हाल ही का या नव निर्मित; गुप्त या निजी से लेकर सार्वजनिक; एक धर्म से लेकर बहु धार्मिक तक; मूल्यों में आंतरिक से लेकर बाह्य तक; निर्विरोध से विवादास्तक तक और संरक्षित से लेकर लुप्तप्राय तक बदलती हुई देखी जा सकती है[135]।

एक ओरण का सीमांकन एक विशिष्ट समारोह जिसे 'दूध जल' या 'केसर छाँटा' कहा जाता है, के आयोजन में निर्धारित किया जाता है। इसमें ओरण या पवित्र उपवन की सीमा के चारों ओर पवित्र गंगा नदी का जल या केसर मिला हुआ दूध का पानी डालने का कार्य कर चिन्हित किया जाता है एवं जंगल के भीतर एक विशिष्ट क्षेत्र भी हो सकता है। इसके बाद ही इसे एक ओरण या देव वनी (ईश्वर के वन) के रूप में पहचान मिलती है। विश्नोई समुदाय अपने गांव के आसपास के क्षेत्र में 9 पवित्र उपवनों जो लगभग 241 हेक्टेयर क्षेत्र में फैले हुये हैं उनको संरक्षित एवं सुरक्षित रखने में अपनी भूमिका निभा रहा है[237]। इसी प्रकार पिपासर और खेजड़ली गाँवों में भी पाँच ओरण सूचित हैं[154], जिनमें से कुछ 200 साल से भी अधिक पुरानी है। बीकानेर जिले के देशनोक में 2100 हेक्टेयर क्षेत्र में फैले करणी माताजी का ओरण, जैसलमेर जिले के हेमा गाँव में 100 हेक्टेयर क्षेत्र में फैले लोक देवी जिया देसर का ओरण, उदयपुर जिले के उपली सिंगरी गाँव के 60 हेक्टेयर क्षेत्र में विस्तृत सागौन के वृक्षों से भरपूर ओरण कुछ महत्वपूर्ण देव वनों में से हैं। वैसे राजस्थान में अनुमानित देव वनों की संख्या लगभग 25000 से भी अधिक है जिनका अनुमानित क्षेत्रफल लगभग 6,00,000 हेक्टेयर के बराबर है, क्षेत्रीय ग्रामीण आबादी को आजीविका प्रदान कर रहे हैं। परन्तु इनमें से 2804 पवित्र उपवनों के बारे में कुछ आंकड़े प्राप्त होते हैं जिनका क्षेत्रफल 0.1 हेक्टेयर से लेकर 500 हेक्टेयर तक परिवर्तित होता है (सारणी 3.1)। इनमें से भी कुछ की ही विस्तृत जानकारी

मिलती है[53,90,94,95]। जोधपुर जिले के 4 तहसीलों में स्थित 334 गाँव में किए 2 हेक्टेयर से लेकर अधिक से अधिक 320 हेक्टेयर तक पाया गया है[238]। दिलचस्प बात यह है कि इन गांवों में उपलब्ध तालाबों की संख्या वहाँ स्थित ओरण और गोचर की संख्या की बराबर पाई गई है[96]। राजस्थान में स्थित कुछ बड़े ओरणों में जैसलमेर जिले के 1500 हेक्टेयर क्षेत्र में फैले भादरियाजी का ओरण और बाड़मेर जिले के 7500 हेक्टेयर क्षेत्र में फैले कुंडला ओरण प्रमुख हैं[126]।

सारिणी 3.1 राजस्थान के विभिन्न जिलों और यह क्षेत्र के अंतर्गत कवर में पवित्र उपवनों का वितरण

क्रम	जिला	पवित्र उपवनों की संख्या			क्षेत्रफल (हेक्टेयर)	संदर्भ
		एनवीस	सिकोडिकोन	कुल		
1	अजमेर	38	–	38	1424	240
2	अलवर	116	–	163	7459	82
3	बांसवाडा	–	18	18	–	128
4	बाराँ	–	–	3	–	24
5	बाड़मेर	6	253	253	14532	128,241
6	भरतपुर	–	–	5	–	242
7	भीलवाड़ा	9	–	9	431	24,240
8	बीकानेर	5	–	5	3142	240
9	बूँदी	–	–	1	–	24
10	चित्तौड़गढ़	5	83	83	955	241
11	दौसा	12	–	12	149	240
12	डुँगरपुर	–	25	25	–	241
13	जयपुर	26	–	26	693	240
14	जैसलमेर	10	27	28	52743	240,241
15	झालवाड़	1	–	1	–	243
16	जालौर	3	22	22	266	241
17	जोधपुर	–	–	1690	–	96,244
18	कोटा	–	–	2	–	24
19	नागौर	–	31	31	–	241
20	पाली	–	57	57	–	241
21	राजसंमद	–	13	13	–	241
22	सीकर	4	2	4	760	240,241
23	सिरोही	2	92	92	138	240,241
24	टोंक	3	–	3	331	240
25	उदयपुर	221	46	221	6387	240,241,245
	कुल	461	669	2804		

स्रोतः (60, 229, 230, 232, 233)

राजस्थान का गुर्जर समुदाय नीम की पौध लगाया करता है इसके वृक्ष को नीम–देवता के रूप में पूजा करता है। गुर्जर समुदाय के बसने की प्रक्रिया सामान्य रूप से एक पानी के स्रोत के आस पास या एक सोते या नदी के किनारे शुरू होता है। शुरू में कुछ मकानों का निर्माण किया जाता है और नीम के पौध विभिन्न स्रोतों से प्राप्त कर मकान या झोपड़ी के आसपास बाड़े के अंदर लगाए जाते हैं। साथ ही इस समुदाय के लोग इन

नीम के पौधों या वृक्षों को भगवान देवनारायण का निवास स्थान मानकर पूजा करते हैं[24]। इसी तरह, पश्चिमी राजस्थान में निवास करने वाला विश्नोई समुदाय वन्य जीवन को बढ़ावा देने के लिए खेजड़ी के वृक्षों और इससे सम्बद्ध पुनीत वनों या ओरणों को सुरक्षा एवं संरक्षण प्रदान करता है[24]। विश्नोई समुदाय के आस्था का मूल दर्शन सभी जीवित चीजों को जीने का और उपलब्ध संसाधनों को सम्मिलित उपयोग करने के अधिकार से संबन्धित है। यह समुदाय जानवरों को मारने पर और वृक्षों की कटाई, विशेष रूप से सबसे पवित्र वृक्ष 'खेजड़ी' जिसके हर हिस्से में जीवन को बनाए रखने के गुण हैं, पर प्रतिबंध लगाने से संबन्धित नियमों का एक स्थायी संग्रह भी तैयार किया है जिसका पालन यह समुदाय बखूबी करता है। ओरण भारतीय चिंकारे और कृष्णमृग के लिए चारागाह भूमि के साथ एक साथ एक सुरक्षात्मक निवास स्थान भी प्रदान करता है[228]। दक्षिण पूर्व राजस्थान के कुछ क्षेत्रों में पवित्र उपवनों को बाग के रूप में भी जाना जाता है जो संजातीय वृक्षोद्यानिकी बगीचे होते हैं। इन्हें फल, चारा, ईंधन की लकड़ी, चिकित्सा, अन्य वनीय उत्पाद और छाये के लिए बस्तियों के पास लगाए जाते हैं और स्थानीय आजीविका में अपना मुख्य योगदान देते हैं[99]।

पवित्र उपवन वृक्षों का एक समूह ही नहीं बल्कि वनीय जंतुओं और घरेलू मवेशियों का संरक्षण स्थान भी है। एक सबसे अच्छा उदाहरण बीकानेर जिले के देशनोक में करणी माता जी ओरण है जहाँ करणी माताजी को मूषक देवी के रूप में जाना जाता है और इन चूहों को करणी माताजी के पुत्रों का पुनर्जन्म माना जाता है। इसके साथ ही 2,100 हेक्टेयर क्षेत्र में फैला हुआ एक वुडलैंड भी है जो स्थानीय समुदायों द्वारा संरक्षित है अतः इसे प्रकृति के साथ बहुत गहरे संबंध को देखा जा सकता है। इस मंदिर परिसर में हजारो चूहों को स्वतन्त्र रूप से घूमते हुए देखा जा सकता है। इनमें से कुछ चूहे सफेद या 'धवल' रंग के भी हैं जिन्हे देखना शुभ माना जाता है एवं जो लोग इन्हे देखते हैं वे अपने को भाग्यशाली समझते हैं। ग्रामीणों ने माता करणी देवी के आदेश का पालन करते हुए हजारों झाड़ बेर (फलदार झाड़ी) के वृक्षों को संरक्षित कर रखा है जहाँ स्थानीय समुदाय के घरेलू मवेशी स्वतंत्र रूप से चरते हुए पाये जाते हैं। एक मान्यता के अनुसार, करणी माता का गायों के लिए विशेष स्नेह था और देशनोक शहर उन्हीं के द्वारा स्थापित किया हुआ है। अन्य पूजनीय वृक्षों में सालार (*बोसवेलिया सिरेटा*) और पीपल (*फाइकस रेलीजिओसा*) जिन्हे काटना या उनकी लकड़ी जलाना पूर्ण रूप से निषिद्ध है। इस क्षेत्र में हुए बड़े पैमाने पर वनों की कटाई से पहले एवं 20 वीं सदी की पहली छमाही के मध्य अरावली की पहाड़ियों जैसे चावरिया पहाड़ी में काला धोक (*एनोगीसस पेंडुला*) के वृक्षों की अधिकता थी, जो वर्तमान समय में बहुत ही कम हो गई है[24]।

ओरण या पवित्र उपवन स्थानीय समुदाय के लिए चार मुख्य सेवाएँ प्रदान करता है जैसे (क) पशुओं के लिए गोचर भूमि के समान घास की उपलब्धता; (ख) पशुओं या यहाँ तक की स्थानीय लोगों हेतु जल संग्रहण क्षेत्र; (ग) वनीय जानवरों या मवेशियों के लिए आराम स्थल; और (घ) दवा के रूप में औषधीय वनस्पतियों की उपलब्धता बढ़ाना। ये पवित्र उपवन राजस्थान में एक समृद्ध पशुधन आधारित अर्थव्यवस्था और पशुपालक समुदायों के विकास को भी बढ़ावा देने में एक महत्वपूर्ण भूमिका निभाते हैं। अतीत में रेगिस्तान के लोगों द्वारा अपनाई गई स्थायी एवं सतत प्रवाहित जीवन शैली और इस क्षेत्र के गांवों में उपलब्ध पवित्र उपवन तथा गोचर जैसे सहाधिकारयुक्त आम संसाधन थार रेगिस्तान को पूरी दुनिया के शुष्क क्षेत्रों में सबसे अधिक रहने योग्य बना दिया है।

पश्चिमी राजस्थान विशेषकर बाड़मेर जिले में मवेशियों की 41 प्रतिशत संख्या इन्हीं सार्वजनिक संसाधनों पर निर्भर करती है। हालांकि पवित्र उपवनों में स्थित तालाबों में पानी की उपलब्धता एक वर्ष में व्यापक रूप से परिवर्तित होती है, लेकिन अधिकांश उपवनों में पानी के तालाब या अन्य जल स्रोत पाये जाते हैं। अलवर जिले में किए गए एक सर्वेक्षण में सभी 163 ओरणों में जोहड़, जल टैंक, जल नाला, बावड़ी, कुआँ आदि के नाम से जल स्रोत पाये गए हैं[246]।

पूज्य वानिकी

झारण महादेव ओरण झालावाड़ जिले एक सोते के किनारे स्थित है जिसका जल एक बड़े जलाशय में एकत्रित होता है, जिसे काफी पुराने दौर में झालावाड़ के शहर में पानी की आपूर्ति सुनिश्चित करने के तैयार किया गया था। इस क्षेत्र में केवल यही एक हरा भरा क्षेत्र है। यह क्षेत्र इसलिए महत्वपूर्ण है कि जलाशय की जलग्रहण क्षमता बनाए रखने में मदद कर रहा है अन्यथा वनस्पतियों के अभाव में यह जलाशय बहुत जल्दी ही सिल्ट से भर जाता। इस ओरण में कुछ दुर्लभ पादप प्रजातियाँ भी हैं जैसे कैफों (*बम्बूसा हेमिल्टोनाइ*) और कुसुम (*स्क्लेचेरा ओलिओसा*)। यह ओरण इसलिए भी महत्वपूर्ण है कि यह बहुत से लुप्तप्रायः और खतरोन्मुख प्रजातियों के लिए एक शरणस्थली भी है क्योंकि इस पुनीत वन के बाहर आसपास के क्षेत्र से ये प्रजातियाँ विलुप्त हो चुकी है। झारन ओरण वन के प्रकार का एक संकेतक व आधारिक चिन्ह भी है जो कभी इस क्षेत्र में मौजूद रहा होगा। वर्तमान समय में यह एक प्राकृतिक प्रयोगशाला, एक वास स्थान, एक जीन बैंक और औषधीय जड़ी बूटियों का भंडार है। यहाँ एक बारहमासी पानी का स्रोत भी है। इस ओरण के अंदर वृक्षारोपण और पौध वितरण हेतु पौध उत्पादन के लिए वन विभाग, राजस्थान ने पिछले 50 वर्षों से एक वन नर्सरी संचालित कर रखी है। ये सभी इस पवित्र उपवन के मूल स्थिति के अस्तित्व को सुनिश्चित करता है।

(स्रोतः 243)

इन पवित्र उपवनों में कई धार्मिक अनुष्ठान किए जाते हैं। उदाहरण के लिए कई उपवनों में एक वार्षिक मेला (त्योहार) लगा करता है जिस समय पर समुदायों के लोगों द्वारा वन एवं लोक अथवा स्थानीय देवता के प्रति अपनी प्रतिबद्धता की पुष्टि करते हैं। एक महात्मा या पुजारी की उपस्थिति अधिकांश पवित्र उपवनों में स्थापित एक सामाजिक–सांस्कृतिक प्रत्यक्ष सत्य है। कहीं–कहीं एक संतरी और महात्मा में से, महात्मा ओरण या उससे लगे क्षेत्र या निवास स्थल में रहता है और समुदाय से दिन प्रतिदिन की बुनियादी प्रावधानों के बदले में इन पवित्र उपवनों एवं उसमे उपलब्ध विभिन्न पादप व जन्तु प्रजातियों की निगरानी करता है[85]। इन सबके बावजूद इन पवित्र उपवनों के संरक्षण और प्रबंधन की पारंपरिक समुदायिक प्रथाओं में तेजी से गिरावट आ रही है।

2. पवित्र उपवनों का प्रलेखीकरण

पुनीत उपवनों से संबन्धित विभिन्न जानकारियाँ क्षेत्र टिप्पणियों, परीक्षणों और स्थानीय समुदाय के लोगों से बातचीत और एक अच्छी तरह से डिजाइन किए गए प्रारूप के

माध्यम से एकत्र की गई हैं जिनको इस तरह संकलित किया गया है कि किसी भी ओरण के बारे में अधिक से अधिक जानकारी उपलब्ध कराई जा सके। इस पुस्तक में राजस्थान के विभिन्न जिलों में फैले 123 ओरणों की निम्नलिखित विस्तृत जानकारी, ओरण संख्या के साथ उस स्थान की एक तस्वीर एक प्रारूप में शामिल किया गया है। ओरण संख्या अध्याय 3 के चित्र 3.1 दिये गए संख्या के आधार पर है जिसे आसानी से गूगल मैप पर देखा जा सकता है एवं ओरण की स्थिति ज्ञात की जा सकती है।

2.1. ओरण के बारे में मूलभूत जानकारी

- गाँव का नाम
- पंचायंत समिति/ब्लॉक
- नजदीकी वन खंड
- जिला
- ओरण का नाम
- भौगोलिक स्थिति

2.2. स्थलाकृतिक विशेषताएँ

- अपरदन दशा
- स्थलाकृति
- मृदा गहराई

2.3. वानस्पतिक स्थिति

- वृक्ष प्रजातियाँ (>30 सेमी गोलाई) महत्व मूल्य सूचकांक (आई.वी.आई.) के साथ।
- महत्व मूल्य सूचकांक (आई.वी.आई) के साथ झाड़ी प्रजातियाँ।
- प्रजातियों की प्रभावी संख्या (ENS) विशेषकर वृक्ष (>30 सेमी गोलाई) और झाड़ी प्रजातियों के लिए।
- शाकीय व घासीय प्रजातियाँ।

2.4. वन्य जीव

- जन्तु
- पक्षी

2.5. मृदा गुण

- मृदा पी.एच. एवं विद्युत चालकता।
- मृदा घनत्व।
- मृदा में पोषक तत्व, जैविक कार्बन और 0–30 सेमी मृदा परत में जैविक कार्बन का घनत्व।

3. स्थलाकृति और मृदा अपरदन

जिन ओरणों का अध्ययन किया गया है इनमें से 31 प्रतिशत और 60 प्रतिशत पवित्र उपवन क्रमशः पहाड़ी ढलानों एवं समतल क्षेत्र में पाये गए हैं। लगभग 5 प्रतिशत पवित्र उपवन पहाड़ियों के शीर्ष पर पाये गए हैं। तीन प्रतिशत पवित्र उपवन में नालीयुक्त मृदा कटाव पाया गया है जबकि एक पवित्र उपवन नदी तल के साथ पाया गया है जिसके मध्य से नदी गुजर रही है (सारिणी 4.2)। मृदा गहराई के आधार पर लगभग 28 पवित्र उपवनों (23 प्रतिशत) में 25 सेमी से भी कम गहरी मृदा है। लगभग 16 प्रतिशत पवित्र उपवनों में मिट्टी की गहराई सामान्य (25–50 सेमी), जबकि अन्य 18 प्रतिशत पवित्र उपवनों में मृदा की गहराई 50–100 सेमी पाई गई है। शेष 44 प्रतिशत पवित्र उपवनों में मृदा की गहराई 1 मीटर से भी ज्यादा मिली है जो जैव विविधता और उत्पादकता दोनों के लिए ही अनुकूल है (सारिणी 4.2)।

सारिणी 4.2 राजस्थान के विभिन्न ओरणों में मिट्टी की गहराई एवं उस क्षेत्र की स्थलाकृति।

स्थलाकृति	पवित्र उपवनों की संख्या	मृदा गहराई	पवित्र उपवनों की संख्या
पहाड़ी शीर्ष	6 (4.9 प्रतिशत)	उथला (25 सेमी से कम)	28 (22.8 प्रतिशत)
पहाड़ी ढाल	38 (30.9 प्रतिशत)	सामान्य गहरी (25–50 सेमी)	19 (15.5 प्रतिशत)
समतल भूमि	74 (60.2 प्रतिशत)	मध्यम (50–100 सेमी)	22 (17.9 प्रतिशत)
नली व खड्डेयुक्त	4 (3.3 प्रतिशत)	गहरी (100 सेमी से अधिक)	54 (43.9 प्रतिशत)
घाटी एवं नदी तल	1 (0.8 प्रतिशत)		

अध्ययनकृत पवित्र उपवनों की मिट्टी की सतह की स्थिति एवं कटाव की मात्रा काफी बदलती हुई पाई गई है (सारिणी 4.3)। एक सौ तेईस पवित्र उपवनों में से लगभग 24 प्रतिशत में मामूली कटाव देखने को मिला है जिनके इस दृष्टि से सुरक्षित होने के संकेतक है। लगभग 69 प्रतिशत पवित्र उपवनों में मध्यम श्रेणी का मृदा कटाव पाया गया है। यह इंगित करता है कि इन लगभग 93 प्रतिशत पवित्र उपवनों में मिट्टी का कटाव मध्यम स्तर से लेकर मामूली स्तर के कटाव के बीच बदलती है। अत्यधिक मिट्टी का कटाव लगभग 8 प्रतिशत पवित्र उपवन में मिला है जबकि 4 प्रतिशत पवित्र उपवनों में नाली रूप या खड्ड (ravine) के रूप में मृदा कटाव पाया गया है।

सारिणी 4.3 अध्ययन में प्रयुक्त राजस्थान के ओरणों में मृदा सतह कटाव की स्थिति।

मृदा अपरदन स्थिति	पवित्र उपवन की कुल संख्या	पवित्र उपवन संख्या
कम या थोड़ा	30	5.6, 8, 22–24, 27, 28, 46–48, 50–51, 56, 58, 67, 75, 77, 79, 85, 88, 92, 102–104, 108, 110–112, 120
मध्यम	85	1, 3, 7, 9–21, 25–26, 29–45, 49, 52–53, 55, 57, 59–66, 68–70, 72–74, 76, 78, 80, 81–83, 86, 89–91, 93–100, 105–107, 113–119, 121–123
अत्यधिक	4	54, 84, 87, 109
नालायुक्त	4	2, 4, 71, 101

राजस्थान के पवित्र उपवनों से संबन्धित आंकड़े

पवित्र उपवन संख्या 1

अ. पवित्र उपवनों के बारे में मूलभूत जानकारी

पवित्र उपवन का नाम	देवनारायणजी का ओरण
गाँव	देवनगर
पंचायत	पिसांगन
निकटतम वन ब्लॉक	देवनगर खोरी
क्षेत्र स्थिति	सामुदायिक भूमि
जिला	अजमेर
क्षेत्रफल	20 बीघा
ऊँचाई (मी.)	473
अक्षांश	26°31′ 36.3″ उत्तर
देशांतर	74°33′ 41.5″ पूर्व

ब. स्थलाकृति विशेषताएँ

अपरदन स्थिति	स्थलाकृति	मृदा गहराई
सामान्य	लहरदार समतल भूमि	गहरा (>100 सेमी)

स. वनस्पति स्थिति

महत्व मूल्य सूचकांक के साथ वृक्ष प्रजातियाँ

प्रोसोपिस जुलिफ्लोरा या विलायती बबूल (194), *फाइकस बेंघालेन्सिस* या बरगद (55), *टेमेरिंडस इंडिका* या इमली (20), *प्रोसोपिस सिनरेरिया* या खेजड़ी (17), *अकेसिया ल्यूकोफ्लोइया* या रौंज (14)

महत्व मूल्य सूचकांक के साथ झाड़ी प्रजातियाँ

लंटाना कमारा या लंटाना (170), *कैलोट्रापिस प्रोसेरा* या आक (130)

प्रभावी प्रजाति संख्या वृक्ष : 1.38 झाड़ी : 2.00

शाकीय एवं घास प्रजातियाँ

इरेग्रोस्टिस सिलिएरिस, इरेग्रोस्टिस टिनेला, इरेग्रोस्टिस माइनर, ट्राइडेक्स प्रोकंबेन्स, इवाल्वुलस एल्सीनोइडिस, पालिगेला इरिओप्टेरा, इडिगोफेरा कार्डीफोलिया, कम्मेलिना बेंघालेन्सिस, डेक्टालोक्टिनियम सिंडिकम, डातुरा स्ट्रेमोनियम, पेरिस्ट्राफी पेनीकुलेटा, फिलेन्थस अमारस, सिडा कार्डीफोलिया, ट्रेगस राक्सबरघाई

द. वन्य जीवन

नीलगाय, सियाल, खरगोश, मोर, बेबलर आदि

ई. मृदा गुण

पी. एच.	ई सी (डेसी सिमेन/मी)	मृदा कार्बन (%)	मृदा घनत्व (ग्राम/सेमी^{3})	नाइट्रट (मिग्रा/किग्रा)	अमोनियम (मिग्रा/किग्रा)	फास्फेट (मिग्रा/किग्रा)	कार्बन घनत्व (टन/हे.)
7.52	0.25	0.195	1.44	1.12	3.12	6.30	5.31

फ. प्राचीन इतिहास एवं अवस्था

स्थानीय रूप से पूजनीय लोक देवता भगवान देवनारायणजी के नाम पर सुरक्षित यह एक प्राचीन ओरण है। लोगों का ऐसा विश्वास है कि लोकदेवता इस क्षेत्र में घटित सभी नुकसानकारक प्रभावों से रहवासियों की रक्षा करते हैं। वैसे इसमे अन्य स्थानीय प्रजातियाँ भी हैं परन्तु विलायती बबूल की अधिकता हो गई है।

राजस्थान के पवित्र उपवनों से संबन्धित आंकड़े

पवित्र उपवन संख्या 2

अ. पवित्र उपवनों के बारे में मूलभूत जानकारी

पवित्र उपवन का नाम	भेरूजी का ओरण
गाँव	नांद
पंचायत	पुष्कर
निकटतम वन ब्लॉक	नांद
क्षेत्र स्थिति	सामुदायिक भूमि
जिला	अजमेर
क्षेत्रफल	70 बीघा
ऊँचाई (मी)	448
अक्षांश	26° 28′ 49.4″ उत्तर
देशांतर	74° 27′ 21.9″ पूर्व

ब. स्थलाकृति विशेषताएँ

अपरदन स्थिति	**अपरदन स्थिति**	**अपरदन स्थिति**
अवनालिकायुक्त	ऊबड़–खाबड़ भूमि	गहरी (>100 सेमी)

स. वनस्पति स्थिति

महत्व मूल्य सूचकांक के साथ वृक्ष प्रजातियाँ

माईटिनस इमार्जिनेटा या ककेड़ा (231), *अकेसिया निलोटिका* या देशी बबूल (26), *एलेन्थस एक्सेल्सा* या आरडु (17), *अकेसिया ल्यूकोफ्लोइया* (14), *प्रोसोपिस जुलिफ्लोरा* (12)

महत्व मूल्य सूचकांक के साथ झाड़ी प्रजातियाँ

अकेसिया जैक्मोंसाई या भू–बावली (170), *लेप्टाडिनिया पाइरोटेक्निका* या खिंप (91), *क्रोटेलेरिया बुरहिया* या सीनिया (39)

प्रभावी प्रजाति संख्या वृक्ष : 1.59 झाड़ी : 4.70

शाकीय एवं घास प्रजातियाँ

जंगली चौलाई, पुनर्नवा, *बोरेरिया आर्टीकुलेरिस, रेमोसा,* गांठिया, नीली शंखपुष्पी, *इंडिगोफेरा कार्डिफोलिया* (बेकर), *इंडिगोफेरा लाइनीफोलिया, इंडिगोफेरा लाइनेई* (बड़ी बेकर), *जस्टीसिया प्रोकंबेन्स,* काकजंघा, बिऊना, गोखरू, भुई आंवला, *ट्रेगस राक्सबरघाई*

द. वन्य जीवन

चिंकारा, सियाल, नीलगाय, मोर, बेबलर, कोयल आदि

ई. मृदा गुण

पी. एच.	ई सी (डेसी सिमेन/मी)	मृदा कार्बन (%)	मृदा घनत्व (ग्राम/सेमी^{3})	नाइट्रट (मिग्रा/किग्रा)	अमोनियम (मिग्रा/किग्रा)	फास्फेट (मिग्रा/किग्रा)	कार्बन घनत्व (टन/हे.)
7.28	0.19	0.060	1.58	1.60	3.10	5.00	1.80

फ. प्राचीन इतिहास एवं अवस्था

राजस्थान के अधिकांश अरावली क्षेत्र में भील समुदाय के लोग भेरूजी की पूजा करते हैं। अतः इस क्षेत्र में बहुतायत ओरण भेरूजी के नाम पर है जहाँ यह समुदाय इस क्षेत्र विशेष की सुरक्षा अपने इस लोक देवता के नाम पर करते हैं। इस ओरण में कंकेड़ा के वृक्षों की प्रमुखता है।

राजस्थान के पवित्र उपवनों से संबन्धित आंकड़े

पवित्र उपवन संख्या **3**

अ. पवित्र उपवनों के बारे में मूलभूत जानकारी

पवित्र उपवन का नाम	भुना बाईजी का ओरण
गाँव	भुना बाई
पंचायत	अजमेर
निकटतम वन ब्लॉक	मुआ बीड
क्षेत्र स्थिति	सामुदायिक भूमि
जिला	अजमेर
क्षेत्रफल	25 बीघा
ऊँचाई (मी.)	515
अक्षांश	26°29′ 54.1″ उत्तर
देशांतर	74°40′ 19.6″ पूर्व

ब. स्थलाकृति विशेषताएँ

अपरदन स्थिति	**स्थलाकृति**	**मृदा गहराई**
मध्यम	ढालयुक्त पहाड़	समान्य गहरा (25–50 सेमी)

स. वनस्पति स्थिति

महत्व मूल्य सूचकांक के साथ वृक्ष प्रजातियाँ	**महत्व मूल्य सूचकांक के साथ झाड़ी प्रजातियाँ**
विलायती बबूल (246), गूँदी (29), पाकड़ (25)	सफेद आक (125), जमाल गोटा (109), गंगेटी (23), लंटाना (22), सेलपी (21)

प्रभावी प्रजाति संख्या वृक्ष : 1.31 झाड़ी : 4.00

शाकीय एवं घास प्रजातियाँ

अरिस्टिडा फुनिकुलेटा या लापड़ा, बोरेरिया प्युसीला, बोरहाविया डिफ्युजा, डिप्टेराकैन्थस पेटुलस, प्युपेलिया लपासिया, ट्रंफेटा रहम्बोइडी, जार्निया गिबोसा, डेक्टाइलोक्टिनियम सिंडिकम, एवोल्वुलस एल्सीनोइडिस, इंडिगोफेरा कार्डिफोलिया, जस्टीसिया प्रोकंबेन्स, पेरिसट्राफी पेनीकुलेटा, टेफ्रोसिया परपुरिया, ट्रीबुलस टेरेस्ट्रिस, फिलेन्थस अमारस, ट्रेगस राक्सबरघाई, वरनोनिया सिनेरिया, जैन्थियम स्ट्रेमोनियम

द. वन्य जीवन

सियाल, खरगोश, रिंगयुक्त डोव, कोयल, बुलबुल, गौरैया आदि।

ई. मृदा गुण

पी एच	ई सी (डेसी सिमेन / मी)	मृदा कार्बन (%)	मृदा घनत्व (ग्राम / सेमी^{3})	नाईट्रेट (मिग्रा / किग्रा)	अमोनियम (मिग्रा / किग्रा)	फास्फेट (मिग्रा / किग्रा)	कार्बन घनत्व (टन / हे.)
7.23	0.09	0.105	1.55	1.25	5.12	9.00	2.98

फ. प्राचीन इतिहास एवं अवस्था

ग्रामीणो के अनुसार श्रीमती भुनाबाई – गाँव की एक महिला ने यहाँ तप किया था एवं ग्राम वासियों को एक राक्षस के बुरे प्रभावों से बचाया था। इसलिए ग्रामवासी इस क्षेत्र की सुरक्षा भुनाबाई के नाम से करते हैं। लेकिन यह ओरण वर्तमान में विलायती बबूल से ग्रसित है।

राजस्थान के पवित्र उपवनों से संबन्धित आंकड़े

पवित्र उपवन संख्या **4**

अ. पवित्र उपवनों के बारे में मूलभूत जानकारी

पवित्र उपवन का नाम — मण्डलदासजी का ओरण
गाँव — टोडली
पंचायत — रामगढ़
निकटतम वन ब्लॉक — –
क्षेत्र स्थिति — सामुदायिक भूमि
जिला — अलवर
क्षेत्रफल — 240 बीघा
ऊँचाई (मी.) — 262
अक्षांश — 27° 38′ 40.0″ उत्तर — देशांतर — 76° 45′ 40.6″ पूर्व

ब. स्थलाकृति विशेषताएँ

अपरदन स्थिति	**स्थलाकृति**	**मृदा गहराई**
अवनालिका युक्त	खड्ड (लहरदार)	गहरा (>100 सेमी)

स. वनस्पति स्थिति

महत्व मूल्य सूचकांक के साथ वृक्ष प्रजातियाँ

देशी बबूल (145), कंकेड़ा (33), कुमठ (31), खेजड़ी (27), मीठा जाल (25), केर (12), चुरेल (8), रामकांटी (8), रौंज (6), हिंगोटा (5)

महत्व मूल्य सूचकांक के साथ झाड़ी प्रजातियाँ

झाड़ बेर (205), मुराली (35), गंगेटी (22), *कैपेरिस सेपिरिया* (हींस) (21), खिंप (17)

प्रभावी प्रजाति संख्या वृक्ष >30 : 5.17 झाड़ी : 2.28

शाकीय एवं घास प्रजातियाँ

उंडोकांटों, राम बुई, दूब, माकड़ा घास, पुनर्नवा, बड़ी बेकर, *स्पर्गुला आर्वेन्सिस, इराग्रोस्टिस माइनर,* धामन घास, मुंज, *आर्जिमान मेक्सिकाना,* बथुआ, गाजर घास, नीली शंखपुष्पी, बेकर, बिऊना

द. वन्य जीवन

नीलगाय, सेई, लकड़बग्घा, मरू खरगोश, धब्बेदार कबूतर, मैना आदि

ई. मृदा गुण

पी. एच.	ई. सी. (डेसी सिमेन/मी)	मृदा कार्बन (%)	मृदा घनत्व (ग्राम/ सेमी^{3})	नाइट्रेट (मिग्रा/ किग्रा)	अमोनियम (मिग्रा/ किग्रा)	फास्फेट (मिग्रा/ किग्रा)	कार्बन घनत्व (टन/हे.)
7.66	0.29	0.435	1.40	2.33	3.41	6.49	17.05

फ. प्राचीन इतिहास एवं अवस्था

श्री मण्डलदासजी ने इस ओरण में स्थित पहाड़ियों की तलहटी में तप किया था। वर्तमान समय में पहाडी के शीर्ष पर एक मंदिर है जहाँ ग्रामवासी मण्डलदासजी की पूजा किया करते हैं। पहाड़ी के नीचे भी एक छोटा मंदिर एवं कुआँ है। इस ओरण में काफी वृक्ष प्रजातियाँ हैं परन्तु देशी बबूल के वृक्षों की प्रमुखता है।

राजस्थान के पवित्र उपवनों से संबंधित आंकड़े

पवित्र उपवन संख्या **5**

अ. पवित्र उपवनों के बारे में मूलभूत जानकारी

पवित्र उपवन का नाम हनुमानजी का ओरण

गाँव जाटवाड़ा

पंचायत लक्ष्मणगढ़

निकटतम वन ब्लॉक लक्ष्मणगढ

क्षेत्र स्थिति सामुदायिक भूमि

जिला अलवर

क्षेत्रफल 700 बीघा

ऊँचाई (मी.) 226

अक्षांश 27° 15′ 26.8″ उत्तर देशांतर 76° 53′ 55.5″ पूर्व

ब. स्थलाकृति विशेषताएँ

अपरदन स्थिति	**स्थलाकृति**	**मृदा गहराई**
थोड़ा	समतल भूमि	मध्यम गहरा (50–100 सेमी)

स. वनस्पति स्थिति

महत्व मूल्य सूचकांक के साथ वृक्ष प्रजातियाँ

साल्वाडोरा ओलिओइडिस या मीठा जाल (142), देशी बबूल (35), *एजाडीरेच्टा इंडिका* या नीम (31), खेजड़ी (26), *कैपेरिस डेसिडुआ* या केर (23), *कार्डिया मिक्सा* या गूँदा (5), रौंज (5)

महत्व मूल्य सूचकांक के साथ झाड़ी प्रजातियाँ

क्लिरोडेंड्रम फ्लोमाइडिस या इरना (107), *कैपेरिस सेपिएरा* या हींस (100), *एढ़ेटोडा वेसिका या अडूसा* (73), *कडाबा फ्रूटीकोसा* (11), आक (9)

प्रभावी प्रजाति संख्या वृक्ष : 4.19 झाड़ी : 3.54

शाकीय एवं घास प्रजातियाँ

एकाइरेंथीस एस्परा या उंडोकांटों, *साइनोडान डेक्टाइलान* (दूब), पुनर्नवा, बड़ी बेकर, *एवोल्वुलस एल्सीनोइडिस* (नीली शंखपुष्पी), बेकर

द. वन्य जीवन

खरगोश, नीलगाय, लकड़बग्घा, सियाल, कबूतर, मोर, तोता आदि

ई. मृदा गुण

पी. एच.	ई. सी. (डेसी सिमेन / मी)	मृदा कार्बन (%)	मृदा घनत्व (ग्राम / सेमी^{3})	नाइट्रेट (मिग्रा / किग्रा)	अमोनियम (मिग्रा / किग्रा)	फास्फेट (मिग्रा / किग्रा)	कार्बन घनत्व (टन / हे.)
8.15	0.18	0.375	1.42	1.58	3.86	9.32	10.68

फ. प्राचीन इतिहास एवं अवस्था

इस ओरण में एक प्राचीन मंदिर है जिसका हाल ही में नवीनीकरण हुआ है। ग्रामवासी यहाँ आकर भगवान हनुमानजी की पूजा करते है एवं इस ओरण की सुरक्षा तथा इसका संरक्षण करते हैं। वैसे इस ओरण में मीठे जाल के वृक्षो की प्रधानता है परन्तु इसमें नीम व गूँद के बहुत पुराने वृक्ष हैं। इस ओरण में विभिन्न गतिविधियों एवं सीमा अतिक्रमण की समस्या भी है।

राजस्थान के पवित्र उपवनों से संबंधित आंकड़े

पवित्र उपवन संख्या 6

अ. पवित्र उपवनों के बारे में मूलभूत जानकारी

पवित्र उपवन का नाम	झरनाजी का ओरण
गाँव	रायपुर, मकरेटा
पंचायत	टोडा
निकटतम वन ब्लॉक	टोडा
क्षेत्र स्थिति	सामुदायिक भूमि
जिला	अलवर
क्षेत्रफल	100 बीघा
ऊँचाई (मी.)	232
अक्षांश	27° 19′ 49.3″ उत्तर
देशांतर	76° 53′ 48.0″ पूर्व

ब. स्थलाकृति विशेषताएँ

अपरदन स्थिति	**स्थलाकृति**	**मृदा गहराई**
थोड़ा	अवनालिका युक्त भूमि	सामान्य गहरा (25–50 सेमी)

स. वनस्पति स्थिति

महत्व मूल्य सूचकांक के साथ वृक्ष प्रजातियाँ

विलायती बबूल (92), कंकेड़ा (36), हिंगोटा (34), खेजड़ी (33), देशी बबूल (30), काला धोकड़ा (24), केर (23), चुरेल (22), इजरायली बबूल (6)

महत्व मूल्य सूचकांक के साथ झाड़ी प्रजातियाँ

झाड़ बेर (150), हींस (63), *सिक्यूरीनेगा विरोसा* (43), गंगेटी (31), मुराली (13)

प्रभावी प्रजाति संख्या वृक्षः 5.90 झाड़ी : 3.24

शाकीय एवं घास प्रजातियाँ

पुनर्नवा, नीली शंखपुष्पी, बेकर

द. वन्य जीवन

नीलगाय, सियाल, चूहा, खरगोश, कोबरा नाग, नेवला, रिंगयुक्त डोव आदि

ई. मृदा गुण

पी. एच.	ई. सी. (डेसी सिमेन / मी)	मृदा कार्बन (%)	मृदा घनत्व (ग्राम / सेमी^{3})	नाइट्रेट (मिग्रा / किग्रा)	अमोनियम (मिग्रा / किग्रा)	फास्फेट (मिग्रा / किग्रा)	कार्बन घनत्व (टन / हे.)
7.69	0.22	0.705	1.35	2.23	12.11	8.25	21.95

फ. प्राचीन इतिहास एवं अवस्था

कुछ मंदिरों के साथ अवस्थित यह एक बहुत ही पुराना ओरण है जिसकी स्थापना झरनाजी के नाम पर है। यहाँ लोग अपने इस लोकदेवता की पूजा करते हैं एवं इसकी सुरक्षा तथा संरक्षण भी करते हैं। यह ओरण आक्रमणशील प्रजाति विलायती बबूल व अत्यधिक चराई से प्रभावित है।

राजस्थान के पवित्र उपवनों से संबंधित आंकड़े

पवित्र उपवन संख्या 7

अ. पवित्र उपवनों के बारे में मूलभूत जानकारी

पवित्र उपवन का नाम	रूपू का वास ओरण
गाँव	अरनार, आमादा, भेपाड़ा
पंचायत	थानगढ़ी
निकटतम वन ब्लॉक	थानगढ़ी
क्षेत्र स्थिति	सामुदायिक भूमि
जिला	अलवर
क्षेत्रफल	150
ऊँचाई (मी.)	487
अक्षांश	27° 23′ 17.3″ उत्तर
देशांतर	76° 16′ 11.7″ पूर्व

ब. स्थलाकृति विशेषताएँ

अपरदन स्थिति	स्थलाकृति	मृदा गहराई
मध्यम	ढालयुक्त पूरा पहाड़ी क्षेत्र	सामान्य गहरा (25–50 सेमी)

स. वनस्पति स्थिति

महत्व मूल्य सूचकांक के साथ वृक्ष प्रजातियाँ	महत्व मूल्य संचकांक के साथ झाड़ी प्रजातियाँ
एनोंगीसस पेंडुला (248), *कैपेरिस डेसीडुआ* (52)	कोई झाड़ी नहीं (0), परन्तु झाड़ बेर पहाड़ी के नीचे उपलब्ध है।

प्रभावी प्रजाति संख्या वृक्ष : 1.17 झाड़ी : 0.00

शाकीय एवं घास प्रजातियाँ

एडिएंटम लुनुलेटम, अक्टिनिप्टेरिस रेडिएटा, एरवा लेनेटा, पुनर्नवा, नीली शंखपुष्पी, बेकर

द. वन्य जीवन

नीलगाय, मोर, तोता आदि

ई. मृदा गुण

पी. एच.	ई. सी. (डेसी सिमेन/मी)	मृदा कार्बन (%)	मृदा घनत्व (ग्राम/सेमी^{3})	नाइट्रेट (मिग्रा/किग्रा)	अमोनियम (मिग्रा/किग्रा)	फास्फेट (मिग्रा/किग्रा)	कार्बन घनत्व (टन/हे.)
7.66	0.18	1.140	1.32	2.56	4.68	9.64	31.15

फ. प्राचीन इतिहास एवं अवस्था

यह एक पहाड़ी के चारों तरफ स्थित एक पुराना ओरण है। पहाड़ी के शीर्ष पर माताजी का एक मंदिर है जहाँ ग्रामवासी नियमित रूप से आते हैं एवं माताजी की पूजा अर्चना करते हैं। इस ओरण की देखभाल भी ग्रामीणों द्वारा ही की जाती है। यह ओरण मुख्यतः काला धोकड़ा के वृक्षों से आच्छादित है एवं इसमें नीचे अगोर है।

राजस्थान के पवित्र उपवनों से संबन्धित आंकड़े

पवित्र उपवन संख्या **8**

अ. पवित्र उपवनों के बारे में मूलभूत जानकारी

पवित्र उपवन का नाम शिवजी महाराज का ओरण

गाँव गढ़ बस्सी

पंचायत थानागाजी

निकटतम वन ब्लॉक गढ़ बस्सी

क्षेत्र स्थिति सामुदायिक भूमि

जिला अलवर

क्षेत्रफल 125 बीघा

ऊँचाई (मी.) 434

अक्षांश 27° 23′ 35.6″ उत्तर देशांतर 76° 13′ 48.0″ पूर्व

ब. स्थलाकृति विशेषताएँ

अपरदन स्थिति	**स्थलाकृति**	**मृदा गहराई**
थोड़ा	ढालयुक्त गिरी पाद	मामूली गहरा (25–50 सेमी)

स. वनस्पति स्थिति

महत्व मूल्य सूचकांक के साथ वृक्ष प्रजातियाँ

रौंज (110), कुमठ (45), विलायती बबूल (39), नीम (39), हिंगोटा (31), चुरेल (23), देशी बबूल (10), जंगली सरगुआ (3)

महत्व मूल्य सूचकांक के साथ झाड़ी प्रजातियाँ

अडूसा (73), झाड़ बेर (55), एमना (34) डासर (31), गंगेटी (29), गूगल (23), काली सियाली (19), हींस (19), सेलपी (10), *कडाबा फ्रूटीकोसा* (7)

प्रभावी प्रजाति संख्या वृक्ष : 5.48 झाड़ी : 7.00

शाकीय एवं घास प्रजातियाँ

इलाइटेरिया एकोलिस, एडिएंटम रेडिएटा, दुद्धि, *पेवोनिया अरेबिका,* बिऊना, पुनर्नवा, नीली शंखपुष्पी, बेकर

द. वन्य जीवन

बुलबुल, रिंगयुक्त डोव, मोर आदि

ई. मृदा गुण

पी. एच.	ई. सी. (डेसी सिमेन/मी)	मृदा कार्बन (%)	मृदा घनत्व (ग्राम/सेमी^{3})	नाइट्रेट (मिग्रा/किग्रा)	अमोनियम (मिग्रा/किग्रा)	फास्फेट (मिग्रा/किग्रा)	कार्बन घनत्व (टन/हे.)
7.94	0.31	0.300	1.43	2.14	1.90	11.91	5.74

फ. प्राचीन इतिहास एवं अवस्था

यह काफी पुराना देववन है जो दो पहाड़ियों के बीच स्थित है। इसके बीच में पहाड़ी के तलहटी में एक प्राचीन शिव मंदिर है। वैसे यहाँ हमेशा ही लोगों का आगमन रहता है फिर भी यहाँ हर साल अक्टूबर के महीने में एक बड़ा मेला लगता है जिसमें काफी दूर से लोग आते हैं। इस देव वन की सुरक्षा एवं देखभाल मंदिर के पुजारी ही करते हैं। कभी–कभी गाँव वाले यहाँ से लकड़ी काट कर ले जाते हैं, यहाँ एक तालाब भी है।

राजस्थान के पवित्र उपवनों से संबन्धित आंकड़े

पवित्र उपवन संख्या **9**

अ. पवित्र उपवनों के बारे में मूलभूत जानकारी

पवित्र उपवन का नाम	दिज्या भेरूजी का ओरण
गाँव	लाखेरिया घाटोल
पंचायत	घाटोल
निकटतम वन ब्लॉक	लाखेरिया
क्षेत्र स्थिति	सामुदायिक भूमि
जिला	बांसवाड़ा
क्षेत्रफल	84 बीघा
ऊँचाई (मी.)	267
अक्षांश	23°45′ 08.5″ उत्तर
देशांतर	74°24′ 55.9″ पूर्व

ब. स्थलाकृति विशेषताएँ

अपरदन स्थिति	स्थलाकृति	मृदा गहराई
मध्यम	ढालयुक्त पहाड़ी	उथला (<25 सेमी)

स. वनस्पति स्थिति

महत्व मूल्य सूचकांक के साथ वृक्ष प्रजातियाँ	महत्व मूल्य सूचकांक के साथ झाड़ी प्रजातियाँ
सागौन (150), चुरेल (66), *एडिना कार्डिफोलिया* या हलदू (61), *राइटीया टिंक्टोरिया* या खिरनी (13), नीम (10)	लंटाना (161), वज्रदंती (94), हींस (45)

प्रभावी प्रजाति संख्या वृक्ष : 1.38 झाड़ी : 2.55

शाकीय एवं घास प्रजातियाँ

इलाटेरिया एकोलिस, दुद्धि, बिऊना, पुनर्नवा, नीली शंखपुष्पी, बेकर

द. वन्य जीवन

नीलगाय, सियाल, तोता, कौआ आदि

ई. मृदा गुण

पी. एच.	ई. सी. (डेसी सिमेन/मी)	मृदा कार्बन (%)	मृदा घनत्व (ग्राम/सेमी^{3})	नाइट्रेट (मिग्रा/किग्रा)	अमोनियम (मिग्रा/किग्रा)	फास्फेट (मिग्रा/किग्रा)	कार्बन घनत्व (टन/हे.)
6.33	0.12	0.623	1.36	2.56	2.56	10.23	9.29

फ. प्राचीन इतिहास एवं अवस्था

लोक देवता भेरूजी के नाम पर भील समुदाय द्वारा सुरक्षित एवं संरक्षित यह एक पुराना ओरण है। स्थानीय समुदाय भेरूजी की पूजा करते हैं। वृक्ष के नाम पर यहाँ सागौन की प्रमुखता है जबकि *लंटाना कमारा* इस क्षेत्र में पाई जाने वाली प्रमुख झाड़ी प्रजाति है, जो इस क्षेत्र में बृहद रूप से फैली हुई है।

राजस्थान के पवित्र उपवनों से संबन्धित आंकड़े

पवित्र उपवन संख्या **10**

अ. पवित्र उपवनों के बारे में मूलभूत जानकारी

पवित्र उपवन का नाम	प्रथुरीनाथजी का ओरण
गाँव	आमलीपाड़ा
पंचायत	बांसवाड़ा
निकटतम वन ब्लॉक	आनंदसागर
क्षेत्र स्थिति	सामुदायिक भूमि
जिला	बांसवाड़ा
क्षेत्रफल	35 बीघा
ऊँचाई (मी.)	270
अक्षांश	23° 32′ 51.3″ उत्तर
देशांतर	74° 28′ 30.1″ पूर्व

ब. स्थलाकृति विशेषताएँ

अपरदन स्थिति	स्थलाकृति	मृदा गहराई
मध्यम	ढलानयुक्त	उथला (<25 सेमी)

स. वनस्पति स्थिति

महत्व मूल्य सूचकांक के साथ वृक्ष प्रजातियाँ

सागौन (160), हलदू (47), बेल (41), *मोरिंडा टिंकटोरिया* या आल (18), तेंदू (17), *मित्रगाइना पार्विफ्लोरा* या कलम (17)

महत्व मूल्य सूचकांक के साथ झाड़ी प्रजातियाँ

कोई झाड़ी नहीं

प्रभावी प्रजाति संख्या वृक्ष : 2.39 झाड़ी : 0

शाकीय एवं घास प्रजातियाँ

एलाइसिकार्पस वेगीनेलिस, पुआड़, *इलाटेरिया एकोलिस*, दुद्धि, *ब्रैकिएरिया रेमोसा*, पुनर्नवा, नीली शंख पुष्पी, बेकर

द. वन्य जीवन

पेंथर, नीलगाय, सियाल, कौआ, तोता आदि

ई. मृदा गुण

पी. एच.	ई. सी. (डेसी सिमेन / मी)	मृदा कार्बन (%)	मृदा घनत्व (ग्राम / सेमी^{3})	नाइट्रेट (मिग्रा / किग्रा)	अमोनियम (मिग्रा / किग्रा)	फास्फेट (मिग्रा / किग्रा)	कार्बन घनत्व (टन / हे.)
6.12	0.19	1.080	1.40	1.24	4.50	12.56	12.64

फ. प्राचीन इतिहास एवं अवस्था

यह ओरण एक लोक देवता नाथजी के नाम पर है जिसकी सुरक्षा एवं संरक्षण स्थानीय समुदाय द्वारा किया जाता है। इसके अंदर प्रभुनाथजी का मंदिर है जहाँ लोग पूजा अर्चना किया करते हैं। इस पुनीत वन में *टेक्टोना ग्रेंडिस* की अधिकता है परंतु यहाँ पर नम भूमि में पनपने वाले वृक्ष भी मौजूद हैं।

राजस्थान के पवित्र उपवनों से संबन्धित आंकड़ें

पवित्र उपवन संख्या **11**

अ. पवित्र उपवनों के बारे में मूलभूत जानकारी

पवित्र उपवन का नाम — साईं बाबा का मंदिर
गाँव — अनारी
पंचायत — बांसवाड़ा
निकटतम वन ब्लॉक — आनंद सागर
क्षेत्र स्थिति — सामुदायिक भूमि
जिला — बांसवाड़ा
क्षेत्रफल — 14 बीघा
ऊँचाई (मी.) — 265
अक्षांश — 23° 32′ 53.4″ उत्तर देशांतर — 74° 27′ 54.5″ पूर्व

ब. स्थलाकृति विशेषताएँ

अपरदन स्थिति	**स्थलाकृति**	**मृदा गहराई**
मध्यम	पहाड़ी की चोटी	उथला (<25 सेमी)

स. वनस्पति स्थिति

महत्व मूल्य सूचकांक के साथ वृक्ष प्रजातियाँ

सागौन (131), रौंज (60), विलायती बबूल (55), सेमल (38), नीम (16)

महत्व मूल्य सूचकांक के साथ झाड़ी प्रजातियाँ

लंटाना (114), आक (107) झाड़ बेर (42) आँवल (37)

प्रभावी प्रजाति संख्या वृक्ष : 2.73 झाड़ी : 3.59

शाकीय एवं घास प्रजातियाँ

एलाइसिकार्पस बेगिनेलिस, केसिया तोरा, ब्रेकीएरिया रेमोसा, पुनर्नवा, गांठिया, नीली शंखपुष्पी, *इलाटेरिया एकोलिस,* दुद्धि, *लियोनोटिस नेपेटीफोलिया*

द. वन्य जीवन

पेंथर, सियाल, लकड़बग्घा, मृदा साँप, तोता और मोर

ई. मृदा गुण

पी. एच.	ई. सी. (डेसी सिमेन/मी)	मृदा कार्बन (%)	मृदा घनत्व (ग्राम/सेमी^{3})	नाइट्रेट (मिग्रा/किग्रा)	अमोनियम (मिग्रा/किग्रा)	फास्फेट (मिग्रा/किग्रा)	कार्बन घनत्व (टन/हे.)
7.20	0.18	0.420	1.41	1.25	3.40	12.50	7.19

फ. प्राचीन इतिहास एवं अवस्था

यह लगभग 250 वर्ष पुराना व स्थानीय समुदाय द्वारा संरक्षित ओरण है। लोगों का विश्वास है कि लोक देवता भेरूजी यहाँ एक दीवार से प्रकट हुये थे जहाँ पर इनकी मूर्ति है। पुराना मंदिर लगभग खंडहर बन चुका है जबकि नया मंदिर वर्ष 1982 में बनकर तैयार हुआ। वृक्षों में सागौन यहाँ प्रभावी रूप से विद्यमान है।

राजस्थान के पवित्र उपवनों से संबन्धित आंकड़े

पवित्र उपवन संख्या **12**

अ. पवित्र उपवनों के बारे में मूलभूत जानकारी

पवित्र उपवन का नाम	देवनारायणजी का ओरण
गाँव	झाड़ोदा
पंचायत	अटरू
निकटतम वन ब्लॉक	झाड़ोदा
क्षेत्र स्थिति	सामुदायिक भूमि
जिला	बाराँ
क्षेत्रफल	28 बीघा
ऊँचाई	293
अक्षांश	24° 47′ 58.6″ उत्तर
देशांतर	76° 28′ 49.9″ पूर्व

ब. स्थलाकृति विशेषताएँ

अपरदन स्थिति	**स्थलाकृति**	**मृदा गहराई**
मध्यम	जल बहावयुक्त चट्टानी भूमि	उथला (<25 सेमी)

स. वनस्पति स्थिति

महत्व मूल्य सूचकांक के साथ वृक्ष प्रजातियाँ

पलास (133), विलायती बबूल (40), इमली (31), कलम (30), खजूर (21), बेल (13), खेजड़ी (13), रौंज (10), *क्रेटीवा नरवाला* या बरना / बरून (10)

महत्व मूल्य सूचकांक के साथ झाड़ी प्रजातियाँ

झाड़ बेर (139), कांटेर (55), हींस या कथार (44), सेलपी (43), करौंदा (19)

प्रभावी प्रजाति संख्या वृक्ष : 4.09 झाड़ी : 4.37

शाकीय एवं घास प्रजातियाँ

ब्लूमिया एरिएन्था, पुआड़, दुद्धि, *ट्रेगस राक्सबरघाई, ट्राइडेक्स प्रोकंबेन्स*

द. वन्य जीवन

खरगोश, मोर, तोता, कोयल, सियाल, लंगूर, नीलगाय, कौआ, कोबरा साँप

ई. मृदा गुण

पी. एच.	ई. सी. (डेसी सिमेन / मी)	मृदा कार्बन (%)	मृदा घनत्व (ग्राम / सेमी³)	नाइट्रेट (मिग्रा / किग्रा)	अमोनियम (मिग्रा / किग्रा)	फास्फेट (मिग्रा / किग्रा)	कार्बन घनत्व (टन / हे.)
7.59	0.59	0.285	1.47	2.13	9.60	9.20	10.05

फ. प्राचीन इतिहास एवं अवस्था

गुर्जर समुदाय द्वारा पूज्य लोक देवता भगवान देवनारायणजी के नाम पर रक्षित एवं संरक्षित यह काफी पुराना ओरण है। गुर्जर समुदाय के लोग यहाँ आते हैं एवं अपने इष्ट देव की पूजा करते हैं। वैसे इसमें वृक्ष प्रजातियों की संख्या अच्छी खासी है पर इस ओरण में पलास के वृक्षों की प्रधानता है।

राजस्थान के पवित्र उपवनों से संबन्धित आंकड़े

पवित्र उपवन संख्या 13

अ. पवित्र उपवनों के बारे में मूलभूत जानकारी

पवित्र उपवन का नाम	मूसेन माताजी का ओरण
गाँव	मूसेन माताजी
पंचायत	अटरू
निकटतम वन ब्लॉक	मूसेन माताजी
क्षेत्र स्थिति	सामुदायिक भूमि
जिला	बाराँ
क्षेत्रफल	150 बीघा
ऊँचाई	490
अक्षांश	24° 48′ 10.3″ उत्तर
देशांतर	76° 38′ 19.8″ पूर्व

ब. स्थलाकृति विशेषताएँ

अपरदन स्थिति	स्थलाकृति	मृदा गहराई
मध्यम	समतल	मध्यम गहरा (50.100 सेमी)

स. वनस्पति स्थिति

महत्व मूल्य सूचकांक के साथ वृक्ष प्रजातियाँ

काला धोक (190), तेंदू (32), रौंज (27), *जिम्नोस्पोरिया मोन्टाना* (16), खेर (13), सफेद धोक (12), विलायती बबूल (10)

महत्व मूल्य सूचकांक के साथ झाड़ी प्रजातियाँ

करौंदा (186), कांटेर (62), हींस (21), झाड़ बेर (16), सेलपी (15)

प्रभावी प्रजाति संख्या वृक्ष : 4.22 झाड़ी : 2.97

शाकीय एवं घास प्रजातियाँ

दुद्धि, *ट्रेगस राक्सबरघाई, ट्राइडेक्स प्रोकबेन्स,* नीली शंखपुष्पी, बेकर

द. वन्य जीवन

भालू, पैंथर, हिरण, खरगोश, मोर, तोता, कोयल, सियाल, लंगूर, नीलगाय, जंगली सूअर, कौआ, कोबरा साँप आदि

ई. मृदा गुण

पी. एच.	ई. सी. (डेसी सिमेन/मी)	मृदा कार्बन (%)	मृदा घनत्व (ग्राम/सेमी^{3})	नाइट्रेट (मिग्रा/किग्रा)	अमोनियम (मिग्रा/किग्रा)	फास्फेट (मिग्रा/किग्रा)	कार्बन घनत्व (टन/हे.)
7.62	1.94	0.390	1.48	1.19	7.12	13.00	10.58

फ. प्राचीन इतिहास एवं अवस्था

पुराने समय में यह पूरा क्षेत्र घने जंगलों से घिरा था। ग्रामवासियों के अनुसार शाम या रात्रि के समय अभी भी पेंथर एवं अन्य जंगली जानवारों की आवाज सुनाई देती है। लोगों ने इस चमत्कारी देवी मूसेन माताजी की पूजा करनी आरंभ की, जिसके नाम पर इस ओरण का नाम पड़ा है।

राजस्थान के पवित्र उपवनों से संबन्धित आंकड़े

पवित्र उपवन संख्या **14**

अ. पवित्र उपवनों के बारे में मूलभूत जानकारी

पवित्र उपवन का नाम कल्लाजी का बाग (नाग)

गाँव टांचला

पंचायत छिपा बड़ोल

निकटतम वन ब्लॉक टांचला

क्षेत्र स्थिति सामुदायिक भूमि

जिला बाराँ

क्षेत्रफल 86 बीघा

ऊँचाई (मी.) 331

अक्षांश 24°41′ 05.2″ उत्तर देशांतर 76° 43′ 39.9″ पूर्व

ब. स्थलाकृति विशेषताएँ

अपरदन स्थिति	**स्थलाकृति**	**मृदा गहराई**
माध्यम अपरदन	उतार चढ़ाव युक्त समतल भूमि	मध्यम गहरा (50–100 सेमी)

स. वनस्पति स्थिति

महत्व मूल्य सूचकांक के साथ वृक्ष प्रजातियाँ

पलास (102), विलायती बबूल (47), कलम (46), चुरेल (37), रौंज (28), अर्जुन (14), काला धोक (10), दूधी या कड़वाला (9), जामुन (7)

महत्व मूल्य सूचकांक के साथ झाड़ी प्रजातियाँ

हींस या कथार (300)

प्रभावी प्रजाति संख्या वृक्ष : 5.77 झाड़ी : 1.00

शाकीय एवं घास प्रजातियाँ

पुआड़, दुद्धि, नीली शंखपुष्पी, *ट्राइडेक्स प्रोकंबेन्स*, बेकर

द. वन्य जीवन

भालू, हिरण, खरगोश, मोर, तोता, कबूतर, कोयल, जंगल कौआ, सियार, लंगूर, नीलगाय, नेवला, साँप आदि

ई. मृदा गुण

पी. एच.	ई. सी. (डेसी सिमेन/मी)	मृदा कार्बन (%)	मृदा घनत्व (ग्राम/सेमी^{3})	नाइट्रेट (मिग्रा/किग्रा)	अमोनियम (मिग्रा/किग्रा)	फास्फेट (मिग्रा/किग्रा)	कार्बन घनत्व (टन/हे.)
7.87	0.17	0.555	1.52	1.09	9.16	9.00	16.05

फ. प्राचीन इतिहास एवं अवस्था

कालाजी बाराँ जिले में लोक देवता के रूप में काफी प्रसिद्ध हैं जिनके नाम पर इस ओरण का नामकरण है एंव लोग इनकी पूजा करते हैं। इस ओरण का अधिकांश क्षेत्र नमी सह्य वृक्षों जैसे *मित्रगाइना पार्वीफ्लोरा* (कलम), *सीजिगीयम क्यूमिनी* (जामुन) आदि से आच्छादित है।

राजस्थान के पवित्र उपवनों से संबन्धित आंकड़े

पवित्र उपवन संख्या **15**

अ. पवित्र उपवनों के बारे में मूलभूत जानकारी

पवित्र उपवन का नाम	बांकल माताजी का ओरण
गाँव	रानी गाँव
पंचायत	बाड़मेर
निकटतम वन ब्लॉक	रानी गाँव
क्षेत्र स्थिति	सामुदायिक भूमि
जिला	बाड़मेर
क्षेत्रफल	800 बीघा
ऊँचाई (मी.)	173
अक्षांश	25° 35′ 57.9″ उत्तर
देशांतर	71° 17′ 50.5″ पूर्व

ब. स्थलाकृति विशेषताएँ

अपरदन स्थिति	**स्थलाकृति**	**मृदा गहराई**
मध्यम	कटावयुक्त समतल भूमि	मध्यम गहरा (50–100 सेमी)

स. वनस्पति स्थिति

महत्व मूल्य सूचकांक के साथ वृक्ष प्रजातियाँ	**महत्व मूल्य सूचकांक के साथ झाड़ी प्रजातियाँ**
रोहिड़ा (181), मीठा जाल (78), विलायती बबूल (41)	*एरवा पर्सिका* (249), झाड़ बेर (51)

प्रभावी प्रजाति संख्या वृक्ष : 2.34 झाड़ी : 1.89

शाकीय एवं घास प्रजातियाँ

बिऊना, *लींडेनबरगिया म्यूरेरिया, एंटिकैरिस सेनेगालेन्सिस*

द. वन्य जीवन

चिंकारा, मोर, कोयल, खगोश, धब्बेयुक्त कबूतर, मरू चूहा, मरू लोमड़ी, गिरगिट

ई. मृदा गुण

पी. एच.	ई. सी. (डेसी सिमेन/मी)	मृदा कार्बन (%)	मृदा घनत्व (ग्राम/सेमी^{3})	नाइट्रेट (मिग्रा/किग्रा)	अमोनियम (मिग्रा/किग्रा)	फास्फेट (मिग्रा/किग्रा)	कार्बन घनत्व (टन/हे.)
7.80	0.21	0.150	1.58	1.25	1.50	5.80	5.17

फ. प्राचीन इतिहास एवं अवस्था

बांकल माताजी के नाम पर यह एक बहुत ही पुराना ओरण है। बांकल माताजी राजस्थान के 'डागा' समुदायों की कुल देवी है। अतः इस पुनीत वन की देखभाल एवं सुरक्षा स्थानीय समुदाय द्वारा किया जाता है। इसमे रोहिडा (*टिकोमेला अंडयुलेटा)* वृक्षों की अधिकता है लेकिन विलायती बबूल की संख्या भी काफी हो गई है।

राजस्थान के पवित्र उपवनों से संबन्धित आंकड़े

पवित्र उपवन संख्या 16

अ. पवित्र उपवनों के बारे में मूलभूत जानकारी

पवित्र उपवन का नाम	विरातरा माताजी का ओरण
गाँव	ढोक
पंचायत	ढोक
निकटतम वन ब्लॉक	चौहटन
क्षेत्र स्थिति	सामुदायिक भूमि
जिला	बाड़मेर
क्षेत्रफल	1859 हेक्टेयर
ऊँचाई (मी.)	234
अक्षांश	25° 27′ 48.2″ उत्तर
देशांतर	71° 01′ 34.4″ पूर्व

ब. स्थलाकृति विशेषताएँ

अपरदन स्थिति	**स्थलाकृति**	**मृदा गहराई**
मध्यम	लहरदाय समतल भूमि	गहरा (>100 सेमी)

स. वनस्पति स्थिति

महत्व मूल्य सूचकांक के साथ वृक्ष प्रजातियाँ	**महत्व मूल्य सूचकांक के साथ झाड़ी प्रजातियाँ**
कंकेड़ा (224), मीठा जाल (58), इजरायली बबूल (18)	झाड़ बेर (92), सीनिया (54) फाग (51), बुई (50), मुराली (20), भुई बावली (16), *मेरूआ ओब्लोंगिफोलिया* (9) खिंप (8)

प्रभावी प्रजाति संख्या वृक्ष : 1.65 झाड़ी : 5.79

शाकीय एवं घास प्रजातियाँ

एफेड्रा फोलिएटा, लापड़ा, राम बुई, *बोरहाविया इरेक्टा,* गांठिया, *मोलुगों सारिवयना, पोलिगैला इरिओप्टेरा, ट्रेगस राक्सबरघाई*

द. वन्य जीवन

चिंकारा, नीलगाय, मरू लोमड़ी, खरगोश, गिरगिट, पाटा गोह, बाज, मोर, कोयल

ई. मृदा गुण

पी. एच.	ई. सी. (डेसी सिमेन/मी)	मृदा कार्बन (%)	मृदा घनत्व (ग्राम/सेमी^{3})	नाइट्रेट (मिग्रा/किग्रा)	अमोनियम (मिग्रा/किग्रा)	फास्फेट (मिग्रा/किग्रा)	कार्बन घनत्व (टन/हे.)
7.26	0.15	0.060	1.60	1.09	1.15	5.40	2.88

फ. प्राचीन इतिहास एवं अवस्था

वकारंगी माता (वांकल माता) नंदवाना समुदाय की कुल देवी है जिनके नाम पर यह ओरण है। इस ओरण का क्षेत्रफल लगभग 1859 हेक्टेयर है। इसकी सुरक्षा ओरण प्रबंधन समिति जो निकटस्थ 7–8 गांवों के द्वारा होता है। इसको नुकसान पहुँचाने वाले को 500 से 1000 रूपये तक जुर्माना लगाती है। पहले इसमें राजपूत समुदाय का बोलबाला था परन्तु अब अन्य समुदायों के लोग भी इसमें शामिल हैं और उनकी जरूरतों को भी ध्यान में रखकर इसका प्रबंधन किया जाता है।

राजस्थान के पवित्र उपवनों से संबन्धित आंकड़े

पवित्र उपवन संख्या **17**

अ. पवित्र उपवनों के बारे में मूलभूत जानकारी

पवित्र उपवन का नाम माताजी का ओरण
गाँव उनरोद
पंचायत शिव
निकटतम वन ब्लॉक हरसानी
क्षेत्र स्थिति सामुदायिक भूमि
जिला बाड़मेर
क्षेत्रफल 2000 बीघा
ऊँचाई (मी.) 152
अक्षांश 26° 06′ 18.1″ उत्तर देशांतर 70° 45′ 59.3″ पूर्व

ब. स्थलाकृति विशेषताएँ

अपरदन स्थिति	**स्थलाकृति**	**मृदा गहराई**
मध्यम	समतल भूमि	गहरा (>100 सेमी)

स. वनस्पति स्थिति

महत्व मूल्य सूचकांक के साथ वृक्ष प्रजातियाँ

केर (300)

प्रभावी प्रजाति संख्या वृक्ष : 1.00

महत्व मूल्य सूचकांक के साथ झाड़ी प्रजातियाँ

झाड़ बेर (127), आक (112), खिंप (45), बुई (16)

झाड़ी : 3.55

शाकीय एवं घास प्रजातियाँ

लापड़ा, चाम घास, *इरेग्रोस्टिस माइनर,* ऊँट कंटला, *हेलिओट्रोपियम* प्रजाति, *ट्रेगस राक्सबरघाई*

द. वन्य जीवन

चिंकारा, मरू लोमड़ी, खरगोश, सियाल, गिरगिट, सैंड बोवा, धब्बेयुक्त डोव, कोयल, तोता, सन बर्ड

ई. मृदा गुण

पी. एच.	ई. सी. (डेसी सिमेन/मी)	मृदा कार्बन (%)	मृदा घनत्व (ग्राम/सेमी^{3})	नाइट्रेट (मिग्रा/किग्रा)	अमोनियम (मिग्रा/किग्रा)	फास्फेट (मिग्रा/किग्रा)	कार्बन घनत्व (टन/हे.)
7.78	0.18	0.135	1.59	1.50	1.60	6.56	6.05

फ. प्राचीन इतिहास एवं अवस्था

लोक देवी माता जी के नाम पर क्षेत्र वासियों के द्वारा इस ओरण की सुरक्षा व संरक्षण किया जाता है। ग्रामवासी यहाँ आया करते हैं एवं अपने इस लोक देवी की पूजा करते है। इस ओरण में वृक्ष के नाम पर केवल केर प्रजाति है एवं झाड़ी प्रजातियों की अधिकता है।

राजस्थान के पवित्र उपवनों से संबन्धित आंकड़े

पवित्र उपवन संख्या 18

अ. पवित्र उपवनों के बारे में मूलभूत जानकारी

पवित्र उपवन का नाम	कूबड़ माताजी का ओरण
गाँव	निम्बल कोट
पंचायत	कोसलू
निकटतम वन ब्लॉक	बनदियों की ढ़ानी
क्षेत्र स्थिति	सामुदायिक भूमि
जिला	बाड़मेर
क्षेत्रफल	210 बीघा
ऊँचाई (मी.)	105
अक्षांश	25° 31′ 31.6″ उत्तर
देशांतर	71° 43′ 52.0″ पूर्व

ब. स्थलाकृति विशेषताएँ

अपरदन स्थिति	**स्थलाकृति**	**मृदा गहराई**
मध्यम	ढालयुक्त रेतीली समतल भूमि	गहरी मृदा (>100 सेमी)

स. वनस्पति स्थिति

महत्व मूल्य सूचकांक के साथ वृक्ष प्रजातियाँ	**महत्व मूल्य सूचकांक के साथ झाड़ी प्रजातियाँ**
मीठा जाल (174), खेजड़ी (50), केर (43), रोहिड़ा (33)	इरना (138), *एरवा स्यूडोटोमेंटोसा* (85), खिंप (73), मुराली (4)

प्रभावी प्रजाति संख्या वृक्ष : 2.81 झाड़ी : 2.97

शाकीय एवं घास प्रजातियाँ

भुरट, *इरेग्रोस्टिस माइनर हेलियोट्रोपियम मेरीफोलियम,* गोमा, नाहरकांटा बिऊना, *ट्रेगस राक्सबरघाई*

द. वन्य जीवन

नीलगाय, चिंकारा, सियाल, मरू खरगोश, मरू लोमड़ी, साँड़ा, कबूतर कोयल, बाज, तोता आदि

ई. मृदा गुण

पी. एच.	ई. सी. (डेसी सिमेन/मी)	मृदा कार्बन (%)	मृदा घनत्व (ग्राम/सेमी^{3})	नाइट्रेट (मिग्रा/किग्रा)	अमोनियम (मिग्रा/किग्रा)	फास्फेट (मिग्रा/किग्रा)	कार्बन घनत्व (टन/हे.)
7.90	0.15	0.090	1.58	1.23	1.23	10.55	4.27

फ. प्राचीन इतिहास एवं अवस्था

यह काफी पुराना ओरण है जहाँ मीठा जाल के वृक्षों की अधिकता है। इसके बीच से कोसलू से निम्बलकोट का रास्ता गुजरता है। इस ओरण में दो छोटे–छोटे मंदिर हैं जहाँ लोग आकर कूबड़ माताजी की पूजा किया करते हैं। इस ओरण की सुरक्षा एवं संरक्षण स्थानीय समुदाय द्वारा किया जाता है।

राजस्थान के पवित्र उपवनों से संबन्धित आंकड़ें

पवित्र उपवन संख्या **19**

अ. पवित्र उपवनों के बारे में मूलभूत जानकारी

पवित्र उपवन का नाम — माताजी की सेलेनाड़ी
गाँव — डोली
पंचायत — डोली
निकटतम वन ब्लॉक — सरवड़ी
क्षेत्र स्थिति — सामुदायिक भूमि
जिला — बाड़मेर
क्षेत्रफल — 400 बीघा
ऊँचाई (मी.) — 160
अक्षांश — 26° 05′ 21.4″ उत्तर — देशांतर — 72° 39′ 11.3″ पूर्व

ब. स्थलाकृति विशेषताएँ

अपरदन स्थिति	**स्थलाकृति**	**मृदा गहराई**
मध्यम	समान्यतः समतल	गहरा (>100 सेमी)

स. वनस्पति स्थिति

महत्व मूल्य सूचकांक के साथ वृक्ष प्रजातियाँ	**महत्व मूल्य सूचकांक के साथ झाड़ी प्रजातियाँ**
खेजड़ी (101), केर (85), विलायती बबूल (48) मीठा जाल (66)	झाड़ बेर (300)
प्रभावी प्रजाति संख्या वृक्ष : 3.54	झाड़ी : 1.00

शाकीय एवं घास प्रजातियाँ

पुनर्नवा, गांठिया, *युफारबिया ग्रेनुलेरिस,* बेकर, *जस्टीसिया प्रोकंबेन्स, पी. क्रिस्पा, जइगोफाइलम सिम्प्लेक्स*

द. वन्य जीवन

चिंकारा, मरू खरगोश, गिरगिट, चन्दन गोह, मोर, कोयल, आदि

ई. मृदा गुण

पी. एच.	ई. सी. (डेसी सिमेन/मी)	मृदा कार्बन (%)	मृदा घनत्व (ग्राम/सेमी^{3})	नाइट्रेट (मिग्रा/किग्रा)	अमोनियम (मिग्रा/किग्रा)	फास्फेट (मिग्रा/किग्रा)	कार्बन घनत्व (टन/हे.)
7.88	0.16	0.089	1.58	1.22	1.26	9.22	4.03

फ. प्राचीन इतिहास एवं अवस्था

यह ओरण काफी पुराना है जो लोकदेवी माताजी के नाम पर संरक्षित है। इस ओरण का क्षेत्र प्रसिद्ध समुदाय संरक्षित क्षेत्र जोधपुर–बाड़मेर के धवा–डोली के अन्तर्गत आता है जहाँ वन्य जीवों को संरक्षण प्राप्त है एवं चिंकारे बहुतयात में देखे जा सकते हैं। इस ओरण में क्षेत्रीय वृक्ष प्रजाति खेजड़ी की प्रमुखता है लेकिन विलायती बबूल बहुत तेजी से बढ़ रहा है।

राजस्थान के पवित्र उपवनों से संबन्धित आंकड़े

पवित्र उपवन संख्या **20**

अ. पवित्र उपवनों के बारे में मूलभूत जानकारी

पवित्र उपवन का नाम	घनश्याम बाबा का आश्रम
गाँव	मुला
पंचायत	कनवारा
निकटतम वन ब्लॉक	कनवारा
क्षेत्र स्थिति	सामुदायिक भूमि
जिला	भरतपुर
क्षेत्रफल	500 बीघा
ऊँचाई (मी.)	202
अक्षांश	27°36′ 50.6″ उत्तर
देशांतर	72° 18′ 68.1″ पूव

ब. स्थलाकृति विशेषताएँ

अपरदन स्थिति	स्थलाकृति	मृदा गहराई
मध्यम	लहरदार उतार–चढ़ाव क्षेत्र	गहरी (>100 सेमी)

स. वनस्पति स्थिति

महत्व मूल्य सूचकांक के साथ वृक्ष प्रजातियाँ	महत्व मूल्य सूचकांक के साथ झाड़ी प्रजातियाँ
मीठा जाल (82), खेजड़ी (60), काला धोकड़ा (41), चुरेल (32), नीम (23), केर (20), हिंगोटा (16) *फाइकस रेलीजियोसा* (8), करंज (6), शहतूत (5), शीशम (4), *कार्डिया डाइकोटोमा* (3)	कोई झाड़ी प्रजाति नहीं

प्रभावी प्रजाति संख्या वृक्ष : 6.75 झाड़ी : 0

शाकीय एवं घास प्रजातियाँ

पुनर्नवा, गांठिया, दुद्धि, बेकर, *जस्टीसिया प्रोकंबेन्स*

द. वन्य जीवन

मरू खरगोश, मोर, तोता, कबूतर, कोयल, सियाल, नीलगाय, कौआ, सैंड बोवा, बंदर आदि

ई. मृदा गुण

पी. एच.	ई. सी. (डेसी सिमेन/मी)	मृदा कार्बन (%)	मृदा घनत्व (ग्राम/सेमी^{3})	नाइट्रेट (मिग्रा/किग्रा)	अमोनियम (मिग्रा/किग्रा)	फास्फेट (मिग्रा/किग्रा)	कार्बन घनत्व (टन/हे.)
7.04	0.11	0.338	1.48	6.14	6.67	12.46	13.75

फ. प्राचीन इतिहास एवं अवस्था

यह लगभग 25–30 वर्ष पुराना ओरण है। बाबा घनश्यामदास के यहाँ आने एवं मांगने पर दो गाँवों के लोगों ने मिलकर यह जमीन दान में दी थी। यहाँ एक मंदिर है जिसका निर्माण बाबा रामचंद्रदास ने कराया था और बाबा माखनदास अभी इसकी देखभाल करते हैं।

राजस्थान के पवित्र उपवनों से संबन्धित आंकड़े

पवित्र उपवन संख्या **21**

अ. पवित्र उपवनों के बारे में मूलभूत जानकारी

पवित्र उपवन का नाम	आदि बद्री धाम
गाँव	अलीपुर
पंचायत	पासोपा
निकटतम वन ब्लॉक	पासोपा
क्षेत्र स्थिति	सामुदायिक भूमि
जिला	भरतपुर
क्षेत्रफल	4.5 बीघा
ऊँचाई (मी.)	207
अक्षांश	27° 32′ 00.0″ उत्तर
देशांतर	77° 12′ 18.2″ पूर्व

ब. स्थलाकृति विशेषताएँ

अपरदन स्थिति	**स्थलाकृति**	**मृदा गहराई**
मध्यम	पर्वतीय ढलान	मध्यम गहरी (50–100 सेमी)

स. वनस्पति स्थिति

महत्व मूल्य सूचकांक के साथ वृक्ष प्रजातियाँ	**महत्व मूल्य सूचकांक के साथ झाड़ी प्रजातियाँ**
कलम (73), *कार्डिया डाइकोटोमा* (58), नीम (56), पीपल (46), इमली (26), बेल (19), काला सिरिस (11), आम (10)	झाड़ बेर (275), मेंहदी (25)

प्रभावी प्रजाति संख्या वृक्ष : 5.84 झाड़ी : 1.00

शाकीय एवं घास प्रजातियाँ

अध्ययन के समय कोई वनस्पतियाँ उपलब्ध नहीं थीं।

द. वन्य जीवन

खरगोश, सियाल, लकड़बग्घा, नीलगाय, मोर, तोता, डोव, कोयल, जंगल कौआ, सैंड बोवा, बंदर, मैना, गौरैया

ई. मृदा गुण

पी. एच.	ई. सी. (डेसी सिमेन/मी)	मृदा कार्बन (%)	मृदा घनत्व (ग्राम/सेमी^{3})	नाइट्रेट (मिग्रा/किग्रा)	अमोनियम (मिग्रा/किग्रा)	फास्फेट (मिग्रा/किग्रा)	कार्बन घनत्व (टन/हे.)
7.67	0.12	0.315	1.49	7.13	3.03	8.00	11.65

फ. प्राचीन इतिहास एवं अवस्था

इस स्थान का इतिहास भगवान कृष्ण से जुड़ा हुआ है। नन्दबाबा को कोई संतान नहीं थी। अतः उन्होने ईश्वर से एक पुत्र हेतु प्रार्थना की एवं वचन दिया कि पुत्र की प्राप्ति के बाद वे सारे तीर्थों की यात्रा करेंगे। मनोकामना की पूर्ति के पश्चात् उन्होने श्री कृष्ण से सभी तीर्थों की यात्रा करने के लिए कहा। लेकिन सभी तीर्थों की यात्रा करने के बजाय कृष्ण ने उसी क्षण उन सभी तीर्थों को यहाँ लाकर स्थापित कर नन्द बाबा को इन्हीं की यात्रा करने हेतु आग्रह किया।

राजस्थान के पवित्र उपवनों से संबन्धित आंकड़े

पवित्र उपवन संख्या 22

अ. पवित्र उपवनों के बारे में मूलभूत जानकारी

पवित्र उपवन का नाम	सवाई भोज / देवनारायण मंदिर
गाँव	आसिन्द
पंचायत	आसिन्द
निकटतम वन ब्लॉक	आमेसर
क्षेत्र स्थिति	सामुदायिक भूमि
जिला	भीलवाड़ा
क्षेत्रफल	679 बीघा
ऊँचाई (मी.)	467
अक्षांश	25° 43′ 51.9″ उत्तर
देशांतर	74° 20′ 54.7″ पूर्व

ब. स्थलाकृति विशेषताएँ

अपरदन स्थिति	**स्थलाकृति**	**मृदा गहराई**
थोड़ा	मुख्यतः समतल भूमि	मध्यम गहरी (50–100 सेमी)

स. वनस्पति स्थिति

महत्व मूल्य सूचकांक के साथ वृक्ष प्रजातियाँ	**महत्व मूल्य सूचकांक के साथ झाड़ी प्रजातियाँ**
विलायती बबूल (88), मीठा जाल (56), रौंज (44), खेजड़ी (31), नीम (26), कुमठ (21), केर (19), हिंगोटा (15)	*युफोर्बिया नेरीफोलिया* (113), गंगेटी (71), सेलपी (61), झाड़ बेर (31), नूतन / एमना (24)

प्रभावी प्रजाति संख्या वृक्ष : 6.16 झाड़ी : 4.34

शाकीय एवं घास प्रजातियाँ

उंडोकांटो, *एनिकोस्टेमा एक्सिलेरिस,* लापड़ा, फुलकीया, *एलाईसीकार्पस वेगिनेलिस, बारलेरिया एकेंथोइडिस, बोरहाविया इरेक्टा, क्लोरिस बारबेटा, केमेलिना बेंघालेन्सिस,* जोजरी, *केसिया प्युमिला, डाइकैन्थियम फोवीओलेटम,* दुद्धि, *हेटरोपोगोन कन्टोर्टस,* हिबिस्क्स प्रजाति, बेकर, बिछुआ, *पेंटाट्रापिस स्पाइरेलिस, स्पोरोबोलस* प्रजाति

द. वन्य जीवन

नीलगाय, सियार, गिरगिट, मोर, बाज, धब्बेयुक्त कबूतर, कोयल, बटेर आदि

ई. मृदा गुण

पी. एच.	ई. सी. (डेसी सिमेन / मी)	मृदा कार्बन (%)	मृदा घनत्व (ग्राम / सेमी^{3})	नाइट्रेट (मिग्रा / किग्रा)	अमोनियम (मिग्रा / किग्रा)	फास्फेट (मिग्रा / किग्रा)	कार्बन घनत्व (टन / हे.)
7.33	0.20	1.080	1.42	1.78	6.30	13.34	32.91

फ. प्राचीन इतिहास एवं अवस्था

खारी नदी के किनारे स्थित यह काफी पुराना ओरण है जिसमे एक प्राचीन मंदिर है। इस मंदिर का निर्माण दसवीं सदी में सवाई भोज द्वारा करवाया गया था। यह मंदिर लोक देवता भगवान देवनारायण के नाम से है जो गुर्जर समुदाय की धार्मिक आस्थाओं से जुड़ा हुआ है। यह ओरण विलायती बबूल से प्रभावित हो चुका है।

राजस्थान के पवित्र उपवनों से संबन्धित आंकड़े

पवित्र उपवन संख्या **23**

अ. पवित्र उपवनों के बारे में मूलभूत जानकारी

पवित्र उपवन का नाम	देवनारायणजी की बन्नी
गाँव	लाडपुरा
पंचायत	माँडलगढ़
निकटतम वन ब्लॉक	नया नगर
क्षेत्र स्थिति	सामुदायिक भूमि
जिला	भीलवाड़ा
क्षेत्रफल	400 बीघा
ऊँचाई (मी.)	393
अक्षांश	25°08′ 37.8″ उत्तर
देशांतर	75°06′ 35.8″ पूर्व

ब. स्थलाकृति विशेषताएँ

अपरदन स्थिति	**स्थलाकृति**	**मृदा गहराई**
थोडा	कंकड युक्त समतल मैदान	उथला (<25 सेमी)

स. वनस्पति स्थिति

महत्व मूल्य सूचकांक के साथ वृक्ष प्रजातियाँ	**महत्व मूल्य सूचकांक के साथ झाड़ी प्रजातियाँ**
काला धोकड़ा (220), खेर (63), सफेद धवड़ा (10), खेजड़ी (7)	कोई प्रजाति नहीं
प्रभावी प्रजाति संख्या वृक्ष : 1.56	झाड़ी : 0.00

शाकीय एवं घास प्रजातियाँ

एडिएंटम लुनुलेटम, बोरेरिया प्युसीला, दुब, पुआड़, माकड़ा, नीली शंखपुष्पी, मास, *ग्लोसोकार्डिया बोसवेलिया, हिबिस्कस प्रजाति,* बेकर, *जस्टीसिया प्रोकंबेन्स, टेट्रापोगोन टिनेला,* थीमेडा प्रजाति

द. वन्य जीवन

नीलगाय, सियार, खरगोश, बुलबुल, धब्बेयुक्त कबूतर आदि।

ई. मृदा गुण

पी. एच.	ई.सी. (डेसी सिमेन/मी)	मृदा कार्बन (%)	मृदा घनत्व (ग्राम/सेमी^{3})	नाइट्रेट (मिग्रा/किग्रा)	अमोनियम (मिग्रा/किग्रा)	फास्फेट (मिग्रा/किग्रा)	कार्बन घनत्व (टन/हे.)
7.42	0.22	1.155	1.41	2.18	10.67	12.86	29.48

फ. प्राचीन इतिहास एवं अवस्था

यह एक काफी पुराना ओरण है जहाँ पर एक मंदिर का निर्माण नया नगर निवासी राजा मानसिंह ने इस क्षेत्र के दौरे के समय कराया था। लोग यहाँ आकर मंदिर में पूजा अर्चना करते हैं। साथ ही स्थानीय निवासी इसकी सुरक्षा एवं संरक्षण करते हैं। इस ओरण में काला धोक के पुराने वृक्षों की प्रमुखता है।

राजस्थान के पवित्र उपवनों से संबन्धित आंकड़े

पवित्र उपवन संख्या **24**

अ. पवित्र उपवनों के बारे में मूलभूत जानकारी

पवित्र उपवन का नाम	देवनारायणजी का ओरण
गाँव	मानपुर
पंचायत	माँडलगढ़
निकटतम वन ब्लॉक	मानपुरा बीड
क्षेत्र स्थिति	सामुदायिक भूमि
जिला	भीलवाड़ा
क्षेत्रफल	58 बीघा
ऊँचाई (मी.)	369
अक्षांश	25°°17′ 55.1″ उत्तर
देशांतर	75° 06′ 21.0″ पूर्व

ब. स्थलाकृति विशेषताएँ

अपरदन स्थिति	**स्थलाकृति**	**मृदा गहराई**
थोड़ा	समतल भूमि	मध्यम गहरी (50–100 सेमी)

स. वनस्पति स्थिति

महत्व मूल्य सूचकांक के साथ वृक्ष प्रजातियाँ	**महत्व मूल्य सूचकांक के साथ झाड़ी प्रजातियाँ**
रौंज (98), खेर (49), *ब्यूटिया मोनोस्पर्मा* (38), देशी बबूल (37) नीम (37), पीपल (32) विलायती बबूल (9)	सेलपी (300)

प्रभावी प्रजाति संख्या वृक्ष : 4.84 झाड़ी : 1.00

शाकीय एवं घास प्रजातियाँ

फुलकिया, *एलाईसीकार्पस वेगिनेलिस,* दुब घास मोथा, पुआड़, *एलाइटेरिया एकोलिस, इरेग्रोस्टिस कोलोना,* दुद्धि, *युफार्बिया इंडिका,* कागनेर, थीमेडा प्रजाति

द. वन्य जीवन

नीलगाय, जंगल कौआ, मैना आदि

ई. मृदा गुण

पी. एच.	ई.सी. (डेसी सिमेन/मी)	मृदा कार्बन (%)	मृदा घनत्व (ग्राम/सेमी^{3})	नाइट्रेट (मिग्रा/किग्रा)	अमोनियम (मिग्रा/किग्रा)	फास्फेट (मिग्रा/किग्रा)	कार्बन घनत्व (टन/हे.)
7.74	0.31	1.290	1.41	1.91	2.66	9.56	22.00

फ. प्राचीन इतिहास एवं अवस्था

इस ओरण की सुरक्षा एवं संरक्षण क्षेत्र के गुर्जर समुदाय के लोक देवता भगवान देवनारायण के नाम पर किया जाता है। इसमें स्थित मंदिर में स्थानीय निवासी अपने लोक देवता की पूजा एवं प्रार्थना करते हैं। यहाँ पर *अकेसिया ल्यूकोफ्लोइया* (रौंज) के वृक्ष बहुतायत में हैं।

राजस्थान के पवित्र उपवनों से संबन्धित आंकड़े

पवित्र उपवन संख्या **25**

अ. पवित्र उपवनों के बारे में मूलभूत जानकारी

पवित्र उपवन का नाम	गोगाजी का ओरण
गाँव	गंगापुरा
पंचायत	खारी
निकटतम वन ब्लॉक	बालेरी
क्षेत्र स्थिति	सामुदायिक भूमि
जिला	बीकानेर
क्षेत्रफल	115 बीघा
ऊँचाई (मी.)	218
अक्षांश	27° 58′ 33.9″ उत्तर
देशांतर	72° 53′ 34.9″ पूर्व

ब. स्थलाकृति विशेषताएँ

अपरदन स्थिति	**स्थलाकृति**	**मृदा गहराई**
मध्यम	समतल भूमि	गहरी (>100 सेमी)

स. वनस्पति स्थिति

महत्व मूल्य सूचकांक के साथ वृक्ष प्रजातियाँ

जिजीफस रोटण्डीफोलिया (139), केर (139), विलायती बबूल (22)

महत्व मूल्य सूचकांक के साथ झाड़ी प्रजातियाँ

कोई झाड़ी प्रजाति नहीं

प्रभावी प्रजाति संख्या वृक्ष : 2.51 झाड़ी : 0.00

शाकीय एवं घास प्रजातियाँ

धामन प्रजाति, दूब, दुद्धि, गांठिया

द. वन्य जीवन

चिंकारा, साँड़ा, खरगोश

ई. मृदा गुण

पी. एच.	ई.सी. (डेसी सिमेन/मी)	मृदा कार्बन (%)	मृदा घनत्व (ग्राम/सेमी^{3})	नाइट्रेट (मिग्रा/किग्रा)	अमोनियम (मिग्रा/किग्रा)	फास्फेट (मिग्रा/किग्रा)	कार्बन घनत्व (टन/हे.)
8.74	0.30	0.345	1.50	2.36	4.30	7.32	11.01

फ. प्राचीन इतिहास एवं अवस्था

यह लोक देवता जहर वीर गोगाजी के नाम पर संरक्षित काफी पुराना ओरण है। इनकी पूजा भारत के उत्तरी भाग जैसे राजस्थान, उत्तराखण्ड, पजाब, उत्तरप्रदेश आदि राज्यों में की जाती है। ये क्षेत्र में एक योद्धा के रूप में जाने जाते हैं एवं इनकी पूजा नाग देवता के रूप में की जाती है। इस ओरण में झाड़ी के वृक्षों की बहुतायत है लेकिन विलायती बबूल तेजी से फैल रहा है।

राजस्थान के पवित्र उपवनों से संबन्धित आंकड़े

पवित्र उपवन संख्या **26**

अ. पवित्र उपवनों के बारे में मूलभूत जानकारी

पवित्र उपवन का नाम	करणी माताजी को ओरण
गाँव	मोखा चारनान
पंचायत	कोलायत
निकटतम वन ब्लॉक	मोख खालसा
क्षेत्र स्थिति	सामुदायिक भूमि
जिला	बीकानेर
क्षेत्रफल	1800 बीघा
ऊँचाई (मी.)	292
अक्षांश	27° 45′ 52.3″ उत्तर
देशांतर	73° 03′ 36.8″ पूर्व

ब. स्थलाकृति विशेषताएँ

अपरदन स्थिति	**स्थलाकृति**	**मृदा गहराई**
माध्यम	समतल भूमि	गहरी मृदा (>100 सेमी)

स. वनस्पति स्थिति

महत्व मूल्य सूचकांक के साथ वृक्ष प्रजातियाँ

जिजिफस रोटन्डीफोलिया (105), मीठा जाल (68), केर (58), इजरायली बबूल (52), विलायती बबूल (17)

महत्व मूल्य सूचकांक के साथ झाड़ी प्रजातियाँ

मुराली (300)

प्रभावी प्रजाति संख्या वृक्ष : 3.96 झाड़ी : 1.00

शाकीय एवं घास प्रजातियाँ

धामन प्रजाति, दूब, दुद्धि, गांठिया, *ट्राइडेक्स प्रोकंबेन्स*

द. वन्य जीवन

हिरण, खरगोश, भारतीय लोमड़ी, धब्बेयुक्त कबूतर, सामान्य कबूतर आदि

ई. मृदा गुण

पी. एच.	ई.सी. (डेसी सिमेन/मी)	मृदा कार्बन (%)	मृदा घनत्व (ग्राम/सेमी^{3})	नाइट्रेट (मिग्रा/किग्रा)	अमोनियम (मिग्रा/किग्रा)	फास्फेट (मिग्रा/किग्रा)	कार्बन घनत्व (टन/हे.)
8.52	0.29	0.330	1.51	1.15	2.51	8.30	14.27

फ. प्राचीन इतिहास एवं अवस्था

यह पवित्र उपवन भी करणीमाता के नाम से ही स्थानीय समुदाय द्वारा संरक्षित एवं सुरक्षित है जिनका मुख्य मंदिर देशनोक, बीकानेर में है। इस ओरण में मुख्यतः बेर (*जिजीफस रोटण्डीफोलिया*) के वृक्षों की प्रमुखता है लेकिन अन्य वृक्ष प्रजाजियाँ भी हैं परन्तु इनकी एवं अन्य वनस्पतियों की कमी है जबकि विलायती बबूल की संख्या बढ़ रही है।

राजस्थान के पवित्र उपवनों से संबन्धित आंकड़े

पवित्र उपवन संख्या **27**

अ. पवित्र उपवनों के बारे में मूलभूत जानकारी

पवित्र उपवन का नाम — करणी माताजी का ओरण
गाँव — देशनोक
पंचायत — बीकानेर
निकटतम वन ब्लॉक — देशनोक
क्षेत्र स्थिति — सामुदायिक भूमि
जिला — बीकानेर
क्षेत्रफल — 2216 बीघा
ऊँचाई (मी.) — 290
अक्षांश — 27° 47′ 07.0″ उत्तर — देशांतर — 73° 20′ 11.5″ पूर्व

ब. स्थलाकृति विशेषताएँ

अपरदन स्थिति	**स्थलाकृति**	**मृदा गहराई**
मामूली	समतल भूमि	गहरी (>100 सेमी)

स. वनस्पति स्थिति

महत्व मूल्य सूचकांक के साथ वृक्ष प्रजातियाँ	**महत्व मूल्य सूचकांक के साथ झाड़ी प्रजातियाँ**
बेर (300)	खिंप (141), बुई (100), सिनिया (32), मुराली (15), *एरवा पर्सिका* (12)

प्रभावी प्रजाति संख्या वृक्ष : 1.00 झाड़ी : 3.06

शाकीय एवं घास प्रजातियाँ

धामन प्रजातियाँ, दूब, दुद्धि, गांठिया, *ट्राइडेक्स प्रोकंबेन्स, लैसियूरस सिंडिकस*

द. वन्य जीवन

हिरण, भारतीय लोमड़ी, खरगोश, बटेर

ई. मृदा गुण

पी. एच.	ई.सी. (डेसी सिमेन/मी)	मृदा कार्बन (%)	मृदा घनत्व (ग्राम/सेमी^{3})	नाइट्रेट (मिग्रा/किग्रा)	अमोनियम (मिग्रा/किग्रा)	फास्फेट (मिग्रा/किग्रा)	कार्बन घनत्व (टन/हे.)
8.64	0.19	0.330	1.49	0.19	4.50	9.60	13.77

फ. प्राचीन इतिहास एवं अवस्था

चूहों से भरा करणी माता का प्रसिद्ध मंदिर इस ओरण में स्थित है। एक कहावत के अनुसार करणी माता का सौतेला बेटा लक्ष्मण पानी पीते वक्त कोलायत के कपिल सरोवर में डूब गया। करणी माता ने उसे पुनः जीवित करने हेतु मृत्युदेव यमराज से प्रार्थना की। पहले मना करने के पश्चात् अंततः यमराज ने द्रवित होकर लक्ष्मण एवं करणी माता के सभी पुंजातीय बच्चों को चूहों के रूप में पुनर्जीवित किया। बेर के वृक्षों से आच्छादित यह ओरण अभी अवक्रमण की अवस्था में है।

राजस्थान के पवित्र उपवनों से संबन्धित आंकड़े

पवित्र उपवन संख्या **28**

अ. पवित्र उपवनों के बारे में मूलभूत जानकारी

पवित्र उपवन का नाम सिया माता की वनी

गाँव सिया माता का खेड़ा

पंचायत हिंडोली

निकटतम वन ब्लॉक देवनारायण

क्षेत्र स्थिति सामुदायिक भूमि

जिला बूँदी

क्षेत्रफल 96 बीघा

ऊँचाई (मी.) 295

अक्षांश 25°36′ 45.9″ उत्तर देशांतर 75°36′ 37.5″ पूर्व

ब. स्थलाकृति विशेषताएँ

अपरदन स्थिति	**स्थलाकृति**	**मृदा गहराई**
मामूली	ढालयुक्त पहाड़ी	मध्यम गहरी (25–50 सेमी)

स. वनस्पति स्थिति

महत्व मूल्य सूचकांक के साथ वृक्ष प्रजातियाँ	**महत्व मूल्य सूचकांक के साथ झाड़ी प्रजातियाँ**
काला धोकड़ा (230), विलायती बबूल (32), रौंज (29), पलास (9)	कोई झाड़ी प्रजाति नहीं

प्रभावी प्रजाति संख्या वृक्ष : 3.54 झाड़ी : 0

शाकीय एवं घास प्रजातियाँ

ब्लूमिया एरिएन्था, मोथा, *युफार्बिया ग्रेनुलेटा, बोरेरिया प्युसीला,* दुद्धि, नीली शंखपुष्पी, *मोलुगों सारवियना, एरेग्रोस्टिस सिलिएरिस, जस्टीसिया सिम्प्लेक्स,* लोलरू, *केमेलिना बेंघालेन्सिस, ओरपेटियम थोमियम*

द. वन्य जीवन

नीलगाय, सियाल, जंगली बिल्ली, मोर आदि

ई. मृदा गुण

पी. एच.	ई.सी. (डेसी सिमेन/मी)	मृदा कार्बन (%)	मृदा घनत्व (ग्राम/सेमी^{3})	नाइट्रेट (मिग्रा/किग्रा)	अमोनियम (मिग्रा/किग्रा)	फास्फेट (मिग्रा/किग्रा)	कार्बन घनत्व (टन/हे.)
7.40	0.35	0.555	1.44	2.78	9.07	19.12	8.60

फ. प्राचीन इतिहास एवं अवस्था

सिया माताजी के नाम पर ग्रामीण समुदाय द्वारा सुरक्षित एवं संरक्षित यह एक पुराना ओरण क्षेत्र है। इसमें सिया माताजी का एक मंदिर है जहाँ स्थानीय समुदाय के लोग पूजा अर्चना करते हैं। वैसे इस क्षेत्र में काला धोक के वृक्षों की अधिकता है परन्तु यह ओरण विलायती बबूल (*प्रोसोपिस जुलिफ्लोरा*) द्वारा ग्रसित हो चुका है।

राजस्थान के पवित्र उपवनों से संबन्धित आंकड़े

पवित्र उपवन संख्या **29**

अ. पवित्र उपवनों के बारे में मूलभूत जानकारी

पवित्र उपवन का नाम	गंगरावलजी महाराज की बन्नी
गाँव	छतरगंज
पंचायत	हिंडोली
निकटतम वन ब्लॉक	आकलोद पंडाल
क्षेत्र स्थिति	सामुदायिक भूमि
जिला	बूँदी
क्षेत्रफल	40 बीघा
ऊँचाई (मी.)	314
अक्षांश	25° 32′ 75.4″ उत्तर
देशांतर	75° 30′ 96.5″ पूर्व

ब. स्थलाकृति विशेषताएँ

अपरदन स्थिति	स्थलाकृति	मृदा गहराई
मध्यम	पहाड़ी शिखर	मध्यम गहरा (25–50 सेमी)

स. वनस्पति स्थिति

महत्व मूल्य सूचकांक के साथ वृक्ष प्रजातियाँ	महत्व मूल्य सूचकांक के साथ झाड़ी प्रजातियाँ
काला धोक (220), विलायती बबूल (54), रौंज (26)	अड़ूसा (171), आक (86), हींस (43)
प्रभावी प्रजाति संख्या वृक्ष : 2.78	झाड़ी : 2.60

शाकीय एवं घास प्रजातियाँ

एकलाइफा इंडिका, पुनर्नवा, *ब्रैकिएरिया रेमोसा*, पुआड़, *कमेलिना बेंघालेन्सिस*, *युफार्बिया केमेसियाना*, दुद्धि *जस्टीसिया प्रोकंबेन्स*, *कागनेर*, *फाइसेलिस मिनीमा*, *सिडा कार्डेटा*, *सिडा कार्डिफोलिया*, *ट्राइडेक्स प्रोकंबेन्स*

द. वन्य जीवन

गाय, मोर, धब्बेदार कबूतर, तोता आदि

ई. मृदा गुण

पी. एच.	ई.सी. (डेसी सिमेन/मी)	मृदा कार्बन (%)	मृदा घनत्व (ग्राम/सेमी^{3})	नाइट्रेट (मिग्रा/किग्रा)	अमोनियम (मिग्रा/किग्रा)	फास्फेट (मिग्रा/किग्रा)	कार्बन घनत्व (टन/हे.)
7.47	0.32	0.750	1.32	2.68	7.09	14.30	12.54

फ. प्राचीन इतिहास एवं अवस्था

यह एक पुराना ओरण है। इस पुनीत उपवन को क्षेत्रीय देवता श्री गंगरावलजी महाराज के नाम पर ग्रामीणों द्वारा संरक्षित किया जा रहा है। वैसे इस ओरण में काला धोक के पुराने वृक्षों का प्रभुत्व है लेकिन वर्तमान में विलायती बबूल के पौधों की संख्या में काफी वृद्धि हो रही है।

राजस्थान के पवित्र उपवनों से संबन्धित आंकड़े

पवित्र उपवन संख्या **30**

अ. पवित्र उपवनों के बारे में मूलभूत जानकारी

पवित्र उपवन का नाम	पर्वतेश्वर महादेव की वनी
गाँव	भारमल का खेड़ा
पंचायत	हिंडोली
निकटतम वन ब्लॉक	–––
क्षेत्र स्थिति	सामुदायिक भूमि
जिला	बूँदी
क्षेत्रफल	51 बीघा
ऊँचाई (मी.)	303
अक्षांश	24° 40′ 14.9″ उत्तर
देशांतर	75° 38′ 04.3″ पूर्व

ब. स्थलाकृति विशेषताएँ

अपरदन स्थिति	स्थलाकृति	मृदा गहराई
मध्यम से बहुत	नालायुक्त असमतल भूमि	गहरी (>100 सेमी)

स. वनस्पति स्थिति

महत्व मूल्य सूचकांक के साथ वृक्ष प्रजातियाँ

कलम (95), पलास (54), रौंज (30), हिंगोटा (25), पीपल (20), देशी बबूल (19), चुरेल (18), केर (16), विलायती बबूल (13), *अकेसिया पिन्नेटा* (7), कांकेड़ा (3)

महत्व मूल्य सूचकांक के साथ झाड़ी प्रजातियाँ

नूतन (154), हींस (110), सेलपी (36)

प्रभावी प्रजाति संख्या वृक्ष : 8.33 झाड़ी : 2.81

शाकीय एवं घास प्रजातियाँ

जस्टीसिया प्रोकंबेनस, कागनेर, झरनिया घास, *ट्रंफेटा रोंबोइडिया,* घोड़ा दूब, दुद्धि, *हेकलोंक्लोआ ग्रेनुलेरिस, इरेग्रोस्टिस सिलिएरिस, एकाईटेरिया एकोलिस,* पुआड़, डाब, *ब्रैकिएरिया रेमोसा*

द. वन्य जीवन

खरगोश, गिलहरी, तोता आदि

ई. मृदा गुण

पी. एच.	ई.सी. (डेसी सिमेन/मी)	मृदा कार्बन (%)	मृदा घनत्व (ग्राम/सेमी^{3})	नाइट्रेट (मिग्रा/किग्रा)	अमोनियम (मिग्रा/किग्रा)	फास्फेट (मिग्रा/किग्रा)	कार्बन घनत्व (टन/हे.)
8.22	0.22	0.750	1.29	2.52	4.68	12.46	13.42

फ. प्राचीन इतिहास एवं अवस्था

ओरण रूपी धार्मिक स्थानों के सांस्कृतिक एवं आध्यात्मिक परम्पराओं के अंतर्गत भगवान शिव के नाम पर इस पुनीत वन को इस विश्वास के साथ संरक्षित किया जा रहा है कि भगवान शिव क्षेत्रीय समुदायों एवं वर्षा आधारित जल स्रोतों को सुरक्षित रखेंगे। इस ओरण में कलम (*मित्रगाइना पार्वीफ्लोरा)* प्रजाति के वृक्षों का प्रभुत्व है।

राजस्थान के पवित्र उपवनों से संबन्धित आंकड़े

पवित्र उपवन संख्या **31**

अ. पवित्र उपवनों के बारे में मूलभूत जानकारी

पवित्र उपवन का नाम	देवनारायणजी का ओरण
गाँव	मोनदालड़ा
पंचायत	माताजी कि पंडोली
निकटतम वन ब्लॉक	–––
क्षेत्र स्थिति	सामुदायिक भूमि
जिला	चित्तौड़गढ़
क्षेत्रफल	1100 बीघा
ऊँचाई (मी.)	439
अक्षांश	24° 55′ 37.6″ उत्तर
देशांतर	74° 32′ 59.0″ पूर्व

ब. स्थलाकृति विशेषताएँ

अपरदन स्थिति	**स्थलाकृति**	**मृदा गहराई**
मध्यम	ढालयुक्त पहाड़	कम गहरी या उथली (<25 सेमी)

स. वनस्पति स्थिति

महत्व मूल्य सूचकांक के साथ वृक्ष प्रजातियाँ	**महत्व मूल्य सूचकांक के साथ वृक्ष प्रजातियाँ**
काला धोक (210), बरना (28), नीम (20), सालर (15), कांकेड़ा (14), जंगली सहजन (13)	*मुराया ओब्लोगिफोलिया* (170), कोकून या कांटेर (130)

प्रभावी प्रजाति संख्या वृक्षः 1.67 झाड़ी : 2.00

शाकीय एवं घास प्रजातियाँ

लापड़ा, *ब्लेनवेला एक्मेला, बोरेरिया प्युसीला,* बेकर, *ट्राइडेक्स प्रोकंबेन्स*

द. वन्य जीवन

मरू खरगोश, जंगली बिल्ली

ई. मृदा गुण

पी. एच.	ई.सी. (डेसी सिमेन / मी)	मृदा कार्बन (%)	मृदा घनत्व (ग्राम / सेमी^{3})	नाइट्रेट (मिग्रा / किग्रा)	अमोनियम (मिग्रा / किग्रा)	फास्फेट (मिग्रा / किग्रा)	कार्बन घनत्व (टन / हे.)
6.21	0.22	2.955	1.25	6.71	2.55	6.22	52.25

फ. प्राचीन इतिहास एवं अवस्था

राजस्थान एवं पास के अन्य क्षेत्रों में बसे गुर्जर समुदाय के लोक देवता भगवान देवनारायण जी के नाम पर सुरक्षित एवं संरक्षित यह एक काफी पुराना ओरण है। इस ओरण के अंदर एक मंदिर है जहाँ ग्रामवासी अपने इष्टदेव की पूजा करते हैं। पूरे अरावली क्षेत्र में पाये जाने वाले वृक्ष काला धोक का यहाँ प्रभुत्व है।

राजस्थान के पवित्र उपवनों से संबन्धित आंकड़े

पवित्र उपवन संख्या **32**

अ. पवित्र उपवनों के बारे में मूलभूत जानकारी

पवित्र वन का नाम	ऋषि मगरी ओरण
गाँव	पारोली
पंचायत	रोहलाड़ा
निकटतम वन ब्लॉक	——
क्षेत्र स्थिति	सामुदायिक भूमि
जिला	चित्तौड़गढ़
क्षेत्रफल	32 बीघा
ऊँचाई (मी.)	445
अक्षांश	24° 56′ 40.6″ उत्तर
देशांतर	74° 34′ 23.6″ पूर्व

ब. स्थलाकृति विशेषताएँ

अपरदन स्थिति	**स्थलाकृति**	**मृदा गहराई**
मध्यम	ढालयुक्त पहाड़ी	उथली (<25 सेमी)

स. वनस्पति स्थिति

महत्व मूल्य सूचकांक के साथ वृक्ष प्रजातियाँ	**महत्व मूल्य सूचकांक के साथ वृक्ष प्रजातियाँ**
काला धोक (229), रौंज (61), पलास (10)	नूतन (148), सेलपी (125), *मुराया ओब्लोंगिफोलिया* (27)

प्रभावी प्रजाति संख्या वृक्ष : 1.39 झाडी : 2.36

शाकीय एवं घास प्रजातियाँ

लटजीरा या उंडोकांटो, *ब्लेनवेला एक्मेला, बोरेरिया प्युसिला,* जंगली प्याज

द. वन्य जीवन

गिलहरी, मोर

ई. मृदा गुण

पी. एच.	ई.सी. (डेसी सिमेन/मी)	मृदा कार्बन (%)	मृदा घनत्व (ग्राम/ सेमी^{3})	नाइट्रेट (मिग्रा/ किग्रा)	अमोनियम (मिग्रा/ किग्रा)	फास्फेट (मिग्रा/ किग्रा)	कार्बन घनत्व (टन/ हे.)
7.29	0.18	1.290	1.31	6.35	6.42	10.46	18.71

फ. प्राचीन इतिहास एवं अवस्था

यह एक बहुत ही पुराना पूजा स्थलयुक्त ओरण है। इस ओरण में स्थित पहाड़ी के ऊपर एक मंदिर है जहाँ लोग आकर अपने इष्टदेव की पूजा अर्चना करते हैं। इसके चारों तरफ स्थित गाँवों के लोग इसकी सुरक्षा एवं संरक्षण करते हैं। इसमें काला धोक के वृक्ष की अधिकता है।

राजस्थान के पवित्र उपवनों से संबन्धित आंकड़े

पवित्र उपवन संख्या 33

अ. पवित्र उपवनों के बारे में मूलभूत जानकारी

पवित्र उपवन का नाम	नाहरसिंगजी माता का ओरण
गाँव	बोरड़ा
पंचायत	चित्तौड़गढ़
निकटतम वन ब्लॉक	–––
क्षेत्र स्थिति	सामुदायिक भूमि
जिला	चित्तौड़गढ़
क्षेत्रफल	110 बीघा
ऊँचाई (मी.)	481
अक्षांश	24° 58′ 54.8″ उत्तर
देशांतर	74° 33′ 16.1″ पूर्व

ब. स्थलाकृति विशेषताएँ

अपरदन स्थिति	**स्थलाकृति**	**मृदा गहराई**
मध्यम	ढालयुक्त पहाड़ी व गिरिपाद	उथली (<25 सेमी)

स. वनस्पति स्थिति

महत्व मूल्य सूचकांक के साथ वृक्ष प्रजातियाँ	**महत्व मूल्य सूचकांक के साथ वृक्ष प्रजातियाँ**
काला धोक (277), रौंज (46), विष तेंदू (27)	लंटाना (221), भू बावली (79)
प्रभावी प्रजाति संख्या वृक्ष : 1.20	झाड़ी : 1.57

शाकीय एवं घास प्रजातियाँ

पुनर्नवा, *बोरेरिया आर्टीकुलेरिस, ब्रैकिएरिया रेमोसा,* गांठिया, नीली शंखपुष्पी, बेकर, *इंडिगोफेरा लिनेई, जस्टीसिया प्रोकंबेन्स, ट्रेगस राक्सबरघाई*

द. वन्य जीवन

खरगोश, हिरण

ई. मृदा गुण

पी. एच.	ई.सी. (डेसी सिमेन/मी)	मृदा कार्बन (%)	मृदा घनत्व (ग्राम/सेमी^{3})	नाइट्रेट (मिग्रा/किग्रा)	अमोनियम (मिग्रा/किग्रा)	फास्फेट (मिग्रा/किग्रा)	कार्बन घनत्व (टन/हे.)
7.43	0.12	0.525	1.44	6.49	5.16	8.36	3.35

फ. प्राचीन इतिहास एवं अवस्था

नाहर सिंहजी माता के नाम पर सुरक्षित एवं संरक्षित यह एक काफी पुराना ओरण है। इसमें स्थित एक पहाडी की चोटी पर माताजी का मंदिर है जहाँ लोग आते हैं एवं माता जी की पूजा अर्चना करते हैं। ओरण के अधिकांश क्षेत्र में काला धोक के वृक्षों की प्रमुखता है।

राजस्थान के पवित्र उपवनों से संबन्धित आंकड़े

पवित्र उपवन संख्या 34

अ. पवित्र उपवनों के बारे में मूलभूत जानकारी

पवित्र उपवन का नाम	जुंजान डोडाजी का ओरण
गाँव	जोगलसर
पंचायत	सुजानगढ़
निकटतम वन ब्लॉक	लालगढ़
क्षेत्र स्थिति	सामुदायिक भूमि
जिला	चुरू
क्षेत्रफल	3500 बीघा
ऊँचाई (मी.)	319
अक्षांश	27° 30′ 27.3″ उत्तर
देशांतर	73° 58′ 33.6″ पूर्व

ब. स्थलाकृति विशेषताएँ

अपरदन स्थिति	**स्थलाकृति**	**मृदा गहराई**
मध्यम	मुख्यतः समतल भूमि	गहरी (>100 सेमी)

स. वनस्पति स्थिति

महत्व मूल्य सूचकांक के साथ वृक्ष प्रजातियाँ	**महत्व मूल्य सूचकांक के साथ वृक्ष प्रजातियाँ**
कांकेड़ा (224), खेजड़ी (38), केर (27), खेर (11)	आक (108), बुई (87), खिंप (62), झाड बेर (43)
प्रभावी प्रजाति संख्या वृक्ष : 1.72	झाड़ी : 3.32

शाकीय एवं घास प्रजातियाँ

साटी या पुनर्नवा, *बोरेरिया आर्टीकुलेरिस, ब्रैकिएरिया रेमोसा,* गांठिया, *इरेग्रोस्टिस सिलिएरिस,* नीली शंखपुष्पी, बेकर, बड़ी बेकर, *जस्टीसिया प्रोकंबेन्स,* बिऊना, गोखरू, बड़ा गोखरू (*पीडेलियम म्यूरेक्स),* भुई आवला, *ट्रेगस राक्सबरघाई*

द. वन्य जीवन

हिरण, मरू खरगोश

ई. मृदा गुण

पी. एच.	ई.सी. (डेसी सिमेन/मी)	मृदा कार्बन (%)	मृदा घनत्व (ग्राम/सेमी^{3})	नाइट्रेट (मिग्रा/किग्रा)	अमोनियम (मिग्रा/किग्रा)	फास्फेट (मिग्रा/किग्रा)	कार्बन घनत्व (टन/हे.)
6.71	0.08	0.180	1.58	2.92	6.43	14.24	8.36

फ. प्राचीन इतिहास एवं अवस्था

यह लगभग 500 वर्ष पुराना ओरण है जो स्थानीय देवता डोडाजी के नाम पर सुरक्षित है। इसमें डोडाजी का एक मंदिर है जहाँ लोग इनकी पूजा करते हैं। विजयदशमी के अवसर पर यहाँ एक मेला लगा करता है। इसमें कंकेड़ा के वृक्षों की प्रमुखता है।

राजस्थान के पवित्र उपवनों से संबन्धित आंकड़ें

पवित्र उपवन संख्या **35**

अ. पवित्र उपवनों के बारे में मूलभूत जानकारी

पवित्र उपवन का नाम गोगाजी का ओरण

गाँव मानपुरा

पंचायत बड़ी गटयाल

निकटतम वन ब्लॉक मानपुरा

क्षेत्र स्थिति सामुदायिक भूमि

जिला चुरू

क्षेत्रफल 200 बीघा

ऊँचाई (मी.) 302

अक्षांश 27°48′ 25.6″ उत्तर देशांतर 79°16′ 34.9″ पूर्व

ब. स्थलाकृति विशेषताएँ

अपरदन स्थिति	**स्थलाकृति**	**मृदा गहराई**
मध्यम	मुख्यतः समतल टिब्बा	गहरी (>100 सेमी)

स. वनस्पति स्थिति

महत्व मूल्य सूचकांक के साथ वृक्ष प्रजातियाँ	**महत्व मूल्य सूचकांक के साथ वृक्ष प्रजातियाँ**
कंकेड़ा (162), केर (53), इजरायली बबूल (49), खेजड़ी (36)	खिंप (300)

प्रभावी प्रजाति संख्या वृक्ष : 2.97 झीड़ी : 1.00

शाकीय एवं घास प्रजातियाँ

पुनर्नवा, *बोरेरिया आर्टीकुलेरिस, ब्रैकिएरिया रेमोसा,* गांठिया, *इरेग्रोस्टिस सिलिएरिस,* नीली शंखपुष्पी, *गाइसेकिया फार्नेसिओइडिस, बेकर, बड़ी बेकर, जस्टीसिया प्रोकंबेन्स,* बिऊना, गोखरू, भुई आवला, *ट्रेगस राक्सबरघाई*

द. वन्य जीवन

नीलगाय, खरगोश

ई. मृदा गुण

पी. एच.	ई.सी. (डेसी सिमेन/मी)	मृदा कार्बन (%)	मृदा घनत्व (ग्राम/सेमी^{3})	नाइट्रेट (मिग्रा/किग्रा)	अमोनियम (मिग्रा/किग्रा)	फास्फेट (मिग्रा/किग्रा)	कार्बन घनत्व (टन/हे.)
7.06	0.02	0.135	1.55	3.08	6.17	14.24	6.28

फ. प्राचीन इतिहास एवं अवस्था

यह लगभग 200–250 वर्ष पुराना ओरण है जिसमें गोगाजी के नाम से एक मंदिर स्थापित है एवं स्थानीय निवासी गोगाजी की पूजा करते है। स्थानीय लोगो के अनुसार गोगाजी ने राजा गोपालपुरा की सवारी को यहाँ रोक दिया था। इस ओरण में कंकेड़ा (*माइटिनस इमार्जिनेटा*) के वृक्षों की प्रमुखता है।

राजस्थान के पवित्र उपवनों से संबन्धित आंकड़े

पवित्र उपवन संख्या **36**

अ. पवित्र उपवनों के बारे में मूलभूत जानकारी

पवित्र उपवन का नाम गोसाईंजी का ओरण

गाँव बेरासर

पंचायत बाम्बू

निकटतम वन ब्लॉक संडावा

क्षेत्र स्थिति सामुदायिक भूमि

जिला चुरू

क्षेत्रफल 285 बीघा

ऊँचाई (मी.) 324

अक्षांश 27°46′ 32.5″ उत्तर देशांतर 74°08′ 58.2″ पूर्व

ब. स्थलाकृति विशेषताएँ

अपरदन स्थिति	**स्थलाकृति**	**मृदा गहराई**
मध्यम	मुख्यतः समतल भूमि	गहरी (>100 सेमी)

स. वनस्पति स्थिति

महत्व मूल्य सूचकांक के साथ वृक्ष प्रजातियाँ	**महत्व मूल्य सूचकांक के साथ वृक्ष प्रजातियाँ**
मीठा जाल (120), इजरायली बबूल (84), खेजड़ी (62), कंकेड़ा (23), केर (11)	झाड़ बेर (219), बुई (66), *कुकुमिस केलोसिस* (15)

प्रभावी प्रजाति संख्या वृक्ष : 1.71 झाड़ी : 2.03

शाकीय एवं घास प्रजातियाँ

धामन प्रजाति, पुनर्नवा, *बोरेरिया आर्टीकुलेरिस, ब्रैकिएरिया रेमोसा,* गांठिया, *इरेग्रोस्टिस सिलिएरिस,* नीली शंखपुष्पी *गाइसेकिया फोर्नेसिओइडिस,* बेकर, बड़ी बेकर, *जस्टीसिया प्रोकंबेन्स,* बिऊना, गोखरू, भुई आवला, *ट्रेगस राक्सबरघाई*

द. वन्य जीवन

खरगोश, हिरण, नीलगाय आदि

ई. मृदा गुण

पी. एच.	ई.सी. (डेसी सिमेन / मी)	मृदा कार्बन (%)	मृदा घनत्व (ग्राम / सेमी^{3})	नाइट्रेट (मिग्रा / किग्रा)	अमोनियम (मिग्रा / किग्रा)	फास्फेट (मिग्रा / किग्रा)	कार्बन घनत्व (टन / हे.)
6.41	0.04	0.195	1.54	1.86	3.28	11.10	9.01

फ. प्राचीन इतिहास एवं अवस्था

यह गोसाईंजी के नाम पर लगभग 500 साल पुराना ओरण है। गोसाईं जी भारत व पाकिस्तान में बसने वाली कई समुदायों के कुल देवता हैं। ऐसा विश्वास है कि भगवान विष्णु ने अपने 52वें अवतार में अपने पैर को तीन प्रमुख स्थानों यथा मक्का मदीना, झुंझला और बेरासर में रखा था। इसमें स्थित मंदिर का निर्माण उन्हीं की पूजा के लिए किया गया है।

राजस्थान के पवित्र उपवनों से संबन्धित आंकड़े

पवित्र उपवन संख्या **37**

अ. पवित्र उपवनों के बारे में मूलभूत जानकारी

पवित्र उपवन का नाम	कालूदास बाबा की डूँगरी
गाँव	सीकरा, बारडु, गिजगढ़
पंचायत	सीकराई
निकटतम वन ब्लॉक	जगरापुरा पट्टी
क्षेत्र स्थिति	सामुदायिक भूमि
जिला	दौसा
क्षेत्रफल	56 बीघा
ऊँचाई (मी.)	374
अक्षांश	26° 48′ 28.0″ उत्तर
देशांतर	76° 37′ 53.3″ पूर्व

ब. स्थलाकृति विशेषताएँ

अपरदन स्थिति	**स्थलाकृति**	**मृदा गहराई**
मध्यम	पहाडी एवं इसका ढलान	मध्यम गहरी (25–50 सेमी)

स. वनस्पति स्थिति

महत्व मूल्य सूचकांक के साथ वृक्ष प्रजातियाँ	**महत्व मूल्य सूचकांक के साथ वृक्ष प्रजातियाँ**
काला धोकड़ा (265), चुरेल (35)	अड़ूसा (300)

प्रभावी प्रजाति संख्या वृक्ष : 1.15 झाड़ी : 1.00

शाकीय एवं घास प्रजातियाँ

पुनर्नवा, *ब्रैकिएरिया रेमोसा,* पुआड़, काला धतूरा, दुद्धि, *जस्टीसिया प्रोकंबेन्स, ट्राइडेक्स प्रोकबेन्स*

द. वन्य जीवन

खरगोश, हिरण, नीलगाय आदि

ई. मृदा गुण

पी. एच.	ई.सी. (डेसी सिमेन/मी)	मृदा कार्बन (%)	मृदा घनत्व (ग्राम/सेमी^{3})	नाइट्रेट (मिग्रा/किग्रा)	अमोनियम (मिग्रा/किग्रा)	फास्फेट (मिग्रा/किग्रा)	कार्बन घनत्व (टन/हे.)
7.55	0.28	0.465	1.46	3.14	2.45	6.91	7.47

फ. प्राचीन इतिहास एवं अवस्था

बाबा कालूदासजी इस स्थान पर ध्यानस्थ रहे थे। इन्हीं के नाम पर एक पहाड़ी को चारों तरफ घेरते हुये यह ओरण संरक्षित एवं सुरक्षित है। इस पहाड़ी के शिखर पर एक मंदिर है जहाँ लोग आते है एवं पूजा पाठ करते हैं। यह ओरण काला धोकड़े के पुराने वृक्षों से आच्छादित है लेकिन इसके किनारों पर कुछ अवैध कब्जे भी हैं।

राजस्थान के पवित्र उपवनों से संबन्धित आंकड़े

पवित्र उपवन संख्या **38**

अ. पवित्र उपवनों के बारे में मूलभूत जानकारी

पवित्र उपवन का नाम	देवनारायणजी का ओरण
गाँव	कालोता
पंचायत	दौसा
निकटतम वन ब्लॉक	कालोता
क्षेत्र स्थिति	सामुदायिक भूमि
जिला	दौसा
क्षेत्रफल	20 बीघा
ऊँचाई (मी.)	329
अक्षांश	$26^{\circ}58'$ 29.1" उतर
देशांतर	76° 25′ 17.0" पूर्व

ब. स्थलाकृति विशेषताएँ

अपरदन स्थिति	**स्थलाकृति**	**मृदा गहराई**
मध्यम	पहाड़ी ढ़लान	उथला (<25 सेमी)

स. वनस्पति स्थिति

महत्व मूल्य सूचकांक के साथ वृक्ष प्रजातियाँ

देशी बबूल (210), रौंज (27), चुरेल (24), विलायती बबूल (19), *राइटिया टिंकटोरिया* (20)

महत्व मूल्य सूचकांक के साथ वृक्ष प्रजातियाँ

आडूसा (117), डंडा थोर (91), *युफार्बिया नेरीफोलिया* (36), आक (28), हींस (14), झाड़ बेर (14)

प्रभावी प्रजाति संख्या वृक्ष : 1.83 झाड़ी : 3.94

शाकीय एवं घास प्रजातियाँ

ब्लीफेरिस रिपेन्स, पुनर्नवा / साटी, *ब्रैकिएरिया रेमोसा,* पुआड़, दुद्धि, *जस्टीसिया प्रोकंबेन्स, ट्राइडेक्स प्रोकंबेन्स*

द. वन्य जीवन

खरगोश, हिरण

ई. मृदा गुण

पी. एच.	ई.सी. (डेसी सिमेन / मी)	मृदा कार्बन (%)	मृदा घनत्व (ग्राम / सेमी^{3})	नाइट्रेट (मिग्रा / किग्रा)	अमोनियम (मिग्रा / किग्रा)	फास्फेट (मिग्रा / किग्रा)	कार्बन घनत्व (टन / हे.)
7.25	0.26	0.326	1.43	3.22	3.26	5.23	7.30

फ. प्राचीन इतिहास एवं अवस्था

ग्रामीणों के अनुसार गुर्जर समुदाय के लोक देवता भगवान देवनारायण ने इस स्थान पर सान्दु माता के रूप में पुनर्जन्म लिया था जहाँ पर लोग इनकी पूजा अर्चना किया करते है। एक नया मंदिर का कार्य अभी चल रहा है। इस ओरण में देशी बबूल प्रजाति की प्रमुखता है।

राजस्थान के पवित्र उपवनों से संबन्धित आंकड़े

पवित्र उपवन संख्या 39

अ. पवित्र उपवनों के बारे में मूलभूत जानकारी

पवित्र उपवन का नाम: सॉंवरियाजी सेठ धाम

गाँव: कानावर

पंचायत: बांदीकुई

निकटतम वन ब्लॉक: बासुरा

क्षेत्र स्थिति: सामुदायिक भूमि

जिला: दौसा

क्षेत्रफल: 50 बीघा

ऊँचाई (मी.): 336

अक्षांश: 27° 06′ 43.2″ उत्तर देशांतर: 76° 31′ 13.7″ पूर्व

ब. स्थलाकृतिक विशेषताएँ

अपरदन स्थिति	**स्थलाकृति**	**मृदा गहराई**
मध्यम से अधिक तक	ढालयुक्त पहाड़ी	उथला (25 सेमी)

स. वनस्पति स्थिति

महत्व मूल्य सूचकांक के साथ वृक्ष प्रजातियाँ	**महत्व मूल्य सूचकांक के साथ झाड़ी प्रजातियाँ**
चुरेल (230), देशी बबूल (60), रौंज (10)	अड़ूसा (300)

प्रभावी प्रजाति संख्या वृक्ष : 1.78 झाड़ी : 1.00

शाकीय एवं घास प्रजातियाँ

ब्लीफेरिस रिपेन्स, पुनर्नवा, *ब्रैकिएरिया रेमोसा,* पुआड़, दुद्धि, *जस्टीसिया प्रोकंबेन्स,* विऊना, *ट्राइडेक्स प्रोकंबेन्स*

द. वन्य जीवन

खरगोश, सियार, जंगल सूअर, मरू लोमड़ी, तोता, मोर, मैना आदि

ई. मृदा गुण

पी. एच.	ई.सी. (डेसी सिमेन/मी)	मृदा कार्बन (%)	मृदा घनत्व (ग्राम/सेमी^{3})	नाइट्रेट (मिग्रा/किग्रा)	अमोनियम (मिग्रा/किग्रा)	फास्फेट (मिग्रा/किग्रा)	कार्बन घनत्व (टन/हे.)
7.68	0.23	0.360	1.44	4.23	2.82	11.80	9.21

फ. प्राचीन इतिहास एवं अवस्था

ग्रामवासियों एवं पुजारी के अनुसार काफी पुराने समय की बात है कि एक आदमी भगवान कृष्ण की मूर्ति लेकर जा रहा था। अचानक वह मूर्ति इस स्थान पर गिर गई और फिर दुबारा उठाई न जा सकी। बाद में इस मूर्ति की स्थापना यहाँ की गई एवं एक मंदिर का निर्माण कराया गया जहाँ लोग आकर पूजा अर्चना करते हैं। यहाँ पर एक बहुत पुरानी बावडी भी है एवं यहाँ पर चुरेल के वृक्षों की अधिकता है। सरिस्का वन्य जीव अभ्यारण के किनारे होने के कारण कभी–कभी बाघ भी इस क्षेत्र में आ जाता है।

राजस्थान के पवित्र उपवनों से संबन्धित आंकड़े

पवित्र उपवन संख्या **40**

अ. पवित्र उपवनों के बारे में मूलभूत जानकारी

पवित्र उपवन का नाम	बालीबाबा की दरगाह
गाँव	लांगपुरा
पंचायत	–
निकटतम वन ब्लॉक	लांगपुरा
क्षेत्र स्थिति	सामुदायिक भूमि
जिला	धौलपुर
क्षेत्रफल	300 बीघा
ऊँचाई (मी.)	222
अक्षांश	26° 41′ 41.2″ उत्तर
देशांतर	77° 52′ 82.1″ पूर्व

ब. स्थलाकृतिक विशेषताएँ

अपरदन स्थिति	**स्थलाकृति**	**मृदा गहराई**
मध्यम	ढालयुक्त पहाड़ी	मध्यम गहरी (25–50 सेमी)

स. वनस्पति स्थिति

महत्व मूल्य सूचकांक के साथ वृक्ष प्रजातियाँ	**महत्व मूल्य सूचकांक के साथ झाड़ी प्रजातियाँ**
विलायती बबूल (154), चुरेल (84), काला धोकड़ा (46), पीपल (16)	झाड़ बेर (145), आक (84), हींस (71)

प्रभावी प्रजाति संख्या वृक्ष : 1.85 झाड़ी : 2.95

शाकीय एवं घास प्रजातियाँ

ब्रैकिएरिया रेमोसा, पुआड़, दुद्धि, *जस्टीसिया प्रोकंबेन्स,* बिऊना, *ट्राइडेक्स प्रोकंबेन्स.*

द. वन्य जीवन

लकड़बग्घा, मरू लोमड़ी, खरगोश, चन्दन गोह, मोर आदि

ई. मृदा गुण

पी. एच.	ई.सी. (डेसी सिमेन/मी)	मृदा कार्बन (%)	मृदा घनत्व (ग्राम/सेमी^{3})	नाइट्रेट (मिग्रा/किग्रा)	अमोनियम (मिग्रा/किग्रा)	फास्फेट (मिग्रा/किग्रा)	कार्बन घनत्व (टन/हे.)
7.48	0.19	0.720	1.39	6.15	4.64	12.46	20.28

फ. प्राचीन इतिहास एवं अवस्था

यह लगभग 700 वर्ष पुराना वन है जो बाबा गरीब नवाज की दरगाह के पास स्थित है। मुख्य मस्जिद पहाड़ी के शिखर पर स्थित है जहाँ लोग आकर नमाज पढते हैं एवं अपनी मनोकामना की पूर्ति हेतु मन्नते मांगतें हैं। परन्तु यह ओरण वर्तमान में विलायती बबूल से ग्रसित हो चुका है जिसकी अभी अधिकता है।

राजस्थान के पवित्र उपवनों से संबन्धित आंकड़े

पवित्र उपवन संख्या **41**

अ. पवित्र उपवनों के बारे में मूलभूत जानकारी

पवित्र उपवन का नाम — मूचकुन्द मन्दिर क्षेत्र
गाँव — योगपुरा
पंचायत — –
निकटतम वन ब्लॉक — –
क्षेत्र स्थिति — सामुदायिक भूमि
जिला — धौलपुर
क्षेत्रफल — 250 बीघा
ऊँचाई (मी.) — 210
अक्षांश — 26° 40′ 69.9″ उत्तर
देशांतर — 77° 52′ 02.1″ पूर्व

ब. स्थलाकृतिक विशेषताएँ

अपरदन स्थिति	**स्थलाकृति**	**मृदा गहराई**
मध्यम	पहाडी द्गल एवं गिरिपाद	सामान्य गहरी (25–50 सेमी)

स. वनस्पति स्थिति

महत्व मूल्य सूचकांक के साथ वृक्ष प्रजातियाँ

काला धोकड़ा (151), विलायती बबूल (69), नीम (38), देशी बबूल (14), पीपल (14), चुरेल (9), केर (5)

महत्व मूल्य सूचकांक के साथ झाड़ी प्रजातियाँ

आक (166), हींस (105), झाड़ बेर (29)

प्रभावी प्रजाति संख्या वृक्ष : 3.43 झाड़ी : 3.18

शाकीय एवं घास प्रजातियाँ

पुआड़, दुद्धि, *ट्राइडेक्स प्रोकंबेन्स*

द. वन्य जीवन

लकड़बग्घा, साँप, चन्दन गोह, मरू लोमड़ी, मोर, तोता आदि

ई. मृदा गुण

पी. एच.	ई.सी. (डेसी सिमेन/मी)	मृदा कार्बन (%)	मृदा घनत्व (ग्राम/सेमी^{3})	नाइट्रेट (मिग्रा/किग्रा)	अमोनियम (मिग्रा/किग्रा)	फास्फेट (मिग्रा/किग्रा)	कार्बन घनत्व (टन/हे.)
5.20	0.26	0.480	1.47	4.15	1.75	5.00	17.42

फ. प्राचीन इतिहास एवं अवस्था

यह एक ऐतिहासिक जगह है और एक पावन तीर्थ भी है जिसके लिए आस पास स्थित क्षेत्र के लोगों में काफी सम्मान है। लोग यहाँ स्थित तालाब में नहाते हैं। इस पवित्र उपवन में काला धोकड़े के वृक्षों की प्रमुखता है।

राजस्थान के पवित्र उपवनों से संबन्धित आंकड़े

पवित्र उपवन संख्या **42**

अ. पवित्र वनों के बारे में मूलभूत जानकारी

पवित्र उपवन का नाम	महादेव जी का ओरण
गाँव	साडपुरा
पंचायत	सेयरू
निकटतम वन ब्लॉक	–
क्षेत्र स्थिति	सामुदायिक भवन
जिला	धौलपुर
क्षेत्रफल	350 बीघा
ऊँचाई (मी.)	172
अक्षांश	26° 47′ 57.0″ उत्तर
देशांतर	77° 44′ 54.5″ पूर्व

ब. स्थलाकृतिक विशेषताएँ

अपरदन स्थिति	स्थलाकृति	मृदा गहराई
मध्यम	पहाड़ी ढलान	सामान्य गहरी (25–50 सेमी)

स. वनस्पति स्थिति

महत्व मूल्य सूचकांक के साथ वृक्ष प्रजातियाँ	महत्व मूल्य सूचकांक के साथ झाड़ी प्रजातियाँ
बरगद (132), नीम (80), चुरेल (60), पीपल (17), केर (11)	झाड़ बेर (202), हींस (98)
प्रभावी प्रजाति संख्या वृक्ष : 3.34	झाड़ी : 2.99

शाकीय एवं घास प्रजातियाँ

गांठिया, पुआड़

द. वन्य जीवन

मोर, तोता, साँप आदि

ई. मृदा गुण

पी. एच.	ई.सी. (डेसी सिमेन/मी)	मृदा कार्बन (%)	मृदा घनत्व (ग्राम/सेमी^{3})	नाइट्रेट (मिग्रा/किग्रा)	अमोनियम (मिग्रा/किग्रा)	फास्फेट (मिग्रा/किग्रा)	कार्बन घनत्व (टन/हे.)
8.21	0.32	0.180	1.51	3.15	2.00	6.24	6.35

फ. प्राचीन इतिहास एवं अवस्था

यह एक पुराना ओरण है जिसमे भगवान शिव का काफी पुराना एक मंदिर है जहाँ स्थानीय लोग आते है एवं पूजा अर्चना किया करते हैं। समीपस्थ क्षेत्र के विभिन्न समुदाय के लोगों द्वारा यह ओरण संरक्षित एवं सुरक्षित है। इस ओरण में मुख्य वृक्ष प्रजाति बरगद है।

राजस्थान के पवित्र वनों से संबन्धित आंकड़े

पवित्र उपवन संख्या **43**

अ. पवित्र उपवनों के बारे में मूलभूत जानकारी

पवित्र उपवन का नाम — गोविन्द गुरू चारी मगरी
गाँव — बेरसा
पंचायत — सिमलवाड़ा
निकटतम वन ब्लॉक — धम्बोला
क्षेत्र स्थिति — सामुदायिक भवन
जिला — डूंगरपुर
क्षेत्रफल — 54 बीघा
ऊँचाई (मी.) — 229
अक्षांश — 23° 38′ 21.5″ उत्तर देशांतर — 73° 49′ 59.6″ पूर्व

ब. स्थलाकृतिक विशेषताएँ

अपरदन स्थिति	स्थलाकृति	मृदा गहराई
मध्यम	सामान्य रूप से समतल	मध्यम गहरी (50–100 सेमी)

स. वनस्पति स्थिति

महत्व मूल्य सूचकांक के साथ वृक्ष प्रजातियाँ	महत्व मूल्य सूचकांक के साथ झाड़ी प्रजातियाँ
विलायती बबूल (264), तेंदू (20), नीम (10), तंबोलिया (6)	झाड़ बेर (300)

प्रभावी प्रजाति संख्या वृक्ष : 1.20 झाड़ी : 1.00

शाकीय एवं घास प्रजातियाँ

ब्रैकिएरिया रेमोसा, ब्लीफेरिस रिपेन्स, पुआड़, गांठिया, दुद्धि, *जस्टीसिया प्रोकंबेन्स,* बेकर, बिऊना, *ट्राइडेक्स प्रोकंबेन्स*

द. वन्य जीवन

नीलगाय, खरगोश, सियाल, बुलबुल आदि

ई. मृदा गुण

पी. एच.	ई.सी. (डेसी सिमेन/मी)	मृदा कार्बन (%)	मृदा घनत्व (ग्राम/सेमी^{3})	नाइट्रेट (मिग्रा/किग्रा)	अमोनियम (मिग्रा/किग्रा)	फास्फेट (मिग्रा/किग्रा)	कार्बन घनत्व (टन/हे.)
6.67	0.15	0.780	1.42	2.30	3.20	9.56	17.79

फ. प्राचीन इतिहास एवं अवस्था

यह लगभग 1000 वर्ष पुराना ओरण है जिसके प्रति स्थानीय लोगों में विशेष मान्यता है। इसके बीच में एक मंदिर है जहाँ स्थानीय लोग अपनी मनोकामना की पूर्ति हेतु पूजा अर्चना किया करते हैं। परंतु यह ओरण विलायती बबूल की झाड़ियों द्वारा ग्रसित हो चुका है।

राजस्थान के पवित्र उपवनों से संबन्धित आंकड़े

पवित्र उपवन संख्या 44

अ. पवित्र उपवनों के बारे में मूलभूत जानकारी

पवित्र उपवन का नाम	भूनेश्वर महादेव का ओरण
गाँव	करौली
पंचायत	करौली
निकटतम वन ब्लॉक	–
क्षेत्र स्थिति	सामुदायिक भूमि
जिला	डूँगरपुर
क्षेत्रफल	119 बीघा
ऊँचाई (मी.)	235
अक्षांश	23° 49′ 50.9″ उत्तर
देशांतर	79° 35′ 43.3″ पूर्व

ब. स्थलाकृतिक विशेषताएँ

अपरदन स्थिति	**स्थलाकृति**	**मृदा गहराई**
मध्यम	पहाड़ी शिखर के साथ ढालयुक्त क्षेत्र	उथली (<25 सेमी)

स. वनस्पति स्थिति

महत्व मूल्य सूचकांक के साथ वृक्ष प्रजातियाँ

काला धोकड़ा (148), रौंज (55), खेर (33), नीम (23), कलम (16), महुआ (7), सागौन (6), तेंदू (6), चुरेल (3), कंकेडा (3)

महत्व मूल्य सूचकांक के साथ झाड़ी प्रजातियाँ

एमना (118), लंटाना (93), सेलपी (29), *आरिस्टोलाकिया ब्रेक्टिएटा* (29), झाड़ बेर (16), हींस (15)

प्रभावी प्रजाति संख्या वृक्ष : 3.13 झाड़ी : 5.54

शाकीय एवं घास प्रजातियाँ

ब्रैकिएरिया रेमोसा, ब्लीफेरिस रिपेन्स, गांठिया, दुद्धि, *जस्टीसिया प्रोकंबेन्स,* बेकर, *ट्राइडेक्स प्रोकंबेन्स*

द. वन्य जीवन

नीलगाय, खरगोश, मोर आदि

ई. मृदा गुण

पी. एच.	ई.सी. (डेसी सिमेन/मी)	मृदा कार्बन (%)	मृदा घनत्व (ग्राम/सेमी^{3})	नाइट्रेट (मिग्रा/किग्रा)	अमोनियम (मिग्रा/किग्रा)	फास्फेट (मिग्रा/किग्रा)	कार्बन घनत्व (टन/हे.)
7.30	0.27	1.862	1.38	1.09	2.90	7.12	32.47

फ. प्राचीन इतिहास एवं अवस्था

यह एक पुराना ओरण है जिसमें एक ही प्रकार की 6 मूर्तियाँ हैं। स्थानीय लोगों का ऐसा विश्वास है कि ये सभी मूर्तियाँ एक साथ उत्पन्न हुई हैं। इन मूर्तियों का स्थानीय लोगों द्वारा पूजा अर्चना की जाती है। वैसे इस ओरण में वृक्ष प्रजातियों की अच्छी विविधता है लेकिन यहाँ काले धोकड़े के वृक्ष प्रमुख रूप में विद्यमान हैं।

राजस्थान के पवित्र उपवनों से संबन्धित आंकड़े

पवित्र उपवन संख्या **45**

अ. पवित्र उपवनों के बारे में मूलभूत जानकारी

पवित्र उपवन का नाम	नीलकण्ठ महादेव
गाँव	भिलूदा
पंचायत	भिलूदा
निकटतम वन ब्लॉक	–
क्षेत्र स्थिति	सामुदायिक भूमि
जिला	डूंगरपुर
क्षेत्रफल	71 बीघा
ऊँचाई (मी.)	200
अक्षांश	23°36′ 39.5″ उत्तर
देशांतर	74°05′ 13.1″ पूर्व

ब. स्थलाकृतिक विशेषताएँ

अपरदन स्थिति	**स्थलाकृति**	**मृदा गहराई**
मध्यम	समतल भूमि	मध्यम गहरी (50–100 सेमी)

स. वनस्पति स्थिति

महत्व मूल्य सूचकांक के साथ वृक्ष प्रजातियाँ

विलायती बबूल (182), नीम (55), बरगद (24), देशी बबूल (15), आरडु (13), केर (11)

महत्व मूल्य सूचकांक के साथ झाड़ी प्रजातियाँ

जेट्रोफा (151), आँवल (104), लंटाना (45)

प्रभावी प्रजाति संख्या वृक्ष : 2.02 झाड़ी : 2.80

शाकीय एवं घास प्रजातियाँ

ब्रैकिएरिया रेमोसा, ब्लीफेरिस रिपेन्स, पुआड़, दुद्धि, *जस्टीसिया प्रोकंबेन्स,* बेकर, बिऊना, *ट्राइडेक्स प्रोकंबेन्स*

द. वन्य जीवन

नीलगाय, खरगोश, सियार, मोर आदि

ई. मृदा गुण

पी. एच.	ई.सी. (डेसी सिमेन/मी)	मृदा कार्बन (%)	मृदा घनत्व (ग्राम/सेमी^{3})	नाइट्रेट (मिग्रा/किग्रा)	अमोनियम (मिग्रा/किग्रा)	फास्फेट (मिग्रा/किग्रा)	कार्बन घनत्व (टन/हे.)
7.50	0.18	0.630	1.47	1.80	4.45	12.86	12.01

फ. प्राचीन इतिहास एवं अवस्था

यह एक बहुत ही पुराना ओरण है जिसके अंदर नदी के किनारे भगवान शिव का एक मंदिर स्थित है जहाँ स्थानीय निवासी उनकी पूजा अर्चना किया करते हैं। यहाँ स्थित भूमि मंदिर के ही नाम है परंतु विलायती बबूल ने इस क्षेत्र में आक्रामक तरीके से अपनी घुसपैठ बना ली है।

राजस्थान के पवित्र उपवनों से संबन्धित आंकड़े

पवित्र उपवन संख्या 46

अ. पवित्र उपवनों के बारे में मूलभूत जानकारी

पवित्र उपवन का नाम	भद्रकाली माताजी का ओरण
गाँव	अमरपुरा
पंचायत	हनुमानगढ़
निकटतम वन ब्लॉक	कोलू फारम
क्षेत्र स्थिति	सामुदायिक भूमि
जिला	हनुमानगढ़
क्षेत्रफल	125 बीघा
ऊँचाई (मी.)	192
अक्षांश	29° 36′ 00.6″ उत्तर
देशांतर	74° 23′ 02.3″ पूर्व

ब. स्थलाकृतिक विशेषताएँ

अपरदन स्थिति	स्थलाकृति	मृदा गहराई
थोड़ा	सामान्यतः समतल भूमि	मध्यम गहरी (50–100 सेमी)

स. वनस्पति स्थिति

महत्व मूल्य सूचकांक के साथ वृक्ष प्रजातियाँ	महत्व मूल्य सूचकांक के साथ झाड़ी प्रजातियाँ
विलायती बबूल (105), देशी बबूल (48), फरास (45), खेजड़ी (42), मीठा जाल (29), केर (23), पीपल (8)	कोई झाड़ी प्रजाति नही (0)

प्रभावी प्रजाति संख्या वृक्ष : 4.42 झाड़ी : 0.00

शाकीय एवं घास प्रजातियाँ

ऊँटकंटाली, *पेगेनम हरमाला*, दुद्धि, बेकर, *ट्राइडेक्स प्रोकंबेन्स*

द. वन्य जीवन

गौरेया,मैना

ई. मृदा गुण

पी. एच.	ई.सी. (डेसी सिमेन/मी)	मृदा कार्बन (%)	मृदा घनत्व (ग्राम/सेमी^{3})	नाइट्रेट (मिग्रा/किग्रा)	अमोनियम (मिग्रा/किग्रा)	फास्फेट (मिग्रा/किग्रा)	कार्बन घनत्व (टन/हे.)
7.67	0.24	1.290	1.42	2.56	2.58	5.12	43.58

फ. प्राचीन इतिहास एवं अवस्था

यह ओरण लगभग 400 साल पुराना है, जिसमें महाराजा गंगासिंह द्वारा एक मंदिर का निर्माण कराया गया है। उसी समय से स्थानीय निवासी इस मंदिर में पूजा अर्चना किया करते हैं। इस मंदिर परिसर में बकरियों की बलि देना एवं शराब का वितरण करना एक परंपरा है। वर्तमान समय में इस ओरण में विलायती बबूल की अधिकता हो गई है।

राजस्थान के पवित्र उपवनों से संबन्धित आंकड़े

पवित्र उपवन संख्या **47**

अ. पवित्र उपवनों के बारे में मूलभूत जानकारी

पवित्र उपवन का नाम	चिश्ती पीर की दरगाह
गाँव	चिश्तिया
पंचायत	हनुमानगढ़
निकटतम वन ब्लॉक	कोलू फार्म
क्षेत्र स्थिति	सामुदायिक भूमि
जिला	हनुमानगढ़
क्षेत्रफल	13 बीघा
ऊँचाई (मी.)	180
अक्षांश	29° 39′ 31.6″ उत्तर
देशांतर	74° 14′ 23.9″ पूर्व

ब. स्थलाकृतिक विशेषताएँ

अपरदन स्थिति	**स्थलाकृति**	**मृदा गहराई**
कम से लेकर माध्यम तक	ऊबड़ खाबड़ भूमि	मध्यम गहरी (50—100 सेमी)

स. वनस्पति स्थिति

महत्व मूल्य सूचकांक के साथ वृक्ष प्रजातियाँ

केर (232), देशी बबूल (20), मीठा जाल (19), शीशम (15), कंकेड़ा (14)

महत्व मूल्य सूचकांक के साथ झाड़ी प्रजातियाँ

झाड़ बेर (244), नागफनी (40), बुई (16)

प्रभावी प्रजाति संख्या वृक्ष : 1.50 झाड़ी : 1.72

शाकीय एवं घास प्रजातियाँ

ऊँटकंटला, *ट्राइडेक्स प्रोकंबेन्स*

द. वन्य जीवन

गौरेया, खरगोश

ई. मृदा गुण

पी. एच.	ई.सी. (डेसी सिमेन/मी)	मृदा कार्बन (%)	मृदा घनत्व (ग्राम/सेमी^{3})	नाइट्रेट (मिग्रा/किग्रा)	अमोनियम (मिग्रा/किग्रा)	फास्फेट (मिग्रा/किग्रा)	कार्बन घनत्व (टन/हे.)
8.14	0.29	0.390	1.55	4.80	4.50	10.24	18.14

फ. प्राचीन इतिहास एवं अवस्था

इस पुनित वन की सुरक्षा एंव संरक्षण चिश्ती पीर की दरगाह के नाम पर आस पास के समुदाय द्वारा किया जाता हैं। यहाँ पर मुख्यतः मुस्लिम समुदाय के लोग अपनी मनोकामना की पूर्ति हेतु आते है एवं नमाज अदा करते हैं। इस क्षेत्र में केर एवं मीठे जाल के वृक्षों की प्रमुखता हैं।

राजस्थान के पवित्र उपवनों से संबन्धित आंकड़े

पवित्र उपवन संख्या **48**

अ. पवित्र उपवनों के बारे में मूलभूत जानकारी

पवित्र उपवन का नाम	गुरू गोरखनाथजी का ओरण
गाँव	गोगमेद
पंचायत	नोहर
निकटतम वन ब्लॉक	गोगामेड़ी
क्षेत्र स्थिति	सामुदायिक भूमि
जिला	हनुमानगढ़
क्षेत्रफल	91 बीघा
ऊँचाई (मी.)	196
अक्षांश	29° 10′ 41.7″ उत्तर

देशांतर 75° 01′ 57.1″ पूर्व

ब. स्थलाकृतिक विशेषताएँ

अपरदन स्थिति	**स्थलाकृति**	**मृदा गहराई**
बहुत कम	समतल भूमि	गहरी (>100 सेमी)

स. वनस्पति स्थिति

महत्व मूल्य सूचकांक के साथ वृक्ष प्रजातियाँ

मीठा जाल (167), नीम (45), खेजड़ी (25), शीशम (17), इजराइजी बबूल (17), बरगद (17), देशी बबूल (12)

महत्व मूल्य सूचकांक के साथ झाड़ी प्रजातियाँ

झाड़ बेर (300)

प्रभावी प्रजाति संख्या वृक्ष : 4.27 झाड़ी : 1.00

शाकीय एवं घास प्रजातियाँ

ब्रैकिएरिया रेमोसा, ऊँट कंटाली, ग्लाइनस लोटोइडिस, ट्राइडेक्स प्रोकंबेन्स, मकोय (*सोलेनम नाइग्रम*)

द. वन्य जीवन

नीलगाय, खरगोश, मोर आदि

ई. मृदा गुण

पी. एच.	ई.सी. (डेसी सिमेन/मी)	मृदा कार्बन (%)	मृदा घनत्व (ग्राम/सेमी^{3})	नाइट्रेट (मिग्रा/किग्रा)	अमोनियम (मिग्रा/किग्रा)	फास्फेट (मिग्रा/किग्रा)	कार्बन घनत्व (टन/हे.)
7.67	0.32	0.450	1.52	2.70	2.38	6.52	8.65

फ. प्राचीन इतिहास एवं अवस्था

स्थानीय लोगों के अनुसार गुरू गोरखनाथ यहाँ ध्यानस्थ रहे थे। उसी समय से इस वन को पुनीत मानकर स्थानीय समुदाय इसे सुरक्षित एवं संरक्षित रखे हुए हैं। वैसे इस ओरण में मीठे जाल के वृक्षों की प्रमुखता है परन्तु इस समय पौध रोपण द्वारा इजरायली बबूल के वृक्ष भी उपलब्ध हैं।

राजस्थान के पवित्र उपवनों से संबन्धित आंकड़े

पवित्र उपवन संख्या **49**

अ. पवित्र उपवनों के बारे में मूलभूत जानकारी

पवित्र उपवन का नाम	भेरूजी की बन्नी
गाँव	खोनागोरिया
पंचायत	सांगानेर
निकटतम वन ब्लॉक	झालाना
क्षेत्र स्थिति	सामुदायिक भूमि
जिला	जयपुर
क्षेत्रफल	9 बीघा
ऊँचाई (मी.)	406
अक्षांश	26° 51′ 30.1″ उत्तर
देशांतर	75° 50′ 32.3″ पूर्व

ब. स्थलाकृतिक विशेषताएँ

अपरदन स्थिति	**स्थलाकृति**	**मृदा गहराई**
मध्यम अपरदन	ऊँचाई में भिन्नता सहित समतल भूमि	गहरी (>100 सेमी)

स. वनस्पति स्थिति

महत्व मूल्य सूचकांक के साथ वृक्ष प्रजातियाँ	**महत्व मूल्य सूचकांक के साथ झाड़ी प्रजातियाँ**
इजरायली बबूल (129), खेजड़ी (111), बेल (17), नीम (15), रूद्राक्ष (14), कल्प वृक्ष (14)	हींस (300)

प्रभावी प्रजाति संख्या वृक्ष : 3.23 झाड़ी : 1.00

शाकीय एवं घास प्रजातियाँ

उंडोकांटो, मकड़ा घास, गांठिया घास, आइपोमिया बेल, *पेरोटिस इंडिका,* वन तुलसी, *फाइसेलिस मिनीमा,* कागनेर, *सिडा कार्डिफोलिया, जैन्थियम स्ट्रोमेरियम*

द. वन्य जीवन

नीलगाय, उल्लू, गौरैया

ई. मृदा गुण

पी. एच.	ई.सी. (डेसी सिमेन/मी)	मृदा कार्बन (%)	मृदा घनत्व (ग्राम/सेमी^{3})	नाइट्रेट (मिग्रा/किग्रा)	अमोनियम (मिग्रा/किग्रा)	फास्फेट (मिग्रा/किग्रा)	कार्बन घनत्व (टन/हे.)
7.50	0.18	0.225	1.55	1.72	6.85	10.35	9.94

फ. प्राचीन इतिहास एवं अवस्था

लोक देवता भेरूजी के नाम से स्थानीय समुदाय द्वारा सुरक्षित एवं संरक्षित यह एक काफी पुराना ओरण है। यहाँ स्थानीय समुदाय के लोग आकर पूजा अर्चना करते हैं। परन्तु वनीकरण में प्रयुक्त इजरायली बबूल प्रजाति के कारण वर्तमान समय में इस ओरण में इस प्रजाति की अधिकता हो गई है।

राजस्थान के पवित्र उपवनों से संबन्धित आंकड़े

पवित्र उपवन संख्या **50**

अ. पवित्र उपवनों के बारे में मूलभूत जानकारी

पवित्र उपवन का नाम	कपिल मुनि आश्रम
गाँव	गोनेर
पंचायत	सांगानेर
निकटतम वन ब्लॉक	गोनू बीड
क्षेत्र स्थिति	सामुदायिक भूमि
जिला	जयपुर
क्षेत्रफल	7 बीघा
ऊँचाई (मी.)	352
अक्षांश	26° 46′ 11.4″ उत्तर
देशांतर	75° 54′ 47.5″ पूर्व

ब. स्थलाकृतिक विशेषताएँ

अपरदन स्थिति	स्थलाकृति	मृदा गहराई
कम	समान्यतः समतल भूमि	गहरी (>100 सेमी)

स. वनस्पति स्थिति

महत्व मूल्य सूचकांक के साथ वृक्ष प्रजातियाँ	महत्व मूल्य सूचकांक के साथ झाड़ी प्रजातियाँ
नीम (95), खेजड़ी (85), पीपल (24), अशोक (20), रौंज (17), ल्यूसिना (16), जामुन (14), गूलर (12) केर (9), पारस पीपल (8)	आक (189), झाड़ बेर (96), लाल कन्नेर (15)
प्रभावी प्रजाति संख्या वृक्ष : 5.57	झाड़ी : 2.80

शाकीय एवं घास प्रजातियाँ

पुनर्नवा, *ब्रैकिएरिया रेमोसा, कमेलिना बेंघालेन्सिस, इलाइटेरिया ऐकोलिस,* भुई आंवला, गाजर घास, कागनेर, *रींकोसिया मिनीमा, ट्रेगस राक्सबरघाई, वरनोनिया सिनेरिया*

द. वन्य जीवन

नीलगाय, भेड़िया

ई. मृदा गुण

पी. एच.	ई.सी. (डेसी सिमेन/मी)	मृदा कार्बन (%)	मृदा घनत्व (ग्राम/सेमी^{3})	नाइट्रेट (मिग्रा/किग्रा)	अमोनियम (मिग्रा/किग्रा)	फास्फेट (मिग्रा/किग्रा)	कार्बन घनत्व (टन/हे.)
8.14	0.22	1.125	1.49	5.30	2.86	9.08	41.36

फ. प्राचीन इतिहास एवं अवस्था

प्राचीन समय के हिन्दू संत कपिलमुनि के नाम पर स्थापित यह ओरण स्थानीय समुदाय द्वारा सुरक्षित एवं संरक्षित है, जहाँ हिन्दू समुदाय के लोग पूजा अर्चना हेतु आते रहते हैं। परन्तु इस ओरण में कई वृक्ष प्रजातियों द्वारा वनीकरण किया गया है, जिसमें नीम की प्रमुखता हैं।

राजस्थान के पवित्र उपवनों से संबन्धित आंकड़े

पवित्र उपवन संख्या **51**

अ. पवित्र वनों के बारे में मूलभूत जानकारी

पवित्र उपवन का नाम: शिव डूँगरी ओरण

गाँव: मानपुर डूँगरी

पंचायत: चाकसा / कठवाड़ा

निकटतम वन ब्लॉक: पहड़िया

क्षेत्र स्थिति: सामुदायिक भूमि

जिला: जयपुर

क्षेत्रफल: 12 बीघा

ऊँचाई (मी.): 374

अक्षांश: 26° 37′ 42.3″ उत्तर देशांतर: 75° 55′ 38.9″ पूर्व

ब. स्थलाकृतिक विशेषताएँ

अपरदन स्थिति	**स्थलाकृति**	**मृदा गहराई**
कम	गिरिपाद सहित पहाड़ी सिखर	उथला (<25 सेमी)

स. वनस्पति स्थिति

महत्व मूल्य सूचकांक के साथ वृक्ष प्रजातियाँ	**महत्व मूल्य सूचकांक के साथ झाड़ी प्रजातियाँ**
विलायती बबूल (178), पलास (81), खेजड़ी (28), नीम (13)	झाड़ बेर (300)
प्रभावी प्रजाति संख्या वृक्ष : 2.02	झाड़ी : 1.00

शाकीय एवं घास प्रजातियाँ

लापड़ा, *एलाईसीकार्पस वेगिनेलिस*, *बारलेरिया ऐकेंथोइडिस*, *बोरेरिया आर्टीकुलेरिस*, *बोरहावीया इरेक्टा*, *क्लोरिस बारबेटा*, धामन घास, *केसिया प्युमिला*, माकड़ा घास, करड़ घास, झरनीया घास, नीली शंखपुष्पी, बेकर, बड़ी बेकर, *जस्टीसिया प्रोकंबेन्स*, *लेपिडागेथिस ट्राइनर्विस*, *मिलेनोसेंक्रस जैक्मोन्साई*, गाजर घास, चिकनी भुरट, कागनेर, बिऊना, *ट्रेगस रॉक्सबरघाई*, *टेट्रापोगन टिनेलस*, गोखरू, *टेफ्रोसिया विलोसा*

द. वन्य जीवन

नीलगाय, मरू खरगोश, मोर आदि

ई. मृदा गुण

पी. एच.	ई.सी. (डेसी सिमेन / मी)	मृदा कार्बन (%)	मृदा घनत्व (ग्राम / सेमी^{3})	नाइट्रेट (मिग्रा / किग्रा)	अमोनियम (मिग्रा / किग्रा)	फास्फेट (मिग्रा / किग्रा)	कार्बन घनत्व (टन / हे.)
7.60	0.19	0.150	1.57	2.42	4.51	10.35	6.53

फ. प्राचीन इतिहास एवं अवस्था

भगवान शिव के नाम पर संरक्षित यह ओरण काफी पुराना है, जहाँ लोग अपने इस इष्ट देवता की पूजा किया करते हैं। फिर भी इस ओरण में विलायती बबूल की अधिकता हो गई है, जो पास ही में स्थित जल स्रोत के जल की गुणवता को प्रभावित कर रहा है।

राजस्थान के पवित्र उपवनों से संबन्धित आंकड़े

पवित्र उपवन संख्या **52**

अ. पवित्र उपवनों के बारे में मूलभूत जानकारी

पवित्र उपवन का नाम	रामदेवजी का ओरण
गाँव	पोखरण
पंचायत	पोखरण
निकटतम वन ब्लॉक	–
क्षेत्र स्थिति	सामुदायिक भूमि
जिला	जैसलमेर
क्षेत्रफल	12 बीघा
ऊँचाई (मी.)	245
अक्षांश	26° 59′ 37.9″ उत्तर
देशांतर	71° 55′ 46.2″ पूर्व

ब. स्थलाकृतिक विशेषताएँ

अपरदन स्थिति	**स्थलाकृति**	**मृदा गहराई**
माध्यम	समतल भूमि	गहरी (>100 सेमी)

स. वनस्पति स्थिति

महत्व मूल्य सूचकांक के साथ वृक्ष प्रजातियाँ	**महत्व मूल्य सूचकांक के साथ झाड़ी प्रजातियाँ**
मीठा जाल (134), इजरायली बबूल (85), आम (41), रोहिडा (40)	सिनिया (170), झाड़ बेर (130)

प्रभावी प्रजाति संख्या वृक्ष : 3.08 झाड़ी : 1.70

शाकीय एवं घास प्रजातियाँ

स्रवण, *बोरेरिया आर्टीकुलेरिस*, नीली शंखपुष्पी, बेकर, *इंडिगोफेरा लाइनेई* (बड़ी बेकर), *मेलेनोसेंक्रस जेकमोन्साई, ट्रेगस राक्सबरघाई, टेट्रापोगन टिनेलस*, गोखरू

द. वन्य जीवन

नीलगाय, खरगोश

ई. मृदा गुण

पी. एच.	ई.सी. (डेसी सिमेन / मी)	मृदा कार्बन (%)	मृदा घनत्व (ग्राम / सेमी^{3})	नाइट्रेट (मिग्रा / किग्रा)	अमोनियम (मिग्रा / किग्रा)	फास्फेट (मिग्रा / किग्रा)	कार्बन घनत्व (टन / हे.)
8.04	0.35	0.235	1.65	1.23	2.33	4.56	11.36

फ. प्राचीन इतिहास एवं अवस्था

यह काफी पुराना ओरण है, जिसमें लोक देवता रामदेवजी पीर महाराज का मंदिर है जिसकी पूजा सभी समुदाय के लोग करते हैं। इनके भक्त भारत के सुदूर क्षेत्र से आते हैं एवं अपनी मनोकामना की पूर्ति हेतु प्रार्थना एवं पूजा करते हैं। लोगों में ऐसा विश्वास है कि यहाँ आने से उनकी मुरादें जरूर पूरी होती हैं। इस ओरण में मीठे जाल के वृक्षों की प्रमुखता है परन्तु विलायती बबूल काफी तेजी से फैल रहा है।

राजस्थान के पवित्र उपवनों से संबन्धित आंकड़े

पवित्र उपवन संख्या **53**

अ. पवित्र उपवनों के बारे में मूलभूत जानकारी

पवित्र उपवन का नाम	भादरियाजी ओरण (पुराना)
गाँव	भादरिया
पंचायत	पोखरण
निकटतम वन ब्लॉक	—
क्षेत्र स्थिति	सामुदायिक भूमि
जिला	जैसलमेर
क्षेत्रफल	165000 बीघा
ऊँचाई (मी.)	212
अक्षांश	27° 03′ 33.4″ उत्तर
देशांतर	71° 31′ 38.9″ पूर्व

ब. स्थलाकृतिक विशेषताएँ

अपरदन स्थिति	**स्थलाकृति**	**मृदा गहराई**
कम से लेकर मध्यम	सामान्यतः समतल	गहरी (>100 सेमी)

स. वनस्पति स्थिति

महत्व मूल्य सूचकांक के साथ वृक्ष प्रजातियाँ

बेर (265), खेजड़ी (35)

महत्व मूल्य सूचकांक के साथ झाड़ी प्रजातियाँ

कोई झाड़ी नही (0)

प्रभावी प्रजाति संख्या वृक्ष : 1.17 झाड़ी : 0.00

शाकीय एवं घास प्रजातियाँ

गांठिया, भुरट, बिऊना

द. वन्य जीवन

नीलगाय, खरगोश, चूहा

ई. मृदा गुण

पी. एच.	ई.सी. (डेसी सिमेन/मी)	मृदा कार्बन (%)	मृदा घनत्व (ग्राम/सेमी^{3})	नाइट्रेट (मिग्रा/किग्रा)	अमोनियम (मिग्रा/किग्रा)	फास्फेट (मिग्रा/किग्रा)	कार्बन घनत्व (टन/हे.)
8.12	0.40	0.325	1.61	1.25	2.56	6.55	14.65

फ. प्राचीन इतिहास एवं अवस्था

भादरिया माताजी के नाम पर स्थापित यह एक काफी पुराना ओरण है। इसमें स्थित मंदिर का निर्माण जैसलमेर के महारावल गजसिंहजी ने बीकानेर पर अपनी जीत की खुशी में बनवाया था। यह मंदिर मुख्यतः शाक्त संप्रदाय का है परन्तु सभी हिन्दू समुदाय के लोग यहाँ पूजा अर्चना करते हैं जो प्रतिदिन चलता है। शाक्त पंथ की पद्धती के अनुसार भादरिया माता शक्ति की प्रतीक हैं एवं अम्बाजी के रूप में पूजी जाती हैं। इसमें छोटे आकार वाले बेर फल के वृक्षों की प्रमुखता है।

राजस्थान के पवित्र उपवनों से संबन्धित आंकड़े

पवित्र उपवन संख्या **54**

अ. पवित्र उपवनों के बारे में मूलभूत जानकारी

पवित्र उपवन का नाम मलानी माताजी का ओरण

गाँव धायसर

पंचायत जैसलमेर

निकटतम वन ब्लॉक –

क्षेत्र स्थिति सामुदायिक भूमि

जिला जैसलमेर

क्षेत्रफल 360 बीघा

ऊँचाई (मी.) 276

अक्षांश 26° 27′ 39.4″ उत्तर देशांतर 71° 09′ 54.1″ पूर्व

ब. स्थलाकृतिक विशेषताएँ

अपरदन स्थिति	**स्थलाकृति**	**मृदा गहराई**
अत्यधिक	परिवर्तनीय समतल भूमि	गहरी (>100 सेमी)

स. वनस्पति स्थिति

महत्व मूल्य सूचकांक के साथ वृक्ष प्रजातियाँ	**महत्व मूल्य सूचकांक के साथ झाड़ी प्रजातियाँ**
केर (300)	आक (210), बुई (47), खिंप (19), सीनिया (13), झाड़ बेर (11)

प्रभावी प्रजाति संख्या वृक्ष : 1.00 झाड़ी : 2.40

शाकीय एवं घास प्रजातियाँ

शंखपुष्पी, नीली शंखपुष्पी, *फारसेटिया हेमिल्टोनाइ* (हिरनचाबा), बेकर, गोखरू, भुरट घास, सीनिया

द. वन्य जीवन

चन्दन गोह, सामान्य चूहा, मृदा साँप, साँड़ा, कोयल, हिरण, नीलगाय, आदि

ई. मृदा गुण

पी. एच.	ई.सी. (डेसी सिमेन/मी)	मृदा कार्बन (%)	मृदा घनत्व (ग्राम/सेमी^{3})	नाइट्रेट (मिग्रा/किग्रा)	अमोनियम (मिग्रा/किग्रा)	फास्फेट (मिग्रा/किग्रा)	कार्बन घनत्व (टन/हे.)
8.04	0.29	0.215	1.67	2.05	1.56	4.55	10.58

फ. प्राचीन इतिहास एवं अवस्था

इस पुराने ओरण की सुरक्षा एवं इसके संरक्षण स्थानीय देवी मालानी माताजी के नाम पर किया जा रहा है। स्थानीय निवासी इस कामना के साथ माता जी की पूजा अर्चना करते हैं कि माताजी की कृपा आस–पास के समुदायों और प्राकृतिक संसाधनों पर बना रहे। वृक्ष के नाम पर केवल केर प्रजाति ही इस ओरण में विद्यमान हैं।

राजस्थान के पवित्र उपवनों से संबन्धित आंकड़े

पवित्र उपवन संख्या **55**

अ. पवित्र उपवनों के बारे में मूलभूत जानकारी

पवित्र उपवन का नाम	भेलानी माताजी का ओरण
गाँव	भेलानी
पंचायत	जैसलमेर
निकटतम वन ब्लॉक	–
क्षेत्र स्थिति	सामुदायिक भूमि
जिला	जैसलमेर
क्षेत्रफल	430 बीघा
ऊँचाई (मी.)	288
अक्षांश	26° 35′ 37.8″ उत्तर
देशांतर	71° 11′ 41.2″ पूर्व

ब. स्थलाकृतिक विशेषताएँ

अपरदन स्थिति	**स्थलाकृति**	**मृदा गहराई**
मध्यम	समतल भूमि	गहरी (>100 सेमी)

स. वनस्पति स्थिति

महत्व मूल्य सूचकांक के साथ वृक्ष प्रजातियाँ

केर (202), कुमठ (98)

महत्व मूल्य सूचकांक के साथ झाड़ी प्रजातियाँ

झाड़ बेर (196), आक (104)

प्रभावी प्रजाति संख्या वृक्ष : 1.82 झाड़ी : 1.95

शाकीय एवं घास प्रजातियाँ

शंखपुष्पी, ऊँट कंटला, बेकर, गोखरू

द. वन्य जीवन

पाटा गोह, सामान्य चूहा, साँड़ा, हिरण, नीलगाय, मृदा साँप, तितर आदि

ई. मृदा गुण

पी. एच.	ई.सी. (डेसी सिमेन / मी)	मृदा कार्बन (%)	मृदा घनत्व (ग्राम / सेमी^{3})	नाइट्रेट (मिग्रा / किग्रा)	अमोनियम (मिग्रा / किग्रा)	फास्फेट (मिग्रा / किग्रा)	कार्बन घनत्व (टन / हे.)
7.89	0.34	0.341	1.59	1.89	2.13	7.23	16.06

फ. प्राचीन इतिहास एवं अवस्था

यह एक काफी पुराना ओरण है। लोकदेवी माताजी के नाम पर स्थापित इस ओरण में स्थानीय लोग पूजा अर्चना किया करते हैं। स्थानीय समुदाय द्वारा ही यह ओरण सुरक्षित एवं संरक्षित भी हैं। वर्तमान समय में इस ओरण में केर एवं कुमठ के वृक्ष प्रजातियों की प्रमुखता हैं।

राजस्थान के पवित्र उपवनों से संबन्धित आंकड़े

पवित्र उपवन संख्या **56**

अ. पवित्र उपवनों के बारे में मूलभूत जानकारी

पवित्र उपवन का नाम: धर्नेश्वर महादेव का ओरण
गाँव: बोरवाड़ा
पंचायत: जालोर
निकटतम वन ब्लॉक: –
क्षेत्र स्थिति: सामुदायिक भूमि
जिला: जालोर
क्षेत्रफल: 115 बीघा
ऊँचाई (मी.): 123
अक्षांश: 25° 15′ 36.6″ उत्तर
देशांतर: 72° 16′30.0″ पूर्व

ब. स्थलाकृतिक विशेषताएँ

अपरदन स्थिति	**स्थलाकृति**	**मृदा गहराई**
थोड़ा	मुख्यतः समतल	गहरी (>100सेमी)

स. वनस्पति स्थिति

महत्व मूल्य सूचकांक के साथ वृक्ष प्रजातियाँ

मीठा जाल (193), खेजड़ी (53), केर (32), विलायती बबूल (54), कंकेड़ा (10)

महत्व मूल्य सूचकांक के साथ झाड़ी प्रजातियाँ

भू–बावली (151), आँवल (111), खिंप (38)

प्रभावी प्रजाति संख्या वृक्ष : 1.63 झाड़ी : 1.60

शाकीय एवं घास प्रजातियाँ

उन्दोंकांटो, लापड़, *ब्रैकेरिया रेमोसा, हेलियोट्रोपियम मेरीफोलियम, जस्टिसिया प्रोकंबेन्स,* बेकर, *मोलुगों सर्वियाना, ट्राइडेक्स प्रोकंबेन्स,* बिऊना

द. वन्य जीवन

चन्दन गोह, मोर, तोता, कबूतर, कोयल, मरू खरगोश, गिलहरी, सियाल, लकड़बग्घा, नीलगाय, साँप, आदि

ई. मृदा गुण

पी. एच.	ई.सी. (डेसी सिमेन / मी)	मृदा कार्बन (%)	मृदा घनत्व (ग्राम / सेमी^{3})	नाइट्रेट (मिग्रा / किग्रा)	अमोनियम (मिग्रा / किग्रा)	फास्फेट (मिग्रा / किग्रा)	कार्बन घनत्व (टन / हे.)
7.85	0.18	0.135	1.56	4.38	6.30	14.24	5.46

फ. प्राचीन इतिहास एवं अवस्था

ग्रामीणों के अनुसार यह एक काफी पुराना ओरण हैं जिसे भगवान शिव के नाम पर संरक्षित एवं सुरक्षित किया जा रहा है। इस ओरण के अंदर एक मंदिर है जिसकी देखभाल मंदिर ट्रस्ट द्वारा किया जा रहा है। इस पुनीत वन में मीठे जाल के वृक्षों की प्रमुखता है लेकिन विलायती बबूल की घुसपैठ हो चुकी है।

राजस्थान के पवित्र उपवनों से संबन्धित आंकड़े

पवित्र उपवन संख्या **57**

अ. पवित्र वनों के बारे में मूलभूत जानकारी

पवित्र उपवन का नाम: दूधेश्वर महादेव का ओरण

गाँव: नून

पंचायत: जालोर

निकटतम वन ब्लॉक: सायला

क्षेत्र स्थिति: सामुदायिक भूमि

जिला: जालोर

क्षेत्रफल: 224 बीघा

ऊँचाई (मी.): 165

अक्षांश: 25° 10′ 78.1″ उत्तर देशांतर: 72° 29′ 83.0″ पूर्व

ब. स्थलाकृतिक विशेषताएँ

अपरदन स्थिति	स्थलाकृति	मृदा गहराई
मध्यम	परिवर्तनीय समतल भूमि	गहरी (>100 सेमी)

स. वनस्पति स्थिति

महत्व मूल्य सूचकांक के साथ वृक्ष प्रजातियाँ	महत्व मूल्य सूचकांक के साथ झाड़ी प्रजातियाँ
रोहिडा (233), खेजड़ी (21), विलायती बबूल (16), रौंज (20), नीम (10)	भू–बावली (264), आँवल (36)

प्रभावी प्रजाति संख्या वृक्ष : 2.48 झाड़ी : 1.14

शाकीय एवं घास प्रजातियाँ

आइपोमिया पेस्टाइग्रिडिस, हेलियोट्रोमियम मेरीफोलियम, बिऊना

द. वन्य जीवन

चन्दन गोह, मरू खरगोश, मोर, तोता, कबूतर, गिलहरी, सियाल, लकड़बग्घा, नीलगाय, स्थानीय साँप, साँड़ा आदि।

ई. मृदा गुण

पी. एच.	ई.सी. (डेसी सिमेन/मी)	मृदा कार्बन (%)	मृदा घनत्व (ग्राम/सेमी^{3})	नाइट्रेट (मिग्रा/किग्रा)	अमोनियम (मिग्रा/किग्रा)	फास्फेट (मिग्रा/किग्रा)	कार्बन घनत्व (टन/हे.)
7.85	0.28	0.090	1.61	3.75	5.12	12.46	4.32

फ. प्राचीन इतिहास एवं अवस्था

भगवान शिव के नाम पर स्थानीय समुदाय द्वारा सुरक्षित एवं संरक्षित यह एक बहुत ही पुराना ओरण हैं। इसके अंदर एक काफी पुराना मंदिर भी है जिसकी देखभाल वर्तमान समय में स्थानीय समुदाय करता है जिसके फलस्वरूप यह ओरण काफी अच्छी दशा में है। इसमें स्थानीय प्रजातिया जैसे राहिड़ा एवं खेजड़ी के वृक्षों की प्रमुखता है, परन्तु विलायती बबूल की इस ओरण में घुसपैठ हो चुकी है।

राजस्थान के पवित्र उपवनों से संबन्धित आंकड़े

पवित्र उपवन संख्या 58

अ. पवित्र उपवनों के बारे में मूलभूत जानकारी

पवित्र उपवन का नाम	झूटाना माताजी का ओरण
गाँव	भोरडा
पंचायत	आहोर
निकटतम वन ब्लॉक	–
क्षेत्र स्थिति	सामुदायिक भूमि
जिला	जालोर
क्षेत्रफल	100 बीघा
ऊँचाई (मी.)	174
अक्षांश	25° 40′ 18.6″ उत्तर
देशांतर	72° 47′ 34.0″ पूर्व

ब. स्थलाकृतिक विशेषताएँ

अपरदन स्थिति	स्थलाकृति	मृदा गहराई
कम	समान्यतः समतल भूमि	गहरी (>100 सेमी)

स. वनस्पति स्थिति

महत्व मूल्य सूचकांक के साथ वृक्ष प्रजातियाँ

मीठा जाल (198), विलायती बबूल (58), केर (44)

महत्व मूल्य सूचकांक के साथ झाड़ी प्रजातियाँ

आँवल (300)

प्रभावी प्रजाति संख्या वृक्ष : 2.25 झाड़ी : 1.00

शाकीय एवं घास प्रजातियाँ

उन्दों–कांटो, हुलहुल (*क्लियोम विस्कोसा*), चीर–चिटा (*कोरकोरस ट्राइडेंस*), *हेलियोट्रोपियम मेरीफोलियम*, बिऊना

द. वन्य जीवन

चन्दन गोह, खरगोश, नीलगाय, गिलहरी, गौरैया आदि

ई. मृदा गुण

पी. एच.	ई.सी. (डेसी सिमेन / मी)	मृदा कार्बन (%)	मृदा घनत्व (ग्राम / सेमी^{3})	नाइट्रेट (मिग्रा / किग्रा)	अमोनियम (मिग्रा / किग्रा)	फास्फेट (मिग्रा / किग्रा)	कार्बन घनत्व (टन / हे.)
7.36	0.21	0.135	1.55	3.05	3.18	10.24	6.12

फ. प्राचीन इतिहास एवं अवस्था

लोक देवी झूटाना माताजी के नाम पर संरक्षित यह ओरण बहुत ही पुराना ओरण है, जिसमें अंदर एक पुराना मंदिर भी है। इस मंदिर की देखभाल मंदिर ट्रस्ट द्वारा किया जाता है। ओरण का संरक्षण एवं सुरक्षा स्थानीय समुदाय द्वारा किया जाता है। मीठे जाल के वृक्षों की इसमें प्रमुखता है।

राजस्थान के पवित्र उपवनों से संबन्धित आंकड़े

पवित्र उपवन संख्या **59**

अ. पवित्र उपवनों के बारे में मूलभूत जानकारी

पवित्र उपवन का नाम	कल्लाजी का ओरण
गाँव	अकवड़ खुर्द
पंचायत	खाबपुर
निकटतम वन ब्लॉक	–
क्षेत्र स्थिति	सामुदायिक भूमि
जिला	झालावाड़
क्षेत्रफल	50 बीघा
ऊँचाई (मी.)	326
अक्षांश	24° 37′ 33.0″ उत्तर
देशांतर	76° 29′ 34.8″ पूर्व

ब. स्थलाकृतिक विशेषताएँ

अपरदन स्थिति	**स्थलाकृति**	**मृदा गहराई**
मध्यम	मुख्यतः समतल भूमि	मध्यम गहरी (25–50 सेमी)

स. वनस्पति स्थिति

महत्व मूल्य सूचकांक के साथ वृक्ष प्रजातियाँ

रौंज (155), तेंदू (80), विलायती बबूल (31), चुरेल (14), वन खजूर (*सिल्वेस्ट्रिस*) (11), देशी बबूल (9)

महत्व मूल्य सूचकांक के साथ झाड़ी प्रजातियाँ

कोई झाड़ी नहीं।

प्रभावी प्रजाति संख्या वृक्ष : 3.68 झाड़ी : 0

शाकीय एवं घास प्रजातियाँ

दूब, हेलियोट्रोपियम मेरीफोलियम

द. वन्य जीवन

नील गाय, सांभर, जंगली सूअर, लकड़बग्घा आदि

ई. मृदा गुण

पी. एच.	ई.सी. (डेसी सिमेन/मी)	मृदा कार्बन (%)	मृदा घनत्व (ग्राम/सेमी^{3})	नाइट्रेट (मिग्रा/किग्रा)	अमोनियम (मिग्रा/किग्रा)	फास्फेट (मिग्रा/किग्रा)	कार्बन घनत्व (टन/हे.)
7.97	0.12	0.990	1.36	3.22	4.40	10.45	25.53

फ. प्राचीन इतिहास एवं अवस्था

स्थानीय एवं ऐतिहासिक दन्त कथाओं के नाम पर स्थानीय समुदाय द्वारा यह ओरण संरक्षित एवं सुरक्षित है। इस पुनीत उपवन में एक मंदिर भी स्थापित है। लोगों की मान्यता है कि साँप के काटने पर इस ओरण एवं मंदिर में आने से लोग ठीक हो जाते हैं। इस उपवन में रौंज के वृक्षों की प्रमुखता है, लेकिन विलायती बबूल की संख्या में लगातार वृद्धि हो रही हैं।

राजस्थान के पवित्र उपवनों से संबन्धित आंकड़े

पवित्र उपवन संख्या **60**

अ. पवित्र उपवनों के बारे में मूलभूत जानकारी

पवित्र उपवन का नाम	बाबुलाल स्मृति वन
गाँव	तांड़ी सोहनपुरा
पंचायत	झालरापाटन
निकटतम वन ब्लॉक	बापुलाला स्मृति वन
क्षेत्र स्थिति	सामुदायिक भूमि
जिला	झालावाड़
क्षेत्रफल	14 बीघा
ऊँचाई (मी.)	371
अक्षांश	24° 30′ 04.2″ उत्तर
देशांतर	76° 23′ 09.7″ पूर्व

ब. स्थलाकृतिक विशेषताएँ

अपरदन स्थिति	**स्थलाकृति**	**मृदा गहराई**
मध्यम	ढलान युक्त पहाड़ी	उथली (<25 सेमी)

स. वनस्पति स्थिति

महत्व मूल्य सूचकांक के साथ वृक्ष प्रजातियाँ	**महत्व मूल्य सूचकांक के साथ झाड़ी प्रजातियाँ**
काला धोक (193), तेंदू (95), कलम (13)	कोई झाड़ी प्रजाति नहीं।
प्रभावी प्रजाति संख्या वृक्ष : 2.10	झाड़ी : 0.00

शाकीय एवं घास प्रजातियाँ

ब्लूमिया एरिएन्था, बोरेरिया प्युसीला, नीली शंखपुष्पी, बेकर, *जस्टीसिया प्रोकंबेन्स, टेट्रापोगन टेनेलस, ट्राइडेक्स प्रोकंबेन्स*

द. वन्य जीवन

खरगोश, मोर आदि

ई. मृदा गुण

पी. एच.	ई.सी. (डेसी सिमेन / मी)	मृदा कार्बन (%)	मृदा घनत्व (ग्राम / सेमी^{3})	नाइट्रेट (मिग्रा / किग्रा)	अमोनियम (मिग्रा / किग्रा)	फास्फेट (मिग्रा / किग्रा)	कार्बन घनत्व (टन / हे.)
7.75	0.23	0.585	1.52	6.54	6.50	8.30	15.64

फ. प्राचीन इतिहास एवं अवस्था

इस ओरण का नाम एक प्रकृति प्रेमी के नाम पर रखा गया है, जिसमें महादेवजी का एक पुराना मंदिर भी है। इस मंदिर में स्थानीय लोग भगवान शिव की पूजा अर्चना करने आते हैं, जिससे इस पुनीत वन का संरक्षण भी होता है। प्रत्येक शिवरात्रि के दिन प्रकृति प्रेमी बाबूलालजी के नाम पर यहाँ एक बड़ा मेला लगा करता है। इस उपवन में काले धोकड़े के वृक्षों की अधिकता है।

राजस्थान के पवित्र उपवनों से संबन्धित आंकड़े

पवित्र उपवन संख्या **61**

अ. पवित्र उपवनों के बारे में मूलभूत जानकारी

पवित्र उपवन का नाम	देवनारायणजी का आश्रम
गाँव	सवलपुरा, खेरिया
पंचायत	बाकनी
वन ब्लॉक	—
क्षेत्र स्थिति	सामुदायिक भूमि
जिला	झालावाड़
क्षेत्रफल	100 बीघा
ऊँचाई (मी)	366
अक्षांश	24° 21′ 21.9″ उत्तर
देशांतर	76° 18′ 33.7″ पूर्व

ब. स्थलाकृति विशेषताएं

अपरदन स्थिति	**स्थलाकृति**	**मृदा गहराई**
मध्यम	अधिकांशतः समतल भूमि	मध्यम गहरी (50–100 सेमी)

स. वनस्पति स्थिति

महत्व मूल्य सूचकांक के साथ वृक्ष प्रजातियाँ	**महत्व मूल्य सूचकांक के साथ झाड़ी प्रजातियाँ**
रौंज (148), वन खजूर (92), नीम (18), विलायती बबूल (17), पीपल (10), चुरेल (8), बेर (7)	सफेद आक (300)

प्रभावी प्रजाति संख्या वृक्ष : 3.16 झाड़ी : 1.00

शाकीय एवं घास प्रजातियाँ

पुआड़, नीली शखपुष्पी, दुद्धि, बेकर, *ट्राइडेकस प्रोकंबेन्स*

द. वन्य जीवन

नेवला, खरगोश, मोर आदि

ई. मृदा गुण

पी. एच.	ई.सी. (डेसी सिमेन/मी)	मृदा कार्बन (%)	मृदा घनत्व (ग्राम/सेमी^{3})	नाइट्रेट (मिग्रा/किग्रा)	अमोनियम (मिग्रा/किग्रा)	फास्फेट (मिग्रा/किग्रा)	कार्बन घनत्व (टन/हे.)
7.04	0.14	0.450	1.59	7.23	3.00	5.12	19.21

फ. प्राचीन इतिहास एवं अवस्था

गुर्जर समुदाय के कुल देवता भगवान देवनारायणजी के नाम पर संरक्षित यह क्षेत्र काफी पुराना ओरण है। इसमें एक छोटा सा मंदिर भी है, जहाँ स्थानीय लोग आकर देवनारायणजी की प्रार्थना एवं पूजा करते हैं। इस वन में प्रमुख रूप से पाया जाने वाला वृक्ष रौंज व वन खजूर है।

राजस्थान के पवित्र उपवनों से संबन्धित आंकड़े

पवित्र उपवन संख्या 62

अ. पवित्र उपवनों के बारे में मूलभूत जानकारी

पवित्र उपवन का नाम	शिव मंदिर केलखेउरा
गाँव	दुधार खेड़ी, चंदेरिया, केलखेउरा
पंचायत	घाटोली
वन ब्लॉक	———
क्षेत्र स्थिति	सामुदायिक भूमि
जिला	झालावाड़
क्षेत्रफल	400 बीघा
ऊँचाई (मी.)	345
अक्षांश	24° 18′ 53.3″ उत्तर
देशांतर	76°90′ 40.5″ पूर्व

ब. स्थलाकृतिक विशेषताएँ

अपरदन स्थिति	**स्थलाकृति**	**मृदा गहराई**
मध्यम से अधिक	ढ़ालयुक्त पहाड़ी	उथला या कम गहरी (<25 सेमी)

स. वनस्पति स्थिति

महत्व मूल्य सूचकांक के साथ वृक्ष प्रजातियाँ	**महत्व मूल्य सूचकांक के साथ झाड़ी प्रजातियाँ**
तेंदू (161), बहेरा (59), महुआ (42), काला धोक (38)	कोई झाड़ी प्रजाति नहीं
प्रभावी प्रजाति संख्या वृक्ष : 2.30	झाड़ी : 0

शाकीय एवं घास प्रजातियाँ

बोरेरिया प्युसीला, ब्रैकिएरिया रिपेन्स, नीली शंखपुष्पी, दुद्धि, बेकर, *जस्टीसिया प्रोकंबेन्स, ट्राइडेक्स प्रोकंबेन्स*

द. वन्य जीवन

पैंथर, नीलगाय, जंगली कुत्ता, सांभर, जंगली सूअर, लकड़बग्घा, खरगोश आदि

ई. मृदा गुण

पी. एच.	ई.सी. (डेसी सिमेन/मी)	मृदा कार्बन (%)	मृदा घनत्व (ग्राम/सेमी^{3})	नाइट्रेट (मिग्रा/किग्रा)	अमोनियम (मिग्रा/किग्रा)	फास्फेट (मिग्रा/किग्रा)	कार्बन घनत्व (टन/हे.)
8.43	0.11	0.285	1.63	3.65	3.20	6.50	5.78

फ. प्राचीन इतिहास एवं अवस्था

यह लगभग 400 वर्ष पुराना पुनीत वन है, जहाँ पर (गाँव केलखेरूवा, घटोली) गुरू माखनदासजी महाराज ने समाधि ली थी। इस ओरण में एक मंदिर है जहाँ लोग एकत्रित होते हैं एवं प्रार्थना व पूजा करते हैं। यहाँ पर एक प्राकृतिक जल स्रोत भी है, जहाँ से लोग पानी पीते हैं। इस पुनीत वन में तेंदू के वृक्षों की प्रमुखता है।

राजस्थान के पवित्र उपवनों से संबन्धित आंकड़े

पवित्र उपवन संख्या **63**

अ. पवित्र उपवनों के बारे में मूलभूत जानकारी

पवित्र उपवन का नाम	भैरवजी का बारा
गाँव	लदानिया, खेड़ा
पंचायत	खानपुर
वन ब्लॉक	–
क्षेत्र स्थिति	सामुदायिक भूमि
जिला	झालावाड़
क्षेत्रफल	15 बीघा
ऊँचाई (मी.)	295
अक्षांश	24° 39′ 03.9″ उत्तर
देशांतर	76° 08′ 01.4″ पूर्व

ब. स्थलाकृतिक विशेषताएँ

अपरदन स्थिति	**स्थलाकृति**	**मृदा गहराई**
मध्यम	समतल भूमि	गहरी (>100 सेमी)

स. वनस्पति स्थिति

महत्व मूल्य सूचकांक के साथ वृक्ष प्रजातियाँ	**महत्व मूल्य सूचकांक के साथ झाड़ी प्रजातियाँ**
पलास (100), खजूर (59), इमली (39), पीपल (26), रौंज (21), चुरेल (18), देशी बबूल (17), कलम (10), तेंदू (5), बहेरा (5)	हींस (150), *क्रिप्टोलेपिस बूचनानी* (112), कांटेर (38)

प्रभावी प्रजाति संख्या वृक्ष : 5.03 झाड़ी : 1.40

शाकीय एवं घास प्रजातियाँ

पूआड़, नीली शंखपुष्पी, बेकर, *जस्टीसिया प्रोकंबेन्स, ट्राइडेक्स प्रोकंबेन्स*

द. वन्य जीवन

मरू खरगोश, नीलगाय

ई. मृदा गुण

पी. एच.	ई.सी. (डेसी सिमेन / मी)	मृदा कार्बन (%)	मृदा घनत्व (ग्राम / सेमी^{3})	नाइट्रेट (मिग्रा / किग्रा)	अमोनियम (मिग्रा / किग्रा)	फास्फेट (मिग्रा / किग्रा)	कार्बन घनत्व (टन / हे.)
7.14	0.09	0.375	1.60	2.59	5.00	8.30	16.40

फ. प्राचीन इतिहास एवं अवस्था

भैरवजी के नाम से सुरक्षित एवं संरक्षित यह एक काफी पुराना ओरण है। यह ओरण पलास के वृक्षों की प्रधानता के साथ ही अन्य वृक्ष प्रजातियों से भी परिपूर्ण है। इस ओरण के अंदर एक पारंपरिक पूजा स्थल भी है, जहाँ स्थानीय लोग एकत्रित होकर अपनी मनोकामना की पूर्ति हेतु भैरवजी की पूजा करते हैं।

राजस्थान के पवित्र उपवनों से संबन्धित आंकड़े

पवित्र उपवन संख्या **64**

अ. पवित्र उपवनों के बारे में मूलभूत जानकारी

पवित्र उपवन का नाम	बिहारीजी का मंदिर ओरण
गाँव	बृंदावन, भडुन्दा कला
पंचायत	भडुन्दा कला
वन ब्लॉक	चिरावा
क्षेत्र स्थिति	सामुदायिक भूमि
जिला	झून्झूनु
क्षेत्रफल	60 बीघा
ऊँचाई (मी.)	356
अक्षांश	28° 05′ 37.0″ उत्तर
देशांतर	75° 32′ 59.9″ पूर्व

ब. स्थलाकृतिक विशेषताएँ

अपरदन स्थिति	**स्थलाकृति**	**मृदा गहराई**
मध्यम	समतल भूमि	गहरी मृदा (>100 सेमी)

स. वनस्पति स्थिति

महत्व मूल्य सूचकांक के साथ वृक्ष प्रजातियाँ	**महत्व मूल्य सूचकांक के साथ झाड़ी प्रजातियाँ**
मीठा जाल (160), खेजड़ी (117), देशी बबूल (23)	कोई झाड़ी प्रजाति नहीं
प्रभावी प्रजाति संख्या वृक्ष : 2.16	झाड़ी : 0.00

शाकीय एवं घास प्रजातियाँ

जंगली चौलाई, दूब, पूआड़, घोड़ा दूब, गोखरू

द. वन्य जीवन

खरगोश, नीलगाय

ई. मृदा गुण

पी. एच.	ई.सी. (डेसी सिमेन / मी)	मृदा कार्बन (%)	मृदा घनत्व (ग्राम / सेमी^{3})	नाइट्रेट (मिग्रा / किग्रा)	अमोनियम (मिग्रा / किग्रा)	फास्फेट (मिग्रा / किग्रा)	कार्बन घनत्व (टन / हे.)
6.90	0.22	0.165	1.65	1.55	6.91	11.20	8.17

फ. प्राचीन इतिहास एवं अवस्था

यह एक बहुत ही पुराना ओरण है, जहाँ 500 वर्ष पूर्व बिहारीजी के नाम से एक मंदिर स्थापित किया गया था। इसे देखने के लिए बहुत से श्रद्धालु प्रतिदिन यहाँ आया करते हैं। यह मंदिर अपनी पुराकालीन पेंटिंग एवं भित्ति चित्र के लिए प्रसिद्ध है। वर्तमान में इस ओरण में मीठे जाल के वृक्षों की प्रमुखता है, और इसमें वृक्षों को काटना पूर्ण रूप से वर्जित है।

राजस्थान के पवित्र उपवनों से संबन्धित आंकड़े

पवित्र उपवन संख्या **65**

अ. पवित्र उपवनों के बारे में मूलभूत जानकारी

पवित्र उपवन का नाम पृथ्वीराज की बन्नी
गाँव भचूण्ड़ा खुर्द
पंचायत भचूण्ड़ा खुर्द
वन ब्लॉक चिड़ावा
क्षेत्र स्थिति सामुदायिक भूमि
जिला झून्झूनु
क्षेत्रफल 250 बीघा
ऊँचाई (मी.) 332
अक्षांश 28° 08′ 29.0″ उत्तर देशांतर 75° 30′ 36.2″ पूर्व

ब. स्थलाकृतिक विशेषताएँ

अपरदन स्थिति	**स्थलाकृति**	**मृदा गहराई**
मध्यम	मुख्यतः समतल भूमि	गहरी (>100 सेमी)

स. वनस्पति स्थिति

महत्व मूल्य सूचकांक के साथ वृक्ष प्रजातियाँ	**महत्व मूल्य सूचकांक के साथ झाड़ी प्रजातियाँ**
खेजड़ी (218), केर (68), मीठा जाल (15)	आक (300)

प्रभावी प्रजाति संख्या वृक्ष : 1.88 झाड़ी : 1.00

शाकीय एवं घास प्रजातियाँ

जंगली चौलाई, दूब, पूआड़, गांठिया, दुद्धि, काली बुई, बेकर, बिऊना, गोखरू, *वरनोनिया सिनेरिया, वर्बीसीना एन्सिलोइडिस* या विलायती सूरजमुखी

द. वन्य जीवन

खरगोश, नीलगाय आदि

ई. मृदा गुण

पी. एच.	ई.सी. (डेसी सिमेन/मी)	मृदा कार्बन (%)	मृदा घनत्व (ग्राम/सेमी^{3})	नाइट्रेट (मिग्रा/किग्रा)	अमोनियम (मिग्रा/किग्रा)	फास्फेट (मिग्रा/किग्रा)	कार्बन घनत्व (टन/हे.)
7.46	0.12	0.390	1.62	2.02	1.16	5.20	18.95

फ. प्राचीन इतिहास एवं अवस्था

यह लगभग 200–250 वर्ष पुराना ओरण है, जहाँ खेजड़ी के वृक्षों की प्रमुखता है। यह ओरण झाखड़िया वंश के कुलदेव पृथ्वीराज के नाम पर स्थानीय समुदायों द्वारा संरक्षित है। इसमें एक मंदिर भी है जो उनकी यादगार में बनवाया गया है। स्थानीय लोग यहाँ आकर पूजा व प्रार्थना करते हैं।

राजस्थान के पवित्र उपवनों से संबन्धित आंकड़े

पवित्र उपवन संख्या 66

अ. पवित्र उपवनों के बारे में मूलभूत जानकारी

पवित्र उपवन का नाम	पंचमीर पीर की बन्नी
गाँव	महावाड़ी
पंचायत	नवलगढ़
वन ब्लॉक	लोहगल
क्षेत्र स्थिति	सामुदायिक भूमि
जिला	झून्झूनु
क्षेत्रफल	100 बीघा
ऊँचाई (मी.)	450
अक्षांश	27° 44′ 15.3″ उत्तर
देशांतर	75° 19′ 30.7″ पूर्व

ब. स्थलाकृतिक विशेषताएँ

अपरदन स्थिति	**स्थलाकृति**	**मृदा गहराई**
मध्यम	सामान्यतः समतल भूमि	गहरी मृदा (>100 सेमी)

स. वनस्पति स्थिति

महत्व मूल्य सूचकांक के साथ वृक्ष प्रजातियाँ

इजरायली बबूल (125), खेजड़ी (116), देशी बबूल (30), कंकेड़ा (16), केर (13)

महत्व मूल्य सूचकांक के साथ झाड़ी प्रजातियाँ

झाड़ बेर (237), आक (63)

प्रभावी प्रजाति संख्या वृक्ष : 2.43 झाड़ी : 1.81

शाकीय एवं घास प्रजातियाँ

जंगली चौलाई, दूब, पुआड़, गांठिया, काली बुई, बेकर, बिऊना, गोखरू, *वरनोनिया सिनेरिया*

द. वन्य जीवन

खरगोश, गौरैया आदि

ई. मृदा गुण

पी. एच.	ई.सी. (डेसी सिमेन / मी)	मृदा कार्बन (%)	मृदा घनत्व (ग्राम / सेमी^{3})	नाइट्रेट (मिग्रा / किग्रा)	अमोनियम (मिग्रा / किग्रा)	फास्फेट (मिग्रा / किग्रा)	कार्बन घनत्व (टन / हे.)
6.18	0.14	0.180	1.63	4.04	4.60	10.40	8.80

फ. प्राचीन इतिहास एवं अवस्था

पंचमीर पीर के नाम से स्थापित यह ओरण लगभग 300 वर्ष पुराना है। स्थानीय लोग यहाँ आकर पीर बाबा की मजार पर माथा टेकते एवं पूजा करते हैं साथ ही इस ओरण की सुरक्षा तथा इसके संरक्षण में भागीदारी भी निभाते हैं। इस ओरण में इजरायली बबूल की प्रधानता है जो पौध रोपण के द्वारा लगाया हुआ प्रतीत होता है।

राजस्थान के पवित्र उपवनों से संबन्धित आंकड़े

पवित्र उपवन संख्या **67**

अ. पवित्र उपवनों के बारे में मूलभूत जानकारी

पवित्र उपवन का नाम	कोलू पाबूजी का ओरण
गाँव	कोलू पाबूजी
पंचायत	बाप
वन ब्लॉक	–
क्षेत्र स्थिति	सामुदायिक भूमि
जिला	जोधपुर
क्षेत्रफल	20000 बीघा
ऊँचाई (मी.)	262
अक्षांश	26° 55′ 03.1″ उत्तर
देशांतर	72° 18′ 44.6″ पूर्व

ब. स्थलाकृतिक विशेषताएँ

अपरदन स्थिति	**स्थलाकृति**	**मृदा गहराई**
थोड़ा	समतल भूमि	मध्यम (50–100 सेमी)

स. वनस्पति स्थिति

महत्व मूल्य सूचकांक के साथ वृक्ष प्रजातियाँ	**महत्व मूल्य सूचकांक के साथ झाड़ी प्रजातियाँ**
केर (240), खेजड़ी (60)	कोई झाड़ी नहीं

प्रभावी प्रजाति संख्या वृक्ष : 1.04 झाड़ी : 0.00

शाकीय एवं घास प्रजातियाँ

गांठिया, बुई

द. वन्य जीवन

नील गाय, हिरण, कोबरा साँप आदि

ई. मृदा गुण

पी. एच.	ई.सी. (डेसी सिमेन/मी)	मृदा कार्बन (%)	मृदा घनत्व (ग्राम/सेमी^{3})	नाइट्रेट (मिग्रा/किग्रा)	अमोनियम (मिग्रा/किग्रा)	फास्फेट (मिग्रा/किग्रा)	कार्बन घनत्व (टन/हे.)
7.23	0.23	0.220	1.62	2.22	5.26	5.66	10.22

फ. प्राचीन इतिहास एवं अवस्था

राजस्थान के प्रमुख लोक देवताओं में पाबूजी के नाम से स्थापित यह ओरण इस क्षेत्र के बड़े ओरणों में से एक है। वे 14वीं सदी में राजस्थान में थे और इस समय रबारी पशुपालकों एवं अन्य समुदायों के पूजनीय लोकदेवता हैं। पाबूजी के नाम से यहाँ लगभग 500 पुराना एक मंदिर हैं। इन्हें ऊँटों के देवता के रूप में भी जाना जाता है। इस ओरण में खेजड़ी, केर व बेर के वृक्षों की प्रमुखता है।

राजस्थान के पवित्र उपवनों से संबन्धित आंकड़े

पवित्र उपवन संख्या 68

अ. पवित्र उपवनों के बारे में मूलभूत जानकारी

पवित्र उपवन का नाम: करणी माताजी का ओरण
गाँव: खारी खुर्द
पंचायत: लूनी
वन ब्लॉक: खारी खुर्द
क्षेत्र स्थिति: सामुदायिक भूमि
जिला: जोधपुर
क्षेत्रफल: 175 बीघा
ऊँचाई (मी.): 230
अक्षांश: 26° 10′ 26.9″ उत्तर देशांतर: 73° 21′ 10.5″ पूर्व

ब. स्थलाकृतिक विशेषताएँ

अपरदन स्थिति	**स्थलाकृति**	**मृदा गहराई**
मध्यम	सामान्यतः समतल भूमि	गहरी (>100 सेमी)

स. वनस्पति स्थिति

महत्व मूल्य सूचकांक के साथ वृक्ष प्रजातियाँ

केर (139), विलायती बबूल (125), खेजड़ी (20), मीठा जाल (16)

महत्व मूल्य सूचकांक के साथ झाड़ी प्रजातियाँ

झाड़ी बेर (82), गंगेटी (80), आक (78), सीनिया (30), बुई (30)

प्रभावी प्रजाति संख्या वृक्ष : 2.47 झाड़ी : 4.71

शाकीय एवं घास प्रजातियाँ

पुआड़, गांठिया, *इरेग्रोस्टि सिलिएरिस,* काली बुई, बेकर, बिऊना, गोखरू, *वरनोनिया सिनेरिया*

द. वन्य जीवन

जंगली कुत्ता, गिलहरी

ई. मृदा गुण

पी. एच.	ई.सी. (डेसी सिमेन/मी)	मृदा कार्बन (%)	मृदा घनत्व (ग्राम/सेमी^{3})	नाइट्रेट (मिग्रा/किग्रा)	अमोनियम (मिग्रा/किग्रा)	फास्फेट (मिग्रा/किग्रा)	कार्बन घनत्व (टन/हे.)
8.18	0.38	0.210	1.63	2.96	6.43	6.44	10.17

फ. प्राचीन इतिहास एवं अवस्था

यह प्राचीन ओरण करणी माताजी, जिनका मुख्य मंदिर देशनोक, बीकानेर जिले में है, के नाम से स्थापित है। इस ओरण में भी माताजी का एक मंदिर है, जहाँ स्थानीय निवासी पूजा पाठ करने के लिए एकत्रित होते हैं। इसमें केर के वृक्षों की प्रमुखता है, परन्तु विलायती बबूल भी तेजी से इस ओरण में फैल रहा है।

राजस्थान के पवित्र उपवनों से संबन्धित आंकड़े

पवित्र उपवन संख्या **69**

अ. पवित्र उपवनों के बारे में मूलभूत जानकारी

पवित्र उपवन का नाम — रामदेवजी का ओरण
गाँव — नांदिया, बिराही
पंचायत — बावड़ी
वन ब्लॉक — बिलाड़ा
क्षेत्र स्थिति — सामुदायिक भूमि
जिला — जोधपुर
क्षेत्रफल — 345 बीघा
ऊँचाई (मी.) — 273
अक्षांश — 26°31′ 05.6″ उत्तर देशांतर 73°17′ 48.5″ पूर्व

ब. स्थलाकृतिक विशेषताएँ

अपरदन स्थिति	स्थलाकृति	मृदा गहराई
मध्यम	लहरदार समतल भूमि	गहरी (>100 सेमी)

स. वनस्पति स्थिति

महत्व मूल्य सूचकांक के साथ वृक्ष प्रजातियाँ	महत्व मूल्य सूचकांक के साथ झाड़ी प्रजातियाँ
खेजड़ी (235), विलायती बबूल (65)	सफेद आक (300)
प्रभावी प्रजाति संख्या वृक्ष : 1.74	झाड़ी : 1.00

शाकीय एवं घास प्रजातियाँ

पुआड़, गांठिया, दुद्धि, *इरेग्रोस्टिस सिलिएरिस, हेलियोट्रोपियम मेरीफोलियम,* बेकर, बिऊना, गोखरू, *वरनोनिया सिनेरिया*

द. वन्य जीवन

जंगली कुत्ता, गिलहरी, गौरैया आदि

ई. मृदा गुण

पी. एच.	ई.सी. (डेसी सिमेन/मी)	मृदा कार्बन (%)	मृदा घनत्व (ग्राम/सेमी^{3})	नाइट्रेट (मिग्रा/किग्रा)	अमोनियम (मिग्रा/किग्रा)	फास्फेट (मिग्रा/किग्रा)	कार्बन घनत्व (टन/हे.)
8.24	0.24	0.300	1.59	4.46	5.32	4.90	11.61

फ. प्राचीन इतिहास एवं अवस्था

पश्चिमी राजस्थान में मुख्य रूप से पूज्य लोकदेवता बाबा रामदेव के नाम पर संरक्षित यह एक पुराना ओरण है, जहाँ स्थानीय निवासी बाबा रामदेव की पूजा करते हैं। वैसे इस ओरण में स्थानीय वृक्ष प्रजाति खेजड़ी की प्रमुखता है, परन्तु वर्तमान में विलायती बबूल का प्रभाव बढ़ रहा है।

राजस्थान के पवित्र उपवनों से संबन्धित आंकड़े

पवित्र उपवन संख्या **70**

अ. पवित्र उपवनों के बारे में मूलभूत जानकारी

पवित्र उपवन का नाम	पाबूजी का ओरण
गाँव	नांदिया प्रभावती
पंचायत	भोपालगढ़
वन ब्लॉक	नांदिया
क्षेत्र स्थिति	सामुदायिक भूमि
जिला	जोधपुर
क्षेत्रफल	40 बीघा
ऊँचाई (मी.)	349
अक्षांश	26°33′ 14.0″ उत्तर
देशांतर	73°20′ 56.8″ पूर्व

ब. स्थलाकृतिक विशेषताएँ

अपरदन स्थिति	स्थलाकृति	मृदा गहराई
मध्यम	पहाड़ी का ढ़लान	बहुत कम गहरी (<25 सेमी)

स. वनस्पति स्थिति

महत्व मूल्य सूचकांक के साथ वृक्ष प्रजातियाँ	महत्व मूल्य सूचकांक के साथ झाड़ी प्रजातियाँ
विलायती बबूल (300)	कोई झाड़ी प्रजाति नहीं

प्रभावी प्रजाति संख्या वृक्ष : 1.00 झाड़ी : 0

शाकीय एवं घास प्रजातियाँ

पुनर्नवा, *बोरेरिया प्युसीला, ब्रैकेरिया रेमोसा, ब्रैकेरिया रिपेन्स,* पूआड़, गांठिया, दुद्धि, *इरेग्रोस्टिस सिलिएरिस, हेलियोट्रोपियम मेरीफोलियम,* बेकर, बिऊना, गोखरू, *वरनोनिया सिनेरिया*

द. वन्य जीवन

गिलहरी, लोमड़ी, गौरैया आदि

ई. मृदा गुण

पी. एच.	ई.सी. (डेसी सिमेन/मी)	मृदा कार्बन (%)	मृदा घनत्व (ग्राम/सेमी^{3})	नाइट्रेट (मिग्रा/किग्रा)	अमोनियम (मिग्रा/किग्रा)	फास्फेट (मिग्रा/किग्रा)	कार्बन घनत्व (टन/हे.)
7.82	0.28	0.030	1.71	2.30	7.14	6.24	1.52

फ. प्राचीन इतिहास एवं अवस्था

राजस्थान में लोक देवता पाबूजी का महत्वपूर्ण स्थान है। यह ओरण उन्हीं के नाम पर स्थापित है, जहाँ स्थानीय समुदाय के लोग पाबूजी की पूजा करने आते हैं। यह ओरण पूर्ण रूप से विलायती बबूल के चपेट में है, तथा अन्य वृक्ष व झाड़ी प्रजातियाँ लगभग नगण्य हैं।

राजस्थान के पवित्र उपवनों से संबन्धित आंकड़े

पवित्र उपवन संख्या 71

अ. पवित्र उपवनों के बारे में मूलभूत जानकारी

पवित्र उपवन का नाम	जोलीयाली ओरण
गाँव	जोलीयाली
पंचायत	मंडोर
वन ब्लॉक	—
क्षेत्र स्थिति	सामुदायिक भूमि
जिला	जोधपुर
क्षेत्रफल	260 बीघा
ऊँचाई (मी.)	195
अक्षांश	26° 16′ 21.4″ उत्तर
देशांतर	72° 44′ 59.9″ पूर्व

ब. स्थलाकृतिक विशेषताएँ

अपरदन स्थिति	**स्थलाकृति**	**मृदा गहराई**
अत्यधिक व नालीयुक्त	ऊबड़–खाबड़ भूमि	गहरी (>100 सेमी)

स. वनस्पति स्थिति

महत्व मूल्य सूचकांक के साथ वृक्ष प्रजातियाँ	**महत्व मूल्य सूचकांक के साथ झाड़ी प्रजातियाँ**
खेजड़ी (267), इन्द्रोक धोक (33)	कोई झाड़ी प्रजाति नहीं
प्रभावी प्रजाति संख्या वृक्ष : 1.26	झाड़ी : 0

शाकीय एवं घास प्रजातियाँ

पुनर्नवा, *ब्रैकेरिया रेमोसा,* पूआड़, गांठिया, दुद्धि, *इरेग्रोस्टिस सिलिएरिस, हेलियोट्रोपियम मेरीफोलियम,* बेकर, बिऊना, गोखरू

द. वन्य जीवन

कोबरा साँप, गौरैया आदि

ई. मृदा गुण

पी. एच.	ई.सी. (डेसी सिमेन/मी)	मृदा कार्बन (%)	मृदा घनत्व (ग्राम/सेमी^{3})	नाइट्रेट (मिग्रा/किग्रा)	अमोनियम (मिग्रा/किग्रा)	फास्फेट (मिग्रा/किग्रा)	कार्बन घनत्व (टन/हे.)
7.67	0.34	0.300	1.66	2.18	6.16	4.50	5.00

फ. प्राचीन इतिहास एवं अवस्था

स्थानीय लोक देवता के नाम पर संरक्षित इस पुराने ओरण में एक नाड़ी भी है, जिसमे एकत्रित वर्षा जल पीने के काम में लिया जाता है। वैसे वृक्ष प्रजातियों में खेजड़ी की प्रमुखता है, परन्तु इंद्रोक धोक जो कि एक संकटापन्न प्रजाति है, के भी काफी पुराने वृक्ष यहाँ उपलब्ध हैं।

राजस्थान के पवित्र उपवनों से संबन्धित आंकड़े

पवित्र उपवन संख्या **72**

अ. पवित्र उपवनों के बारे में मूलभूत जानकारी

पवित्र उपवन का नाम जरडा बालाजी का ओरण

गाँव लांगरा

पंचायत सपोतरा

वन ब्लॉक लांगरा

क्षेत्र स्थिति सामुदायिक भूमि

जिला करौली

क्षेत्रफल 2 बीघा

ऊँचाई (मी.) 304

अक्षांश 26° 24′ 46.3″ उत्तर देशांतर 77° 07′ 30.9″ पूर्व

ब. स्थलाकृतिक विशेषताएँ

अपरदन स्थिति	**स्थलाकृति**	**मृदा गहराई**
मध्यम से अत्यधिक	नदी तल के साथ नाली युक्त	सामान्य गहराई (25–50 सेमी)

स. वनस्पति स्थिति

महत्व मूल्य सूचकांक के साथ वृक्ष प्रजातियाँ

इमली (71), आम (50), चुरेल (31), गूलर (30), बरगद (28), रौंज (27), वाव बरना (21), सफेद सिरिस (12), करंज (12), जामुन (11), आकाश नीम (7)

महत्व मूल्य सूचकांक के साथ झाड़ी प्रजातियाँ

आक (150), झाड़ बेर (100), सेलपी (27), एमना या नूतन (24)

प्रभावी प्रजाति संख्या वृक्ष : 8.75 झाडी : 2.85

शाकीय एवं घास प्रजातियाँ

बोरेरिया प्युसीला, ब्रैकेरिया रेमोसा, बोरहाविया रिपेन्स, पूआड़, दुद्धि, *इरेग्रोस्टिस सिलिएरिस, हेलियोट्रोपियम मेरीफोलियम,* बेकर, *लेपिडागेथिस ट्राइनर्विस, मेलेनोसेंक्रस जैकमोन्साइ,* बिऊना, *वरनोनिया सिनेरिया*

द. वन्य जीवन

गिलहरी, तोता, मोर आदि

ई. मृदा गुण

पी. एच.	ई.सी. (डेसी सिमेन/मी)	मृदा कार्बन (%)	मृदा घनत्व (ग्राम/सेमी^{3})	नाइट्रेट (मिग्रा/किग्रा)	अमोनियम (मिग्रा/किग्रा)	फास्फेट (मिग्रा/किग्रा)	कार्बन घनत्व (टन/हे.)
6.38	0.26	0.855	1.32	3.45	1.82	6.40	29.61

फ. प्राचीन इतिहास एवं अवस्था

लोक देवता जरडा बाला जी के नाम पर स्थानीय समुदाय द्वारा संरक्षित यह एक काफी पुराना ओरण है जहाँ स्थानीय निवासी पूजा अर्चना करते हैं। वैसे इस पुनीत वन में वृक्ष प्रजातियों की अधिकता है, परन्तु प्रमुख वृक्ष प्रजाति इमली है। इस वन में स्थानीय लोग सामान्यतः एकत्रित होकर विभिन्न सामाजिक कार्यों में हिस्सा लेते हैं।

राजस्थान के पवित्र उपवनों से संबन्धित आंकड़े

पवित्र उपवन संख्या **73**

अ. पवित्र उपवनों के बारे में मूलभूत जानकारी

पवित्र उपवन का नाम	बरबासनी माताजी का ओरण
गाँव	दुधेराई
पंचायत	अमारवा
वन ब्लॉक	बरबासनी
क्षेत्र स्थिति	सामुदायिक भूमि
जिला	करौली
क्षेत्रफल	252 बीघा
ऊँचाई (मी.)	279
अक्षांश	26°17′ 00.3″ उत्तर
देशांतर	76° 48′ 40.4″ पूर्व

ब. स्थलाकृतिक विशेषताएँ

अपरदन स्थिति	**स्थलाकृति**	**मृदा गहराई**
मध्यम	ढालयुक्त पहाड़ी	मध्यम गहरी (25–50 सेमी)

स. वनस्पति स्थिति

महत्व मूल्य सूचकांक के साथ वृक्ष प्रजातियाँ	**महत्व मूल्य सूचकांक के साथ झाड़ी प्रजातियाँ**
काला धोक (215), खिरनी (46), तेंदू (24), गुंदल (15)	कोई झाड़ी प्रजाति नहीं

प्रभावी प्रजाति संख्या वृक्ष : 1.79 झाड़ी : 0,00

शाकीय एवं घास प्रजातियाँ

बोरेरिया प्युसीला, ब्रैकेरिया रेमोसा, ब्रैकेएरिया रिपेन्स, पुआड़, दुद्धि, बेकर, *लेपिडागेथिस ट्राइनर्विस, मिलेनोसेंक्रस जेकमोन्साई, वरनोनिया सिनेरिया*

द. वन्य जीवन

नीलगाय, सांभर

ई. मृदा गुण

पी. एच.	ई.सी. (डेसी सिमेन/मी)	मृदा कार्बन (%)	मृदा घनत्व (ग्राम/सेमी^{3})	नाइट्रेट (मिग्रा/किग्रा)	अमोनियम (मिग्रा/किग्रा)	फास्फेट (मिग्रा/किग्रा)	कार्बन घनत्व (टन/हे.)
6.97	0.31	0.390	1.52	3.35	7.75	13.00	13.25

फ. प्राचीन इतिहास एवं अवस्था

यह पुनीत वन प्राचीन समय से सुरक्षित एवं संरक्षित है। इनके अन्दर लोक देवी बरबासनी माता जी का प्राचीन मंदिर है, जहाँ स्थानीय लोग एकत्रित होते हैं एवं अपनी समाज की भलाई के लिए माताजी की पूजा अर्चना करते हैं। इस ओरण में काले धोक के पुराने वृक्षों की प्रधानता है, परन्तु अन्य वृक्ष प्रजातियाँ भी उपलब्ध हैं।

राजस्थान के पवित्र उपवनों से संबन्धित आंकड़े

पवित्र उपवन संख्या **74**

अ. पवित्र उपवनों के बारे में मूलभूत जानकारी

पवित्र उपवन का नाम देवनारायणजी का वनी
गाँव श्यामपुर
पंचायत सपोटरा
वन ब्लॉक लंगरा
क्षेत्र स्थिति सामुदायिक भूमि
जिला करौली
क्षेत्रफल 21 बीघा
ऊँचाई (मी.) 375
अक्षांश 26°22′ 09.9″ उत्तर देशांतर 77°09′ 04.6″ पूर्व

ब. स्थलाकृतिक विशेषताएँ

अपरदन स्थिति	**स्थलाकृति**	**मृदा गहराई**
मध्यम	ढलान युक्त पहाड़ी	उथली (<25 सेमी)

स. वनस्पति स्थिति

महत्व मूल्य सूचकांक के साथ वृक्ष प्रजातियाँ

काला धोक (300)

महत्व मूल्य सूचकांक के साथ झाड़ी प्रजातियाँ

एमना (265), झाड बेर (35)

प्रभावी प्रजाति संख्या वृक्ष : 1.00 झाड़ी : 1.33

शाकीय एवं घास प्रजातियाँ

बोरेरिया प्युसीला, ब्रैकिएरिया रेमोसा, ब्रैकिएरिया रिपेन्स, कोरकोरस ट्राइडेंस, केसिया प्युमिला, युफार्बिया ग्रेनुलेरिस, दुद्धि, *हेकलोंक्लोआ ग्रेनुलेरिस* घास, बेकर, *लेपिडागेथिस ट्राइनर्विस, मेलेनोसेंक्रस जेकमोन्साई, वरनोनिया सिनेरिया*

द. वन्य जीवन

नीलगाय, जंगली कुत्ता, गौरैया

ई. मृदा गुण

पी. एच.	ई.सी. (डेसी सिमेन / मी)	मृदा कार्बन (%)	मृदा घनत्व (ग्राम / सेमी^{3})	नाइट्रेट (मिग्रा / किग्रा)	अमोनियम (मिग्रा / किग्रा)	फास्फेट (मिग्रा / किग्रा)	कार्बन घनत्व (टन / हे.)
7.85	0.18	0.435	1.45	7.09	3.90	9.00	14.74

फ. प्राचीन इतिहास एवं अवस्था

यह एक पुराना ओरण है जिसमे लगभग 25 साल पहले भगवान देवनारायणजी का एक मंदिर बनाया गया था। गुर्जर समुदाय से संबंधित 25 गांवों के लोगों ने स्वामी गणेशानन्द बाबा को इस मंदिर निर्माण में मदद किया है। इन गांवों के सभी परिवार मंदिर में अखंड ज्योति हेतु 250 ग्राम घी प्रति माह मंदिर को समर्पित करते हैं। इस ओरण में काले धोक के पुराने पेड़ों की प्रधानता है।

राजस्थान के पवित्र उपवनों से संबन्धित आंकड़े

पवित्र उपवन संख्या **75**

अ. पवित्र उपवनों के बारे में मूलभूत जानकारी

पवित्र उपवन का नाम	डार देवी माताजी का ओरण
गाँव	प्रहलादपुरा, उम्मेदगंज
पंचायत	लाडपुरा
वन ब्लॉक	डारदेवी
क्षेत्र स्थिति	सामुदायिक भूमि
जिला	कोटा
क्षेत्रफल	80 बीघा
ऊँचाई (मी.)	289
अक्षांश	25° 04′ 38.1″ उत्तर
देशांतर	75° 55″ 08.6″ पूर्व

ब. स्थलाकृतिक विशेषताएँ

अपरदन स्थिति	स्थलाकृति	मृदा गहराई
कम	लगभग समतल भूमि	मध्यम गहरी (50–100 सेमी)

स. वनस्पति स्थिति

महत्व मूल्य सूचकांक के साथ वृक्ष प्रजातियाँ

अर्जुन (95), कलम (41), काला धोक (37), विलायती बबूल (20), जंगल जलेबी (16), गुंदल (15), वन खजूर (14), पलास (12), रौंज (10), यूकेलिप्टस (8), नीम (6), कड़ाया (5), खिरनी (5), चुरेल (3), अमलतास (3)

महत्व मूल्य सूचकांक के साथ झाड़ी प्रजातियाँ

झाड़ बेर (196), कंकून या कांटेर (68), करौंदा (36)

प्रभावी प्रजाति संख्या वृक्ष : 8.84 झाड़ी : 2.28

शाकीय एवं घास प्रजातियाँ

ब्रैकिएरिया रेमोसा, ब्रैकिएरिया रिपेन्स, पुआड़, *केसिया प्युमिला, युफार्बिया ग्रेनुलेरिस,* दुद्धि, *हेक्लोंक्लोआ ग्रेनुलेरिस* घास, बेकर, *लेपिडागेथिस ट्राइनर्विस, मेलेनोसेंक्रस जेकमोनसाई, ट्राइडेक्स प्रोकंबेन्स, वरनोनिया सिनेरिया*

द. वन्य जीवन

हिरण, नीलगाय, सियाल आदि

ई. मृदा गुण

पी. एच.	ई.सी. (डेसी सिमेन/मी)	मृदा कार्बन (%)	मृदा घनत्व (ग्राम/सेमी^{3})	नाइट्रेट (मिग्रा/किग्रा)	अमोनियम (मिग्रा/किग्रा)	फास्फेट (मिग्रा/किग्रा)	कार्बन घनत्व (टन/हे.)
7.71	0.57	0.495	1.44	2.35	4.46	6.52	18.94

फ. प्राचीन इतिहास एवं अवस्था

यह एक प्राचीन ओरण है जिसमे डारदेवी माताजी का मंदिर है। पुराने समय में कोटा के राजा इनकी पूजा करने आया करते थे। इस क्षेत्र के लोग इस परम्परा को आज भी बनाए हुए हैं एवं डारदेवी माताजी के दर्शन एवं पूजा करते हैं। परम्पराओं के अनुसार यहाँ आज भी बकरियों की बलि दी जाती है। कुछ वर्षों पहले यहाँ केवड़ा के वृक्षों की बहुतायत थी, परन्तु वर्तमान में यहाँ अर्जुन के वृक्षों की प्रधानता है।

राजस्थान के पवित्र उपवनों से संबन्धित आंकड़े

पवित्र उपवन संख्या **76**

अ. पवित्र उपवनों के बारे में मूलभूत जानकारी

पवित्र उपवन का नाम देवनारायण भगवान ओरण

गाँव किचलहेड़ा

पंचायत लाडपुरा

निकटतम वन ब्लॉक ———

क्षेत्र स्थिति सामुदायिक भूमि

जिला कोटा

क्षेत्रफल 50 बीघा

ऊँचाई (मी.) 278

अक्षांश 25° 01′ 14.7″ उत्तर देशांतर 76° 03′ 38.7″ पूर्व

ब. स्थलाकृतिक विशेषताएँ

अपरदन स्थिति	**स्थलाकृति**	**मृदा गहराई**
मध्यम	मुख्यतः समतल भूमि	गहरी भूमि (>100 सेमी)

स. वनस्पति स्थिति

महत्व मूल्य सूचकांक के साथ वृक्ष प्रजातियाँ	**महत्व मूल्य सूचकांक के साथ झाड़ी प्रजातियाँ**
खेर (120), देशी बबूल (48), पलास (44), कलम (24), बेर (17), रौंज (17), *रेंडिया ड़्यूमेटोरम* (9) *डोलीकेन्ड्रोन फेलकेटा* (8), तंबोलिया (7), केर (6)	एमना (300)

प्रभावी प्रजाति संख्या वृक्ष : 4.50 झाड़ी : 1.00

शाकीय एवं घास प्रजातियाँ

ब्रैकिएरिया रेमोसा, ब्रैकिएरिया रिपेन्स, पुआड़, नीली शंखपुष्पी, *युफार्बिया ग्रेनुलेरिस,* दुद्धि, बेकर, *ट्राइडेक्स प्रोकंबेन्स, वरनोनिया सिरेरिया*

द. वन्य जीवन

हिरण, नीलगाय, मरू खरगोश

ई. मृदा गुण

पी. एच.	ई.सी. (डेसी सिमेन/मी)	मृदा कार्बन (%)	मृदा घनत्व (ग्राम/सेमी^{3})	नाइट्रेट (मिग्रा/किग्रा)	अमोनियम (मिग्रा/किग्रा)	फास्फेट (मिग्रा/किग्रा)	कार्बन घनत्व (टन/हे.)
7.73	0.45	0.945	1.33	2.36	3.78	4.98	20.61

फ. प्राचीन इतिहास एवं अवस्था

यह ओरण लगभग 200 वर्ष पुराना है, जिसमें उसी समय का बना हुआ देवनारायणजी का एक मंदिर भी है। आस पास के निवासी यहाँ आते हैं एवं भगवान देवनारायणजी की प्रार्थना एवं पूजा करते हैं। इस ओरण में खेर के वृक्षों की प्रधानता है जो पुराने समय में उपलब्ध एक उप वन प्रकार का संकेतक है।

राजस्थान के उपपवित्र वनों से संबन्धित आंकड़े

पवित्र उपवन संख्या **77**

अ. पवित्र उपवनों के बारे में मूलभूत जानकारी

पवित्र उपवन का नाम	देवनारायणजी ओरण
गाँव	खजूरी
पंचायत	सांगोदा
निकटतम वन ब्लॉक	----
क्षेत्र स्थिति	वन भूमि
जिला	कोटा
क्षेत्रफल	600 बीघा
ऊँचाई (मी.)	268
अक्षांश	25°03′ 34.1″ उत्तर
देशांतर	76°05′ 43.8″ पूर्व

ब. स्थलाकृतिक विशेषताएँ

अपरदन स्थिति	स्थलाकृति	मृदा गहराई
कम	मुख्यतः समतल भूमि	गहरी (>100 सेमी)

स. वनस्पति स्थिति

महत्व मूल्य सूचकांक के साथ वृक्ष प्रजातियाँ	महत्व मूल्य सूचकांक के साथ झाड़ी प्रजातियाँ
यूकेलिप्टस (208), वन खजूर (60), विलायती बबूल (32)	कोई झाड़ी प्रजाति नहीं।
प्रभावी प्रजाति संख्या वृक्ष : 1.89	झाड़ी : 9.00

शाकीय एवं घास प्रजातियाँ

ब्रैकिएरिया रेमोसा, पुआड़, नीली शंखपुष्पी, दुद्धि, बेकर, *ट्राइडेक्स प्रोकंबेन्स, वरनोनिया सिनेरिया*

द. वन्य जीवन

हिरण, नीलगाय, मरू खरगोश, जंगली सूअर, घरेलू गाय, उल्लू आदि

ई. मृदा गुण

पी. एच.	ई.सी. (डेसी सिमेन/मी)	मृदा कार्बन (%)	मृदा घनत्व (ग्राम/सेमी³)	नाइट्रेट (मिग्रा/किग्रा)	अमोनियम (मिग्रा/किग्रा)	फास्फेट (मिग्रा/किग्रा)	कार्बन घनत्व (टन/हे.)
8.33	0.35	0.720	1.68	1.53	7.12	2.32	22.85

फ. प्राचीन इतिहास एवं अवस्था

इस ओरण की स्थापना भी भगवान देवनारायणजी के नाम पर की गयी है। कभी इस ओरण में वन खजूर की अधिकता थी जो उथले भूजल स्तर का संकेतक है। शायद इसीलिए पास के गाँव का नाम खजूरी है। वर्तमान समय में इस ओरण में यूकेलिप्टस के वृक्ष उपस्थित हैं जो कभी लगाए गए थे। अभी इस क्षेत्र में भूजल स्तर भी काफी नीचे चला गया है।

राजस्थान के पवित्र उपवनों से संबन्धित आंकड़े

पवित्र उपवन संख्या **78**

अ. पवित्र उपवनों के बारे में मूलभूत जानकारी

पवित्र उपवन का नाम	देवनारायणजी का ओरण
गाँव	छतरपुरा
पंचायत	सांगोदा
निकटतम वन ब्लॉक	–
क्षेत्र स्थिति	सामुदायिक भूमि
जिला	कोटा
क्षेत्रफल	25 बीघा
ऊँचाई (मी.)	269
अक्षांश	24° 52′ 10.0″ उत्तर
देशांतर	76° 20′ 18.0″ पूर्व

ब. स्थलाकृतिक विशेषताएँ

अपरदन स्थिति	**स्थलाकृति**	**मृदा गहराई**
मध्यम	मुख्यतः समतल भूमि	गहरी मृदा (>100 सेमी)

स. वनस्पति स्थिति

महत्व मूल्य सूचकांक के साथ वृक्ष प्रजातियाँ

देशी बबूल (92), रौंज (92), वन खजूर (33), विलायती बबूल (31), केर (27), नीम (10), *डोलीकेन्ड्रोन फेलकेटा* (9), जंगल जलेबी (6)

महत्व मूल्य सूचकांक के साथ झाड़ी प्रजातियाँ

नूतन (177), हींस या कांटेर (81), आक (42)

प्रभावी प्रजाति संख्या वृक्ष : 4.91 झाड़ी : 2.86

शाकीय एवं घास प्रजातियाँ

ब्रैकिएरिया रेमोसा, पुआड़, नीली शंखपुष्पी, दुद्धि, बेकर, *ट्राइडेक्स प्रोकंबेन्स*

द. वन्य जीवन

हिरण, नीलगाय

ई. मृदा गुण

पी. एच.	ई.सी. (डेसी सिमेन/मी)	मृदा कार्बन (%)	मृदा घनत्व (ग्राम/सेमी^{3})	नाइट्रेट (मिग्रा/किग्रा)	अमोनियम (मिग्रा/किग्रा)	फास्फेट (मिग्रा/किग्रा)	कार्बन घनत्व (टन/हे.)
7.76	0.45	1.035	1.40	1.26	9.00	17.00	24.83

फ. प्राचीन इतिहास एवं अवस्था

इस प्राचीन ओरण में देशी बबूल की प्रमुखता है। स्थानीय समुदाय ही इसकी देखभाल करता है एवं संरक्षण प्रदान करता है। इसके अंदर देवनारायणजी का एक पुराना मंदिर है जहाँ स्थानीय समुदाय के लोग एकत्रित होते हैं एवं अपने इष्टदेव की पूजा अर्चना करते हैं।

राजस्थान के पवित्र उपवनों से संबन्धित आंकड़े

पवित्र उपवन संख्या 79

अ. पवित्र उपवनों के बारे में मूलभूत जानकारी

पवित्र उपवन का नाम	धोकड़वाली माताजी का ओरण
गाँव	दारूपुरा
पंचायत	खेराबाद
निकटतम वन ब्लॉक	—
क्षेत्र स्थिति	सामुदायिक भूमि
जिला	कोटा
क्षेत्रफल	7 बीघा
ऊँचाई (मी.)	347
अक्षांश	24°45′ 51.0″ उत्तर
देशांतर	75°55′ 53.9″ पूर्व

ब. स्थलाकृतिक विशेषताएँ

अपरदन स्थिति	**स्थलाकृति**	**मृदा गहराई**
कम	लगभग समतल भूमि	गहरी मृदा (>100 सेमी)

स. वनस्पति स्थिति

महत्व मूल्य सूचकांक के साथ वृक्ष प्रजातियाँ	**महत्व मूल्य सूचकांक के साथ झाड़ी प्रजातियाँ**
काला धोक (211), रौंज (59), देशी बबूल (16), *डोलीकेन्ड्रोन फेलकेटा* (14)	हींस (300)

प्रभावी प्रजाति संख्या वृक्ष : 1.77 झाड़ी : 1.00

शाकीय एवं घास प्रजातियाँ

नीली शंखपुष्पी

द. वन्य जीवन

खरगोश, सियाल

ई. मृदा गुण

पी. एच.	ई.सी. (डेसी सिमेन/मी)	मृदा कार्बन (%)	मृदा घनत्व (ग्राम/सेमी^{3})	नाइट्रेट (मिग्रा/किग्रा)	अमोनियम (मिग्रा/किग्रा)	फास्फेट (मिग्रा/किग्रा)	कार्बन घनत्व (टन/हे.)
7.99	0.31	0.210	1.62	1.14	5.20	9.00	7.21

फ. प्राचीन इतिहास एवं अवस्था

यह ओरण भी काफी पुराना है जो धोकड़वाली माताजी के नाम पर स्थानीय समुदाय द्वारा संरक्षित एवं सुरक्षित है। इस ओरण के अंदर माताजी का काफी पुराना मंदिर भी है, जहाँ लोग पूजा अर्चना करते हैं। स्थानीय लोगों के अनुसार पुराने समय में यहाँ घना जंगल हुआ करता था। वर्तमान समय में यहाँ काले धोक के वृक्षों की प्रधानता है। धोक के नाम पर ही इसका नाम रखा गया है, क्योंकि ये मूर्ति धोक के नीचे से निकली थी।

राजस्थान के पवित्र उपवनों से संबन्धित आंकड़े

पवित्र उपवन संख्या **80**

अ. पवित्र उपवनों के बारे में मूलभूत जानकारी

पवित्र उपवन का नाम	देवनारायणजी का ओरण
गाँव	मियांखेड़ी
पंचायत	खेराबाद
निकटतम वन ब्लॉक	–
क्षेत्र स्थिति	सामुदायिक भूमि
जिला	कोटा
क्षेत्रफल	23 बीघा
ऊँचाई (मी.)	336
अक्षांश	24°48′ 00.5″ उत्तर
देशांतर	75°56′ 54.0″ पूर्व

ब. स्थलाकृतिक विशेषताएँ

अपरदन स्थिति	**स्थलाकृति**	**मृदा गहराई**
मध्यम	परिवर्तनीय समतल भूमि	गहरी मृदा (>100 सेमी)

स. वनस्पति स्थिति

महत्व मूल्य सूचकांक के साथ वृक्ष प्रजातियाँ	**महत्व मूल्य सूचकांक के साथ झाड़ी प्रजातियाँ**
खेर (163), केर (38), काला धोक (25), कलम (24), पलास (18), हिंगोटा (15), रौंज (10), विलायती बबूल (7)	एमना (127), हींस (97), झाड़ बेर (52), आक (24)

प्रभावी प्रजाति संख्या वृक्ष : 2.97 झाड़ी : 3.60

शाकीय एवं घास प्रजातियाँ

पुनर्नवा, *ब्रैकिएरिया रेमोसा,* पुआड़, नीली शंखपुष्पी, दुद्धि, *इरेग्रोस्टिस सिलिएरिस,* बेकर, *ट्राइडेक्स प्रोकंबेन्स, वरनोनिया सिनेरिया*

द. वन्य जीवन

खरगोश, सियाल

ई. मृदा गुण

पी. एच.	ई.सी. (डेसी सिमेन/मी)	मृदा कार्बन (%)	मृदा घनत्व (ग्राम/सेमी^{3})	नाइट्रेट (मिग्रा/किग्रा)	अमोनियम (मिग्रा/किग्रा)	फास्फेट (मिग्रा/किग्रा)	कार्बन घनत्व (टन/हे.)
7.90	0.33	0.660	1.40	2.33	7.20	13.00	17.46

फ. प्राचीन इतिहास एवं अवस्था

यह एक पुराणा ओरण है जिसमे खेर के वृक्षों की प्रधानता है। भगवान देवनारायणजी के नाम पर स्थानीय समुदाय द्वारा इसका संरक्षण एवं सुरक्षा किया जाता है। इस ओरण में देवनारायणजी का एक मंदिर है, जहाँ लोग एकत्रित होते हैं एवं भगवान देवनारायणजी की पूजा करते हैं।

राजस्थान के पवित्र उपवनों से संबन्धित आंकड़े

पवित्र उपवन संख्या **81**

अ. पवित्र उपवनों के बारे में मूलभूत जानकारी

पवित्र उपवन का नाम	हनुमानजी का ओरण
गाँव	कुशालीपुरा
पंचायत	कुराड़
निकटतम वन ब्लॉक	–
क्षेत्र स्थिति	सामुदायिक भूमि
जिला	कोटा
क्षेत्रफल	17 बीघा
ऊँचाई (मी.)	268
अक्षांश	25° 02′ 49.7″ उत्तर
देशांतर	76° 07′ 31.3″ पूर्व

ब. स्थलाकृतिक विशेषताएँ

अपरदन स्थिति	**स्थलाकृति**	**मृदा गहराई**
मध्यम	चट्टान युक्त समतल भूमि	सामान्य गहरी (25–50 सेमी)

स. वनस्पति स्थिति

महत्व मूल्य सूचकांक के साथ वृक्ष प्रजातियाँ	**महत्व मूल्य सूचकांक के साथ झाड़ी प्रजातियाँ**
पलास (271), वाव बरना (29)	झाड़ बेर (202), एमना (69), सेलपी (29)

प्रभावी प्रजाति संख्या वृक्ष : 1.06 झाड़ी : 2.08

शाकीय एवं घास प्रजातियाँ

ब्लूमिया एरिएन्था, पुनर्नवा, *ब्रैकिएरिया रेमोसा,* पुआड़, नीली शंखपुष्पी, दुद्धि, *इरेग्रोस्टिस सिलिएरिस,* बेकर, *ट्राइडेक्स प्रोकंबेन्स,* जंगली प्याज, *वरनोनिया सिनेरिया*

द. वन्य जीवन

हिरण, नीलगाय, खरगोश

ई. मृदा गुण

पी. एच.	ई.सी. (डेसी सिमेन/मी)	मृदा कार्बन (%)	मृदा घनत्व (ग्राम/सेमी³)	नाइट्रेट (मिग्रा/किग्रा)	अमोनियम (मिग्रा/किग्रा)	फास्फेट (मिग्रा/किग्रा)	कार्बन घनत्व (टन/हे.)
7.66	0.24	0.945	1.32	1.18	9.60	13.00	24.15

फ. प्राचीन इतिहास एवं अवस्था

यह पुनीत वन लगभग 260 वर्ष पुराना है, जिसकी सुरक्षा एवं संरक्षण स्थानीय समुदाय द्वारा देव हनुमानजी के नाम पर किया जा रहा है। इसमें हनुमानजी का एक मंदिर है। स्थानीय लोगों की मान्यता है कि यहाँ आने से सारे रोग दूर हो जाते हैं। इस ओरण में पलास के वृक्षों की प्रमुखता है।

राजस्थान के पवित्र उपवनों से संबन्धित आंकड़े

पवित्र उपवन संख्या **82**

अ. पवित्र उपवनों के बारे में मूलभूत जानकारी

पवित्र उपवन का नाम	देवनरायणजी का ओरण
गाँव	बाम्बली
पंचायत	सुल्तानपुर
निकटतम वन ब्लॉक	—
क्षेत्र स्थिति	सामुदायिक भूमि
जिला	कोटा
क्षेत्रफल	125 बीघा
ऊँचाई (मी.)	276
अक्षांश	25°05′ 06.1″ उत्तर
देशांतर	76° 05′ 22.8″ पूर्व

ब. स्थलाकृतिक विशेषताएँ

अपरदन स्थिति	**स्थलाकृति**	**मृदा गहराई**
मध्यम	मुख्यतः समतल भूमि	काफी गहरी (>100 सेमी)

स. वनस्पति स्थिति

महत्व मूल्य सूचकांक के साथ वृक्ष प्रजातियाँ	**महत्व मूल्य सूचकांक के साथ झाड़ी प्रजातियाँ**
विलायती बबूल (102), कलम (81), केर (40), हिंगोटा (27), खेर (27), नीम (12), चुरेल (11)	हींस (300)

प्रभावी प्रजाति संख्या वृक्ष : 4.35 झाड़ी : 1.00

शाकीय एवं घास प्रजातियाँ

पुनर्नवा, *ब्रैकिएरिया रेमोसा,* पुआड़, नीली शंखपुष्पी, दुद्धि, बेकर, *ट्राइडेक्स प्रोकंबेन्स, वरनोनिया सिनेरिया*

द. वन्य जीवन

हिरण, नीलगाय, खरगोश

ई. मृदा गुण

पी. एच.	ई.सी. (डेसी सिमेन/मी)	मृदा कार्बन (%)	मृदा घनत्व (ग्राम/सेमी^{3})	नाइट्रेट (मिग्रा/किग्रा)	अमोनियम (मिग्रा/किग्रा)	फास्फेट (मिग्रा/किग्रा)	कार्बन घनत्व (टन/हे.)
8.05	0.29	0.780	1.44	1.17	5.20	9.00	13.05

फ. प्राचीन इतिहास एवं अवस्था

काफी पुराने इस ओरण में स्थानीय निवासी भगवान देवनरायन, जिनका मंदिर इस ओरण में स्थापित है, की पूजा व प्रार्थना करने आते हैं। इस ओरण में काफी महत्वपूर्ण वृक्ष प्रजातियाँ हैं, जो अपेक्षाकृत नम वातावरण में वृद्धि करती हैं। परन्तु वर्तमान समय में यहाँ पर विलायती बबूल की अधिकता के कारण इन स्थानीय प्रजातियों पर उनके सामप्त होने का खतरा मंड़रा रहा है।

राजस्थान के पवित्र उपवनों से संबन्धित आंकड़े

पवित्र उपवन संख्या **83**

अ. पवित्र उपवनों के बारे में मूलभूत जानकारी

पवित्र उपवन का नाम	कालाजी गोराजी का ओरण
गाँव	मोहनपुरा
पंचायत	संगोद
निकटतम वन ब्लॉक	——
क्षेत्र स्थिति	सामुदायिक भूमि
जिला	कोटा
क्षेत्रफल	24 बीघा
ऊँचाई (मी.)	268
अक्षांश	24° 56′ 16.8″ उत्तर
देशांतर	76° 03′ 00.3″ पूर्व

ब. स्थलाकृतिक विशेषताएँ

अपरदन स्थिति	**स्थलाकृति**	**मृदा गहराई**
मध्यम	पथरीली ढ़लान वाली भूमि	मध्यम गहरी (50—00 सेमी)

स. वनस्पति स्थिति

महत्व मूल्य सूचकांक के साथ वृक्ष प्रजातियाँ

काला धोक (158), वन खजूर (42), पलास (32), विलायती बबूल (11), अर्जुन (11), गुलमोहर (10), *डोलिकेन्ड्रोन फेलकेटा* (10), देशी बबूल (9), बेर (9), कसोड़ (8)

महत्व मूल्य सूचकांक के साथ झाड़ी प्रजातियाँ

झाड़ बेर (165), कोकून (84), हींस (51)

प्रभावी प्रजाति संख्या वृक्ष : 3.19 झाड़ी : 2.34

शाकीय एवं घास प्रजातियाँ

ब्लूमिया एरिएन्था, पुनर्नवा, ब्रैकिएरिया रेमोसा, पुआड़, नीली शंखपुष्पी, दुद्धि, बेकर, *जस्टीसिया प्रोकंबेन्स, मिलेनोसेंक्रस जैक्मोनसाई, ट्राइडेक्स प्रोकंबेन्स, वरनोनिया सिनेरिया*

द. वन्य जीवन

हिरण, नीलगाय, खरगोश, जंगली सूअर आदि

ई. मृदा गुण

पी. एच.	ई.सी. (डेसी सिमेन/मी)	मृदा कार्बन (%)	मृदा घनत्व (ग्राम/सेमी^{3})	नाइट्रेट (मिग्रा/किग्रा)	अमोनियम (मिग्रा/किग्रा)	फास्फेट (मिग्रा/किग्रा)	कार्बन घनत्व (टन/हे.)
7.34	0.36	0.645	1.48	1.09	7.00	13.00	23.85

फ. प्राचीन इतिहास एवं अवस्था

यह एक प्राचनी पुनीत वन है जिसका संरक्षण एवं सुरक्षा स्थानीय समुदाय के द्वारा हिन्दू संस्कृति के देव कालाजी गोराजी के नाम पर किया जा रहा है। कालाजी गोराजी के मुख्य देव भैरवजी हैं जिनकी स्थापना किसी मंदिर के मुख्य द्वार पर किया जाता है। काला भैरव व गोरा भैरव दोनों भाइयों की पूजा की जाती है। इस ओरण में काला धोक के वृक्षों की प्रधानता है।

राजस्थान के पवित्र उपवनों से संबन्धित आंकड़े

पवित्र उपवन संख्या **84**

अ. पवित्र उपवनों के बारे में मूलभूत जानकारी

पवित्र उपवन का नाम	भेरूजी का ओरण
गाँव	ठीकरियावास
पंचायत	डीडवाना
निकटतम वन ब्लॉक	–––
क्षेत्र स्थिति	सामुदायिक भूमि
जिला	नागौर
क्षेत्रफल	23 बीघा
ऊँचाई (मी.)	333
अक्षांश	27° 26′ 33.2″ उत्तर
देशांतर	74° 26′ 41.8″ पूर्व

ब. स्थलाकृतिक विशेषताएँ

अपरदन स्थिति	**स्थलाकृति**	**मृदा गहराई**
अत्यधिक	मुख्यतः समतल भूमि	गहरी भूमि (>100 सेमी)

स. वनस्पति स्थिति

महत्व मूल्य सूचकांक के साथ वृक्ष प्रजातियाँ	**महत्व मूल्य सूचकांक के साथ झाड़ी प्रजातियाँ**
खेजड़ी (111), कंकेड़ा (110), कुमठ (40), पीपल (27), केर (12)	भुई बावली (133), सीनिया (55), आक (37), खिंप (34), झाड़ बेर (16), मुराली (13), बुई (12)

प्रभावी प्रजाति संख्या वृक्ष : 3.57 झाड़ी : 5.77

शाकीय एवं घास प्रजातियाँ

लापड़ा, *बोरेरिया आर्टीकुलेरिस, बोरहाविया इरेक्टा,* धामन घास, माकड़ा, झार्निया घास, करड़ घास, नीली शंखपुष्पी, बेकर, बड़ी बेकर, *जस्टीसिया प्रोकंबेन्स, मिलनोसेंक्रस जैक्मोन्साइ,* कागनेर, बिऊना, *ट्रेगस राक्सबरघाई, टेट्रापोगन टिनेलस,* गोखरू, *वर्बिसिना एन्सिलोइडिस या* विलायती सूरजमुखी, *वरनोनिया सिनेरिया*

द. वन्य जीवन

हिरण, नीलगाय, खरगोश आदि

ई. मृदा गुण

पी. एच.	ई.सी. (डेसी सिमेन/मी)	मृदा कार्बन (%)	मृदा घनत्व (ग्राम/सेमी^{3})	नाइट्रेट (मिग्रा/किग्रा)	अमोनियम (मिग्रा/किग्रा)	फास्फेट (मिग्रा/किग्रा)	कार्बन घनत्व (टन/हे.)
8.37	0.27	0.525	1.55	4.80	2.28	7.32	15.72

फ. प्राचीन इतिहास एवं अवस्था

यह ओरण भी काफी पुराना है जिसमे स्थानीय देव भेरूजी का एक मंदिर है। यहाँ आस पास के गाँव के लोग एकत्रित होते हैं एवं भेरूजी की पूजा करते हैं। इस ओरण में भारतीय रेगिस्तान की प्रमुख स्थानीय प्रजातियां विद्यमान हैं, लेकिन यहाँ खेजड़ी की प्रधानता है।

राजस्थान के पवित्र उपवनों से संबन्धित आंकड़े

पवित्र उपवन संख्या 85

अ. पवित्र उपवनों के बारे में मूलभूत जानकारी

पवित्र उपवन का नाम भेरूजी का ओरण
गाँव दूजार
पंचायत लाड़नू
निकटतम वन ब्लॉक भांगला
क्षेत्र स्थिति सामुदायिक भूमि
जिला नागौर
क्षेत्रफल 14 बीघा
ऊँचाई (मी.) 338
अक्षांश 27° 35′ 41.5″ उत्तर देशांतर 74° 24′ 35.9″ पूर्व

ब. स्थलाकृतिक विशेषताएँ

अपरदन स्थिति	स्थलाकृति	मृदा गहराई
कम	परिवर्तनीय समतल भूमि	गहरी मृदा (>100 सेमी)

स. वनस्पति स्थिति

महत्व मूल्य सूचकांक के साथ वृक्ष प्रजातियाँ	महत्व मूल्य सूचकांक के साथ झाड़ी प्रजातियाँ
विलायती बबूल (133), कुमठ (85), केर (61), कंकेड़ा (12), इजरायली बबूल (8)	मुराली (202), आक (81), खिंप (17)

प्रभावी प्रजाति संख्या वृक्ष : 2.98 झीाड़ी : 1.90

शाकीय एवं घास प्रजातियाँ

लापड़ा, *बोरेरिया आर्टीकुलेरिस, बोरहावीया इरेक्टा,* चामघास, धामन घास, माकड़ा, झार्निया घास, नीली शंखपुष्पी, बड़ी बेकर, *जस्टीसिया प्रोकंबेन्स, मिलेनोसेंक्रस जैक्मोन्साइ, पालिगेला इरिओप्टेरा,* कागनेर, बिऊना, *ट्रेगस राक्सबरघाई, टेट्रापोगन टिनेलस, गोखरू, वरनोनिया सिनेरिया,* विलायती सूरजमुखी

द. वन्य जीवन

हिरण, नीलगाय, खरगोश, तोता आदि

ई. मृदा गुण

पी. एच.	ई.सी. (डेसी सिमेन/मी)	मृदा कार्बन (%)	मृदा घनत्व (ग्राम/सेमी^{3})	नाइट्रेट (मिग्रा/किग्रा)	अमोनियम (मिग्रा/किग्रा)	फास्फेट (मिग्रा/किग्रा)	कार्बन घनत्व (टन/हे.)
7.25	0.22	0.075	1.68	3.50	4.46	8.30	3.69

फ. प्राचीन इतिहास एवं अवस्था

स्थानीय देव भेरूजी के नाम पर ही इस ओरण का नाम भी रखा गया है। इस ओरण में एक मंदिर की स्थापना भी की गई है जहाँ स्थानीय समुदाय के लोग आकर पूजा अर्चना करते हैं। वर्तमान समय में विलायती बबूल ने इस ओरण के काफी क्षेत्र को आच्छादित कर रखा है।

राजस्थान के पवित्र उपवनों से संबन्धित आंकड़े

पवित्र उपवन संख्या **86**

अ. पवित्र वनों के बारे में मूलभूत जानकारी

पवित्र उपवन का नाम	गोसाईंजी का ओरण
गाँव	जुंजाला
पंचायत	जायल
निकटतम वन ब्लॉक	——
क्षेत्र स्थिति	सामुदायिक भूमि
जिला	नागौर
क्षेत्रफल	420 बीघा
ऊँचाई (मी.)	317
अक्षांश	27° 01′ 44.5″ उत्तर
देशांतर	73° 55′ 58.4″ पूर्व

ब. स्थलाकृतिक विशेषताएँ

अपरदन स्थिति	**स्थलाकृति**	**मृदा गहराई**
मध्यम	ढालनुमा समतल भूमि	गहरी मृदा (>100 सेमी)

स. वनस्पति स्थिति

महत्व मूल्य सूचकांक के साथ वृक्ष प्रजातियाँ	**महत्व मूल्य सूचकांक के साथ झाड़ी प्रजातियाँ**
इन्द्रोक धोक न्यूमुलेरिया प्रजाति (114), केर (96), खेजड़ी (90)	झाड़ बेर (300)
प्रभावी प्रजाति संख्या वृक्ष : 2.70	झाड़ी : 1.00

शाकीय एवं घास प्रजातियाँ

लापड़ा, *बोरेरिया आर्टीकुलेरिस,* पुनर्नवा, चाम घास, धामन घास, माकड़ा घास, झार्निया घास, *इरेग्रोस्टिस सिलिएरिस,* नीली शंखपुष्पी, बेकर, बड़ी बेकर, *जस्टीसिया प्रोकंबेन्स, मिलेनोसेंक्रस जैक्मोन्साइ, पालिगेला इरिओप्टेरा,* बिऊना, *ट्रेगस राक्सबरघाई, टेट्रापोगोन टिनेलस,* गोखरू, *वरनोनिया सिनेरिया*

द. वन्य जीवन

हिरण, नीलगाय, खरगोश, तोता, मोर, लोमड़ी आदि

ई. मृदा गुण

पी. एच.	ई.सी. (डेसी सिमेन / मी)	मृदा कार्बन (%)	मृदा घनत्व (ग्राम / सेमी^{3})	नाइट्रेट (मिग्रा / किग्रा)	अमोनियम (मिग्रा / किग्रा)	फास्फेट (मिग्रा / किग्रा)	कार्बन घनत्व (टन / हे.)
8.23	0.29	0.315	1.48	1.50	2.36	10.52	13.73

फ. प्राचीन इतिहास एवं अवस्था

स्थानीय देवता गोसाईंजी के नाम पर इस ओरण की स्थापना की गई है। इसके बीच में एक मंदिर है जहाँ लोग एकत्रित होकर प्रार्थना एवं पूजा करते हैं। संकटापन्न प्रजाति इन्द्रोक धोक के पुराने पेड़ों की यहाँ प्रधानता है। स्थानीय समुदाय ही इसकी देखभाल करता है। यहाँ पर एक बहुत बड़ा तालाब है जिसका पानी 6 गाँव के लोग पीने के काम में लेते हैं। अगर कोई वृक्ष काटता है या अवैध रूप से पानी ले जाता है तो 500 रूपये का जुर्माना लगाया जाता है।

राजस्थान के पवित्र उपवनों से संबन्धित आंकड़े

पवित्र उपवन संख्या **87**

अ. पवित्र उपवनों के बारे में मूलभूत जानकारी

पवित्र उपवन का नाम जोगमायाजी का ओरण

गाँव साथीका कला

पंचायत नागौर

निकटतम वन ब्लॉक –

क्षेत्र स्थिति सामुदायिक भूमि

जिला नागौर

क्षेत्रफल 3000 बीघा

ऊँचाई (मी.) 318

अक्षांश 27° 01′ 11.4″ उत्तर देशांतर 73° 11′ 30.1″ पूर्व

ब. स्थलाकृतिक विशेषताएँ

अपरदन स्थिति	**स्थलाकृति**	**मृदा गहराई**
अत्यधिक	ऊबड़ खाबड़ भूमि	गहरी मृदा (>100 सेमी)

स. वनस्पति स्थिति

महत्व मूल्य सूचकांक के साथ वृक्ष प्रजातियाँ	**महत्व मूल्य सूचकांक के साथ झाड़ी प्रजातियाँ**
केर (194), कंकेड़ा (77), खेजड़ी (29)	झाड़ बेर (168), बुई (60), खिंप (36), आक (24), *एरवा पर्सिका* (12)

प्रभावी प्रजाति संख्या वृक्ष : 1.85 झाड़ी : 3.94

शाकीय एवं घास प्रजातियाँ

लापड़ा, पुनर्नवा, धामन घास, *केसिया इटेलिका,* माकड़ा, झार्निया घास, *इरेग्रोस्टिस सिलिएरिस,* नीली शंखपुष्पी, बेकर, बड़ी बेकर, *जस्टीसिया प्रोकंबेन्स, मिलेनोसेंक्रस जैक्मोन्साइ, पालिगेला इरिओप्टेरा,* बिऊना, *ट्रेगस राक्सबरघाई, टेट्रापोगोन टिनेलस,* गोखरू, *वरनोनिया सिनेरिया*

द. वन्य जीवन

हिरण, नीलगाय, रेगिस्तानी खरगोश, तोता, मोर आदि

ई. मृदा गुण

पी. एच.	ई.सी. (डेसी सिमेन/मी)	मृदा कार्बन (%)	मृदा घनत्व (ग्राम/सेमी^{3})	नाइट्रेट (मिग्रा/किग्रा)	अमोनियम (मिग्रा/किग्रा)	फास्फेट (मिग्रा/किग्रा)	कार्बन घनत्व (टन/हे.)
8.52	0.31	0.255	1.49	2.80	4.10	6.33	10.57

फ. प्राचीन इतिहास एवं अवस्था

राजपुरोहित समुदाय की कुल देवी जोगमाया के नाम पर काफी पहले स्थापित यह ओरण स्थानीय लोगों द्वारा संरक्षित है। इसके अंदर जोगमाया का एक मन्दिर है जहाँ लोग अपनी मनोकामना की पूर्ति हेतु पूजा किया करते हैं। इस ओरण में मुख्य वृक्ष प्रजाति केर है।

राजस्थान के पवित्र उपवनों से संबन्धित आंकड़े

पवित्र उपवन संख्या **88**

अ. पवित्र उपवनों के बारे में मूलभूत जानकारी

पवित्र उपवन का नाम	लाबाजी महाराज की का ओरण
गाँव	खारिया सोड़ा
पंचायत	सोजत
निकटतम वन ब्लॉक	———
क्षेत्र स्थिति	सामुदायिक भूमि
जिला	पाली
क्षेत्रफल	130 बीघा
ऊँचाई (मी.)	288
अक्षांश	25°49′ 28.3″ उत्तर
देशांतर	73° 38′ 20.4″ पूर्व

ब. स्थलाकृतिक विशेषताएँ

अपरदन स्थिति	**स्थलाकृति**	**मृदा गहराई**
बहुत कम	मुख्यतः समतल भूमि	गहरी मृदा (>100 सेमी)

स. वनस्पति स्थिति

महत्व मूल्य सूचकांक के साथ वृक्ष प्रजातियाँ	**महत्व मूल्य सूचकांक के साथ झाड़ी प्रजातियाँ**
इन्द्रोक धोक (279), नीम (21)	कोई झाड़ी प्रजाति नहीं।
प्रभावी प्रजाति संख्या वृक्षः 1.19	झाड़ी : 0

शाकीय एवं घास प्रजातियाँ

पुनर्नवा, *इरेग्रोस्टिस सिलिएरिस,* नीली शंखपुष्पी, बेकर, बड़ी बेकर, *जस्टीसिया प्रोकंबेन्स, मिलेनोसेंक्रस जैक्मोन्साई, पालिगेला इरिओप्टेरा, टेट्रापोगन टिनेलस,* गोखरू, *वरनोनिया सिनेरिया*

द. वन्य जीवन

नीलगाय, गौरैया

ई. मृदा गुण

पी. एच.	ई.सी. (डेसी सिमेन/मी)	मृदा कार्बन (%)	मृदा घनत्व (ग्राम/सेमी^{3})	नाइट्रेट (मिग्रा/किग्रा)	अमोनियम (मिग्रा/किग्रा)	फास्फेट (मिग्रा/किग्रा)	कार्बन घनत्व (टन/हे.)
7.08	0.17	0.345	1.58	3.12	3.23	5.66	16.03

फ. प्राचीन इतिहास एवं अवस्था

लांबाजी महाराज के नाम पर स्थापित यह एक बहुत ही पुराना ओरण है, जिसका संरक्षण एवं सुरक्षा स्थानीय निवासियों द्वारा किया जाता है। इस ओरण में संकटापन्न प्रजाति इन्द्रोक धोक के पुराने वृक्षों की प्रधानता है। इस ओरण में मामा जी का एक मंदिर भी है जहाँ लोग मामाजी की पूजा करते हैं।

राजस्थान के पवित्र उपवनों से संबन्धित आंकड़े

पवित्र उपवन संख्या **89**

अ. पवित्र उपवनों के बारे में मूलभूत जानकारी

पवित्र उपवन का नाम	मामाजी का ओरण
गाँव	नींबुड़ा (बुसी)
पंचायत	पाली
निकटतम वन ब्लॉक	देसूरी
क्षेत्र स्थिति	सामुदायिक भूमि
जिला	पाली
क्षेत्रफल	450 बीघा
ऊँचाई (मी.)	277
अक्षांश	26°33′ 06.3″ उत्तर
देशांतर	73° 27′ 33.0″ पूर्व

ब. स्थलाकृतिक विशेषताएँ

अपरदन स्थिति	**स्थलाकृति**	**मृदा गहराई**
मध्यम	मुख्यतः समतल भूमि	गहरी मृदा (>100 सेमी)

स. वनस्पति स्थिति

महत्व मूल्य सूचकांक के साथ वृक्ष प्रजातियाँ	**महत्व मूल्य सूचकांक के साथ झाड़ी प्रजातियाँ**
विलायती बबूल (126), मीठा जाल (114), खेजड़ी (38), केर (22)	आँवल (263), गंगेटी (37)
प्रभावी प्रजाति संख्या वृक्ष : 2.09	झाड़ी : 1.14

शाकीय एवं घास प्रजातियाँ

पुनर्नवा, पुआड़, *केसिया इटेलिका, इरेग्रोस्टिस सिलिएरिस,* नीली शंखपुष्पी, बेकर, बड़ी बेकर, *जस्टीसिया प्रोकंबेन्स, मिलेनोसेंक्रस जैक्मोन्साइ, पालिगेला इरिओप्टेरा, टेट्रापोगन टिनेलस,* गोखरू, *वरनोनिया सिनेरिया*

द. वन्य जीवन

नीलगाय, गौरैया, गिलहरी

ई. मृदा गुण

पी. एच.	ई.सी. (डेसी सिमेन/मी)	मृदा कार्बन (%)	मृदा घनत्व (ग्राम/सेमी³)	नाइट्रेट (मिग्रा/किग्रा)	अमोनियम (मिग्रा/किग्रा)	फास्फेट (मिग्रा/किग्रा)	कार्बन घनत्व (टन/हे.)
7.11	0.15	0.360	1.55	2.56	2.56	6.23	14.84

फ. प्राचीन इतिहास एवं अवस्था

यह एक बहुत ही पुराना पुनीत वन है, जिसका संरक्षण एवं देखभाल स्थानीय समुदाय द्वारा स्थानीय देवता मामाजी के नाम पर किया जा रहा है। वास्तव में यह आँवल वन के उप प्रकार का अवशेष रूप है, जो विलायती बबूल नामक विदेशी प्रजाति से ग्रसित हो गया है।

राजस्थान के पवित्र उपवनों से संबन्धित आंकड़े

पवित्र उपवन संख्या **90**

अ. पवित्र उपवनों के बारे में मूलभूत जानकारी

पवित्र उपवन का नाम	देवनारायणजी का ओरण
गाँव	डिंगाई (गुंदोज)
पंचायत	पाली
निकटतम वन ब्लॉक	गूँदोज
क्षेत्र स्थिति	सामुदायिक भूमि
जिला	पाली
क्षेत्रफल	30 बीघा
ऊँचाई (मी.)	246
अक्षांश	25°34′ 28.4″ उत्तर
देशांतर	73° 17′ 21.6″ पूर्व

ब. स्थलाकृतिक विशेषताएँ

अपरदन स्थिति	स्थलाकृति	मृदा गहराई
मध्यम	मुख्यतः समतल भूमि	गहरी मृदा (>100 सेमी)

स. वनस्पति स्थिति

महत्व मूल्य सूचकांक के साथ वृक्ष प्रजातियाँ	महत्व मूल्य सूचकांक के साथ झाड़ी प्रजातियाँ
मीठा जाल (196), केर (79), विलायती बबूल (24)	आँवल (300)
प्रभावी प्रजाति संख्या वृक्ष : 2.59	झाड़ी : 1.00

शाकीय एवं घास प्रजातियाँ

पुनर्नवा, पुआड़, *केसिया इटेलिका, इरेग्रोस्टिस सिलिएरिस,* नीली शंखपुष्पी, बेकर, बड़ी बेकर, *जस्टीसिया प्रोकंबेन्स, ट्राइडेक्स प्रोकंबेन्स,* गोखरू

द. वन्य जीवन

नीलगाय, स्थानीय साँप, गौरैया आदि

ई. मृदा गुण

पी. एच.	ई.सी. (डेसी सिमेन/मी)	मृदा कार्बन (%)	मृदा घनत्व (ग्राम/सेमी^{3})	नाइट्रेट (मिग्रा/किग्रा)	अमोनियम (मिग्रा/किग्रा)	फास्फेट (मिग्रा/किग्रा)	कार्बन घनत्व (टन/हे.)
7.15	0.12	0.360	1.56	1.56	2.15	4.58	14.36

फ. प्राचीन इतिहास एवं अवस्था

यह भी काफी पुराना ओरण है जिसका नामकरण गुर्जर समुदाय के कुलदेवता भगवान देवनारायण जी के नाम पर रखा गया है। इस वन में मीठा जाल के वृक्षों की प्रमुखता है। यह ओरण चैंपियन और सेठ (1968) के अनुसार आँवल वन प्रकार का एक अवशेष रूप है।

राजस्थान के पवित्र उपवनों से संबन्धित आंकड़े

पवित्र उपवन संख्या 91

अ. पवित्र उपवनों के बारे में मूलभूत जानकारी

पवित्र उपवन का नाम	आशापूर्णा माताजी का ओरण
गाँव	गुडा किशोर सिंह
पंचायत	नाडोल
निकटतम वन ब्लॉक	–
क्षेत्र स्थिति	सामुदायिक भूमि
जिला	पाली
क्षेत्रफल	80 बीघा
ऊँचाई (मी.)	306
अक्षांश	25° 22′ 51.1″ उत्तर
देशांतर	73° 28′ 02.9″ पूर्व

ब. स्थलाकृतिक विशेषताएँ

अपरदन स्थिति	**स्थलाकृति**	**मृदा गहराई**
मध्यम	मुख्यतः समतल भूमि	गहरी मृदा (>100 सेमी)

स. वनस्पति स्थिति

महत्व मूल्य सूचकांक के साथ वृक्ष प्रजातियाँ	**महत्व मूल्य सूचकांक के साथ झाड़ी प्रजातियाँ**
मीठाा जाल (199), विलायती बबूल (45), राम कांटी (25), देशी बबूल (20), रौंज (11)	हींस (228), आँवल (72)
प्रभावी प्रजाति संख्या वृक्ष : 2.69	झाड़ी : 1.67

शाकीय एवं घास प्रजातियाँ

पुनर्नवा, *ब्रैकिएरिया रेमोसा, पुआड़, केसिया इटेलिका,* गांठिया, *इरेग्रोस्टिस सिलिएरिस,* नीली शंखपुष्पी, बेकर, बड़ी बेकर, *जस्टीसिया प्रोकंबेन्स, ट्राइडेक्स प्रोकंबेन्स,* गोखरू, *वरनोनिया सिनेरिया*

द. वन्य जीवन

नीलगाय, लकड़बग्घा, खरगोश, मोर, तोता, मैना आदि

ई. मृदा गुण

पी. एच.	ई.सी. (डेसी सिमेन/मी)	मृदा कार्बन (%)	मृदा घनत्व (ग्राम/सेमी^{3})	नाइट्रेट (मिग्रा/किग्रा)	अमोनियम (मिग्रा/किग्रा)	फास्फेट (मिग्रा/किग्रा)	कार्बन घनत्व (टन/हे.)
7.11	0.11	0.300	1.55	2.12	2.56	6.58	10.54

फ. प्राचीन इतिहास एवं अवस्था

इस ओरण का इतिहास महान हिन्दू सम्राट पृथ्वीराज चौहान से जुड़ा हुआ है। ग्रामवासियों के अनुसार किसी भी युद्ध में जाने से पहले सम्राट पृथ्वीराज चौहान माता आशापूर्ण का आशीर्वाद लेने यहाँ आया करते थे। माता आशापूर्ण चौहान वंश की कुलदेवी भी हैं। इस ओरण में मीठे जाल के वृक्षों की प्रधानता है, लेकिन विलायती बबूल की घुसपैठ इस ओरण में भी हो चुकी है।

राजस्थान के पवित्र उपवनों से संबन्धित आंकड़े

पवित्र उपवन संख्या **92**

अ. पवित्र उपवनों के बारे में मूलभूत जानकारी

पवित्र उपवन का नाम	मामाजी का ओरण
गाँव	श्री मंगलेश्वर महादेव धाम
पंचायत	देसूरी
निकटतम वन ब्लॉक	मादा
क्षेत्र स्थिति	सामुदायिक भूमि
जिला	पाली
क्षेत्रफल	7 बीघा
ऊँचाई (मी.)	349
अक्षांश	25° 12′ 53.5″ उत्तर
देशांतर	73° 26′ 41.6″ पूर्व

ब. स्थलाकृतिक विशेषताएँ

अपरदन स्थिति	**स्थलाकृति**	**मृदा गहराई**
कम	मुख्यतः समतल भूमि	गहरी (>100 सेमी)

स. वनस्पति स्थिति

महत्व मूल्य सूचकांक के साथ वृक्ष प्रजातियाँ	**महत्व मूल्य सूचकांक के साथ झाड़ी प्रजातियाँ**
रौंज (149), खेजड़ी (43), केर (34), हिंगोटा (32), विलायती बबूल (26), देशी बबूल (16)	आँवल (210), झाड़ बेर (51), नूतन या एमना (28), सेलपी (11)
प्रभावी प्रजाति संख्या वृक्ष : 4.36	झाड़ी : 1.43

शाकीय एवं घास प्रजातियाँ

पुनर्नवा, *ब्रैकिएरिया रेमोसा,* पुआड़, गांठिया, *इरेग्रोस्टिस सिलिएरिस,* नीली शंखपुष्पी, बेकर, बड़ी बेकर, *जस्टीसिया प्रोकंबेन्स, ट्राइडेक्स प्रोकंबेन्स,* बिऊना, गोखरू, *वरनोनिया सिनेरिया*

द. वन्य जीवन

नीलगाय, लकड़बग्घा, खरगोश, मोर, तोता, मैना आदि

ई. मृदा गुण

पी. एच.	ई.सी. (डेसी सिमेन/मी)	मृदा कार्बन (%)	मृदा घनत्व (ग्राम/सेमी^{3})	नाइट्रेट (मिग्रा/किग्रा)	अमोनियम (मिग्रा/किग्रा)	फास्फेट (मिग्रा/किग्रा)	कार्बन घनत्व (टन/हे.)
7.25	0.23	0.330	1.52	2.22	2.22	7.12	10.87

फ. प्राचीन इतिहास एवं अवस्था

यह एक पुराना ओरण है जिसे स्थानीय समुदाय द्वारा माता जी के नाम पर संरक्षण एवं देख भाल की जा रही है। स्थानीय लोग यहाँ आकर माता जी की पूजा करते हैं। वैसे इस ओरण में रौंज के वृक्षों की प्रमुखता है, और यह रौंज आँवल वन प्रकार का एक अच्छा उदाहरण है।

राजस्थान के पवित्र उपवनों से संबन्धित आंकड़े

पवित्र उपवन संख्या **93**

अ. पवित्र उपवनों के बारे में मूलभूत जानकारी

पवित्र उपवन का नाम	धुंधली माताजी की वनी
गाँव	बांसी
पंचायत	बड़ी सादडी
निकटतम वन ब्लॉक	–
क्षेत्र स्थिति	सामुदायिक भूमि
जिला	प्रतापगढ़
क्षेत्रफल	500 बीघा
ऊँचाई (मी.)	599
अक्षांश	24°18′ 1.4″ उत्तर
देशांतर	72°23′ 49.9″ पूर्व

ब. स्थलाकृतिक विशेषताएँ

अपरदन स्थिति	**स्थलाकृति**	**मृदा गहराई**
मध्यम	पहाड़ी ढ़लान	बहुत कम (<25 सेमी)

स. वनस्पति स्थिति

महत्व मूल्य सूचकांक के साथ वृक्ष प्रजातियाँ	**महत्व मूल्य सूचकांक के साथ झाड़ी प्रजातियाँ**
सागौन (132), खिरनी (35), तेंदू (22), चुरेल (19), दूधी (17), उम्बिया (15), रोहीन (11), बेल (10), पलास (9), गर्जन (6), धामन वृक्ष (6), काला सिरिस (4), अरीठा (4), तंबोलिया (4), बेर (3), झिंझा (3)	कोकून या कांटेर (208), झाड़ बेर (92)

प्रभावी प्रजाति संख्या वृक्ष : 4.76 झाड़ी : 1.82

शाकीय एवं घास प्रजातियाँ

एलाईसीकार्पस वेगिनेलिस, पुनर्नवा, *ब्रैकिएरिया रेमोसा, ब्लीफेरिस रिपेन्स,* गांठिया, दुद्धि, पुआड़, नीली शंखपुष्पी, बेकर, *इलाइटेरिया एकोलिस, जस्टीसिया प्रोकंबेन्स, ट्राइडेक्स प्रोकंबेन्स*

द. वन्य जीवन

नीलगाय, लंगूर, लकड़बग्घा, खरगोश, मोर, तोता, मैना आदि

ई. मृदा गुण

पी. एच.	ई.सी. (डेसी सिमेन/मी)	मृदा कार्बन (%)	मृदा घनत्व (ग्राम/ सेमी^{3})	नाइट्रेट (मिग्रा/ किग्रा)	अमोनियम (मिग्रा/ किग्रा)	फास्फेट (मिग्रा/ किग्रा)	कार्बन घनत्व (टन/ हे.)
6.42	0.22	0.630	1.40	5.78	2.41	6.16	19.55

फ. प्राचीन इतिहास एवं अवस्था

वैसे लगभग 20 वर्ष पहले एक महात्मा श्री धुंधारीमलजी ने यहाँ समाधि लिया था। परन्तु इस ओरण के अंदर एक मंदिर भी है, जहाँ स्थानीय समुदाय के लोग आते हैं एवं स्थानीय देवी धुंधली माता जी की पूजा करते है। इस ओरण में सागौन के वृक्षों की प्रधानता है।

राजस्थान के पवित्र उपवनों से संबन्धित आंकड़े

पवित्र उपवन संख्या **94**

अ. पुनीत उपवनों के बारे में मूलभूत जानकारी

पवित्र उपवन का नाम	बीजासाऊ माता जी की वनी
गाँव	विजानीया
पंचायत	धरियावद
निकटतम वन ब्लॉक	—
क्षेत्र स्थिति	सामुदायिक भूमि
जिला	प्रतापगढ़
क्षेत्रफल	35 बीघा
ऊँचाई (मी.)	263
अक्षांश	24°04′ 34.1″ उत्तर
देशांतर	74°27′ 41.8″ पूर्व

ब. स्थलाकृतिक विशेषताएँ

अपरदन स्थिति	**स्थलाकृति**	**मृदा गहराई**
मध्यम	ढालयुक्त पहाड़ी	उथली (<25 सेमी)

स. वनस्पति स्थिति

महत्व मूल्य सूचकांक के साथ वृक्ष प्रजातियाँ	**महत्व मूल्य सूचकांक के साथ झाड़ी प्रजातियाँ**
सागौन (133), चुरेल (82), तेंदू (40), पलास (18), रौंज (15), बेल (12)	लंटाना (300)

प्रभावी प्रजाति संख्या वृक्ष : 3.68 झाड़ी : 1.00

शाकीय एवं घास प्रजातियाँ

एलाइसीकार्पस वेगिनेलिस, पुनर्नवा, *ब्रैकिएरिया रेमोसा, ब्लीफेरिस रिपेन्स, केसिया प्युमिला,* गांठिया, *युफार्बिया ग्रेनुलेरिस, इलाइटेरिया एकोलिस,* दुद्धि, नीली शंखपुष्पी, बेकर, *जस्टीसिया प्रोकंबेन्स, ट्राइडेक्स प्रोकंबेन्स*

द. वन्य जीवन

नीलगाय, लंगूर, लगड़बग्घा, मरू खरगोश, मोर, तोता मैना आदि

ई. मृदा गुण

पी. एच.	ई.सी. (डेसी सिमेन / मी)	मृदा कार्बन (%)	मृदा घनत्व (ग्राम / सेमी^{3})	नाइट्रेट (मिग्रा / किग्रा)	अमोनियम (मिग्रा / किग्रा)	फास्फेट (मिग्रा / किग्रा)	कार्बन घनत्व (टन / हे.)
7.60	0.17	1.515	1.35	3.90	8.56	9.12	14.03

फ. प्राचीन इतिहास एवं अवस्था

इस ओरण की स्थापना बहुत पहले बिजासाऊ माताजी के नाम पर किया था। इस ओरण में एक मंदिर है जहाँ स्थानीय लोग माताजी की पूजा अर्चना करते हैं, साथ ही इस क्षेत्र की देखभाल भी करते हैं। सागौन इस क्षेत्र की प्रमुख वृक्ष प्रजाति है लेकिन अभी लंटाना नामक विदेशी प्रजाति द्वारा ग्रसित हो चुका है।

राजस्थान के पवित्र उपवनों से संबन्धित आंकड़े

पवित्र उपवन संख्या **95**

अ. पवित्र वनों के बारे में मूलभूत जानकारी

पवित्र उपवन का नाम	चंडीमाताजी का ओरण
गाँव	बरोल
पंचायत	छोटी सादड़ी
निकटतम वन ब्लॉक	——
क्षेत्र स्थिति	सामुदायिक भूमि
जिला	प्रतापगढ़
क्षेत्रफल	40 बीघा
ऊँचाई (मी.)	464
अक्षांश	24°18′ 09.4″ उत्तर
देशांतर	74°43′ 37.8″ पूर्व

ब. स्थलाकृतिक विशेषताएँ

अपरदन स्थिति	**स्थलाकृति**	**मृदा गहराई**
मध्यम	अवक्रमित पहाड़ी ढलान	बहुत कम (<25 सेमी)

स. वनस्पति स्थिति

महत्व मूल्य सूचकांक के साथ वृक्ष प्रजातियाँ	**महत्व मूल्य सूचकांक के साथ झाड़ी प्रजातियाँ**
अर्जुन (105), पलास (100), वन खजूर (43), कलम (22), चुरेल (18), विषतेन्दु (12)	लंटाना (300)

प्रभावी प्रजाति संख्या वृक्ष : 4.11 झाड़ी : 1.00

शाकीय एवं घास प्रजातियाँ

पुआड़, गांठिया, *इलाइटेरिया एकोलिस,* नीली शंखपुष्पी, बेकर, *जस्टीसिया प्रोकंबेन्स, ट्राइडेक्स प्रोकंबेन्स*

द. वन्य जीवन

पैंथर, भालू, नीलगाय, भेड़िया, लंगूर, लकड़बग्घा, खरगोश, मोर, तोता, मैना आदि

ई. मृदा गुण

पी. एच.	ई.सी. (डेसी सिमेन/मी)	मृदा कार्बन (%)	मृदा घनत्व (ग्राम/सेमी^{3})	नाइट्रेट (मिग्रा/किग्रा)	अमोनियम (मिग्रा/किग्रा)	फास्फेट (मिग्रा/किग्रा)	कार्बन घनत्व (टन/हे.)
6.05	0.08	0.570	1.42	3.94	2.01	9.23	17.46

फ. प्राचीन इतिहास एवं अवस्था

यह एक प्राचीन ओरण है जिसके अंदर चंडी माताजी का पुराना मंदिर है, जहाँ स्थानीय समुदाय के लोग आकर माता जी की पूजा अर्चना करते हैं। वानस्पतिक संरचना से ऐसा प्रतीत होता है कि यह अपेक्षाकृत नमीयुक्त वन का अवशेष है, जहाँ अर्जुन के वृक्षों की प्रमुखता है।

राजस्थान के पवित्र उपवनों से संबन्धित आंकड़े

पवित्र उपवन संख्या **96**

अ. पवित्र उपवनों के बारे में मूलभूत जानकारी

पवित्र उपवन का नाम: देवनारायणजी की वनी

गाँव: छोटीदाटी

पंचायत: बड़ा बरदा

निकटतम वन ब्लॉक: –

क्षेत्र स्थिति: सामुदायिक भूमि

जिला: प्रतापगढ़

क्षेत्रफल: 35 बीघा

ऊँचाई (मी.): 412

अक्षांश: 24°12′ 05.2″ उत्तर देशांतर: 74°42″ 25.6″ पूर्व

ब. स्थलाकृतिक विशेषताएँ

अपरदन स्थिति	**स्थलाकृति**	**मृदा गहराई**
मध्यम	अवक्रमित पहाड़ी ढ़लान	उथली (<25 सेमी)

स. वनस्पति स्थिति

महत्व मूल्य सूचकांक के साथ वृक्ष प्रजातियाँ

सागौन (227), पलास (73)

महत्व मूल्य सूचकांक के साथ झाड़ी प्रजातियाँ

लंटाना (250), हींस (50)

प्रभावी प्रजाति संख्या वृक्ष : 1.54 झाड़ी : 1.46

शाकीय एवं घास प्रजातियाँ

एलाईसीकार्पस वेगिनेलिस, पुनर्नवा, *ब्रैकिएरिया रेमोसा, ब्लीफेरिस रिपेन्स, एलाइटेरिया एकोलिस,* दुद्धि, पुआड़, गांठिया, नीली शंखपुष्पी, बेकर, *जस्टीसिया प्रोकंबेन्स, ट्राइडेक्स प्रोकंबेन्स*

द. वन्य जीवन

नीलगाय, लंगूर, लकड़बग्घा, खरगोश, मोर, तोता, मैना आदि

ई. मृदा गुण

पी. एच.	ई.सी. (डेसी सिमेन / मी)	मृदा कार्बन (%)	मृदा घनत्व (ग्राम / सेमी^{3})	नाइट्रेट (मिग्रा / किग्रा)	अमोनियम (मिग्रा / किग्रा)	फास्फेट (मिग्रा / किग्रा)	कार्बन घनत्व (टन / हे.)
6.55	0.19	0.512	1.44	2.66	3.66	6.33	13.71

फ. प्राचीन इतिहास एवं अवस्था

ग्रामीण समुदाय द्वारा सुरक्षा प्रदत्त एवं संरक्षित यह ओरण काफी पुराना एवं लोक देवता देवनारायण जी के नाम पर है। इसके अंदर एक बहुत पुराना मंदिर है जहाँ लोग आकर भगवान देवनरायन जी की पूजा अर्चना करते हैं। इस ओरण में सागौन के वृक्षों की प्रमुखता है।

राजस्थान के पवित्र उपवनों से संबन्धित आंकड़े

पवित्र उपवन संख्या **97**

अ. पवित्र उपवनों के बारे में मूलभूत जानकारी

पवित्र उपवन का नाम	देवनारायणजी की वनी
गाँव	हीरा की बस्सी
पंचायत	देवगढ़
निकटतम वन ब्लॉक	बागना
क्षेत्र स्थिति	सामुदायिक भूमि
जिला	राजसंमद
क्षेत्रफल	40 बीघा
ऊँचाई (मी.)	657
अक्षांश	25° 32′ 01.0″ उत्तर
देशांतर	73° 52′ 04.8″ पूर्व

ब. स्थलाकृतिक विशेषताएँ

अपरदन स्थिति	**स्थलाकृति**	**मृदा गहराई**
मध्यम	ढलान युक्त पहाड़ी	उथली (<25 सेमी)

स. वनस्पति स्थिति

महत्व मूल्य सूचकांक के साथ वृक्ष प्रजातियाँ	**महत्व मूल्य सूचकांक के साथ झाड़ी प्रजातियाँ**
काला धोक (253), नीम (28), खेजड़ी (19)	एमना (194), गंगेटी (106)
प्रभावी प्रजाति संख्या वृक्ष : 1.17	झाड़ी : 1.75

शाकीय एवं घास प्रजातियाँ

एलाईसीकार्पस वेगिनेलिस, पुनर्नवा, *बोरेरिया प्युसीला, ब्रैकिएरिया रेमोसा, ब्रैकिएरिया रिपेन्स,* पुआड़, गांठिया, *एलाइटेरिया एकोलिस,* बेकर, नीली शंखपुष्पी, *जस्टीसिया प्रोकंबेन्स, ट्रंफेटा रांबोइडिया, ट्राइडेक्स प्रोकंबेन्स, वरनोनिया सिनेरिया, जार्निया गिबोसा*

द. वन्य जीवन

नीलगाय, भेड़िया, लंगूर, लकड़ बग्घा, खरगोश, मोर, तोता, मैना आदि

ई. मृदा गुण

पी. एच.	ई.सी. (डेसी सिमेन/मी)	मृदा कार्बन (%)	मृदा घनत्व (ग्राम/सेमी^{3})	नाइट्रेट (मिग्रा/किग्रा)	अमोनियम (मिग्रा/किग्रा)	फास्फेट (मिग्रा/किग्रा)	कार्बन घनत्व (टन/हे.)
6.58	0.12	0.675	1.46	2.12	6.52	8.30	20.92

फ. प्राचीन इतिहास एवं अवस्था

गुर्जर समुदाय के कुल देवता भगवान देवनारायणजी के नाम पर स्थापित इस ओरण की सुरक्षा एवं संरक्षण आस पास के ग्रामीणों द्वारा किया जाता है। इस ओरण में मुख्यतः काले धोक के काफी पुराने वृक्ष हैं।

राजस्थान के पवित्र उपवनों से संबन्धित आंकड़े

पवित्र उपवन संख्या **98**

अ. पवित्र उपवनों के बारे में मूलभूत जानकारी

पवित्र उपवन का नाम	भेरूनाथजी की वनी
गाँव	स्वादरी
पंचायत	देवगढ़
निकटतम वन ब्लॉक	देवगढ़ बीड
क्षेत्र स्थिति	सामुदायिक भूमि
जिला	राजसंमद
क्षेत्रफल	75 बीघा
ऊँचाई (मी.)	652
अक्षांश	25°29′ 51.1″ उत्तर
देशांतर	73°54′ 02.4″ पूर्व

ब. स्थलाकृतिक विशेषताएँ

अपरदन स्थिति	**स्थलाकृति**	**मृदा गहराई**
मध्यम	पहाड़ी शिखर से घंटी नुमा	बहुत कम गहरी (<25 सेमी)

स. वनस्पति स्थिति

महत्व मूल्य सूचकांक के साथ वृक्ष प्रजातियाँ	**महत्व मूल्य सूचकांक के साथ झाड़ी प्रजातियाँ**
काला धोक (130), रौंज (60), खिरनी (40), कंकेड़ा (31), बरगद (11), चुरेल (8) विलायती बबूल (8), पलास (7), देशी बबूल (5)	गंगेटी (197), डंडा थोर (103)

प्रभावी प्रजाति संख्या वृक्ष : 4.24 झाड़ी : 1.75

शाकीय एवं घास प्रजातियाँ

एलाईसीकार्पस वेगिनेलिस, पुनर्नवा, *बोरेरिया प्युसीला, ब्रैकिएरिया रेमोसा, ब्रैकिएरिया रिपेन्स,* पुआड़, गांठिया, *एलाइटेरिस एकोलिस,* दुद्धि, नीली शंखपुष्पी, *ग्लोसोकार्डिया बोस्वेलिया,* बेकर, *जस्टीसिया प्रोकंबेन्स, सिडा कार्डिफोलिया, ट्रंफेटा रोंबोइडिया, ट्राइडेक्स प्रोकंबेन्स, टेट्रापोगोन टिनेलस, वरनोनिया सिनेरिया, जार्निया गिबोसा*

द. वन्य जीवन

पैंथर, नीलगाय, लंगूर, लकड़बग्घा, खरगोश, मोर, तोता, मैना आदि

ई. मृदा गुण

पी. एच.	ई.सी. (डेसी सिमेन / मी)	मृदा कार्बन (%)	मृदा घनत्व (ग्राम / सेमी^{3})	नाइट्रेट (मिग्रा / किग्रा)	अमोनियम (मिग्रा / किग्रा)	फास्फेट (मिग्रा / किग्रा)	कार्बन घनत्व (टन / हे.)
7.12	0.15	0.525	1.49	1.59	8.30	12.46	15.19

फ. प्राचीन इतिहास एवं अवस्था

इस पुराने ओरण का नामकरण लोक देवता भेरूनाथ जी के नाम पर किया गया है। स्थानीय लोग इस लोक देवता की पूजा करते हैं साथ ही इस ओरण की देख भाल एवं संरक्षण भी करते हैं। यह ओरण जैव विविधता में काफी धनी है एवं इसमे काले धोक के वृक्षों की प्रमुखता है।

राजस्थान के पवित्र उपवनों से संबन्धित आंकड़े

पवित्र उपवन संख्या **99**

अ. पवित्र उपवनों के बारे में मूलभूत जानकारी

पवित्र उपवन का नाम चामुंडा माता जी की बन्नी
गाँव चामुंडा खुटा
पंचायत आमेट
निकटतम वन ब्लॉक ——
क्षेत्र स्थिति सामुदायिक भूमि
जिला राजसंमद
क्षेत्रफल 36 बीघा
ऊँचाई (मी.) 602
अक्षांश 25°23′ 59.3″ उत्तर देशांतर 74°00′ 51.3″ पूर्व

ब. स्थलाकृतिक विशेषताएँ

अपरदन स्थिति	**स्थलाकृति**	**मृदा गहराई**
मध्यम	ढालयुक्त पहाड़ी	सामान्य गहरी (25–50 सेमी)

स. वनस्पति स्थिति

महत्व मूल्य सूचकांक के साथ वृक्ष प्रजातियाँ	**महत्व मूल्य सूचकांक के साथ झाड़ी प्रजातियाँ**
काला धोक (216), कंकेड़ा (84)	डासर (300)
प्रभावी प्रजाति संख्या वृक्षः 1.75	झाड़ी : 1.00

शाकीय एवं घास प्रजातियाँ

एलाईसीकार्पस वेगिनेलिस, पुनर्नवा, *ब्रैकिएरिया रेमोसा, ब्रैकिएरिया रिपेन्स,* पुआड़, गांठिया, *एलाइटेरिया एकोलिस,* दुद्धि, नीली शंखपुष्पी, *ग्लोकोकार्डिया बोस्वोलिया,* बेकर, *जस्टीसिया प्रोकंबेन्स, लेपिडागेथिस ट्राइनर्विस, पालिगेला इरिओप्टेरा, सिडा कार्डिफोलिया, ट्रंफेटा रोंबोइडिया, ट्राइडेक्स प्रोकंबेन्स, टेट्रापोगोन टिनेलस, वरनोनिया सिनेरिया, जार्निया गिब्बोसा*

द. वन्य जीवन

नीलगाय, लंगूर, लकड़ बग्घा, खरगोश, मोर, तोता, मैना, बुलबुल आदि

ई. मृदा गुण

पी. एच.	ई.सी. (डेसी सिमेन/मी)	मृदा कार्बन (%)	मृदा घनत्व (ग्राम/सेमी^{3})	नाइट्रेट (मिग्रा/किग्रा)	अमोनियम (मिग्रा/किग्रा)	फास्फेट (मिग्रा/किग्रा)	कार्बन घनत्व (टन/हे.)
7.25	0.18	0.600	1.52	1.26	4.52	10.46	18.24

फ. प्राचीन इतिहास एवं अवस्था

यह एक प्राचीन ओरण है जिसकी सुरक्षा एवं संरक्षण स्थानीय समुदाय द्वारा माता चामुंड़ा देवी के नाम पर किया जा रहा है। चामुंडा माता का एक मंदिर भी इस ओरण में विद्यमान है, जहाँ ग्रामवासी पूजा अर्चना करते हैं। इस ओरण में धोक के पुराने वृक्षों की प्रमुखता है।

राजस्थान के पवित्र उपवनों से संबन्धित आंकड़े

पवित्र उपवन संख्या **100**

अ. पवित्र उपवनों के बारे में मूलभूत जानकारी

पवित्र उपवन का नाम	हनुमानजी की डूँगरी
गाँव	नीनाद्रा
पंचायत	सवाईमाधोपुर
निकटतम वन ब्लॉक	डूँडा
जिला	सवाईमाधोपुर
क्षेत्रफल	8 बीघा
ऊँचाई (मी.)	267
अक्षांश	26°08′ 01.0″ उत्तर
देशांतर	76°20′ 17.5″ पूर्व

ब. स्थलाकृतिक विशेषताएँ

अपरदन स्थिति	स्थलाकृति	मृदा गहराई
मध्यम	पहाढ़ी एवं ढलान क्षेत्र	उथली (<25 सेमी)

स. वनस्पति स्थिति

महत्व मूल्य सूचकांक के साथ वृक्ष प्रजातियाँ	महत्व मूल्य सूचकांक के साथ झाड़ी प्रजातियाँ
विलायती बबूल (141), काला धोक (139), देशी बबूल (20)	आक (300)

प्रभावी प्रजाति संख्या वृक्ष : 2.17 झाड़ी : 1.00

शाकीय एवं घास प्रजातियाँ

रामबुई, *एलाईसीकार्पस मोनिलीफर, एलाईसीकार्पस वेगिनेलिस,* पुनर्नवा, *बोरेरिया प्युसीला, ब्रैकिएरिया रेमोसा, ब्रैकिएरिया रिपेन्स, साइनोटिस क्रिस्टेटा,* पुआड़, गांठिया, *एलाइटेरिया एकोलिस,* दुद्धि, नीली शंखपुष्पी, *ग्लोसोकार्डिया बोस्वेलिया,* बेकर, *जस्टीसिया प्रोकंबेन्स, लेपिडागेथिस ट्राइनर्विस, पालिगेला इरिओप्टेरा, सिडा कार्डिफोलिया, ट्रंफेटा रोंबोइडिया, ट्राइडेक्स प्रोकंबेन्स, टेट्रापोगन टिनेलस, वरनोनिया सिनेरिया, जार्निया गिबोसा*

द. वन्य जीवन

नीलगाय जंगली कुत्ता, लंगूर, लकड़ बग्घा, मोर तोता, मैना आदि

ई. मृदा गुण

पी. एच.	ई.सी. (डेसी सिमेन/मी)	मृदा कार्बन (%)	मृदा घनत्व (ग्राम/सेमी^{3})	नाइट्रेट (मिग्रा/किग्रा)	अमोनियम (मिग्रा/किग्रा)	फास्फेट (मिग्रा/किग्रा)	कार्बन घनत्व (टन/हे.)
7.48	0.27	0.630	1.50	0.18	6.50	16.44	9.07

फ. प्राचीन इतिहास एवं अवस्था

इस प्राचीन ओरण में देव हनुमानजी का एक मंदिर है। इस क्षेत्र की सुरक्षा एवं इसका संरक्षण स्थानीय समुदाय के द्वारा किया जाता है। स्थानीय लोग यहाँ आते हैं एवं हनुमानजी की पूजा करते हैं। इस ओरण में पहले काला धोक के वृक्षों की अधिकता थी पर वर्तमान में अभी विलायती बबूल की अधिकता हो चुकी है।

राजस्थान के पवित्र उपवनों से संबन्धित आंकड़े

पवित्र उपवन संख्या **101**

अ. पवित्र उपवनों के बारे में मूलभूत जानकारी

पवित्र उपवन का नाम	जसराज बाबाजी की बन्नी
गाँव	नरोड़ा, मीसा खेड़ी
पंचायत	खरदार
निकटतम वन ब्लॉक	–
क्षेत्र स्थिति	सामुदायिक भूमि
जिला	सवाईमाधोपुर
क्षेत्रफल	12 बीघा
ऊँचाई (मी.)	207
अक्षांश	25°52′ 30.0″ उत्तर
देशांतर	76°35′ 00.4″ पूर्व

ब. स्थलाकृतिक विशेषताएँ

अपरदन स्थिति	स्थलाकृति	मृदा गहराई
नालायुक्त	ऊबड़ खाबड़ एवं गढ्ढे युक्त	काफी गहरी (>100 सेमी)

स. वनस्पति स्थिति

महत्व मूल्य सूचकांक के साथ वृक्ष प्रजातियाँ	महत्व मूल्य सूचकांक के साथ झाड़ी प्रजातियाँ
कलम (87), विलायती बबूल (55), *कार्डिया डाइकोटोमा* (43), पाकड़ (34), नीम (31), हिंगोटा (24), देशी बबूल (16), काला धोक (10)	इरना (221), हींस या कांटेर (48), करौंदा (31)
प्रभावी प्रजाति संख्या वृक्ष : 6.12	झाड़ी : 2.14

शाकीय एवं घास प्रजातियाँ

रामबुई, *एलाइसिकार्पस मोनोलीफर,* पुनर्नवा, *बोरेरिया प्युसीला, ब्रैकिएरिया रिपेन्स, ब्रैकिएरिया रेमोसा, इलाइटेरिया एकोलिस,* दुद्धि, नीली शंखपुष्पी, बेकर, *जस्टीसिया प्रोकंबेन्स, लेपिडागेथिस ट्राइनर्विस, पालिगेला इरिओप्टेरा, सिडा कार्डिफोलिया, ट्रंफेटा रोंबोइडिया, ट्राइडेक्स प्रोकंबेन्स, टेट्रापोगन टिनेलस, वरनोनिया सिनेरिया*

द. वन्य जीवन

घड़ियाल, नीलगाय, जंगली कुत्ता, लंगूल, जंगली सूअर, लकड़बग्घा, खरगोश, मोर, तोता आदि

ई. मृदा गुण

पी. एच.	ई.सी. (डेसी सिमेन / मी)	मृदा कार्बन (%)	मृदा घनत्व (ग्राम / सेमी^{3})	नाइट्रेट (मिग्रा / किग्रा)	अमोनियम (मिग्रा / किग्रा)	फास्फेट (मिग्रा / किग्रा)	कार्बन घनत्व (टन / हे.)
7.58	0.26	0.660	1.49	0.13	6.52	14.36	9.96

फ. प्राचीन इतिहास एवं अवस्था

चम्बल नदी के किनारे स्थित इस ओरण को इसके अंदर स्थापित मंदिर ट्रस्ट के द्वारा संरक्षित किया जा रहा है, जहाँ पर जसराज बाबा ने जल समाधि लिया था। इसलिए स्थानीय लोग यहाँ आकर पूजा करते हैं। इस ओरण में कलम के वृक्षों की प्रमुखता है।

राजस्थान के पवित्र उपवनों से संबन्धित आंकड़े

पवित्र उपवन संख्या **102**

अ. पवित्र उपवनों के बारे में मूलभूत जानकारी

पवित्र उपवन का नाम — पीर बाबा का दरगाह
गाँव — गरदवास
पंचायत — सवाईमाधोपुर
निकटतम वन ब्लॉक — चौथ का बरबाड़ा
क्षेत्र स्थिति — सामुदायिक भूमि
जिला — सवाईमाधोपुर
क्षेत्रफल — 40 बीघा
ऊँचाई (मी.) — 329
अक्षांश — 26°00′ 09.6″ उत्तर देशांतर — 76°07′ 51.3″ पूर्व

ब. स्थलाकृतिक विशेषताएँ

अपरदन स्थिति	**स्थलाकृति**	**मृदा गहराई**
कम	पहाड़ी शिखर के साथ ढ़लान	उथली (<25 सेमी)

स. वनस्पति स्थिति

महत्व मूल्य सूचकांक के साथ वृक्ष प्रजातियाँ	**महत्व मूल्य सूचकांक के साथ झाड़ी प्रजातियाँ**
काला धोक (212), विलायती बबूल (35), केर (19), नीम (14), वाव बरना (11), देशी बबूल (9)	हींस (300)

प्रभावी प्रजाति संख्या वृक्षः 2.09 झाड़ी : 1.00

शाकीय एवं घास प्रजातियाँ

एलाईसीकार्पस मोनीलीफर, एलाईसीकार्पस वेगिनेलिस, पुनर्नवा, *बोरेरिया प्युसीला, ब्रैकिएरिया रेमोसा, ब्रैकिएरिया रिपेन्स, साइनोटिस क्रिस्टेटा,* पुआड़, गांठिया, *एलाइटेरिया एकोलिस,* दुद्धि, नीली शंखपुष्पी, *ग्लोसोकार्डिया बोस्वोलिया, हेक्लोंक्लोआ ग्रेनुलेरिस, ओरोपेटियाम थेमियम,* बेकर, *जस्टीसिया प्रोकंबेन्स, लेपिडागेथिस ट्राइनर्विस, पालिगेला इरिओप्टेरा, सिडा कार्डिफोलिया, ट्रंफेटा रोंबोइडिया, ट्राइडेक्स प्रोकंबेन्स, टेट्रापोगन टिनेलस, वरनोनिया सिनेरिया, जार्निया गिबोसा*

द. वन्य जीवन

पेंथर, नीलगाय, जंगली कुत्ता, हिरण, जंगली सूअर, लकड़बग्घा, खरगोश, मोर, तोता आदि

ई. मृदा गुण

पी. एच.	ई.सी. (डेसी सिमेन/मी)	मृदा कार्बन (%)	मृदा घनत्व (ग्राम/सेमी^{3})	नाइट्रेट (मिग्रा/किग्रा)	अमोनियम (मिग्रा/किग्रा)	फास्फेट (मिग्रा/किग्रा)	कार्बन घनत्व (टन/हे.)
7.66	0.23	0.562	1.55	0.23	5.23	14.12	9.03

फ. प्राचीन इतिहास एवं अवस्था

पहाड़ी के शिखर पर पीर बाबा की मस्जिद होने के कारण इस ओरण का संरक्षण एवं देखभाल पास के ग्रामीणों द्वारा किया जाता है। यदि इस क्षेत्र से कोई भी आदमी वृक्ष काटता है तो उसके ऊपर ग्रामीणों द्वारा 1100 रूपये का जुर्माना लगाया जाता है। वैसे इस ओरण में काला धोक के पुराने वृक्षों की अधिकता है परन्तु विलायती बबूल की भी इसमें घुसपैठ हो चुकी है।

राजस्थान के पवित्र उपवनों से संबन्धित आंकड़े

पवित्र उपवन संख्या **103**

अ. पवित्र उपवनों के बारे में मूलभूत जानकारी

पवित्र उपवन का नाम	भेरूजी की बन्नी
गाँव	ताड़ी
पंचायत	पिपराड़ी
निकटतम वन ब्लॉक	सांगरवा
क्षेत्र स्थिति	सामुदायिक भूमि
जिला	सीकर
क्षेत्रफल	50 बीघा
ऊँचाई (मी.)	480
अक्षांश	27°33′ 98.3″ उत्तर
देशांतर	75°17′ 05.5″ पूर्व

ब. स्थलाकृतिक विशेषताएँ

अपरदन स्थिति	स्थलाकृति	मृदा गहराई
कम	थोडे परिवर्तन के साथ ढाल भूमि	मध्यम गहराई (50–100 सेमी)

स. वनस्पति स्थिति

महत्व मूल्य सूचकांक के साथ वृक्ष प्रजातियाँ	महत्व मूल्य सूचकांक के साथ झाड़ी प्रजातियाँ
खेजड़ी (125), इजरायली बबूल (93), देशी बबूल (67), कंकेड़ा (16)	आक (191), खिंप (90), *सी. कैलोसस* (19)

प्रभावी प्रजाति संख्या वृक्ष : 3.43 झाड़ी : 2.20

शाकीय एवं घास प्रजातियाँ

लाप, लापड़ा, पुनर्नवा, धामन, मकड़ा घास, झरनिया घास, *इरेग्रोस्टिस सिलिएरिस,* नीली शंखपुष्पी, बेकर, लंबी बेकर, *जस्टीसिया प्रोकंबेन्स, पालिगेला इरिओप्टेरा,* बिऊना, *ट्रेगस राक्सबरघाई,* गोखरू, *वरनोनिया सिनेरिया*

द. वन्य जीवन

खरगोश, नीलगाय, हिरण, नेवला, मोर, तितर आदि

ई. मृदा गुण

पी. एच.	ई.सी. (डेसी सिमेन / मी)	मृदा कार्बन (%)	मृदा घनत्व (ग्राम / सेमी^{3})	नाइट्रेट (मिग्रा / किग्रा)	अमोनियम (मिग्रा / किग्रा)	फास्फेट (मिग्रा / किग्रा)	कार्बन घनत्व (टन / हे.)
6.20	0.12	0.210	1.62	2.16	5.30	7.32	10.21

फ. प्राचीन इतिहास एवं अवस्था

यह लोक देवता भेरूजी के नाम पर स्थापित लगभग 2000 वर्ष पुराना ओरण है। आस पास के ग्रामीणों द्वारा इस ओरण की सुरक्षा एवं इसका संरक्षण किया जाता है। इसमें मुख्य वृक्ष प्रजाति खेजड़ी है, जबकि इजरायली बबूल का पौध रोपड़ किया गया है।

राजस्थान के पवित्र उपवनों से संबन्धित आंकड़े

पवित्र उपवन संख्या 104

अ. पवित्र उपवनों के बारे में मूलभूत जानकारी

पवित्र उपवन का नाम	खेरी वाला बालाजी का ओरण
गाँव	राजपुरा
पंचायत	पिपराडी
निकटतम वन ब्लॉक	जीनमाता
क्षेत्र स्थिति	सामुदायिक भूमि
जिला	सीकर
क्षेत्रफल	257 बीघा
ऊँचाई (मी.)	482
अक्षांश	27°28′ 27.2″ उत्तर
देशांतर	73°17′ 45.2″ पूर्व

ब. स्थलाकृतिक विशेषताएँ

अपरदन स्थिति	स्थलाकृति	मृदा गहराई
कम	समतल भूमि	मध्यम गहराई (50–100 सेमी)

स. वनस्पति स्थिति

महत्व मूल्य सूचकांक के साथ वृक्ष प्रजातियाँ	महत्व मूल्य सूचकांक के साथ झाड़ी प्रजातियाँ
केर (104), कंकेड़ा (67), खेजड़ी (57), इजरायली बबूल (45), खेर (27)	झाड़ बेर (171), आक (129)

प्रभावी प्रजाति संख्या वृक्ष : 4.44 झाड़ी : 1.96

शाकीय एवं घास प्रजातियाँ

लाप, पुनर्नवा, धामन, माकड़ा घास, झरनिया घास, *इरेग्रोस्टिस सिलिएरिस,* नीली शंखपुषी, बेकर, लंबी बेकर, *जस्टीसिया प्रोकबेन्स, पालिगेला इरिओप्टेरा,* बिऊना, *ट्रेगस राक्सबरघाई,* गोखरू या कांटी

द. वन्य जीवन

खरगोश, नीलगाय, तोता आदि

ई. मृदा गुण

पी. एच.	ई.सी. (डेसी सिमेन / मी)	मृदा कार्बन (%)	मृदा घनत्व (ग्राम / सेमी^{3})	नाइट्रेट (मिग्रा / किग्रा)	अमोनियम (मिग्रा / किग्रा)	फास्फेट (मिग्रा / किग्रा)	कार्बन घनत्व (टन / हे.)
7.06	0.09	0.390	1.60	2.38	6.09	11.32	18.72

फ. प्राचीन इतिहास एवं अवस्था

यह लगभग 1500 साल पुराना ओरण है जिसके साथ बालाजी देव हनुमान का एक मंदिर है। स्थानीय समुदायों के लोग यहाँ आया करते हैं एवं मंदिर में देव हनुमानजी की पूजा करते हैं। यह ओरण उसी समय से संरक्षित एवं सुरक्षित है। इस ओरण में केर के वृक्षों की प्रमुखता है परन्तु इजरायली बबूल का यहाँ काफी पहले का पौधा रोपड़ किया हुआ है।

राजस्थान के पवित्र उपवनों से संबन्धित आंकड़े

पवित्र उपवन संख्या **105**

अ. पवित्र उपवनों के बारे में मूलभूत जानकारी

पवित्र उपवन का नाम	सती माताजी का मंदिर
गाँव	मोकलवास
पंचायत	दांता रामगढ़
निकटतम वन ब्लॉक	—
क्षेत्र स्थिति	सामुदायिक भूमि
जिला	सीकर
क्षेत्रफल	500 बीघा
ऊँचाई (मी.)	431
अक्षांश	27°17′ 26.6″ उत्तर
देशांतर	75°14′ 08.3″ पूर्व

ब. स्थलाकृतिक विशेषताएँ

अपरदन स्थिति	**स्थलाकृति**	**मृदा गहराई**
मध्यम	मुख्यतः समतल भूमि	गहरी मृदा (>100 सेमी)

स. वनस्पति स्थिति

महत्व मूल्य सूचकांक के साथ वृक्ष प्रजातियाँ	**महत्व मूल्य सूचकांक के साथ झाड़ी प्रजातियाँ**
खेजड़ी (184), केर (116)	आक (300)

प्रभावी प्रजाति संख्या वृक्ष : 1.99 झाड़ी : 1.00

शाकीय एवं घास प्रजातियाँ

लाप, पनर्नवा, पुआड़, धामन, मकड़ा, घास, झरनिया घास, *इरेग्रोस्टिस सिलिएरिस,* नीली शंखपुष्पी, बेकर, लेंबी, *जस्टीसिया प्रोकंबेन्स, हेलियोट्रोपियम मेरीफोलियम,* घोड़ा दूब, भू–आंवला, *पालिगेला इरिओप्टेरा,* बिऊना, *ट्रेगस राक्सबरघाई,* गोखरू

द. वन्य जीवन

नीलगाय, हिरण, राक कबूतर, मोर, तोता, कोयल, खरगोश आदि

ई. मृदा गुण

पी. एच.	ई.सी. (डेसी सिमेन/मी)	मृदा कार्बन (%)	मृदा घनत्व (ग्राम/सेमी^{3})	नाइट्रेट (मिग्रा/किग्रा)	अमोनियम (मिग्रा/किग्रा)	फास्फेट (मिग्रा/किग्रा)	कार्बन घनत्व (टन/हे.)
6.70	0.34	0.225	1.59	3.68	6.11	14.30	10.73

फ. प्राचीन इतिहास एवं अवस्था

इस ओरण की स्थापना लगभग 70 साल पहले की गई थी जब श्रीमती कृष्णकुमारी अपने पति सतीधन सिंह के साथ सती हुई थी। इसमें एक मंदिर भी स्थापित है जहाँ लोग आकर पूजा अर्चना करते हैं। खेजड़ी इस ओरण का प्रमुख वृक्ष है, जो इस क्षेत्र की स्थानीय प्रजाति है।

राजस्थान के पवित्र उपवनों से संबन्धित आंकड़ें

पवित्र उपवन संख्या **106**

अ. पवित्र उपवनों के बारे में मूलभूत जानकारी

पवित्र उपवन का नाम	सिद्धेश्वर महादेव मंदिर ओरण
गाँव	दांता, माकरोद, खेरा
पंचायत	सिरोही
निकटतम वन ब्लॉक	मीरपुर
क्षेत्र स्थिति	सामुदायिक भूमि
जिला	सिरोही
क्षेत्रफल	850 बीघा
ऊँचाई (मी.)	338
अक्षांश	24° 48′ 13.5″ उत्तर
देशांतर	72° 50′ 16.9″ पूर्व

ब. स्थलाकृतिक विशेषताएँ

अपरदन स्थिति	स्थलाकृति	मृदा गहराई
मध्यम	पहाड़ी ढ़लान एवं ऊबड़ खाबड़ भूमि	उथली (<25 सेमी)

स. वनस्पति स्थिति

महत्व मूल्य सूचकांक के साथ वृक्ष प्रजातियाँ	महत्व मूल्य सूचकांक के साथ झाड़ी प्रजातियाँ
कुमठ (134), काला धोक (86), विलायती बबूल (44), हिंगोटा (28), खेजड़ी (8)	झाड़ बेर (183), एमना (117)

प्रभावी प्रजाति संख्या वृक्ष : 2.82 झाड़ी : 1.70

शाकीय एवं घास प्रजातियाँ

उंडोकांटों, *बोरेरिया स्ट्रीकटा, ब्रैकिएरिया रेमोसा,* झर्निया घास, नीली शंखपुष्पी, बेकर, भुई आंवला, *रिंकोसिया मिनिमा,* बिऊना, *टेट्रापोगन टिनेलस*

द. वन्य जीवन

खरगोश, नीलगाय, हिरण, पाटा गोह, राक कबूतर, मोर, तोता, कोयल आदि

ई. मृदा गुण

पी. एच.	ई.सी. (डेसी सिमेन / मी)	मृदा कार्बन (%)	मृदा घनत्व (ग्राम / सेमी^{3})	नाइट्रेट (मिग्रा / किग्रा)	अमोनियम (मिग्रा / किग्रा)	फास्फेट (मिग्रा / किग्रा)	कार्बन घनत्व (टन / हे.)
7.82	0.16	0.225	1.50	4.03	10.52	22.00	9.59

फ. प्राचीन इतिहास एवं अवस्था

यह बहुत ही प्राचीन ओरण है और इसमें उसी समय से भगवान शिव (सिद्धेश्वर महादेव) की स्थापना की हुई है। इस ओरण में कुमठ के वृक्षों की प्रमुखता है। वर्तमान समय में इसकी देखभाल ग्राम पंचायत द्वारा की जा रही है और अच्छी स्थिति में है।

राजस्थान के पवित्र उपवनों से संबन्धित आंकड़े

पवित्र उपवन संख्या **107**

अ. पवित्र उपवनों के बारे में मूलभूत जानकारी

पवित्र उपवन का नाम वराड़ा हनुमानजी का ओरण
गाँव वराड़ा
पंचायत सिरोही
निकटतम वन ब्लॉक –
क्षेत्र स्थिति सामुदायिक भूमि
जिला सिरोही
क्षेत्रफल 2380 बीघा
ऊँचाई (मी.) 222
अक्षांश 25° 02′ 31.0″ उत्तर देशांतर 72° 40′ 59.7″ पूर्व

ब. स्थलाकृतिक विशेषताएँ

अपरदन स्थिति	**स्थलाकृति**	**मृदा गहराई**
मध्यम	मुख्यतः समतल भूमि	गहरी मृदा (>100 सेमी)

स. वनस्पति स्थिति

महत्व मूल्य सूचकांक के साथ वृक्ष प्रजातियाँ	**महत्व मूल्य सूचकांक के साथ झाड़ी प्रजातियाँ**
मीठा जाल (197), विलायती बबूल (79), केर (24)	आँवल (300)
प्रभावी प्रजाति संख्या वृक्ष : 2.15	झाड़ी : 1.00

शाकीय एवं घास प्रजातियाँ

लापड़ा, पुनर्नवा, *ब्रैकिएरिया रेमोसा,* हुलहुल, झर्निया घास, नीली शंखपुष्पी, बेकर, भुई आंवला, बिऊना, *टेट्रापोगन टिनेलस*

द. वन्य जीवन

पाटा गोह, सामान्य चूहा, खरगोश, नीलगाय, हिरण, नेवला, रॉक कबूतर, मोर आदि

ई. मृदा गुण

पी. एच.	ई.सी. (डेसी सिमेन/मी)	मृदा कार्बन (%)	मृदा घनत्व (ग्राम/सेमी^{3})	नाइट्रेट (मिग्रा/किग्रा)	अमोनियम (मिग्रा/किग्रा)	फास्फेट (मिग्रा/किग्रा)	कार्बन घनत्व (टन/हे.)
7.82	0.16	0.225	1.55	3.87	6.52	12.46	9.53

फ. प्राचीन इतिहास एवं अवस्था

यह एक प्राचीन ओरण है जिसे देव हनुमानजी के नाम पर स्थानीय समुदाय द्वारा संरक्षित एवं सुरक्षित रखा गया है। इसमें एक विश्व प्रसिद्ध मंदिर की भी स्थापना भी की गई है जो स्थानीय निवासियों के अनुसार राजस्थान में हनुमानजी का दूसरा बड़ा मंदिर है। इस ओरण में मीठे जाल के वृक्षों की प्रमुखता है।

राजस्थान के पवित्र उपवनों से संबन्धित आंकड़े

पवित्र उपवन संख्या 108

अ. पवित्र उपवनों के बारे में मूलभूत जानकारी

पवित्र उपवन का नाम मगरीवाली माताजी का ओरण
गाँव पेसुआ
पंचायत पिंडवाड़ा
निकटतम वन ब्लॉक रामपुरा
क्षेत्र स्थिति सामुदायिक भूमि
जिला सिरोही
क्षेत्रफल 25 बीघा
ऊँचाई (मी.) 409
अक्षांश 24° 43′ 45.3″ उत्तर देशांतर 72° 58′ 43.3″ पूर्व

ब. स्थलाकृतिक विशेषताएँ

अपरदन स्थिति	स्थलाकृति	मृदा गहराई
कम	पहाड़ी शिखर	उथली (<25 सेमी)

स. वनस्पति स्थिति

महत्व मूल्य सूचकांक के साथ वृक्ष प्रजातियाँ	महत्व मूल्य सूचकांक के साथ झाड़ी प्रजातियाँ
काला धोक (155), चुरेल (37), केर (30), रौंज (28), पलास (25), विलायती बबूल (15), बरगद (10)	गंगेटी (300)

प्रभावी प्रजाति संख्या वृक्षः 2.88 झाड़ी : 1.00

शाकीय एवं घास प्रजातियाँ

उंडोकांटों, पुनर्नवा, *ब्रैकिएरिया रेमोस, केसिया इटेलिका, झर्निया घास, एलाइटेरिया एकोलिस,* नीली शंखपुष्पी, भुई आंवला, *ट्राइडेक्स प्रोकंबेन्स, टेट्रापोगोन टिनेलस*

द. वन्य जीवन

खरगोश, नीलगाय, हिरण, नेवला, रॉक कबूतर, मोर, तितर आदि

ई. मृदा गुण

पी. एच.	ई.सी. (डेसी सिमेन/मी)	मृदा कार्बन (%)	मृदा घनत्व (ग्राम/सेमी^{3})	नाइट्रेट (मिग्रा/किग्रा)	अमोनियम (मिग्रा/किग्रा)	फास्फेट (मिग्रा/किग्रा)	कार्बन घनत्व (टन/हे.)
6.99	0.19	0.300	1.41	3.06	9.32	20.00	2.07

फ. प्राचीन इतिहास एवं अवस्था

इस ओरण में मगरीवाली माताजी का एक प्राचीन मंदिर है। इस ओरण की सुरक्षा एवं इसका संरक्षण स्थानीय लोगों द्वारा किया जाता है। वर्तमान समय में यह पंचायत की देखरेख में है। इस ओरण में काला धोक के वृक्षों की प्रमुखता है।

राजस्थान के पवित्र उपवनों से संबन्धित आंकड़े

पवित्र उपवन संख्या **109**

अ. पवित्र उपवनों के बारे में मूलभूत जानकारी

पवित्र उपवन का नाम	गोसाईंजी का जोड़
गाँव	दैदासपुरा
पंचायत	सुरतगढ़
निकटतम वन ब्लॉक	—
क्षेत्र स्थिति	सामुदायिक भूमि
जिला	श्रीगंगानगर
क्षेत्रफल	216 बीघा
ऊँचाई (मी.)	205
अक्षांश	29°00′ 50.5″ उत्तर
देशांतर	73°58′ 45.5″ पूर्व

ब. स्थलाकृतिक विशेषताएँ

अपरदन स्थिति	**स्थलाकृति**	**मृदा गहराई**
अत्धधिक	मुख्यतः समतल भूमि	गहरी मृदा (>100 सेमी)

स. वनस्पति स्थिति

महत्व मूल्य सूचकांक के साथ वृक्ष प्रजातियाँ	**महत्व मूल्य सूचकांक के साथ झाड़ी प्रजातियाँ**
केर (199), खेजड़ी (56), बेर (28), नीम (17)	झाड़ बेर (188), बुई (112)
प्रभावी प्रजाति संख्या वृक्ष : 1.71	झाड़ी : 1.96

शाकीय एवं घास प्रजातियाँ

पुनर्नवा, *ब्रैकिएरिया रेमोसा, गाइसेकिया फार्नेसोइडिस,* नीली शंखपुष्पी, बेकर, *ट्राइडेक्स प्रोकंबेन्स*

द. वन्य जीवन

चन्दन गोह, सामान्य चूहा, खरगोश, नीलगाय, हिरण, नेवला, रॉक कबूतर, मोर, तितर, जंगल कौआ, गौरैया आदि

ई. मृदा गुण

पी. एच.	ई.सी. (डेसी सिमेन / मी)	मृदा कार्बन (%)	मृदा घनत्व (ग्राम / सेमी^{3})	नाइट्रेट (मिग्रा / किग्रा)	अमोनियम (मिग्रा / किग्रा)	फास्फेट (मिग्रा / किग्रा)	कार्बन घनत्व (टन / हे.)
6.99	0.19	0.300	1.62	3.15	4.32	8.24	11.65

फ. प्राचीन इतिहास एवं अवस्था

इस क्षेत्र के स्थानीय देवता भगवान गोसाईंजी का एक मंदिर इस ओरण में होने के कारण स्थानीय लोग यहाँ आते हैं एवं अपने लोक देवता की पूजा करते हैं। यह क्षेत्र आस पास के गाँवों की पंचायत द्वारा संरक्षित है। इस ओरण की प्रमुख वृक्ष प्रजाति केर है।

राजस्थान के पवित्र उपवनों से संबन्धित आंकड़े

पवित्र उपवन संख्या **110**

अ. पवित्र उपवनों के बारे में मूलभूत जानकारी

पवित्र उपवन का नाम बाबा गदनपुर की दरगाह

गाँव हिंडो, स्वरूपसर

पंचायत अनूपगढ़

निकटतम वन ब्लॉक –

क्षेत्र स्थिति सामुदायिक भूमि

जिला श्रीगंगानगर

क्षेत्रफल 8 बीघा

ऊँचाई (मी.) 167

अक्षांश 29°21′ 37.9″ उत्तर देशांतर 73°42′ 37.0″ पूर्व

ब. स्थलाकृतिक विशेषताएँ

अपरदन स्थिति	**स्थलाकृति**	**मृदा गहराई**
कम	सामान्यतः समतल भूमि	गहरी मृदा (>100 सेमी)

स. वनस्पति स्थिति

महत्व मूल्य सूचकांक के साथ वृक्ष प्रजातियाँ

केर (99), देशी बबूल (98), मीठा जाल (73), विलायती बबूल (30)

महत्व मूल्य सूचकांक के साथ झाड़ी प्रजातियाँ

कडाबा फ्रूटीकोसा (300)

प्रभावी प्रजाति संख्या वृक्ष : 3.18 झाड़ी : 1.00

शाकीय एवं घास प्रजातियाँ

चौलाई प्रजाति, पनर्नवा, *ब्रैकिएरिया रेमोसा, सिस्टेची ट्यूबूलोसा, गाइसेकिया फर्नेसोइडिस,* काली बुई, नीली शंखपुष्पी, बेकर, *ट्राईडेक्स प्रोकंबेन्स*

द. वन्य जीवन

नीलगाय, खरगोश, मोर, तोता, कोयल, मैना आदि

ई. मृदा गुण

पी. एच.	ई.सी. (डेसी सिमेन / मी)	मृदा कार्बन (%)	मृदा घनत्व (ग्राम / सेमी^{3})	नाइट्रेट (मिग्रा / किग्रा)	अमोनियम (मिग्रा / किग्रा)	फास्फेट (मिग्रा / किग्रा)	कार्बन घनत्व (टन / हे.)
7.78	0.26	0.465	1.60	3.50	4.92	10.19	16.66

फ. प्राचीन इतिहास एवं अवस्था

इस पुराने पुनीत वन में बाबा गदनपुर की मस्जिद स्थित है जहाँ स्थानीय समुदाय के लोग आकर अपना शीश नवाते अथवा माथा टेकते हैं। इस वन की सुरक्षा एवं इसका संरक्षण स्थानीय लोगों द्वारा की जाती है। केर के वृक्षों की यहाँ प्रमुखता है, परन्तु विलायती बबूल का प्रसार आरम्भ हो चुका है।

राजस्थान के पवित्र उपवनों से संबन्धित आंकड़े

पवित्र उपवन संख्या **111**

अ. पवित्र उपवनों के बारे में मूलभूत जानकारी

पवित्र उपवन का नाम मियां मामा पीर बाबा

गाँव सरदार गढ़

पंचायत –

निकटतम वन ब्लॉक –

क्षेत्र स्थिति सामुदायिक भूमि

जिला श्री गंगानगर

क्षेत्रफल 50 बीघा

ऊँचाई (मी.) 192

अक्षांश 29° 27′ 23.5″ उत्तर देशांतर 73° 44′ 24.5″ पूर्व

ब. स्थलाकृतिक विशेषताएँ

अपरदन स्थिति	**स्थलाकृति**	**मृदा गहराई**
कम	मुख्यतः समतल भूमि	गहरी मृदा (>100 सेमी)

स. वनस्पति स्थिति

महत्व मूल्य सूचकांक के साथ वृक्ष प्रजातियाँ	**महत्व मूल्य सूचकांक के साथ झाड़ी प्रजातियाँ**
देशी बबूल (172), केर (72), इजरायली बबूल (45), विलायती बबूल (11)	आक (170), लाना (130)

प्रभावी प्रजाति संख्या वृक्ष : 2.41 झाड़ी : 2.00

शाकीय एवं घास प्रजातियाँ

जंगली चौलाई, पुनर्नवा, *ब्रैकिएरिया रेमोसा, पेगेनम हरमाला, गाइसेकिया फर्नेसिओइडिस,* काली बुई, नीली शंखपुष्पी, बेकर, *ट्राइडेक्स प्रोकंबेन्स*

द. वन्य जीवन

नीलगाय, खरगोश, सियाल, मोर, तोता, कोयल, मैना आदि

ई. मृदा गुण

पी. एच.	ई.सी. (डेसी सिमेन/मी)	मृदा कार्बन (%)	मृदा घनत्व (ग्राम/सेमी^{3})	नाइट्रेट (मिग्रा/किग्रा)	अमोनियम (मिग्रा/किग्रा)	फास्फेट (मिग्रा/किग्रा)	कार्बन घनत्व (टन/हे.)
7.53	0.18	0.855	1.44	1.80	2.38	6.10	31.77

फ. प्राचीन इतिहास एवं अवस्था

यह एक कब्रिस्तान है इसलिए इस वन के अंदर कोई नहीं जाता है। मियां मामा पीर की मस्जिद इसके पास ही स्थित है। यह पुनीत वन ग्रामिणों द्वारा संरक्षित है। यदि कोई आदमी इसके अंदर वृक्ष काटते हुए पाया जाता है तो उस पर 500 सौ रूपये का जुर्माना लगाया जाता है। इसमें प्रमुख वृक्ष प्रजाति देशी बबूल है।

राजस्थान के पवित्र उपवनों से संबन्धित आंकड़े

पवित्र उपवन संख्या **112**

अ. पवित्र उपवनों के बारे में मूलभूत जानकारी

पवित्र उपवन का नाम	बाबा राहुपीर दरगाह
गाँव	2 एम एस आर
पंचायत	अनुपगढ़
निकटतम वन ब्लॉक	5/7 पी जी एम
क्षेत्र स्थिति	सामुदायिक भूमि
जिला	श्रीगंगानगर
क्षेत्रफल	210 बीघा
ऊँचाई (मी.)	157
अक्षांश	29° 11′ 58.2″ उत्तर
देशांतर	73° 12′ 49.0″ पूर्व

ब. स्थलाकृतिक विशेषताएँ

अपरदन स्थिति	**स्थलाकृति**	**मृदा गहराई**
कम	सामान्यतः समतल भूमि	गहरी (>100 सेमी)

स. वनस्पति स्थिति

महत्व मूल्य सूचकांक के साथ वृक्ष प्रजातियाँ

मीठा जाल (180), देशी बबूल (46), केर (37), विलायती बबूल (27), खेजड़ी (10)

महत्व मूल्य सूचकांक के साथ झाड़ी प्रजातियाँ

झाड़ बेर (300)

प्रभावी प्रजाति संख्या वृक्षः 3.22 झाड़ी : 1.00

शाकीय एवं घास प्रजातियाँ

पुनर्नवा, *ब्रैकिएरिया रेमोसा, गाइसेकिया फर्नेसिओइडिस,* नीली शंखपुष्पी, बेकर, *ट्राइडेक्स प्रोकंबेन्स*

द. वन्य जीवन

हिरण, नीलगाय, खरगोश, मोर, तोता, कोयल, मैना आदि

ई. मृदा गुण

पी. एच.	ई.सी. (डेसी सिमेन/मी)	मृदा कार्बन (%)	मृदा घनत्व (ग्राम/सेमी^{3})	नाइट्रेट (मिग्रा/किग्रा)	अमोनियम (मिग्रा/किग्रा)	फास्फेट (मिग्रा/किग्रा)	कार्बन घनत्व (टन/हे.)
7.70	0.18	0.450	1.58	3.50	4.52	8.30	15.38

फ. प्राचीन इतिहास एवं अवस्था

इस पुनीत वन में करीब 65 वर्ष से भी ज्यादा पुरानी एक मस्जिद है जहाँ सभी समुदाय के लोग आकर अपनी इच्छाओं की पूर्ति हेतु मन्नतें मांगते हैं। स्थानीय मुस्लिम समुदाय राहुपीर बाबा के नाम पर इस वन को संरक्षित किया हुआ है। इसमें मीठे जाल के वृक्षों की प्रमुखता है, परन्तु देशी बबूल के वृक्ष भी बहुतायत में है।

राजस्थान के पवित्र उपवनों से संबन्धित आंकड़े

पवित्र उपवन संख्या **113**

अ. पवित्र उपवनों के बारे में मूलभूत जानकारी

पवित्र उपवन का नाम	माताजी का दर्रा
गाँव	बेलड़ी
पंचायत	उनियारा
निकटतम वन ब्लॉक	—
क्षेत्र स्थिति	सामुदायिक भूमि
जिला	टोंक
क्षेत्रफल	4 बीघा
ऊँचाई (मी.)	345
अक्षांश	25° 54′ 40.5″ उत्तर
देशांतर	75° 45′ 29.4″ पूर्व

ब. स्थलाकृतिक विशेषताएँ

अपरदन स्थिति	स्थलाकृति	मृदा गहराई
मध्यम	मुख्यतः समतल भूमि	मध्यम गहरी (50—100 सेमी)

स. वनस्पति स्थिति

महत्व मूल्य सूचकांक के साथ वृक्ष प्रजातियाँ	महत्व मूल्य सूचकांक के साथ झाड़ी प्रजातियाँ
विलायती बबूल (152), काला धोक (148)	हींस (300)
प्रभावी प्रजाति संख्या वृक्षः 1.89	झाड़ी : 1.00

शाकीय एवं घास प्रजातियाँ

पुनर्नवा, *ब्रैकिएरिया रेमोसा, जस्टीसिया प्रोकंबेन्स,* नीली शंखपुष्पी, बेकर, *ट्राइडेक्स प्रोकंबेन्स*

द. वन्य जीवन

भालू, भेड़िया, लकड़बग्घा, नीलगाय, खरगोश, बुलबुल, कोयल, मोर, तोता आदि

ई. मृदा गुण

पी. एच.	ई.सी. (डेसी सिमेन / मी)	मृदा कार्बन (%)	मृदा घनत्व (ग्राम / सेमी^{3})	नाइट्रेट (मिग्रा / किग्रा)	अमोनियम (मिग्रा / किग्रा)	फास्फेट (मिग्रा / किग्रा)	कार्बन घनत्व (टन / हे.)
7.45	0.24	0.075	1.68	3.15	5.03	6.49	1.67

फ. प्राचीन इतिहास एवं अवस्था

आकार में छोटा किन्तु माताजी के नाम पर सुरक्षित एवं संरक्षित यह एक बहुत ही पुराना ओरण है। इसके अंदर एक मंदिर है जहाँ लोग माताजी की पूजा अर्चना करते हैं। पहले इस ओरण में काला धोक के वृक्षों की प्रमुखता थी लेकिन वर्तमान समय में विलायती बबूल इस क्षेत्र को ग्रसित कर लिया है।

राजस्थान के पवित्र उपवनों से संबन्धित आंकड़े

पवित्र उपवन संख्या 114

अ. पवित्र उपवनों के बारे में मूलभूत जानकारी

पवित्र उपवन का नाम	देवनारायण का स्थान
गाँव	देवगांव, मंडावर, सीतारंपुर
पंचायत	मारेलवर
वन ब्लॉक	सोयला
जिला	टोंक
क्षेत्रफल	13 बीघा
ऊँचाई (मी.)	301
अक्षांश	26°09′ 22.3″ उत्तर
देशांतर	75° 59′ 17.4″ पूर्व

ब. स्थलाकृतिक विशेषताएँ

अपरदन स्थिति	**स्थलाकृति**	**मृदा गहराई**
मध्यम	पहाड़ी ढ़ाल एवं नीची भूमि	सामान्य गहरी (25–50 सेमी)

स. वनस्पति स्थिति

महत्व मूल्य सूचकांक के साथ वृक्ष प्रजातियाँ	**महत्व मूल्य सूचकांक के साथ झाड़ी प्रजातियाँ**
काला धोंक (207), खिरनी (29), देशी बबूल (20), केर (16), खेजड़ी (11), वरना (9), वाव वरना (8)	हींस (300)
प्रभावी प्रजाति संख्या वृक्ष : 1.64	झाड़ी : 0.00

शाकीय एवं घास प्रजातियाँ

पुनर्नवा, *ब्रैकिएरिया रेमोसा, जस्टीसिया प्रोकंबेन्स,* नीली शंखपुष्पी, बेकर *ट्राइडेक्स प्रोकंबेन्स, वरनोनिया सिनेरिया, जार्निया गिबोसा*

द. वन्य जीवन

नीलगाय, जंगली सूअर, लकड़बग्घा, खरगोश, मोर, तोता आदि

ई. मृदा गुण

पी. एच.	ई.सी. (डेसी सिमेन / मी)	मृदा कार्बन (%)	मृदा घनत्व (ग्राम / सेमी^{3})	नाइट्रेट (मिग्रा / किग्रा)	अमोनियम (मिग्रा / किग्रा)	फास्फेट (मिग्रा / किग्रा)	कार्बन घनत्व (टन / हे.)
7.24	0.22	0.180	1.65	3.12	6.23	7.82	5.44

फ. प्राचीन इतिहास एवं अवस्था

स्थानीय लोगों द्वारा सुरक्षित एवं संरक्षित भगवान देवनारायण जी के नाम पर यह बहुत ही पुराना ओरण है। इसमें भगवान देवनारायण जी का एक मंदिर भी स्थापित है जहाँ लोग पूजा किया करते हैं। इस ओरण में काला धोक के पुराने वृक्षों की प्रमुखता है।

राजस्थान के पवित्र उपवनों से संबन्धित आंकड़े

पवित्र उपवन संख्या **115**

अ. पवित्र उपवनों के बारे में मूलभूत जानकारी

पवित्र उपवन का नाम	देव महाराज का स्थान
गाँव	देवपुरा, भँवरथल
पंचायत	साखर
निकटतम वन ब्लॉक	गरोटा
क्षेत्र स्थिति	सामुदायिक भूमि
जिला	टोंक
क्षेत्रफल	15 बीघा
ऊँचाई (मी.)	332
अक्षांश	25°57′ 04.7″ उत्तर
देशांतर	75°44′ 45.3″ पूर्व

ब. स्थलाकृतिक विशेषताएँ

अपरदन स्थिति	**स्थलाकृति**	**मृदा गहराई**
मध्यम	पहाड़ी शिखर के साथ ढालयुक्त क्षेत्र	उथली (<25 सेमी)

स. वनस्पति स्थिति

महत्व मूल्य सूचकांक के साथ वृक्ष प्रजातियाँ	**महत्व मूल्य सूचकांक के साथ झाड़ी प्रजातियाँ**
काला धोक (223), मीठा जाल (35), केर (16), नीम (10), रौंज (9), विलायती बबूल (7)	कोई झाड़ी प्रजाति नहीं।
प्रभावी प्रजाति संख्या वृक्ष : 1.35	झाड़ी : 0

शाकीय एवं घास प्रजातियाँ

पुनर्नवा, *ब्रैकिएरिया रेमोसा, बोरहाविया रिपेन्स,* पुआड़, *जस्टीसिया प्रोकंबेन्स,* नीली शंखपुष्पी, बेकर, *ट्राइडेक्स प्रोकंबेन्स, वरनोनिया सिनेरिया, जार्नियाा गिबोसा*

द. वन्य जीवन

नीलगाय, जंगली सूअर, लकड़बग्घा, खरगोश, मोर, तोता आदि

ई. मृदा गुण

पी. एच.	ई.सी. (डेसी सिमेन/मी)	मृदा कार्बन (%)	मृदा घनत्व (ग्राम/सेमी³)	नाइट्रेट (मिग्रा/किग्रा)	अमोनियम (मिग्रा/किग्रा)	फास्फेट (मिग्रा/किग्रा)	कार्बन घनत्व (टन/हे.)
7.33	0.26	0.235	1.55	2.56	9.26	8.22	7.13

फ. प्राचीन इतिहास एवं अवस्था

स्थानीय देवता सरी देव महाराज के नाम पर स्थापित यह एक काफी पुराना ओरण है। इसके बीच में पहाड़ी के ऊपर एक मंदिर भी है जहाँ लोग पूजा किया करते हैं एवं इसकी सुरक्षा प्रदान करने में मदद करते हैं। यह ओरण काला धोक के पुराने वृक्षों से आच्छादित है परन्तु इसमें विलायती बबूल की घुसपैठ हो चुकी है।

राजस्थान के पवित्र उपवनों से संबन्धित आंकड़े

पवित्र उपवन संख्या 116

अ. पवित्र उपवनों के बारे में मूलभूत जानकारी

पवित्र उपवन का नाम भैरोजी का ओरण, पावा बावजी

गाँव पावा

पंचायत गिरवा

निकटतम वन ब्लॉक अल्सिगढ़ मारवाड़

क्षेत्र स्थिति सामुदायिक भूमि

जिला उदयपुर

क्षेत्रफल 50 बीघा

ऊँचाई (मी.) 865

अक्षांश 24°25′ 25.3″ उत्तर देशांतर 23°32′ 55.5″ पूर्व

ब. स्थलाकृतिक विशेषताएँ

अपरदन स्थिति	**स्थलाकृति**	**मृदा गहराई**
मध्यम	ढालयुक्त पहाड़ी	मध्यम गहरी (50–100 सेमी)

स. वनस्पति स्थिति

महत्व मूल्य सूचकांक के साथ वृक्ष प्रजातियाँ

खिरनी (112), उम्बिया (40), बहेड़ा (37), गर्जन (21), *ब्राइडेलिया रिट्युसा* (14), सफेद धावाड़ा (13), अमलतास (11), कलम (11), चुरेल (9), आँवला (7), तनस (5), तेंदू (4), झिंझा (4), वन खजूर (4), पलास (4), *कार्डिया डाइकोटोमा* (4)

महत्व मूल्य सूचकांक के साथ झाड़ी प्रजातियाँ

लुस्का (132), लंटाना (87), काली सियाली (81)

प्रभावी प्रजाति संख्या वृक्ष : 6.20 झाड़ी : 2.66

शाकीय एवं घास प्रजातियाँ

पुनर्नवा, *ब्रैकिएरिया रेमोसा, ब्रैकिएरिया रिपेन्स,* पुआड़, *जस्टीसिया प्रोकंबेन्स,* नीली शंखपुष्पी, बेकर, *ट्रंफेटा रंबोईडिया, ट्राइडेक्स प्रोकंबेन्स, वरनोनिया सिनेरिया, जार्निया गिबोसा*

द. वन्य जीवन

पैंथर, भालू, नीलगाय, जंगली कुत्ता, जंगली सूअर, लकड़बग्घा, खरगोश, मोर, तोता आदि

ई. मृदा गुण

पी. एच.	ई.सी. (डेसी सिमेन/मी)	मृदा कार्बन (%)	मृदा घनत्व (ग्राम/सेमी^{3})	नाइट्रेट (मिग्रा/किग्रा)	अमोनियम (मिग्रा/किग्रा)	फास्फेट (मिग्रा/किग्रा)	कार्बन घनत्व (टन/हे.)
6.78	0.11	0.465	1.44	1.73	3.30	13.34	10.85

फ. प्राचीन इतिहास एवं अवस्था

ओरण का यह क्षेत्र प्राकृतिक रूप से बहुत पुराने समय से संरक्षित है। स्थानीय लोगों का ऐसा विश्वास है कि लोक देवता भैरोजी के अद्भुत शक्ति के कारण यह क्षेत्र सुरक्षित है। इसलिए कोई भी व्यक्ति इस क्षेत्र में नुकसान पहुँचाने की कोशिश नहीं करता है। इसमें जैव विविधता अधिक है लेकिन खिरनी के वृक्षों की प्रमुखता है।

राजस्थान के पवित्र उपवनों से संबन्धित आंकड़े

पवित्र उपवन संख्या **117**

अ. पवित्र उपवनों के बारे में मूलभूत जानकारी

पवित्र उपवन का नाम — हनुमानजी का ओरण
गाँव — मादरी
पंचायत — –
निकटतम वन ब्लॉक — –
क्षेत्र स्थिति — सामुदायिक भूमि
जिला — उदयपुर
क्षेत्रफल — 8 बीघा
ऊँचाई (मी.) — 704
अक्षांश — 24° 14′ 49.8″ उत्तर देशांतर — 73° 29′ 15.9″ पूर्व

ब. स्थलाकृतिक विशेषताएँ

अपरदन स्थिति	**स्थलाकृति**	**मृदा गहराई**
मध्यम	सामन्यतः समतल भूमि	मध्यम (50–100 सेमी)

स. वनस्पति स्थिति

महत्व मूल्य सूचकांक के साथ वृक्ष प्रजातियाँ	**महत्व मूल्य सूचकांक के साथ झाड़ी प्रजातियाँ**
बरगद (277), जंगली खजूर (23)	कोई झाड़ी प्रजाति नहीं।

प्रभावी प्रजाति संख्या वृक्षः 1.23 झाड़ी : 0.00

शाकीय एवं घास प्रजातियाँ

पुनर्नवा, *ब्रैकिएरिया रेमोसा,* पुआड़, *जस्टीसिया प्रोकंबेन्स,* नीली शंखपुष्पी, बेकर, *ट्रंफंटा रंबोईडिया, ट्राइडेक्स प्रोकंबेन्स*

द. वन्य जीवन

लोमड़ी, खरगोश, मोर, तोता, धब्बेदार कबूतर आदि

ई. मृदा गुण

पी. एच.	ई.सी. (डेसी सिमेन/मी)	मृदा कार्बन (%)	मृदा घनत्व (ग्राम/सेमी^{3})	नाइट्रेट (मिग्रा/किग्रा)	अमोनियम (मिग्रा/किग्रा)	फास्फेट (मिग्रा/किग्रा)	कार्बन घनत्व (टन/हे.)
6.27	0.14	0.480	1.51	3.57	3.58	12.06	13.10

फ. प्राचीन इतिहास एवं अवस्था

यह अपेक्षाकृत एक छोटा ओरण है जिसके अंदर हनुमानजी का एक प्राचीन मंदिर भी है। अतः यह क्षेत्र हनुमानजी के नाम पर स्थानीय समुदाय द्वारा सुरक्षित एवं संरक्षित है। स्थानीय समुदाय के लोग यहाँ पर हनुमानजी की पूजा अर्चना करते हैं। इस ओरण में प्रमुख वृक्ष प्रजाति बरगद है।

राजस्थान के पवित्र उपवनों से संबन्धित आंकड़े

पवित्र उपवन संख्या **118**

अ. पवित्र उपवनों के बारे में मूलभूत जानकारी

पवित्र उपवन का नाम	श्रींगी ऋषिजी का ओरण
गाँव	भिकरणी / चिरावा
पंचायत	उदयपुर
निकटतम वन ब्लॉक	श्रींगी ऋषि
जिला	उदयपुर
क्षेत्रफल	200 बीघा
ऊँचाई (मी.)	732
अक्षांश	73°45′ 52.3″ उत्तर
देशांतर	24°42′ 06.2″ पूर्व

ब. स्थलाकृतिक विशेषताएँ

अपरदन स्थिति	स्थलाकृति	मृदा गहराई
मध्यम	ढलानयुक्त दो पहाड़ियों के बीच का स्थान	सामान्य गहरी (25–50 सेमी)

स. वनस्पति स्थिति

महत्व मूल्य सूचकांक के साथ वृक्ष प्रजातियाँ	महत्व मूल्य सूचकांक के साथ झाड़ी प्रजातियाँ
कुमठ (106), खिरनी (54), रौंज (69), चुरेल (42), यूकेलिप्टस या नीलगिरी (11), बेर (10), तेंदू (8)	गंगेटी (119), *डेरोफाइटम इंडिकम* (65), एमना (43), सीताफल (42), हींस या कांटेर (31)

प्रभावी प्रजाति संख्या वृक्ष : 5.22 झाड़ी : 4.17

शाकीय एवं घास प्रजातियाँ

पुनर्नवा, *ब्रैकिएरिया रेमोसा,* पुआड़, *जस्टीसिया प्रोकंबेन्स,* नीली शखपुष्पी, बेकर, *रंगिया पेक्टीनेटा, ट्रंफेटा रंबोइडिया, ट्राइडेक्स प्रोकंबेन्स*

द. वन्य जीवन

पेंथर, भालू, लोमड़ी, मैना, नेवला, नीलगाय, जंगली कुत्ता, सूअर, लकड़बग्घा, खरगोश, मोर, तोता आदि

ई. मृदा गुण

पी. एच.	ई.सी. (डेसी सिमेन / मी)	मृदा कार्बन (%)	मृदा घनत्व (ग्राम / सेमी^{3})	नाइट्रेट (मिग्रा / किग्रा)	अमोनियम (मिग्रा / किग्रा)	फास्फेट (मिग्रा / किग्रा)	कार्बन घनत्व (टन / हे.)
8.16	0.18	1.845	1.28	4.56	4.23	11.13	30.47

फ. प्राचीन इतिहास एवं अवस्था

ग्रामीणों के अनुसार काफी पुराने समय में एक संत श्रींगी ऋषि इस पुनीत वन में भगवान शिव की पूजा किया करते थे। उसी समय से ही स्थानीय निवासी यहाँ आया करते हैं एवं पूजा अर्चना करते हैं साथ ही इस वन की देखभाल एवं संरक्षण भी करते हैं। इस पुनीत वन में कुमठ के वृक्षों की प्रमुखता है।

राजस्थान के पवित्र उपवनों से संबन्धित आंकड़े

पवित्र उपवन संख्या **119**

अ. पवित्र उपवनों के बारे में मूलभूत जानकारी

पवित्र उपवन का नाम	भँवर माताजी का ओरण
गाँव	सकरोदा
पंचायत	गिरवा
निकटतम वन ब्लॉक	—
क्षेत्र स्थिति	सामुदायिक भूमि
जिला	उदयपुर
क्षेत्रफल	625 बीघा
ऊँचाई (मी.)	642
अक्षांश	24°34′ 07.6″ उत्तर
देशांतर	73°51′ 11.5″ पूर्व

ब. स्थलाकृतिक विशेषताएँ

अपरदन स्थिति	स्थलाकृति	मृदा गहराई
मध्यम	पहाड़ी शिखर से लेकर पहाड़ी से लगे हुए भूमि तक	उथला (<25 सेमी)

स. वनस्पति स्थिति

महत्व मूल्य सूचकांक के साथ वृक्ष प्रजातियाँ

काला धोक (188), कलम (34), गुंदल (19), नीम (15), खेजड़ी (12), कुमठ (11), केर (11), रौंज (10)

महत्व मूल्य सूचकांक के साथ झाड़ी प्रजातियाँ

डंडा थोर (163), गंगेटी (82), गुगुल (23), एमना (17), आक (15)

प्रभावी प्रजाति संख्या वृक्ष : 2.17 झाड़ी : 2.88

शाकीय एवं घास प्रजातियाँ

पुनर्नवा, *बोरेरिया प्युसीला, ब्रैकिएरिया रेमोसा,* पुआड़, *जस्टीसिया प्रोकंबेन्स, एलाइटेरिया एकोलिस, युफार्बिया ग्रेनुलेरिस,* नीली शंखपुष्पी, बेकर, कागनेर, *सीड़ा कार्डेटा, ट्रंफेटा रंबोईडिया, ट्राइडेक्स प्रोकंबेन्स*

द. वन्य जीवन

खरगोश, नीलगाय, लकड़बग्घा, लंगूर, मोर, तोता आदि

ई. मृदा गुण

पी. एच.	ई.सी. (डेसी सिमेन / मी)	मृदा कार्बन (%)	मृदा घनत्व (ग्राम / सेमी^{3})	नाइट्रेट (मिग्रा / किग्रा)	अमोनियम (मिग्रा / किग्रा)	फास्फेट (मिग्रा / किग्रा)	कार्बन घनत्व (टन / हे.)
6.60	0.32	1.305	1.25	4.58	12.59	17.38	15.58

फ. प्राचीन इतिहास एवं अवस्था

इस ओरण की सुरक्षा एवं संरक्षण लोक देवी भँवर माताजी के नाम पर ग्रामीणों द्वारा की जाती है। स्थानीय लोग यहाँ आकर माताजी की पूजा अर्चना करते हैं। इस पुनीत वन में काले धोक व कलम के वृक्षों की प्रमुखता है। वैसे यह ओरण स्थानीय पादप प्रजातियों की जैव विविधता से भरपूर है।

राजस्थान के पवित्र उपवनों से संबन्धित आंकड़े

पवित्र उपवन संख्या 120

अ. पवित्र उपवनों के बारे में मूलभूत जानकारी

पवित्र उपवन का नाम	काली पहाड़ी माताजी का ओरण
गाँव	गुमानपुरा
पंचायत	भिंडर
निकटतम वन ब्लॉक	काली पहाड़ी
क्षेत्र स्थिति	सामुदायिक भूमि
जिला	उदयपुर
क्षेत्रफल	10 बीघा
ऊँचाई (मी.)	525
अक्षांश	24°41′ 53.4″ उत्तर
देशांतर	74°00′ 20.4″ पूर्व

ब. स्थलाकृतिक विशेषताएँ

अपरदन स्थिति	**स्थलाकृति**	**मृदा गहराई**
थोड़ा	मुख्यतः समतल भूमि	मध्यम गहरी (50–100 सेमी)

स. वनस्पति स्थिति

महत्व मूल्य सूचकांक के साथ वृक्ष प्रजातियाँ	**महत्व मूल्य सूचकांक के साथ झाड़ी प्रजातियाँ**
विलायती बबूल (180), कुमठ (74), खेर (35), सालर (11)	कोई झाड़ी प्रजाति नहीं।

प्रभावी प्रजाति संख्या वृक्ष : 2.22 झाड़ी : 0.00

शाकीय एवं घास प्रजातियाँ

पुनर्नवा, *ब्लूमिया एरिएन्था, बोरेरिया प्युसीला, ब्रैकिएरिया रेमोसा,* पुआड़, *जस्टीसिया प्रोकंबेन्स, एलाइटेरिया एकोलिस, युफार्बिया ग्रेनुलेलिस,* नीली शंखपुष्पी, बेकर, *पेरिस्ट्रोफी पेनीकुलेटा, सीडा कार्डेटा, ट्रंफेटा रंबोईडिया, ट्राइडेक्स प्रोकंबेन्स, वरनोनिया सिनेरिया*

द. वन्य जीवन

खरगोश, नीलगाय, लकड़बग्घा, सियाल, हनुमान लंगूर, मोर आदि

ई. मृदा गुण

पी. एच.	ई.सी. (डेसी सिमेन/मी)	मृदा कार्बन (%)	मृदा घनत्व (ग्राम/सेमी^{3})	नाइट्रेट (मिग्रा/किग्रा)	अमोनियम (मिग्रा/किग्रा)	फास्फेट (मिग्रा/किग्रा)	कार्बन घनत्व (टन/हे.)
8.14	0.22	0.135	1.40	7.95	5.92	4.71	2.29

फ. प्राचीन इतिहास एवं अवस्था

काली पहाड़ी माताजी के नाम पर आस–पास के गाँवों के विभिन्न समुदायों द्वारा स्थापित एवं संरक्षित यह एक काफी पुराना ओरण है, जहाँ स्थानीय लोग पूजा अर्चना करते हैं। यह वन मुख्यतः विलायती बबूल से आच्छादित है जो इस ओरण के अधिकांश क्षेत्र में फैल गया है।

राजस्थान के पवित्र उपवनों से संबन्धित आंकड़े

पवित्र उपवन संख्या **121**

अ. पवित्र उपवनों के बारे में मूलभूत जानकारी

पवित्र उपवन का नाम	कुन्डेश्वर महादेवजी ओरण
गाँव	बसालिया
पंचायत	इसवाल
निकटतम वन ब्लॉक	–
क्षेत्र स्थिति	सामुदायिक भूमि
जिला	उदयपुर
क्षेत्रफल	13 बीघा
ऊँचाई (मी.)	708
अक्षांश	24°45′ 06.3″ उत्तर
देशांतर	73° 39′13.6″ पूर्व

ब. स्थलाकृतिक विशेषताएँ

अपरदन स्थिति	**स्थलाकृति**	**मृदा गहराई**
मध्यम	ढालयुक्त पहाड़ी के साथ घाटी	मध्यम गहरी (50–100 सेमी)

स. वनस्पति स्थिति

महत्व मूल्य सूचकांक के साथ वृक्ष प्रजातियाँ

बरगद (141), पाकड़ (33), जामुन (31), विष तेंदू (29), *ब्राइडेलिया रिट्युसा* (14), चन्दन (9), महुआ (7), अशोक (7), गूँदा (6), नीम (6), अमलतास (6), चुरेल (6), इमली (5)

महत्व मूल्य सूचकांक के साथ झाड़ी प्रजातियाँ

हींस (183), सीता फल (117)

प्रभावी प्रजाति संख्या वृक्ष : 5.83 झाड़ी : 1.89

शाकीय एवं घास प्रजातियाँ

पुनर्नवा, *बोरेरिया प्युसीला, ब्रैकिएरिया रेमोसा, जस्टीसिया प्रोकंबेन्स, एलाइटेरिया एकोलिस, युफार्बिया ग्रेनुलेरिस,* नीली शंखपुष्पी, बेकर, *सीडा कार्डेटा, ट्रेफेटा रंबोईडिया, ट्राइडेक्स प्रोकंबेन्स, वरनोनिया सिनेरिया*

द. वन्य जीवन

खरगोश, नीलगाय, लकड़बग्घा, लंगूर, साँप, मोर, तोता आदि

ई. मृदा गुण

पी. एच.	ई.सी. (डेसी सिमेन/मी)	मृदा कार्बन (%)	मृदा घनत्व (ग्राम/सेमी^{3})	नाइट्रेट (मिग्रा/किग्रा)	अमोनियम (मिग्रा/किग्रा)	फास्फेट (मिग्रा/किग्रा)	कार्बन घनत्व (टन/हे.)
7.08	0.18	1.620	1.25	8.20	4.34	14.85	19.96

फ. प्राचीन इतिहास एवं अवस्था

क्षेत्रफल में छोटा परन्तु यह ओरण काफी प्राचीन है, जिसमे बहुत पुराना भगवान शिव का एक मंदिर है। स्थानीय समुदाय के लोग यहाँ आते है एवं शिवजी की पूजा अर्चना करते हैं और आस पास के क्षेत्र को सुरक्षित रखने एवं इसके संरक्षण में अपनी भागीदारी निभाते हैं। इस ओरण में वृक्ष जैव विविधता अधिक है परन्तु प्रमृख वृक्ष बरगद है।

राजस्थान के पवित्र उपवनों से संबन्धित आंकड़ें

पवित्र उपवन संख्या **122**

अ. पवित्र उपवनों के बारे में मूलभूत जानकारी

पवित्र उपवन का नाम	ताड़केश्वर महादेव ओरण
गाँव	डेलवासा
पंचायत	सिराडा
निकटतम वन ब्लॉक	–
क्षेत्र स्थिति	सामुदायिक भूमि
जिला	उदयपुर
क्षेत्रफल	30 बीघा
ऊँचाई (मी.)	466
अक्षांश	24°13′ 07.2″ उत्तर
देशांतर	73°42′ 47.8″ पूर्व

ब. स्थलाकृतिक विशेषताएँ

अपरदन स्थिति	**स्थलाकृति**	**मृदा गहराई**
मध्यम	पहाड़ी ढ़लान	सामान्य गहरी (25–50 सेमी)

स. वनस्पति स्थिति

महत्व मूल्य सूचकांक के साथ वृक्ष प्रजातियाँ

पुत्रंजीवा (53), चुरेल (52), *मधुका इंडिका* (37), इमली (24), बरगद (22), जामुन (16), *फेरोनिया लिमोनिया* (14), गूलर (14), तेंदू (13), मोरिंडा (12), नारियल (11), *कार्डिया डाइकोटोमा* (10), पेंडेनस (9), पाकड़ (6), अमलतास (4), भद्राक्ष (3)

महत्व मूल्य सूचकांक के साथ झाड़ी प्रजातियाँ

एनोना स्क्वैमोसा (168), जेट्रोफा (74), आँवल (25), गूँदी (17), करौंदा (16)

प्रभावी प्रजाति संख्या वृक्ष : 10.47 झाड़ी : 2.81

शाकीय एवं घास प्रजातियाँ

पुनर्नवा, *ब्लूमिया मोलीस, बोरेरिया प्युसीला, ब्रैकिएरिया रेमोसा,* जंगली तुलसी, *जस्टीसिया प्रोकंबेन्स, लेपिडागेथिस ट्राइनर्विस, इलाइटेरिया एकोलिस, युफार्बिया ग्रेनुलेरिस,* बेकर, नीली शंखपुष्पी, *सिडा कार्डेटा, टेट्रापोगोन टिनेलस, ट्रेफेटा रंबोइडिया, ट्राइडेक्स प्रोकंबेन्स, वरनोनिया सिनेरिया*

द. वन्य जीवन

पेंथर, नीलगाय, जंगली कुत्ता, जंगली सूअर, लकड़बग्घा, खरगोश, मोर, तोता आदि

ई. मृदा गुण

पी. एच.	ई.सी. (डेसी सिमेन/मी)	मृदा कार्बन (%)	मृदा घनत्व (ग्राम/सेमी³)	नाइट्रेट (मिग्रा/किग्रा)	अमोनियम (मिग्रा/किग्रा)	फास्फेट (मिग्रा/किग्रा)	कार्बन घनत्व (टन/हे.)
7.96	0.16	0.645	1.47	4.46	3.05	14.06	8.73

फ. प्राचीन इतिहास एवं अवस्था

इस ओरण की स्थापना काफी पुराने समय में हुई थी जिसमें भगवान शिव का एक मंदिर भी है। ग्रामवासी यहाँ आकर भगवान शिव की पूजा अर्चना करते हैं। इस पुनीत वन में जैव विविधता की अधिकता है जो स्थानीय समुदायों द्वारा सुरक्षित एवं संरक्षित है। इस ओरण में एक महत्वपूर्ण वृक्ष प्रजाति *पुत्रंजीवा राक्सबरघाई* की प्रमुखता है।

राजस्थान के पवित्र उपवनों से संबन्धित आंकड़े

पवित्र उपवन संख्या **123**

अ. पवित्र उपवनों के बारे में मूलभूत जानकारी

पवित्र उपवन का नाम ऊम्बेश्वरजी ओरण
गाँव धार
पंचायत बडगानो
निकटतम वन ब्लॉक ऊम्बेश्वरजी
क्षेत्र स्थिति सामुदायिक भूमि
जिला उदयपुर
क्षेत्रफल 700 बीघा
ऊँचाई (मी.) 880
अक्षांश 24°37′ 13.2″ उत्तर देशांतर 73°33′ 40.7″ पूर्व

ब. स्थलाकृतिक विशेषताएँ

अपरदन स्थिति	**स्थलाकृति**	**मृदा गहराई**
मध्यम	पहाड़ी ढलान	सामान्य गहरी (25–50 सेमी)

स. वनस्पति स्थिति

महत्व मूल्य सूचकांक के साथ वृक्ष प्रजातियाँ

युकेलिप्टस कमाल्डुलेन्सिस (83), पलास (70), विषतेन्दु (35), कलम (24), *अकेसिया आरिकुलिफार्मिस* (20), जामुन (17), रौंज (15), आम (9), खेजड़ी (8), पाकड़ (8), सफेद धोकड़ा (7), *रेंडिया ड्यूमेंटोरम* (4)

महत्व मूल्य सूचकांक के साथ झाड़ी प्रजातियाँ

लंटाना (136), अडूसा (63), जेट्रोफा (36), *ग्रेविया फ्लेविसेन्स* (18), *अगेव अमेरिकाना* (14), झाड़ बेर (13), *युफार्बिया नेरीफोलिया* (10), हींस (10)

प्रभावी प्रजाति संख्या वृक्ष : 6.72 झाड़ी : 3.41

शाकीय एवं घास प्रजातियाँ

पुनर्नवा, *बोररिया प्युसीला, ब्रैकिएरिया रेमोसा, जस्टीसिया प्रोकंबेन्स, लेपिडागेथिस ट्राइनर्विस, इलाइटेरिया एकोलिस, युफार्बिया ग्रेनुलेरिस,* बेकर, नीली शंखपुष्पी, *सिडा कार्डेटा, टेट्रापोगोन टिनेलस, ट्रंफेटा रबोइडिया, ट्राइडेक्स प्रोकंबेन्स, वरनोनिया सिनेरिया*

द. वन्य जीवन

नीलगाया, जंगली कुत्ता, जंगली सुअर, लकड़बग्घा, खरगोश, मोर, तोता आदि

ई. मृदा गुण

पी. एच.	ई. सी. (डेसी सिमेन / मी)	मृदा कार्बन (%)	मृदा घनत्व (ग्राम / सेमी^{3})	नाइट्रेट (मिग्रा / किग्रा)	अमोनियम (मिग्रा / किग्रा)	फास्फेट (मिग्रा / किग्रा)	कार्बन घनत्व (टन / हे.)
7.98	0.17	1.905	1.25	5.44	13.55	10.52	40.80

फ. प्राचीन इतिहास एवं अवस्था

यह एक बहुत ही पुराना ओरण है जहाँ मेवाड़ के महाराण कुंभा द्वारा बनवाया हुआ एक प्राचीन मंदिर भी है। आस–पास की जनता यहाँ आकर पूजा अर्चना करती है और इस ओरण की सुरक्षा एवं इसमें उपलब्ध जैव–विविधता को संरक्षित करने में सहायता प्रदान करती है। फिर भी *युकेलिप्टस कमाल्डुलेन्सिस* द्वारा वनीकरण के कारण इस ओरण में इनकी अधिकता हो गई है।

5

पवित्र उपवनों की जैव–विविधता

पवित्र उपवन एक तरह से भरपूर जैव–विविधता वाले अछूते वन क्षेत्र होते हैं जो सदियों से स्थानीय समुदाय द्वारा अपने सांस्कृतिक और धार्मिक विश्वासों और पूर्ण रूप से अनधिकृत प्रवेश की निषिद्धता के आधार पर संरक्षित किये जाते रहे हैं। यद्यपि क्षेत्र विशेष में प्रतिपादित परस्पर जैविक क्रियाए क्षेत्रीय जैव–विविधता को प्रभावित करती हैं, लेकिन ये कभी–कभी क्षेत्र में अनुकूलन और प्रजाति वृद्धि को प्रोत्साहित करने में भी योगदान देती हैं। जैसे जैव–विविधता में वृद्धि संबंधी लाभ, यानी ऐसी प्रजातियों की संख्या में वृद्धि जो पारिस्थितिकी तंत्र के विभिन्न कार्य को अलग–अलग वर्षों के दौरान विभिन्न स्थानों पर, विभिन्न कार्यों के लिए और विभिन्न पर्यावरण परिवर्तन परिदृश्यों के तहत बढ़ाते हैं। इसी तरह एक ही वर्ष में कई कार्यों को करने के लिए आवश्यक प्रजातियों की संख्या, कई वर्षों के दौरान एक ही कार्य को संपादित करने वाली प्रजातियों की संख्या से भिन्न होती हैं[(247)]। इसलिए किसी भी क्षेत्र के अपने वातावरण में मनुष्य, पादप और जानवरों के बीच आपसी संबंध बहुत अधिक महत्वपूर्ण होता है। इसके बावजूद दुनिया भर में मानव जनित परिवर्तनों के कारण जैव विविधता में तेजी से आ रही कमी पारिस्थितिकी तंत्र के विभिन्न कार्यों और इनकी सेवाओं को ऋणात्मक रूप से प्रभावित कर रही हैं[(248)]। यद्यपि पर्यावरणीय स्थितियों के एक समूह में किसी एक कार्य को प्रतिपादित करने की दशा में कुछ प्रजातियाँ कार्यात्मक रुप से निरर्थक हो सकती हैं, परन्तु इस बदलते वातावरण में अलग–अलग समय में एवं विभिन्न स्थानों पर विभिन्न कार्यों को पूरा करने के लिए बहुत सारी प्रजातियों की आवश्यकता होगी[(235)]। यह पारितंत्र की प्रजातियों के विकास और तंत्र की सेवाओं को बनाए रखने हेतु जैविक विविधता को बढ़ाने एवं इनके प्रबंधन में उपयुक्त कार्यनीतियों की जरूरत पर बल देता है। एक भू–दृश्य स्तर पर प्रबन्धित क्षेत्र से मूल्यांकन और आकलन के माध्यम से सावधानीपूर्वक चयनित पादप प्रबंधन के लिए आवश्यक लक्ष्यों की प्राप्ति में वृद्धि कर सकते हैं[(249)]। इस अध्याय में सीने (वक्ष) की ऊँचाई पर 30 सेंटीमीटर (सेमी) से अधिक परिधि और 10–30 सेमी परिधि वाले वृक्षों तथा इन वृक्षों के छोटे पौधे जिनकी परिधि 3.0 सेमी से लेकर 10 सेमी हो, और झाड़ी प्रजाति के रूप में वर्गीकृत पादपों की विविधता की व्याख्या की गयी है। स्थानीय लोगों के साथ वार्तालाप तथा क्षेत्रीय आकलन के आधार पर वन्य जीवों की विविधता सम्बन्धित वर्णन को भी शामिल किया गया है।

1. पृष्ठभूमि

पारंपरिक सामुदायिक संसाधनों की जैव–विविधता प्राचीन समय से ही मानव अनुभवों के भण्डार का प्रतीक है। दूर दराज के क्षेत्रों में रहने वाले जन–जातीय समूह किसी भी वस्तु में या कहीं भी जैसे पवित्र उपवन, पवित्र स्थल या पवित्र स्थान आदि में सांस्कृतिक विश्वास रखते

हैं। काफी लंबे समय से विविध संस्कृति के चलते पवित्र उपवन मनुष्य और उसके सन्निकट वातावरण के बीच प्राचीन सहचारिता को दर्शाता है। इन पवित्र उपवनों को स्थानीय समुदायों के लोग मुख्य रूप से अपने धार्मिक महत्व के कारण संरक्षित कर रहे हैं। ये पवित्र उपवन जैव विविधता में बहुत संपन्न होने के कारण आर्थिक, औषधीय, सामाजिक और सांस्कृतिक कार्यों के रुप में अपनी सेवाए देते रहे हैं, साथ ही ये दुर्लभ जड़ी बूटियों और औषधीय पादपों सहित कई लुप्तप्रायः प्रजातियों को आश्रय भी देते हैं[108]। इसी तरह, कुछ पादप प्रजातियाँ सूखे या अकाल के दौरान, जिस समय मुख्य फसलें बर्बाद हो जाती हैं, आपात कालीन खाद्य पदार्थ भी उपलब्ध कराती हैं। वास्तव में ये पवित्र उपवन संरक्षित क्षेत्रों के साथ धार्मिक आस्थाओं को भी जोड़ते हैं, जो इनके संरक्षण में एवं जैविक विविधता को बढ़ाने में मदद करते हैं[250]। औषधीय व जातिगत वनस्पतियों से संबन्धित पवित्र उपवनों पर अध्ययन पादपों के मानवीय उपयोग के महत्व को उजागर करते हैं[189,251,252]। जन–जातीय लोगों से संबन्धित जीवन और अर्थव्यवस्था में पादप संसाधनों के महत्व पर आंध्रप्रदेश में किए गए एक अध्ययन से पता चलता है कि पादप प्रजातियों का उपयोग विभिन्न जातीय समूहों द्वारा विभिन्न प्रयोजनों के लिए किया जाता है विशेषकर कुछ सामान्य बीमारियों और विकारों के इलाज के रूप में[253]। इसी तरह टोलछा–भोटिया उप समुदाय, जो नंदा देवी बायोस्फीयर रिजर्व और कई अन्य क्षेत्रों के बफर जोन के गांवों में रहते हैं, हर्बल उपचार के माध्यम से जानवरों और कीड़ों के काटने का इलाज करने में वनस्पतियों की भूमिका से संबन्धित पारम्परिक स्वास्थ्य देखभाल प्रणाली में अटूट विश्वास रखते हैं[254,255]। पवित्र तुलसी, अशोक, बरगद के पेड़, पीपल, केले, नीम, आम, बेल, खेजडी आदि भारत में कुछ पवित्र पादप प्रजातियाँ हैं जिनका कई सामाजिक और आर्थिक मूल्यों में महत्वपूर्ण योगदान है[256, 257]।

2. पवित्र उपवनों की पादप विविधता

राजस्थान में पवित्र उपवनों को सामान्य रूप से 'ओरण' के नाम से जाना जाता है जो प्राकृतिक संसाधनों जैसे चारा, ईंधन, लकड़ी, छोटे रसीले फल, जड़ों और औषधीय मूल्यों की जड़ी–बूटियों के पादप के एक महत्वपूर्ण स्रोत हैं। जिन समुदायों का किसी उपवन पर स्वामित्व होता है ओरण उन समुदायों या परिवारों की समृद्धि के प्रतीक के रूप में जाने जाते हैं। इसके अलावा, पवित्र उपवन विशेष रूप से पश्चिमी राजस्थान में एक समृद्ध पशुधन आधारित अर्थव्यवस्था और पशुपालन करने वाले समुदायों के विकास को भी बढ़ावा देते हैं। एक अध्ययन के अनुसार, राजस्थान के बाड़मेर जिले में लगभग 41% पशुधन इन पवित्र उपवनों पर निर्भर करता है[82]। राजस्थान के पवित्र उपवन खेजड़ी, रोहिडा, इन्द्रोक धोक, पीलू, बेर और गुगुल आदि कई महत्वपूर्ण वृक्ष एवं झाड़ी प्रजातियों को आश्रय देते हैं। इनमें से कुछ पादप अकाल के समय भोजन को सम्मिलित करते हुए विभिन्न उत्पाद उपलब्ध कराते हैं जबकि कुछ पादप इस क्षेत्र से लुप्तप्राय हो चुके हैं[134,244]। राजस्थान के 123 पवित्र उपवनों में किए गए एक अध्ययन में कुल 92 वृक्ष प्रजातियाँ पाई गई हैं जो 36 कुलों (families) के अंतर्गत आते हैं (अनुलग्नक 1)। इन्हें 30 सेमी परिधि से अधिक और 10–30 सेमी परिधि के वर्गों में वर्गीकृत किया गया है। इसी तरह 39 झाड़ी प्रजातियां भी इन पवित्र उपवनों में पाई गई हैं जो 23 कुलों से संबंधित हैं। इस प्रकार ये सभी 128 प्रकार की काष्ठीय प्रजातियाँ (वृक्ष और झाड़ी प्रजातियाँ), 48 वानस्पतिक कुलों के अंतर्गत आती हैं (सारिणी 5.1)। इनमें से सबसे अधिक प्रजातियों की संख्या (27) फेबेसी कुल की दर्ज की गयी हैं। उसके बाद युफार्बिएसी (7), काम्ब्रेटेसी (6) और कैपेरेसी (6) कुल आते हैं। इस प्रजातियों में से कुछ दुर्लभ प्रकार के भी हैं

(प्लेट 5.1), जो धार्मिक एवं सामाजिक आर्थिक मूल्यों के लिए काफी महत्वपूर्ण हैं। इसी प्रकार बहुत सारी शाकीय प्रजातिया भी पायी गयी हैं, जो किसी न किसी रुप में मानवीय उपयोग ली जाती हैं (अनुलग्नक 2)।

सारिणी 5.1 राजस्थान के विभिन्न पवित्र उपवनों में पाये गए विभिन्न पादप कुलों की वृक्ष एवं झाड़ी प्रजातियाँ

क्रम	कुल	वृक्ष प्रजाति संख्या	झाड़ी प्रजाति संख्या	कुल
1	एकेन्थेसी	-	2	2
2	एगेवेसी	-	1	1
3	अमरेन्थेसी	-	2	2
4	एनाकार्डिएसी	2	1	3
5	एनोनेसी	2	1	3
6	एपोसाइनेसी	2	2	4
7	एरेकेसी	2	-	2
8	एरिस्टोलोकिएसी	-	1	1
9	एस्क्लिपिएडेसी	-	2	2
10	बेलेनाइटेसी	1	-	1
11	बिग्नोनिएसी	3	-	3
12	बाम्बेकेसी	2	-	2
13	बोरेगीनेसी	5	-	5
14	बार्सिरेसी	1	1	2
14	कैक्टेसी	-	1	1
16	कैपेरेसेसी	3	3	6
17	सिलैस्ट्रेसी	1	1	2
18	चीनोपोडिएसी	-	1	1
19	काम्ब्रेटेसी	6	-	6
20	इबेनेसी	2	-	2
21	इलिओकार्पेसी	1	-	1
22	युफार्बिएसी	2	5	7
23	फेबेसी	23	4	27
24	फ्लेकोर्टिएसी	-	1	1
25	लिथरेसी	1	-	1
26	मालवेसी	1	-	1
27	मेलिएसी	2	-	2
28	मोरेसी	5	-	5
29	मोरिंगेसी	1	-	1
30	मिर्टेसी	2	-	1

क्रम	कुल	वृक्ष प्रजाति संख्या	झाड़ी प्रजाति संख्या	कुल
31	पेंडेनेसी	-	1	1
32	प्लम्बेजिनेसी	-	1	1
33	पालिगोनेसी	-	1	1
34	पुत्रन्जिवेसी	1	-	1
35	रहेमनेसी	2	1	3
36	रूबीएसी	5	-	5
37	रुटेसी	2	-	2
38	साल्वाडोरेसी	2	-	2
39	सेंटेलेसी	1	-	1
40	सेपिंडेसी	1	-	1
41	सेपोटेसी	1	-	1
42	सीमारोबेसी	1	-	1
43	सोलेनेसी	-	1	1
44	स्टर्कुलिएसि	2	-	2
45	टैमेरिकेसी	1		1
46	टीलिएसी	1	3	4
47	अल्मेसी	1	-	1
48	वर्बिनेसी	1	2	3
	कुल	**92**	**39**	**131**

2.1 प्रजाति संख्या और प्रजाति प्रचूरता

स्थानीय समुदाय द्वारा संरक्षित और विश्वास के कारण पवित्र उपवनों में पाये जाने वाले वृक्ष सामान्य रुप से अधिक परिधि अथवा गोलाई वाले वर्ग के होते हैं। परम्परा के अनुसार पवित्रता और सुरक्षा की वजह से पवित्र उपवनों में वृक्ष प्रजातियों की पुनर्जनन की संभावना अधिक होती है। चार पवित्र उपवनों में किए गए एक अध्ययन से स्पष्ट होता है कि किसी क्षेत्र में पुनर्जनन विभिन्न आयु वर्ग की प्रजातियों के सामर्थ्य व उनकी संख्या पर निर्भर करता है। फिर भी उपवनों में कुछ अतिरिक्त प्रजातियों की अधिकता अन्य क्षेत्रों से हुए प्रकीर्णन के माध्यम से दूसरी प्रजातियों द्वारा अतिक्रमण के कारण हुई प्रतीत होती है[258]। पवित्र उपवनों में उपलब्ध अनुकूल सूक्ष्म परिस्थितियाँ इन नव अंकुरों की स्थापना और विकास में योगदान देती हैं। लेकिन कुछ पवित्र उपवनों में वृक्ष प्रजातियों के नव अंकुरों और छोटे पौधों का न पाया जाना क्षेत्र में खराब बीज अंकुरण और उनसे तैयार छोटे पौधों की स्थापना में बाधा का प्रमुख कारण प्रतीत होता है[190,,259], हालांकि इन शुष्क क्षेत्रों में विषम पर्यावरणीय स्थिति भी वृक्ष प्रजातियों के कम पुनर्जनन एवं विकास के लिए जिम्मेदार हो सकती है[99]।

2.1.1 वृक्ष प्रजातियाँ

पूरे राजस्थान में विभिन्न स्थानों पर किए गए सर्वेक्षण के अनुसार वक्ष ऊँचाई पर 30 सेमी से अधिक परिधि वाली वृक्ष प्रजातियों की औसत संख्या 5.5 वृक्ष प्रति प्लॉट पाई गई है, जो

माता जी का ओरण, बाड़मेर, करणी माता का ओरण, बीकानेर, मालानी ओरण, जैसलमेर, देव नारायण जी की बनी, करौली में 1 वृक्ष से लेकर तारकेश्वर महादेव जी का ओरण, उदयपुर में 16 वृक्ष प्रजाति प्रति प्लॉट पाया गया है (अनुलग्नक 3)। यह इन विभिन्न पवित्र उपवनों के बीच अलग–अलग प्रजातियों के वृक्षों की संख्या में लगभग 2.9 गुना परिवर्तन को दर्शाता है। वहीं प्रति प्लॉट वृक्षों की औसत संख्या 78.6 पाया गया है जो कोलू पाबूजी का ओरण, जोधपुर में 15 वृक्ष प्रति प्लॉट (1.25 हेक्टेयर क्षेत्रफल) से लेकर 272 वृक्ष प्रति प्लॉट रुपू का वास ओरण, अलवर में पाया गया है। अतः राजस्थान के विभिन्न क्षेत्रों में फैले इन ओरणों में वृक्ष प्रजातियों की संख्या में यह भिन्नता स्थानीय मृदा एवं वातावरणीय कारकों के कारण होती है। तमिलनाडु में किए गए एक अध्ययन से भी स्पष्ट होता है कि विभिन्न क्षेत्रों में वृक्षों के घनत्व में महत्वपूर्ण स्थानिक परिवर्तन मृदीय और मौसमी कारकों पर निर्भर करती है, जहाँ वृक्षों का संख्या घनत्व विभिन्न पवित्र उपवनो के बीच प्रति हेक्टेयर 126 से 162 पाया गया है[260]।

वक्ष ऊंचाई पर 10–30 सेमी परिधि वाले श्रेणी की वृक्ष प्रजातियों की संख्या प्रति प्लॉट 2.6 प्रजाति प्रति प्लॉट मिली है, जो श्रृंगी ऋषिजी का ओरण, उदयपुर सहित 28 पवित्र उपवनों में लगभग 1 प्रजाति प्रति प्लॉट से लेकर 10 प्रजाति प्रति प्लॉट पावा–बाबजी ओरण, उदयपुर में मिलता है। अध्ययन किए गये पवित्र उपवनों के बीच 10–30 सेमी परिधि वाले वर्ग की वृक्ष प्रजातियों की संख्या में 3.8 गुना का बदलाव पाया गया है। पूरे राजस्थान में इस श्रेणी के वृक्षों की औसत संख्या 25.9 वृक्ष प्रति प्लॉट (1.25 हेक्टेयर) पायी गयी है जो 9 पवित्र उपवनों में 1 वृक्ष से लेकर दागीया भैरोंजी का ओरण, बांसवाडा में सबसे ज्यादा (373 वृक्ष प्रति प्लॉट) मिली है। दुर्भाग्य से 13 प्रतिशत पवित्र उपवनों में इस परिधि वर्ग के तहत कोई वृक्ष प्रजाति नहीं पाई गई है (अनुलग्नक 3)। राजस्थान में किए गए अध्ययन में वृक्ष घनत्व और प्रजातियों की प्रचुरता में कमी वृक्षों की छाल निकालना, लघु वनोपज की निकासी (जैसे फल, बीज, पत्ती आदि) और घरेलू मवेशियों द्वारा अत्यधिक चराई रूपी मानवीय गतिविधियों के कारण हुई प्रतीत होती है। नव अंकुरों के क्रमिक चयन द्वारा वृक्षों के विकास में कमी और छोटे पौधों की शिखर कटाई (lopping) द्वारा विकास अवरुद्धन इन कारकों के प्रमुख प्रभाव हैं। ये प्रक्रियाएँ पवित्र उपवनों के छत्रक विस्तार में छोटे छोटे रिक्त स्थान में बढ़ोतरी को प्रेरित करती हैं, जो पवित्र उपवनों के बाहर उपलब्ध प्रजातियों जैसे *प्रोसोपिस जूलीफ्लोरा*, द्वारा अतिक्रमण और उनके विकास को प्रोत्साहित करता है। इन बाहरी या विदेशी प्रजातियों द्वारा पवित्र उपवनों में अतिक्रमण एलिलोपैथिक प्रभाव के कारण देशी या स्थानीय प्रजातियों के पुर्नजनन व विकास को ऋणात्मक तरीके से प्रभावित करता है[260]।

2.1.2 झाड़ी प्रजातियाँ

राजस्थान में 123 पवित्र उपवनों में प्रेक्षित आकड़ों के आधार पर, इक्कीस उपवनों में कोई भी झाड़ी प्रजाति नहीं पाई गई हैं, जबकि 33 पवित्र उपवनों में केवल एक झाड़ी प्रजाति पाई गई है। अध्ययन में शामिल सभी प्लाटों में झाड़ी प्रजातियों की औसत संख्या 223 प्रजाति प्रति प्लॉट मिली है, जो 1 से लेकर 10 प्रजाति तक (उच्चतम शिवजी महाराज की देवबनी, अलवर) देखी गई है। इन झाड़ियों की औसत संख्या 18.1 झाड़ी प्रति प्लॉट (125 वर्ग मीटर या 5 मीटर × 5 मीटर आकार के पांच प्लाटों का योग) आंकलित है। झाड़ियों की सबसे कम संख्या 7 पवित्र उपवनों में दर्ज की गई है, अर्थात् 1 झाड़ी जबकि सबसे अधिक झाड़ी (197 झाड़ी प्रति प्लॉट) मालानी ओरण, जैसलमेर में दर्ज की गई है (अनुलग्नक 4)।

2.1.3 वृक्षीय पौध

जलवायवी, मृदीय और मानवीय कारक वृक्षीय नव अंकुरों (पौध) के क्रमिक चयन (saplings recruitment) और उनके विकास में महत्वपूर्ण भूमिका निभाते हैं। इन छोटे पौधों के क्रमिक चयन पर पड़ने वाला प्रभाव भी क्षेत्र के अनुसार परिवर्तित होता है। उदाहरण के लिए विक्षोभित हालात के पवित्र उपवनों में *ई. कूथिएनम* के अतिरिक्त चार अन्य प्रजातियों के छोटे पौधो के क्रमिक चयन की उच्च दर दर्ज की गई है, जबकि अंकुरों से पौध में रूपांतरण का प्रतिशत पूर्ण रूप से रक्षित वन में सबसे अधिक देखा गया है। इन वनों में विकसित खाली जगहों का अंकुर से पौध में रूपांतरण का प्रतिशत पर प्रभाव अधिकांश वृक्ष प्रजातियों के लिए सकारात्मक पाया गया है[261]। इसी तरह आठ पवित्र उपवन क्षेत्र से एकत्रित आकड़ों के आधार पर 38 प्रतिशत वृक्ष प्रजातियों में पुनर्जनन दर्ज किया गया है, जबकि 31 प्रतिशत प्रजातियों में कोई पुनर्जनन नहीं देखा गया है, वही 31 प्रतिशत परिपक्व वृक्ष के रूप में कुछ नई प्रजातियाँ भी इन क्षेत्रों में वृद्धि करती पाई जाती हैं जिनके माता–पिता (parents) नमूना क्षेत्र में उपलब्ध नहीं होते हैं [259]।

सारिणी 5.2 राजस्थान के जोधपुर जिले में भूमि उपयोग और वन रेंज के रूप में स्थानिक स्थिति का वृक्ष नव अंकुरों (पौध) की संख्या (संख्या प्रति हेक्टेयर) पर प्रभाव। पाँच प्रतिकृति की मानक त्रुटि के साथ औसत मान[244]

वन रेंज	भूमि उपयोग					औसत*
	कृषि भूमि	वन क्षेत्र	ओरण	चरागाह	सड़क किनारा	
बाप	11.2±4.9	150.0±88.9	94.0±43.5	36.0±8.1	49.6±26.3	68.2±21.3
बालेसर	17.8±11.8	98.0±41.6	106.0±49.3	32.0±6.6	96.1±33.3	70.0±15.5
भोपालगढ़	50.2±33.5	92.0±29.2	136.0±35.9	62.0±28.5	72.7±42.5	82.6±15.3
बिलाड़ा	17.6±9.3	80.0±34.5	88.0±22.2	116.0±36.7	418.4±144.9	144.0±44.4
लूनी	13.6±7.0	44.0±15.0	102.0±7.7	104.0±20.8	463.6±162.4	145.4±35.9
मंडोर	45.8±15.7	234.0±82.1	230.0±53.2	125.0±62.5	100.9±32.2	147.1±22.5
ओसियां	15.8±6.2	198.0±115.1	78.0±11.6	82.0±32.6	82.9±29.6	91.3±25.6
फलौदी	16.6±4.8	66.0±17.8	62.0±22.0	52.0±14.6	62.4±24.8	51.0±8.3
शेरगढ़	8.0±5.1	106.0±47.1	136.0±49.6	256.0±58.3	57.8±20.4	112.8±24.0
औसत *	21.4±4.8	118.7±20.6	114.7±15.6	96.1±14.4	156.0±32.9	

पूरे राजस्थान के पवित्र वनों से एकत्रित आकड़ों में नव अंकुरों और पौधों का घनत्व क्रमशः 3.3 पौध प्रति वर्ग मीटर और 5.2 पौध प्रति वर्ग मीटर पाया गया है। इसी तरह राजस्थान के जोधपुर जिले में 45 पवित्र उपवनों सहित विभिन्न भूमि उपयोग में विभिन्न वृक्ष प्रजातियों के पुर्नजनन पर किए गए एक अध्ययन से स्पष्ट होता है कि सड़क के किनारे छोटे पौधों की संख्या सबसे ज्यादा होती है, उसके बाद वन क्षेत्र और पवित्र उपवनों में पुर्नजनन देखा गया है (सारिणी 5.2)। इन भूमि उपयोग में प्रति हेक्टेयर छोटे पौधों की संख्या में महत्वपूर्ण स्थानीय विभिन्नता पाई गई है जिसके अन्तर्गत शेरगढ़ वन रेंज और भोपालगढ वन रेंज में उच्चतम और फलौदी वन रेंज में सबसे निम्नतम पुनर्जनन पाया गया है[244]। राजस्थान के विभिन्न क्षेत्रों के 123 पवित्र उपवनों में एकत्रित आंकड़े यह दर्शाते हैं कि विभिन्न कारणों के चलते लगभग 45

प्रतिशत पवित्र उपवनों में कोई पौधे नहीं हैं। पूरे राज्य में वृक्ष प्रजातियों की पौध की औसत संख्या 1 से भी कम (0.89 प्रजाति) दर्ज की गई है। सबसे अधिक पुर्नजनन वाले वृक्ष प्रजातियों की संख्या (6 प्रजाति) उदयपुर के तारकेश्वर महादेवजी के ओरण में और उसके बाद 4 प्रजातियाँ पावा बाबजी पवित्र उपवन, उदयपुर में पाई गई हैं। अन्यथा अधिकांश पवित्र उपवनों में एक या दो वृक्ष प्रजातियों में ही पुर्नजनन देखने को मिला है। पौधों की संख्या रामदेवजी का ओरण, जैसलमेर में 1 से लेकर तारकेश्वर महादेवजी का ओरण, उदयपुर में प्रति प्लॉट 62 पौध तक पायी गयी है जो वृक्ष प्रजातियों के पुर्नजनन में अत्यधिक भिन्नता को प्रदर्शित करता है (अनुलग्नक 4)।

2.2 विविधता सूचकांक और प्रभावी प्रजाति संख्या

तीन महत्वपूर्ण सूचकांक जैसे प्रजाति संख्या अर्थात् प्रजाति प्रचूरता, शेनन–विनर विविधता सूचकांक और सिम्पसन सूचकांक किसी क्षेत्र की विविधता के वर्णन में उपयोग किए जाते हैं। किसी क्षेत्र की प्रभावी प्रजाति संख्या का मतलब समान रूप से समृद्ध प्रजातियों की संख्या है जिसे उसके औसत आनुपातिक समृद्ध प्रजाति के रूप में किसी महत्व के आकड़ों के समूह से प्राप्त किया जाता है, अर्थात् जहाँ सभी प्रजातियाँ समान रूप से समृद्ध नहीं होती है[227]। प्रजाति विविधता को प्रजाति प्रचूरता और प्रजाति समरूपता के रूप में दो मुख्य घटकों में विभाजित किया जाता है[262]। मानवजनित गतिविधियों का प्रतिकूल असर प्रजातियों की समृद्धि पर भी दिखाई देता है जैसे मानवीय गतिविधियों से नियंत्रित पवित्र उपवनों की तुलना में विक्षोभित पवित्र उपवन में प्रजाति समृद्धि कम पाई जाती है[259, 261]।

2.2.1 वृक्ष प्रजातियाँ

तीस सेमी से अधिक परिधि वाले वृक्ष प्रजातियों की संख्या माता जी का ओरण, बाड़मेर, करणी माताजी का ओरण, बीकानेर, मालानी ओराण, जैसलमेर, पाबूजी का ओरण जोधपुर और श्री देवनारायणजी की बनी, करौली के 6 पवित्र उपवनों में केवल एक प्रजाति मिलती है जो लगभग शून्य विविधता सूचकांक को दर्शाता है। अन्य पवित्र उपवनों के लिए विविधता सूचकांक का मान कोलु पाबूजी का ओरण, जोधपुर में 1.04 (प्रभावी प्रजातियों की संख्या 1.04 के साथ) से लेकर तारकेश्वर महादेवजी का ओरण, उदयपुर में 2.35 (10.47 प्रभावी प्रजातियों की संख्या के साथ) तक बदलता हुआ पाया गया है। इस परिधि (अनुलग्नक 3) के वृक्ष वर्ग के लिए विविधता सूचकांक और प्रभावी प्रजातियों की संख्या का औसत मान पूरे राजस्थान के लिए क्रमशः 0.96 और 2.60 पाया गया है। वहीं 10–30 सेमी परिधि वाले वृक्ष वर्ग में लगभग 40 (अर्थात् 33 प्रतिशत ओरण) पवित्र उपवनों जैसे देवनारायण जी का ओरण और भुनाबाईजी का ओरण, अजमेर, रुपू का वास ओरण, अलवर, प्रथुरी नाथजी का ओरण, बांसवाड़ा, देवनारायणजी का ओरण, बारां, विरात्रा माता का ओरण, माताजी का ओरण, कुवास माताजी का ओरण और मामाजी की सेलेनाडी ओरण, बाड़मेर, आदिबद्री महात्म्य ओरण, भरतपुर, देवनारायणजी की बनी और देवनारायणजी का ओरण, भीलवाड़ा, गोगाजी का ओरण, और करणी माता जी का ओरण, बीकानेर, देवनारायणजी का ओरण, चित्तौड़गढ़ और दूसरे ओरण में विविधता सूचकांक का मान शून्य के साथ प्रभावी प्रजाति संख्या का मान एक वृक्ष प्रजाति के प्रभुत्व को दर्शाता है। शेष सभी ओरणों में प्रजाति विविधता सूचकांक का मान माताजी का दर्रा, टोंक में 0.04 से लेकर पावा बाबजी का ओराण, उदयपुर में 2.04 तक परिवर्तित होता है जिनके लिए प्रभावी प्रजाति संख्या क्रमशः 1.05 और 8.04 आंकलित की गयी है। प्रजाति विविधता

सूचकांक और प्रभावी प्रजाति संख्या का पूरे राजस्थान (सभी प्लॉटों का औसत) के लिए औसत मान क्रमशः 0.56 और 1.76 मिला है (अनुलग्नक 3)। सामान्य रूप से पाये जाने वाली प्रजाति विविधता सूचकांक के मान 0 से लेकर 5 से तुलना करने पर राजस्थान के पवित्र उपवनों में प्रजाति विविधता सूचकांक अपेक्षाकृत कम वृक्ष विविधता को प्रदर्शित करता है।

2.2.2 झाड़ी प्रजातियाँ

झाड़ी प्रजाति के मामले में, अध्ययन किये गये पवित्र उपवनो में प्रजाति विविधता सूचकांक शून्य और प्रभावी प्रजाति संख्या का मान 1 लगभग 42 प्रतिशत पवित्र उपवनों में पाया गया है, जो इन ओरणों में एक झाड़ी की प्रमुखता का संकेतक है (अनुलग्नक 4)। अन्य शेष पवित्र उपवनों में झाड़ी प्रजाति विविधता सूचकांक दुदेश्वर महादेव का ओरण, जालोर और मामाजी का ओरण पाली जिला में 0.13 से लेकर भेरुजी का ओरण, नागौर में 1.75 तक बदलता है। इन पवित्र उपवनों में प्रभावी प्रजाति संख्या का मान क्रमशः 1.14 से 5.77 तक भिन्न होता है। झाड़ी प्रजाति विविधता सूचकांक और प्रभावी प्रजाति संख्या का पूरे राजस्थान के लिए औसत मान क्रमशः 0.50 और 1.65 पाया गया है। यह पूरे राजस्थान में स्थित विभिन्न पवित्र उपवनों के बीच इन विविधता सूचकांको में महत्वपूर्ण बदलाव का संकेतक है जो वायवीय, मृदीय और जैविक कारकों से प्रभावित होने के कारण होता है।

2.2.3 वृक्षीय पौध

वृक्ष प्रजातियों में पुनर्जनन की स्थिति को जानने के लिए इन पवित्र उपवनों में उपलब्ध इन वृक्षों के अंकुर और छोटे पौध की संख्या जानना आवश्यक है। लगभग 78 प्रतिशत पवित्र उपवनो में पुनर्जनन में एक वृक्ष प्रजाति (काला धोकड़ा) का प्रभुत्व पाया गया है जो कि शून्य प्रजाति विविधता सूचकांक और 1 प्रभावी प्रजाति संख्या को दर्शाता है (अनुलग्नक 4)। शेष पवित्र उपवनों में पौधों के लिए प्रजाति विविधता सूचकांक का मान 0.34 भैरवजी का बाग, झालावाड़ से लेकर तारकेश्वर महादेवजी का ओरण, उदयपुर में 1.55 तक बदलता है। इसी प्रकार प्रभावी प्रजाति संख्या का मान क्रमशः 1.40 से 4.77 तक संबंधित पवित्र उपवनों में आकलित किया गया है। वृक्षीय पौध की औसत प्रजाति विविधता और प्रजातियों की प्रभावी संख्या राजस्थान में किए गए अवलोकन में 123 साइटों पर क्रमशः 0.16 और 1.17 पाया गया है।

2.3 सिम्पसन सूचकांक का प्रतिलोम

सिम्पसन प्रभुत्व के विलोम का उच्चतम मान 30 सेंटीमीटर की परिधि वाले वृक्षों के लिए 10.77 बँदी जिले में श्री पर्बतेश्वर महादेवजी की बनी में पाया गया है, जबकि इस सूचकांक का सबसे कम मान (0.55) चुरू जिले के गोसाईंजी के ओरण में मिला है। इस श्रेणी के वृक्षों के लिए पूरे राजस्थान हेतु औसत सिम्पसन सूचकांक का प्रतिलोम मान 1.81 पाया गया है। इसी प्रकार 10–30 सेंटीमीटर परिधि के वृक्षों के लिए सबसे अधिक सिम्पसन सूचकांक का प्रतिलोम मान (6.66) पावा–बावजी का ओरण, उदयपुर जिले में मिला है, जबकि लगभग 28 पवित्र उपवनों में इस सूचकांक का मान 1 पाया गया है जो इस परिधि श्रेणी के एक वृक्ष प्रजाति के प्रभुत्व को दर्शाता है जैसा कि प्रजाति विविधता सूचकांक से इंगित होता है। राजस्थान में अध्ययन किए गए 123 साइटों का औसत सिम्पसन सूचकांक का प्रतिलोम मान 1.82 मिलता है जो कि 30 सेमी से अधिक परिधि वाले वृक्ष वर्ग की तुलना में अधिक है (अनुलग्नक 3)। यह

आंकड़ा यह संदेश देता है कि 10–30 सेमी परिधि वाले वृक्ष प्रजातियों की विविधता 30 सेमी से अधिक परिधि वाले वृक्ष प्रजातियों की विविधता से अधिक है। वृक्ष अंकुरों या पौधों और झाड़ी प्रजातियों के लिए सिम्पसन सूचकांक का प्रतिलोम मान सबसे अधिक उदयपुर जिले में तारकेश्वर महादेवजी का ओरण (4.01), और नागौर जिले के भैरोजी का ओरण (5.11) में दर्ज किया गया है। वृक्षीय पौध और झाड़ी के लिए सबसे कम सिम्पसन सूचकांक का प्रतिलोम मान क्रमशः 41 और 32 पवित्र उपवनों में पाया गया है जो विभिन्न कारणों से घटती प्रजाति विविधता का द्योतक है (अनुलग्नक 4)। वृक्षीय पौध और झाड़ी के लिए राजस्थान में सिम्पसन सूचकांक का प्रतिलोम का औसत मान क्रमशः 2.25 और 1.86 रहे हैं जो यह दर्शाता है कि इन पवित्र उपवनों में वृक्षीय पौध विविधता झाड़ी विविधता की तुलना में अधिक है।

3. विभिन्न जिलों में प्रजाति प्रचूरता एवं प्रभावी प्रजाति संख्या

तीस सेन्टीमीटर से अधिक परिधि वर्ग के वृक्षों लिए प्रजाति प्रचुरता और वृक्ष प्रजातियों की प्रभावी संख्या क्रमशः जोधपुर जिले में 2.20 से लेकर भरतपुर जिले में 10.5 और अजमेर जिले में 1.43 से लेकर भरतपुर जिले में 6.05 पाया गया है। परिधि वर्ग 10–30 सेमी में, करौली जिले के पवित्र उपवनों में कोई वृक्ष नहीं पाये गए हैं जबकि बाकी जिलों के पवित्र वनों में प्रजाति प्रचुरता बाड़मेर जिले में 0.6 से भरतपुर जिले में 5.0 तक, और प्रभावी प्रजाति संख्या चुरू जिले में 1.0 से लेकर भरतपुर जिले में 4.19 तक पायी गयी हैं। परिधि वर्ग 30 सेमी से अधिक के वृक्षों की तुलना में 10–30 सेमी परिधि के वृक्षों की प्रजाति प्रचुरता और प्रजाति प्रभावी संख्या में कम परिवर्तन, 30 सेमी से अधिक परिधि वर्ग के वृक्षों की विभिन्न प्रजातियों की आबादी में बड़े अंतर की संकेतक है। झाड़ी प्रजाति प्रचुरता भरतपुर जिले में 0.50 से लेकर अलवर जिले में 5.0 के बीच परिवर्तित होती है, लेकिन प्रजातियों की प्रभावी संख्या भरतपुर और टोंक जिलों में 1 से लेकर अजमेर जिले में सबसे अधिक अर्थात् 3.57 पाई गई है अर्थात् अजमेर जिले के ओरण झाड़ी प्रजातियों के मामले में ज्यादा समृद्ध हैं। वृक्षीय पौध की प्रजाति प्रचुरता का औसत मान भरतपुर, चूरू, धौलपुर, झुन्झुनू और सीकर जिलों के ओरणों या पवित्र वनों में निम्नतम (लगभग शून्य) पाया गया है जो यह प्रदर्शित करता है कि इन जिलों के पवित्र वनों की वृक्ष प्रजातियों में पुनर्जनन लगभग नगण्य है। अधिकांश जिलों के पवित्र वनों में इसका मान 1 पाया जाना लगभग एक वृक्ष प्रजाति में पुर्नजनन का संकेतक है। वहीं वृक्ष प्रजातियों की पौध या अंकुर के लिए प्रभावी प्रजाति संख्या का सर्वोच्च मान चित्तौड़गढ़ में 2.28 पाया गया है जो अपेक्षाकृत अच्छा कहा जा सकता है।

सारिणी 5.3 राजस्थान के विभिन्न जिलों में उपलब्ध पवित्र उपवनों में प्रजाति प्रचुरता और प्रभावी प्रजाति संख्या का मान

जिला	प्रजातियों की संख्या				प्रजातियों की प्रभावी संख्या			
	>30 सेमी	10–30 सेमी	झाड़ी	पौध	>30 सेमी	10–30 सेमी	झाड़ी	पौध
अजमेर	4.33	1.33	4.00	1.00	1.43	1.33	3.57	1.00
अलवर	7.20	4.60	5.20	0.40	4.38	3.90	3.41	1.00
बांसवाड़ा	5.33	2.33	2.33	2.00	2.17	1.73	2.38	2.06
बाराँ	9.00	3.00	3.33	2.67	4.69	2.13	2.78	1.89
बाड़मेर	3.00	0.60	3.60	1.00	2.27	1.07	3.04	1.38

जिला	प्रजातियों की संख्या				प्रजातियों की प्रभावी संख्या			
	>30 सेमी	10–30 सेमी	झाड़ी	पौध	>30 सेमी	10–30 सेमी	झाड़ी	पौध
भरतपुर	10,50	5.00	0.50	0.00	6.30	4.19	1.00	0.00
भीलवाडा	6.33	1.33	2.00	0.67	4.19	1.82	2.11	1.00
बीकानेर	3.00	1.33	2.33	0.33	2.49	1.38	1.69	1.00
बूँदी	5.67	4.67	2.33	0.33	4.88	3.18	2.14	1.00
चितौड़गढ़	4.33	3.00	2.33	2.30	1.42	2.27	1.98	2.28
चुरू	4.33	1.00	2.67	0.00	2.13	1.00	2.12	0.00
दौसा	3.33	2.67	2.33	0.67	1.59	2.18	1.98	1.00
धौलपुर	5.00	4.67	3.33	0.00	2.87	3.04	3.04	0.00
डुंगरपुर	6.00	3.00	3.67	2.12	2.12	1.47	3.11	1.00
हनुमानगढ़	6.33	2.33	1.33	1.00	3.40	2.25	1.24	1.22
जयपुर	7.00	2.33	1.67	0.67	3.61	2.81	1.60	1.00
जैसलमेर	2.55	2.00	2.25	0.50	1.77	1.80	1.76	1.00
जालोर	4.33	2.00	2.33	0.67	2.12	1.53	1.30	1.00
झालावाड़	6.00	2.80	0.60	0.60	3.25	2.38	1.08	1.08
झुन्झुनु	3.67	1.00	1.00	0.00	2.16	1.33	1.27	0.00
जोधपुर	2.20	1.60	1.20	0.80	1.50	1.73	1.74	1.00
करौली	5.33	0.00	2.00	0.33	3.85	0.00	1.73	1.00
कोटा	7.44	3.11	2.11	1.22	3.72	2.31	1.91	1.38
नागौर	4.00	1.50	4.00	0.25	2.78	1.43	3.15	1.00
पाली	4.00	3.20	1.80	1.60	2.58	1.74	1.25	1.43
प्रतापगढ़	7.50	3.75	1.50	0.25	3.52	1.98	1.32	1.00
राजसमंद	4.67	1.33	1.67	1.33	2.39	1.33	1.50	1.33
सवाईमाधोपुर	5.67	2.67	1.67	0.33	3.46	2.58	1.38	1.00
सीकर	3.67	2.00	2.00	0.00	3.29	1.89	1.72	0.00
सिरोही	5.00	2.33	1.33	1.67	2.62	2.04	1.23	1.64
गंगानगर	4.50	2.25	1.25	1.00	2.63	1.64	1.49	1.32
टोंक	5.00	2.67	0.67	1.33	1.63	1.60	1.00	1.30
उदयपुर	9.88	4.38	3.50	1.63	5.01	3.30	2.48	1.89

4. वृक्ष प्रमुखता और विविधता

किसी क्षेत्र में प्रमुख रूप में पाई जाने वाली पादप या वृक्ष प्रजातियाँ अपने आस पास के वातावरण को परिवर्तित करते हुए क्षेत्र विशेष की जैव–विविधता को प्रभावित करती हैं। राजस्थान के विभिन्न क्षेत्रों में वितरित 123 पवित्र उपवनों से एकत्रित आकड़ों (आई.वी.आई. या महत्वपूर्ण मूल्य सूचकांक) से पता चलता है कि इन पवित्र उपवनों में 26 प्रकार की वृक्ष प्रजातियों की प्रमुखता है (अनुलग्नक 5)। इनमें से 24 पवित्र उपवनों में काला धोकड़ा का

प्रभुत्व और 16 पवित्र उपवनों में विलायती बबूल का प्रभुत्व पाया गया है। मीठा जाल (*Salvadora oleoides*) और केर (*Capparis decidua*) के वृक्षों का प्रभुत्व क्रमशः 13 और 11 पवित्र उपवनों में पाया गया है जबकि खेजड़ी (*P. cineraria*) वृक्षों का प्रभुत्व 7 पवित्र उपवनो में और सागौन (*Tectona grandis*) वृक्षों की अधिकता 6 पवित्र उपवनों में पाई गई है (अनुलग्नक 5.4)। रौंज (*Acacia leucophloea*), देशी बबूल (*Acacia nilotica*), खाखरा (*Butea monosperma*) और झाड़ी बेर (*Zizyphus rotundifolia*) के वृक्षों का प्रभुत्व क्रमशः 5, 4, 4 और 4 पवित्र उपवनों में देखा गया है (चित्र 5.1)। अन्य प्रजातियों के वृक्षों की प्रमुखता अपेक्षाकृत कम उपवनों में पाई गई है।

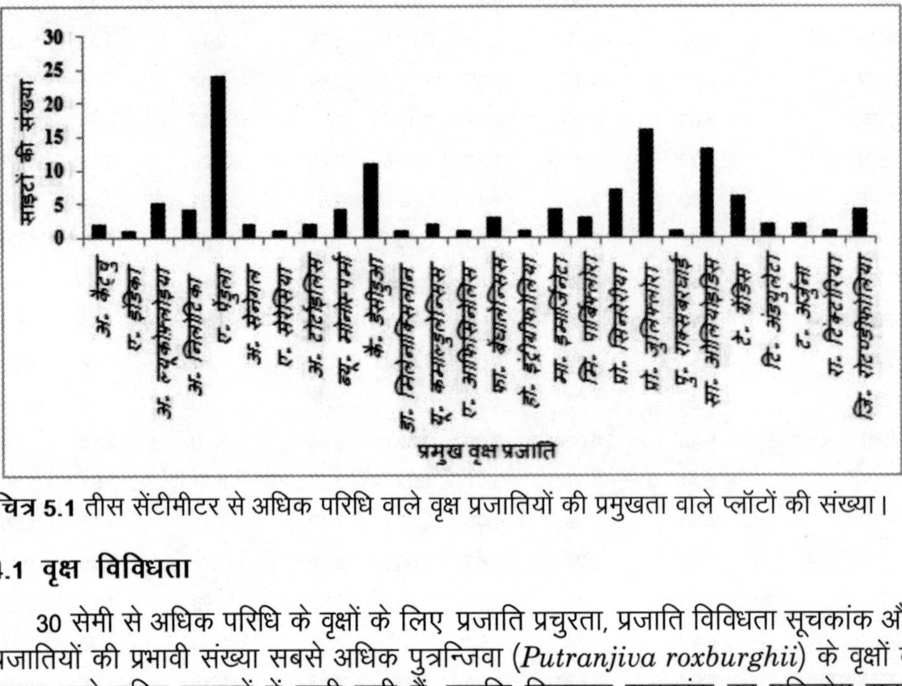

चित्र 5.1 तीस सेंटीमीटर से अधिक परिधि वाले वृक्ष प्रजातियों की प्रमुखता वाले प्लॉटों की संख्या।

4.1 वृक्ष विविधता

30 सेमी से अधिक परिधि के वृक्षों के लिए प्रजाति प्रचुरता, प्रजाति विविधता सूचकांक और प्रजातियों की प्रभावी संख्या सबसे अधिक पुत्रन्जिवा (*Putranjiva roxburghii*) के वृक्षों के प्रभुत्व वाले पवित्र उपवनों में पायी गयी हैं, जबकि सिम्पसन सूचकांक का प्रतिलोम सबसे अधिक आवंला (*E. officinalis*) के वृक्षों के प्रभुत्व वाले पवित्र उपवनो में प्राप्त हुआ है। वृक्षों की संख्या सहित सभी उपरोक्त विविधता सूचकांक इन्द्रोक धोक (*Anogiessus sericea*) के प्रभुत्व वाले पवित्र उपवनों में अपने न्यूनतम मान को दर्शाते हैं (सारिणी 5.4), अर्थात् इन्द्रोक धोक की प्रभुता वाले पवित्र वनों में सबसे कम वृक्ष विविधता पाई गई है। प्रमुख प्रजातियों की संख्या खेर (*Acacia catechu*) वृक्षों के प्रभुत्व वाले पवित्र उपवनों में सबसे अधिक देखी गई है। वृक्ष प्रजातियों की कुल संख्या और प्रजातियों की प्रभावी संख्या दोनों में लगभग एक तरह की प्रवृत्ति पाई गई है (चित्र 5.2), लेकिन इनके मानों में भिन्नता प्रजातियों की प्रभावशीलता के कारण प्रतीत होता है जो उनकी संख्या के ऊपर निर्भर करता है। 10–30 सेमी परिधि की श्रेणियों के वृक्षों के लिए प्रजाति प्रचुरता, प्रजाति विविधता सूचकांक और प्रजातियों की प्रभावी संख्या का मान खिरनी (*Wrightia tinctoria*) वृक्षों के प्रभुत्व वाले पवित्र उपवनों में काफी अधिक पाये गए हैं, लेकिन इन सूचकांकों का निम्नतम मान झाड़ बेर (*Z. rotundifolia*) के प्रमुखता वाले पवित्र उपवनों में मिलता है। सिम्पसन सूचकांक का प्रतिलोम मान चुरेल (*Holoptelia integrifolia*) के प्रभुत्व वाले पवित्र उपवनों में सबसे ज्यादा पाया गया है

जबकि इसका निम्नतम मान रोहिडा (*Tecomella undulata*) के प्रभुत्व वाले पवित्र उपवनों में पाया गया है (सारिणी 5.4)। सागौन और नीम (*Azadirachta indica*) प्रभुत्व वाले पवित्र उपवनों में 10–30 सेमी परिधि वर्ग के वृक्षों की जनसंख्या क्रमशः सबसे अधिक और सबसे कम मिलता है। आँवला (*E. officinalis*) के प्रभुत्व वाले पवित्र उपवनों में संयोगवश 10–30 सेमी परिधि वर्ग के वृक्ष नहीं पाये गए हैं। इसके अलावा, राजस्थान के अधिकांश पवित्र उपवनों में 10–30 सेमी परिधि वर्ग के वृक्षों की औसत संख्या 30 सेमी से अधिक परिधि वर्ग के वृक्षों की संख्या से कम पाई गई है जो क्रमिक रूप से होने वाले प्राकृतिक चयन द्वारा अंकुरों से पौधों और फिर विभिन्न श्रेणी के वृक्षों में इनके रूपान्तरण के निम्न स्तर को दर्शाता है। साथ ही यह इन पवित्र उपवनों में वृक्ष प्रजातियों के अपने चरमोत्कर्ष पर पहुँचने का भी संकेत करता है।

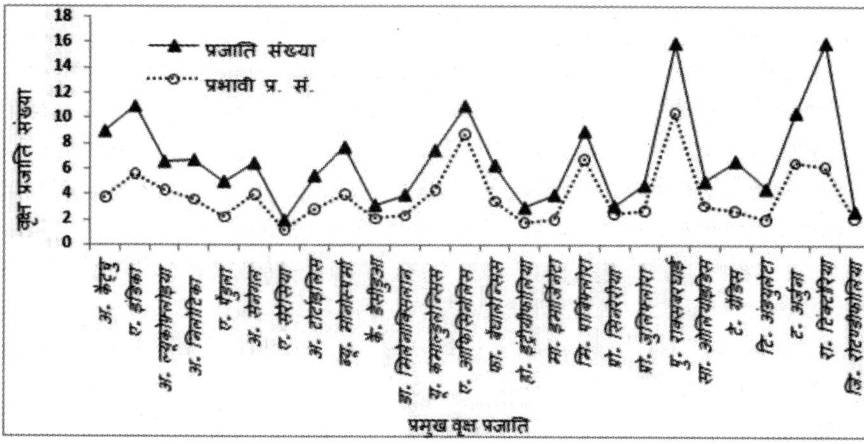

चित्र 5.2 राजस्थान के विभिन्न पवित्र वनों में वृक्ष प्रजातियों की संख्या और प्रजाति प्रभावी संख्या की प्रवृति

सारिणी 5.4 राजस्थान के विभिन्न वृक्ष प्रजातियों की प्रमुखता वाले पवित्र वनों में विभिन्न परिधि वर्ग की वृक्ष प्रजातियों का विविधता सूचकांक (1.25 हेक्टेयर)। बहुल प्रतिकृति की मानक त्रुटि के साथ औसत मान।

क्रम	प्रमुख वृक्ष	वृक्ष (>30 सेमी परिधि)			वृक्ष (10–30 सेमी परिधि)		
		विविधता	प्रभावी संख्या	सि.सू.वि.	विविधता	प्रभावी संख्या	सि.सू.वि.
1	*अकेसिया कैट्चु*	1.30±0.21	3.74±0.77	2.41±0.40	0.71±0.71	2.57±1.57	2.18±1.18
2	*एजडीरेक्टा इंडिका*	1.72±0.00	5.57±0.00	3.83±0.00	0.64±0.00	1.89±0.00	1.80±0.00
3	*अकेसिया ल्यूकोफ्लोइया*	1.44±0.10	4.30±0.41	3,38±0.38	0.74±0.34	2.64±0.94	2.18±0.94
4	*अकेसिया निलोटिका*	1.18±0.26	3.58±0.85	2.71±0.62	0.95±0.18	2.72±0.51	2.36±0.47
5	*एनोगीसस पेंडुला*	0.69±0.09	2.18±0.20	1.76±0.15	0.56±0.09	1.95±0.18	1.57±0.17
6	*अकेसिया सेनेगल*	1.35±0.31	4.02±1.20	3.08±0.88	0.53±0.53	1.94±0.94	2.00±1.00
7	*एनोगीसस सेरेसिया*	0.17±0.00	1.19±0.00	1.09±0.00	0.44±0.00	1.55±0.00	1.37±0.00
8	*अकेसिया टोर्टाइलिस*	1.03±0.14	2.83±0.40	2.16±0.40	0.87±0.18	2.42±0.42	2.34±0.34
9	*ब्यूटिया मोनोस्पर्मा*	1.21±0.39	3.99±1.03	2.95±0.76	0.76±0.32	2.48±0.77	1.91±0.76

क्रम	प्रमुख वृक्ष	वृक्ष (>30 सेमी परिधि)			वृक्ष (10–30 सेमी परिधि)		
		विविधता	प्रभावी संख्या	सि.सू.वि.	विविधता	प्रभावी संख्या	सि.सू.वि.
10	*कैपेरिस डेसीडुआ*	0.61±0.15	2.06±0.32	1.82±0.28	0.34±0.13	1.53±0.21	1.28±0.26
11	*डायोस्पाइरास मेलेनाक्सिलान*	0.83±0.00	2.30±0.00	1.78±0.00	0.67±0.00	1.95±0.00	1.90±0.00
12	*यूकेलिप्टस कमाल्डुलेन्सिस*	1.28±0.64	4.31±2.42	3.08±1.57	0.92±0.66	3.06±1.77	2.44±1.29
13	*एम्ब्लिका आफिसिनेलिस*	2.17±0.00	8.75±0.00	7.36±0.00	0.00±0.00	1.00±0.00	0.00±0.00
14	*फाइकस बेघालेन्सिस*	1.06±0.45	3.47±1.33	2.69±0.79	0.91±0.49	3.06±1.26	3.36±1.69
15	*होलोप्टेलिया इंट्रीग्रीफोलिया*	0.58±0.00	1.78±0.00	1.55±0.00	0.00±0.00	1.00±0.00	1.00±0.00
16	*माइटिनस इमार्जिनेटा*	0.65±0.15	1.98±0.33	1.57±0.27	0.17±0.17	1.25±0.25	1.00±0.40
17	*मित्रगाइना पार्बिफ्लोरा*	1.90±0.11	6.76±0.79	6.80±2.00	1.09±0.55	3.76±1.40	3.82±1.47
18	*प्रोसोपिस सिनरेरीया*	0.84±0.16	2.49±0.37	2.26±0.34	0.25±0.17	1.41±0.29	0.96±0.42
19	*प्रोसोपिस जुलिफ्लोरा*	0.84±0.14	2.69±0.41	2.13±0.30	0.56±0.15	2.11±0.35	1.99±0.32
20	*पुत्रन्जिवा राक्सबरघाई*	2.35±0.00	10.47±0.00	6.75±0.00	0.90±0.00	2.45±0.00	1.76±0.00
21	*साल्वाडोरा ओलियोइडिस*	1.06±0.10	3.10±0.37	2.05±0.20	0.55±0.18	2.18±0.52	1.93±0.49
22	*टेक्टोना ग्रेंडिस*	0.92±0.20	2.75±0.53	1.98±0.29	0.61±0.17	1.99±0.36	1.54±0.37
23	*टिकोमेला अंडयुलेटा*	0.67±0.18	1.99±0.36	1.63±0.36	0.38±0.08	1.47±0.12	1.30±0.11
24	*टर्मिनेलिया अर्जुना*	1.80±0.39	6.48±2.37	4.59±1.32	0.60±0.45	2.00±0.83	1.76±0.69
25	*राइटिया टिंक्टोरिया*	1.82±0.00	6.20±0.00	3.49±0.00	2.08±0.00	8.02±0.00	6.67±0.00
26	*जिजिफस रोटण्डीफोलिया*	0.62±0.32	2.16±0.69	1.64±0.35	0.19±0.19	1.29±0.29	0.95±0.36

4.2 वृक्षीय पौध और झाड़ी विविधता

ऐसे पवित्र उपवन जिनमें नीम, तेंदू, आँवला और पुत्रन्जिवा के 30 सेमी से अधिक परिधि के वृक्षों का प्रभुत्व है वहाँ भूमि सतह पर कोई अंकुर या वृक्ष पौध नहीं पाया गया है। पुत्रन्जिवा के प्रभुत्व वाले पवित्र उपवन में वृक्षों की कुल संख्या, प्रजाति प्रचूरता, प्रजाति विविधता सूचकांक, प्रजाति प्रभावी संख्या और सिंपसन सूचकांक का विलोम के मान काफी अधिक पाये गए हैं (सारिणी 5.5)। नीम, इजरायली बबूल, तेंदू, आँवला, बरगद (*F. bengalensis*), चुरेल, कंकेड़ा (*M. emarginata*), कलम (*M. parviflora*), खेजड़ी (*P. cineraria*) और झाड़ बेर के प्रमुखता वाले पवित्र उपवनों में प्रजाति विविधता सूचकांक का मान लगभग शून्य पाया गया है जहाँ प्रजाति प्रभावी संख्या का मान 1 मिला है और यह केवल एक ही प्रजाति के वृक्षों की उपलब्धता को इंगित करता है। प्रजाति समता सहित प्रजाति विविधता सूचकांक और प्रभावी प्रजाति संख्या के निम्नतम मान केर के प्रभुत्व वाले पवित्र उपवनों में मिले हैं (सारिणी 5. 5)। खिरनी के प्रभुत्व वाले पवित्र उपवन में वृक्ष प्रजातियों की पौध का समान वितरण मिलता है। जबकि वृक्ष पौध और उनकी प्रजाति प्रचुरता का निम्नतम मान क्रमशः चुरेल और खेजड़ी के वृक्षों के प्रमुखता वाले पवित्र उपवनों में मिलता है। यदि हम झाड़ी प्रजातियों की विविधता देखें तो इन्द्रोक धोक और तेंदू के प्रभुत्व वाले पवित्र उपवनों में कोई झाड़ियाँ नहीं पाई गई हैं (सारिणी 5.5)। खिरनी के वृक्षों के प्रभुत्व वाले पवित्र उपवन में झाड़ियों की संख्या सर्वाधिक जबकि सागौन के प्रभुत्व वाले पवित्र उपवनों में झाड़ियों की सबसे कम संख्या दर्ज की गई है।

झाड़ी प्रजाति प्रचुरता सबसे अधिक पुत्रन्जिवा के प्रभुत्व वाले पवित्र उपवनों में और सबसे कम चुरेल के प्रभुत्व वाले पवित्र उपवनों में मिलते हैं। झाड़ी प्रजाति विविधता सूचकांक, इनकी प्रभावी संख्या और सिंपसन सूचकांक का विलोम सबसे अधिक कंकेड़ा के प्रभुत्व वाले पवित्र उपवनों में देखे गये हैं (सारिणी 5.5)। इन्द्रोक धोक, तेंदू और चुरेल के प्रभुत्व वाले पवित्र उपवनों में प्रभावी प्रजाति संख्या 1 के साथ झाड़ी विविधता सूचकांक का मान शून्य पाया गया है जो इन पवित्र उपवनों में एक झाड़ी प्रजाति के प्रभुत्व का संकेतक है।

सारिणी 5.5 राजस्थान के विभिन्न वृक्ष प्रजातियों की प्रमुखता वाले पवित्र वनों में वृक्षीय पौधों या सेपलिंग और झाड़ी प्रजातियों का विविधता सूचकांक। बहुल प्रतिकृति की मानक त्रुटि के साथ औसत मान।

क्रम	प्रमुख वृक्ष	वृक्षीय पौध (संख्या प्रति 125 वर्ग मीटर)			झाड़ी (संख्या प्रति 125 वर्ग मीटर)		
		विविधता	प्रभावी संख्या	सि.सू.वि.	विविधता	प्रभावी संख्या	सि.सू.वि.
1	*अकेसिया कैट्चु*	0.30±0.30	1.41±0.41	1.35±0.35	0.64±0.64	2.30±1.30	2.15±1.15
2	*एजडीरेक्टा इंडिका*	0.00±0.00	0.00±0.00	0.00±0.00	1.03±0.00	2.08±0.00	2.63±0.00
3	*अकेसिया ल्यूकोफ्लोइया*	0.11±0.11	1.15±0.15	0.92±0.26	0.46±0.38	2.29±1.18	1.69±0.86
4	*अकेसिया निलोटिका*	0.00±0.00	0.00±0.00	0.25±0.25	0.99±0.15	2.77±0.43	2.37±0.34
5	*एनोगीसस पेंडुला*	0.21±0.08	1.35±0.15	0.72±0.15	0.43±0.10	1.76±0.22	1.34±0.23
6	*अकेसिया सेनेगल*	0.33±0.33	1.47±0.47	0.94±0.94	0.95±0.45	2.96±1.24	2.57±0.96
7	*एनोगीसस सेरेसिया*	0.65±0.00	1.91±0.00	1.83±0.00	0.00±0.00	0.00±0.00	0.00±0.00
8	*अकेसिया टोर्टाइलिस*	0.00±0.00	0.00±0.00	0.52±0.50	0.30±0.30	1.41±0.41	1.34±0.34
9	*ब्यूटिया मोनोस्पर्मा*	0.38±0.14	1.52±0.21	1.42±0.20	0.64±0.32	2.21±0.75	1.92±0.63
10	*कैपेरिस डेसीडुआ*	0.03±0.03	1.04±0.04	0.48±0.17	0.69±0.17	2.29±0.38	1.94±0.42
11	*डायोस्पाइरास मेलेनाक्सिलान*	0.00±0.00	0.00±0.00	0.00±0.00	0.00±0.00	0.00±0.00	0.00±0.00
12	*यूकेलिप्टस कमाल्डुलेन्सिस*	0.54±0.02	1.74±0.03	1.56±0.04	0.62±0.61	2.11±1.21	1.18±1.18
13	*एम्बिलका आफिसिनेलिस*	0.00±0.00	0.00±0.00	0.00±0.00	1.05±0.00	2.85±0.00	2.48±0.00
14	*फाइकस बेघालेन्सिस*	0.00±0.00	0.00±0.00	0.00±0.00	0.58±0.32	1.96±0.58	1.59±0.86
15	*होलोप्टेलिया इंट्रीग्रीफोलिया*	0.00±0.00	0.00±0.00	1.00±0.00	0.00±0.00	0.00±0.00	0.00±0.00
16	*माइटिनस इमार्जिनेटा*	0.00±0.00	0.00±0.00	0.25±0.25	1.13±0.39	3.70±1.03	2.91±0.76
17	*मित्रगाइना पार्बिफ्लोरा*	0.00±0.00	0.00±0.00	0.00±0.00	0.60±0.31	1.98±0.53	1.65±0.35
18	*प्रोसोपिस सिनरेरीया*	0.00±0.00	0.00±0.00	0.29±0.18	0.36±0.26	1.85±0.67	1.58±0.63
19	*प्रोसोपिस जुलिफ्लोरा*	0.06±0.04	1.08±0.06	0.87±0.12	0.48±0.14	1.90±0.30	1.59±0.29
20	*पुत्रन्जिवा राक्सबरघाई*	1.55±0.00	4.70±0.00	4.01±0.00	1.03±0.00	2.81±0.00	2.40±0.00
21	*साल्वाडोरा ओलियोइडिस*	0.13±0.07	1.17±0.09	0.75±0.19	0.34±0.12	1.55±0.23	1.32±0.26
22	*टेक्टोना ग्रेंडिस*	0.30±0.21	1.53±0.39	0.94±0.49	0.53±0.21	1.90±0.41	1.60±0.46

क्रम	प्रमुख वृक्ष	वृक्षीय पौध (संख्या प्रति 125 वर्ग मीटर)			झाड़ी (संख्या प्रति 125 वर्ग मीटर)		
		विविधता	प्रभावी संख्या	सि.सू.वि.	विविधता	प्रभावी संख्या	सि.सू.वि.
23	*टिकोमेला अंड्युलेटा*	0.35±0.35	1.50±0.50	1.00±1.00	0.56±0.09	1.75±0.15	1.63±0.18
24	*टर्मिनेलिया अर्जुना*	0.23±0.23	1.29±0.29	0.69±0.59	0.41±0.41	1.64±0.64	1.48±0.48
25	*राइटिया टिंक्टोरिया*	1.30±0.00	3.67±0.00	3.38±0.00	0.98±0.00	2.66±0.00	2.49±0.00
26	*जिजिफस रोटण्डीफोलिया*	0.00±0.00	0.00±0.00	0.25±0.25	0.28±0.28	1.53±0.52	1.13±0.52

सि.सु.वि. : सिंपसन सूचकांक का विलोम

5. कृषि जलवायु क्षेत्र और पादप विविधता

परिधि वर्ग 30 सेमी से अधिक और 10–30 सेमी के वृक्षों के लिए सभी विविधता सूचकांक काफी भिन्न (बाद के वर्ग की कुल संख्या के अतिरिक्त) पाये गए हैं। वृक्ष आबादी, प्रजाति प्रचुरता, प्रजाति विविधता सूचकांक और प्रभावी प्रजाति संख्या दोनों ही प्रकार के परिधि वाले वृक्षों के वर्ग के लिए सबसे कम मान राजस्थान के कृषि जलवायु क्षेत्र Iअ (शुष्क पश्चिमी मैदान) के पवित्र उपवनों में देखा गया है। परिधि वर्ग 30 सेमी से अधिक के वृक्ष की आबादी सबसे अधिक IIIअ (अर्ध शुष्क पूर्वी मैदान) के पवित्र उपवनों में जबकि 10–30 सेमी परिधि वर्ग के वृक्षों की आबादी सबसे अधिक IVअ (उप नम दक्षिणी मैदान) कृषि–जलवायु क्षेत्र के पवित्र उपवनों में पाई गई है। सामान्यतौर पर दोनों ही परिधि वर्गों के लिए प्रजाति विविधता सूचकांक में वृद्धि शुष्क से अल्पार्द्र शुष्क क्षेत्र में वार्षिक वर्षा में वृद्धि के साथ बढ़ती जाती है जो वृक्ष विविधता पर वर्षा के सकारात्मक प्रभाव को इंगित करता है। दोनों ही परिधि वर्गों के वृक्षों के लिए प्रजाति प्रचुरता IVब (अल्पार्द्र दक्षिणी मैदान) कृषि जलवायु क्षेत्र के पवित्र उपवनों में सबसे ज्यादा दर्ज की गई है। यह प्रदर्शित करता है कि राजस्थान राज्य में अपेक्षाकृत उच्च वर्षा क्षेत्र के पवित्र उपवनों में वृक्ष प्रजातियों की संख्या अपेक्षाकृत शुष्क क्षेत्र में स्थित उपवनों में वृक्षों की तुलना में अधिक होता है। प्रभावी प्रजाति संख्या भी IIIब (बाढ़ग्रस्त पूर्वी मैदान) कृषि जलवायु क्षेत्र में उपलब्ध पवित्र उपवनों में सबसे अधिक पायी गयी है जबकि 30 सेमी से अधिक परिधि वर्ग के वृक्षों के लिए सिंपसन सूचकांक प्रतिलोम का मान V (नम दक्षिणी पूर्वी मैदान) कृषि जलवायु क्षेत्र के पवित्र उपवनों में सबसे अधिक और 10–30 सेमी परिधि वर्ग के वृक्षों के लिए इसका मान अधिकतम 3ब में उपलब्ध पवित्र उपवनों में दर्ज किया गया है (चित्र 5.3)।

वृक्षीय पौधों की आबादी के अतिरिक्त अन्य सभी विविधता सूचकांकों का मान विभिन्न कृषि जलवायु क्षेत्रों के पवित्र उपवनों में बहुत ही महत्वपूर्ण रूप में परिवर्तित होते हैं। कृषि जलवायु क्षेत्र V में स्थित पवित्र उपवनों में वृक्षों की आबादी सबसे ज्यादा दर्ज की गई है, जबकि इनकी सबसे कम आबादी (1.25 पौध प्रति 125 वर्ग मीटर क्षेत्र में क्षेत्र) जलवायु क्षेत्र 3ब में देखी गई है। उच्चतम और निम्नतम वृक्ष प्रजाति संख्या क्रमशः IVअ और IIअ (सिंचित उत्तर पश्चिमी मैदान) कृषि जलवायु क्षेत्रों के पवित्र उपवनों में पायी गयी हैं। शेनन–विनर विविधता सूचकांक और प्रभावी प्रजाति संख्या का मान सबसे अधिक IVब जलवायु क्षेत्र के पवित्र उपवनों में मिले हैं, जबकि इन सूचकांकों के सबसे कम मान Iअ क्षेत्र के विविध पवित्र उपवनों में मिले हैं। सिम्पसन सूचकांक का प्रतिलोम (1/D) का मान IIब कृषि जलवायु क्षेत्र में सबसे ज्यादा और 3ब जलवायु क्षेत्र में सबसे कम पाया गया है (चित्र 5.4 बाएँ)। कृषि जलवायु क्षेत्रों के बीच झाड़ी

प्रजातियों की विविधता सूचकांक में बदलाव बहुत सार्थक नहीं (P>0.05) मिला है सिवाय झाड़ी प्रजातियों की आबादी के, जो सबसे अधिक IIस (अत्यधिक शुष्क व आंशिक रूप से सिंचित क्षेत्र) कृषि जलवायु क्षेत्र में और सबसे कम IVअ कृषि जलवायु क्षेत्र में पाया गया है।

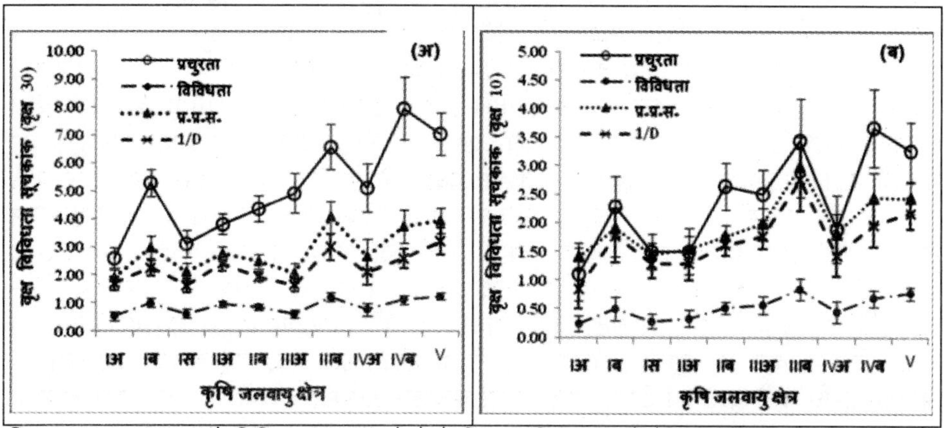

चित्र 5.3 राजस्थान के विभिन्न जलवायु क्षेत्रों में स्थित पवित्र उपवनों में वृक्ष विविधता सूचकांक में बदलाव। त्रुटि पट्टी औसत मान में ± 1 मानक त्रुटि के रूप में प्रदर्शित है।

झाड़ी प्रजातियों की प्रजाति प्रचुरता सबसे कम Iब (सिंचित उत्तर पश्चिमी मैदान) कृषि जलवायु क्षेत्र में, जबकि इनकी प्रभावी प्रजाति की संख्या सबसे कम मान 3ब (बाढ़ग्रस्त पूर्वी मैदान) जलवायु क्षेत्र के पवित्र वनों में दर्ज की गयी है। कृषि जलवायु क्षेत्र IVब में झाड़ी विविधता सूचकांक और प्रभावी प्रजाति संख्या दोनों के ही मान उच्चतम पाये गए हैं, जबकि सबसे कम झाड़ी विविधता 2ब क्षेत्र में पाये जाने वाले पवित्र वनों में मिली है। सिम्पसन सूचकांक का प्रतिलोम मान Iअ जलवायु क्षेत्र में उच्चतम और 1ब जलवायु क्षेत्र के पवित्र वनों में सबसे कम प्राप्त हुआ है (चित्र 5.4 दाएँ)। अधिकांश विविधता सूचकांकों की प्रवृति समान रूप से परिवर्तित होती पाई गई है लेकिन इनके मानों में बदलाव भिन्न भिन्न पाया गया है।

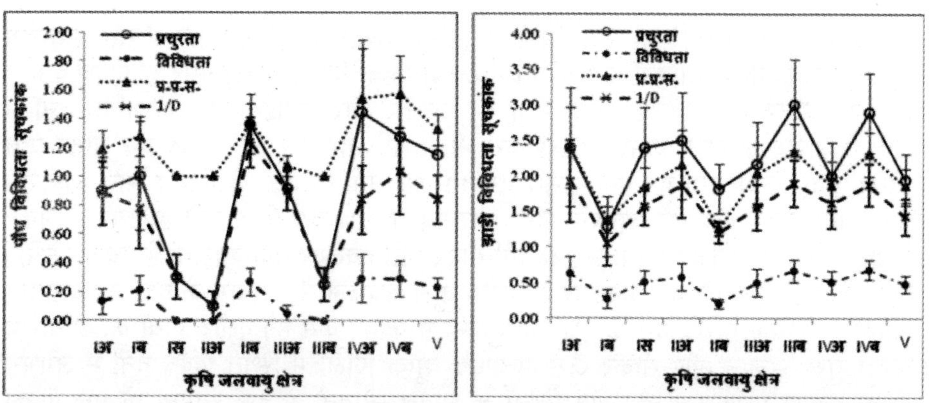

चित्र 5.4 राजस्थान के विभिन्न जलवायु क्षेत्रों में स्थित पवित्र उपवनों में वृक्ष सैपलिंग / पौध (बाएं) और झाड़ी (दाएं) विविधता सूचकांक में बदलाव। त्रुटि पट्टी औसत मान में ± 1 मानक त्रुटि के रूप में प्रदर्शित है।

6. वानस्पतिक आधारीय क्षेत्रफल

यद्यपि स्थानीय समुदायों द्वारा इनकी रक्षा की जाती है और ध्यान भी रखा जाता है फिर भी चराई, शाखा कटाई, छत्रक हटाना (pollarding) या पूरे वृक्ष की कटाई जैसा मानव जनित दबाव की कई घटनाएं पवित्र उपवनों में देखी जा सकती हैं। उपलब्ध पुराने साहित्य पवित्र उपवनों में बढते स्तर के मानवीय हस्तक्षेप के कारण वृक्ष घनत्व और आधारीय क्षेत्रफल में घटाव को दर्शाते हैं जैसे बिना किसी हस्तक्षेप वाले पवित्र उपवनों में वृक्ष घनत्व और आधारीय क्षेत्रफल क्रमशः 2103 वृक्ष प्रति हेक्टेयर और 26.9 वर्ग मीटर प्रति हेक्टेयर पाया गया है जो मामूली हस्तक्षेप वाले पवित्र उपवनों में 1268 वृक्ष प्रति हेक्टेयर और 18.6 वर्ग मीटर प्रति हेक्टेयर और अंत में अत्यधिक मानवीय हस्तक्षेप वाले पवित्र उपवनो में 852 वृक्ष प्रति हेक्टेयर और 7.1 वर्ग मीटर प्रति हेक्टेयर पाया गया हैं। यहाँ वृक्ष घनत्व–परिधि में वक्रता संबंध उच्च परिधि वर्ग के वृक्षों की संख्या में मानवीय हस्तक्षेप रहित से मामूली हस्तक्षेप और फिर अत्यधिक हस्तक्षेपित उपवनों में लगातार घटता हुआ पाया गया है[263]। राजस्थान में अध्ययन किये गये 123 पवित्र उपवनों में आधारीय क्षेत्रफल में भी काफी भिन्नता पाई गई है जहाँ 30 सेमी से अधिक परिधि वाले वृक्षों का आधारीय क्षेत्रफल उच्चतम (35.82 वर्ग मीटर प्रति हेक्टेयर) बाबा राहुपीर दरगाह श्रीगंगानगर में और सबसे कम (0.13 वर्ग मीटर प्रति हेक्टेयर) पाबूजी का ओरण, जोधपुर में दर्ज किया गया है। वहीं 10–30 सेमी परिधि वर्ग के वृक्षों के लिए आधारीय क्षेत्रफल झुन्झुनु जिले में बिहारी जी का मन्दिर ओरण में 0.01 वर्ग मीटर प्रति हेक्टेयर से धुन्धली माता की बनी, प्रतापगढ़ में 0.91 वर्ग मीटर प्रति हेक्टेयर तक परिवर्तित होता पाया गया है। आठ पवित्र उपवनों जो बाड़मेर, भीलवाड़ा, झुंझुनु, जोधपुर, करौली, नागौर और उदयपुर जिलों में स्थित है, इस श्रेणी का आधारीय क्षेत्रफल में योगदान लगभग शून्य पाया गया है। वृक्षीय पौधों का आधारीय क्षेत्रफल देव नारायणजी का ओरण, कोटा में 2.63 वर्ग मीटर प्रति हेक्टेयर से कई अन्य पवित्र उपवनों में लगभग शून्य तक पाया गया है। झाड़ियों के लिए आधारीय क्षेत्रफल हनुमानजी का ओरण, अलवर में 27.07 वर्ग मीटर प्रति हेक्टेयर और प्रथुरीनाथ जी का ओरण, बांसवाड़ा में लगभग शून्य तक बदलता है।

6.1 आधारीय क्षेत्रफल में स्थानिक विविधता

राजस्थान के भिन्न जिलों में 30 सेमी से अधिक परिधि वर्ग के वृक्षों का औसत आधारीय क्षेत्रफल डँगरपुर के पवित्र वनों में 0.36 वर्ग मीटर प्रति हेक्टेयर से श्रीगंगानगर के पवित्र वनों में 13.47 वर्ग मीटर प्रति हेक्टेयर पाया गया है। जालौर और सवाईमाधोपुर के पवित्र वनों में औसत आधारीय क्षेत्रफल क्रमशः 12.82 वर्ग मीटर प्रति हेक्टेयर और 9.34 वर्ग मीटर प्रति हेक्टेयर ज्ञात किया गया है। वहीं परिधि वर्ग 10–30 सेमी के वृक्षों के लिए औसत आधारीय क्षेत्रफल भीलवाड़ा, बीकानेर, झुन्झुनू और राजसमंद में 0.01 वर्ग मीटर प्रति हेक्टेयर से लेकर बांसवाड़ा जिले के पवित्र उपवनों में 0.44 वर्ग मीटर प्रति हेक्टेयर तक बदलता है (चित्र 5.5अ)। इससे प्रतीत होता है कि प्रति हेक्टेयर आधारीय कुल क्षेत्रफल में इस वर्ग के वृक्षों का योगदान 30 सेमी से अधिक परिधि वर्ग के वृक्षों की तुलना में काफी कम है। वृक्षीय पौधों का आधारीय क्षेत्रफल चुरू, झुन्झुनू और सीकर जैसे अत्यधिक शुष्क जिलों में स्थित पवित्र वनों में लगभग नहीं के बराबर पाया गया है। शेष जिलों के पवित्र उपवनों में इस स्वभाव के पादपों का आधारीय क्षेत्रफल बारां जिले के पवित्र वनों में 1.20 वर्ग मीटर प्रति हेक्टेयर और अलवर, दौसा और सवाई माधोपुर के पवित्र उपवनों में 0.02 वर्ग मीटर प्रति हेक्टेयर के बीच प्राप्त हुआ है। झाड़ी प्रजातियों से संबन्धित पादपों का आधारीय क्षेत्रफल भी विभिन्न जिलों के पवित्र उपवनों

में सार्थक रूप में परिवर्तित होता है जहाँ यह जोधपुर जिले में 0.25 वर्ग मीटर प्रति हेक्टेयर से लेकर बाड़मेर जिले में 11.08 वर्ग मीटर प्रति हेक्टेयर तक बदलता है। इन आंकड़ों से यह प्रतीत होता है कि राजस्थान के विभिन्न जिलों में स्थित पवित्र उपवनो के इन सभी पादप घटकों के आधारीय क्षेत्रफल में बीच काफी भिन्नता है।

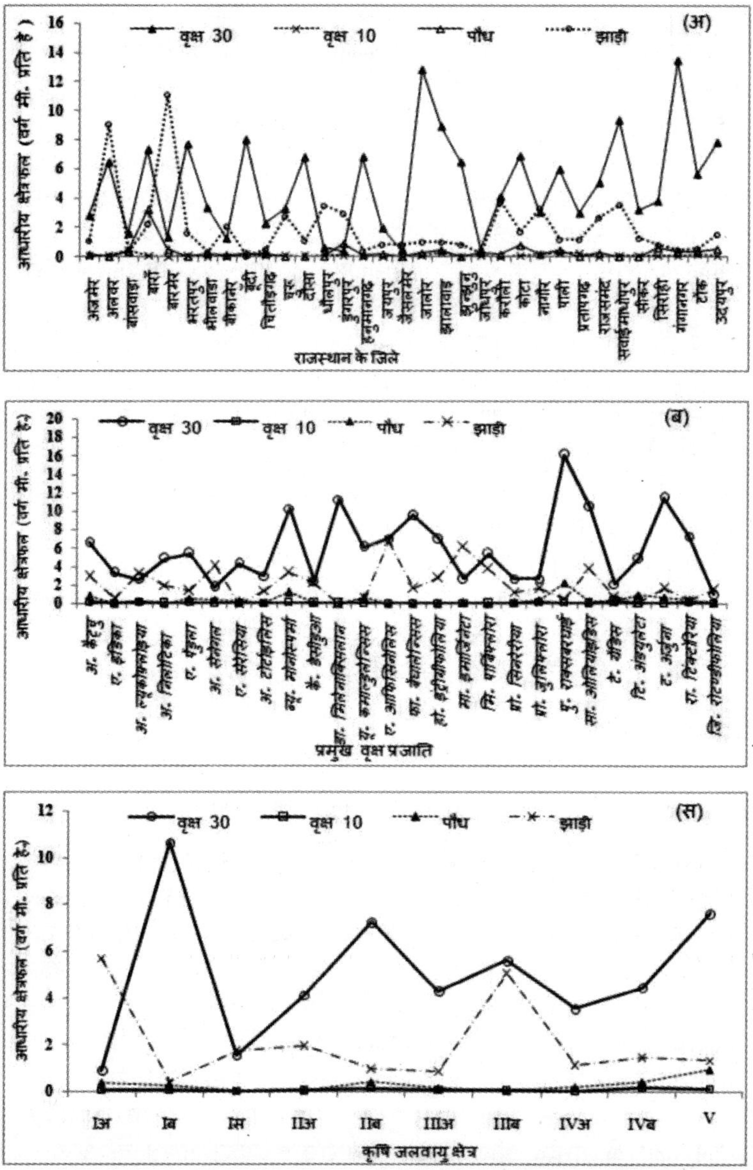

चित्र 5.5 राजस्थान के विभिन्न जिलों में स्थित पवित्र उपवनों में पाये जाने वाले विभिन्न प्रकार के पादपों का आधारीय क्षेत्रफल (अ), प्रमुख वृक्ष प्रजाति का प्रभाव (ब) और विभिन्न कृषि जलवायु क्षेत्रों का प्रभाव (स)।

6.2 वृक्ष प्रभुत्व का प्रभाव

30 सेमी से अधिक परिधि वर्ग के वृक्ष और वृक्षीय पौधों का आधारीय क्षेत्रफल, प्रमुख प्रजातियों के वृक्ष और कृषि जलवायु क्षेत्रों दोनों की वजह से परिवर्तित होता है जबकि 10–30 सेमी परिधि वर्ग के वृक्षों और झाड़ियों के आधारीय क्षेत्रफल में प्रमुख प्रजातियों के वृक्ष और कृषि जलवायु क्षेत्रों के कारण कोई महत्वपूर्ण बदलाव नहीं देखा गया है (चित्र 5.5ब)। झाड़ी प्रजातियों का आधारीय क्षेत्रफल 30 सेमी से अधिक परिधि श्रेणी के वृक्षों के आधारीय क्षेत्रफल की तुलना में कम पाया गया है। आधारीय क्षेत्रफल का मान विभिन्न वृक्ष प्रजातियों के प्रभुत्व वाले अधिकांश पवित्र उपवनों में 10–30 सेमी परिधि श्रेणी के वृक्षों के लिए सबसे कम प्राप्त हुआ है। दिलचस्प बात यह है की 30 सेमी से अधिक परिधि वर्ग के वृक्ष और झाड़ी प्रजातियों के आधारीय क्षेत्रफल के बीच संबंध अधिकांश मामलों में लगभग विलोमानुपाती पाया गया है, जबकि वृक्षीय पौधों के आधारीय क्षेत्रफल का मान 30 सेमी से अधिक परिधि वाले वृक्षों के आधारीय क्षेत्रफल के समान परिवर्तित होता पाया गया है। वृक्षीय पौधों का आधारीय क्षेत्रफल भी 10–30 सेमी परिधि श्रेणी के वृक्षों की तुलना में अधिक प्राप्त हुआ है जो पौध से 10–30 सेमी परिधि वर्ग के वृक्षों में कम रूपान्तरण को इंगित करता है (चित्र 5.5ब)। प्रमुख वृक्ष प्रजातियों के आधार पर विश्लेषण करने पर 30 सेमी से अधिक परिधि वाले वृक्षों का आधारीय क्षेत्रफल उच्चतम (16.14 वर्ग मीटर प्रति हेक्टेयर) और निम्नतम (0.99 वर्ग मीटर प्रति हेक्टेयर) क्रमशः पुत्रन्जिवा और झाड़ी वृक्षों के प्रभुत्व वाले पवित्र उपवनों में दर्ज किया गया है। इसी प्रकार 10–30 सेमी परिधि वाले वृक्षों के आधारीय क्षेत्रफल 0.39 वर्ग मीटर प्रति हेक्टेयर सागौन के प्रभुत्व वाले उपवन में और लगभग शून्य आँवला वृक्ष के प्रभुत्व वाले पवित्र उपवन में पाया गया है। वहीं छोटे वृक्षीय पादपों के आधारित क्षेत्रफल 0.01 से लेकर 2.30 वर्ग मीटर प्रति हेक्टेयर तक मिला है जिसमें अधिकतम मान पुत्रन्जिवा वृक्ष के प्रभुत्व और निम्नतम मान नीम, आँवला, तेंदू, बरगद और कलम वृक्षों के प्रभुत्व वाले पवित्र उपवनों में मिला है। झाड़ी प्रजातियों का आधारीय क्षेत्रफल की सीमा 6.12 वर्ग मीटर प्रति हेक्टेयर कंकेड़ा के प्रभुत्व वाले और लगभग शून्य आधारीय क्षेत्रफल इन्द्रोक धोक और तेंदू के वृक्षों की प्रमुखता वाले पवित्र उपवनों में मिली है।

6.3 आधारीय क्षेत्रफल पर कृषि जलवायु क्षेत्रों का प्रभाव

30 सेमी से अधिक परिधि वर्ग के वृक्षों का उच्चतम और निम्नतम औसत आधारीय क्षेत्रफल 10.62 वर्ग मीटर प्रति हेक्टेयर और 0.92 वर्ग मीटर प्रति हेक्टेयर क्रमशः 1ब और 1अ क्षेत्र में दर्ज किया गया है, जबकि 10–30 सेमी परिधि वर्ग के वृक्षों पेड़ों के लिए यही मान 0.17 वर्ग मीटर प्रति हेक्टेयर और 0.02 वर्ग मीटर प्रति हेक्टेयर IVअ और IIब कृषि जलवायु क्षेत्र में पाये गए हैं। वृक्षीय पौध प्रजातियों का उच्चतम आधारीय क्षेत्रफल कृषि जलवायु क्षेत्र V में और निम्नतम आधारीय क्षेत्रफल IIIब क्षेत्र में कृषि जलवायु क्षेत्र में दर्ज किया गया है (चित्र 5.5स)। झाड़ी प्रजातियों का उच्चतम आधारीय क्षेत्रफल Iअ और सबसे कम आधारीय क्षेत्रफल Iब कृषि जलवायु क्षेत्र में मिलता है। इन परिणामों से पता चलता है कि राजस्थान के पवित्र उपवनों में पाये जाने वाले वृक्षों के घनत्व और इनका आधारीय क्षेत्रफल भारत के अन्य स्थानों जैसे पश्चिमी घाट के पवित्र उपवनों के वृक्ष घनत्व 379.5–750.0 वृक्ष प्रति हेक्टेयर और आधारीय क्षेत्रफल 42.92–100.42 वर्ग मीटर प्रति हेक्टेयर[259], चित्तूर, आंध्र प्रदेश के वृक्ष घनत्व 999 वृक्ष प्रति हेक्टेयर और आधारीय क्षेत्रफल 31.7 वर्ग मीटर प्रति हेक्टेयर[115], शिमोगा के कान जंगलों में वृक्ष घनत्व 387 वृक्ष प्रति हेक्टेयर और आधारीय क्षेत्रफल 23.62 वर्ग मीटर प्रति हेक्टेयर और

वलपराई की अन्नामलाई पहाड़ियाँ, तमिलनाडु के वृक्ष घनत्व 384–566 वृक्ष प्रति हेक्टेयर और आधारीय क्षेत्रफल 46.3–99.7 वर्ग मीटर प्रति हेक्टेयर की तुलना में बहुत कम पाया गया है। इस परिवर्तनशीलता के लिए सबसे महत्वपूर्ण कारणों में जलवायु, मृदा और मानव जनित गतिविधियों की क्षेत्रीय भिन्नता है।

7. वन्य जीव विविधता

पवित्र उपवन केवल पादप विविधता के ही नहीं बल्कि कई वन्य जीव प्रजातियों की भी शरण स्थली हैं। इन वृक्षों या पादपों के एक समूह द्वारा संरक्षित प्रजातियों में परिवर्तनशीलता स्थानिक से लेकर लुप्तप्रायः प्रजाति तक पाई जाती है। पवित्र उपवनों में जन्तु विविधता से संबंधित अध्ययन में पक्षियों की विविधता[264], स्तनधारी जंतुओं की विविधता[265], तितलियों की विविधता[266], संधिपाद (आर्थोपोडा) जंतुओं की विविधता[267] और भूमि सतह पर विचरण करने वाले जीव–जंतुओं की विविधता[268] आदि शामिल हैं। इस प्रकार, संरक्षण कार्यनीति बनाते समय छोटे वृक्षों और पादपों के समूह को बड़े पेड़ों के समान ही महत्व दिया जाना आवश्यक है[122,269]।

बिहार के पुरुलिया जिला में स्थित 53 पवित्र उपवनों में भूमि सतह पर विचरण करने वाले कीटों से संबन्धित जानकारी उपलब्ध है[268]। गोवा में स्थित पवित्र वनों में तितलियों के ऊपर किए गए एक सर्वे में 33 तितली प्रजातियाँ पाई गई हैं जो 31 वंशों से संबंधित हैं, परन्तु यह कुल तितली प्रजातियों का केवल 13 प्रतिशत ही है[266] इसी तरह बालासोर, उड़ीसा के अपेक्षाकृत छोटे पवित्र उपवनों में भी 13 जीव जंतुओं का उल्लेख मिलता है[270]। इसके अतिरिक्त मधुमक्खियों की कई प्रजातियां भी पवित्र उपवनों के बड़े पेड़ों जैसे पीपल, चुरेल, नीम आदि पर अपना छत्ता बना कर रहती हैं जो शहद का एक प्रमुख स्रोत है। इन भू–परिदृश्यों की समृद्ध जैव–विविधता का कारण इन स्थानों के प्रति स्थानीय समुदायों के लोगों का अटूट विश्वास है जो इनकी परम्पराओं के साथ जुड़ा हुआ है। जीव जन्तुओं की एक विस्तृत श्रृंखला भी राजस्थान के पवित्र उपवनों में पाई जाती है। कुछ पवित्र उपवन विशेष रूप से जंगली जन्तुओं के संदर्भ में बहुत महत्वपूर्ण हैं खासतौर से पक्षियों के लिए (अनुलग्नक 6) और कुछ वन्य जीव जो इन पवित्र उपवनों के साथ सदैव ही जुड़े रहते हैं।

7.1 पक्षी विविधता

पवित्र उपवन वन्य जीवन के लिए आवास और पानी के साथ ही पक्षियों के लिए घोंसलों की जगह प्रदान करते हैं। कुछ वृक्ष जैसे खजूर या ताड़ और अन्य पेड़ बया (*Ploceus philippinus*) पक्षियों सहित अन्य पक्षियों के लिए कुछ महत्वपूर्ण बसेरा का कार्य कर रहे हैं[267]। साथ ही गुहादार घोंसलें वाले पक्षी इन पेड़ों के तनों या शाखाओं में अपने लिए कोटर (गुहा) या छिद्रनुमा आवास का निर्माण भी करते हैं। राजस्थान के पवित्र उपवनो में पाये जाने वाले कुछ महत्वपूर्ण पक्षियों में बटेर (*कोटुर्निक्स कोटिर्निक्स*), धब्बेदार उल्लू (*एथेनी ब्रेमा*), धब्बेदार डोव (*स्ट्रेप्टोपेलिया डिकोक्टो*), कॉमन बेबलर (*टरडोइडिस कोडेटस*), बुलबुल (*पिक्नोनोटस कैफर*), ग्रे स्राइक (*लैनियस एकसुबिटर*), तीतर (*फ्रैंकोलीनस पोंडिसेरिएनस*), सफेद गिद्ध (*जिप्स बेंघालेन्सिस*), कोयल (*यूडिनेमिस स्कोलोपेसियस*), सन–बर्ड (*लेप्टोकोमा जिलोनिका*), गौरैया (*पैसर डोमेस्टिकस*), मैना (*एक्रिडोथेरेस ट्रिस्ट्रिस*), सामान्य तोता (*सीटेकुला क्रैमेरी*), कौआ (*कॉर्वस स्प्लेंडेंस*), बाज (*एक्विला हास्टी*), कबूतर (*कोलम्बिया*

लिविया), मोर (*पेवों क्रिस्टेटस*) और एलेक्जेंडेराइन तोता (*सीटेकुला यूपेट्रीया युपेट्रिया*) हैं (प्लेट 5.2)।

7.2 स्तनधारी जन्तुओं की विविधता

पवित्र उपवन केवल जंगली स्तनधारियों के लिए ही नहीं बल्कि घरेलू मवेशियों के लिए भी महत्वपूर्ण आवास हैं। इन मवेशियों का अस्तित्व इस महत्वपूर्ण आमजन के समुदायिक संसाधन पर निर्भर करता है। परिहार[267] ने पश्चिमी राजस्थान के पवित्र उपवनों (ओरण) में स्तनधारियों की 9 प्रजातियां दर्ज की है। राजस्थान के विभिन्न पवित्र उपवनों में पाये जाने वाले विभिन्न प्रकार के स्तनधारी जन्तुओं के बारे में एकत्रित आंकडे चिंकारा, नीलगाय, रेगिस्तानी लोमडी, भारतीय लोमड़ी, नेवला (*टेरोक्लीस एक्सुस्टस*), सियार, रेगिस्तानी बिल्ली, झाऊ चूहा, साही, पांच धारीवाली गिलहरी, मरू चूहा, भारतीय सामान्य चूहा, रेगिस्तानी खरगोश, फल चमगादड़, घरेलू गाय, लकड़बग्घा या हायना, चूहे, हिरण, जंगली बिल्ली, गिलहरी, जंगली सुअर, भेड़िया (*केनिस ल्यूपस*), साम्भर हिरण (*रुसा उनिकलर*), जंगली कुत्ता और भालू की मौजूदगी बताते हैं।

7.3 सरीसृप

पक्षियों और स्तनधारियों के अतिरिक्त सरीसृपों की भी काफी प्रजातियाँ इन पवित्र उपवनों में दिखाई देती हैं [267, 271]। राजस्थान के पवित्र उपवनों में मौजूद आम सरीसृपों में मुख्यतः छिपकली, अग्मा (*अग्मा एगिलीस*), वाइपर साँप, अर्थ स्नेक (*एरिक्स जानी*), पाटागोह (*वैरेनस बेंघालेन्सिस*), सेंड फिश (*ओफिओमोरस ट्राइडेक्टाइलस*), अजगर, किंग कोबरा, गिरगिट, चन्दन गोह (*वैरेनस ग्राइसियस*) और सांडा (*यूरोमेस्ट्रीक्स हार्डविकी*) सामान्य रूप से पाये जाते हैं।

इन जानवरों की प्रजातियों में से कई तो पौधों की कुछ महत्वपूर्ण प्रजातियों के साथ जुड़े रहते हैं जैसे बरगद (*फाइकस बेंघालेन्सिस*) जो कई पवित्र उपवनों में मुख्य प्रजाति (key-stone species) है। फाइकस वंश की काफी प्रजातियाँ विभिन्न प्रकार के पक्षियों, कीड़े–मकोड़ों और सरीसृपों के शरण स्थल भी होते हैं। अपने बड़े आकार के कारण *फाइकस बेंघालेन्सिस* के वृक्ष पौधों और जन्तुओं की एक बड़ी संख्या के लिए समुचित शरण स्थली भी होते हैं। इन जानवरों के अलावा बहुत से मधुमक्खी के छत्ते भी बरगद, पीपल, चुरेल, नीम आदि वृक्षों के साथ पाये गए हैं जिससे स्थानीय निवासी शहद निकालते हैं।

8. आई. यू. सी. एन. सूची की प्रजातियाँ

पवित्र उपवनों में उपलब्ध कई प्रजातिया विभिन्न प्रकार के खतरों के कारण दुर्लभ और लुप्त होने के कगार वाली श्रेणियों में आ गई हैं[112,232]। पवित्र उपवनों में पाए जाने वाली कुछ प्रजातियाँ जो आई.यू.सी.एन. सूची की विभिन्न श्रेणियों में वर्गीकृत हैं, सारिणी 5.6 में उल्लेखित हैं।

सारिणी 5.6 राजस्थान के पवित्र उपवनों में पाये जाने वाली रेड लिस्ट की कुछ प्रजातियाँ।

क्रम.	प्रजाति	स्थानीय नाम	कुल	स्वभाव	रेड लिस्ट वर्ग
1	*अकेसिया कैट्चु* (एल.एफ.) वाइल्ड.	खेर	मिमोसेसी	वृक्ष	अभेद्य
2	*एडिना कोर्डिफोलिया* (वाइल्ड) ईएक्स	हलदू	रूबीएसी	वृक्ष	असुरक्षित
3	*एलेन्थस एक्सेल्सा* रोक्स्ब.	अरडु	सीमारोबेसी	वृक्ष	असुरक्षित
4	*एलेन्जियम साल्वीफ़ोलियम* एल.एफ वैंग.	अंकोल	एलेन्जिएसी	वृक्ष	दुर्लभ
5	*एलाइसिकार्पस वेगिनेलिस* (एल.) डी.सी.	....	फेबेसी	शाकीय	अभेद्य
6	*बोस्वेलिया सिरेटा* रोक्स्ब.	सालर	बरसिरेसी	वृक्ष	दुर्लभ
7	*सीलेस्टरस पेनीकुलेटा* वाइल्ड.	मालकांगनी	सिलेस्ट्रेसी	आरोही	दुर्लभ
8	*कार्डीया डाइकोटोमा* फोर्स्ट.	लसोड़ा	एहेरेटिएसी	वृक्ष	असुरक्षित
9	*क्रेटीवा नर्वोसा* डी.सी.	वरना	कैपेरेसी	वृक्ष	दुर्लभ
10	*डल्बर्जिया लेटीफोलिया* रोक्स्ब.	काला शीशम	फेबेसी	वृक्ष	अभेद्य
11	*फेरोनिया लिमोनिया* एल.	कैथ	रुटेसी	वृक्ष	अभेद्य
12	*ग्लोरीयोसा सुपरबा* एल.	कलिहारी	लीलिएसी	आरोही	संकटग्रस्त
13	*मालोटस फिलीपेन्सिस* लेम.	सिंदूरिया	युफार्बिएसी	वृक्ष	दुर्लभ
14	*मानिलकारा हेक्सेण्ड्रा* रोक्स्ब.ड्यूब.	खिरनी	सेपोटेसी	वृक्ष	अभेद्य
15	*मेल्हानिया फूटेटीपोरेन्सिस* मुनरो	–	स्टर्कुलिएसी	झाड़ी	दुर्लभ
16	*मिमोसा हमटा* वाइल्ड.	बंदर की रोटी	मिमोसेसी	झाड़ी	अभेद्य
17	*मोरिंडा टोमेंटोसा* हैने.	आल	रूबिएसी	वृक्ष	असुरक्षित
18	*निक्टैंथिस अरबोर ट्रिसट्रिस* एल.	हरसिंगार	निक्टेगिनेसी	वृक्ष	असुरक्षित
19	*सार्कोस्टीमा विमीनेल* एल.	सांभर बेल	एस्क्लीपिडेसी	आरोही	संकटग्रस्त
20	*सोयमिडा फेब्रिफुगा*	रोहीन	मेलिएसिस	वृक्ष	दुर्लभ
21	*टिकोमेला अनड्यूलेटा*	रोहिडा	बिग्नोनिएसिस	वृक्ष	दुर्लभ
22	*टर्मिनेलिया एलेटा* हैने. ईएक्स रॉथ.	सादड़	काम्ब्रेटेसी	वृक्ष	दुर्लभ
23	*टर्मिनेलिया बेलेरिका* गएर्ट्न.	बहेड़ा	काम्ब्रेटेसी	वृक्ष	अभेद्य
24	*राइटिया टिंकटोरिया*	दुध्धि	एपोसाइनेसी	वृक्ष	अभेद्य

9. सांख्यिकीय संबंध

प्रजाति संख्या, प्रजाति प्रचुरता, शेनन–वीनर विविधता सूचकांक, प्रजातियों की प्रभावी संख्या और सिम्पसन सूचकांक का विलोम (1 / D) 30 सेमी से अधिक परिधि और 10–30 सेमी परिधि दोनों ही वर्गों के वृक्षों के लिए लंबी अवधि की औसत वार्षिक वर्षा एवं वर्ष 2003–2012 की औसत वार्षिक वर्षा दोनों के साथ सकारात्मक रुप से सहसंबद्ध पाये गए हैं। वृक्षीय पौध और झाड़ी प्रजातियों की विविधता और संख्या दोनों ही वर्ष 2003–2012 की औसत वार्षिक वर्षा के साथ सार्थक रूप से संबन्धित पाये गए हैं लेकिन 2003–2012 अवधि की वार्षिक औसत वर्षा वृक्षीय पौध के साथ सकारात्मक प्रभाव और झाड़ियों की संख्या पर नकारात्मक

प्रभाव का संकेत देती है (चित्र 5.6)। वर्ष 2003–2012 की औसत वार्षिक वर्षा का संबंध 30 सेमी से अधिक परिधि वाले वृक्षों के साथ 10–30 सेमी परिधि वाले वृक्षों की अपेक्षा ज्यादा मजबूत पाया गया है। वर्ष 2003–2012 के बीच की औसत वार्षिक वर्षा वृक्षीय पौध, इनकी प्रजाति प्रचुरताए विविधताए प्रजातियों की प्रभावी संख्या तथा 10–30 सेमी परिधि के वृक्षों के आधारीय क्षेत्रफल के साथ लंबी अवधि के औसत वार्षिक वर्षा की तुलना में बेहतर संबंध को दर्शाता हुआ पाया गया है जैसा कि अन्य अध्ययन में भी पाया गया है[263]। इस प्रकार बाद की अवधि की वार्षिक वर्षा 10–30 सेमी परिधि श्रेणी के वृक्षों की संख्या बढ़ाने में महत्वपूर्ण भूमिका निभाती है जो आगे 30 सेमी से अधिक परिधि की श्रेणी वाले पेड़ों की संख्या को बढ़ाने में सहायक हो सकता है।

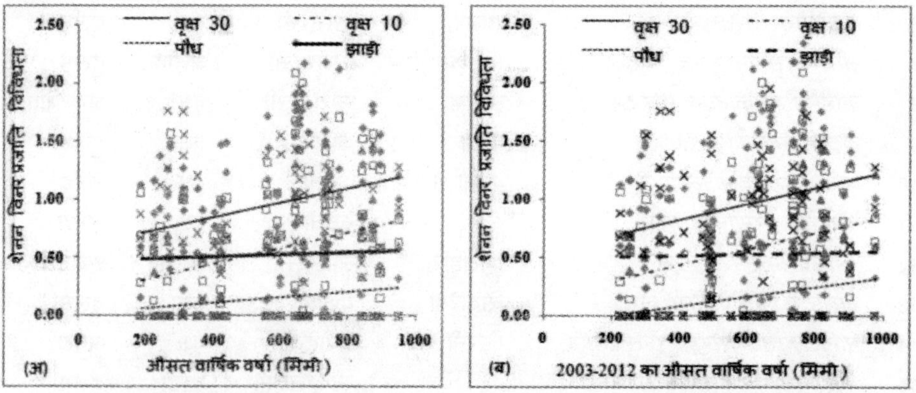

चित्र 5.6 विभिन्न पादप स्वभाव के प्रजाति विविधता सूचकांक और लंबी अवधि (बाएं) और वर्ष 2003–2012 अवधि (दाएं) की औसत वार्षिक वर्षा के साथ रैखिक संबंध। वृक्ष 30% वक्ष ऊँचाई पर 30 सेमी से अधिक परिधि वाले वृक्ष, वृक्ष 10 : 10–30 सेमी परिधि वाले वृक्ष, पौध : 3–10 सेमी परिधि वाले वृक्षीय पौध।

30 सेमी से अधिक परिधि के वृक्षों की प्रजाति प्रचुरता, शेनन–वीनर विविधता सूचकांक और प्रभावी प्रजाति संख्या, 10–30 सेमी परिधि श्रेणी के वृक्षों की इन विविधता सूचकांकों के सकारात्मक संबंध को प्रदर्शित करते हैं। दोनों ही श्रेणियों के वृक्षों की प्रभावी प्रजाति संख्या और प्रजाति प्रचुरता का वृक्षीय पौधों की प्रजाति संख्या और इनकी विविधता पर लाभकारी प्रभाव पाया गया है (सारिणी 5.7)। लेकिन दोनों परिधि श्रेणियों के वृक्षों की कुल संख्या का वृक्षीय पौधों की संख्या और विविधता पर कोई संबंध नहीं मिलता है। फिर भी मूल प्राथमिक वनों की जैव विविधता और पानी की उपलब्धता के बीच एक स्पष्ट संबंध पाया जाता है। अतः अवशेष प्रजातियों के वर्चस्व वाले पवित्र उपवनों के रूप में मूल प्राथमिक जंगलों का संरक्षण और अवधारण मृदा नमी और भूमिगत जल की बेहतर स्थिति के लिए काफी लाभकारी होता है। इस प्रकार इसे क्षेत्र विशेष की संस्कृतियों के अभिन्न अंग के रूप में संरक्षित किया जाना आवश्यक है[139]।

पेंडेनस ओड़ोरेटिसीमस

टर्मिनेलिया अर्जुना

रेंडिया डोमेण्टोरम

क्रेटीवा नरवाला

एगिल मार्मिलोस

नागफनी के ऊपर एफेडरा फोलिएटा

ट्रेमा ओरिएंटेलिस– पक्षियों के लिए वन्य फल

प्लेट 5.1 पवित्र उपवनों में पाये जाने वाले कुछ वृक्ष एवं झाड़ी प्रजातियाँ ।

प्लेट 5.2 दोसा जिले के कालूदासजी की डँगरी पवित्र उपवन में एलेक्जेंडेराइन तोते और उनके द्वारा काला धोक के वृक्षों में बनाए गए कोटर (बाएँ) और अलवर में हनुमानजी का ओरण में पक्षियों का समूह और काफी पुराना गूँदा का वृक्ष (दाएँ) ।

सारिणी 5.7 विभिन्न पादपों, स्थलाकृतियों और मृदा कारकों के बीच सहसंबद्धता गुणांक।

	प्रांचल	वर्षा 1	वर्षा 2	ऊँचाई	वृक्ष 30 विविधता	वृक्ष 10 विविधता	झाड़ी विविधता	वृक्षीय पौध विविधता
30 सेमी से अधिक परिधि के वृक्ष	संख्या	0.234	0.303	म.न.	म.न.	0.181	म.न.	म.न.
	प्रचुरता	0.390	0.413	0.315	0.806	0.474	0.238	म.न.
	विविधता	0.244	0.244	म.न.	–	0.495	0.195	म.न.
	प्रभावी संख्या	0.250	0.243	0.212	0.950	0.472	0.185	म.न.
	1/क	0.216	0.167	म.न.	म.न.	0.324	म.न.	म.न.
	आधारीय क्षेत्रफल	म.न.	म.न.	म.न.	0.842	0.379	0.220	म.न.
10–30 सेमी परिधि के वृक्ष	संख्या	0.229	0.242	म.न.	–	0.205	म.न.	–
	प्रचुरता	0.286	0.281	0.273	0.485	0.912	0.281	0.218
	विविधता	0.265	0.249	0.228	0.474	–	0.265	0.219
	प्रभावी संख्या	0.390	0.225	0.291	0.500	0.951	0.261	0.219
	1/क	0.234	0.202	0.227	0.174	0.445	म.न.	म.न.
	आधारीय क्षेत्रफल	0.239	0.244	0.274	0.478	0.923	0ण209	0.184
वृक्षीय पौध	संख्या	म.न.	म.न.	म.न.	म.न.	–	म.न.	0.565
	प्रचुरता	म.न.	0.220	0.219	म.न.	0.218	म.न.	0.897
	विविधता	म.न.	0.253	म.न.	म.न.	0.219	म.न.	.
	प्रभावी संख्या	म.न.	0.256	म.न.	म.न.	0.219	म.न.	0.987
	1/क	म.न.	म.न.	म.न.	म.न.	म.न.	म.न.	म.न.
	आधारीय क्षेत्रफल	म.न.	म.न.	म.न.	म.न.	0.184	म.न.	0.743
झाड़ी	संख्या	0.218	0.177	म.न.	म.न.	म.न.	0.561	म.न.
	प्रचुरता	म.न.	म.न.	म.न.	0.238	0.919	0.919	म.न.
	विविधता	म.न.	म.न.	म.न.	0.195	0.265	–	म.न.
	प्रभावी संख्या	म.न.	म.न.	म.न.	0.185	0.261	0.964	म.न.
	1/क	म.न.	म.न.	म.न.	म.न.	म.न.	0.338	म.न.
	आधारीय क्षेत्रफल	0.188	म.न.	म.न.	0.220	0.209	0.938	म.न.
ऊँचाई		0.335	0.354	–	म.न.	0.220	म.न.	म.न.

केवल सार्थक मान ही यहाँ दिये गए हैं । म.न.: महत्वपूर्ण नहीं ($P>0.05$)

10. निष्कर्ष एवं सुझाव

राजस्थान के पवित्र उपवन अपनी पादपीय और जन्तु विविधता में भरपूर हैं, और इनके लिए महत्वपूर्ण शरण स्थली का कार्य करते हैं। मानवीय दबाव में या जब उपवन छोटे आकार के हों तब उपवन में उपलब्ध प्रजातियों के वृक्षों के बीच चयन और पदानुक्रम की एक मजबूत प्रक्रिया चलती है जब विभिन्न उपवनों के बीच प्रजातियों में एक बड़ा बदलाव होता है। राजस्थान के 123 पवित्र उपवनों में क्षेत्र विशेष की जलवायु परिस्थितियों के अनुरूप अनुकूलन

के आधार पर 26 प्रकार की वृक्ष प्रजातियों की प्रमुखता पाई गई है। मृदा, पर्यावरणीय स्थिति, स्थलाकृतिक भिन्नता, मौसमी बदलाव, मानवीय हस्तक्षेप का स्तर और चरमोत्कर्ष (क्लाइमेक्स) प्रजाति आदि कारक स्थानीय परिवर्तनशीलता को प्रतिबिम्बित करते हैं। फिर भी पारिस्थितिक महत्व की बहुत सारी प्रक्रियायेँ पवित्र उपवन विशेष में प्रमुख प्रजातियों द्वारा प्रभावित होती हैं। इन 123 पवित्र उपवनों में 48 परिवारों से संबंधित 131 काष्ठीय प्रजातियों की पहचान की गई है। पवित्र उपवनों की घटती संख्या के आधार पर प्रमुख प्रजातियों का क्रम हैः काला धोक > विलायती बबूल > मीठा जाल > केर > खेजड़ी > सागौन > रौंज > देशी बबूल > पलास > झाड़ बेर। प्रायः यह देखा जाता है कि तनाव की स्थिति में किसी समुदाय में एक प्रजाति का प्रभुत्व हो जाता है फिर भी पादप समुदायों में तेजी से बदलाव भू–उपयोग में परिवर्तन के कारण भी हो रहा है। कुछ उपवनों में कलिहारी और सतावर भी देखे गए हैं जो कंदयुक्त–आरोही और औषधीय महत्व के पादप हैं जो विलुप्त होने के कगार पर हैं। विलुप्त होने वाले पौधों को औषधीय उपयोग हेतु जड़ से उखाड़ना उन्हें पवित्र उपवनों विलुप्त भी कर सकता है। कभी कभी इन उपवनों में पाये जाने वाले पादपों का जैव–भार इनके समीप वाले क्षेत्र के पादपों की तुलना में कम होता है, विशेषकर अरावली पर्वतमाला के पश्चिम में स्थित रूक्ष क्षेत्र के पवित्र उपवनों में, जो चरमोत्कर्ष प्रजातियों की संख्या में कमी के कारण प्रतीत होता है। क्योंकि अरावली के पूर्व में स्थित उपवनों में यह अपेक्षाकृत अधिक है जहाँ चरमोत्कर्ष प्रजातियों की संख्या ज्यादा है। चरमोत्कर्ष प्रजातियों में कमी कुछ द्वितीयक प्रजातियों के प्रभुत्व का एक परिणाम भी हो सकता है, जो चरमोत्कर्ष प्रजातियों के पुनरूद्भवन को प्रभावित करती है।

ऐसे पवित्र उपवन जिसमें पुत्रन्जीवा, खिरनी, आँवला, पलास, कलम, नीम, खेर और सागौन का प्रभुत्व पाया जाता है वे प्रजाति विविधता और पुनरूद्भवन की स्थिति के संदर्भ में उच्च स्थायित्व का संकेत देते हैं। अतः इन उपवनों को पुर्नस्थापन में प्रोत्साहित किया जाना चाहिए। इसी तरह शुष्क क्षेत्र के उपवनों की विविधता को बनाए रखने में खेजड़ी, जाल और बेर प्रजातियाँ काफी प्रभावी हैं। कृषि जलवायु क्षेत्रों Iब, IIब, IIIब और IVब में उपलब्ध पवित्र उपवन बेहतर पादप विविधता और पारिस्थितिकी की स्थिति को प्रदर्शित करते हैं। हालांकि, यह स्पष्ट है कि मृदा जल की कमी (अर्थात् सूखापन में वृद्धि) और विक्षोभ के साथ ही वनस्पतियों के स्थानिक गुणों में कमी अन्य बाहरी प्रजातियों के अतिक्रमण को बढ़ावा देते हैं। इसके अतिरिक्त पवित्र उपवन जो अरावली के पश्चिम में उपलब्ध है वे अरावली के पूर्व में स्थित उपवनों की तुलना में कम विविध और मृदा पोषक तत्वों की प्रकृति में भी कमतर हैं। इन उपवनों में एलेक्जेंडराइन तोता सहित कम से कम 19 प्रकार के पक्षी, 25 स्तनधारी और 10 सरीसृप मिलते हैं या इनमें भ्रमण करते पाये गये हैं। उदाहरण के लिए कालूदासजी की डूंगरी, दौसा एलेक्जेंडराइन तोते से भरा हुआ है जो इनके अभ्यारण्य जैसा प्रतीत होता है। यहाँ काला धोक के लगभग प्रत्येक वृक्ष के तनों या शाखाओं में 1–3 तक कोटर देखे गए हैं जो इन तोतों के आवास के रूप में हैं। अवक्रमित या क्षरित पवित्र उपवनों की पुनः बहाली के लिए कार्यनीति विकसित करते समय ऐसी प्रजातियों का चयन आवश्यक है जो वन्य जीवों के लिए आवास और भोजन आदि से संबन्धित समस्याओं के समाधान में भी सहायक हों।

विशेष रूप से कम विविध और यहाँ तक कि वृक्षीय पादपों से भी कम आधारीय क्षेत्रफल वाले 10–30 सेमी परिधि वर्ग के वृक्षों का अधिकांश पवित्र उपवनों में पाया जाना यह संकेत देता है कि छोटे पौधों का बड़े पौधों या 10–30 सेमी परिधि वर्ग के वृक्षों में रूपान्तरण बहुत ही धीमा या नगण्य है। अतः इनमें देशी प्रजातियों की छोटे पादप से बड़े पौधे और फिर इनके वृक्ष में रूपांतरण की स्थिति में सुधार पर विशेष ध्यान देने की जरूरत है। इसके अलावा, अधिकांश

पवित्र उपवनों में काला धोक चरमोत्कर्ष प्रजाति के रूप में उपलब्ध है। लेकिन इसमें पुनर्जनन का कम होना और इन अंकुरों का पुनः बड़े पौधों या वृक्षों में रूपान्तरण लगभग नगण्य है जो इस प्रजाति और इन पवित्र वनों को अधः पतन की तरफ ले जा रहा है। अतः ऐसे पवित्र वनों के पुनर्स्थापन में पुनर्जनन के महत्व को समझना और इन्हें प्रोत्साहित करना परम आवश्यक है।

■■■■

6

पवित्र उपवनों में मृदा गुण एवं मृदा कार्बन भंडार

अच्छी तरह से संरक्षित वृक्षों का एक उपवन, जिसमें ओरण भी सम्मिलित है, जैव विविधता के संरक्षण और जलवायु परिवर्तन के प्रभाव को विनियमित करते हुए कई लाभ प्रदान करता है। पवित्र उपवनों का अतिरिक्त महत्व इनके द्वारा संभावित कार्बन भंडारण है। मृदा भौतिक–रासायनिक गुण, पोषण तत्वों की स्थिति और मृदा कार्बन भण्डार, मृदा निर्माण में प्रयुक्त प्रारम्भिक सामग्री जैसे चट्टानें, वनस्पतियाँ, इत्यादि, जलवायु परिस्थितियों, स्थलाकृति और वनस्पतियों या वृक्षों के प्रकार और संरचना पर निर्भर करते हैं। वनों के विभिन्न घटकों जैसे पुराने वृक्ष, प्राकृतिक पुनरुद्भवन और भूमि सतह की प्रजातियाँ, माइकोराइजा या मुक्त रूप से रहने वाले कवक और बैक्टीरिया भी मिट्टी के गुणों और पोषक तत्वों की उपलब्धता को प्रभावित करते हैं। इस अध्याय में राजस्थान के विभिन्न क्षेत्रों में पाये जाने वाले पवित्र उपवनों की भूमि की ऊपरी 0–30 सेमी परत में मृदा के भौतिक–रासायनिक गुणों जैसे मृदा पी.एच., विद्युत चालकता, मृदा घनत्व, मृदा जैविक कार्बन प्रतिशत, मृदा कार्बन घनत्व और उनकी समुद्र तल से ऊँचाई और स्थानिक परिवर्तनों के रूप का वर्णन किया गया है। सिवाय मृदा पी. एच. और विद्युत चालकता के, मिट्टी के अधिकांश भौतिक–रासायनिक गुणों में उपवनों की समुद्र तल से ऊँचाई के साथ वृद्धि होती देखी गई है। समुद्र तल से पवित्र उपवन की ऊँचाई के साथ मृदा पी.एच. में कमी होती पायी गयी है, जबकि विद्युत चालकता का ऊँचाई के साथ कोई संबंध नहीं पाया गया है। ऊपरी 0–30 सेमी मृदा परत में मृदा कार्बन की मात्रा देवनारायण जी का ओरण, चित्तौड़गढ़ में 52.24 टन प्रति हेक्टेयर से लेकर कोलू पाबूजी का ओरण, जोधपुर में 1.51 टन प्रति हेक्टेयर के बीच मिली है। मानव जनित गतिविधियों और मवेशियों के बढ़ते दबाव के तहत् क्षारीय मृदा अवस्था, कम पोषक तत्वों की मात्रा और कम मृदा जैविक कार्बन प्रतिशत और कम मृदा कार्बन भंडार इन पवित्र उपवनों के अवक्रमण की संकेतक हैं। रेड प्लस (REDD+) के तहत् संभावित लाभ को देखते हुए सामुदायिक वनों विशेषकर पवित्र उपवनों से संबंधित अध्ययन आजकल गति पकड़े हुए हैं, जो आवश्यक भी है। विभिन्न रूपों में कार्बन लेखांकन के आधार पर जलवायवी सेवाओं के लिए भुगतान रूपी प्रोत्साहन इन पवित्र उपवनों की जैव विविधता के संरक्षण और प्राकृतिक पुर्नजनन को बनाए रखने में स्थानीय समुदायों को प्रोत्साहित कर सकते हैं।

1. पृष्ठभूमि

विभिन्न प्रकार की चट्टानें, वातावरणीय परिस्थितियाँ, स्थलाकृति और विभिन्न वृक्ष प्रजातियों के तहत वनस्पतियों या वृक्षों की संरचना भू–परिदृश्य स्तर पर मृदा गुण को प्रभावित करते हैं[272,273]। जंगलों में लगने वाली आग की तीव्रता, कीटों के प्रकोप की आवृत्ति, वार्षिक

वर्षा का पैटर्न और भूमि उपयोग में अत्यधिक परिवर्तन वृक्ष प्रजातियों की संरचना में परिवर्तन लाता है जो बदले में मृदा गुण को प्रभावित करते हुए इसे बदलाव हेतु प्रेरित करते हैं[274]। विभिन्न स्थानों के बीच संरचना और वनों की उत्पादकता में परिवर्तन भी मिट्टी के गुण को प्रभावित करते हैं। मृदा पोषक तत्वों की कम उपलब्धता वाली वन पारिस्थितिकी प्रणालियाँ विभिन्न वानस्पतिक घटकों जैसे पुराने वृक्ष, प्राकृतिक पुनर्जनन और विभिन्न स्तरों वाली पादप प्रजातियाँ, सूक्ष्म–कवकी संबद्धता, मुक्त रहने वाले कवक और बैक्टीरिया आदि के बीच वृद्धि को सीमित करने वाले संसाधनों के प्रतिस्पर्धी प्रभाव को दर्शाते हैं। पादपों और जंतुओं के अवशेषों से बना हुआ मृदा जैविक कार्बन पदार्थ मिट्टी के सूक्ष्म जीवों के लिए भोज्य पदार्थ का काम करता है। ये सूक्ष्म जीव पोषक तत्वों को अपघटित करने में महत्वपूर्ण भूमिका निभाते हैं जिससे पौधें इन्हें आसानी से अवशोषित कर सकें। साथ ही ये कार्बन और नाइट्रोजन चक्र को विनियमित भी करते हैं। मृदा जैविक कार्बन मिट्टी की उर्वरता शक्ति यानि रासायनिक, भौतिक और जैविक सभी तीन घटकों के लिए महत्वपूर्ण होता है। परंपरागत रूप से संरक्षित जंगल या पवित्र उपवन कई स्थानिक दुर्लभ, आदिम और आर्थिक रूप से मूल्यवान व सूक्ष्म स्तर पर जैव–विविधता का प्रतिनिधित्व करने वाले जीवों के लिए एक प्राकृतिक निवास भी होते हैं। उदाहरण के लिए, मेघालय, भारत के प्राचीन पवित्र उपवनों की स्थानीय मृदा में बेसिलस, पैनीबेसिलस, ल्यसिनीबेसिलस, और विरिडीबेसिलस बैक्टिरिया अधिकता में पाये जाते हैं, जो विभिन्न प्रकार के उत्पादन सहित पौधों की वृद्धि को बढ़ाने वाले कारकों जैसे फॉस्फेट–सोलुबिलाइजेसन, 1–अमीनोसाइक्लोप्रोपन 1–कार्बोक्सिलेट डीएमीनेज और कैटलेज गतिविधि और आक्सीन, साइडरोफोर, हाइड्रोजन साइनाइड और अमोनिया उत्पादन आदि को दर्शाता है। इसके अलावा प्राचीन समुचित सूक्ष्म वातावरण वाले पवित्र वनों में पाये जाने वाले स्थानीय बैक्टीरिया की प्रजातियाँ तुलनात्मक रूप से उन बैक्टीरिया, जो विक्षोभित वन से वियोजित किये गए होते हैं, से पौधों की वृद्धि के लिए बेहतर पायी गयी हैं[275,276]।

पवित्र जंगलों में संभावित कार्बन भंडार इसका अतिरिक्त लाभ है। बहुवर्षी घास, झाड़ियां और पौधे लगातार वृद्धि करते हुए अपनी जड़ों और काष्ठीय जैव–मात्रा को बनाए रखते हैं जिससे वनस्पतियाँ मृदा को आवरण प्रदान करने के साथ–साथ मृदा कार्बन में वृद्धि करती हैं। शुष्क क्षेत्रों में जहाँ मृदा में नमी की कमी पौधों की वृद्धि को ऋणात्मक रूप से प्रभावित करती हैं वहीं अवसरवादी अनुकूलता वाले कुछ लक्षण कम वर्षा और उच्च तापमान की स्थिति में भी पौधों के अस्तित्व और वृद्धि को बनाए रखते हैं[277]। मृदा प्रोफाइल में कार्बन वितरण और कार्बन भंडारण भी प्राथमिक उत्पादकता और मृदा कार्बन स्थिरीकरण द्वारा प्रभावित होता है। पश्चिमी राजस्थान में किये गए एक अध्ययन[271] के अनुसार मृदा जैविक कार्बन में स्थानिक अंतर वार्षिक वर्षा, मृदीय कारकों और वनस्पतियों के प्रकार और स्थिति से प्रभावित होता है। इसके अंतर्गत मृदा जैविक कार्बन की कम मात्रा बायतु ब्लॉक (बाड़मेर) में एवं उच्चतम मात्रा सिरोही जिले के आबूरोड ब्लॉक में पायी गयी है (चित्र 6.1अ)। कार्बन की मात्रा भूमि उपयोग में परिवर्तन द्वारा भी प्रभावित होती है, जहाँ मृदा जैविक कार्बन सड़क के साथ वाली भूमि में सबसे कम एवं वन भूमि में अधिक पायी गयी है[278]। शुष्क क्षेत्रों की मिट्टी में कार्बन अकार्बनिक रूप में भी कैल्सियम और मैग्निसियम के कार्बोनेट के रूप में भी पाया जाता है। हालांकि भूमि के उपयोग और प्रबंधन से भी आमतौर पर मृदा जैविक और अजैविक कार्बन पर एक बड़ा प्रभाव पड़ता है। उदाहरण के लिए पश्चिमी राजस्थान के कुछ क्षेत्रों में ऐसी भूमि जिस पर कुछ वर्षों के लिए जुताई नहीं की गई है, में मृदा कार्बन घनत्व अन्य भूमि से अधिक पाया गया है[279]। इस प्रकार पृथ्वी की सतह पर एक महत्वपूर्ण कार्बन पूल होने के नाते मृदा में कार्बन के वैश्विक

भंडारण में वृद्धि, वातावरण में कार्बन डाइऑक्साइड को कम करने की एक महत्वपूर्ण विधि हो सकती है विशेषकर पवित्र उपवनों की समृद्धि और संरक्षण द्वारा।

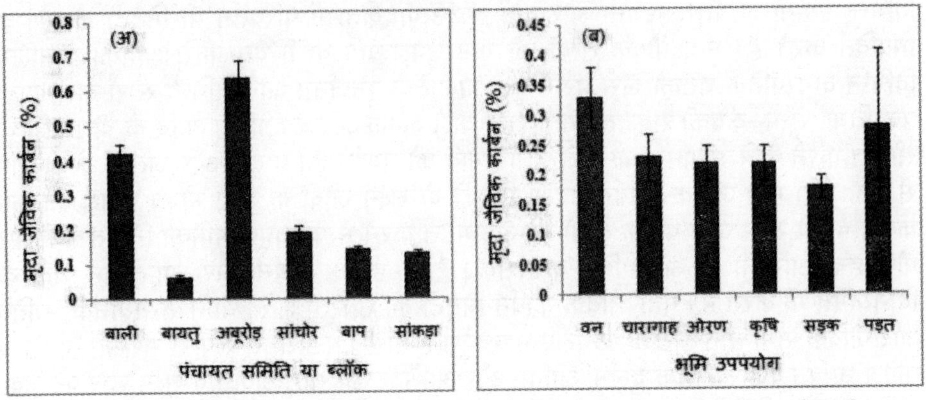

चित्र 6.1 पश्चिमी राजस्थान में मृदा जैविक कार्बन की प्रतिशत मात्रा में स्थानिक (अ) और भूमि उपयोग (ब) द्वारा परिवर्तन। त्रुटि पट्टी औसत मान में ±1 मानक त्रुटि के रूप में प्रदर्शित है[279]।

1.1 प्राकृतिक वास की रक्षा

लगभग 4 अरब हेक्टेयर जंगल और 5 अरब हेक्टेयर प्राकृतिक घास के मैदान, विश्व स्तर पर भूमि से ऊपर और भूमि में मृदा कार्बन एवं जड़ तंत्र के रूप में कार्बन का एक विशाल भंडार है। विश्व के जंगलों के जीवित हरे भागों में कार्बन भंडार लगभग 300 अरब टन के आस पास हैं और ये वार्षिक वैश्विक मानव जनित कार्बन डाई ऑक्साइड के कुल उत्सर्जन के 30 प्रतिशत (2 पेटा ग्राम कार्बन प्रति वर्ष) से ज्यादा का अवशोषण करते हैं। इस तरह का संचित कार्बन मोटे तौर पर जीवाश्म ईंधन के जलने के परिणामस्वरूप उत्सर्जित हरित गैसों की वार्षिक मात्रा का 30 गुना है। जंगलों में लगातार हो रही वृक्ष वृद्धि के कारण काष्ठीय ऊतकों और मृदा में जैविक कार्बन का संचयन होता रहता है। अधिकांश उपलब्ध साहित्यों से संकेत मिलता है कि कार्बन (कार्बन डाई ऑक्साइड) के अवशोषण की शुद्ध दर युवा जंगलों में तेज होती है जो समय के साथ धीमी होती जाती है, क्योंकि पुराने जंगल एक लंबे समय के लिए कार्बन पृथक्करण करते रहते हैं परन्तु बढ़ते श्वसन दर एवं कार्बन उत्सर्जन के कारण शुद्ध कार्बन स्थिरीकरण लाभ लगभग शून्य हो जाता है। अच्छी तरह से वृद्धि कर रहे वन आम तौर पर 10 साल से लेकर 20–30 वर्ष की उम्र के बीच अधिकतम दर पर कार्बन पृथक्करण करते हैं। लगभग 30 वर्ष पुराने जंगल में 200 से 520 टन कार्बन डाई ऑक्साइड–तुल्यांक प्रति हेक्टेयर का पृथक्करण होता है जो उत्पादकता की दृष्टि से क्रमशः कम से उच्च दर की ओर बढ़ती है[280]। इस उम्र के बाद कार्बन डाई ऑक्साइड पृथक्करण की दर लगातार धीमी होती जाती है जब तक की 80 से 100 प्लस साल की परिपक्वता नहीं आ जाती है जिस समय ग्राफ x–अक्ष के लगभग समानान्तर हो जाता है, क्योंकि इस समय पौधों का विकास उनके क्षय से संतुलित हो जाता है। हालांकि यह विवादास्पद है परन्तु नेचर पत्रिका में प्रकाशित एक रिपोर्ट यह इंगित करती है कि वृक्षों की विभिन्न प्रजातियों में से अधिकांश में वृक्ष विकास के साथ मात्रात्मक वृद्धि होती रहती है। इस प्रकार बड़े और पुराने वृक्ष केवल निष्क्रिय रूप से कार्बन के भंडार ही नहीं होते हैं बल्कि छोटे वृक्षों की तुलना में सक्रिय रूप से कार्बन की एक बड़ी मात्रा

का भंडारण भी करते हैं [281]। इसके अतिरिक्त, सूखे वृक्ष या मोटे काष्ठीय मलबे का बढ़ता संग्रहण और जीवित कार्बन संचयन के लिए वनों के बीच अन्तः जगहों के रखरखाव के कारण पुराने वनों में भी कार्बन भंडार का विस्तार होता रहता है[282]।

पुराने वनों या उपवनों का संरक्षण, वनीय कार्बन भंडार संरक्षण और वातावरण में हरित गैसों के उत्सर्जन में बचाव के द्वारा जलवायु परिवर्तन में कमी और जैव विविधता सुरक्षा सहित कई राजनीतिक उद्देश्यों की पूर्ति करता है। ऐसी तकनीक जो काष्ठ उत्पादन में वृद्धि एवं वनीय कार्बन भंडार को बनाए रखने में मदद करती हैं, उनको प्राथमिकता दी जानी चाहिए। मृतप्रायः या कम उत्पादकता वाले वनीय खंडों का प्रतिस्थापन, कटाई के बाद नव कोंपलों के नुकसान से सुरक्षा, और वनीकरण परियोजनाओं में मिश्रित प्रजातियों का उपयोग जो अधिक लचीली और इष्टतम उर्वरक उपयोग करने वाली तथा नाइट्रोजन स्थिरीकरण करने वाली हों, सभी के द्वारा जलवायु परिवर्तन को सीमित किया जा सकता है। प्रभावी वन प्रबंधन जैसे उर्वरकों का उपयोग और नाइट्रोजन स्थिरीकरण करने वाली वनस्पतियों के उपयोग से मिट्टी में कार्बन और नाइट्रोजन दोनों की वृद्धि हो जाती है । इस प्रकार, पुराने खड़े वृक्षों के समूह जिसमें पवित्र वन भी सम्मिलित हैं, के संरक्षण से जैव विविधता का संरक्षण और जलवायु परिवर्तन के प्रभाव का विनियमितिकरण भी होता है। विभिन्न प्रकार के प्रोत्साहन जैसे जलवायवी सेवाओं, जैव विविधता के संरक्षण, जंगल की आग नियंत्रण में सहयोग और प्राकृतिक पुनर्जनन को बनाए रखने हेतु स्थानीय समुदायों को भुगतान करना ऐसे कार्यों के लिए उन्हें और प्रोत्साहित करेगा जिससे ये लोग इसमें अपना अधिक अधिक दे सकते हैं[283]।

2. मृदीय गुण

विभिन्न पारिस्थितिकीय प्रणालियों में मृदा विशेषताओं पर पर्यावरण की स्थिति का प्रभाव कई अध्ययनों से प्रदर्शित होता है जैसे वन पारिस्थितिकी[284–286], झाड़ीयुक्त क्षेत्र[287], वनीकरण क्षेत्र[288], फसल उत्पादन क्षेत्र[289–291], भूमि उपयोग में परिवर्तन[292,293] और अत्यधिक चराई वाली चरागाह भूमि[294]। पवित्र उपवन और कम विक्षोभित गैर पवित्र उपवनों में आम तौर पर उच्च सरंध्रता और कम मृदा घनत्व पाया जाता है जो अधिकांश मामलों में एक दूसरे के प्रति व्युत्क्रमानुपाती होते हैं, लेकिन चिकनी मिट्टी की अधिकता की दशा में ऐसा सम्बंध नहीं मिलता है[295]। भारत के पूर्वोत्तर भागों में स्थित पवित्र उपवनों की रेतीली दोमट मिट्टी में अलग अलग गुण पाए जाते हैं, जैसे कि पी.एच. मान 4.5 से 5.6, कुल नाइट्रोजन 0.43 से 0.96 प्रतिशत, उपलब्ध फॉस्फोरस 0.01 से 0.07 प्रतिशत और विनिमेय पोटेशियम 0.01 से 0.05 प्रतिशत, जबकि इन पवित्र उपवनों में मृदा नमी की मात्रा 30 से 72 प्रतिशत के बीच पायी गयी है। अपेक्षाकृत उच्च कार्बनिक पदार्थ मृदा घनत्व को कम और मृदा सरंध्रता को बढ़ाने में मदद करता है और इसके बढ़ने से मिट्टी की उर्वरता बढ़ जाती है। इसी तरह उच्च विद्युत चालकता, मिट्टी में कैल्शियम, मैग्नीशियम, क्लोराइड और सल्फेट आयनों की अधिक मात्रा की उपस्थिति का संकेतक है जो मुख्य रूप से मिट्टी निर्माण में उपयोगी प्रारम्भिक खनिज पदार्थ पर निर्भर करता है[295]।

2.1 मृदा भौतिक–रासायनिक गुण

अध्ययन में प्रयुक्त पवित्र उपवनों की समुद्र तल से औसत ऊचाई 338 मीटर पाई गयी है जो खुवास माताजी का ओरण, बाड़मेर में 115 मीटर से ऊबेश्वरजी का ओरण, उदयपुर में 880 मीटर तक मिली है। अधिकांश मृदा में पाया जाने वाला कंकड़, जो 2 मिमी आकार से बड़े होते

हैं, की मात्रा में अलग–अलग स्थानों (साइटों) के बीच काफी भिन्नता पायी गयी है। चित्तौड़गढ़ जिले के नाहरसिंह जी माता के ओरण में कंकड़ की मात्रा उच्चतम अर्थात् 85.2 प्रतिशत पाया गया है। सर्वेक्षित 123 पवित्र उपवनों में से ग्यारह पवित्र उपवनों की मृदा में कंकड़ की मात्रा लगभग नगण्य पायी गयी है और यहाँ की मिट्टी भी अपेक्षाकृत बेहतर पायी गयी है। शेष सब साइटों में से करणी माता जी का ओरण, बीकानेर की मृदा में सबसे कम कंकड़ पाया गया है। अध्ययन किए गए सभी साइटों में औसत कंकड़ की मात्रा 29.5 प्रतिशत आकलित किया गया है और यह पवित्र वनों की समुद्र तल से ऊंचाई में वृद्धि के साथ बढ़ती हुई प्रवृत्ति को प्रदर्शित करता है। मृदा घनत्व का मान देवनारायण जी का ओरण, चित्तौड़गढ़ में 1.25 ग्राम प्रति घन सेमी से पाबू जी का ओरण, जोधपुर में 1.71 ग्राम प्रति घन सेमी तक परिवर्तित होता पाया गया है। राजस्थान राज्य के लिए मृदा घनत्व का औसत मान 1.49 ग्राम प्रति घन सेमी आकलित है। लगभग 50 प्रतिशत पवित्र उपवनों में औसत से ऊपर मृदा घनत्व मान शायद संघनन या कटाव से प्रभावित होता है। मृदा घनत्व में एक बड़ी स्थानिक परिवर्तनशीलता का मुख्य कारण पवित्र उपवनों में विभिन्न प्रकार के विक्षोभ और मृदा संघनन का अलग–अलग होना है। पवित्र उपवनों में मानव जनित विक्षोभों में वृद्धि के साथ ही मृदा घनत्व भी बढ़ जाता है। पवित्र उपवनों के अंदरूनी भागों में सबसे कम गड़बड़ी या विक्षोभ के कारण मृदा घनत्व कम पाया गया है जबकि उपवनों या वनों के बाहरी भाग में वृक्षों की कटाई व मानवीय गतिविधियों के कारण मृदा घनत्व में वृद्धि अधिक से अधिक मिट्टी के संघनन को इंगित करता है[(164)]। मवेशियों को चराने से अत्यधिक मृदा संघनन अक्सर कम पुनर्जनन से भी संबन्धित होता है, क्योंकि नव अंकुरों की जड़ें संघनित मृदा में कठिनाई से वृद्धि करती हैं[(163,296,297)]। अधिक छाया सहिष्णु प्रजातियाँ इन वनों के भीतरी इलाकों में अधिक से अधिक सफल होती हैं, वहीं उच्च–प्रकाश की मांग वाली प्रजातियाँ उपवनों के बाहरी भागों में अधिक सफल पायी जाती हैं।

पवित्र उपवनों की मृदा थोड़ी क्षारीय पायी गयी है और राज्य स्तरीय औसत (विभिन्न साइटों के लिए) पी.एच. मान 7.48 पाया गया है। इसके अलावा, 37.4 प्रतिशत पवित्र उपवनों की मृदा थोड़ी अम्लीय व्यवहार दिखाती हैं। मृदा पी.एच. मान गोगाजी का ओरण, बीकानेर में सबसे ज्यादा (8.74) और धौलपुर जिले के मुचकुंड ओरण में सबसे कम दर्ज किया गया है। शायद वर्षा में परिवर्तनशीलता, मृदा निर्माण के प्रारम्भिक पदार्थ में क्षारीय धनायनों की सांद्रता और मृदा जैविक कार्बन की मात्रा, मृदा पी.एच. और विद्युत चालकता को प्रभावित करते हैं। विद्युत चालकता– जो मृदा में लवण की मात्रा को मापने का एक उपाय है, का उच्चतम मान बारां जिले के मूसेन माताजी का ओरण में (1.94 डेसी सिमेन प्रति मीटर) और निम्नतम (0.02 डेसी सिमेन प्रति मीटर) चुरू जिले के गोगाजी का ओरण में प्राप्त हुआ है। पवित्र उपवनों की समुद्र तल से ऊँचाई के साथ मृदा विद्युत चालकता में कोई बदलाव नहीं पाया गया है (चित्र 6.2अ)। परन्तु मृदा घनत्व और मृदा पी.एच. समुद्र तल से पवित्र उपवनों की ऊंचाई में वृद्धि के साथ कम होते जाते हैं। विभिन्न साइटों के मध्य राज्य स्तरीय औसत विद्युत चालकता 0.23 डेसी सिमेन प्रति मीटर मिला है जो इन मृदाओं की सामान्य स्थिति को दर्शाता है। मृदा निर्माण में उपयोग हुई चट्टानों या खनिज तत्वों वाले प्रारम्भिक पदार्थ में उपलब्ध लवण भी मृदा के भौतिक– रासायनिक गुणों को निर्धारित करने में महत्वपूर्ण भूमिका निभाते हैं। इसके अतिरिक्त, ये विभिन्न कारकों और वनस्पतियों के प्रकार के बीच सम्बंधों को भी नियंत्रित करते हैं। उदाहरण के लिए, टेमेरिक्स (फरास) प्रजाति और *सेडलिट्जीया रोजमेरियस* का सम्बन्ध विद्युत चालकता और घुलनशील खनिजों से, *आर्टीमिसिया साइबेरी* का मिट्टी की बनावट से और एस्ट्रेगेलस प्रजाति और *स्टिपा बारबेटा* मिट्टी में चूने की सांद्रता से संबंधित पाये गए हैं[(272)]।

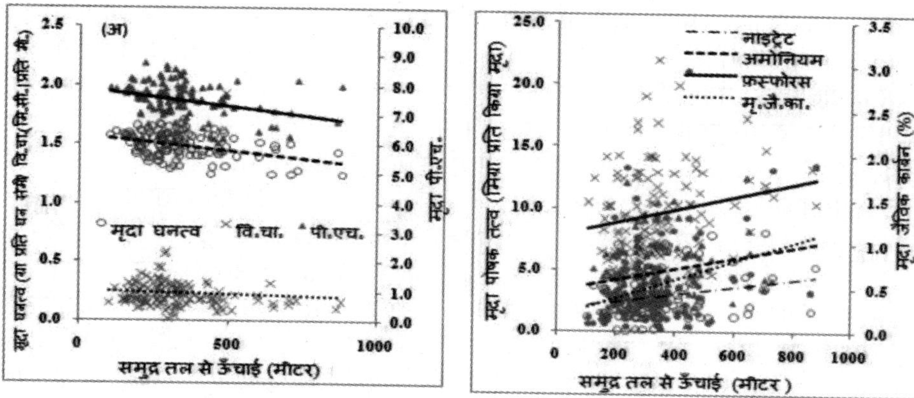

चित्र 6.2 राजस्थान के विभिन्न पवित्र उपवनों के मृदा गुण में समुद्र तल से ऊँचाई के साथ परिवर्तन।

मृदा पी.एच. में हो रही कमी मृदा घनत्व में कमी के साथ सहसम्बद्ध पायी गयी है जबकि समुद्र तल से ऊँचाई में वृद्धि के साथ मृदा जैविक कार्बन और उपलब्ध अमोनियम, नाइट्रेट और फॉस्फोरस में भी वृद्धि होती पायी गयी है। यह मृदा के क्षारीय गुण के कारण प्रतीत होता है। हालांकि, कुछ अध्ययनों के अनुसार मृदा पी.एच. मान में कमी भी होती है जो पादप पोषक तत्वों विशेष रूप से कैल्शियम, मेग्नीशियम, और अमोनियम आयन की कम उपलब्धता, और वार्षिक वर्षा तथा बाईफास्फेट आयन में कमी के साथ जुड़ा हुआ मिलता है, जिसका सम्बंध उच्च मृदा घनत्व से पाया गया है[164]। कुछ अध्ययनों से यह संकेत मिलता हें कि ढलान के निरपेक्ष मृदा घनत्व और मृदा पी.एच. में होने वाली वृद्धि के साथ कार्बन और नाइट्रोजन की मात्रा में कमी होती जाती है, जो मृदा क्षरण की बढ़ती हुई प्रवृत्तियों को इंगित करता है। हालांकि पवित्र उपवनों के अधिकाश भागों में मृदा क्षरण पाया गया है, लेकिन क्षरण की मात्रा उपवनों के आंतरिक भाग में बाहरी भाग की अपेक्षा कम मिलती है। वहीं अधिक ऊंचाई वाले स्थान की तुलना में कम ऊंचाई वाले पवित्र वन स्थानों में क्षरण अधिक होता है क्योंकि उपवनों के बाहरी क्षेत्रों में चराई अपेक्षाकृत अधिक होती है[164]।

2.2 मृदा पोषक तत्व

मृदा पोषक तत्वों की उपलब्धता बहुत कुछ पादपों की विविध प्रजातियों द्वारा इन पोषक तत्वों के उपयोग से निर्धारित होती है। फास्फोरस की उपलब्धता में वृद्धि एक ही समुदाय के भीतर अधिक प्रजातियों के वृक्षों के सह अस्तित्व को प्रोत्साहित करता है और औसत सूक्ष्म जलवायु (niche) के आकार में कमी द्वारा कुछ प्रजातियों की आनुवंाशिक विविधता को घटाता है[298]। ऐसी वन पारिस्थितिकी प्रणालियाँ जिसकी मिट्टी में पोषक तत्वों की उपलब्धता कम होती है वे वनस्पतियों के विभिन्न घटकों जैसे पुराने विकसित वृक्ष, प्राकृतिक पुनर्जनन, विभिन्न स्तरों वाली प्रजातियों की मौजूदगी और सूक्ष्म जीवों के उपभेदों, में सीमित वृद्धि वाले संसाधनों के बीच प्रतिस्पर्धी प्रभाव से अभिलक्षित होते हैं। राजस्थान राज्य के विभिन्न पवित्र उपवनों के अध्ययन से पता चलता हैं कि मिट्टी में उपलब्ध नाइट्रेट–नाइट्रोजन, अमोनियम–नाइट्रोजन और फॉस्फेट–फास्फोरस की मात्रा में व्यापक बदलाव होता है। इन सभी पोषक तत्वों और मृदा जैविक कार्बन की मात्रा समुद्र तल से पवित्र उपवनों की ऊँचाई में वृद्धि के साथ बढ़ते हुए पाये गए हैं (चित्र 6.2ब)। मृदा में उपलब्ध नाइट्रेट की मात्रा कुण्डेश्वर महादेव का ओरण, उदयपुर जिले में उच्चतम (8.20 मिलीग्राम प्रति किलोग्राम मृदा), जबकि सबसे कम

सांद्रता (0.09 मिलीग्राम प्रति किलोग्राम मृदा) विरातरा माता जी का ओरण, बाड़मेर में मिली है। अमोनियम–नाइट्रोजन की भी उच्चतम सांद्रता उदयपुर जिले के उभेश्वर जी के ओरण में (13. 55 मिग्रा प्रति किग्रा मृदा) और सबसे कम चित्तौड़गढ़ जिले के देवनारायण जी के ओरण में (0. 54 मिग्रा प्रति किग्रा) पायी गयी है। उपलब्ध फॉस्फोरस की सांद्रता सिरोही जिले के सिद्धेश्वर महादेवजी का मंदिर नामक ओरण की मिट्टी में अधिकतम 22.00 मिग्रा प्रति किग्रा से कोटा जिले के देवनारायण जी का ओरण में 2.32 मिग्रा प्रति किग्रा तक परिवर्तित होता पायी गयी है। अतः इन तीनों पोषक तत्वों में सबसे ज्यादा स्थानिक परिवर्तनशीलता नाइट्रेट के लिए देखी गई है। इन मृदाओं में पोषक तत्वों की उपलब्धता बहुत कुछ सकारात्मक रुप से मृदा जैविकता से संबंधित पायी गई है (चित्र 6.3), जिसका पवित्र उपवनों की मिट्टी की उर्वरता को बनाए रखने में महत्वपूर्ण योगदान है[290]। पश्चिमी राजस्थान में कम वर्षा, उच्च तापमान और रेतीली मिट्टी जैसे जलवायु विषमता में वृद्धि, मिट्टी में पोषक तत्वों की उपलब्धता और जैविक कार्बन पर नकारात्मक असर डालते हैं। इस अध्ययन से पता चलता है कि सभी पवित्र उपवनों में नाइट्रेट, अमोनियम और फॉस्फोरस की औसत मात्रा (राज्य स्तर पर) क्रमशः 2.94 मिग्रा प्रति किग्रा, 4. 76 मिग्रा प्रति किग्रा और 9.65 मिग्रा प्रति किग्रा है। विभिन्न पवित्र वनों की मृदा पोषक तत्वों में उच्च परिवर्तनशीलता न केवल जलवायु भिन्नता का प्रभाव है, बल्कि यह मानव जनित कारकों जैसे जैव–मात्रा की निकासी और अत्यधिक चराई जिसके कारण पादप अंकुर कुचल दिये जाते हैं और मृदा संघनित (compact) हो जाती है, का भी परिणाम है। मवेशियों द्वारा मुक्त चराई की तीव्रता में वृद्धि आम तौर पर मृदा जैविक कार्बन में कमी लाती है[299], जो अप्रत्यक्ष रूप से वातावरण में चली जाती है। मवेशियों द्वारा उत्सर्जित हरित गैस की मात्रा 7 अरब टन कार्बन डाइ ऑक्साइड तुल्यांक के बराबर है जो विश्व में कुल उत्सर्जित हरित गैसों का 18 प्रतिशत है और प्रत्यक्ष या अप्रत्यक्ष रूप से जलवायु परिवर्तन में मदद कर रहा है।

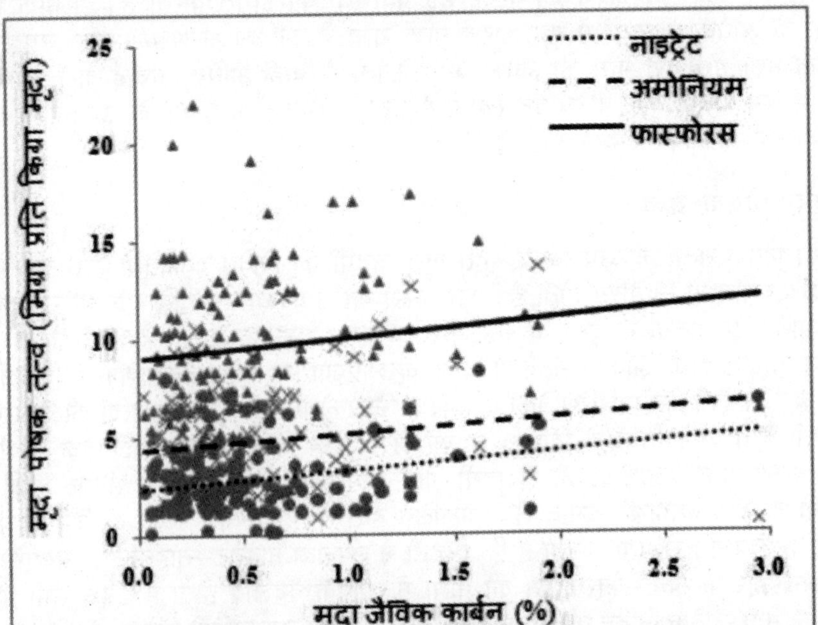

चित्र 6.3 राजस्थान के विभिन्न पवित्र उपवनों में मृदा जैविक कार्बन के साथ उपलब्ध नाइट्रेट–नाइट्रोजन, अमोनियम नाइट्रोजन और फास्फोरस वृद्धि की प्रवृति।

विभिन्न पवित्र उपवनों की मृदा में भिन्नता कार्बनः नाइट्रोजन के अनुपात में कमी, मृदा घनत्व में वृद्धि, मिट्टी की नमी में कमी और फॉस्फोरस की मात्रा में परिवर्तन चराई किये हुए क्षेत्रों से मवेशियों के बाड़े की ओर बढना चराई की तीव्रता से जुड़ा हुआ मुद्दा है[(300)]। एक अध्ययन से पता चलता है कि पादप प्रजातियों का प्रभाव भी मृदा पोषक तत्वों और उनके गुणों पर पड़ता है, जहाँ प्रजाति विविधता का जैविक कार्बन और फॉस्फोरस पर सकारात्मक मृदा नाइट्रोजन, विद्युत चालकता और मृदा पी.एच. पर नकारात्मक असर पड़ता है[(145)]। अन्य अध्ययन भी अलग–अलग मृदाओं के रासायनिक और भौतिक गुणों में ऊँचाई के साथ बदलाव को प्रदर्शित करते हैं जहाँ कार्बनिक पदार्थ और धनायन विनिमय क्षमता की दर ऊंचाई के साथ बढ़ती है जबकि कुल पोटैसियम कम ऊँचाई पर अधिक होता है। मृदा पी.एच., कुल फॉस्फोरस, पोटैशियम, धनायन विनिमय क्षमता की दर और ढलान की प्रवणता भी पादप विविधता को प्रभावित करते हैं जैसे मृदा पी.एच. में कमी और फॉस्फोरस की कुल मात्रा में वृद्धि पादपों की शेनन–विनर सूचकांक में वृद्धि करते हैं जबकि धनायन विनिमय क्षमता की दर और मृदा ढलान की प्रवणता में वृद्धि शाकीय प्रजातियों की समृद्धि को बढाते हैं।

2.3 मृदा जैविक कार्बन और इसका घनत्व

मृदा जैविक कार्बन की वास्तविक मात्रा वार्षिक वर्षा, वातावरणीय तापमान, वनस्पतियाँ, मृदा प्रकार, स्थलाकृति आदि कारकों पर निर्भर करती है[(162,301,302)]। मृदा जैविक कार्बन पूल को बढ़ाना एक प्रमुख चुनौती है विशेषकर विकासशील देशों में, जहाँ फसल उत्पादन कम, जलवायु विषम, और पानी तथा पोषक तत्व सीमित हैं। उदाहरण के लिए, केंद्रीय मैक्सिको की सिंचित काली मृदा में कार्बन स्थिरीकरण की दर 1.0 से 1.9 मिलीग्राम कार्बन प्रति हेक्टेयर प्रति वर्ष पायी गयी है, जहाँ भूमि से ऊपर फसल अवशेष कार्बन उत्पाद और मृदा जैविक कार्बन का स्थिरीकरण की राशि के बीच महत्वपूर्ण संबंध मिलता है[(303)]। इसी तरह उत्तर भारत में कृषि वानिकी मॉडलों[(304)] के तहत् क्षारीय मृदा में कार्बन संचयन की दर 2–3 मिलीग्राम कार्बन प्रति हेक्टेयर प्रति वर्ष दर्ज की गयी है। वनीकरण और वर्षा जल संग्रहण के तहत 65 महीने की अवधि के दौरान एक निम्नीकृत पहाड़ी क्षेत्र के पुनरुद्धार के दौरान 0–40 सेमी ऊपरी मृदा परत में मृदा जैविक कार्बन की स्थिरीकरण की दर 3.37 से लेकर 6.58 टन प्रति हेक्टेयर प्रति वर्ष (औसत दर 4.93 टन प्रति हेक्टेयर प्रति वर्ष) देखी गई है जिसमें कार्बन स्थिरीकरण की दर में एक व्यापक बदलाव स्थलाकृति के साथ ही वर्षा जल संग्रहण उपचारों की वजह से भी पाया गया है[(305)]।

राजस्थान के पवित्र उपवनों के बीच मृदा जैविक कार्बन की मात्रा सार्थक तरीके से बदलती हुई पाई गयी है जिसका राज्य स्तर पर औसत मान 0.53 प्रतिशत मिला है। देवनारायणजी का ओरण, चित्तौड़गढ़ की ऊपरी 0.30 सेमी मृदा परत में जैविक कार्बन का प्रतिशत उच्चतम (2.95 प्रतिशत) के साथ–साथ मृदा कार्बन घनत्व 52.24 टन प्रति हेक्टेयर मिला है, जबकि मृदा कार्बन की मात्रा 0.03 प्रतिशत और कार्बन घनत्व 1.51 टन प्रति हेक्टेयर पाबूजी का ओरण, जोधपुर में सबसे कम पाया गया है। पाबूजी का ओरण में सबसे कम मृदा जैविक कार्बन जलवायु प्रतिकूलताओं के साथ साथ आस–पास के गांवों के मवेशियों द्वारा चराई के दबाव के कारण प्रतीत होता है। इसी तरह की परिस्थितियाँ पश्चिमी राजस्थान में अधिकांश पवित्र उपवनों में देखने को मिलती हैं, जबकि लगभग 60 प्रतिशत पवित्र उपवन में प्रतिशत मृदा जैविक कार्बन राज्य के औसत से नीचे मिला है। यह अधिकांश पवित्र उपवनों में अवक्रमण की दर में भिन्नता को प्रदर्शित करता है। मृदा में जैविक कार्बन और मृदा कार्बन

घनत्व दोनों दृढ़ता से भौगोलिक और मृदीय (एडेफिक) दोनों कारकों से प्रभावित होते हैं। ये समुद्र तल से ऊंचाई में वृद्धि के साथ बढ़ने की प्रवृत्ति प्रदर्शित करते हैं (चित्र 6.4ब) और मृदा बनावट के साथ बदलते भी है[306,307]। हालांकि, मृदा जैविक कार्बन की मात्रा और इसके घनत्व में एक मजबूत स्थानिक विभिन्नता वर्षा की मात्रा और अनियंत्रित पशु चराई से संबंधित पाये गए हैं, जो इन मृदा गुण को प्रभावित करने वाले प्रमुख कारकों को दर्शाते हैं। राजस्थान के जोधपुर जिले में किए गए एक अध्ययन में भी वन और चारागाह क्षेत्रों की भूमि में अवक्रमण के परिमाण को दर्शाया गया है जहाँ औसत मृदा जैविक कार्बन घनत्व (भूमि से ऊपर और नीचे 1 मीटर की गहराई तक) 16.16 टन प्रति हेक्टेयर चरागाह भूमि से लेकर 26.83 टन प्रति हेक्टेयर पवित्र उपवनों में पाया गया है। वहीं इसमें स्थानिक बदलाव 14.43 टन प्रति हेक्टेयर बिलाड़ा वन क्षेत्र से लेकर 25.67 टन प्रति हेक्टेयर बालेसर वन रेंज में पाया जाता है। राजस्थान राज्य के विभिन्न पवित्र उपवनों में मृदा जैविक कार्बन की सान्द्रता (चित्र 6.4) वार्षिक वर्षा में वृद्धि के साथ घातीय वृद्धि को दर्शाती है। समुद्र तल से बढ़ती ऊँचाई पर कम होता मानवीय विक्षोभ और बढ़ता वानस्पतिक स्थिति कम ऊँचाई पर अत्यधिक चराई और मानवीय विक्षोभ युक्त पवित्र वनों में मृदा जैविक कार्बन को सकारात्मक रूप से प्रभावित करता है।

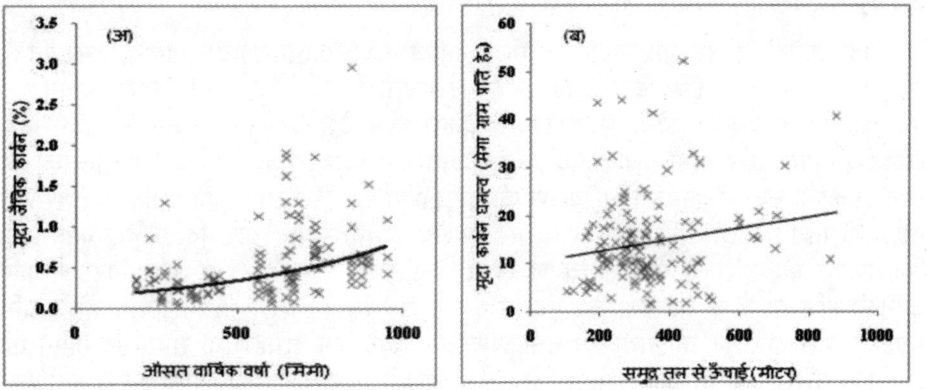

चित्र 6.4 राजस्थान के पवित्र उपवनों में मृदा जैविक कार्बन का औसत वार्षिक वर्षा के साथ घातांकीय बढ़ोतरी (अ) और मृदा कार्बन घनत्व की समुद्र तल से ऊँचाई के साथ वृद्धि।

अलग–अलग भूमि उपयोग परिवर्तन पर किए गए एक अन्य अध्ययन[279] में पश्चिमी राजस्थान के छह जिलों के ब्लॉक (पंचायत समिति) के बीच भी मृदा कार्बन घनत्व में महत्वपूर्ण भिन्नता देखी गई है, जो महत्वपूर्ण रूप से स्थानिक क्षेत्रों में भिन्नता को दर्शाती है, जबकि अलग अलग भूमि उपयोग के कारण यह भिन्नता नहीं मिली है (सारिणी 6.1)। फिर भी कुछ जगहों पर मृदा कार्बन भंडार में भी भूमि उपयोग परिवर्तन के कारण काफी भिन्नता पाई गई है जो सामान्यतया वन क्षेत्र में उच्चतम, अंतरण खेती के तहत् कम और सतत खेती के तहत् सबसे कम पाया गया है, जबकि कार्बन भंडार कुल वार्षिक वर्षा, क्षेत्रीय अक्षांश, मृदा का प्रकार, पहाड़ी ढलान की प्रवणता, जल स्रोतों से दूरी और स्थानीय स्तर पर ढलान के कोण पर निर्भर करता है[308,309]। मृदा कार्बन घनत्व पश्चिमी राजस्थान में प्रति परिवार के पशुधन की संख्या में वृद्धि के साथ कम होने की प्रवृत्ति दर्शाता है जिससे यह पता चलता है कि चराई में वृद्धि मृदा कार्बन घनत्व पर नकारात्मक प्रभाव डालती है[279]। वर्षा के द्वारा मृदा में पानी की उपलब्धता में वृद्धि होती है, जो वनस्पतियों के विकास और जैव–मात्रा में उत्पादन और फिर मृदा जैविक कार्बन संवर्धन और मृदा संरचना के सुधार में सकारात्मक भूमिका निभाती है। कार्बन अवशोषण

को कायम रखना हालांकि वानस्पतिक वृद्धि और उनके विकास पर निर्भर करता है, जिसे सावधानी पूर्वक चराई या कटाई द्वारा जैव मात्रा की निकासी से संतुलित करने की आवश्यकता है जो कार्बन स्थिरीकरण को प्रभावित करता है[310,311]। उपरी 0.30 सेमी मृदा परत में मृदा जैविक कार्बन और मृदा कार्बन घनत्व की राजस्थान में औसत मात्रा क्रमशः 0.54 प्रतिशत और 17.09 टन प्रति हेक्टेयर प्राप्त हुई है। मृदा जैविक कार्बन और मृदा कार्बन घनत्व में इस तरह की उच्च स्थानिक विभिन्नता वनस्पतियों के साथ ही जलवायु परिवर्तन से भी प्रभावित होता है[312]। क्योंकि कई प्रजातियों में कार्बन स्थिरीकरण की उच्च क्षमता होती है अतः जरुरत के हिसाब से इन प्रजातियों का अलग अलग उपयोग कर कार्बन स्थिरीकरण की मात्रा को बढ़ाया जा सकता है।

सारिणी 6.1. पश्चिमी राजस्थान में स्थानिक और भूमि–उपयोग बदलाव के कारण मृदा जैविक कार्बन भंडार में परिवर्तन[198]।

भूमि उपयोग	विभिन्न पंचायत ब्लॉक में मृदा कार्बन भंडार (टन प्रति हेक्टेयर)					
	बाली	बायतु	आबूरोड	सांचोर	बाप	सांकड़ा
वन	20.68	1.94	30.20	6.22	5.44	5.45
पवित्र उपवन (ओरण)	15.44	2.35	26.02	6.68	5.55	6.56
चरागाह	16.67	3.08	27.39	7.80	5.68	5.26
कृषि भूमि	19.89	3.84	30.01	9.69	6.30	5.21
सड़क किनारा	12.90	1.69	22.86	8.92	8.24	5.75
पड़त छोड़ी भूमि	19.94	2.71	39.50	5.62	5.63	2.84

3. मिट्टी गुणो में स्थानिक विविधताएँ

विभिन्न जिलों में मिट्टी की संरचनात्मक और भौतिक–रासायनिक गुणों में बदलाव उनकी स्थानिक विविधता का संकेत है। विभिन्न जिलों में स्थित पवित्र उपवनों की समुद्र तल से औसत ऊंचाई 690.3 मीटर उदयपुर जिले से लेकर जालोर जिले में 154.0 मीटर तक मिली है (सारिणी 6.2)। मृदा पी.एच. मान बांसवाड़ा जिले में 6.55 और बीकानेर जिले में 8.63 के बीच भिन्नता वाला पाया गया है, जो मिट्टी के निर्माण के प्रारम्भिक पदार्थ और क्षेत्रीय शुष्कता में वृद्धि के तहत लवणीकरण (सेलिनाइजेसन) के मौलिक घटकों पर निर्भर करता है। मृदा विद्युत चालकता सबसे कम (0.05 मिली सिमेन प्रति मीटर) चुरू जिले में, जो रेतीली बनावट की मिट्टी का प्रतिनिधित्व करती है, और अधिकतम बारां जिले में (0.90 मिली सिमेन प्रति मीटर) – जो चिकनी मिट्टी का प्रतिनिधित्व करती है, में पायी गयी है। मृदा घनत्व का मान 1.64 ग्राम प्रति घन सेमी जोधपुर से लेकर 1.33 ग्राम प्रति घन सेमी चित्तौड़गढ़ में मिलता है। वहीं राजस्थान के विभिन्न जिलों में मृदा जैविक कार्बन की औसत मात्रा अजमेर में सबसे कम (0.12 प्रतिशत) और चित्तौड़गढ़ जिले में सबसे अधिक (1.59 प्रतिशत) तक भिन्नता वाली मिली है। ये आंकड़े मृदा घनत्व और मृदा जैविक कार्बन के बीच एक व्युत्क्रम सम्बंध को दर्शाते हैं, विशेषकर राज्य के चित्तौड़गढ़ जिले में। मृदा घनत्व और अन्य तत्वों जैसे सिलिकन, कार्बन, केल्सियम कार्बोनेट, जैविक पदार्थ, कुल स्थूल और सूक्ष्म पोषक तत्वों की कुल मात्रा के बीच नकारात्मक संबंध देखे गये हैं, लेकिन यह मृदा में रेत की मात्रा के साथ सकारात्मक सम्बंध को दर्शाता है। इससे यह प्रदर्शित होता है कि मृदा घनत्व न केवल मृदा बनावट और कार्बनिक पदार्थ की मात्रा पर निर्भर करता है बल्कि पोषक तत्वों की सान्द्रता पर भी निर्भर करता है[313]।

सारिणी 6.2 राजस्थान के विभिन्न जिलों के पवित्र उपवनों की मृदा के भौतिक और रासायनिक गुण। सारे अंक औसत मान ± 1 मानक त्रुटि के रूप में प्रदर्शित हैं।

क्रम	जिला	समुद्र तल से ऊँचाई	पी.एच.	विद्युत चालकता (डेसी सिमेन प्रति मी)	मृदा घनत्व (ग्रा प्रति घन सेमी)	मृदा जैविक कार्बन (%)
1	अजमेर	478.7±19.0	7.34±0.09	0.18±0.05	1.52±0.04	0.12±0.03
2	अलवर	328.2±55.0	7.82±0.10	0.24±0.03	1.38±0.02	0.59±0.15
3	बांसवाड़ा	267.3±1.50	6.55±0.33	0.16±0.02	1.39±0.02	0.71±0.20
4	बाराँ	371.3±60.3	7.69±0.09	0.90±0.53	1.40±0.02	0.41±0.08
5	बाड़मेर	164.8±20.0	7.72±0.12	0.17±0.01	1.59±0.01	0.10±0.02
6	भरतपुर	671.0±8.0	7.36±0.32	0.12±0.01	1.49±0.01	0.33±0.01
7	भीलवाडा	409.7±29.5	7.50±0.12	0.24±0.03	1.41±0.01	1.18±0.06
8	बीकानेर	266.7±24.3	8.63±0.06	0.26±0.04	1.50±0.01	0.34±0.01
9	बूँदी	304.0±5.5	7.70±0.26	0.30±0.04	1.35±0.05	0.69±0.07
10	चितौड़गढ़	455.0±13.1	6.98±0.39	0.17±0.03	1.33±0.06	1.59±0.72
11	चुरू	315.0±6.7	6.73±0.18	0.05±0.01	1.56±0.01	0.17±0.01
12	दौसा	346.3±14.0	7.49±0.13	0.26±0.01	1.44±0.01	0.38±0.41
13	धौलपुर	661.7±49.7	6.96±0.91	0.26±0.04	1.46±0.04	0.46±0.16
14	डुंगरपुर	221.3±10.8	7.16±0.25	0.20±0.03	1.42±0.03	1.09±0.39
15	हनुमानगढ़	189.3±4.8	7.83±0.16	0.28±0.02	1.50±0.04	0.71±0.29
16	जयपुर	377.3±15.7	7.75±0.20	0.20±0.01	1.54±0.02	0.50±0.31
17	जैसलमेर	255.3±17.0	8.02±0.05	0.35±0.02	1.63±0.02	0.28±0.03
18	जालोर	154.0±15.7	7.87±0.02	0.21±0.03	1.57±0.02	0.13±0.02
19	झालावाड़	340.6±13.9	7.67±0.26	0.14±0.02	1.54±0.05	0.54±0.12
20	झुन्झुनु	379.3±36.0	6.85±0.37	0.16±0.03	1.63±0.01	0.25±0.07
21	जोधपुर	261.8±25.7	7.63±0.37	0.29±0.03	1.64±0.02	0.21±0.05
22	करौली	574.5±341.5	7.07±0.43	0.25±0.04	1.43±0.06	0.56±0.15
23	कोटा	288.8±10.3	7.83±0.09	0.37±0.03	1.46±0.04	0.72±0.09
24	नागौर	326.5±5.3	8.03±0.29	0.27±0.03	1.55±0.05	0.29±0.09
25	पाली	293.2±17.0	7.14±0.03	0.16±0.02	1.55±0.01	0.34±0.11
26	प्रतापगढ़	434.5±69.4	6.66±0.33	0.17±0.03	1.40±0.02	0.81±0.23
27	राजसमन्द	637.0±17.6	6.98±0.21	0.15±0.02	1.49±0.02	0.60±0.04
28	सवाईमाधोपुर	267.7±35.2	7.57±0.05	0.25±0.01	1.51±0.02	0.62±0.03
29	सीकर	464.3±16.7	6.65±0.25	0.18±0.08	1.60±0.01	0.28±0.06
30	सिरोही	323.0±54.5	8.00±0.15	0.17±0.01	1.49±0.04	0.23±0.03
31	गंगानगर	180.3±11.1	7.50±0.18	0.20±0.02	1.56±0.04	0.52±0.12
32	टोंक	326.0±13.1	7.34±0.06	0.24±0.01	1.63±0.04	0.16±0.05
33	उदयपुर	690.3±51.1	7.37±0.27	0.19±0.02	1.36±0.04	1.05±0.25

मृदा पोषक तत्वों जैसे अमोनियम, नाइट्रेट और फॉस्फोरस तथा सतही 0.30 सेमी मृदा परत में मृदा कार्बन घनत्व भी महत्वपूर्ण स्थानिक भिन्नता को प्रदर्शित करते हैं (सारणी 6.3)। पवित्र उपवनों की मृदा में नाइट्रेट की उपलब्धता 0.18 मिग्रा प्रति किग्रा से 6.64 मिग्रा प्रति किग्रा के बीच पायी गई है जो राज्य में इसकी कम मात्रा को दर्शाता है। अमोनियम की उपलब्धता बँदी जिले के पवित्र उपवनों में 6.95 मिग्रा प्रति किग्रा से बाड़मेर जिले के पवित्र वनों में 1.35 मिग्रा प्रति किग्रा तक परिवर्तित होती पायी गई है जो राजस्थान के विभिन्न जिलों के पवित्र वनों में नाइट्रोजन की कम उपलब्धता को दर्शाता है जैसा कि उपलब्ध सहित्य के अनुसार बताया गया है। इसके अन्तर्गत निर्धारित नाइट्रोजन दर का मान 272 किग्रा प्रति हेक्टेयर होने पर कम, 272 से 544 किग्रा प्रति हेक्टेयर होने पर मध्यम और 544 किग्रा प्रति हेक्टेयर होने पर उच्च माना जाता है[314]।

सारिणी 6.3. राजस्थान के विभिन्न जिलों के पवित्र उपवनों में मृदा पोषक तत्व और मृदा कार्बन घनत्व। सारे मान औसत ± 1 मानक त्रुटि के रूप में प्रदर्शित हैं

क्रम	जिला	मृदा पोषक तत्व (मिग्रा प्रति किग्रा मृदा)			मृदा जैविक कार्बन (टन प्रति हेक्टेयर)
		नाइट्रेट	अमोनियम	फास्फोरस	
1	अजमेर	1.18±0.04	3.78±0.67	6.77±1.18	3.36±1.03
2	अलवर	2.17±0.16	5.19±1.79	9.12±0.89	17.31±4.42
3	बांसवाड़ा	1.68±0.44	3.49±0.56	11.76±0.77	9.71±1.59
4	बाराँ	1.47±0.33	8.63±0.76	10.40±1.30	12.23±1.92
5	बाड़मेर	1.06±0.24	1.35±0.09	7.51±1.01	4.48±0.54
6	भरतपुर	6.64±0.50	3.85±0.82	10.23±2.23	12.70±1.05
7	भीलवाडा	1.96±0.12	6.54±2.32	11.92±1.19	28.13±3.22
8	बीकानेर	1.23±0.63	3.77±0.63	8.41±0.66	13.02±1.01
9	बूँदी	2.99±0.27	6.95±1.27	15.29±1.99	11.52±1.48
10	चितौड़गढ़	6.52±0.11	4.04±1.78	8.35±1.22	24.77±14.43
11	चुरू	2.62±0.38	5.29±1.01	13.19±1.05	7.88±0.82
12	दौसा	3.53±0.35	2.84±0.23	7.98±1.97	7.99±0.61
13	धौलपुर	4.48±0.88	2.80±0.92	7.90±2.31	14.68±4.24
14	डुंगरपुर	1.73±0.35	3.53±0.49	9.85±1.66	20.76±6.09
15	हनुमानगढ़	3.35±0.72	3.15±0.68	7.29±1.53	23.46±10.43
16	जयपुर	3.15±1.10	4.74±1.16	9.93±0.42	19.28±11.09
17	जैसलमेर	1.61±0.21	2.15±0.21	5.72±0.69	13.16±1.31
18	जालोर	3.73±0.38	4.87±0.91	12.31±1.16	5.30±0.53
19	झालावाड़	4.65±0.94	4.42±0.64	7.74±0.91	16.51±3.20
20	झुन्झुनु	2.54±0.76	4.23±1.68	8.93±1.88	11.97±3.49
21	जोधपुर	2.82±0.43	6.06±0.35	5.55±0.38	7.70±1.91
22	करौली	4.63±1.23	4.16±2.01	9.47±1.92	19.20±5.22
23	कोटा	1.60±0.19	6.51±0.67	10.20±1.72	19.22±1.96

क्रम	जिला	मृदा पोषक तत्व (मिग्रा प्रति किग्रा मृदा)			मृदा जैविक कार्बन (टन प्रति हेक्टेयर)
		नाइट्रेट	अमोनियम	फास्फोरस	
24	नागौर	3.15±0.69	3.30±0.57	8.12±0.90	10.93±2.63
25	पाली	2.32±0.26	2.54±0.19	6.03±0.43	13.33±1.11
26	प्रतापगढ़	4.07±0.64	4.16±1.51	7.71±0.85	23.69±6.89
27	राजसमंद	1.66±0.25	6.45±1.09	10.41±1.20	18.12±1.66
28	सवाईमाधोपुर	0.18±0.03	6.08±0.43	14.97±0.74	9.35±0.30
29	सीकर	2.74±0.47	5.83±0.27	10.98±2.02	13.22±2.75
30	सिरोही	3.65±0.30	8.79±1.19	18.15±2.91	7.06±2.50
31	गंगानगर	2.99±0.40	4.04±0.57	8.21±0.84	18.72±4.29
32	टोंक	2.94±0.19	6.84±1.26	7.51±0.52	4.75±1.61
33	उदयपुर	5.06±0.76	6.32±1.51	12.26±1.33	17.72±4.42

पवित्र उपवनों की मृदा में उपलब्ध फॉस्फोरस सबसे कम जोधपुर जिले में (5.55 मिग्रा प्रति किग्रा और सबसे अधिक (18.15 मिग्रा प्रति किग्रा) सिरोही जिले के पवित्र उपवनों में मिलता है। मिट्टी में उपलब्ध फॉस्फोरस का वर्गीकरण निम्न (12.40 किग्रा प्रति हेक्टेयर से कम), मध्यम (12.40 से 22.40 किग्रा प्रति हेक्टेयर) और उच्च (22.40 किग्रा प्रति हेक्टेयर से अधिक) फास्फोरस की उपलब्धता को इंगित करता है[314]। इस प्रकार राजस्थान में अध्ययन किये गये इन जिलों के पवित्र उपवनों की मिट्टी में उपलब्ध फॉस्फोरस क मात्रा मध्यम से उच्च पायी गयी है। मृदा कार्बन घनत्व जो महत्वपूर्ण स्थानिक भिन्नता को इंगित करता है, अजमेर जिले में 3.36 टन प्रति हेक्टेयर से भीलवाड़ा जिले के पवित्र वनों में 28.13 टन प्रति हेक्टेयर तक भिन्नता वाला पाया गया है।

4. मृदा पर प्रमुख वृक्षों का प्रभाव

वृक्षों की अलग अलग प्रजातियाँ मृदा को अलग अलग रासायनिक संरचना वाले कार्बनिक पदार्थ प्रदान करती हैं, जो बदले में प्रजातियों और इनकी संरचना में बदलाव के आधार पर मृदा जैविक पदार्थ के विभिन्न स्तरों में अपना योगदान देते हैं। प्रजातियों की तरजीह मिट्टी के विभिन्न गुणों को प्रभावित करती है। उदाहरण के लिए, सूडान में किए गए एक अध्ययन के अनुसार *फेडहर्बिया एल्बीड़ा* प्रजाति का वृक्ष बलुई रेत और रेतीली दोमट मृदा में अच्छी तरह से वृद्धि करता है, जबकि हिंगोटा का प्रभुत्व क्ले युक्त दोमट मिट्टी पर होता है। जमावयुक्त समतल और निचले पहाड़ी ढलानों की क्रमशः रेतीली चिकनी दोमट मृदा और रेतीली दोमट मृदा पर सिरिस (*अल्बिजिया अमारा*) और कुमठ (*अकेसिया सेनेगल*) का प्रभुत्व पाया गया है, जबकि *अकेसिया सेयल* और कुमठ का प्रभुत्व चिकनी मिट्टी युक्त मैदानी क्षेत्र में पाया गया है। *बोस्वेलिया पेपिरीफ़ेरा* और सिरिस पथरीले पहाड़ी ढलानों की रेतीली दोमट मृदा में अच्छी तरह से वृद्धि करते पाये गए हैं व वहाँ इनका प्रभुत्व है[307]। सिम्पसन विविधता सूचकांक का प्रतिलोम के आधार पर रेतीली दोमट मृदा युक्त पहाड़ियों के निचले ढलान वाले क्षेत्र (0.15) सबसे ज्यादा विविध, जबकि ऊपरी ढलान वाले क्षेत्रों में सबसे कम विविधता पायी जाती है[316]। इसी तरह रेड एल्डर (*Alnus rubra*) अपने उच्च पोषक तत्व सान्द्रता और त्वरित पोषक तत्व चक्रण वाले अपतृण (भूमि सतह पर उपलब्ध सूखी पत्तियाँ व टहनियाँ) के द्वारा उत्पादकता को बढ़ाते हुए दीर्घकालिक स्थिरता को प्रोत्साहित करता है, जबकि वाइन मेपल (*Acer circinatum*) की पत्तियां उच्च नाइट्रोजन, फॉस्फोरस, पोटैसियम, कैल्सियम, मेग्नीसियम और जिंक वाली होती हैं और शंकु वृक्षों के अपतृण की अपेक्षा ज्यादा तेजी से विघटित होती हैं। इसी तरह सूक्ष्म मृदीय जीव या कीड़े मकोड़ों के समुदाय भी इन वृक्षीय वन खंडों द्वारा उत्पादित अपतृण या तृण शैया रूपी कूड़े के लिए अनुकूलित होते हैं क्योंकि वन खंडों में उत्पादित तृण–शैया दूसरी प्रजातियों के वन क्षेत्र (स्थानातरण के पश्चात्) की तुलना में अपने मूल रूप के वन खंडो में तेजी से विघटित होती है[162]।

राजस्थान में किए गए अध्ययन में, पवित्र उपवनों की मृदा के सभी गुण विभिन्न प्रजातियों के वृक्षों के प्रभुत्व के कारण सार्थक रूप से परिवर्तित होते पाये गए हैं। परन्तु मृदा विद्युत चालकता, नाइट्रेट और फॉस्फोरस की सांद्रता में कोई सार्थक बदलाव नहीं पाया गया है। पुत्रन्जिवा के प्रभुत्व वाले पवित्र वनों में कंकड़ की मात्रा 69.32 प्रतिशत से इन्द्रोक धोक वृक्षों की प्रधानता वाले पवित्र उपवनों में कंकड़ की मात्रा 1.99 प्रतिशत के बीच पाई गई है। यह इंगित करता है कि प्रजातियों की वरीयता मिट्टी की स्थिति के अनुरुप होती है। उच्चतम (8.51) मृदा पी.एच. बेर के प्रभुत्व वाले पवित्र उपवनों में देखी गई है, अतः बेर प्रजाति ने अपने आप को ऐसी मृदा स्थिति के लिए अनुकूलन बना लिया है। पश्चिमी राजस्थान के ज्यादातर पवित्र उपवनों या ओरणों में बेर प्रजाति का प्रभुत्व देखा जा सकता है जो शायद पर्यावरण की स्थिति और स्थानीय लोगों के बीच सामाजिक स्वीकृति द्वारा अपनी अनुकूलन क्षमता की वजह से अपना प्रभुत्व बनाए हुए है। सबसे कम मृदा पी.एच. आँवला वृक्ष के प्रभत्व वाले पवित्र उपवनों में मिला है (सारिणी 6.4)। आँवला प्रजाति के प्रभुत्व वाले उपवनों में कम मृदा पी.एच. का पाया जाना दो कारणों से हो सकता है। पहला कम मृदा पी.एच. के प्रति इस प्रजाति की सहिष्णुता हो सकता है जबकि दूसरा कारण इसके वृक्षों द्वारा अम्लीय तृण–शैया का उत्पादन जिसकी वजह से मृदा पी.एच. में कमी आती है। वनीकरण में विभिन्न वृक्ष प्रजातियों के उपयोग एवं इनके द्वारा प्रभावित होने वाले मृदा गुण पर किये गये अध्ययन में उच्चतम मृदा जैविक कार्बनिक कार्बन में वृद्धि और मृदा पी.एच. में सबसे अधिक कमी आँवला वनीकरण क्षेत्र में पायी गयी है[316,317]। खेर, धोबिन (*Dalbergia paniculata*), *टर्मिनेलिया ओलिवेरी* और *मिलेटिया मल्टीफ्लोरा* प्रजातियों का मृदा संरचना के साथ उल्लेखनीय जुड़ाव भी देखा गया है, जबकि *अकेसिया इनोपीन्नेटा* उच्च मृदा पी.एच. (9–10) के साथ और सादड़ (*Terminalia tomentosa*) मृदा कठोरता के साथ सहसंबद्ध पाये गए हैं[318]।

सारिणी 6.4 राजस्थान के पवित्र उपवनों में प्रमुख वृक्ष प्रजाति द्वारा प्रभावित मृदा भौतिक–रासायनिक गुण। सारे मान औसत ± 1 मानक त्रुटि के रूप में प्रदर्शित हैं।

क्रम	प्रमुख वृक्ष प्रजाति	भौतिक–रासायनिक गुण		
		कंकड़ (प्रतिशत)	पी.एच.	विद्युत चालकता (डेसी सिमेन प्रति मी.)
1	*अकेसिया कैट्चु*	41.18±4.16	7.82±0.09	0.39±0.06
2	*एजडीरेक्टा इंडिका*	17.75±0.00	8.14±0.00	0.22±0.00
3	*अकेसिया ल्यूकोफ्लोइया*	38.03±9.05	7.59±0.19	0.22±0.04
4	*अकेसिया निलोटिका*	28.24±10.08	7.55±0.11	0.30±0.03
5	*एनोगीसस पेंडुला*	45.19±3.89	7.26±0.12	0.31±0.07
6	*अकेसिया सेनेगल*	41.11±15.88	8.23±0.06	0.17±0.02

क्रम	प्रमुख वृक्ष प्रजाति	भौतिक–रासायनिक गुण		
		कंकड़ (प्रतिशत)	पी.एच.	विद्युत चालकता (डेसी सिमेन प्रति मी.)
7	*एनोगीसस सेरेसिया*	1.99±0.00	7.08±0.00	0.17±0.00
8	*अकेसिया टोटाइलिस*	2.50±2.50	6.84±0.66	016±0.02
9	*ब्यूटिया मोनोस्पर्मा*	25.25±6.63	7.57±0.15	0.27±0.11
10	*कैपेरिस डेसीडुआ*	6.27±2.58	7.71±0.20	0.26±0.02
11	*डायोस्पाइरास मेलेनाक्सिलान*	58.52±0.00	8.43±0.00	0.11±0.00
12	*यूकेलिप्टस कमाल्डुलेन्सिस*	39.95±2.93	8.16±0.18	0.26±0.09
13	*एम्बिलका आफिसिनेलिस*	12.54±0.00	6.38±0.00	0.26±0.00
14	*फाइकस बेंघालेन्सिस*	43.02±13.08	7.19±0.56	0.21±0.05
15	*होलोप्टेलिया इंट्रीग्रीफोलिया*	40.75±0.00	7.68±0.00	0.23±0.00
16	*माइटिनस इमार्जिनेटा*	9.66±8.98	7.08±0.13	0.11±0.04
17	*मित्रगाइना पार्बिफ्लोरा*	45.74±14.69	7.82±0.20	0.20±0.04
18	*प्रोसोपिस सिनरेरीया*	17.93±9.54	7.50±0.30	0.23±0.04
19	*प्रोसोपिस जुलिफ्लोरा*	34.46±5.53	7.50±0.09	0.21±0.01
20	*पुत्रन्जिवा राक्सबरघाई*	69.32±0.00	7.96±0.00	0.16±0.00
21	*साल्वाडोरा ओलियोइडिस*	13.90±4.86	7.51±0.15	0.18±0.02
22	*टेक्टोना ग्रेंडिस*	47.91±8.01	6.70±0.23	0.18±0.01
23	*टिकोमेला अंडयुलेटा*	28.30±0.99	7.86±0.06	0.20±0.02
24	*टर्मिनेलिया अर्जुना*	19.78±8.35	6.88±0.83	0.33±0.25
25	*राइटिया टिंक्टोरिया*	45.97±0.00	6.78±0.00	0.11±0.00
26	*जिजिफस रोटण्डीफोलिया*	11.73±5.81	8.51±0.14	0.03±0.04

मृदा विद्युत चालकता खेजड़ी के प्रभुत्व वाले पवित्र उपवनों में 0.11 डेसी सिमेन प्रति मीटर से लेकर खेर के प्रभुत्व वाले पवित्र उपवनों में 0.39 डेसी सिमेन प्रति मीटर के बीच परिवर्तित होती है। खेर बहुल क्षेत्र में अपेक्षाकृत अधिक विद्युत चालकता का मिलना उस क्षेत्र की मिट्टी में अपेक्षाकृत बेहतर सिल्ट या चिकनी मिट्टी की मात्रा का होना है जहाँ अन्य क्षेत्रों से पानी के साथ विभिन्न प्रकार के लवणों का संचयण होता रहता है जिसके प्रति खेर प्रजाति की सहिष्णुता ज्यादा प्रतीत होती है[(319)]। मृदा पी.एच. और मृदा अम्लता बहुत स्तर तक मृदा नाइट्रोजन चक्र के प्रोटॉन–उत्पादक घटकों जैसे नाइट्रीकरण, के साथ जुड़े होते हैं, जो नाइट्रोजन सांद्रता में प्रजाति स्तर पर परिवर्तन के साथ सकारात्मक रुप से सहसंबद्ध पाये गए हैं। मृत पदार्थों के माध्यम से संचय होने वाले खनिज तत्व मिट्टी के लक्षणों को प्रभावित करते हैं जिसके परिणामस्वरूप पौधों की वृद्धि और पौध प्रजातियों के बीच प्रतिस्पर्धा प्रभावित होती है। विभिन्न क्षेत्रों में पाये जाने वाली अलग–अलग वृक्ष प्रजातियों के प्रभुत्व वाले पवित्र वनों में मृदा पोषक तत्वों जैसे नाइट्रेट, अमोनियम और फास्फोरस की सांद्रता में व्यापक रूप से परिवर्तन देखा गया है (सारिणी 6.5)।

सारिणी 6.5 राजस्थान के पवित्र उपवनों में प्रमुख वृक्ष प्रजाति द्वारा प्रभावित मृदा पोषक तत्व। सारे मान औसत ± 1 मानक त्रुटि के रूप में प्रदर्शित हैं।

क्रम	प्रमुख वृक्ष	मृदा पोषक तत्व (मिग्रा प्रति किग्रा मृदा)		
		नाइट्रेट–नाइट्रोजन	अमोनियम नाइट्रोजन	उपलब्ध फॉस्फोरस
1	*अकेसिया कैट्चु*	2.35±0.01	5.49±1.71	8.99±4.01
2	*एजडीरेक्टा इंडिका*	5.30±0.00	2.86±0.00	9.08±0.00
3	*अकेसिया ल्यूकोफ्लोइया*	3.34±1.00	2.84±0.43	8.83±1.21
4	*अकेसिया निलोटिका*	2.15±0.42	4.51±1.51	8.71±2.78
5	*एनोगीसस पेंडुला*	3.21±0.42	6.26±0.52	11.00±0.81
6	*अकेसिया सेनेगल*	4.30±0.27	7.38±3.15	16.57±5.44
7	*एनोगीसस सेरेसिया*	3.12±0.00	3.23±0.00	5.66±0.00
8	*अकेसिया टोर्टाइलिस*	2.88±1.16	5.73±1.13	10.38±0.03
9	*ब्यूटिया मोनोस्पर्मा*	1.75±0.37	8.34±1.12	10.88±2.05
10	*कैपेरिस डेसीडुआ*	2.61±0.29	3.93±0.53	7.93±0.69
11	*डायोस्पाइरास मेलेनाक्सिलान*	3.65±0.00	3.20±0.00	6.50±0.00
12	*यूकेलिप्टस कमाल्डुलेन्सिस*	3.49±1.96	10.34±3.22	6.42±4.10
13	*एम्ब्लिका आफिसिनेलिस*	3.45±0.00	0.82±0.00	6.40±0.00
14	*फाइकस बेंघालेन्सिस*	4.97±1.62	3.31±0.69	11.05±2.54
15	*होलोप्टेलिया इंट्रीग्रीफोलिया*	4.23±0.00	2.82±0.00	11.80±0.00
16	*माइटिनस इमार्जिनेटा*	1.81±0.72	4.21±1.27	9.72±2.61
17	*मित्रगाइना पार्बिफ्लोरा*	3.59±2.02	4.74±1.01	11.61±1.88
18	*प्रोसोपिस सिनरेरीया*	2.93±0.52	3.94±0.86	7.54±1.29
19	*प्रोसोपिस जुलिफ्लोरा*	2.62±0.48	5.18±0.57	9.04±0.83
20	*पुत्रन्जिवा राक्सबरघाई*	4.46±0.00	3.05±0.00	14.06±0.00
21	*साल्वाडोरा ओलियोइडिस*	2.63±0.39	3.75±0.48	9.26±0.80
22	*टेक्टोना ग्रेंडिस*	2.90±0.71	4.18±0.93	9.48±1.16
23	*टिकोमेला अंड्युलेटा*	2.82±1.57	3.90±2.40	10.02±4.22
24	*टर्मिनेलिया अर्जुना*	3.15±0.80	3.24±1.23	7.88±1.36
25	*राइटिया टिंक्टोरिया*	1.73±0.00	3.30±0.00	13.34±0.00
26	*जिजिफस रोटण्डीफोलिया*	1.24±0.44	3.47±0.54	7.94±0.66

मृदा नाइट्रेट–नाइट्रोजन की उच्चतम और निम्नतम सांद्रता क्रमशः नीम के प्रभुत्व वाले पवित्र उपवनों में (5.30 मिलीग्राम प्रति किलोग्राम मृदा) तथा बेर के प्रभुत्व वाले पवित्र उपवनों में (1.24 मिग्रा प्रति किग्रा मृदा) पाई गई है। नाइट्रेट–नाइट्रोजन की मात्रा शायद तृण शैया की गुणवत्ता और मात्रा पर निर्भर करती है क्योंकि बेर की तुलना में नीम वृक्षों की तृण–शैया की गुणवत्ता और मात्रा दोनों ही बेहतर पाये गए हैं। अमोनियम की सांद्रता 0.82 मिग्रा प्रति किग्रा सफेदा के प्रभुत्व वाले पवित्र उपवनों से लेकर 10.34 मिग्रा प्रति किग्रा आँवला की प्रधानता वाले पवित्र उपवनों के बीच बदलता हुआ पाया गया है। हालांकि सफेदा के तहत उपलब्ध तृण शैया की मात्रा अपेक्षाकृत अधिक होता है, लेकिन इसके अपतृण की अपघटन दर शुष्क क्षेत्रों में बहुत

ही कम पायी गयी है[320]। ऐसी हालत में अमोनियम की सबसे अधिक मात्रा अन्य प्रजातियों के योगदान से प्रतीत होती है। मिट्टी में उपलब्ध फॉस्फोरस कुमठ प्रजाति के वृक्ष प्रभुत्व वाले पवित्र उपवनों में 16.57 मिग्रा प्रति किग्रा मृदा से लेकर इन्द्रोक धोक के प्रभुत्व वाले पवित्र उपवनों में 5.66 मिग्रा प्रति किग्रा मृदा तक परिवर्तित होता है (सारिणी 6.5)। चूनायुक्त मृदा या बहुत कम गहराई युक्त मृदा वाले स्थानो पर इन्द्रोक धोक की स्थापना और इस प्रजाति की वहाँ पर सामान्य वृद्धि फॉस्फोरस की कम उपलब्धता के कारण हो सकता है, लेकिन कुमठ के क्षेत्र वाली मृदा में फास्फोरस की सांद्रता में बढोतरी मृदा के विकास में उपयोगित मूल खनिज सामग्री, माइक्रोबियल विकास और कुमठ के वृक्षों द्वारा इसके उपयोग के कारण प्रतीत होता है[321]। मिट्टी के पोषक तत्वों में इस तरह के बदलाव के चलते कम विकास दर और कम जैव–मात्रा में नुकसान दर वाली प्रजाति उच्च विकास दर क्षमता और उच्च बायोमास नुकसान दर वाली प्रजाति द्वारा प्रतिस्थापित हो सकती है। अतः ऐसा पादप गुण जो कम जैव–मात्रा की नुकसान दर के लिए जिम्मेदार होता है, उन से उत्पादित तृण–शैया का अपघटन धीरे–धीरे होता है, जबकि उच्च विकास दर क्षमता वाले पौधों से उत्पादित तृण–शैया अधिक आसानी से अपघटित हो जाते हैं। फिर भी यह उस क्षेत्र के वातावरणीय कारकों द्वारा भी प्रभावित होते हैं[322]।

मृदा घनत्व 1.32 ग्राम प्रति घन सेमी आँवला वृक्ष के प्रभुत्व वाले पवित्र उपवनों से लेकर 1.63 ग्राम प्रति घन सेमी तेंदू प्रजाति के प्रभुत्व वाले पवित्र उपवनों के बीच परिवर्तित होता है। इन्द्रोक धोक, इजरायली बबूल, केर, तेंदू, कंकेड़ा, खेजड़ी, मीठा जाल, रोहिडा और बेर वृक्षों के प्रभुत्व वाले पवित्र उपवनों में मृदा घनत्व राजस्थान के औसत से ऊपर पाया गया है जबकि अपेक्षाकृत बेहतर मिट्टी की स्थिति के साथ अन्य पवित्र उपवनों में मृदा घनत्व राज्य के औसत से कम मिला है (चित्र 6.5, ऊपर)। इसके अतिरिक्त ऊपर उल्लेखित वृक्ष प्रजातियों के प्रभुत्व वाले पवित्र उपवन ज्यादातर या तो शुष्क क्षेत्र या अर्द्ध शुष्क क्षेत्र के सूखे भागों में स्थित हैं और मृदा संघनन से प्रभावित हैं। मृदा में जैविक कार्बन 0.16 प्रतिशत रोहिडा प्रजाति के प्रभुत्व वाले पवित्र उपवनों और 1.32 प्रतिशत सफेदा (*E. camaldulensis*) के प्रभुत्व वाले पवित्र उपवनों के मध्य पाया गया है। मिट्टी में कार्बन सान्द्रता प्रतिशत प्रमुख वृक्ष प्रजातियों द्वारा प्राप्त होने वाले तृण–शैया व अन्य सूखे पदार्थ के माध्यम से प्रभावित होती हैं।

सभी साइटों के लिए औसत आंकड़ों की तुलना करने पर खेर, नीम, रौंज, देशी बबूल, काला धोक, कुमठ, *यूकेलिप्टस कमाल्डुलेन्सिस,* आँवला, बरगद (*F. benghalensis*), पुत्रन्जिवा और सागौन वृक्ष के प्रभुत्व वाले पवित्र उपवनों में मृदा जैविक कार्बन की मात्रा राज्य औसत से ऊपर पाया गया है, जिसका प्रमुख कारण अपेक्षाकृत अधिक अपतृण का उत्पादन है जो अपघटित होकर मृदा कार्बन को बढ़ाने में योगदान देता है। यह प्रदर्शित करता है कि इन प्रजातियों के फलस्वरूप संबन्धित मृदा में अपेक्षाकृत एक उच्च दर पर मृदा जैविक कार्बन का स्थिरीकरण होता है, फिर भी यह दर वृक्ष प्रजातियों के बीच भिन्न भिन्न होती है[323,324]। एक अन्य अध्ययन[325] में भी यह पाया गया है कि किसी वन में उत्तरोत्तर क्रमिक चरणों की तुलना में अनुक्रमण के प्रारम्भिक चरण में तृण–शैया अपघटन दर उच्च होती है, जिसके परिणामस्वरूप पोषक तत्वों का उलटाव (चक्रण) अधिक होता है। अध्ययन किये गये अन्य प्रजातियों के वृक्षों के वर्चस्व वाले पवित्र उपवनों में मृदा जैविक कार्बन प्रतिशत राज्य औसत से कम पाया गया है, जो पवित्र उपवन अपेक्षाकृत शुष्क क्षेत्रों में हैं और अवक्रमण से अधिक प्रभावित हैं (चित्र 6.5, मध्य)।

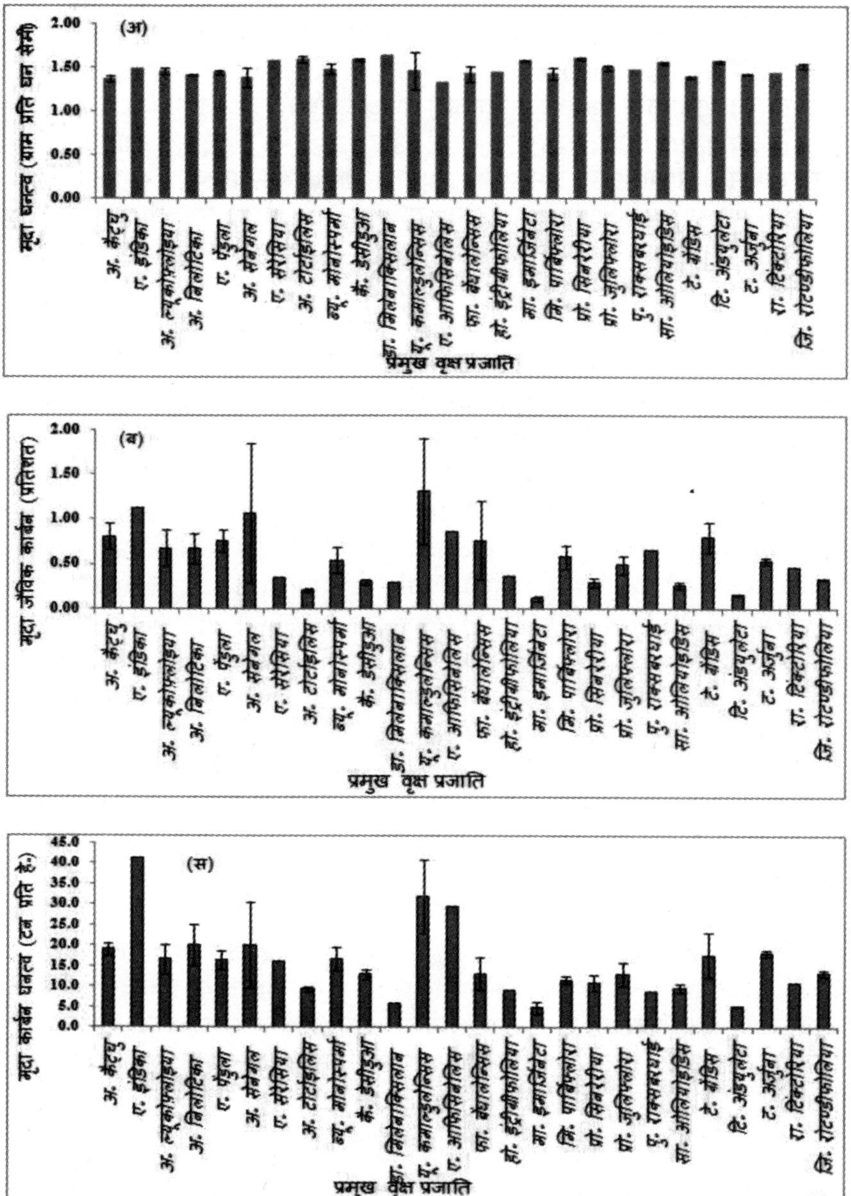

चित्र 6.5. विभिन्न प्रकार के वृक्ष प्रजाति वाले पवित्र उपवनों में मृदा घनत्व (ऊपर), मृदा जैविक कार्बन प्रतिशत (मध्य) और 0–30 सेमी ऊपरी मृदा स्तर में मृदा कार्बन घनत्व (नीचे) में परिवर्तन। त्रुटि पट्टी औसत मान में ± 1 मानक त्रुटि के रूप में प्रदर्शित है।

यह इंगित करता है कि शुष्क क्षेत्रों में स्थित पवित्र उपवन अर्द्धशुष्क क्षेत्र या अरावली के पूर्व में स्थित पवित्र उपवनों की तुलना में कम मृदा जैविक कार्बन को धारण करते हैं। चूँकि मृदा में उपलब्ध कार्बन मापने से पहले कंकड़ों (2 मिमी से अधिक आकार) को चलनी से छान लिया

जाता है जिसका मतलब है कि कंकड़ में कार्बन की मात्रा नहीं ज्ञात की जाती है। अतः मृदा कार्बन घनत्व के परिणाम में मृदा कंकड़ की मात्रा द्वारा सुधार करने की आवश्यकता होती है। कंकड़ की मात्रा का सुधार करने के पश्चात ऊपरी 0--30 सेमी मृदा परत में मापी गई मृदा कार्बन घनत्व की मात्रा नीम वृक्षों के प्रभुत्व वाले पवित्र उपवनों में उच्चतम (41.36 टन प्रति हे.) पाया गया है जबकि सबसे कम कार्बन घनत्व (4.83 टन प्रति हे.) कंकेड़ा के वृक्षों के प्रभुत्व वाले पवित्र उपवनों में देखा गया है। इस प्रकार मृदा जैविक कार्बन घनत्व में स्थानिक विभिन्नता (उच्चतम से निम्नतम का अनुपात) 8.56 गुना का पाया गया है जो प्रभुत्व वाली प्रजातियों के वृक्षों के एक मजबूत प्रभाव का संकेतक है जो अपतृण उत्पादन और सूक्ष्म जडों के चक्रण के रूप में अपना योगदान देकर मृदा कार्बन स्थिरीकरण को प्रभावित करते हैं। परन्तु मिट्टी की स्थिति में बदलाव जैसे बलुई मिट्टी से चिकनी बलुई मिट्टी, तथा वार्षिक औसत वर्षा की मात्रा भी मिट्टी में कार्बन भंडारण को प्रभावित करती है[306]।

राज्य स्तरीय प्रभुत्व वाली सभी वृक्ष प्रजातियों से संबन्धित मृदा कार्बन घनत्व की तुलना करने पर खेर, नीम, देशी बबूल, कुमठ, सफेदा, सागौन और अर्जुन के वृक्षों के प्रभुत्व वाले पवित्र उपवनों में मृदा कार्बन घनत्व अपेक्षाकृत औसत से ज्यादा पाया गया है। अन्य वृक्षों के प्रभुत्व वाले पवित्र उपवन इस मृदा परत औसत से कम मृदा कार्बन घनत्व दर्शाते हुए पाये गए हैं (चित्र 6.5स)। यह दर्शाता है कि वानस्पतिक गुणों जैसे पादप प्रजातियों की संरचना और मिट्टी की प्रकृति के साथ प्रमुख प्रजातियों का एक समेकित मजबूत प्रभाव मृदा कार्बन भंडारण को भी प्रभावित करता है[312,326,327]। मृदा में कार्बन भंडारण को प्रभावित करने वाली दो मुख्य प्रक्रियाएँ हैं पादप प्रजातियों द्वारा अपतृण संकलन की मात्रा और इनकी गुणवत्ता तथा मृदा जैविक पदार्थ के अपघटन द्वारा कार्बन का उत्पादन। यद्यपि जंगल की उत्पादकता को बढ़ाने के साथ मिट्टी में कार्बन निवेश (अपतृण या कार्बनिक पदार्थ के योगदान से) को बढ़ाना मृदा में कार्बन भंडारण को बढ़ाता है, जंगलों में मानवजनित गतिविधियों को कम करने और सलंग्न मृदा को बचाने से कार्बन नुकसान के जोखिम को कम किया जा सकता है। इसी तरह मिश्रित प्रजाति के वनों का रोपण वन की स्थिरता को बढ़ाता है व मृदा जैविक कार्बनिक पदार्थ के अपघटन की उच्च दर को कम करता है[323]। कार्बन भंडारण वृक्षों की उम्र के साथ बढ़ता है जैसे पुराने खड़े वृक्षों युक्त वनों में नये वृक्षों युक्त वनों की तुलना में कार्बन भंडारण में बढ़ोतरी अधिक होती है। परन्तु यह अलग अलग वन क्षेत्र के साथ ही उम्र और वन प्रकार के साथ बदलता है। इसका प्रमुख उदाहरण उत्तरी बोरियल वनों में भंडारित कुल कार्बन में मृदा कार्बन का योगदान युवा वृक्षों युक्त वन में 65.5 प्रतिशत से लेकर अधिक परिपक्व वृक्ष वाले वन में 30.1 प्रतिशत तक होना, और शीतोष्ण वनों में मृदा कार्बन का योगदान अधिक परिपक्व वृक्षों वाले वन में 26.0 प्रतिशत से युवा वृक्षों वाले वन में 70.1 प्रतिशत तक मिलना है[328]। ये आँकड़े यह भी दर्शाते हैं कि उम्र के साथ वृक्षों में कार्बन भंडारण बढ़ता है।

5. कृषि जलवायु क्षेत्रों में मृदा

केवल अमोनियम–नाईट्रोजन को छोडकर अध्ययन के तहत पवित्र उपवनों की मृदा के सभी प्रेक्षित गुणों पर कृषि जलवायु क्षेत्रों का प्रभाव सार्थक ($P<0.05$) पाया गया है, जबकि अमोनियम में जलवायु क्षेत्रों का प्रभाव अधिक नहीं मिला है। विद्युत चालकता IIब कृषि जलवायु क्षेत्र वाली लूनी बेसिन के संक्रमणकालीन (transitional) समतल क्षेत्र में 0.18 डेसी सिमेन प्रति मीटर से IVब कृषि जलवायु क्षेत्र वाली नम दक्षिणी समतल मैदान में 0.38 डेसी सिमेन प्रति मीटर के मध्य पाया गया है, जबकि मृदा घनत्व IVब जलवायु क्षेत्र में 1.38 ग्राम

प्रति घन सेंटीमीटर (सेमी) से लेकर Iअ जलवायु वाली शुष्क पश्चिमी समतल क्षेत्र में 1.61 ग्राम प्रति घन सेमी के मध्य मिला है। शुष्क पश्चिमी समतल क्षेत्र, जो ज्यादातर रेत के टीलों के प्रभुत्व वाला क्षेत्र है, में रेतीली मिट्टी, उच्चतम मृदा घनत्व को दर्शाती हुई पायी गयी है जो मृदा घनत्व पर रेत के सकारात्मक प्रभाव को प्रदर्शित करता है[329]। मृदा जैविक कार्बन प्रतिशत, IVअ जलवायु वाली उप नम दक्षिणी समतल मैदान में उच्चतम (1.13 प्रतिशत) देखा गया है जबकि इसका न्यूनतम मान Iअ कृषि जलवायु क्षेत्र में दर्ज किया गया है (चित्र 6.6)। यह दर्शाता है कि शुष्कता में वृद्धि मृदा जैविक कार्बन (%) के साथ नकारात्मक संबन्ध रखती है जबकि यह औसत वार्षिक वर्षा, तापमान, समुद्र तल से ऊंचाई, क्ले (मृत्तिका) और सिल्ट की मात्रा, भूमि उपयोग, और मिट्टी की स्थिति से भी संबंधित पाया गया है[330,331]।

विभिन्न कृषि जलवायु क्षेत्रों के पवित्र उपवनों की मिट्टी में मृदा पी.एच. का निम्नतम (7.05) और उच्चतम (7.82) मान क्रमशः IVब जलवायु क्षेत्र में और Iस (अत्यंत–शुष्क आंशिक रूप से सिंचित क्षेत्र में पाये गए हैं। मृदा में कंकड़ (2 मिमी आकार से बड़े) की मात्रा भी कृषि जलवायु क्षेत्रों के बीच व्यापक रुप से बदलती हुई पाई गई है जो IVब कृषि जलवायु क्षेत्र में 51.48 प्रतिशत (सबसे ज्यादा) और IIअ कृषि जलवायु क्षेत्र में सबसे कम पाई गयी है (चित्र 6.6 ब)। मृदा जैविक कार्बन, फास्फोरस और मृदा कार्बन घनत्व की सबसे कम सांद्रता Iअ कृषि जलवायु क्षेत्र के पवित्र उपवनों की मिट्टी में पाइ गई है, जबकि नाइट्रेट और अमोनियम नाइट्रोजन की सबसे कम सांद्रता Iस कृषि जलवायु क्षेत्र के पवित्र उपवनों की मिट्टी में मिली है। इससे स्पष्ट है कि शुष्क हालात और इन क्षेत्रों की रेतीली मिट्टी में कम वनस्पति आच्छादन, सूखी पत्तियों एवं टहनियों के रूप में कम कचरे के योगदान के कारण यहाँ मृदा विशेषताएँ और मृदा पोषक तत्वों की उपलब्धता ऋणात्मक रूप से प्रभावित होती है विशेषकर काफी खुले क्षेत्र होने के कारण मृदा तापमान में बढ़ोत्तरी मृदा जैविक कार्बन के अपघटन की दर को बढ़ा देती है[332]। कृषि जलवायु क्षेत्र IVअ से संबंधित पवित्र उपवनों की 0–30 सेमी की सतही मृदा में जैविक कार्बन और मृदा कार्बन घनत्व सबसे ज्यादा पाया जाता है, क्योंकि इस कृषि जलवायु क्षेत्र में अपेक्षाकृत बेहतर वनस्पति घनत्व पायी जाती है, जबकि Iब कृषि जलवायु क्षेत्र की सिंचाई सुविधा में वृद्धि होने के फलस्वरूप मृदा जल उपलब्धता वानस्पतिक आच्छादन को बढ़ाने में मदद करता है जिससे मिट्टी के कार्बन घनत्व में बढोतरी होती है। नाइट्रेट, अमोनियम और फास्फोरस की उपलब्धता क्रमशः IVब, V और IIब कृषि जलवायु क्षेत्र में सबसे अधिक पायी गयी हैं। मृदा के पोषक तत्वों में इस तरह की स्थानिक विविधता वनस्पतियों के प्रकार में भिन्नता के कारण हो सकती है, क्योंकि प्राकृतिक पारिस्थितिक तंत्र में मृदा पोषक तत्वों का मुख्य स्रोत वनस्पतियों द्वारा महीन जड़ों, और पत्तियों और सूखी टहनियों के रूप में भूमि सतह पर एकत्रिकरण (litter input) है।

फिर भी यह मिट्टी के निर्माण में सहायक प्रारम्भिक चट्टानों और इनके खनिज घटकों से भी प्रभावित होते हैं। मृदा में पोषक तत्वों की स्थानिक भिन्नता अपेक्षाकृत नम क्षेत्रों के घने व समान रूप से फैली वनस्पतियों वाले और शुष्क क्षेत्रों की खंडित वनस्पतियों वाले क्षेत्र में असमान पायी जाती है। खंडित व टुकड़ों रूपी क्षेत्र में वृद्धि करती वनस्पतियों के नीचे पोषक तत्वों का सकेंद्रित वितरण अक्सर शुष्क क्षेत्रों में "उर्वर द्वीपों" के रुप में देखा जाता है[333]। प्राकृतिक जंगलों या पवित्र उपवनों की पूर्ण सुरक्षा से वनस्पति आच्छादन, ऊंचाई और भूमि से ऊपर और नीचे की जैव मात्रा, मृदा जैविक कार्बन और नाइट्रोजन की कुल सान्द्रता में वृद्धि होती है तथा मृदा पी. एच., विद्युत चालकता और मृदा घनत्व में कमी आती है। चीन में किए गए एक अध्ययन के अनुसार बाड़ (फेंसिंग) लगाने से लगभग 6 वर्षों में वनस्पतियों का

पुनर्स्थापन, 8 साल में मृदा पी.एच., 16 साल में मृदा जैविक कार्बन, 30 साल में कुल नाइट्रोजन और 19 वर्षों में कुल फॉस्फोरस सांद्रता की भरपाई (पुनर्भरण) हो सकती है[286]।

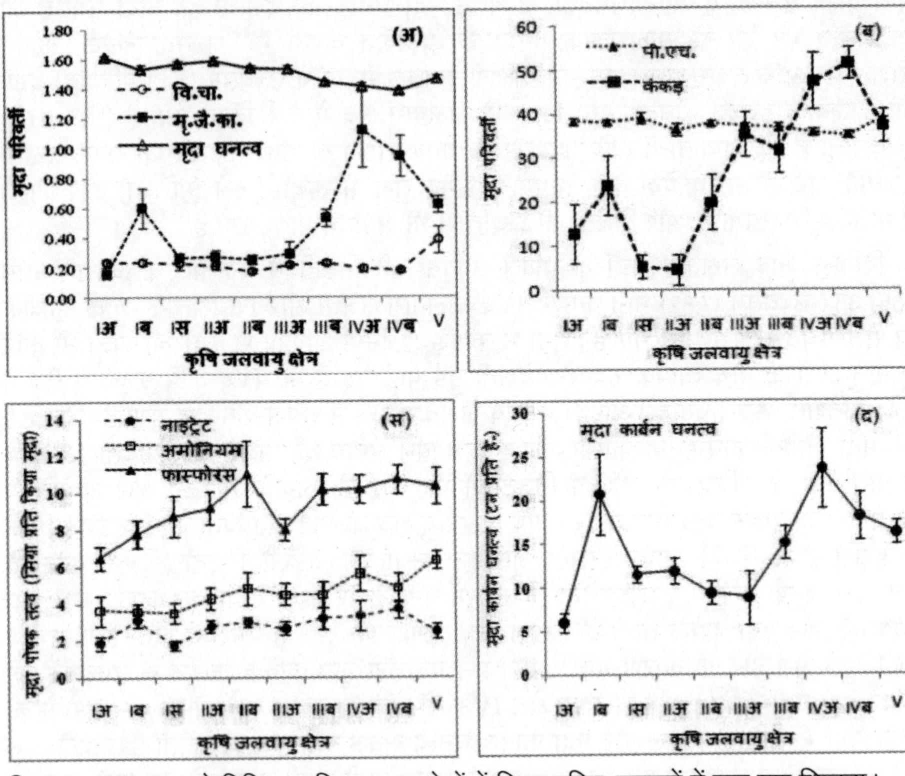

चित्र 6.6 राजस्थान के विभिन्न कृषि जलवायु क्षेत्रों में स्थित पवित्र उपवनों में मृदा गुण भिन्नता। त्रुटि पट्टी औसत मान में ± 1 मानक त्रुटि के रूप में प्रदर्शित है। पी.एच. (मान/5), कंकड़ (प्रतिशत), वि.चा. – विद्युत चालकता (डेसी सीमेन प्रति मीटर), मृ.जै.का. – मृदा जैविक कार्बन (प्रतिशत) और मृदा घनत्व (ग्राम प्रति घन सेन्टीमीटर)।

6. सांख्यिकीय संबंध

मृदा गुण बहुत कुछ वर्षा और मृदा पर उगने वाली वनस्पतियों से प्रभावित होते हैं। वर्ष 2003–2012 की वार्षिक वर्षा, लंबी अवधि की औसत वार्षिक वर्षा की तुलना में मृदा घनत्व, मृदा जैविक कार्बन, नाइट्रेट, अमोनियम और फॉस्फोरस के साथ बेहतर संबंध प्रदर्शित करता है। दीर्घकालिक औसत वार्षिक वर्षा, मृदा पी.एच. और मृदा घनत्व के साथ नकारात्मक सम्बंध दर्शाता है जबकि मृदा में कंकड़ की मात्रा, मृदा जैविक कार्बन प्रतिशत, मृदा उपलब्ध अमोनियम और फॉस्फोरस के साथ इसका सम्बन्ध सकारात्मक पाया गया है। वृक्ष प्रजातियों का एक विविध समुदाय झाड़ी प्रजाति, मृदा जैविक कार्बन और मृदा कार्बन घनत्व के लिए लाभकारी (सकारात्मक सहसंबंध) पाया गया है, जबकि वृक्ष और झाड़ी दोनों की विविधता और मृदा घनत्व में नकारात्मक सहसंबंध मिलता है जो मृदा की स्थिति में सुधार का संकेतक है (सारिणी 6.6)। वृक्ष और झाड़ी दोनों की विविधता का मृदा पोषक तत्वों के साथ कोई सार्थक सम्बंध नहीं देखा गया है, परन्तु उपलब्ध फॉस्फोरस और प्रभावी प्रजातियों की संख्या तथा

सिम्पसन सूचकांक के प्रतिलोम के साथ सकारात्मक सहसंबद्धता पायी गयी है। मृदा जैविक कार्बन प्रतिशत और मृदा कार्बन घनत्व दोनों ही 30 सेमी से अधिक की परिधि वाले वृक्षों की आबादी के साथ नकारात्मक रूप से सहसंबंध तथा विविधता के साथ सकारात्मक रूप से सहसंबंध पाये गए हैं। पूर्णतया साफ की हुई भूमि का काष्ठीय वनस्पतियों से पुनर्स्थापन, कृषीय भूमि का चरागाह में बदलना, खुले क्षेत्र का वनस्पतियों द्वारा आच्छादन और मृदा के स्थायित्व की बहाली करना ये सभी मृदा और पादपों दोनों में कार्बन स्थिरीकरण को बढ़ा सकते हैं[(334)]। 30 से.मी. से अधिक परिधि वाले वृक्षों का मृदा जैविक और वृक्ष प्रजातियों की जैव विविधता से एक सार्थक सकारात्मक संबंध मृदा जैविक कार्बन संचय में पुराने वृक्षों के लाभकारी प्रभावों को इंगित करता है। अतः पुराने वृक्षों के संरक्षण और सुरक्षा से मृदा कार्बन स्थिरीकरण में बढोतरी होने की संभावना प्रबल होती है। एक अध्ययन के अनुसार मृदा पी.एच. और कुल उपलब्ध मृदा फॉस्फोरस में हो रही कमी शैनन सूचकांक बढ़ाते हैं, जबकि धनायन विनिमय क्षमता और क्षेत्र के ढलान में वृद्धि शाकीय प्रजातियों की प्रजाति प्रचूरता में वृद्धि करते हैं। झाड़ियों के मामलों में, कुल फास्फोरस और मृदा पी.एच. में कमी तथा पोटैसियम की मात्रा में वृद्धि प्रजातियों की प्रचुरता (समृद्धि) में वृद्धि करते हुए पाये गए हैं।

सारिणी 6.6 विभिन्न पादप विविधता, स्थलाकृतियों और मृदा कारकों के बीच सम्बंध को प्रदर्शित करता सहसंबद्धता गुणांक

	प्रांचल	पी. एच.	मृदा कार्बन (%)	मृदा घनत्व	नाइट्रेट नाइट्रोजन	अमोनियम नाइट्रोजन	उपलब्ध फॉस्फोरस	कार्बन घनत्व
30 सेमी से अधिक परिधि के वृक्ष	संख्या	म.न.	-0.277	0.204	म.न.	-0.234	म.न.	-0.246
	प्रचुरता	म.न.	0.352	-0.436	0.183	म.न.	म.न.	0.311
	विविधता	म.न.	0.242	-0.321	म.न.	म.न.	म.न.	0.277
	प्रभावी संख्या	म.न.	0.258	-0.357	म.न.	म.न.	म.न.	0.278
	1/D	म.न.	0.219	-0.324	म.न.	म.न.	म.न.	0.225
	आधारीय क्षेत्रफल	म.न.	म.न.	म.न.	म.न.	म.न.	म.न.	म.न.
10–30 सेमी परिधि के वृक्ष	संख्या	-0.250	म.न.	म.न.	म.न.	म.न.	म.न.	म.न.
	प्रचुरता	म.न.	म.न.	-0.301	म.न.	म.न.	म.न.	म.न.
	विविधता	म.न.	म.न.	-0.255	म.न.	म.न.	म.न.	म.न.
	प्रभावी संख्या	म.न.	म.न.	-0.273	म.न.	म.न.	0.190	म.न.
	1/D	म.न.	म.न.	-0.248	म.न.	म.न.	0.192	म.न.
	आधारीय क्षेत्रफल	-0.186	म.न.	म.न.	म.न.	म.न.	म.न.	म.न.
वृक्षीय पौध	संख्या	म.न.	म.न.	म.न.	म.न.	म.न.	म.न.	म.न.
	प्रचुरता	म.न.	म.न.	म.न.	म.न.	म.न.	म.न.	म.न.
	विविधता	म.न.	म.न.	म.न.	म.न.	म.न.	म.न.	म.न.
	प्रभावी संख्या	म.न.	म.न.	म.न.	म.न.	म.न.	म.न.	म.न.
	1/D	म.न.	म.न.	म.न.	म.न.	म.न.	म.न.	म.न.
	आधारीय क्षेत्रफल	म.न.	म.न.	म.न.	म.न.	म.न.	म.न.	म.न.
झाड़ी	संख्या	म.न.	म.न.	म.न.	म.न.	म.न.	म.न.	म.न.
	प्रचुरता	म.न.	म.न.	-0.255	म.न.	म.न.	म.न.	म.न.
	विविधता	म.न.	म.न.	-0.262	म.न.	म.न.	म.न.	म.न.

प्रांचल	पी. एच.	मृदा कार्बन (%)	मृदा घनत्व	नाइट्रेट नाइट्रोजन	अमोनियम नाइट्रोजन	उपलब्ध फॉस्फोरस	कार्बन घनत्व
प्रभावी संख्या	म.न.	म.न.	-0.217	म.न.	म.न.	म.न.	म.न.
1/D	म.न.	म.न.	-0.222	म.न.	म.न.	म.न.	म.न.
आधारीय क्षेत्रफल	म.न.	म.न.	म.न.	म.न.	म.न.	म.न.	म.न.
ऊँचाई	-0.337	0.245	-0.333	0.376	म.न.	म.न.	म.न.
मृदा कार्बन	म.न.	-	-0.731	0.248	म.न.	म.न.	0.841

केवल सार्थक मान ही यहाँ दिये गए हैं। म.न.: महत्वपूर्ण नही (P>0.05)

तीस सेमी से अधिक परिधि (वक्ष ऊँचाई पर) के वृक्ष के आधारीय क्षेत्रफल और मृदा के विभिन्न कारकों के मध्य कोई सार्थक सम्बंध नहीं पाये गये हैं, लेकिन 10–30 सेमी परिधि के वृक्षों के आधारीय क्षेत्रफल और मृदा पी.एच. के मध्य नकारात्मक सहसंबद्धता पायी गयी है। पतझड़ व अपतृण प्राप्ति की उच्च दर के कारण 10–30 सेमी परिधि वर्ग के वृक्षों की संख्या में वृद्धि मृदा गुणों पर अनुकूल प्रभाव को इंगित करता है[324]। वर्षा, समुद्र तल से ऊंचाई, 30 सेमी से अधिक परिधि के वृक्षों की संख्या, प्रजाति समृद्धि एवं विविधता, प्रजातियों की प्रभावी संख्या, सिमपासन सूचकांक का प्रतिलोम, मृदा में कंकड़ की मात्रा, नाइट्रेट–नाइट्रोजन और मृदा घनत्व का मृदा जैविक कार्बन प्रतिशत के साथ सकारात्मक संबंध उपरी 0–30 सेमी परत में मिट्टी सुधार और वनस्पति के विकास पर मृदा जैविक कार्बन के लाभकारी प्रभाव को दर्शाता है। वर्षा, प्रजाति विविधता और प्रजातियों की संख्या में वृद्धि के साथ मृदा कार्बन संचय में बढ़ोतरी की प्रवृत्ति भी इसकी संकेतक है (चित्र 6.7)।

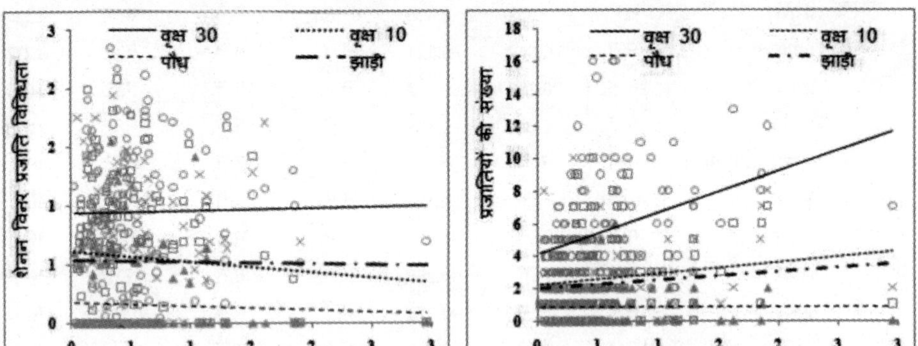

चित्र 6.7 मृदा जैविक कार्बन और विभिन्न पादप स्वभाव की प्रजाति प्रभावी संख्या के बीच संबंध।

7. निष्कर्ष एवं अनुसंशाएँ

प्रभावी प्रजातियों में स्थानीय विविधता, मृदा और पर्यावरण की स्थिति, स्थलाकृतिक भिन्नता, जलवायु परिवर्तन, मानवीय दखलंदाजी का स्तर और चरमोत्कर्ष पर पहुंची वनस्पतियों के विभिन्न तत्वों के द्वारा अलग–अलग तरीके से नियंत्रित होती हैं। राजस्थान के विभिन्न जिलों और कृषि जलवायु क्षेत्रों में पवित्र उपवनों की समुद्र तल से ऊंचाई और मृदा विशेषताओं से संबन्धित मूल्यों में महत्वपूर्ण स्थानिक बदलाव दिखाई देते हैं। प्रभावी वृक्ष

प्रजातियाँ मृदा सुधार और कार्बन स्थिरीकरण में महत्वपूर्ण भूमिका निभाती हैं। अन्य प्रजातियों की अपेक्षा नीम, कुमठ, देशी बबूल, आँवला, सागौन और अर्जुन प्रजातियों के प्रभुत्व वाले पवित्र उपवनों में मृदा जैविक कार्बन की संचय दर में अधिकता यह प्रदर्शित करती है कि भविष्य में प्रबन्धन हेतु वनीकरण कार्यक्रम के तहत ऐसे पवित्र उपवनों को पुनर्स्थापित करने में विशेष ध्यान देने की आवश्यकता है। मृदा जैविक कार्बन, मृदा कार्बन भंडार (एवं घनत्व) और मृदा पोषक तत्वों की उपवनों की ऊँचाई के साथ वृद्धि, वहाँ चराई और मवेशियों द्वारा पादपों के कुचलने की कम संभावना के कारण होता है। वार्षिक वर्षा, 30 सेमी से अधिक परिधि के वृक्ष संख्या, प्रजाति समृद्धि और वृक्ष विविधता के साथ मृदा कार्बन भंडार में वृद्धि, कार्बन स्थिरीकरण में बड़ी आयु के वृक्षों और विविध समुदायों के महत्व को दर्शाता है। कृषि जलवायु क्षेत्र I में उपलब्ध रेतीली मृदा और मृदा तापमान में अधिकता के कारण कम कार्बनिक पदार्थ की मात्रा का अर्थ है कि बढ़ती शुष्कता मृदा जैविक कार्बन और पोषक तत्व भंडारण दोनों के लिए ही हानिकारक है। उपरोक्त दोनों कारक कम वनस्पतियों और खुले क्षेत्र की स्थिति में मृदा जैविक कार्बन के अपघटन की दर में वृद्धि करते हैं। बढ़ती वार्षिक वर्षा और सिंचाई व्यवस्था के साथ मृदा जैविक कार्बन, अमोनियम–नाइट्रोजन, नाइट्रेट–नाइट्रोजन, उपलब्ध फॉस्फोरस और मृदा कार्बन घनत्व की मात्रा में परिवर्तन अरावली के पूर्व में स्थित पवित्र उपवनों के लिए अनुकूल परिस्थितियों की संकेतक है। अन्य क्षेत्रों की तुलना में कृषि जलवायु क्षेत्र Iब और IV में उच्च मृदा कार्बन घनत्व भी यही प्रदर्शित करता है। वनस्पति आच्छादन, वृक्ष ऊंचाई और भूमि सतह से ऊपर और नीचे (जड़) की जैव–मात्रा, मृदा जैविक कार्बन और नाइट्रोजन की कुल सान्द्रता में वृद्धि तथा मृदा पी.एच., विद्युत चालकता और मृदा घनत्व में कमी पवित्र उपवनों की सुरक्षा और संरक्षण के लाभदायक प्रभाव हैं।

विभिन्न प्राकृतिक सेवाओं को बनाए रखने के लिए पवित्र उपवन पारिस्थितिकी तंत्र को विभिन्न विक्षोभों से मुक्त कर एक अच्छी दशा में लाना होगा और इन्हें फिर दुबारा अवक्रमण से बचाना होगा। इस प्रक्रिया में जीवित और नव चयनित पौधे कम होती प्रतिस्पर्धा में अधिक तेजी से बढ़ते हैं जबकि कुछ ही वर्षों में कार्बन की मात्रा और जैविक आधारीय क्षेत्रफल अपने मूल स्तर में आ जाते हैं[(335,336)]। प्रभावी प्रबंधन के द्वारा पवित्र उपवनों की स्थिरता में क्षरण और वनों की कटाई से होने वाली हानि, अवक्रमण और वन विनाश को रोककर कार्बन बजटिंग के माध्यम से सीधे भरपाई की जा सकती है[(337,338)]। यह काफी हद तक सुनिश्चित करता है कि पूरी क्षति के बाद पवित्र उपवन पारिस्थितिकी तंत्र बहाल करने की तुलना में उपवन आच्छादन को बढ़ाना और प्रबन्ध करना काफी सस्ता होता है। जलवायु परिवर्तन परिदृश्य के तहत जैव विविधता की सुरक्षा सुनिश्चित करने में पारिस्थितिकी तंत्र आधारित अनुकूलन के लिए वित्त पोषण प्राप्त करने में उपवनों या वनों का संरक्षण अहम है।

घास सहित काष्ठीय वनस्पतियों को बढ़ावा देना, देशी प्रजातियों के वृक्षों द्वारा पुनर्वनरोपण और वनीकरण के तहत पवित्र उपवनों की संख्या में बढोतरी करना, मृदा और जल संरक्षण द्वारा अवक्रमित उपवनों को पुर्नस्थापन करना और चराई तथा मवेशियों के प्रभावी प्रबन्धन द्वारा कार्बन स्थिरीकरण और भूमि सुधार सहित पारिस्थितिक सेवाएं बहाल करना आदि सभी पवित्र उपवनों के पुनर्स्थापन में मदद करते हैं। फिर भी इन उपवनों की सेवाओं को बनाए रखने में सबसे प्रभावी योगदान स्थानीय लोगों की भागीदारी द्वारा हो सकता है, लेकिन यह तभी सुनिश्चित होगा जब समुदाय की रोजमर्रा की आवश्यकताओ की पूर्ति पवित्र उपवनों की विभिन्न सेवाओं से सम्भव हो।

7

पवित्र उपवनों से आजीविका एवं इन पर संभावित खतरे

प्राचीन काल से ही जीवन के अभिन्न अंग होने, विभिन्न प्रकार के प्रतिबन्धों, और पवित्रता की मान्यता के कारण स्थानीय समुदाय पवित्र उपवनों का सम्मान एवं सुरक्षा करते आए हैं। ये पवित्र उपवन पूर्व में स्थानीय रूप से व्याप्त प्रमुख वनीय वनस्पतियों के अवशेष माने जाते हैं। पवित्र उपवन साथनीय समुदाय के लिए विभिन्न प्रकार के पारिस्थितिक, सामाजिक व आर्थिक लाभ प्रदान करते हैं, जैसे पानी की उपलब्धता बढ़ाना, चराई के लिए स्थान, ईंधन काष्ठ, चारा एवं औषधीय मूल्य के पौधे। स्थानीय अथवा स्थान विशेष के समुदायों में महत्वपूर्ण सामाजिक सरोकारों में भी ये उपयोगी रहे हैं एवं सामुदायिक रूप से भी आपसी सूझ बूझ से उपयोग किये जाने वाली सम्पदा भी रहे हैं। इन पवित्र उपवनों में कई सांस्कृतिक त्यौहार जैसे, सामाजिक मेलमिलाप, विवाह समारोह, मृत्यु पश्चात् के संस्कार आदि मनाए जाते हैं। वर्तमान समय में इन उपवनों को कई खतरों का सामना करना पड़ रहा है। इन खतरों में इनके आस पास मंदिरों, पवित्र स्थलों, आवासीय व व्यावसायिक भवनों के निर्माण, पवित्र उपवनों के विखंडन, कृषि कार्यों में उपयोग हेतु इन पवित्र वनों की भूमि पर अतिक्रमण, स्थानीय लोगों द्वारा संसाधनों का शोषण, वनस्पतियों का ह्रास, पशुओं द्वारा चराई, पर्यटन गतिविधियाँ, स्थानीय वृक्षप्रजातियों का विदेशी प्रजातियों द्वारा विस्थापन आदि शामिल हैं। इस तरह की मानवजनित गतिविधियों से पवित्र उपवनों का नाश हो रहा है तथा यही क्रम यदि चलता रहा तो कुछ समय में इस सांस्कृतिक धरोहर को पूरी तरह से विलुप्त हो जाने का खतरा है। राजस्थान में अध्ययन किये गए 123 पवित्र उपवनों या ओरणों में से 6 राज्य वन विभाग (राजस्थान) के नियंत्रण में पाये गये हैं एवं अन्य ग्राम पंचायत के अधीन हैं, जिनमें से एक हाल ही में चारागाह से ओरण में परिवर्तित किया गया है। यह अध्याय पवित्र उपवनों से प्राप्त होने वाले लाभों एवं उन पर मंडरा रहे खतरों पर प्रकाश डालता है ताकि इन सामुदायिक संसाधनों के प्रभावी संरक्षण एवं प्रबंधन हेतु प्रभावी प्रबंधन रणनीतियों का विकास किया जा सके।

1. पृष्ठभूमि

जबसे मनुष्य ने खेती एवं प्राकृतिक संसाधनों का अपने आजीविका हेतु दोहन आरम्भ किया तभी से मानव गतिविधियां चल रही हैं। पवित्रता एवं सामाजिक बंधनों में ओरण रूपी पवित्र उपवनों के ये खंड जैव–विविधता के प्रमुख भंडारों की तरह काम करते हैं एवं अनन्य पादप एवं जंतु प्रजातियों का संरक्षण करते हैं[(71)]। कई वर्षों तक बिना छेड़छाड़ एवं अत्यधिक दोहन की वजह से ये ओरण आज भी जैवविविधता एवं जीन बैंक के कोष बने

हुए हैं। ये कई स्थानिक एवं लुप्तप्राय प्रजातियों को संरक्षण प्रदान करते हैं जो आर्थिक एवं वैज्ञानिक महत्व के भी हैं और जो कई स्थानों पर आसपास के वन क्षेत्रों में भी नहीं पाए जाते हैं[266,339]। अधिकांश लोग ओरणों के आध्यात्मिक उद्देश्यों रूपी कार्यों के प्रति जुड़े हैं, जबकि कई लोग ऐसे हैं जो इनके पर्यावरणीय लाभों के कारण इन्हें पसंद करते हैं[27]। स्थानीय निवासी पवित्र उपवनों या ओरणों एवं उनसे जुड़े देवी और देवताओं में आस्था रखते हैं और इसी कारण लोग इन पवित्र उपवनों के आध्यात्मिक उपयोग के प्रति जागरूक भी होते हैं[340]। ओरणों के आस पास के क्षेत्रों में रहने वाले लोगों को यह ज्ञात होता है कि वृक्षों का आर्थिक महत्व क्या होता है। इन वृक्षों से स्थानीय समुदाय को फल, फूल, चारा, औषधीय पादप, छाया, भवनों के निर्माण हेतु एवं कृषि कार्य हेतु विभिन्न प्रकार के औज़ार बनाने के लिए काष्ठ प्राप्त होता है[70,341]। इनके साथ ही ये पवित्र उपवन अनेकों प्रकार के जल स्रोतों जैसे कुए एवं नदी जल धाराओं के संरक्षण, जंगली शहद का एकत्रीकरण, मृदा क्षरण की रोकथाम एवं नियंत्रण व भवनों एवं घरों को पर्यावरणीय तूफानों से सुरक्षा भी करते हैं। उदाहरणस्वरूप नाइजीरिया के आये समुदाय के द्वारा इन पवित्र उपवनों को पर्यावरणीय महत्व दिए जाने का मुख्य कारण इनके द्वारा समुदाय हेतु पानी के बेहतर स्रोत की उपलब्धता है[214]। इस तरह पवित्र उपवन न केवल स्थानीय पादपों और जंतुओं के आश्रय स्थल हैं बल्कि ये स्थानीय स्तर पर वास्तविक जीन कोष भी हैं[342]। औषधियों व पारंपरिक चिकित्सा पद्धति के प्राचीन रहस्य और जादू टोने की आदिम विधियाँ सांस्कृतिक रूप से पवित्र उपवनों के साथ जोड़ी जाती रही हैं, जिनसे विविध सामाजिक, सांस्कृतिक[106,117,343,344], आर्थिक[73,345] एवं पर्यावरणीय [171,346] लाभ प्राप्त होते हैं।

2. पवित्र वनों के लाभ

पवित्र वनों से काष्ठीय ईंधन, चारा, लकड़ियां, जल स्रोत, आजीविका के अवसर, मृदा संरक्षण, वातावरणीय तापमान में कमी, अकाष्ठ वनोपज उत्पाद आदि पारिस्थितिक तंत्र से जुडी कई सेवाएं प्राप्त होती हैं[84]। क्षेत्र के जल तंत्र को नियंत्रित करने में इनके प्रमुख योगदान के चलते ये स्थानीय आजीविका प्रदान करने में भी अपना योगदान देते हैं [347]। पवित्र उपवन रूपी ओरण पश्चिमी राजस्थान में वे क्षेत्र हैं जहाँ जल स्रोत की उपलब्धता निश्चित होती है तथा लोगों को पीने के लिए जल प्राप्त होता है। स्थानीय लोगों की आवश्यकता अनुसार इन ओरणों का विभिन्न उद्देश्यों की प्राप्ति हेतु उपयोग किया जाता है। लोग पवित्र वनों का अपने मेवेशियों हेतु चारागाह भूमि एवं दिन प्रतिदिन के रोजगार हेतु छोटे मोटे अकाष्ठीय उत्पादों की प्राप्ति हेतु उपयोग करते हैं।

2.1 संरक्षण एवं जल उपलब्धता

अच्छी ख़ासी वनस्पतियों और मोटी ह्यूमस की परत एवं अपतृण तथा पत्तियों की परत के कारण ये उपवन जल संरक्षण एवं मृदा नमी संरक्षण में बहुमूल्य योगदान देते हैं एवं सूक्ष्म वातावरण व वाष्पोत्सर्जन रूपी प्रक्रियाओं को कम करके क्षेत्रीय जल तंत्र को नियंत्रित करते हैं जिससे मृदा जल में बढ़ोतरी के कारण सूक्ष्म जीव प्रक्रियाओं में भी सुधार होता है[347]। इस प्रकार ओरण मृदा एवं जल के संरक्षण, मृदा स्थिरता बढ़ाने एवं मिटटी को बांधे रखने में भी सहयोग करता है। ऐसे बड़े ओरण जिनका ग्रामीण क्षेत्र में पिछले कई सालों से महत्वपूर्ण पारिस्थितिक व सांस्कृतिक योगदान रहा है उनका प्रमुखतः जलविद्युतीय

परीयोजनाओं के विकास तथा खेती एवं स्थानीय समुदायों द्वारा अन्य भूमि उपयोगों हेतु भी उपयोग बढ़ता जा रहा है[348]।

कई पौधे जैसे वेटीवर ग्रास (*वेटीवेरिया ज़ीजेनॉइड्स*), डेस्मोस्टैकिया प्रजाति एवं यूकेलिप्टस प्रजातियों को सतही मिटटी को बांधे रखने एवं मृदा क्षरण रोकने हेतु लगाया जाता है। अधिकतर ओरण कुएं, तालाब, झरने, नदी जल धाराओं आदि जल स्रोतों के आस पास से जुड़े होते हैं। ये जल स्रोत न केवल जंगली व पालतू जानवरों हेतु पीने के पानी उपलब्ध कराते हैं बल्कि मानव बस्तियों या आवासों को भी पानी उपलब्ध करवाते हैं। कुछ मामलों में ये जल स्रोत जलभृत (एक्वीफर) की तरह भी कार्य करते हैं एवं भूमिगत जल के पुनर्भरण में भी सहायक होते हैं, जिसका उपयोग पीने के पानी या कृषि फसलों की सिंचाई हेतु किया जाता है। कुछ ओरण अगर आकार में बड़े होते हैं तो उनमें एक से अधिक पानी के स्रोत भी होते हैं। मेघालय प्रदेश में किये गए एक अध्ययन से यह ज्ञात होता है कि पवित्र उपवन, स्थानीय लोगों को अकाष्ठ वनोपज उत्पाद प्रदान कर निजी साधनों को बढ़ाने में मदद करते हैं[349]। ये चावल (धान) के खेतों के लिए पानी भी उपलब्ध कराते हैं तथा आसपास की छोटी जलधाराओं के लिए जल स्रोत का काम करते हैं जिससे ये स्थानीय समुदायों के लिए मधुमक्खी पालन हेतु इनके स्रोत (मधुमक्खियों के आवास) के रूप में भी उपयोग किए जाते हैं। इसके साथ ही आस पास के खेतों के लिए पोषक तत्वों की उपलब्धता बढ़ाने में भी इन पवित्र उपवनों का योगदान कम नहीं है।

सारिणी 7.1 राजस्थान के विभिन्न पवित्र उपवनों या ओरणों के आस पास बसे गाँवों के लोगों को इससे होने वाले लाभ।

क्रम	आवश्यकता का प्रकार	पवित्र उपवनों की संख्या	पवित्र उपवन प्रतिशत
1	जल उपलब्धता	113	91.9
2	जलाऊ लकड़ी का संग्रहण	38	30.1
3	मवेशियों की चराई	94	76.4
4	शुष्क काष्ठ को इकट्ठा करना	39	31.7
5	फल एवं चारा का संग्रहण	17	13.3
6	लोगों के लिए पीने के पानी की उपलब्धता	1	0.8
7	चारा एवं अन्य उत्पादों का संग्रहण	1	0.8
8	विभिन्न त्योहारों और सामाजिक कार्य हेतु एकत्र होने का स्थान	123	100
9	मीटिंग एवं अन्य विचार विमर्श हेतु स्थान	सभी	100
10	कोई नहीं	13	10.6

राजस्थान में किये अध्ययन से यह पता चलता है कि पवित्र उपवन कई जल निकायों हेतु जल ग्रहण क्षेत्र के रूप में भी काम करते हैं क्योंकि अधिकतर ओरणों में एक न एक जल निकाय अवश्य पाया जाता है। हालाँकि कुछ ओरणों में झरने, कुंडों, कुओं व तालाबों के रूप में कई जल स्रोत भी पाए गए हैं (सारिणी 7.1)। ये ओरण आसपास बहने वाले झरनों या सोतों हेतु भी जल स्रोत का काम करते हैं एवं पास के क्षेत्रों में कृषि कार्यों को प्रोत्साहन देते हैं। जैसलमेर जिले में ऐसे कई ओरण हैं जिनसे प्रवाहित होने वाला जल विभिन्न खडीनों में एकत्र किया जाता है एवं इनके उपयोग से कृषि कार्य किए जाते हैं। पश्चिमी

राजस्थान में इसे खेती की खड़ीन प्रणाली के नाम से जाना जाता है। यहाँ पर पानी, ऊँचे स्थानों से अधितकर वनों, ओरणों या अन्य समान क्षेत्रों से विभिन्न खेतों के निचले ढलान वाले क्षेत्रों में एकत्र होता है एवं संरक्षित नमी विभिन्न फसलों की खेती हेतु उपयोग की जाती है (प्लेट 7.1)। परन्तु दुखदायी तथ्य यह है कि ये ओरण बहुत ही खराब स्थिति से गुजर रहे हैं।

2.2 चराई के स्थान

प्राचीन कालीन शिकार करने की प्रथा के बाद चारागाह का प्रचलन मानव समाज के विकास के दूसरे चरण को दर्शाता है जिसका प्रादुर्भाव घोड़ों, गायों, बकरी एवं भेड़ों को पालतू बनाने के कारण हुआ है। विकसित कृषि के मुकाबले में चारागाह तथा पशुपालन में अधिक श्रम की आवश्यकता नहीं होती है। यह वह भूमि होती है जहाँ पर चराई करके जानवर आराम करते हुए शांत प्रतीत होते हैं। साथ ही सदियों से चल रही वनों की कटाई युक्त गतिविधियां, ईंधन की जमाखोरी, कृषि एवं चराई हेतु आवश्यक भूमि की आवश्यकता की वजह से ही पैदा हुई हैं जिससे प्राकृतिक भू–दृश्यों में काफी बदलाव आया है[(349,350)]। ओरणों का जानवरों से बहुत ही गहरा संबंध रहा है जिसका पालतू जानवरों की परवरिश एवं सूखे क्षेत्रों तथा सूखे के समय भोजन व चारे के रूप में उपयोग किया जाता है। पवित्र उपवनों का एक गुण यह भी है कि ये एक बाड़ की तरह काम करते हैं क्योंकि ये जंगली जानवरों अथवा मवेशियों को अपने क्षेत्र में रोककर (चारा पानी उपलब्ध कराकर) फसलों को होने वाले नुकसान से बचाते हैं। पवित्र उपवनों की यह विशेषता इन उपवनों के आस पास रहने वाले परिवारों, जो इन उपवनों को बचाए और सुरक्षित रखने में सहायक होते हैं, को आर्थिक सुदृढ़ता प्रदान करती है[(41)]। परम्परानुसार विभिन्न प्रकार के प्रतिबन्धों के कारण ये ओरण वृक्ष कटाई से सुरक्षित रहते हैं, फिर भी स्थानीय समुदाय के लोग सामान्य रूप से वृक्षों की शाखाओं की छंगाई व कटाई अपने जानवरों के चारे के लिए करते हैं[(344,351)]।

शुष्क क्षेत्रों में पशुपालन ग्रामीण लोगों का महत्वपूर्ण उद्यम है एवं राजस्थान के लोगों के लिए द्वितीयक पेशा है। कई जगह आम लोग चारागाह के साथ–साथ पवित्र उपवनों को भी चारागाह भूमि की तरह उपयोग करते हैं जिसके कारण कई बार चारागाह एवं ओरणों के बीच अंतर कर पाना बहुत मुश्किल होता है, सिवाय इसके कि पवित्र उपवनों या ओरणों में एक छोटा या बड़ा मंदिर बना दिया जाता है। राजस्थान में लगभग 76.4% ओरणों को अत्यधिक रूप से चौपायों की चराई के लिए उपयोग किया जा रहा है। कई बार पवित्र उपवनों की प्रबंधन समितियाँ भी स्थानीय लोगों के जानवरों की चराई की आवश्यकता का ध्यान रखती हैं। उदाहरण के लिए 1859 हेक्टेयर में फैले विरातरा माता का ओरण एक प्रबंधन समिति जिसमें मंदिर ट्रस्ट के साथ साथ आस पास के 7–8 गाँवों के लोग भी शामिल हैं, के द्वारा प्रबन्धित होता है। समिति द्वारा बनाए गए नियमों की अवमानना करने पर 500 से लेकर 1000 रूपए तक का हर्जाना लगया जाता है। पहले इस समिति पर राजपूत समुदाय का दबदबा था, परन्तु अब इस समिति में अन्य जातियों के लोग भी शामिल हैं एवं उनकी आवश्यकताओं का भी ध्यान रखा जाता है। ऐसे कई उदाहरणों के बावजूद कभी–कभी लोग अपने मवेशियों को चराने हेतु पवित्र उपवनों में खड़े वृक्षों को शाखाहीन कर देते हैं। पश्चिमी राजस्थान के कई क्षेत्रों व ओरणों में मृदा सतह से एक ही ऊंचाई पर खेजड़ी के वृक्षों के छत्रक की छंटाई देखी जा सकती है। इसका कारण ऊँट है जिसे रेगिस्तान का

जहाज कहा जाता है क्योंकि ऊँट अपनी ऊँचाई के अनुसार इस बहुउद्देशीय वृक्ष प्रजाति की पत्तियों और शाखाओं को लगातार चरता रहता है। लेकिन दुर्भाग्यपूर्ण मसला यह है कि रेगिस्तान के इस पशु की सँख्या विभिन्न खतरों के कारण वर्तमान में घटती जा रही है। इसी प्रकार अन्य क्षेत्रों में दूसरे पेड़ों की छंटाई व चराई की जाती है। फिर भी मवेशियों की बढ़ती संख्या के चलते ऐसे क्षेत्रों की सतही मृदा धीरे. धीरे वनस्पति विहीन होती जा रही है (प्लेट 7.1)।

2.3 ईंधन काष्ठ का संग्रहण

एक संस्था के रूप में ओरण संभवतः स्थानीय संसाधनों के उपयोग संबंधी गतिविधियों के सर्वश्रेष्ठ उदाहरण है, जो जैवविविधता के संरक्षण को बढ़ावा देते हैं, जबकि इनमें से किसी भी हरे या गीले वन उत्पाद का बाहर निकलना पूर्णरूपेण निषेध होता है। ऐसे सामाजिक बंधनों के वावजूद लोग इन क्षेत्रों से ईंधन के रूप में लकड़ी इकठ्ठा करते हैं। केरल के आदिवासी समुदाय सामान्यतः आसपास के ओरण क्षेत्रों से सामान्य रूप से लकड़ियां व ईंधन काष्ठ इकठ्ठा करते हैं[352]। इन समुदायों द्वारा संसाधनों के अतिदोहन के चलते काफी हद तक ये सामुदायिक संसाधन अवक्रमित होकर नष्ट होते जा रहे हैं। राजस्थान के सर्वेक्षण के दौरान यह पता चला कि 38 ओरण अभी भी काष्ठ ईंधन एकत्रित करने हेतु उपयोग में लिए जाते हैं। परन्तु यह एकत्रीकरण मुख्यतः गिरी हुई सूखी टहनियों व शाखाओं का होता है। कुछ स्थानों पर स्थानीय लोग पौधों या वृक्षों की कटाई छंटाई भी कर देते हैं जिससे सूखने के पश्चात् इन्हें एकत्रित किया जा सके। उदाहरणस्वरुप अलवर जिले के गढ़बस्सी गाँव के शिवजी महाराज की देव बनी के मुख्य पंडित का कहना है कि मंदिर के कर्मचारियों द्वारा संरक्षण करने के वावजूद कई लोग पेड़ों को काटा करते हैं एवं यह आँकड़ें एकत्रित करने के समय देखा भी गया है।

2.4 शुष्क काष्ठ संग्रहण

पहले पवित्र उपवनों से काष्ठीय लकड़ी के एकत्रीकरण की आज्ञा केवल इसमें स्थित मंदिर की मरम्मत हेतु ही होती थी तथा ओरण क्षेत्र से व्यक्तिगत व व्यावसायिक उद्देश्यों हेतु वृक्षों को काटना पूरी तरह से प्रतिबंधित था। यह पूरे विश्व में पाए जाने वाले कई पवित्र उपवनों हेतु सत्य भी है[17,106,107,104,353]। मलहोत्रा एंव साथियों[42] ने केरल में ऐसे कई पवित्र उपवनों के अस्तित्व की जानकारी दी है जिनमें से पौधों की कटाई और जानवरों का शिकार नहीं किया जाता है। कई ओरणों में सूखी काष्ठ बहुतायत में पाई जाती है एवं इन सुखी हुई लकड़ियों का उपयोग किसी व्यक्ति की मृत्यु के समय उसके दाह संस्कार हेतु भी किया जाता है। सूखी लकड़ी का एकत्रीकरण कुछ पारम्परिक गतिविधियों के संचालन एवं सामाजिक समारोहों हेतु भी किया जाता रहा है (प्लेट 7.1स)। सूखी लकड़ी ही वजह है कि लोग इन पवित्र उपवनों में प्रवेश किया करते थे एवं वर्तमान में भी भोजन पकाने हेतु इसके एकत्रीकरण की अनुमति है। तीर्थयात्रियों एवं श्रद्धालुओं के लिए खाना बनाने (लंगर) हेतु काष्ठीय ईंधन की मांग भी इन ओरणों से ही पूरी की जाती है। परंतु दुर्भाग्यपूर्ण बात यह है कि लोग इन पवित्र उपवनों को व्यावसायिक उद्देश्यों की पूर्ती हेतु उपयोग कर रहे हैं। जिन पवित्र उपवनों से ईंधन काष्ठ प्राप्त की जाती है स्थानीय समुदायों को वहाँ उन पवित्र उपवनों से प्रत्यक्ष आर्थिक लाभ भी प्राप्त होते हैं[214]। राजस्थान में किये गए अध्ययन में लगभग 30.1 प्रतिशत पवित्र उपवनों से सूखी काष्ठीय लकड़ी एकत्र की जाती है एवं कई क्षेत्रों से काष्ठीय लकड़ी को इकट्ठा करने की

प्रक्रिया और भी तेज है एवं लोग शाखाएँ काट कर वृक्षों को ठूँठ बना देते हैं तथा काटी गई सामग्री को सूखने हेतु छोड़ देते हैं ताकि बाद में आवश्यकतानुसार इसे ईंधन उपयोग हेतु ले जाया जा सके (सारिणी 7.1)।

2.5 लघु उत्पादों का एकत्रीकरण

फल, चारे एवं ईंधन हेतु काष्ठीय लकड़ी के अलावा ये पवित्र उपवन विभिन्न औषधीय पादपों के स्रोत भी हैं, जिन्हें विभिन्न बीमारियों एवं जानवरों के काटने पर इलाज के रूप में उपयोग किया जाता है[353,354]। इन ओरणों में उगने वाली विविध वनस्पतियों से विभिन्न प्रकार के अकाष्ठ वनोपज भी प्राप्त होते हैं जिसमे इनसे प्राप्त होने वाले उपयोगी एवं सरस फल भी होते हैं। ग्रामीणों से बातचीत करने पर पता चलता है कि इन ओरणों से उन्हें विभिन्न प्रकार के लाभ होते हैं। ओरणों के आसपास स्थित अधिकतर समुदायों ने यह माना है कि ओरण भोजन और औषधि के अतिरिक्त आय के स्रोत का भी सृजन करते हैं। मणिपुर के विभिन्न क्षेत्रों में स्थित पवित्र उपवनों में कुल 120 प्रकार के औषधीय पादपों की जानकारी का संकलन कई लेखकों द्वारा किया गया है[189,190]। विश्व के कई हिस्सों में किए गए अध्ययन में क्षेत्रीय औषधीय पौधों के संरक्षण में ओरणों के योगदान एवं उनके द्वारा दिए जाने वाले लाभों पर जोर दिया गया है एवं औषधीय पौधों के संरक्षण, इस्तेमाल एवं उनके अत्यधिक उपयोग से होने वाले प्रभावों की समीक्षा भी एक महत्वपूर्ण कार्य हो गया है[234,343,355–357]। स्थानीय समुदाय के लोग इन उत्पादों को व्यक्तिगत उपयोग हेतु इस्तेमाल करते रहे हैं एवं इन्हें कभी कभी अकाल के समय के भोजन प्रदाता के रूप में भी देखा जाता है। बेर प्रजातियाँ, पीलू (सल्वाडोरा) प्रजातियाँ, केर, तेंदू आदि को स्थानीय समुदाय द्वारा इकठ्ठा किया जाता है और इन्हें तुरन्त या फिर सुखाकर लंबे समय के उपयोग हेतु भंडारित किया जा सकता है (प्लेट 7.2अ)।

कुछ वृक्ष प्रजातियों के विविध उपयोग भी होते हैं एवं इनकी स्थानीय समुदायों द्वारा पारंपरिक औषधियों के रूप में उपयोग होने पर काफी कीमत भी होती है। उदाहरण के लिए खाखरा (*ब्यूटिया मोनोस्पर्मा*) घरों में चूना पुताई करने के लिए ब्रश के रूप में उपयोग किया जाता है जबकि इसकी पत्तियाँ पत्तल एवं दोने बनाने हेतु उपयोग की जाती हैं। इससे रस निकालने के लिए इसकी पत्तियों को छोटे छोटे टुकड़ों में काट कर उपयोग में लाया जाता है एवं रस को छाछ में मिलाकर सेवन किया जाता है। इसकी जड़ एवं छाल बवासीर के लिए एवं इसके फूल के चूर्ण का मूत्र में खून आने पर उसे रोकने हेतु उपयोग किया जाता है। इसकी पत्तियों पर लाख कीड़े भी पाले जाते हैं। सालर (*बोस्वेलिया सिरेटा*) के वृक्ष की शाखाओं एवं खजूर (*फोएनिक्स सिल्वेस्ट्रिस*) के तने का उपयोग विवाह रूपी कार्यक्रम में मंडप बनाने एवं "यज्ञ" आदि में उपयोग लिया जाता है। सालर के गोंद का उपयोग धूप बनाने में एवं गुग्गल (*कॉमिफोरा वायटी*) के गोंद का उपयोग कई दवाइयों में किया जाता है। पीपल (*फ़ाईकस रेलिजिओसा*) गिनी वर्म के इलाज में एवं नीम (*एजाडिरेच्टा इंडिका*) के विभिन्न भाग विविध बीमारियों में उपयोग किये जाते हैं। इन पवित्र उपवनों में प्राकृतिक रूप से उगने वाले कई पादप और शाकीय प्रजातियाँ ग्रामीण लोगों द्वारा प्राकृतिक चिकित्सा के रूप में स्थानीय वैद्य की सहायता से उपयोग की जाती हैं। इनमें से कुछ हैं सुआ फाग (*एफेड्रा फोलीएटा*), बज्रदंती (*बारलेरिया* प्रजाति), जंगली सरगुआ (*मोरिंगा कोंकैनेन्सिस*) आदि। कुछ पवित्र उपवनों में शहद उत्पादन की सम्भावना भी पाई गयी है जिसका उपयोग भविष्य में किया जा सकता है।

2.6 सामाजिक मेलमिलाप व कार्यक्रमों के लिए एक स्थान

पवित्र उपवन ऐसे प्राकृतिक स्थान हैं जो स्थानीय समुदाय द्वारा सामुदायिक रूप से इस्तेमाल किये जाते हैं एवं स्थानीय समुदायों में विभिन्न महत्वपूर्ण सामाजिक समारोहों को मनाने के लिए इनका उपयोग होता है। इन पवित्र उपवनों या देववनों में कई सांस्कृतिक कार्यक्रम भी किए जाते हैं (प्लेट 7.2ब)। साथ ही ये उपवन विभिन्न सामाजिक मेलमिलाप के कार्यक्रमों, विवाह समारोह, मृत्यु पश्चात् के संस्कार आदि में इकट्ठे होने के स्थान भी उपलब्ध कराते हैं। कुछ देव वन या ओरणों में मेला भी आयोजित किया जाता है जिसके दौरान विभिन्न गांव, क्षेत्रों व राज्यों के लोग एक साथ एकत्रित होते हैं। उदाहरण के रूप में जैसलमेर जिले के रामदेवरा में लाखों श्रद्धालु न सिर्फ राजस्थान से बल्कि गुजरात एवं हरियाणा राज्य से भी इकट्ठा होते हैं। इस प्रकार के मेलमिलाप रूपी कार्यक्रम या मेले अधिकांशतः कृषि केलेंडर पर आधारित होते हैं[46]। इनमें आयोजित होने वाले कुल कार्यक्रमों में से लगभग 60 प्रतिशत आयोजन पारम्परिक फसल कटाई के समय के बाद या उस समय जब कृषि कार्य लगभग नगण्य होता है, आयोजित किये जाते हैं ताकि इसमें ज्यादा से ज्यादा लोग भाग ले सकें[358]। छत्तीसगढ़ में किया गया एक अध्ययन यह दर्शाता है कि यहाँ के लोग विभिन्न प्रकार के रीति रिवाज का पालन करते हैं। उदाहरण के लिए जशपुर क्षेत्र के आदिवासी एक साथ मिलकर सरहुल त्यौहार का आयोजन करते हैं जिसके अन्तर्गत फसल पकने पर समूह में नृत्य व गान किया जाता है। पूरे साल में गांव में अकाल या कम वर्षा होने कि स्थिति में ग्रामवासी भीम देव से प्रार्थना करते हैं ताकि वे इन कठिनाइयों से उबर सकें। यहाँ हर साल जनवरी से फरवरी में स्थानीय लोगों द्वारा दो प्रसिद्ध मेले आयोजित किए जाते हैं जिनके नाम हैं पुन्नी मेला एवं मड़ाई मेला। बस्तर में दशहरा "कचनगढ़ी" नाम के रिवाज़ से शुरू होता है जिसमें कुंवारी लड़की काँटों के बने हुए बिस्तर पर अपने को लुढ़काती है। इस त्यौहार पर स्थानीय लोग कई प्रकार के पकवान भी और भोज्य पदार्थ भी बनाते हैं[358]। पवित्र उपवनों से संबन्धित अन्य मौसमी त्यौहार संतों या मसीहों के जन्म दिवस से भी जुड़े हुए होते हैं। सांस्कृतिक समारोह के अवसर जैसे तीर्थ, धार्मिक आयोजन, एवं लोकप्रिय त्योहारों का आधार क्षेत्र में व्याप्त धार्मिक रीति रिवाजों के आर्थिक एवं सामाजिक पहलुओं से जुड़े होते हैं।

3. पवित्र उपवनों के लिए खतरे

आय एवं अपर्याप्त विपणन एवं आपसी संवाद में कमी के कारण वन क्षेत्रों से अधिकाधिक संसाधनों के निष्कर्षण होने की वजह से उपलब्ध संसाधनों का अतिदोहन होने लगता है। विभिन्न अध्ययनों से पता चलता है कि इन संरक्षित पवित्र उपवनों पर शहरीकरण, प्राकृतिक संसाधनों का अतिदोहन, इनका विखंडन, इनमें कृषि कार्य का विस्तार, धार्मिक पर्यटन, जानकारी का अभाव, संस्कृतिकरण, दूसरे विदेशी पादपों का अतिक्रमण आदि का बहुत नकारात्मक प्रभाव पड़ रहा है[116,359–361]। वर्तमान समय में पवित्र उपवनों में वृक्ष कटाई, अत्यधिक चराई, शिकार एवं वनों में लगने वाली आग की वजह के साथ ही बढ़ते जैविक दबाव के कारण, जिसे स्थानीय लोगों द्वारा सामान्यतः नज़र अंदाज किया जाता है, इन पवित्र उपवनों का धीरे धीरे क्षरण हो रहा है। पारम्परिक मान्यताओं के गिरावट जैसे पवित्र उपवन क्षेत्र में कृषि एवं आवासीय क्षेत्र का बढ़ना, अनियोजित विकास, वृक्षों की अवैध कटाई, इनके अंदर शिकार, और घटते सांस्कृतिक, जैविक एवं पारिस्थितिक मूल्य[362] के साथ ही पहले से निषिद्ध मानव गतिविधियां जैसे मृत काष्ठ का संग्रहण,

जैवमात्रा का निष्कासन, मुलायम व बारीक शाखाओं की छंगाई एवं बकरियों और भेड़ों के लिए हरी पत्तियों की तुड़ाई, चलने हेतु मार्गों का निर्माण, मवेशियों की चराई, रेत और मिटटी का खनन, ईंट बनाने और जंगली फलों के बढ़ते संग्रहण से इन प्राकृतिक उपवनों का बहुत ही ज्यादा नुकसान हो रहा है (प्लेट 7.3)। इन क्षेत्रों से सब्जियों, औषधीय पौधों, फल खाने वाले चमगादड़ों और जुगनूँ इकट्ठा करने वाला बढता व्यवसाय इन पवित्र उपवनों की पारिस्थितिकी को नुकसान पहुँचा रहा है।

विभिन्न स्थानों और क्षेत्रों में स्थित पवित्र उपवनों की संख्या किसी क्षेत्र विशेष में होने वाले खतरों पर निर्भर करती है। पिछले कुछ दशकों में लोगों ने अपने वन प्रबंधन के अधिकार सरकार को दे दिए हैं। इस तरह से पवित्र उपवन क्षेत्र एवं संख्या में गिरावट के कई कारण हैं जिनमें से प्रमुख कारण पवित्र उपवनों में उपलब्ध जैव विविधता, खतरे, आदि से संबन्धित दस्तावेजों की कमी है। इसकी वजह से इन ओरणों का महत्व समझना एवं इन्हें संरक्षित करना मुश्किल होता जा रहा है। खतरो के विभिन्न स्तरों को देखते हुए कई अनुसंधानकर्ताओं ने पवित्र उपवनों को सामाजिक–सांस्कृतिक गतिविधियों द्वारा संरक्षित करने की कोशिश पर भी काम किया है[177,363]। कुछ सामान्य रूप से परिलक्षित खतरों को राजस्थान के ओरणों के सर्वेक्षण के दौरान पहचाना भी गया है जो निम्न हैं –

3.1 पारंपरिक मान्यताओं का विलोपन

पारंपरिक मान्यताएं दुनिया भर के पवित्र उपवनों की मूलभूत आधार रही हैं। तंत्र और रिवाज दोनों ही आज कल केवल अन्धविश्वास के रूप में माने जा रहे हैं[364]। लंबी अवधि के लाभों की जानकारी के अभाव में इन उपवनों का विनाश हो रहा है। विभिन्न प्रकार की धार्मिक मान्यताएँ, पर्यटकों एवं तीर्थयात्रियों का अत्यधिक दबाव और दूसरे धर्मों में धर्मान्तरण व आर्थिक लाभ हेतु वृक्षों की कटाई, राज्य के विभिन्न हिस्सों में उपलब्ध इन हरे भरे वानस्पतिक क्षेत्रों को अब केवल कुछ वृक्षों के झुरमुटों में तब्दील कर रहे हैं। अब इन रीति रिवाजों को केवल कुछ लोग ही जानते हैं, जो ज्यादातर पुरानी पीढ़ी के लोगों तक ही सीमित रह गये हैं। बड़े आकार वाले पवित्र उपवन क्षेत्रों में आज भी पुराने समय के हिसाब से पारंपरिक रिवाज मनाये जाते हैं लेकिन छोटे ओरणों में अब ये रीति रिवाज लगभग नगण्य हो गए हैं। धीरे–धीरे बढ़ती आधुनिकता, शहरीकरण और लोगों की बदलती महत्वाकांक्षाओं के चलते इन पवित्र उपवनों का पारम्परिक महत्व गायब हो रहा है। परिणामस्वरूप सांस्कृतिक प्रथाओं और प्रतिबन्धों की अवज्ञा पर अब कोई भारी दंड नहीं लगाया जाता, जिसके कारण ये ओरण क्रमशः समाप्त हो रहे हैं।

> प्रकृति पूजा, धर्म और सामाजिक मूल्यों के प्रति लोगों का घटता विश्वास पवित्र उपवनों के लिए सबसे बड़े खतरे हैं, जिनसे संरक्षित उपवनों के ऐसे टुकड़े नष्ट हो रहे हैं जो अब तक किसी भी प्रकार के छेड़छाड़ से मुक्त रहे हैं। ईश्वर का डर और सामाजिक निषेध लोगों को इन देव वनों के संसाधनों का अति उपयोग और वृक्षों की कटाई से रोकते आये थे। हालाँकि यहाँ भी कोई भौतिक सीमाबंदी नहीं थी। अतः सामाजिक और धार्मिक मूल्यों में कमी इन पवित्र उपवनों हेतु गंभीर खतरों के रूप में उभर रहे हैं।
>
> स्रोतः (365)

3.2 शहरीकरण और विकास द्वारा हस्तक्षेप

यद्यपि कुछ पवित्र उपवन अच्छी तरह से संरक्षित हैं लेकिन फिर भी मानव जनित दखल के चलते अधिकतर पवित्र उपवनों को मध्यम से लेकर उच्च दबाव का सामना करना पड़ रहा है फिर चाहे वह निर्माण से जुड़ी गतिविधियाँ हो, शहरीकरण हो या फिर आधुनिकतावाद। उप शहरी क्षेत्रों में आने वाले बड़े पवित्र उपवनों पर आधुनिकीकरण एवं शहरीकरण की वजह से खतरा उत्पन्न हो रहा है[(359)]। शहरी या ग्रामीण क्षेत्रों के आस–पास के क्षेत्रों में शहरीकरण या अतिक्रमण ज्यादा हो रहा है। इसके साथ ही इन उपवनों को सबसे ज्यादा खतरा मंदिर परिसर में चलने वाली निर्माण संबंधी गतिविधियों से है जिसके अन्तर्गत काफी बड़ी संख्या में पेड़ों की कटाई की जाती है।

भारत के कई हिस्सों में और राजस्थान राज्य में भी अनेक पवित्र उपवन सड़क निर्माण, रेल पटरियों के बिछाये जाने और बाँध आदि के निर्माण की वजह से नष्ट हुए हैं। अतः ओरणों को होने वाले वर्तमान खतरों में आधुनिकीरण, औद्योगीकरण, बहु माफियाओं का बढ़ता लालच और विभिन्न व्यवसायी इमारतों के निर्माण आदि शामिल हैं। इन सबके साथ ही स्थानीय लोगों की नयी पीढ़ी में सांस्कृतिक और पारिस्थितिक महत्व का लोप होना भी प्रमुख खतरों में से एक है। 123 पवित्र वनों में से लगभग 8 पवित्र उपवनों का उपयोग मानव अंतिम संस्कार में जबकि 16 प्रतिशत पवित्र उपवन मिश्रित गतिविधियों जैसे मंदिरों का निर्माण, धर्मशाला का निर्माण या नवीनीकरण, सड़कें और रेल पटरियों के बिछाने आदि हेतु उपयोग किये जा रहे हैं (प्लेट 7.3)। सौभाग्यवश 15 प्रतिशत पवित्र उपवन सुरक्षित हालातों और पूर्ण संरक्षित पाए गए हैं (सारिणी 7.2)।

सारिणी 7.2 राजस्थान के विभिन्न क्षेत्रों में पाये जाने वाले पवित्र उपवनों के उपयोग का प्रकार।

क्रम	भूमि उपयोग का प्रकार	पवित्र उपवनों की संख्या	पवित्र उपवनों का प्रतिशत
1	मंदिर अथवा मस्जिद का निर्माण	57	46.3
2	रेलवे लाइन बिछाना	1	0.8
3	सड़क या हाइवे का निर्माण	19	15.5
4	शव दफनाने का स्थान	8	6.5
5	मंदिर व सड़क दोनों का निर्माण	12	9.8
6	मंदिर, सड़क और रेलवे का निर्माण कार्य	1	0.8
7	धर्मशाला, दुकान और सड़क कार्य	2	1.6
8	धर्मशाला, मंदिर और सड़क कार्य	3	2.4
9	पौधरोपण कार्य	2	1.6
10	कोई परिवर्तन नहीं	18	14.6
कुल		123	100

3.3 पवित्र उपवनों का विखंडन

नहरों, रेलवे लाइन, सड़कों या पगडंडियों, इलेक्ट्रिक केबलों, खंबों आदि की वजह से पवित्र उपवन कई छोटे छोटे टुकड़ों में बंट रहे हैं जिससे इन पर तरह तरह के अतिक्रमण का खतरा भी बढ़ रहा है[(129)]। एक बिखरे हुए आवास क्षेत्र एवं उसमें सड़कों आदि के निर्माण कार्य से हुए नुकसान की वजह से जैव विविधता को भी खतरा है, क्योंकि सड़कें एक बाड़ की तरह काम करती हैं एवं वन्य जीवों के आवागमन को अवरुद्ध करती हैं साथ

ही कुछ स्थान भी घेरती हैं। राजस्थान में 123 पवित्र उपवनों में किये गए अध्ययन में से 1 को केवल रेलवे लाइन द्वारा, 19 को रेलवे और हाईवे दोनों के द्वारा जबकि बाकी कई को मोटर गुजरने योग्य रास्तों द्वारा विभाजित होता पाया गया है (सारिणी 7.2)। बृहद क्षेत्र में वितरित और रेलवे लाइन और सड़कों के एक तंत्र से विभक्त एवं बिखरे पड़े हुए ये उपवन एक टापू बनकर रह जाते हैं जिसके कारण बहुत से पादपों और वृक्षों में प्रभावी परागण, बीज बनने की प्रक्रिया और इनके प्रकीर्णन आदि सभी प्रभावित होते हैं और अंततः अपनी पहचान ही खो देने के कगार पर पहुँच जाते हैं। इससे चरमोत्कर्ष (क्लाइमेक्स) पर पहुंची पादप प्रजाति की पुनरुत्पत्ति को प्रभावित होते पाया गया है। भूदृश्य स्तर पर 1995 से 2010 के बीच पवित्र उपवनों के बिखराव पर किया गया एक अध्ययन यह दर्शाता है कि देववन में अवक्रमण हुआ है एवं इन उपवनों की विजातीयता में कमी आयी है[(366)]। इसमें औसत टुकड़ों के आकर में आयी अधिक वृद्धि (81.4 प्रतिशत) का मुख्य कारण छोट–छोटे टापूनुमा उपवनों के टुकड़ों का उपयोग दूसरे भूमि उपयोग में होना माना गया है। पवित्र उपवनों की संख्या में 44.3 प्रतिशत की गिरावट और इन टुकड़ों के आकार गुणांक परिवर्तन में 9.1 प्रतिशत की कमी भी इन उपवनों का अन्य भू–उपयोग में परिवर्तन को दर्शाता है। ऐसे क्षेत्रों में भूदृश्य स्तर पर बदलाव भी इन उपवनों के एकाकी टुकड़ों में हुए परिवर्तन से जुड़े हुए हैं जो इनके किनारे पर स्थित वनस्पतियों के घनत्व में आई भारी गिरावट के कारण माना जाता है जिसमें औसत आकार सूचकांक में कुछ कमी के साथ 22.8 प्रतिशत की गिरावट पायी गयी है। छोटा आकर और उपवनों के किनारे पर बढ़ता वानस्पतिक घनत्व उच्च संवेदनशीलता को दर्शाता है खासकर जब पारंपरिक मूल्यों में क्षरण की वजह से उनके संरक्षण में कमी आ जाती है[(366)]। छोटे आकार और इन देव वनों का छोटे–छोटे टुकड़ों में बंटने का मुख्य नकारात्मक पहलू एवं खतरा कई जैविक प्रजातियों की संख्या एवं उनकी जीवितता पर होता है। इनकी सुरक्षा एवं बचाव का मुख्य तरीका है कि इन्हें दूसरे वनीय क्षेत्रों या पवित्र उपवनों के एक नेटवर्क तंत्र से जोड़ दिया जाए अथवा बड़े पवित्र वनों का भू–दृश्य स्तर पर एक सम्मिलित तंत्र विकसित कर इन सभी को एक साथ संरक्षित एवं प्रबन्धित किया जाए जिससे इन पवित्र उपवनों में उपस्थित विभिन्न प्रकार की वृक्ष प्रजातियों एवं पादपों की संख्या को आश्रय देने हेतु समुचित प्राकृतिक आवास उपलब्ध करवाये जा सकें[(367)]।

3.4 संस्कृति का आधुनिकीकरण

अतीत में पवित्र उपवनों में वृक्षों के साथ केवल पारम्परिक छोटे मंदिर हुआ करते थे, लेकिन अब इनका स्थान कुछ आवासीय और व्यावसायिक पंडालों वाले बड़े मंदिर ले रहे हैं। कुछ ओरणों में पेड़ों को काट कर बड़े मंदिर, पार्क एवं श्रद्धालुओं के ठहरने के लिए धर्मशालाएँ एवं पगडंडियों का निर्माण आदि किया जा रहा है। इन ओरणों के हरे भरे क्षेत्रों का आकार भी सिकुड़ रहा है क्योंकि लोग ओरण रूपी इन पवित्र उपवन क्षेत्रों को क्षेत्र विकास से जुडी गतिविधियों और त्योहारों हेतु बड़े आयोजनों और मेले आदि के लिए उपयोग कर रहे हैं। इसी तरह की परिस्थितियां राजस्थान में भी पाइ गई हैं जहाँ कई ओरण संस्कृतिकरण की वजह से खतरे में हैं और पूजा के आदिम तरीके आधुनिकीकरण के तहत परिवर्तित होकर धीरे–धीरे मंदिर पूजा एवं समारोहों के रूप ले रहे हैं। इसके कारण ओरणों के आकर में भी परिवर्तन आ रहा है। सर्वेक्षण किये गए 123 ओरणों में से 57 ओरणों में मंदिर या मस्जिद का निर्माण पाया गया है एवं आदिम पूजा की प्रकृति को बदलकर इन पवित्र उपवनों एवं मंदिरों को आधुनिक तीर्थ के रूप में बदला जा रहा है (सारिणी 7.2)।

3.5 अपशिष्ट निस्तारण के बढ़ते प्रभाव

आधुनिकरण और संस्कृतिकरण की बढ़ती प्रक्रिया में ओरणों में स्थापित मंदिरों में तीर्थयात्रियों की आवाजाही बेतहासा बढ़ गयी है। त्योहारों के मौसम में लोगों की बढ़ती आवाजाही को सुगम बनाने के लिए पवित्र उपवन क्षेत्रों के उपलब्ध हरित क्षेत्र और वृक्षों को काट दिया जाता है। हालाँकि पर्यटन से ओरणों को पहचान और उस स्थान की कीमत बढ़ने के फायदे मिलते हैं जिनसे स्थानीय निवासियों को मिलने वाली राशि या फायदे और इन उपवनों के संरक्षण में सहायता मिलती है, लेकिन अत्यधिक दोहन और ठोस मल तथा पारिस्थितिक प्रभावों के परिणामों की संभावना के नकारात्मक प्रभाव से भी इन पवित्र स्थलों को खतरा होने संबंधी आशंका बढ़ जाती है। ऐसे क्षेत्रों पर इन मानवजनित दबावों के कारण पानी की खपत, तीर्थयात्रियों व श्रद्धालुओं के लिए खाना पकाने हेतु ईंधन की आवश्यकता और परिणामस्वरूप बड़ी मात्रा में ठोस अपशिष्ट का उत्पादन बढ़ जाता है[359]। हालाँकि बढ़ते पर्यटकों और तीर्थयात्रियों की वजह से वैकल्पिक रोजगारों का सृजन भी होता है लेकिन इससे बेतहासा बढ़ती ठोस अपशिष्ट की मात्रा एवं इनका विसर्जन बहुत सारी समस्याएँ उत्पन्न कर रहा है[368]। यह पर्यटक क्षेत्रों में एक आम समस्या बनती जा रही है। ओरणों या पवित्र स्थानों में उत्पन्न हो रही ऐसी समस्याओं के मामलों में बाड़मेर जिले में विरात्रा माता का ओरण और सिवाना का हल्देश्वर महादेव क्षेत्र, जैसलमेर जिले के पोखरण में बाबा रामदेव मंदिर, पाली जिले में रणकपुर, दौसा जिले में सांवरियाजी सेठ धाम आदि कुछ उदाहरण हैं। इन स्थानों पर ठोस अपशिष्ट के निस्तारण की वजह से पानी और वातावरण की गुणवत्ता काफी प्रभावित हुई हैं। उदाहरण के लिए जैसलमेर जिले के रामदेवरा में भादो सुदी 2 से भादो सुदी 11 (अगस्त–सितम्बर के महीने में) तक एक बड़े मेले का आयोजन किया जाता है जिसमें लाखों श्रद्धालु जो कि बड़े–बड़े समूहों में दूर–दूर से आते हैं, इस मेले में सम्मलित होते हैं जिससे यहाँ के वातावरण में प्रदूषण की मात्रा बढ़ जाती है।

3.6 अतिचराई और ईंधन काष्ठ संग्रहण

बढ़ते इंसानी और मवेशियों की सँख्या का दबाव और स्थानीय लोगों द्वारा उससे जुड़े ईंधन काष्ठ, भोजन और चारे के संग्रहण की वजह से ओरणों की स्थिति बिगड़ती जा रही है। स्थानीय निवासी स्वतंत्र होकर काष्ठीय ईंधन इकठ्ठा करते हैं और अपने पशुओं को चराते भी हैं। पश्चिमी घाट के कोंकण क्षेत्र के ओरणों से संबन्धित शुरूआती पूछताछ से ये पता चला है कि विकास और कृषि हेतु अतिक्रमण, बढ़ते संसाधनों के उपयोग, मवेशियों द्वारा वनस्पतियों को रौंदने और मंदिरों के पुनर्निर्माण आदि की वजह से इन पवित्र वनों के वातावरण को काफी नुकसान हो रहा है[180]। अति चराई के कारण कई वृक्षों और अन्य पादप प्रजातियों का पुनरुद्भवन नहीं हो पाता है और इस प्रकार की समस्या अधिकांश पवित्र उपवनों में देखने को मिलती है। इसके चलते कुछ समय में ये पवित्र उपवन प्रजातियों के समाप्त होने से स्वतः भी विलुप्त हो सकते हैं[369]। चराई की बढ़ती आवृत्ति, छंगाई और जैवभार निष्कर्षण के कारण भी ओरण कम हो रहे हैं। अतः राजस्थान में पाये जाने वाले ओरणों में मुख्यतः 5 प्रकार की कठिनाइयाँ हैं जैसे अत्यधिक चराई, वृक्ष कटाई, विभिन्न प्रकार के खनन, वाहनों का आवागमन और प्रदूषकों का खुले क्षेत्र में फेंका जाना (सारिणी 7.3)।

सारिणी 7.3 अध्ययन किए गए राजस्थान के विभिन्न पवित्र उपवनों में विक्षोभों और दोहन के प्रकार

क्रम	दोहन का प्रकार	पवित्र उपवनों की संख्या	पवित्र उपवनों का प्रतिशत
1	चराई	104	84.6
2	चराई और कटाई	4	3.3
3	चराई और माइनिंग	1	0.8
4	गाड़ियों की आवाजाही	6	4.9
5	ठोस कचरा का निस्तारण और चराई	1	0.8
6	कोई विक्षोभ नहीं	7	5.7
	कुल	123	100

इस प्रकार राजस्थान में किए गए सर्वे में 123 पवित्र वनों में सात पवित्र उपवन बिना किसी छेड़छाड़ के सुरक्षित पाए गए जो कुल ओरणों का 6 प्रतिशत हैं जबकि 85 प्रतिशत ओरणों पर विभिन्न प्रकार की चराई का प्रभाव पाया गया है। इन पवित्र उपवनों में अत्यधिक चराई की वजह से सतही वनस्पति पर भारी असर पड़ा है और परिणामतः पादप प्रजातियों के पुनरुद्भवन पर भी प्रभाव पड़ा है। लगभग 3 प्रतिशत पवित्र उपवन पर चराई, चारा और काष्ठीय ईंधन हेतु वृक्ष कटाई दोनों का ही असर पाया गया है (प्लेट 7.1स)। कुछ अध्ययन यह प्रदर्शित करते हैं कि चराई के बाद विदेशी झाड़ियों के अतिक्रमण का विभिन्न आकार के क्षेत्रों में प्रभाव उपस्थित पादप प्रजातियों के घनत्व, जैवभार और झाड़ियों के छत्रक के नीचे और खुले क्षेत्र में प्रजातियों के संघटन की समानता पर पड़ता है, जिससे अंततः मृदा स्थिरता, पौषक तत्वों के चक्रण और वर्षा ग्राहिता प्रभावित होते हैं[(370)]। अनियंत्रित चराई से पादपों और मृदा के आपसी संबंध व मृदा कार्बन पर नकारात्मक प्रभाव पड़ता है जबकि चराई को बंद करने से भी ये संबंध प्रभावित होते हैं[(279,371)]। एक झुण्ड में मवेशियों की बढ़ती संख्या एवं इनके द्वारा अत्यधिक चराई और मृदा सतह रौंदने की प्रक्रिया स्वरूप प्राकृतिक पादप समुदाय नष्ट होने लगते हैं तथा इन मवेशियों की संख्या बढ़ने से चारा उत्पादन में कमी आती है[(372–375)]। इससे पौधों के समुदाय में पादपों या प्रजातियों की संख्या में कमी होता है और चारागाह अथवा पवित्र उपवनों में काष्टीय वनस्पतियों की स्थापना बढ़ जाती है एवं प्रारंभिक अवस्थाओं के अनुक्रमण और आक्रमणकारी विदेशी पादप प्रजातियों का उद्भव होता है जो अवक्रमण की ही एक श्रेणी है[(376)]।

सूखी काष्ठीय लकड़ी और कचरे के रूप में अपतृण के साथ साथ पादप बीजों को ओरण क्षेत्र की मृदा सतह से निकालना प्राकृतिक पुनरुद्भवन की प्रक्रिया को धीमा कर क्षेत्र में हो रहे अनुक्रमण को प्रभावित करता है[(352)]। कभी–कभी वृक्षों की शाखाओं की कटाई और छंगाई जानवरों को चारा उपलब्ध करने के लिए भी किया जाता है फिर भूमि सतह पर पड़ी टहनियों और शाखाओं को सूखने के बाद स्थानीय निवासी इन्हें बाहर ले जाकर बाड़ बनाने के लिए या ईंधन हेतु प्रयोग करते हैं। कम मोटाई के वृक्षों को काटना एवं उसे सिर पर रखकर बाहर ले जाना ज्यादा आसान होता है क्योंकि अधिकतर ओरण सड़क और मानव बस्तियों के पास होते हैं। कुछ अध्ययनों में अधिकतर काटे गए वृक्ष का परिधि मान 30–60 सेमी और 60–90 सेमी भी पाया गया है[(252)]। यह दर्शाता है कि स्थानीय निवासी कम परिधि वाले वृक्षों को घर की ईंधन संबंधी आवश्यकताओं और निर्माण हेतु खंबों के रूप में इस्तेमाल करना ज्यादा पसंद करते हैं। ऐसी ही स्थिति पूर्वी हिमालय के वनों में भी देखी गई है जहाँ पर्यटन के मौसम में ग्रामीणों द्वारा 30–90 सेमी सीने की ऊँचाई वाले परिधि युक्त तने

वाले वृक्षों का चयन एवं कटाई व्यावसायिक काष्ठीय ईंधन की खपत और झोंपड़े बनाने हेतु खंबे के लिए किया जाता है[377]। कुछ लोग इमारती काष्ठ और ईंधन काष्ठ दोनों को बाजार में भी बेचते हैं और कई व्यापारी इसके लिए भुगतान करने को भी तैयार हो जाते हैं। बहुत से देव वनों में इमारती काष्ठ और जलाऊ लकड़ी का संग्रहण ही स्थानीय लोगों के लिए मुख्य व्यवसाय होता है[236]। पवित्र उपवनों की भूमि सतह पर पड़ी लकड़ी का हटाया जाना और क्षेत्र के सुक्ष्म वातावरण में परिवर्तन से वृक्ष प्रजातियों की पुनरुद्भवन प्रक्रिया प्रभावित होती है वहीं दूसरी तरफ ऐसी झाड़ियाँ और एकवर्षीय पौधे जो छाया नापसंद होते हैं, उनके समुदायीकरण और स्थापना को सहयोग मिलता है जिससे वनस्पतियों की संरचना में आमूल चूल परिवर्तन होने की संभावना प्रबल हो जाती है[263]।

3.7 मानव लोभ

आसपास के क्षेत्रों में विभिन्न भूमि प्रयोगों में उपयोग होने के बावजूद ओरण प्राकृतिक वनों के एकाकी टुकड़ों के रूप में उपस्थित रहते हैं। स्थानीय समुदायों, विभिन्न सरकारी विभागों और लोगों के आवागमन के कारण इन पवित्र उपवनों में अतिक्रमण होते रहते हैं जिसकी वजह से ये उपवन विलुप्त हो रहे हैं। एक ऐसी ही समस्या खनन गतिविधियों के कारण है, जिनसे इन पवित्र उपवनों के वातावरण को नुकसान हुआ है। हालाँकि कुछ खनन गतिविधियाँ एक ही पवित्र उपवन में पायी गयी हैं परन्तु मिट्टी, रेत, मूरम (केल्शियम कार्बोनेट का समूह) आदि का निष्कर्षण कई उपवनों में पाया गया है जो इन पवित्र उपवनों के लिए नुकसानदेह प्रतीत होता है। यद्यपि पवित्र स्थल होने के कारण आम जन गतिविधियों द्वारा इन पवित्र उपवनों का अवक्रमण एक आम बात है, लेकिन 6 स्थानों में अधिकाधिक वाहनों के आने जाने से भी नुकसान होता पाया गया है।

पवित्र उपवनों का विविध उपयोगों हेतु लगातार अतिक्रमण ओरणों के अस्तित्व के लिए मुख्य खतरा है। राजस्थान के लगभग 64.2 प्रतिशत ओरण सुरक्षित पाये गए हैं, और इनके किनारे कृषीय खेतों के होने के बावजूद इन उपवनों की सीमा में समय के साथ न्यूनतम बदलाव देखा गया है। जबकि ऐसी स्थिति में अतिक्रमण सामान्यतः होने की संभावना ज्यादा रहती है जो ओरणों के सिकुड़ने का कारण होता है। अतः ओरणों का मुख्य अतिक्रमण कृषि उपयोगों की वजह से होता है जैसा कि अध्ययन किये गए ओरणों में से कुल 27 प्रतिशत में पाया गया है (सारिणी 7.4)। उसके बाद कृषि गतिविधियों और भवन निर्माण कार्य हेतु इनका उपयोग है। लगभग 3 प्रतिशत ओरणों या उपवनों में केवल भवन निर्माण हेतु अतिक्रमण किया हुआ पाया गया है।

रेलवे लाइन, सड़कें और कृषि हेतु अतिक्रमण और अन्य गतिविधियाँ भी पवित्र उपवनों का छोटे टुकड़ों में विखंडन में कारक होकर अंततः उनके अस्तित्व के लिए खतरे के रूप में परिणित हो जाते हैं। इस प्रकार के अतिक्रमण से भारत के कुछ बड़े पवित्र उपवनों के क्षेत्रों में भी गिरावट आयी है। अत्यधिक व्यक्तिगत कमाई के लिए कुछ लोग कुछ खास किस्म के पौधों जैसे दक्षिण भारत में चन्दन (*सेंटलम अल्बम*) और रेड सेंडर (*टेरोकार्पस मारसुपियम*) और राजस्थान में सागौन (*टेक्टोना ग्रेंडिस*) को काफी नुकसान पहुँचा रहे हैं जिससे इनकी संख्या में गिरावट आयी है। जोधपुर जिले में किये गए एक अध्ययन से यह पता चलता है कि पवित्र उपवनों और चारागाहों में अलग अलग स्तर का अतिक्रमण है एवं सर्वेक्षण किये गए आधे ओरणों या चरागाहों में सीमान्त (0.20 प्रतिशत) अतिक्रमण, 25 प्रतिशत ओरणों में 20 प्रतिशत से ज्यादा का अतिक्रमण पाया गया है[96]। नब्बे प्रतिशत से ज्यादा एवं 100 प्रतिशत तक का अतिक्रमण भी कुछ पवित्र उपवनों और चारागाहों में पाया गया है।

सारिणी 7.4 राजस्थान के विभिन्न क्षेत्रों में अध्ययन किए गए पवित्र उपवनों में अतिक्रमण का प्रकार।

क्रम	अतिक्रमण के प्रकार	पवित्र उपवनों की संख्या	पवित्र उपवनों का प्रतिशत
1	कृषि कार्य हेतु	33	26.8
2	घर या ढाणी के निर्माण हेतु	3	2.4
3	कृषि कार्य और घर के निर्माण दोनों के लिए	8	6.5
4	कोई अतिक्रमण नहीं	79	64.2

3.8 वनीकरण कार्यक्रमों में प्रयुक्त प्रजातियाँ

विभिन्न पवित्र उपवनों की कुल जैवविविधता एवं पारिस्थितिकी के बिगड़ने में कुछ योगदान इन ओरणों को सघन बनाने हेतु लगायी जाने वाले वृक्ष प्रजातियों के गलत चयन का भी है। ओरणों में वृक्षों एवं इनकी प्रजातियों की संख्या में कमी को दूर करने के लिए पौध रोपण में उपयोग की जाने वाली प्रजातियों में स्थानीय वृक्ष प्रजातियों को नजर अंदाज कर दिया जाता है और दिदेशी एवं सजावटी और बागवानी वाली वृक्ष प्रजातियाँ जैसे *आरोकेरिया कुकी* आदि को लगाया गया है[359]। इसका एक प्रमुख उदाहरण *युकेलिप्टस कमाल्डुलेन्सिस* की अधिकता वाला एक ओरण है, जो संभवतया इस प्रजाति के पौध रोपण के कारण हुआ है। साथ ही कुछ ओरणों में *अकेसिया टोर्टलिस* का रोपण खासकर पश्चिमी राजस्थान में उचित प्रतीत नहीं होता। अन्य उदाहरण जोधपुर जिले के कोलू पाबूजी का ओरण में *अकेसिया टोर्टाइलिस* एवं *अकेसिया न्यूबिका* प्रजातियों का रोपण किया गया है जबकि पश्चिमी राजस्थान के ओरणों में स्थानीय प्रजातियां जैसे खेजड़ी (*प्रोसोपिस सिनेरेरिया*), कार्डिया प्रजाति (*कार्डिया मिक्सा* व *कार्डिया गराफ*), बेर प्रजाति (*जिजिफस न्यूमुलेरिया* व *जिजिफस मोरिसियाना*), जिंजा (*बॉहिनिया रेसिमोसा*), कंकेड़ा (*माइटिनस इमार्जिनेटा*), जाल प्रजातियाँ (*साल्वाडोरा पर्सिका* व *साल्वाडोरा ओलिओइडिस*) आदि प्रमुख हैं जिनको बढ़ावा देना चाहिए।

3.9 विदेशी प्रजातियों द्वारा अवक्रमण

ओरणों में पायी जाने वाली स्थानीय प्रजातियाँ अब कई विदेशी आक्रमणकारी प्रजातियों की वजह से खतरे में आ गयी हैं। कुछ सामान्य विदेशी प्रजातियाँ हैं *क्रोमोलेना ओडोरेटा,* फ्लॉस फ्लावर (*यूपेटोरियम ओडोरेटम*), वर्बिना झाड़ी (*वर्बिना ऑफिसिनेलिस*), लंटाना (*लंटाना कमारा*), विलायती तुलसी (*हैप्टिस सुआवियोलेंस*), पार्थेनियम (*पार्थिनियम हीस्टेरोफोरस*), क्लाइम्बिंग हेम्पवीड (*माइकेनिया माइक्रेन्था*) एवं विलायती बबूल आदि। ये प्रजातियाँ ओरण को नष्ट करने में अहम भूमिका निभा रहे हैं[207,352]। *लंटाना कमारा* एवं *प्रोसोपिस जूलीफ्लोरा* का राजस्थान के ओरणों में आक्रमण व घुसपैठ इन ओरणों के पारिस्थितिक तंत्र के लिए गंभीर समस्या बन चुकी है। यहाँ किए गए अध्ययन में लगभग 16 पवित्र उपवनों में *प्रोसोपिस जूलीफ्लोरा* का प्रभुत्व पाया गया है। हालाँकि 30 सेंटीमीटर से अधिक परिधि के पौधे वर्ग के *प्रोसोपिस जूलीफ्लोरा* के वृक्ष 58 पवित्र उपवनों में (47 प्रतिशत प्लॉट्स) पाए गए हैं। राजस्थान के लगभग 47 प्रतिशत पवित्र उपवनों में *प्रोसोपिस जूलीफ्लोरा* दूसरे प्रमुख पादप प्रजाति के तौर पर पायी गयी है (सारिणी 7.5)। *प्रोसोपिस जूलीफ्लोरा* के छोटे पौधे भी लगभग 38 ओरणों में पाए गए हैं। झाड़ियों में मुख्य

आक्रमणकारी प्रजाति *लंटाना कमारा* है जो राजस्थान में अध्ययन किये गए क्षेत्रों के 11 ओरणों में पाया गया है (सारिणी 7.5)।

सारिणी 7.5 राजस्थान के पवित्र उपवनों में विलायती बबूल (30 सेमी से अधिक परिधि के वृक्ष, 10–30 सेमी परिधि और पौध) और लंटाना का वितरण।

क्रमांक	आक्रमणकारी प्रजाति	कुल पवित्र उपवन	पवित्र उपवन संख्या जैसा कि अध्याय 4 में है
1	30 सेमी से अधिक परिधि का विलायती बबूल	58	1–3, 6, 8, 11–15, 18–19, 22, 24–26, 28–30, 38, 40–41, 43, 45–46, 51, 56–59, 61, 68–70, 75, 77–78, 80, 82–83, 85, 89–92, 98, 100–102, 106–108, 110–113, 115, 120
2	10–30 सेमी परिधि का विलायती बबूल	57	1–3, 6, 8, 11, 13–15, 20, 22, 25–26, 28–30, 40–41, 43, 45–46, 49, 51, 54, 56–59, 61, 68–70, 75–78, 81–83, 85, 89–92, 97–98, 101–102, 106–108, 110, 112–115, 120
3	विलायती बबूल की पौध	38	1–2, 14–15, 22, 24, 29, 43, 45–46, 51, 57–58, 68–71, 75–77, 81–82, 85, 88, 90–92, 97–98, 106–108, 110, 112–115
4	*लंटाना कमारा*	11	1, 9, 11, 33, 44–45, 94–96, 116, 123

तीस सेंटीमीटर से ज्यादा एवं 10 से 30 सेंटीमीटर परिधि वाले वर्ग में वृक्ष प्रजातियों की कुल संख्या की अपेक्षा विभिन्न वृक्ष प्रजाति की प्रमुखता वाले पवित्र उपवनों में *प्रोसोपिस जूलीफ्लोरा* की संख्या में परिवर्तनशीलता पायी गयी है (चित्र 7.1अ)। तीस सेंटीमीटर से ज्यादा परिधि वाले *प्रोसोपिस जूलीफ्लोरा* की वृक्षों की संख्या 0.25 वृक्ष प्रति 1.25 हेक्टेयर कंकेड़ा प्रजाति की प्रमुखता (डॉमिनेंस) वाले ओरण (66.5 वृक्ष प्रति 1.25 हेक्टेयर कुल प्रजातियों की संख्या के साथ) से लेकर 49.31 वृक्ष प्रति 1.25 हेक्टेयर (73.3 वृक्ष प्रति 1.25 हेक्टेयर कुल संख्या) *प्रोसोपिस जूलीफ्लोरा* की प्रमुखता वाले ओरण में पाई गई है। *प्रोसोपिस जूलीफ्लोरा* के 30 सेंटीमीटर से अधिक परिधि वर्ग में औसत संख्या 6.03 वृक्ष प्रति 1.25 हेक्टेयर पाया गया है जबकि पूरे राज्य में सभी वृक्षों प्रजातियों के मामलें में प्रति 1.25 हेक्टेयर में 75.1 वृक्ष पाए गए हैं।

10 से 30 सेंटीमीटर परिधि वाले वर्ग में विलायती बबूल (*प्रोसोपिस जूलीफ्लोरा*) की संख्या सागौन (*टेक्टोना ग्रेंडिस*) की प्रमुखता वाले ओरणों में 0.17 वृक्ष प्रति 1.25 हेक्टेयर (कुल वृक्ष संख्या 118.5 की तुलना में) से लेकर *अकेसिया लयूकोफ्लोईया* की प्रमुखता वाले ओरणों में 22.0 (कुल 38 वृक्षों की तुलना में) तक पायी जाती है। इस वर्ग में सभी वृक्ष प्रजातियों एवं विलायती बबूल की औसत संख्या क्रमशः 21.4 एवं 5.7 वृक्ष पाया गया है (चित्र 7.1ब)। पौधों के मामलें में प्रति 125 वर्ग मीटर क्षेत्र में विलायती बबूल के कुल पौधों की संख्या 1 से लेकर 48 तक पायी गयी हैं, जिसमें विलायती बबूल के पौधों की सर्वाधिक संख्या डँगरपुर जिले के नीलकंठ महादेव ओरण में पायी गयी है। विभिन्न वृक्ष प्रजाति की प्रमुखता वाले ओरणों में विलायती बबूल के पौधों की संख्या सबसे ज्यादा इन्द्रोक धौक (*एनोगीसस सेरिसिया*) वाले क्षेत्र में और इसके बाद अर्जुन (*टर्मिनेलिया अर्जुना*) वृक्ष की प्रमुखता वाले पवित्र उपवनों में हैं (चित्र 7.1स)।

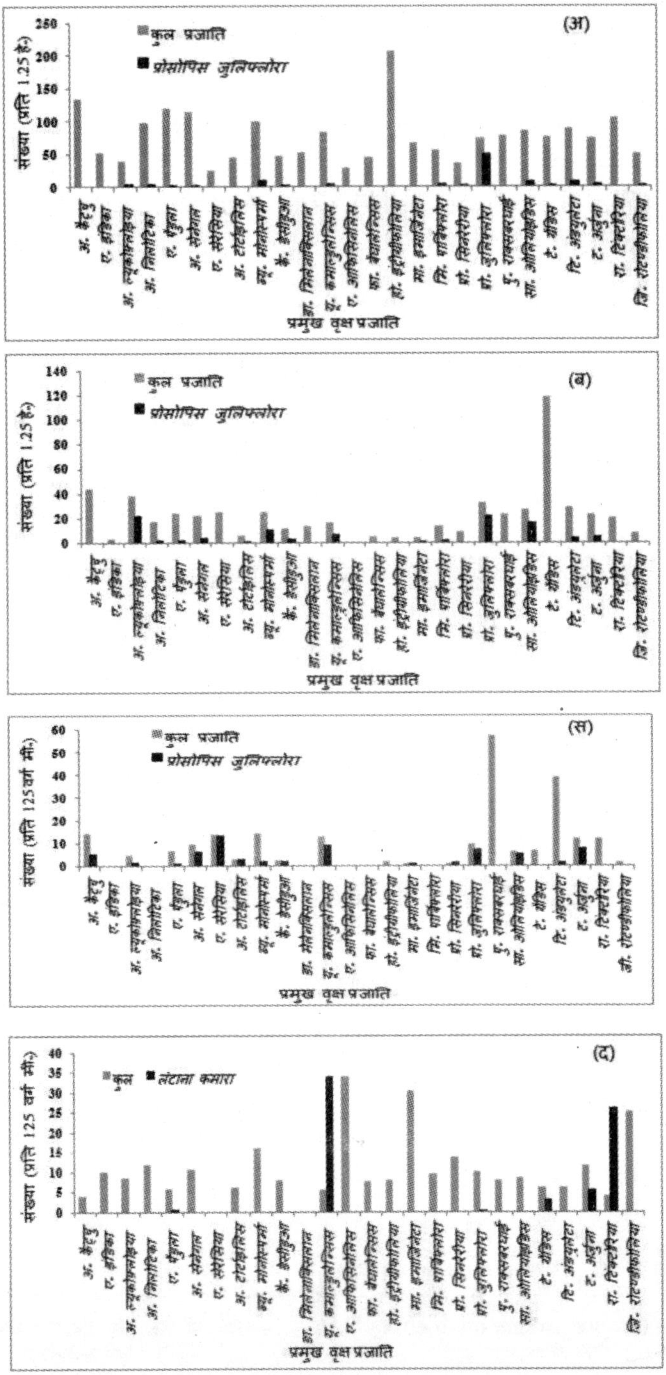

चित्र 7.1 राजस्थान में वृक्ष प्रजाति की प्रमुखता के प्रभाव के अंतर्गत सभी वृक्ष प्रजातियों की संख्या की अपेक्षा विलायती बबूल के 30 सेमी से अधिक परिधि (अ), 10–30 सेमी परिधि (ब), पौधों (स) और *लंटाना कमारा* (द) पौधों की संख्या।

झाड़ियों में *लंटाना कमारा* प्रजाति केवल अजमेर, अलवर, प्रतापगढ़, बांसवाड़ा एवं उदयपुर जिलों के ओरणों में ही पायी गयी है। इसके पौधों की संख्या प्रति 125 वर्ग मीटर क्षेत्र में 1 से 68 तक पायी गयी है। पवित्र उपवनों में वृक्ष प्रमुखता के आधार पर इसकी संख्या सर्वाधिक यूकेलिप्टस वाले ओरण में और उसके बाद खिरनी (*राइटिया टिंकटोरिया*) की प्रमुखता वाले ओरण में पाई गई है। पश्चिमी राजस्थान की विभिन्न वृक्ष प्रजातियों की प्रमुखता वाले ओरणों में लंटाना नहीं पाया गया है (चित्र 7.1द)।

राजस्थान के विभिन्न कृषि–जलवायु क्षेत्रों में 30 सेंटीमीटर से ज्यादा के परिधि वर्ग में प्रति 1.25 हेक्टेयर क्षेत्र में कुल वृक्षों की संख्या 51.8 वृक्ष एवं 113.9 की अपेक्षा विलायती बबूल वृक्ष की संख्या 0.6 से लेकर 19.8 वृक्ष क्रमशः Iस एवं IIIअ कृषि–जलवायवी क्षेत्रों में पायी गयी है (चित्र 7.2अ)। वहीं 10–30 सेंटीमीटर के परिधि वर्ग में प्रति 1.25 हेक्टेयर क्षेत्र में कुल वृक्ष संख्या 6.67 वृक्ष एवं 51.32 की अपेक्षा विलायती बबूल वृक्षों की संख्या 0.56 से लेकर 34.0 वृक्ष क्रमशः IV एवं IIब कृषि जलवायवी क्षेत्र में पाए गए हैं (चित्र 7.2ब)। विलायती बबूल के पौधों की सबसे कम (लगभग नगण्य) संख्या कृषि–जलवायवी क्षेत्र IIIब एवं Iस क्षेत्र में और सबसे अधिक संख्या IIब कृषि जलवायुवीय क्षेत्र में देखी गई है (चित्र 7.2स)। *लंटाना कमारा* प्रजाति के पौधों की सर्वाधिक संख्या IVब कृषि जलवायु क्षेत्र में पाई गई है जबकि Iअ एवं IIब क्षेत्र के ओरणों में इसका एक भी पौधा नहीं पाया गया है (चित्र 7.2द)।

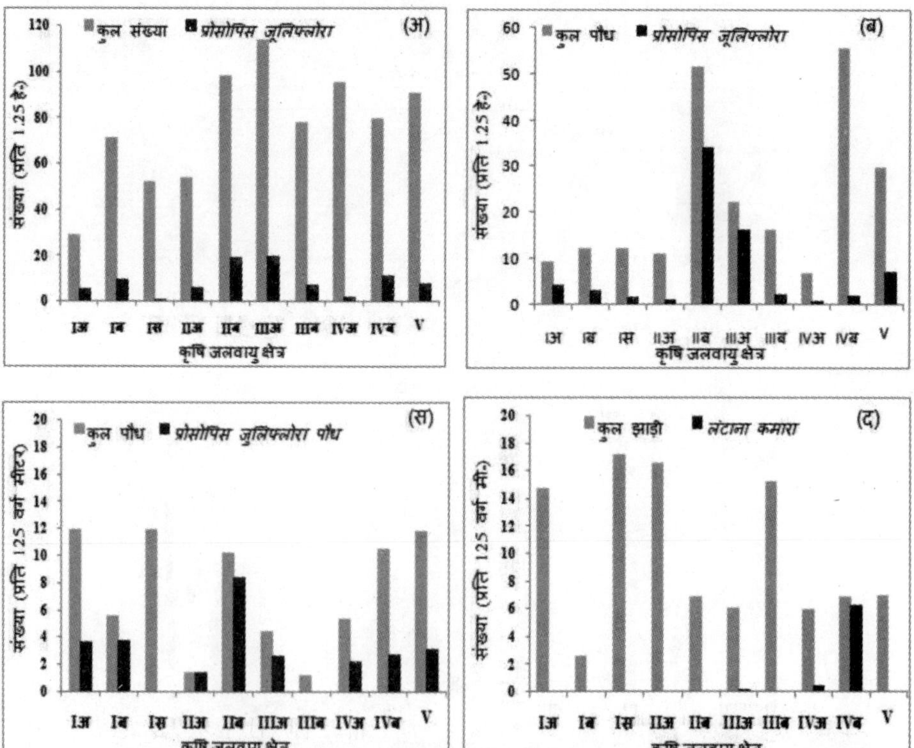

चित्र 7.2 विभिन्न कृषि जलवायवीय क्षेत्रो से प्रभावित राजस्थान के ओरणों में सभी वृक्ष प्रजातियों की अपेक्षा विलायती बबूल के 30 सेमी से अधिक परिधि (अ), 10–30 सेमी परिधि (ब), विलायती बबूल पौध, और लंटाना की संख्या में परिवर्तन

प्लेट 7.1अ जैसलमेर शहर के पास काला डूँगर स्थित पवित्र उपवन के नीचे के बहाव क्षेत्र में कृषि फसल उगाने और साल्वाडोरा–टेमेरिक्स सहयोग के प्रोत्साहन में एक जल स्रोत का कार्य करते हुए।

प्लेट 7.1ब जोधपुर जिले के कोलू पाबूजी पवित्र उपवन में चरते मवेशी और पास में स्थित पीने योग्य पानी का स्रोतः नाड़ी।

प्लेट 7.1स काष्ठीय लकड़ी का एकत्रीकरण (बाएँ) और मवेशियों के लिए चारे हेतु नीम वृक्षों की छंगाई (दाएँ)।

प्लेट 7.2अ केर का फल एकत्र करना (बाएँ) और छप्पर हेतु मूँज घास की कटाई (दाएँ)।

प्लेट 7.2ब पवित्र उपवनों में विभिन्न कार्यक्रमों का अनुष्ठान (बाएँ) और आपसी विचार–विमर्श (दाएँ)

प्लेट 7.2स पवित्र उपवनों के विभिन्न खतरे जैसे घर के निर्माण के लिए अतिक्रमण (बाएँ) और बेल के एक पवित्र उपवन का विखंडन (दाएँ)।

करणी माता ओरण में अत्यधिक चराई

सड़क का निर्माण

कृषि फसल के लिए अतिक्रमण

खनन गतिविधि

धर्मशाला का निर्माण

लकड़ी के लिए वृक्ष की कटाई

प्लेट 7.3 राजस्थान के पवित्र उपवनों में देखे गए विभिन्न प्रकार के विघ्न व खतरें।

3.10 विभिन्न नीतियों के परिणाम

जब भी ओरणों की विभिन्न प्रथाओं के विरुद्ध गांव के किसी अल्पसंख्यक समुदाय को लाभ देने हेतु नीतिगत फैसले लिए गए हैं, पवित्र उपवन प्रबंधकों के बीच लड़ाई की वजह से ओरणों की जैव विविधता को नुकसान हुआ है। इसके अतिरिक्त अधिकांश पवित्र उपवनों का क्षेत्र एवं वैधानिक स्थिति सही तरह से उल्लेखित और परिभाषित नहीं है[378]। इन सब कारणों के चलते अपराधियों के खिलाफ प्रभावी नियम नहीं बन पाते हैं। साथ ही राजस्व अधिकारियों एवं वन विभाग सहित समानांतर विभागों में आपसी तालमेल की कमी भी होती है जबकि विभिन्न स्तरों पर इन विभागों में लापरवाही वाले रवैये की वजह से पवित्र उपवनों का सही प्रबंधन भी नहीं हो पा रहा है। कई मामलों में राजनितिक लाभ भी जुड़े होते हैं। कर्नाटक के देवारकाडूस पवित्र उपवन को 1988 के बाद से ही संरक्षित वन का दर्जा दिया हुआ है, इन्हें वन विभाग की संपत्ति घोषित कर दिया गया है अतः कोई भी परिवार इन जंगलों पर अपना एकछत्र अधिकार नहीं जता सकता[379]। इन सबके बावजूद पवित्र उपवनों के भूमियों पर कब्जा करने वालों पर कोई भी कार्यवाही नहीं होती है और सबसे कष्टदायक तथ्य यह है की इनमें से कई मामलों में सरकार द्वारा अतिक्रमित क्षेत्र को नियमित करना होता है। कई संरक्षित वनों का भी गलत उपयोग किया जा रहा है, एवं उनका शोषण कुछ इस तरह से किया जा रहा है कि कई पवित्र उपवनों का पूरा पारिस्थितिक तंत्र ही खत्म हो रहा है। अतः ऐसी नीतियाँ विकसित की जानी चाहिए जिससे इन खतरों से प्रभावी तरीकों से निपटा जा सके और इन पवित्र उपवनों का प्रबंधन सुचारु रूप से किया जा सके। ऐसी प्रक्रियाओं से इन पवित्र उपवनों में सुधार को बढ़ावा मिलेगा एवं उन स्थानीय समुदायों के कौशल में बढ़ोतरी होगी जो कि ओरणों की महत्वपूर्ण जैव विविधता को बचाने हेतु अपनी संस्कृति एवं धर्म का उपयोग कर रहे हैं खासकर उन क्षेत्रों में जो मुख्य वन से काफी दूर स्थानों पर बिखरे पड़े हैं।

4. निष्कर्ष एवं संभावित अवसर

पवित्र उपवन के रूप में ओरण कई प्रकार के पारिस्थितिक, सामाजिक एवं आर्थिक लाभ देते हैं। ये ओरण पानी की उपलब्धता, चराई, ईंधन लकड़ी एवं चारा संग्रह की उपलब्धता को बढ़ाने और सामुदायिक भूमि एवं स्थानीय समुदायों हेतु सामाजिक कार्यक्रम मनाने हेतु उपयोग में लिए जाते हैं। इन ओरणों में कई सांस्कृतिक त्योहार भी मनाये जाते हैं जैसे तीज त्योहार, शादी एवं मृत्यु से जुड़े अवसर। परन्तु इन ओरणों को विभिन्न खतरों का सामना भी करना पड़ रहा है जैसे नए मंदिरों का निर्माण, आवासीय एवं व्यावसायिक भवनों का निर्माण आदि। पास स्थित कृषि क्षेत्रों के विस्तार द्वारा ओरणों का अतिक्रमण, स्थानीय लोगों द्वारा इन संसाधनों का शोषण, वानस्पतिक क्षरण, मवेशियों द्वारा अत्यधिक चराई, पर्यटक गतिविधियों की अधिकता, स्थानीय वृक्ष प्रजातियों का विदेशी प्रजातियों द्वारा विस्थापन आदि भी विभिन्न प्रकार के खतरे हैं।

उदारवाद, निजीकरण एवं भूमंडलीकरण के नवीन युग ने समुदायों में अपने ऐसे रस्मों–रिवाजों से भटकाव पैदा कर दिया है जो पवित्र उपवनों की सुरक्षा एवं प्रबंधन हेतु सिद्धान्तों के रूप में कार्य करते थे। बाजार आधारित आजीविका के तंत्रों में जीवन की गरिमा का कोई स्थान नहीं है, वहीं आधुनिक शिक्षा में स्थानीय परम्पराओं हेतु कोई सम्मान भी नहीं रह गया है। परिणामस्वरुप यह प्राचीन एवं बहुचर्चित संस्था (ओरण) अपनी

सांस्कृतिक एवं जैविक अखंडता खो रही है। मवेशियों एवं मानव आबादी के बढ़ते हुए दबाव एवं व्यक्तिगत तथा सरकारी संस्थाओं द्वारा बढ़ते अतिक्रमण जैसे कुछ अन्य खतरे भी उत्पन्न हो रहे हैं। विकास से जुडी गतिविधियाँ, कृषि हेतु अतिक्रमण, संसाधनों के बढ़ते उपयोग, मवेशियों द्वारा वनस्पतियों का रौंदा जाना, मंदिरों के पुर्ननिर्माण आदि से इन कीमती आवास रूपी पवित्र उपवनों को क्षति पहुँचती है(180)। पादपों का अतिशोषण एवं विभिन्न उपयोगों हेतु अवैज्ञानिक तरीके से इनका विभिन्न उपयोगों हेतु एकत्रीकरण, घटते सामाजिक मूल्य एवं नई पीढ़ी में इन पवित्र उपवनों के प्रति विश्वास की कमी भी खतरे की संकेतक है(104,143)।

मानवीय गतिविधियों के चलने से वृक्षों और वनस्पतियों का धीरे–धीरे कम होना एवं इस वनीय सुक्ष्म वातावरण में परिवर्तन स्थानीय वृक्ष प्रजातियों के पुनरुद्भवन को प्रभावित करता है जबकि अन्य गैर छाया प्रजातियों का विकास प्रारम्भ हो जाता है(263)। प्रजातियों का क्षय एवं क्षेत्र की समृद्ध इन सांस्कृतिक धरोहरों में क्षय की वजह से भी ओरणों का नुकसान हो रहा है। इन पवित्र उपवनों में विलायती बबूल और लंटाना का अतिक्रमण भी इनके अस्तित्व के लिए खतरा बनता जा रहा है क्योंकि इन आक्रमणकारी प्रजातियों की संख्या हर साल तेजी से बढ़ती जा रही है। अतः इनके रोकथाम हेतु विशेष उपायों की आवश्यकता है। साथ ही प्रभावी नीतियों का अभाव एवं ओरणों को कोई वैधानिक दर्जा न होने के कारण इन प्राचीन संपातियों पर अपराधियों को अनैतिक गतिविधियां करने की भी छूट मिल जाती है। फिर भी एक क्षेत्र से दूसरे क्षेत्र के पवित्र उपवनों के खतरे अलग अलग होते हैं, यहाँ तक की एक ओरण से दूसरे ओरण में भी खतरों को लेकर भिन्नता पाई गयी है। पवित्र उपवनों पर पाये गए सामान्य खतरे हैं –

- पारम्परिक विश्वास का क्षय होना।
- बढ़ता आधुनिकीकरण एवं विकास के उपक्रम जैसे बाँध, बड़े स्तर पर खनन कार्य, सड़क निर्माण, केबल एवं खम्बों को लगाना, पर्यटन एवं औद्योगीकरण आदि।
- व्यावसायिक वानिकी।
- आदिम रूप में प्राकृतिक पूजा का मंदिर आधारित पूजा में परिवर्तन।
- विदेशी प्रजातियों जैसे लंटाना एवं विलायती बबूल का प्रकोप।
- मवेशियों के लिए चारा एवं जलाने के लिए ईंधन का संग्रहण।
- ओरणों का विखंडन एवं विरलन।

इस तरह की मानवजनित गतिविधियों से इन क्षेत्रों का सही प्रकार से संरक्षण एवं सुरक्षा नहीं हो पाती है। अतः पवित्र उपवनों के संरक्षण में शामिल लोगों को विभिन्न तरीकों से बढ़ावा मिलना चाहिए जैसे पुरस्कार आदि(351), ताकि इस पारंपरिक संरक्षण संस्था को भविष्य की पीढ़ियों की बेहतरी हेतु बचाया जा सके।

8

लोगों की धारणाएं और पवित्र उपवन प्रबन्धन

समय के साथ, पवित्र उपवनों की सीमा, स्थिति, वानस्पतिक संरचना, धार्मिक विश्वास और वर्ज्यता, यहाँ तक कि लोगों की आम धारणा में भी काफी महत्वपूर्ण बदलाव हो रहा है। विशिष्ट पुजारियों तथा क्षेत्रीय ग्राम संस्थान आधारित स्थानीय संस्थागत संरचना के माध्यम से पवित्र उपवनों का प्रबन्धन अब सामाजिक परिवर्तन और आधुनिकीकरण के अंतर्गत परिवर्तित किया जा रहा है। इन पवित्र उपवनों के प्रति स्थानीय लोगों, उनके परिवारों, ग्राम प्रधानें, वन विभाग के अधिकारियों, सरकार और पंचायतों की उदासीनता इनकी पवित्रता को धीरे–धीरे नुकसान पहुँचा रही है। भूमि माफियाओं एवं अवसरवादियों द्वारा आधुनिक विकास और आर्थिक लाभ के नाम पर दिये जा रहे प्रलोभन भी लोगों की धारणाएं बदल रहे हैं। फिर भी शिक्षा के स्तर में सुधार से स्थानीय लोगों में समझ और जागरूकता बढ़ी है। पवित्र उपवन संरक्षण की एक आदर्श व्यवस्था है, जहाँ पूरा पारिस्थितिकी तंत्र सतत विकास (sustainable development) के लिये सुरक्षित और संरक्षित रहता है। पवित्र उपवनों के संरक्षण की कार्यनीति बनाने और इस बहुमूल्य प्राचीन संस्था की पारिस्थितिकी भूमिका को सुनिश्चित करने के लिये इनकी वर्तमान जैविक संरचना तथा इनके द्वारा प्रतिपादित कार्य की समग्र समझ आवश्यक है। सामुदायिक परंपराओं के नवीनीकरण, सामाजिक–सांस्कृतिक विश्वासों को कायम रखना, स्थानीय या स्वदेशी पादप और जन्तु प्रजातियों को पुनः सन्निविष्ट करना, भूमि और जल प्रवाह को प्रभावित करने वाली मानव प्रेरित बाधाओं को दूर करना, आक्रामक रूप से अवक्रमण करने वाली प्रजातियों को हटाना, भू–जल पुनर्भरण को प्रोत्साहित करना, और स्थानीय समुदायों की आजीविका के विकल्पों को सुनिश्चित करना आदि पवित्र उपवनों के प्रभावी संरक्षण और प्रबंधन की कुछ कार्य नीतियाँ हैं। इन्हें भू दृश्य स्तर पर लागू कर इन पवित्र उपवनों की विशिष्ट सेवाओं में सुधार और इनकी पुर्नस्थापना की जा सकती है।

1. पृष्ठभूमि

यदि पवित्र उपवन ऐसे अछूते वन या जंगल नहीं होते तो ये क्षेत्र एक साधारण वन के समान होते और इनमें प्रजाति विविधता बहुत कम होती। ऐसे पवित्र उपवनों के लुप्त होते जाने के कई कारण हैं। सांस्कृतिक परिवर्तन और प्राकृतिक संसाधनों की बढ़ती मांग पवित्र उपवनों पर बढ़ते दबाव के प्रमुख कारक हैं। पवित्र उपवनों की संरचनात्मक, परिवर्तनशीलता, और पादपीय समृद्धि को प्रभावित करने वाले मुख्य कारक स्थानीय लोगों द्वारा पादपों के कंद को पूर्णरूपेण खोद कर निकालना, पादपों को जलाना, काटकर कर ले जाना और ग्रामीणों

के मवेशियों द्वारा अत्यधिक चराई, मल (शौच) विसर्जन हेतु जाना या कूड़े–करकट के ढेर लगाना आदि हैं जो इन पवित्र उपवनों को लगातार नुकसान पहुँचा रहे हैं[369,380]। स्थानीय एवं विशिष्ट पुजारियों और क्षेत्रीय ग्राम पंचायत द्वारा स्थानीय संस्थागत संरचना के माध्यम से प्रबन्धित ये पवित्र उपवन अब नए रूप में प्रबन्धित होते नजर आ रहे हैं। जिसके अन्तर्गत प्रबंधन अब पारम्परिक समुदाय (traditional community) में बढ़ता आर्थिक विभेदीकरण और नये सामाजिक परिवर्तनों द्वारा बदला जा रहा है[129]। पश्चिम बंगाल में पवित्र उपवनों और जैव–विविधता पर मानवीय प्रभाव संबन्धित अध्ययन में 28 प्रतिशत उत्तरदाताओं का मत है कि लोगों के रवैये (attitude) और सामाजिक सांस्कृतिक प्रथाओं में हो रहे परिवर्तन जैव–विविधता और पवित्र उपवनों के अवक्रमण (degradation) का प्रमुख कारण है, जबकि शेष की राय में पर्यावास की कमी, वनों का विखंडन और प्राकृतिक संसाधनों का अत्यधिक दोहन अन्य प्रत्यक्ष मानवीय प्रभाव हैं[380]। कई पवित्र उपवनों में बाहरी लोगों की घुसपैठ हो गई है और वे भूमि–माफियाओं द्वारा हथिया लिए गए हैं या कुछ को समुदायों द्वारा छोटे–छोटे ढांणी रूपी गावों की इकाइयों में परिवर्तित कर दिया गया है।

स्थानीय लोगों, परिवार और ग्राम प्रधानों, वन विभाग के कर्मचारियों और अधिकारियों, स्थानीय सरकार और ग्राम पंचायतों की उदासीनता ने उपवनों की समस्याएँ और बढ़ा दी हैं, जिसके परिणामस्वरूप इन पवित्र उपवनों की ऐतिहासिक पवित्रता और गरिमा की क्रमिक हानि होती रहती है[379,381]। जबकि पवित्र उपवनों में होने वाले विभिन्न कार्यक्रम और पारम्परिक अनुष्ठान (रस्मों–रिवाज) की आवृत्ति भी कम हो रही है, वहीं इनसे विभिन्न प्रकार के पादपीय व अन्य उत्पादों की निकासी के लिये आर्थिक दबाव के साथ ही अन्य रोपणों जैसे काफी या अन्य वाणिज्यिक उत्पाद प्राप्त करने के लिये भी पवित्र उपवनों पर दबाव बढ़ रहा है जिससे इनके आकार में कमी हो रही है[116]। सामाजिक व्यवस्था में बदलाव इस उपवन प्रणाली की गिरावट में महत्वपूर्ण भूमिका निभाता है। पवित्र उपवनों में प्रकृति केंन्द्रित पूजा स्थानों को आधुनिकता के नाम पर पहले से ही मंदिरों और ठोस संरचनाओं द्वारा प्रतिस्थापित किया गया है। स्थानीय या लोक देवताओं को अब मंदिरों में स्थानान्तरित कर दिया गया है जिसके कारण स्थानीय लोगों के लिये इनके आस–पास के क्षेत्र अप्रासंगिक हो गए लगते हैं एवं इनका महत्व कम हो जाता है। परिणामस्वरूप इन पवित्र उपवनों के अन्य क्षेत्रों (मंदिरों के अतिरिक्त) में अन्य उपयोग के लिये तुरन्त कब्जा कर लिया जाता है[382]। भूमि सट्टेबाजों या भू–माफियाओं द्वारा पेश किए जाने वाले आधुनिकता के नाम पर तथाकथित विकास मॉडल एवं प्रायोजित आर्थिक लाभ के कारण लोगों की धारणा भी बदल रही है। ऐसी स्थिति में स्थानीय समाज के शैक्षिक स्तर में बढ़ोतरी के साथ लोगों में इन पवित्र उपवनों के प्रति समझ और जागरूकता बढ़ने की संभावना हो सकती है। जैव–विविधता और पर्यावरणीय समस्याओं संबन्धित ऐसी समझ 18–25 आयु वर्ग के समूह में अधिक देखी गई है जो समूह वर्ग की बढ़ती आयु के साथ कम होती पाई गई है[383]। ये आंकड़े पवित्र उपवनों के संरक्षण हेतु कार्यनीति बनाने में समुदाय की भागीदारी पर जोर देते हैं क्योंकि स्थानीय समुदाय इन पवित्र उपवनों की सुरक्षा और इनके संरक्षण में महत्वपूर्ण भूमिका निभाते हैं।

पादप संरक्षण से संबंधित पवित्र उपवनों के अध्ययन में मिश्रित परिणाम पाये गए हैं जहाँ कुछ पवित्र उपवनों में संरक्षण का प्रभाव स्पष्ट दिखता है वहीं कुछ पवित्र उपवनों में नहीं दिखाई देता है[384]। अधिकतर क्षेत्रों के अध्ययन आमतौर पर महत्वपूर्ण दुर्लभ

प्रजातियों पर केन्द्रित पाये गए हैं जिनमें सामाजिक और आर्थिक आँकडों से संबन्धित सोच अपर्याप्त है[380,385]। पवित्र उपवनों से संबन्धित अध्ययन विशेष रूप से भारत में, सामाजिक संस्थाओं की दो विपरीत छवि प्रस्तुत करते हैं[386]। एक समूह, पवित्र उपवनों को मूल रूप से समुदाय आधारित पारम्परिक संरक्षण प्रणाली के रूप में प्रस्तुत करता है तथा जो समुदाय पवित्र उपवनों की रक्षा करते हैं उनकी संरक्षण नीति पर विशेष प्रकाश डालता है। इसके अन्तर्गत, कई मामले प्रस्तुत किए गए हैं जहाँ संरक्षण नीति ने इन बहुमूल्य प्राचीन संसाधनों को विधिवत संरक्षित किया है[41,91,380]। कुछ अध्ययन पारिस्थितिकी अर्थशास्त्र रूपी निर्गमित विषय के विचार के साथ सतत भू परिदृश्य की वैकल्पिक अवधारणा प्रस्तुत करते हैं जो पवित्र उपवनों के संरक्षण के लिए उपयोगी साधन उपलब्ध कराता है जिसमें वन्य जीव–जन्तु आने वाली शताब्दियों में जीवित रह सकते हैं[387]। परन्तु हाल के अनुभव जन्य अध्ययन इन सामाजिक संस्थानों की संरक्षण नीति की आलोचना करते हैं। ऐसे अधिकतर अध्ययनों के तर्क के अनुसार यह जरूरी नही है कि पवित्र उपवन एक बेहतर संरक्षण मॉडल हो सकता है क्योंकि पवित्र उपवनों को बनाए रखने वाले समुदाय के पास ऐसी कोइ संरक्षण नीति या कोई निर्धारित लक्ष्य हो, ऐसी संभावना कम है[129,388,389]। अतः पवित्र उपवनों का जनजातीय समुदाय द्वारा संरक्षण विभिन्न कारकों का एक उत्पाद हो सकता है जिसके लिये पवित्र उपवन अनुरक्षित किये जाते हैं। ऐसी स्थिति में ये पवित्र उपवन साम्यहीन तथा असतत् संस्थान के रुप में हो सकते हैं। इसी तरह का विश्वास पादप आवरण संरक्षण को एक निश्चित सीमा तक बढ़ावा देता है, लेकिन यह प्रजातियों की संरचना में और विदेशी प्रजातियों की इसमें स्थापन से पादपीय समुदायों को होने वाले नुकसान की परवाह नहीं करता है[385]। हाल के दशकों में आर्थिक और सामाजिक मुद्दों के कारण पवित्र उपवनों का पारंपरिक तरीकों से प्रबंधन कम प्रभावी होते जा रहे हैं जो बाहरी हस्तक्षेप रूपी नीति को प्रोत्साहित करते हैं। अतः पवित्र उपवनों के समुचित संरक्षण और प्रबंधन को सुनिश्चित करने और स्थानीय लोगों को विश्वास में लेने और इनकी इसमें भागीदारी बढ़ाने हेतु संरक्षित क्षेत्र नेटवर्क के अंतर्गत प्रमुख पवित्र उपवनों, विशेषकर बड़े उपवनों को शामिल करना और बाहरी हस्तक्षेप से संरक्षण और सुरक्षा आवश्यक है।

2. लोगों की धारणाएँ

पवित्र उपवनों के प्रबन्धन व पुनर्स्थापन सहित किसी भी परियोजना की सफलता उचित कार्यान्वयन, रख–रखाव और प्रबन्धन के लिये स्थानीय लोगों की प्रतिक्रिया और उनकी भागीदारी रीढ़ की हड्डी के समान होती है[390]। मानव जाति के विज्ञान सम्बन्धित अध्ययन से पता चलता है कि जब भी पवित्र उपवनों के प्रबंघन संबंधित स्थानीय स्तर पर तत्कालिक निर्णय लिये जाते हैं, वे इसकी परिवर्तनशीलता और विविध भावी प्रभाव को निर्धारित करने वाले कारक जैसे सम्पति व्यवस्था, राज्य नीति और स्थानीय समुदायों से परे उत्पन्न होने वाले पर्यावरणीय प्रबन्धन से संचालित होते हैं। राज्य की नीतियाँ, दाता एजेंसियाँ, गैर सरकारी संगठन और स्व–शासन की नई संस्थाएं तथा प्राकृतिक संसाधन प्रबंधन पवित्र स्थानों की गतिशीलता में महत्वपूर्ण भूमिका निभाते हैं। पवित्र उपवनों का सूक्ष्म राजनीतिक विश्लेषण सामाजिक कार्यकर्ताओं के समुदाय में प्रचलित समस्याओं का खुलासा करता है, जिनके कार्य पवित्र उपवनों के भावी प्रबन्धन को सीधे तौर पर प्रभावित करते हैं। इनको प्रभावित करने वाले वर्तमान विचारधाराओं का राजनीतिक, सामाजिक और आर्थिक परिप्रेक्ष्य में बृहद् स्तर पर विश्लेषण की आवश्यकता है[391,392]। मेघालय में किए गए एक अध्ययन में जब

स्थानीय जनजतियों से पवित्र उपवन विस्तार के बारे में प्रश्न किये गए तो लगभग 65 प्रतिशत उत्तरदाताओं ने हाँ में उत्तर दिया। केवल 30 प्रतिशत ही उत्तरदाता सीमित भूमि की उपलब्धता के कारण पवित्र उपवनों के विस्तार के प्रति निराशावादी पाये गए हैं[(116)]।

सारिणी 8.1 राजस्थान में पवित्र उपवनों की सुरक्षा और संरक्षण में स्थानीय लोगों की आवश्यकताएँ

क्रमांक	आवश्यकता	पवित्र उपवन संख्या (प्रतिशत)
1	सीमांकन व सीमा निर्धारण	100 (81.3)
2	स्थानीय प्रजातियों द्वारा वृक्षारोपण	94 (76.4)
3	उपवन क्षेत्रों में पानी की सुविधा का विकास	48 (39.0)
4	उपवनों के विषय में प्रलेखन	20 (16.3)
5	विभिन्न अनुष्ठानों हेतु धर्मशाला का निर्माण	14 (11.4)
6	अतिक्रमण रोकने हेतु सरकार के हस्तक्षेप की आवश्यकता	11 (8.9)
7	उचित संरक्षण और देखभाल	8 (6.5)
8	पर्यटन स्थल के रूप में प्रोत्साहन	2 (1.6)
9	सड़क निर्माण	2 (1.6)
10	सरकारी विभाग का हस्तक्षेप न हो	2 (1.6)
11	मन्दिर निर्माण	1 (0.8)
12	आक्रामक प्रजातियों का उन्मूलन जैसे – *प्रोसोपिस जूलिफ्लोरा*	1 (0.8)
13	इन पवित्र वनों की प्रजाति वृद्धि व विकास	1 (0.8)
14	मुख्य मन्दिर क्षेत्र का विद्युतीकरण	1 (0.8)
15	खनन गतिविधियों पर प्रतिबंध	1 (0.8)

राजस्थान में की गयी व्यक्तिगत बातचीत और चर्चा से संकेत मिलता है कि सभी उत्तरदाता क्षेत्र विशेष के पवित्र उपवनों से तथा उनसे प्राप्त उत्पाद से प्रत्यक्ष या अप्रत्यक्ष रूप से लाभ प्राप्त करते हैं। अधिकतर लोग इन क्षेत्रों के संरक्षण के पक्ष में पाये गए हैं ताकि उन्हें इन उपवनों से प्राप्त होने वाले लाभ में कोई बाधा उत्पन्न न हो, और इनका अस्तित्व भी बनाये रखा जा सके। अधिकतर लोगों की जरूरत को पवित्र उपवनों के अनुसार सारिणी 8.1 में समायोजित किया गया है। इस सारिणी से यह स्पष्ट है कि लगभग 100 (81.3 प्रतिशत प्रत्यर्थी) पवित्र उपवन स्थलों से जन अतिक्रमण से प्रभावित पवित्र उपवनों की सुरक्षा, जैव–विविधता के संरक्षण और इन उपवनों में उपलब्ध बहुमूल्य प्रजातियों की सुरक्षा के लिये चारदीवारी बनाने के पक्ष में पाये गए हैं जो केरल में किए गए एक अन्य अध्ययन के समान है[(383)]। कुछ अन्य अध्ययनों के परिणाम भी बताते हैं कि पिछले तीन दशकों में पवित्र उपवनों के क्षेत्रों में आधे से भी अधिक की कमी हुई है। स्थानीय लोगों को पवित्र उपवनों से संम्बंधित विभिन्न खतरों की सीमा के बारे में जागरुक रहना आवश्यक है जिससे उपवनों से मिलने वाली सेवाएँ सतत् बनी रहे। इसमें साँस्कृतिक सेवाएँ प्रमुख हैं क्योंकि धार्मिक वन और पवित्र जंगल सबसे अधिक विविध सेवाएँ प्रदान करने वाले होते हैं। नाइजीरिया में किए गए एक अध्ययन में 79 प्रतिशत प्रतिवादियों ने सांस्कृतिक प्रथाओं के माध्यम से पवित्र उपवनों के संरक्षण की अभिवृति दी है, जबकि 14

प्रतिशत प्रतिवादी उनके द्वारा विनियमित, प्रबंधकीय, सामाजिक व सांस्कृतिक और अवलंबन सेवाओं के कारण उपवनों के संरक्षण से सहमत पाये गए हैं। इसमें से 71 प्रतिशत ने माना कि पवित्र जंगलों से विभिन्न गतिविधियों द्वारा आय प्राप्त करते हैं जो उनकी आर्थिक आजीविका में सहयोग करता है। फिर भी धार्मिक विश्वास में हो रहे परिवर्तन और विकास की जरूरतों ने अधिकतर प्रतिवादियों के संरक्षण प्रधान रवैये को नकारात्मक रूप से प्रभावित किया है, परिणामस्वरूप पवित्र जंगलों का विनाश शुरू हो गया है।

लगभग 76.4 प्रतिशत प्रतिवादियों ने वृक्षारोपण के द्वारा पवित्र उपवनों को विकसित करने की अपनी राय दी है जिससे कि इनकी विविधता तथा इनसे प्राप्त होने वाले लाभों को बढ़ाया जा सके। फिर भी अधिकतर प्रतिवादी विभिन्न प्रकार की लाभ वाली देशी प्रजातियों, जो मानवीय घरेलू उपयोगों के साथ ही वन्य जीवन की आवश्यकताओं की पूर्ति करने में भी सहायक हो, के पक्ष में पाये गए हैं। यद्यपि अधिकतर पवित्र उपवन किसी न किसी जल स्रोत से जुड़े हुए हैं, फिर भी समीप के ऊपरी क्षेत्र या पहाड़ी क्षेत्रों से होने वाला मृदा अपरदन एवं कटाव के फलस्वरूप इन जल स्रोतों में मृदा या सिल्ट (गाद) का जमाव होता रहता है जो इनके जल भंडारण क्षमता और इसके जीवन काल को नकारात्मक रूप से प्रभावित करता है। सर्वेक्षण के दौरान 39 प्रतिशत प्रतिवादियों के जवाब से यह परिलक्षित होता है कि पवित्र उपवनों के जल स्रोतों का विकास भी आवश्यक है जिससे कि घरेलू और वन्य जीवों के लिये पीने के पानी की आपूर्ति सुनिश्चित की जा सके। साथ ही इससे भविष्य की जरूरत को पूरा करने के लिये भू–जल संभरण में भी मदद मिलेगी। लगभग 20 पवित्र उपवनों के आस पास के रहवासी पवित्र उपवनों की पवित्रता के प्रति काफी संवेदनशील पाये गए हैं जो इनके पारिस्थितिकी, सांस्कृतिक और आर्थिक लाभ के प्रति भी जागरूक हैं तथा इन पवित्र उपवनों से संबन्धित पूर्ण दस्तावेज तैयार करने की जरूरत पर बल देते पाये गए हैं ताकि इन उपवनों के प्रबंधन के लिए प्रभावी कार्यनीति तैयार की जा सके। हाल के विभिन्न अध्ययनों में इसी तरह के विचारों पर प्रकाश डाला गया है जिससे इन सामुदायिक संसाधनों का समुचित प्रबन्धन स्थाानीय समुदाय के जीविकोपार्जन में किया जा सके[129,362,,393,394,395]। पश्चिमी राजस्थान के विभिन्न क्षेत्रों के आदिवासी समुदाय जैसे भील, मीणा, बन्जारा, काठोदी, रेबारी, सांसी और कंजर प्राकृतिक आपदाओं और विषम मौसम की स्थिति के प्रति काफी जागरूक होते है और यहाँ तक कि इनके बारे में जानकारी और इनका आवश्यक प्रबंधन भी करते हैं। इनकी कार्य नीतियों में भविष्य में आने वाली समस्याओं के बारे में पूर्व जानकारी प्राप्त करना और इन समस्याओं का समुचित मुकाबला करने के साथ–साथ जैव–विविधता पर पड़ने वाले अल्पकालिक और दीर्घकालिक प्रभाव से संबन्धित धारणाएँ सम्मिलित हैं। फिर भी आधारभूत आकड़ों की कमी देशी ज्ञान को परम्परागत पूर्वानुमान प्रणाली में सुमेलन और समेकन को मुश्किल बना देती है क्योंकि स्वदेशी ज्ञान अधिकतर स्थानीय अनुभवों पर आधारित होता है।

लगभग 11.4 प्रतिशत प्रतिवादियों ने पवित्र उपवनों में धर्मशाला निर्माण के प्रति अपनी इच्छा व्यक्त की है जिससे पवित्र उपवनों में प्रतिपादित विभिन्न कार्यक्रमों में दूर दराज के लोग भी शामिल हो सकें और सामाजिक मेल जोल को बढ़ावा मिल सके। इस प्रक्रिया से इन उपवनों की पवित्रता को बनाए रखने में मदद मिलेगी और पर्यटन भी बढ़ेगा। लगभग 8–9 प्रतिशत प्रतिवादी पवित्र उपवनों में होने वाले अतिक्रमण से प्रभावी रूप से निपटने के लिये सरकार के हस्तक्षेप और समुचित कानून के प्रभावी तरीके लागू करने के पक्ष में पाये गए हैं। लोग प्रभावी सुरक्षा व संरक्षण के प्रति आशावान हैं लेकिन वे पवित्र उपवनों की

उचित देखभाल के लिये स्थानीय, राज्य अथवा केन्द्रीय सरकार से प्रशासनिक व वित्तीय मदद चाहते हैं। लेकिन कुछ प्रतिवादी इन पवित्र उपवनों की सुरक्षा और संरक्षण में सरकारी संगठनों की भागीदारी नहीं चाहते हैं। फिर भी विशीर्ण होते नियम और वर्ज्यता जो पवित्र उपवनों की सुरक्षा और संरक्षण के लिए उपयुक्त हैं जरूर उपयोग किये जाने चाहिए, जिससे इन पवित्र उपवनों के संरक्षण और प्रबन्धन को प्रभावी बनाया जा सके[396]।

आक्रामक प्रजातियों जैसे *प्रोसोपिस जूलीफ्लोरा* व *लंटाना कमारा* के बारे में भी स्थानीय लोगों में जागरूकता देखी गई है। कुछ प्रतिवादियों ने इस प्रजाति के उन्मूलन या इनको नियंत्रित करने के लिए अपने सुझाव दिये हैं। ये प्रजातियाँ पवित्र उपवनों के संयोजन, इनकी संरचना और पारिस्थितिकीय प्रक्रियाओं को प्रभावित करती हैं, साथ ही इन क्षेत्रों में पानी के प्रवाह को भी बाधित करती हैं[397,398]। अतः इनका हर स्तर पर विशेष ध्यान रखने की जरूरत है। इसी तरह कुछ उत्तरदाता पवित्र उपवनों में खनन गतिविधियों पर पूर्ण रूप से प्रतिबंध लगाने के पक्ष में देखे गए हैं। इसके अतिरिक्त कुछ स्थानों पर स्थानीय समुदाय के लोग कुछ संभाव्यता से युक्त पवित्र उपवनों को पर्यटन और प्रकृति पर्यवेक्षण के रूप में विकसित करना चाहते हैं। हालांकि, पर्यटन के क्षेत्र में समुदायों की भागीदारी का स्तर और पर्यटन से होने वाले लाभ में साझेदारी पवित्र उपवनों की सुरक्षा और संरक्षण की प्रभावशीलता को प्रभावित कर सकते हैं। इसके लिए राजस्व के बँटवारे में पारदर्शिता समुदायिक स्तर पर सकारात्मक पर्यटन विकास को सुविधाजनक बनाने में अपरिहार्य नीति हो सकती है। इसी तरह स्थानीय लोगों की अन्य आवश्यकताएं जो सारिणी 8.1 में वर्णित है पर्यावरण के मामले में अलग–अलग प्रभाव डाल सकती हैं।

3. महत्वपूर्ण तथ्य

वृक्षों की पूजा किसी विशेष धर्म से संबंधित नहीं है बल्कि ये प्राचीन काल से ही पूरी मानव जाति के लिए आराध्य रहे हैं। इस प्रकार वृक्ष अनेक प्रकार से हर भारतीय में श्रेष्ठता और पवित्रता के प्रतीक बने हुए हैं[399]। वर्तमान अध्ययन इस धारणा की पुष्टि करता है कि पवित्र उपवन, हालांकि आकार में छोटे होते हैं फिर भी स्थानिक वनस्पतियों और जीव–जंतुओं के लिए महत्वपूर्ण आवास उपलब्ध कराते हैं। यद्यपि यह स्पष्ट है कि प्रथाएँ और रहन–सहन के तरीके पवित्र उपवनों के साथ घनिष्ठ रूप से जुड़े हुए होते हैं, लेकिन पहले जिन नियमों या प्रथाओं का पूर्ण सख्ती के साथ पालन किया जाता था वे पिछले कुछ दशकों के समय में धीरे–धीरे समाप्त हो रहे हैं और ये पवित्र उपवन अब उस विशेषाधिकार और प्रतिष्ठा को प्राप्त नहीं कर पा रहे हैं जो इन्हें पहले प्राप्त था।

> राष्ट्रीय पर्यावरण नीति 2006 के अनुसार पवित्र उपवन वन्य प्रजातियों के विकास और महत्वपूर्ण आनुवांशिक और पारिस्थितिकी तंत्र विविधता के एक खजाने के रूप में विद्यमान प्राकृतिक प्रयोगशालाएँ हैं।

पवित्र उपवनों की भूमि आज भी किसी व्यक्ति की निजी भूमि नहीं है अर्थात् यह सभी के लिए समान रूप से उपयोगी है। प्रभावी कानून और अपराधियों के खिलाफ कार्रवाई के अभाव में प्राकृतिक संरक्षण की इस प्राचीन प्रणाली का संरक्षण और रखरखाव कठिन हो रहा है। पवित्र उपवनों और उनसे जुडी हुई जैव विविधता के संरक्षण में समुदाय आधारित भूमि और प्रदत्त संसाधन प्रबन्धन प्रणालियों को मानवविज्ञानियों, जीवविज्ञानियों, संरक्षणवादियों और

पर्यावरणविद्‌ों द्वारा समान रूप से मान्यता प्राप्त है। ऐसे क्षेत्रों में विभिन्न उत्पादों हेतु पहुँच और उनके उपयोग पर प्रतिबंध से आम तौर पर मानवीय गतिविधियों के प्रभाव में कमी आती है। कभी कभी ऐसी गतिविधियों का लगभग सफाया भी हो जाता है, जो पवित्र उपवनों में विभिन्न प्रजातियों की रक्षा में मदद करता है[256]। कई उपवनों का कुल क्षेत्रफल, उनका आकार और वैधानिक स्थिति स्पष्ट रूप से परिभाषित नहीं की गई है। दुर्भाग्य से जैव–विविधता के संरक्षण में पवित्र उपवनों द्वारा निभाई गई महत्वपूर्ण भूमिका के बावजूद इन बहुमूल्य संसाधनों के उचित प्रबंधन, संरक्षण और सतत् उपयोग के लिए कोई नीति नहीं है। इन क्षेत्रों में अनधिकृत रूप से रहने वालों की बेदखली के लिए कोई विशेष कानून भी नहीं हैं। कुछ मामलों में एक समन्वय एजेंसी के अभाव के परिणामस्वरूप पवित्र उपवनों के विखंडन और विभिन्न सरकारी और गैर सरकारी अभिकरणों द्वारा इनके संरक्षण और पुनर्वास में किए गए प्रयासों में दोहराव भी देखने को मिलता है। इसके अतिरिक्त लगभग सभी पवित्र उपवनों की भौतिक सीमा का किसी भी तरह से सीमांकन नहीं है। सीमांकन के अभाव में कृषि कार्य हेतु भूमि विस्तार और विभिन्न उपयोगों के लिए पवित्र उपवनों का अतिक्रमण बिना किस अवरोध के जारी रहता है।

पवित्र उपवनों के साथ ही साथ चरागाह भूमि भी विभिन्न आवश्यकताओं की पूर्ति हेतु उपयोग की जाने वाली सामुदायिक संसाधन है। विभिन्न सरकारी विभागों और गैर–सरकारी संगठनों द्वारा स्कूलों, अस्पतालों, सामुदायिक भवनों, पंचायत भवनों, सार्वजनिक वितरण प्रणाली और आम बैठक (सभा) भवन आदि विभिन्न सामुदायिक परिसंपत्तियों के निर्माण में पवित्र उपवनों के उपयोग के कारण इनके सांस्कृतिक, सामाजिक, आर्थिक और पारिस्थितिक मूल्यों में गिरावट आ रही है। स्थानीय निवासियों, निर्वाचित प्रतिनिधियों, भूमि–माफियाओं आदि द्वारा घरों, मवेशी बाड़ा, दुकानें और अन्य वाणिज्यिक प्रतिष्ठान के निर्माण के साथ ही समीप के कृषि क्षेत्रों की सीमा का धीमे किन्तु लगातार विस्तार के परिणामस्वरूप पवित्र उपवनों के आकार में कमी होती जा रही है।

जनसंख्या दबाव, जैवमात्रा की बढ़ती आवश्यकता और कृषि के साथ ही परिवहन के लिए पवित्र उपवनों का उपयोग इनके विखंडन के प्रमुख कारण हैं[235]। एक बार पवित्र उपवन के आंतरिक भाग का उजागर होना क्षेत्र पर अन्य प्रजातियों के आक्रमण को प्रोत्साहित करता है जो काफी हद तक इनकी पादप संरचना के साथ ही सूक्ष्म जलवायु में भी बदलाव लाते हैं। ये परिवर्तन उपवन में आक्रामक प्रजातियों की स्थापना के लिए सुविधाजनक जबकि स्थानिक वनस्पतियो को विलुप्त करने के लिए काफी है। इसके साथ ही उपवनों के क्षेत्रफल में लगातार कमी और इनकी सूक्ष्म जलवायु में परिवर्तन इसमें पाई जाने वाली वनस्पतियों और जीवों की संख्या व संरचना के लिए नुकसानदायक होते हैं[400]। बड़े से मध्यम आकार तक के वन्य जीव एक छोटे से उपवन के टुकड़े में नहीं रह सकते हैं और छोटे जानवर जो इन छोटे उपवनों में रह सकते हैं उन्हें संसाधनों और प्राकृतिक आवासों आदि की कमी का सामना करना पड़ता है जिसके कारण इन जैविक इकाईयों में सामान्य जीवन प्रभावित होते हैं।

इन पवित्र उपवनों की पारिस्थितिकी और आर्थिकी के साथ–साथ पर्यावरण मूल्यों के बारे में पर्याप्त वैज्ञानिक आंकड़े उपलब्ध नहीं हैं। राजस्थान में भी जहाँ संभावित पवित्र उपवनों की संख्या लगभग 25000 है, पवित्र उपवनों की सही संख्या, क्षेत्रफल और उनकी जैव–विविधता एवं स्थिति के बारे में पर्याप्त जानकारी हेतु ठोस प्रयास की कमी है। जलवायु परिवर्तन के मद्देनजर जैवभार एवं मृदा में कार्बन स्टॉक दोनों के बारे में राजस्थान के पवित्र उपवनों के बहुत सीमित आंकड़े उपलब्ध हैं। सामाजिक संरचना में क्रमिक गिरावट पवित्र उपवनों की सेवाओं

की गिरावट में महत्वपूर्ण भूमिका अदा करते हैं। आज कल युवाओं के बीच सांस्कृतिक परिवर्तन इतनी तेजी हो रहा है कि वे अब अपने पूर्वजों द्वारा अपनाए जाने वाले तौर तरीकों के अनुसार इन नाजुक पारिस्थितिकी तंत्र को बनाए रखने में विश्वास ही नहीं करते हैं। कई क्षेत्रों में पारम्परिक पूजा स्थलों को पहले से ही आधुनिकीकरण के नाम पर मंदिरों या अन्य ठोस संरचनाओं द्वारा प्रतिस्थापित कर दिया गया है। एक बार लोक देवता या देवी को मंदिर में प्रतिष्ठापित किए जाने के पश्चात् शेष बचे पवित्र उपवनों के हिस्से स्थानीय समुदाय के लोगों के लिए अप्रासंगिक हो जाते हैं एवं इन हिस्सों का महत्व पहले जैसा नहीं रहता, जिसके कारण इनका अतिक्रमण होने लग जाता है या इनका उपयोग अन्य कार्यों में किया जाता है। इसके परिणाम स्वरूप पादपों और वन्य जीवों के स्थानीय आश्रय और उसके साथ पारिस्थितिकी तंत्र की प्रक्रियाएँ पूरी तरह से नष्ट होने लगती है।

उपवनों के रखरखाव की उपेक्षा होते ही इस तंत्र की भेद्यता विभिन्न कारकों जैसे घरेलू मवेशियों द्वारा चराई और पुनर्जनन का प्रभावित होना, पत्ती, अपतृण और सूखी टहनियों का संग्रह और पोषक तत्वों के चक्रण और नमी संरक्षण का नुकसान, कुछ अन्य प्रयोजनों, व्यक्तिगत लाभ के लिए अतिक्रमण आदि के तहत् बढ़ती है। यह उपवन के समग्र कार्यों और उसके द्वारा प्रदान की जाने वाली सेवाओं को प्रभावित करता है। पवित्र उपवन के संरक्षण में सबसे गौण बात इन उपवनों के पास गांव में रहने वाले लोगों का अपेक्षाकृत गरीब होना हैं जो अपनी आजीविका के लिए इन उपवनों पर ही निर्भर रहते हैं। अतः पवित्र उपवनों के संरक्षण के लिए उठाया जाने वाला कोई भी कदम तब तक सफल नहीं हो सकता जब तक स्थानीय लोगों की आजीविका को बनाए रखने के लिए व्यवहार्य विकल्प प्रदान नहीं किया जाता है। मानव जनित समस्याओं के अतिरिक्त लगातार पड़ने वाला सूखा या अकाल भी शुष्क क्षेत्रों और विशेष रूप से राजस्थान की जलवायुगत परिस्थितियों की एक निहित विशेषता है। कम बारिश के प्रतिकूल प्रभाव पादपों के प्राकृतिक पुनर्जनन और स्वदेशी प्रजातियों के वृक्षों के नव अंकुरों के क्रमिक विकास एवं चयन द्वारा वृक्ष बनने की प्रक्रिया को प्रभावित करते हैं; और यदि वृक्षारोपण भी किया जाता है तो उसके भी समग्र अस्तित्व और विकास को प्रभावित करते हैं। उपयुक्त प्रजातियों और साइट तैयारी जैसे कार्यों जैसे विभिन्न खादों का उपयोग, निराई, सिंचाई या कवकनाशकों अथवा कीटनाशकों के लिए पर्याप्त धन के प्रावधान के अभाव में पवित्र उपवनों के पुनर्वासन हेतु विभिन्न योजनाओं के तहत लगाये गये पौधों में उच्च मृत्यु दर देखने को मिलती है जिसके परिणाम स्वरूप लगातार वृक्षारोपण करना पड़ता है। हालांकि पवित्र उपवनों पर बहुत सारे साहित्य उपलब्ध हो रहे हैं फिर भी पवित्र स्थानों की विविधता एवं जैविक मामलों के संबंध में जैसे उनके आकार, उम्र, प्रजाति की संरचना, जैव विविधता स्तर, और प्राकृतिक सहजता की दशा के साथ ही किसी भी ऐतिहासिक, सामाजिक, सांस्कृतिक, धार्मिक, आर्थिक, राजनीतिक, कार्यकाल, और कानूनी मामले के रूप में व्यवस्थित अनुसंधान की अभी भी आवश्यकता है[362,401]। इसी तरह पवित्र स्थानों और उसके आस पास के समान आकार और जैविक समुदाय के निरपेक्ष क्षेत्र के बीच तुलनात्मक निरीक्षण की आवश्यकता है जिससे किसी क्षेत्र की पवित्रता की स्थिति के चलते उत्पन्न होने वाली भिन्नता को मूल्यांकित किया जा सके[389,401]।

बहुत सी अस्वास्थ्यकर आक्रामक पादप प्रजातियाँ इन पवित्र उपवनों में अपनी घुसपैठ कर चुकी हैं जो इस पारिस्थितिकी तंत्र की विशिष्ट सेवाओं के लिए हानिकारक हैं[204]। मध्य प्रदेश के झाबुआ जिले में किए गए एक अध्ययन के अनुसार इस क्षेत्र में *एजिरेटम कोनिजोइडिस, एंटीगोनान लेप्टोपस, आर्जिमान मेक्सिकाना, केसिया तोरा, धतुरा इनोक्सिया, इकाइनोक्लोवा*

क्रस्गैली, लंटाना कमारा, लेगासिया मोलीस, ल्यूसिना ल्यूकोसिफैला, पार्थिनियम हिस्टेरोफोरस, ओप्युंसिया एलेटोइर और *जैन्थियम स्ट्रेमोनियम* नामक आक्रामक रूप से फैलने वाली कुछ प्रजातियाँ देखी गई हैं[402]। इनमें से *एजिरेटम कोनिजोइडिस, लंटाना कमारा, पार्थिनियम हिस्टेरोफोरस* और *प्रोसोपिस जुलिफ्लोरा* (विलायती बबूल) स्थानीय वनस्पतियों के लिए काफी हानिकारक पाई गई हैं[403–405]।

किसी भी दूसरी चीजों को अपनाने के प्राकृतिक सिद्धांत के माध्यम से पवित्र उपवनों की सुरक्षा और संरक्षण से संस्कृतियों, धर्मों और अधिकार के साथ जुड़े जैविक प्रजातियों और पारिस्थितिक तंत्र की प्रक्रियाओं को पुनर्स्थापित करने एवं इन्हें बचाने में मदद मिलती हैं। एक अग्रणी वन्य जीवविज्ञानी और संरक्षणवादी अल्डो लियोपोल्ड (1887–1948) ने बहुत ही संक्षेप में अपने लेख भूमि नीति (Land Ethic) में एक व्यवहार्य परिस्थिति केंद्रित पर्यावरणीय नीति का सार बताया है जैसे "एक वस्तु या प्रकृति तब तक सही होती है जब तक वह जैविक समुदाय की समग्रता, स्थिरता और सुंदरता को बनाए रखती है, और यह तब गलत होती है जब इसके अन्यथा आचरण करती है।" यह नीति बहुत कुछ पवित्र उपवनों और जैविक विविधता के संरक्षण तथा इसके पारिस्थितिकी तंत्र की प्रक्रियाओं के सुचारु रूप से संचालन में इनकी भूमिका पर भी लागू होती है।

4. प्रबन्धन नीतियाँ

पवित्र उपवन संरक्षण की एक आदर्श व्यवस्था है, जहाँ एक पूरे पारिस्थितिकी तंत्र को सुरक्षित करने और सतत् विकास के लिए संरक्षित किया जाता है। इसके अन्तर्गत स्वदेशी पौधों और जन्तु प्रजातियों को उपवन में पुनः पुनर्स्थापित करने की जरूरत है। साथ ही क्षेत्र में स्थित जल प्रवाह स्थानों या स्रोतों अथवा नालों में मानव निर्मित या प्रेरित रुकावट का निराकरण, आक्रामक प्रजातियों को पूर्ण रूप से हटाना, पुनर्भरण द्वारा भूमिगत जल स्तर को बढ़ाना आदि प्रक्रियाएं भी आवश्यक हैं। इसे केवल नव स्थापित जैव विविधता समितियों के माध्यम से पवित्र उपवनों की निगरानी और सतत प्रबन्धन हेतु स्थानीय विशिष्ट नियम और नीति तैयार करने से ही मजबूती और बढ़ावा मिल सकता है। यदि पवित्र उपवनों की बाड़ लगाने और जागरूकता कार्यक्रमों के माध्यम से समुदाय द्वारा सुरक्षा सुनिश्चित की जाए तो ये उपवन जैव विविधता के संरक्षण और पारिस्थितिकी सेवाओं के विकेन्द्रीकृत केन्द्रों के रूप में और अधिक महत्वपूर्ण भूमिका निभा सकते हैं। ये पवित्र उपवन कभी प्राकृतिक झरनों और नदियों के स्रोतों के रुप में विख्यात थे और ग्रामीण समुदाय इन से लाभान्वित भी होते थे। इस पवित्र उपवन प्रणाली को पुनःस्थापित करने के लिए अब जरूरी हो गया है कि समुदाय केंद्रित प्रबन्धन प्रणाली का पुनरोद्धार संयुक्त प्रबन्धन व्यवस्था के तहत किया जाए। यह तभी ग्रामीण आजीविका को मजबूत बनाने में एक बड़ी भूमिका अदा कर सकता है। साथ ही विभिन्न प्रकार के गैर इमारती लकड़ी रूपी वन उपज की आपूर्ति द्वारा, जल की उपलब्धता और सुरक्षा द्वारा, परागण सेवाएं प्रदान करने और कार्बन भंडारण द्वारा वैश्विक जलवायु परिवर्तन के शमन का स्थानीय स्तर पर एक आदर्श उपाय हो सकता है[406,407]। इन क्षेत्रों में प्रवेश पर रोक और इनके उपयोग पर प्रतिबंध आम तौर पर मानवजनित पर्यावरणीय प्रभाव को कम करने में कारगर उपाय हो सकते हैं जिसके चलते इन पवित्र उपवनों में पादप और जन्तु प्रजातियों के लिए आवास और उनकी सुरक्षा में मदद मिलती है[136]।

पवित्र उपवनों के सामाजिक–आर्थिक और पर्यावरण संरक्षण के महत्व को विभिन्न अध्ययनों में स्वीकार किया गया है और इस बात पर बल दिया गया है कि इन पवित्र उपवनों

का तत्काल प्रभाव से संरक्षण किया जाना चाहिए[408]। इन पवित्र उपवनों के संरक्षण के लिए कई दृष्टिकोण और विकल्प अपनाये जा सकते हैं। विशिष्ट गतिरोधों और नाजुक तथा कभी–कभी विषम वातावरण के प्रति अनुकूलन द्वारा स्थानीय लोगों ने अद्वितीय ज्ञान और कौशल हासिल किया है। हालांकि वर्तमान में काफी पवित्र वन अवक्रमित हो चुके हैं लेकिन इस तरह के ज्ञान, वर्ज्यता और सांस्कृतिक नैतिकता एवं मानदंडों का उपयोग करके विभिन्न प्रकार के लाभ के लिए स्थानीय लोगों ने इन पवित्र स्थलों और उपवनों को संरक्षित कर इनकी दीर्घकालिक स्थिरता को सुनिश्चित किया है। कुछ मामलों में, ग्रामीण गरीब परिवार अपनी दिन–प्रतिदिन की 90 प्रतिशत जरूरतों को पूरा करने के लिए इन जैविक संसाधनों पर निर्भर रहते हैं। इन समुदायों या परिवारों, जो उपवनों पर अपनी आर्थिक स्थिति के लिए निर्भर हैं, को जब तक व्यवहार्य विकल्प नहीं दिया जाएगा तब तक उपवनों के संरक्षण के लिए कोई भी विधि पूर्ण रूप से सफल नहीं होगी।

पवित्र उपवनों के प्रबन्धन और संरक्षण में शोधकर्ताओं और पर्यावरणविदों की सोच अक्सर मौलिक से सुधारवादी तक परिवर्तित होती है। शोधकर्ताओं के एक समूह का मानना है कि मानवता प्रकृति के साथ मौलिक समायोजन के माध्यम से ही सदभाव प्राप्त कर सकती है। उनके विचार से एक स्थायी समाज को प्राप्त करने के लिए राजनीतिक, आर्थिक और औद्योगिक प्रणालियों का पूरा कायाकल्प आवश्यक है। दूसरी ओर सुधारवादियों के अनुसार कानूनों में सुधार के लिए अनगिनत अभियान चलाने की आवश्यकता है और सहानुभूति रख कर नियम बनाने वाले लोगों, जिनके लिए समुदाय की आवश्यकता सर्वोपरि है, को कानून निर्माता के रुप में चयन किया जाना चाहिए। इसी तरह, परिरक्षण और संरक्षण के बीच के अंतर को भी परिभाषित करने की आवश्यकता है। पर्यावरण परिरक्षण में प्राकृतिक संसाधनों जैसे पवित्र उपवनों या स्थानों को सख्तीपूर्वक बिना मानवीय सम्पर्क के अथवा विभिन्न गतिविधियों जैसे चराई, मछली पकड़ना, अनाधिकृत प्रवेश, खनन, जैव मात्रा निष्कर्षण आदि से बचाए रखा जाता है। वहीं पर्यावरण संरक्षण के अन्तर्गत एक सीमा के भीतर औद्योगिक विकास की अनुमति होती है। अतः प्राकृतिक संसाधनों के परिरक्षण और संरक्षण दोनों के ही सम्बंध में नियमों और कानूनों का निर्माण और उनका अनुपालन सर्वोच्च प्राथमिकता पर होना चाहिए[17,345]।

राज्य स्तरीय, संघीय अथवा अंतराष्ट्रीय अभिकरणों द्वारा ऊपर से नीचे की ओर थोपे जाने वाले नियमों या ऐसे लोगों, जो परम्परागत मान्यताओं, मूल्यों, संस्थाओं और स्थानीय समाज की प्रथाओं की उपेक्षा करते हो, के द्वारा बनाए गए नियम की तुलना में जैव–विविधता संरक्षण के लिए संस्कृति और प्रकृति को जोड़ने वाली कार्यनीतियाँ अधिक प्रभावी हो सकती हैं, क्योंकि इनका अनुपालन स्थानीय लोगों के लिए ज्यादा आसान होता है[91,409]। पवित्र उपवनों के संरक्षण और उनसे प्राप्त होने वाले लाभों में क्रांतिकारी परिवर्तनों हेतु बेहतर डिजाइन और योजना के तहत् अधिक व्यापक रूप से वितरित सामाजिक नवाचारों को शामिल करने की जरूरत है। स्थिरता प्राप्त करने के लिए विरोध प्रदर्शन का उपयोग ही एक मात्र साधन नहीं हो सकता, बल्कि पहले से ही विद्यमान उपकरण, मॉडल और विचारों का उपयोग एक नये तरीके से और रचनात्मकपूर्वक करना आवश्यक है। अधिकांश मामलों में पवित्र उपवनों का प्रबन्धन ग्राम पंचायतों के अधीन होता है, जो दुर्भाग्य से कृत्रिम रूप से गठित इकाइयों या विभिन्न समुदायों, जो अलग–अलग कार्यावली (एजेंडा) वाली सामाजिक और आर्थिक पहचान वाली स्थानीय गांवों की राजनीतिक संस्थाओं के रूप में होती है। विभिन्न समुदायों और परिवारों द्वारा अपनाए जाने वाले कार्यावली कई बार संघर्ष भी पैदा कर देती है।

पारिस्थितिक विशेषज्ञ के लिए, पारम्परिक पारिस्थितिकीय ज्ञान अनुसंधान में सुधार, प्राकृतिक संसाधनों के प्रबंधन और पर्यावरणीय प्रभाव के आकलन में मदद करता है। पवित्र उपवनों के संरक्षण और प्रबन्धन के दो स्पष्ट पहलुओं की उत्पति के पीछे धार्मिक विश्वासों, संसाधनों के उपयोग से संबन्धित नियम और स्थानीय समुदायों के लिए उनकी उपयोगिता प्रथम पक्ष, जबकि उनमें अच्छी तरह से परिरक्षित एक जंगल दूसरा पक्ष होता है। इन दो तत्वों को पवित्र उपवनों के रूप में स्वाभाविक जैव विविधता संरक्षण की ओर उन्मुख और इनको प्रबंधित करने वाले समुदाय को संरक्षक समुदाय की तरह पेश करने के लिए बहिर्वेशन (extrapolate) किया जा सकता है[392,410]। अतः ग्रामीणों की मौजूदा संरक्षण गतिविधियों को मजबूती और परिदृश्य स्तर के दृष्टिकोण को अपनाते हुए क्षरित हो रहे पवित्र उपवनों का पुनर्स्थापन इन उपवनों के संरक्षण और प्रबंधन को प्रभावी बना सकता है। साथ ही निम्न बिन्दुओं को ध्यान में रखते हुए पवित्र उपवनों को समाज उन्मुख और इनके जीविकोपार्जन के लिए उपयोगी बनाया जा सकता है।

4.1 सामुदायिक भागीदारी और जागरूकता

पवित्र उपवनों की सुरक्षा और संरक्षण तथा उनकी प्राकृतिक पहचान और पवित्रता को बनाए रखने के लिए, वहाँ के लोगों की भागीदारी के माध्यम से परम्पराओं और मान्यताओं को बनाए रखने की जरूरत है। मौजूदा उपवनों की पवित्रता को बनाए रखने के लिए इसके आसपास के ग्रामीण समुदायों को शिक्षित करने और उसे मार्गदर्शन देने की सख्त जरूरत है। स्थानीय लोग मूल रूप से पवित्र उपवनों पर आधारित परंपरा को जारी रखने में रुचि रखते हैं लेकिन उन्हें जिनमें जीवन और धर्म की आधुनिकता झलकती हो। ऐसी स्थिति में एक संयुक्त कार्यवाही के तहत् वन विभाग और गैर सरकारी संगठनों की सहायता से ग्रामीण अपने आसपास के पवित्र उपवनों की रक्षा और इनका संरक्षण कर सकते हैं[410]। पवित्र उपवनों का संरक्षण निम्न चरणों को अपनाते हुए किया जा सकता है[180,403]।

- प्राकृतिक और सामाजिक मूल्यों का व्यापक अभिज्ञान।
- स्थानीय समुदायों की क्षमता विकास।
- क्षेत्र स्तर पर समुचित प्रोत्साहन का निर्धारण।
- सामूहिक भागीदारी द्वारा योजनाओं को तैयार करना।
- सामुदायिक भागीदारी के तहत परियोजनाओं का कार्यान्वयन व देखभाल।

अतः उपवनों की संरक्षण सम्बंधी गतिविधियों में भागीदारी में कुछ पक्षों जैसे भागीदारी का स्तर, उम्र, कार्य का महत्व आदि, प्रोत्साहन के प्रावधान को कार्यक्रमों में सम्मिलित किया जा सकता है। यह प्रोत्साहन कार्बन क्रेडिट, पारिस्थितिकीय पर्यटन और स्थानीय स्थिति एवं आवश्यकताओं के मद्देनजर विभिन्न गतिविधियों की निगरानी के रूप में भी हो सकते हैं। इसके अतिरिक्त, इस प्राचीन, विकेन्द्रीकृत और स्थानीय समुदाय केंद्रित संरक्षण नीति को जाति प्रथा से अलग कर, आधुनिकीकरण और वैश्वीकरण की आपाधापी से बचा कर, और पवित्र उपवनों में पवित्र स्थल के आसपास "प्रतिरोधक क्षेत्र" (buffer zone) की स्थापना कर संरक्षण को बढ़ाया और प्रभावी बनाया जा सकता है। ये प्रतिरोधक क्षेत्र सतत विकास को बढ़ावा देने और स्थानीय लोगों की आजीविका को बनाए रखने में मदद कर सकते हैं, परन्तु यह विधि आकार में बड़े उपवनों के लिए ही उपयोगी हो सकता है अन्यथा कई पवित्र उपवनों को मिलाकर एवं साथ आने वाले अन्य भू–उपयोग को भी एक साथ विकसित किया जा सकता है।

पवित्र उपवन के प्रति खतरे के स्तर को ध्यान में रखते हुए स्थानीय निवासियों को संवेदनशील बनाने की भी जरूरत है जिसके अन्तर्गत जलाऊ लकड़ी के विकल्प और स्थानीय समुदायों की अन्य जरूरतों का भी ध्यान रखा जाना चाहिए, जिससे पवित्र उपवन पर बढ़ते जनसंख्या के दबाव को कम किया जा सके। पवित्र उपवनों से संबंधित अतीत में मनाये जाने वाले समारोहों की पुनः आयोजन की शुरुआत के साथ ही साथ इन पवित्र उपवनों के पारिस्थितिकी और आध्यात्मिक लाभों पर जागरूकता अभियान व शिक्षा कार्यक्रमों के माध्यम से तथा संसाधनों के इस्तेमाल के बारे में नियमों को और अधिक मजबूत करने से इनके संरक्षण और प्रबन्धन में लोगों की भागीदारी उत्साहपूर्वक हो सकती है[(109,411)]। स्थानीय लोगों द्वारा किये जाने वाले दीर्घकालिक संरक्षण के प्रयासों के लिए प्रोत्साहन की जरूरत हो सकती है कुछ सफल मॉडल जैसे पश्चिमी भारत के कोंकण क्षेत्र के पवित्र उपवनों में औषधीय पौधों को बढ़ावा और इससे संबन्धित जानकारी और तकनीकी सहायता उपलब्ध कराना तथा मेघालय में पवित्र उपवनों के संरक्षण हेतु अतिरिक्त लाभ के रूप में सभी घरों को नल के माध्यम से जल उपलब्ध कराना, इसके प्रमुख उदाहरण हैं[(349)]।

4.2 सरकार की नीति और योजना

पवित्र उपवनों की संरक्षण विधियों के पीछे कुछ निहित पर्यावरण सिद्धांत होते हैं। पवित्र उपवनों के महत्व और उपयोग, रस्मों और रिवाज के प्रति नरमी और वर्ज्यता आदि के बारे में बुजुर्गों द्वारा युवा पीढ़ी को बताने के प्रति उदासीनता के कारण विश्वास और पारम्परिक नियमों और उनके विनिमय की प्रभाविकता में कमी हो रही है। इन सामाजिक एवं सांस्कृतिक पहलुओं को कायम रखते हुए इन्हे और मजबूत करने की जरूरत है। स्थानीय लोगों के सक्रिय सहयोग और भागीदारी द्वारा पवित्र उपवनों के पुनर्वास, संरक्षण और सुरक्षा को सुनिश्चित करने के लिए राज्य स्तर पर एक अलग नीति तैयार की जा सकती है जो स्थिरता के साथ स्थानीय लोगों की आजीविका की बुनियादी जरूरतों जैसे ईंधन की लकड़ी, चारा, छोटे लकड़ी उत्पाद और प्रजातिगत–औषधीय वनस्पतियों आदि को पूरा कर सके[(345,412)]। जैसे कि विभिन्न पादपों के संरक्षण और बचाव के बारे में महिलाएँ अधिक सक्रिय होती हैं अतः स्थानीय और क्षेत्रीय स्तर पर एक ऐसी नीति अपनाई जानी चाहिए जिसमे महिलाओं की भागीदारी पर प्रमुख रूप से जोर दिया गया हो। मौजूदा वैधानिक नियम और विनियमन के तरीके जो पवित्र उपवनों के संरक्षण और प्रबन्धन में सहायक हैं, उनकी समीक्षा की जरूरत है, जबकि पवित्र उपवनों में अनधिकृत रूप से रहने वालों को हटाने और भूमि पर अतिक्रमण करने वालों को चुनौती देने, शिकारियों को रोकने और धार्मिक स्थलों की रक्षा करने हेतु बने अधिनियम और नियम को और अधिक कठोर और प्रभावी बनाये जाने की आवश्यकता है। ये सब प्रक्रियाएँ पवित्र उपवनों के सक्रिय जीवन और उनके महत्व को वापस प्रारम्भिक स्थिति में लाने में मददगार हो सकती हैं।

4.3 प्रलेखन और चित्रण

पवित्र उपवनों की सीमा और वितरण की विस्तृत जानकारी, उनकी मृदीय और पारिस्थितिकीय स्थिति और आसपास के क्षेत्रों में सामाजिक वातावरण के ज्ञान के अभाव में किसी भी प्रबन्धन नीति या योजना का सफल हो पाना आसान नहीं है। इसके अतिरिक्त पवित्र वनों में पाई जाने वाली मौजूदा प्रजातियों, इनकी संख्या, वितरण की सीमा, और पवित्र उपवनों में इनकी वर्तमान स्थिति के बारे में जानकारी हेतु सुदूर संवेदन तकनीक के साथ–साथ भौतिक सर्वेक्षण विधि का उपयोग बेहद आवश्यक है[(413)]। इसके अतिरिक्त प्रत्येक पवित्र उपवन की सीमा का सीमांकन उचित दूरी पर पत्थर गाड़ कर या आर.सी.सी सीमा स्तंभों के साथ करना

भी आवश्यक है। एक बार सीमा स्तम्भों का स्थिरीकरण के साथ सीमा निरूपण, उपलब्ध सभी पवित्र उपवनों की पहचान हो जाए और इनका विस्तृत इतिहास कार्ड तैयार कर लिया जाए तो उनकी स्थिति का आकलन बहु आयामी उपग्रह चित्रों में परिवर्तन के माध्यम से एक निश्चित अंतराल पर किया जा सकता है। गांव या उस क्षेत्र से संबंधित पटवारी को हर साल कम से कम एक बार सीमा स्तंभों की भौतिक स्थिति का निरीक्षण करना चाहिए जिससे कि सीमा स्तंभों के स्थान में परिवर्तन या नुकसान का सही समय पर पता लग सके और बेईमान व्यक्तियों का पता लगाया जा सके। जिससे यदि आवश्यक हो तो सुधारात्मक कदम उठाए जा सकें।

4.4 उपवन प्रबन्धन और समुदाय संचालन

पवित्र उपवनों का समाप्त होना या इनकी सेवाओं में गिरावट न केवल अवशेष वनस्पतियों और जंतुओं से समृद्ध क्षेत्र के नुकसान का प्रतीक है बल्कि यह उपवनों के साथ जुड़ी संस्कृति की अपनी समृद्ध विरासत (टेपेस्ट्री) का भी नुकसान है। धार्मिक और सांस्कृतिक बदलाव के कारण कुछ पवित्र उपवनों पर मौजूदा खतरों के साथ ही प्राकृतिक संसाधनों पर पड़ने वाले दबाव से मुकाबला करने के लिए सामुदायिक परम्पराओं के नवीकरण की भी जरूरत है[414]। पवित्र उपवनों या ऐसे छोटे स्थानों का पारंपरिक प्रणाली के माध्यम से प्रबंधन करने को अब बहुत सारे आर्थिक और सामाजिक निर्णयों द्वारा चुनौती भी दी जा रही है। इस प्रकार पवित्र उपवन के प्रबन्धन और संरक्षण में केवल पारम्परिक तरीकों का पालन इस आधुनिक युग में कम प्रभावी प्रतीत होता है। इसके लिए पूरे पवित्र उपवन क्षेत्र को केन्द्रीय क्षेत्र और प्रतिरोधी क्षेत्र के रूप विभाजित किया जा सकता है जैसे कि 'मैन और बायोस्फीयर रिजर्व' कार्यक्रम में अपनाया जाता है। इन्हें केन्द्रीय क्षेत्र संरक्षण के तहत बनाए रखा जा सकता है जबकि प्रतिरोधी क्षेत्र को सतत् उपयोग में लाया जा सकता है। लेकिन छोटे उपवनों के लिए 10–20 मीटर की एक बफर जोन अतिक्रमण और अन्य अवैध व्यवसायों को नियंत्रित करने के लिए भी बनाए रखा जा सकता है। वैकल्पिक रूप से पवित्र स्थलों को एक संरक्षण नेटवर्क में शामिल करने से निवास की एक व्यापक विविधता को समाहित और स्वदेशी समुदायों के सामाजिक–सांस्कृतिक मूल्यों को कायम रखने तथा उनके समर्थन के उपयोग द्वारा संरक्षित क्षेत्रों के प्रभाव में वृद्धि की जा सकती है[233,415]। ग्राम पंचायत के सहयोग से समुदाय संचालन और समूह गठन प्रत्येक पवित्र उपवन के लिए आवश्यक है जिसके लिए निम्न बातों का ध्यान रखा जाना चाहिए –

- उपवन विशेष के लिए पवित्र उपवन प्रबन्धन समिति में क्षेत्र के सभी हितधारकों के प्रतिनिधियों को शामिल कर ही समूह गठन किया जाना चाहिए।
- स्थानीय समुदायों को तकनीकी समर्थन देना पवित्र उपवनों के सतत प्रबन्धन के लिए आवश्यक है, जिसके लिए कुछ तकनीकी संस्थानों को भी शामिल किया जा सकता है।
- स्थानीय युवकों को जंगली पौधों की प्रजातियों की पहचान और मूल्यांकन, बीज संग्रह या संवर्धन, नर्सरी विकास, वनीय खुले क्षेत्र को भरने हेतु बीज अथवा पौध रोपण, खरपतवार प्रबन्धन, पवित्र उपवनों का रखरखाव, चयनात्मक संग्रह और गैर इमारती लकड़ी या अन्य वनोपज के विपणन के लिए प्रशिक्षित किया जाना चाहिए।
- पवित्र उपवनों की प्रभावी सुरक्षा के लिए ग्रामीण समुदायों को ईंधन और चारे की आवश्यकता को पूरा करने के लिए अन्य विकल्प प्रदान किये जाने चाहिए।

- संरक्षण योजना के साथ जुड़ाव में पवित्र उपवनों से वन उपज के बारे में जानकारी, उनके मूल्य संवर्धन की संभावना और विपणन से संबंध तथा लोगों की आजीविका और संरक्षण के अन्य लाभ की जानकारी उपयोगी हो सकती है[416]।
- वर्तमान समय में बाजार केंद्रित अर्थव्यवस्था प्रबन्धन को बढ़ावा देने की जरूरत है, जहाँ पवित्र उपवन समकालीन जरूरतों अर्थात् पुनर्जीवित जैव–विविधता और जैविक संरचना को पूरा करने के लिए विकसित किया गया हो। इसके लिए आवश्यक तकनीकी मदद समुदायों को मुहैया कराई जानी चाहिए।
- राज्य विशेष के जैविक संसाधनों का पर्याप्त प्रलेखन पीपुल्स जैव विविधता रजिस्टर (PBRs) की सहायता से किया जाना चाहिए।

इसके अतिरिक्त पवित्र उपवनों द्वारा प्रदान की गई पारिस्थितिक सेवाओं पर भी प्रकाश डाला जाना चाहिए और लोगों को इस बारे में पता और एहसास होना चाहिए। साथ ही स्थानीय समुदाय को इस दिशा में जागृत किया जाना चाहिए कि उपवनों का संरक्षण उनकी जीविका के लिए कितना महत्वपूर्ण है।

प्रौढ़ शिक्षा और समुदाय विकास की पहल से पवित्र उपवनों और स्थानों से संबन्धित विभिन्न प्रकार की सुरक्षा और रक्षा की समस्या को संबोधित करना भी आवश्यक है, जो कि संरक्षण और प्रबन्धन की मौजूदा प्रणाली को पोत्साहित करेगा और विरासतीय पर्यटन उद्योग और सामुदायिक विकास की प्रासंगिकता को बढ़ाएगा[360]। यह पवित्र स्थलों के विभिन्न मुद्दों को सुलझाने और पारम्परिक और आधुनिक उपायों के सतत् समावेशन के लिए आवश्यक होगा। संरक्षण के प्रत्येक उपाय दूसरे उपायों की कमियों के पूरक होने चाहिए। ये सामुदायिक विकास की पहल में बेहतर और एकीकृत होने चाहिए, जो स्थानीय समुदाय की भागीदारी को बढ़ावा देने और इस प्रक्रिया को और अधिक उत्पादक और स्थायी बनाने में योगदान दे सके[238]। पर्यटन, स्वदेशी लोगों की सांस्कृतिक विरासत, राजस्व और रोजगार सृजन में बढ़ोतरी पवित्र उपवनों के संरक्षण और उनकी जैव विविधता संरक्षण क्षमता को बनाये रखने में महत्वपूर्ण भूमिका अदा कर सकते हैं[396]।

4.5 पवित्र उपवनों का पुनर्स्थापन

पवित्र उपवन मानवीय दबाव से मुक्त नहीं रह सकते। ऐसी स्थिति में पुनर्स्थापन की विभिन्न गतिविधियों में बहुद्देशीय स्थानीय प्रजातियों का रोपण, पौधों और क्रमिक पौध चयन की सुरक्षा, दुर्लभ व स्थानिक प्रजातियों के पौधों के लिए नर्सरी स्थापना, मृदा और जल संरक्षण आदि उपायों को शामिल किया जाना चाहिए। फिर भी वृक्ष आच्छादन की अखंडता को बनाए रखने के लिए परिदृश्य ढांचे को संरक्षित रखना आवश्यक है[177]। यदि इन उपवनों की सुरक्षा के लिए बाड़ या चारदीवारी बनाई जाए और संबंधित समुदाय पवित्र उपवनों की सुरक्षा के लिए जागरूक रहें तो ये उपवन जैव–विविधता के संरक्षण और पारिस्थितिकी सेवाओं के विकेन्द्रीकृत केन्द्रों के रूप में अधिक महत्वपूर्ण भूमिका निभा सकते हैं। पारिस्थितिकी और पर्यावरण मूल्यों के तहत पवित्र उपवनों की बहाली और समुदाय केन्द्रित प्रबन्धन प्रणाली के पुनरुद्धार से ये उपवन विभिन्न प्रकार की गैर इमारती लकड़ी व वनोत्पाद की आपूर्ति के साथ–साथ जल सुरक्षा उपलब्ध कराने और परागण सेवाएँ प्रदान कर ग्रामीण आजीविका को मजबूत बनाने में एक बड़ी भूमिका अदा कर सकते हैं। साथ ही वैश्विक जलवायु परिवर्तन के लिए स्थानीय स्तर पर एक आदर्श जलवायु परिवर्तन शमन का उपाय भी हो सकता है[238]। पवित्र उपवनों के कार्यात्मक मूल्यों और विशेषताओं को बनाए रखने के लिए खतरे के कगार पर पहुँच चुकीं देशी

पादप प्रजातियों को प्रभावी ढंग से उपवनों में स्वस्थाने (*in situ*) संरक्षित करने की जरूरत है[380]। इसके लिए स्थानीय लोगों को विश्वास में लेकर सरकारी संगठनों सहित बाहरी सहायता वर्तमान समय की आवश्यकता है।

द्वितीयक अथवा आक्रामक प्रजातियों की बड़ी संख्या के प्रभुत्व की वजह से, प्रजाति विविधता और स्थानिक प्रजातियों में समृद्ध होने के बावजूद पवित्र उपवन को चरमोत्कर्ष प्रजाति के रूप में स्वीकार नहीं किया जा सकता है। ऐसी स्थितियों में क्षेत्रफल में वृद्धि के बिना उपवन की वनस्पतियाँ प्राकृतिक गतिशीलता से चरमोत्कर्ष की वानस्पतिक संरचनाओं में वापसी नहीं कर सकती। ऐसी हालत में बड़े क्षेत्रों वाले उपवनों को उनकी वृद्धि के लिए निर्धारित किया जा सकता है और संकटग्रस्त और स्थानिक प्रजातियों को एक साथ बढ़ावा देने के लिए पवित्र उपवनों का एक जाल या नेटवर्क स्थापित किया जा सकता है[41]। पारिस्थितिकी तंत्र सेवाएं जैसे परागण, बीज प्रसार या बिखराव, पोषक तत्व चक्रण और मृदा और जल संरक्षण आम तौर पर अलग अलग समय में भिन्न प्रकार की भूमि–उपयोग के संयोजन द्वारा बृहद् स्तर पर संचालित होते हैं, जिसके प्रबन्धन के लिए परिदृश्य स्तर पर एक एकीकृत दृष्टिकोण की आवश्यकता है। इसके लिए कुछ महत्वपूर्ण और बड़े आकार वाले पवित्र उपवनों को संरक्षित क्षेत्र समूह (प्रोटेक्टेड एरिया नेटवर्क) के तहत् लाया जा सकता है जिससे इनका समुचित बचाव और संरक्षण सुनिश्चित किया जा सके। पवित्र उपवनों की वर्तमान खंडित (छोटे–छोटे खन्डों) स्थिति को स्थानिक पादपों, मृदा बीज बैंक और मानव प्रभुत्व वाले भू–परिदृश्य में जंतुओं और पक्षियों के लिए एक आपस में मिले गलियारों के रूप में इस्तेमाल किया जा सकता है। अतः परिदृश्य स्तर पर उपवन परम्परा के संरक्षण के लिए संयुक्त और समग्र दृष्टिकोण की आवश्यकता है। इसमें भू–परिदृश्य दृष्टिकोण अपने व्यापक स्थानिक फैलाव के साथ–साथ उपयोगिता के कारण अधिक उचित प्रतीत होता है क्योंकि यह पारिस्थितिक प्रक्रियाओं, परस्पर जैव–क्रिया, भू–परिदृश्य पारिस्थितिकी के पहलुओं और उपवन परिवेश के अंतर्गत ज्ञान समाहित करता है।

वनीकरण के माध्यम से पवित्र उपवनों के पुनर्वासन में स्थानीय लोगों की धारणाओं का विशेष ध्यान रखा जाना चाहिए। स्थानीय लोगों को स्पष्ट रूप से यह समझाना जरूरी है कि पुनर्वास केवल उनके लाभ के लिए ही किया जा रहा है और कार्यान्वयन करने वाली संस्था का इस पवित्र वनों की भूमि को हड़पने का कोई इरादा नहीं है। पवित्र उपवनों के पुनर्वास या बहाली में वृक्ष या झाड़ी प्रजातियों के प्रकार का चयन सावधानी के साथ होना चाहिए जिसमे स्वदेशी वनस्पतियों पर अधिक जोर देने के साथ ही स्थानीय जीव–जंतुओं की पसंदीदा खाद्य का भी ध्यान रखा जाना चाहिए। उदाहरण के लिए, खेजड़ी, रोहिडा, गूँदा प्रजातियाँ, जाल प्रजातियाँ, बेर प्रजातियाँ, नीम आदि उपयोग की दृष्टि से पश्चिमी राजस्थान के पवित्र उपवनों के पुनर्वास के लिए, और गुगुल, जंगली सेहजना (*Moringa concanensis*), जिंजा (*Bauhinia racemosa*), कंकेड़ा आदि संरक्षण की दृष्टि से उपयोग किये जा सकते हैं। इसी तरह पुत्रन्जीवा, वाव बरना (*Crateva relegiosa*), सालर (*Boswellia serrata*), खेर (*Acacia catechu*), आँवला, आम, फाइकस प्रजातियाँ, कल्पतरु (*Adansonia digitata*), कलम (*Mitragyna parviflora*), महुआ (*Madhuca indica*), जामुन (*Syzygium cumini*) आदि अरावली और पूर्वी राजस्थान के पवित्र उपवनों अथवा देव–वनी के वनीकरण में उपयोग किये जा सकते है। फिर भी बार–बार पौध रोपण के बजाय रोपित पौधे की जीवितता और विकास को सुनिश्चित करना ज्यादा बेहतर तरीका है।

4.6 अति–चराई और अति उपभोग पर नियंत्रण

अति–चराई को नियंत्रित करने और पवित्र उपवनों की वानस्पतिक संरचना में परिणामी परिवर्तन को रोकने के लिए, स्थायी चराई प्रथाओं जैसे बारी–बारी से चराई, स्थगित बारी–बारी से चराई या इस तरह की अन्य प्रथा को अपनाने की संभावनाओं का पता लगाया जा सकता है। अन्यथा चारे लायक घास को काट कर ले जाने और घरों पर ही मवेशियों को खिलाने की प्रणाली अधिक उपयुक्त हो सकती है और इसे अपनाया भी जा सकता है। इन क्षेत्रों की वर्तमान और भविष्य की संभावित उत्पादकता के आकलन के लिए नेटवर्क या समन्वित अनुसंधान कार्यक्रम शुरू किये जा सकते हैं। इसके लिए एक विशेष क्षेत्र की प्रतिनिधिक जैव–विविधता के संरक्षण के लिए पवित्र उपवनों में से कुछ चुनिंदा जैव–विविधता के भंडार को किसी भी प्रकार के हस्तक्षेप जैसे चराई या पादप संग्रह आदि से संरक्षित किया जा सकता है।

4.7 आक्रामक प्रजातियों पर नियंत्रण

प्रोसोपिस जुलीफ्लोरा और *लंटाना कमारा* सहित कई हानिकारक खरपतवार और झाड़ी प्रजातियों के विस्तार से मानव स्वास्थ्य, स्वदेशी पौधों की वृद्धि और विस्तार, इन क्षेत्रों से पानी का प्रवाह और पशुधन उत्पादकता ऋणात्मक रूप से प्रभावित हो रही है[403–405,417]। सीमित संसाधन, धन की कमी और अनुपयुक्त योजना और इनके कार्यान्वयन की वजह से लागू किए जाने वाले प्रबन्धन के उपाय वांछित परिणाम देने में सक्षम नहीं हैं। इन आक्रामक प्रजातियों के प्रबन्धन के लिए एक प्रभावी कार्य नीति, समुदाय की वचनबद्धता और उनकी समुचित भागीदारी और इन आक्रामक प्रजातियों के प्रसार के लिए जिम्मेदार वाहक जानवरों की संख्या को भी सीमित करना आवश्यक है[418]।

4.7.1 *लंटाना का नियंत्रण*

लंटाना एक हानिकारक झाड़ी प्रजाति है जिसका विस्तार और स्थापना (फैलाव) भारत सहित दुनिया के कई क्षेत्रों में है। अधिकांश अध्ययनों से पता चलता है कि यह प्रजाति क्षेत्रीय पादप प्रजातियों के लिए खतरा बन गई है और अपनी सीमा का विस्तार बहुत ही तेजी से कर रही है। अस्सी प्रतिशत से अधिक अध्ययन इसके प्रभाव, विषाक्तता और चिकित्सीय उपयोग पर ही ध्यान केंद्रित करते हैं। यह संभावित उत्तराधिकार (क्रमिक) चक्र को बाधित करने और स्थानीय जीवों को विस्थापित करने की क्षमता रखता है जिसके परिणामस्वरूप जैव–विविधता में कमी सहित कई नकारात्मक प्रभाव परिलक्षित होते हैं। इसके संक्रमण से स्थानीय समुदायों की संरचना और पादप संघटन में परिवर्तन अपरिहार्य है[419]। जैसे ही किसी वन या उपवन में *लंटाना कमारा* के घनत्व में वृद्धि होती है एलीलोपैथिक क्रिया बढ़ती है और क्षेत्र की प्रजाति समृद्धि में गिरावट आती है[420]।

लंटाना कमारा को यंत्रवत् या शारीरिक रूप से जैसे छड़ीनुमा पाँचा के उपयोग से, बुलडोजर द्वारा, जुताई करके और पूर्ण खुदाई सहित विभिन्न विधियों द्वारा हटाया जा सकता है। फिर भी ये तकनीक मुख्य रूप से मध्यम आकार के संक्रमण के लिए अनुकूल हैं जिसके कारण एक व्यापक स्तर और निश्चित अंतराल पर इन्हें हटाते रहने की आवश्यकता होती है, क्योंकि यदि इसके जड़ भाग को 30 सेमी की गहराई तक नहीं हटाया गया तो यह जड़ों द्वारा अंकुरित होकर फिर से वृद्धि करने लगता है[421]। लैंटाना को नियंत्रित करने की एक विधि आग के माध्यम से जलाना भी है जो अच्छे व विविध प्रजातियों वाले वनों या पवित्र उपवनों में अपनाये जाने योग्य नहीं है, क्योंकि वहुत सी प्रजातियाँ आग के प्रति अत्यधिक संवेदनशील

होती हैं। *लंटाना कमारा* के नियंत्रण के अन्य उपाय रसायनों का उपयोग है। ग्लाइफोसेट रसायन का पत्तों पर छिड़काव मामूली रूप से प्रभावी होता है और ऐसी परिस्थिति में इसमें पुनर्वृद्धि आम बात है। फ्लूराक्सिपीर (विस्टा) के साथ एमिनोपिरालिड का 6 महीने की अवधि के भीतर दो बार छिड़काव लंटाना के नियंत्रण में प्रभावी पाया गया है लेकिन यह एक महंगा उपाय है। फ्लुक्सोपीर का एक प्रारम्भिक प्रयोग काफी सुसंगत व प्रभावी प्रतीत होता है। हालांकि, इस तरह के रसायनों के उपयोग से पारिस्थितिकी तंत्र के अन्य जीव–जन्तुओं को नुकसान का अंदेशा रहता है, जिससे खाद्य श्रृंखला, मृदा स्वास्थ्य, जल प्रदूषण और अन्य सहायक समस्याओं की अभिवृद्धि होती है। *लंटाना कमारा* के प्रसार को नियंत्रित करने के लिए जैविक नियंत्रण संबन्धित अध्ययन भी किए गए हैं। यद्यपि ये कम प्रभावी हैं परन्तु *लंटाना कमारा* को नियंत्रित करने के लिए जैविक जीवों जैसे *ओफिओमयना लंटानी* (फल–खनक मक्खी), *कैलिकोमिजा लंटानी* (बीज मक्खी), *टेलिओनेमिया इलेटा* (पत्ती चूसक बग), *टेलिओनेमिया स्क्रूपुलोसा* (पत्ती चूसक बग) लेकिन इनमें से अधिकांश विफल हुए हैं क्योंकि लंटाना की कई किस्में या प्रकार पाये जाते हैं जिन पर वाह्य कीटों का प्रवेश और स्थापन एक कठिन प्रक्रिया है।

ऐसे ही कई अन्य प्रजाति विशिष्ट कीट जैसे *डायस्टीमा टाइग्रिस* (फूल–खनक कीट), *सेल्बिया हीमोर्होइडेलिस* (पट्टी मोड़ने वाला कैटरपिलर), *यूरोप्लाटा गिरार्डी* (पत्ती–खनक बीटल), *आक्टोटोमा स्कैब्रिपेनिस* (पत्ती–खनक बीटल) और *एपीनोटिया लंटानी* (फूल खनक माथ) समय–समय पर *लंटाना कमारा* के जैविक दमन के लिए प्रयोग किये गये हैं लेकिन ये भी इसके प्रकोप को नियंत्रित करने में बहुत प्रभावी साबित नहीं हुए हैं[(417)]। ऐसी परिस्थिति में *लंटाना कमारा* के पौधों पर यांत्रिक या हाथ द्वारा नियंत्रण ज्यादा प्रभावी हो सकता है जिसके अन्तर्गत बुलडोजर द्वारा जुताई और 30–40 सेमी गहराई तक की खुदाई शामिल है। इस प्रक्रिया को मृदा बीज बैंक की समाप्ति तक लगातार एक निश्चित अंतराल पर दोहराया जा सकता है जिससे इस विधि को और अधिक प्रभावी बनाया जा सके।

4.7.2 *प्रोसोपिस जूलीफ्लोरा का नियंत्रण*

प्रोसोपिस जूलीफ्लोरा (विलायती बबूल) निस्संदेह पवित्र उपवनों और जंगलों की जैव–विविधता का अच्छी तरह से संरक्षण करने के लिए एक बहुत बड़ा खतरा है और संभवतया यह पारिस्थितिकी तंत्र के विभिन्न प्राकार्यों में भी परिवर्तन ला देता है[(422)]। *प्रोसोपिस जूलीफ्लोरा* की ऐसे क्षेत्रों में होने वाली घुसपैठ को नियंत्रित और उसे उन्मूलित करने के लिए कई प्रयास किये गए हैं[(423)]। अमेरिका, एशिया और ऑस्ट्रेलिया के अनुभवों से पता चलता है कि *प्रोसोपिस जूलीफ्लोरा* के उन्मूलन में अलग अलग तरीके विशेषकर यांत्रिक और रासायनिक विधियाँ अपनाई जाती हैं जो अत्यधिक महंगी और अपेक्षाकृत कम प्रभावी पाई गई हैं। इसमें पाया जाने वाला लचीलापन और वितरण का परिमाण *प्रोसोपिस जूलीफ्लोरा* को एक बार स्थापित होने के बाद इसके उन्मूलन को लगभग असंभव कर देता है। इसलिए इसके उन्मूलन के लिए सबसे उचित समय बीज के बनने एवं उसके वितरण, अंकुरण, अंकुर के दौरान और पौध स्थापना चरण हैं। इसका विस्तार मुख्य रूप से जानवरों द्वारा इसकी फली खाने और उनकी गतिकी द्वारा बीज प्रसार से होता है। इस हालात में पवित्र उपवनों में जानवरों के आवागमन पर नियंत्रण या पूर्णरुपेण बंद किया जा सकता है। वैकल्पिक तौर पर विलायती बबूल की सभी फलियों को एकत्र कर और उन्हें पीस कर जानवरों के लिए चारा बनाया जा सकता है। यह स्थानीय लोगों के लिए एक वैकल्पिक आजीविका भी प्रदान करेगा और बीजों के प्रसार को नियंत्रित भी करेगा।

यांत्रिक विधि जिसमें मशीन द्वारा इसकी पौध को हटाना या यंत्रवत् हाथ से खींचना, काटना, हाथ द्वारा खुदाई या यंत्रों के सहयोग से उखाड़ना शामिल है। डंडायुक्त पाँचा, चेन की सहायता से जड़ सहित खिंचाई, बुलडोजर से धक्का और धारदार जुताई विलायती बबूल को नियंत्रित करने के कुछ अन्य तरीके हैं । इसमें डंडायुक्त पाँचा सबसे अच्छा परिणाम देता है विशेषकर जब मृदा में उपयुक्त नमी हो जिससे मशीन को न्यूनतम बोझ पड़ता है लेकिन मृदा इतनी सूखी जरूर होनी चाहिए जो उखाड़े गए जड़ प्रणाली को सुखाने के लिए पर्याप्त हो। इसके अलावा चेन की सहायता से जड़ सहित पूरे वृक्ष को खींचना जो ऑस्ट्रेलिया में विशेष रूप से कारगर पाया गया है और विलायती बबूल प्रभावित क्षेत्र में इसके 90 प्रतिशत वृक्षों को समाप्त करते देखा गया है। लेकिन जब संक्रमण बहुत ज्यादा हो या युवा वृक्षों और छोटे पौधों की अधिकता हो तो इस विधि द्वारा प्रभावी नियंत्रण कम हो जाता है। बड़े वृक्षों और झाड़ियों के तने को भूमि स्तर से काटने और ताजा काटे गये जड़ युक्त स्टम्प या ठूँठ राउंड–अप, 2, 4–डी, ग्लेनसाइड और डीजल नामक शाकनाशियों के छिड़काव या लेप द्वारा मारे जा सकते हैं। परभक्षीयों या रोगजनकों के इस्तेमाल द्वारा भी *प्रोसोपिस जूलीफ्लोरा* के प्रजनन को सीमित किया जा सकता है। सूडानी शोधकर्ताओं ने कुछ परभक्षी कीटों की पहचान की है जो इसके वृक्षों के पत्ते को खाकर पूरी छत्रक में गिरावट लाते हैं। ऑस्ट्रेलिया में कीटों की चार प्रजातियाँ विलायती बबूल के खिलाफ जैविक नियंत्रण एजेंट के रूप में पेश किये गये हैं[370]। इनमें से *एल्गारोबियस बोटीमेरी* और *एल्गारोबियस प्रोसोपिस* भृंग या बीटल के लार्वा इनके परिपक्व फलीयों वाले वृक्षों और जमीन पर पड़ी फलियों दोनों को खाकर बीज को नष्ट करते हैं। वहीं *प्रोसोपिडोप्सिला फ्लेवा* (एक रस चूसने वाला साइलीड) शीर्षारंभी क्षय द्वारा विलायती बबूल को नुकसान पहुँचाता है जबकि इवीपी प्रजाति जो एक पत्ता बांधने वाला माथ है इसके पतझड़ का कारण बनता है[424]। इसके नियंत्रण का एक और तरीका है जो कई देशों में इस्तेमाल किया गया है जिसके अन्तर्गत वृक्षों को भूमि सतह से काटने के बाद ठूँठ को जला दिया जाता है। उदाहरण के लिए यमन में ठूँठ के ऊपर मिट्‌टी के तेल इस्तेमाल करने के बाद आग लगा कर इस पादप का उन्मूलन किया जाता है। हालांकि यह केवल तभी काम करता है जब पादप सूखा (फूल लगने की अवस्था में नहीं) हो और जीवित रहने के लिए जड़ तंत्र बहुत अधिक गहरी न हो अन्यथा इनमें फिर से दुबारा वृद्धि होने लगती है।

4.8 क्षतिपूरक वनीकरण के तहत रूपांतरण

विभिन्न प्रकार के विकास और परियोजनाओं जैसे बांधों का निर्माण, खनिज निष्कर्षण सम्बंधी खनन गतिविधियाँ और उद्योगों या सड़कों का निर्माण आदि के लिए वन भूमि के अन्य उपयोग में परिवर्तन की आवश्यकता होती है। प्रतिपूरक वनीकरण कोष प्रबंधन एवं योजना प्राधिकरण (कैम्पा) या प्रतिपूरक वनीकरण (सीए) वन भूमि को गैर वन उपयोगों हेतु मुआवजे के तौर पर वनीकरण और पुनर्जनन को प्रोत्साहित करता है। इसमें राज्य कैम्पा का मुख्य कार्य प्राकृतिक वनों का पुनर्जनन और राज्य के वन विभाग में इस कार्य के लिए एक संस्था का निर्माण करना है। 'वन (संरक्षण) अधिनियम, 1980 और इसके 'नियम' और 'दिशा निर्देश' के मुताबिक जब भी एक वन भूमि गैर वानिकी उद्देश्यों के लिए दी जाए तब उसके बराबर गैर वन भूमि प्रतिपूरक वनीकरण के लिए दी जानी चाहिए। यह जहाँ तक संभव हो आरक्षित या संरक्षित वन की निकटता में सन्निहित हो सकता है। ऐसी हालत में पवित्र उपवनों या सामुदायिक वनों को भी प्रतिपूरक वनीकरण के तहत लाया जा सकता है जिससे इसके प्रभावी प्रबन्धन के उद्देश्यों की पूर्ति के साथ ही स्थानीय समुदाय की आवश्यकताओं पर भी विचार किया जा सके और स्थानीय समुदाय की भागीदारी को सुनिश्चित किया जा सके। अतः यह न केवल

सामुदायिक भूमि के वन भूमि में हस्तांतरण के लिए होना चाहिए, बल्कि समुदाय की भागीदारी भी इन पवित्र उपवनों के प्रबन्धन सम्बंधी प्रभावी योजना के बनाने में सुनिश्चित होनी चाहिए।

5. संकलन और भावी दृष्टिकोण

स्थानीय लोगों द्वारा पवित्र उपवन क्षेत्रों में खनन, क्षेत्र को जलाना, वृक्षों को काटना और हटाना और घरेलू मवेशियों द्वारा बढ़ता चराई दबाव, मल विसर्जन आदि के माध्यम से खतरों में लगातार बढ़ोतरी और धार्मिक और सांस्कृतिक परिवर्तनों के साथ ही मौजूदा प्राकृतिक संसाधनों पर दबाव के परिणामस्वरूप पवित्र उपवनों की स्थिति में लगातार गिरावट आ रही है। प्रारम्भिक दिनों में स्थानीय समुदाय या जन–जातियों द्वारा अनायास ही परिरक्षण और संरक्षण के बावजूद, आधुनिकीकरण और धार्मिक भावनाओं की क्रमशः समाप्ति पवित्र उपवनों को परिवर्तन के प्रति काफी संवेदनशील बना रहा है। स्थानीय लोगों, परिवारों और गाँवों के मुखिया, वन विभाग के कर्मचारियों और अधिकारियों, सरकार और पंचायतों के बीच सामन्जस्य में कमी के कारण भी उपवनों की प्राचीन पवित्रता और पवित्र स्थलों की महिमा का क्रमिक क्षय हो रहा है। उपवनों के प्रति लोगों की धारणाओं में भी बदलाव आ रहे हैं। पवित्र उपवनों से संबंधित सामुदायिक परम्पराओं और सामाजिक–सांस्कृतिक धारणाओं का समारोहों को पुनर्जीवित करने के माध्यम से नवीकरण की जरूरत है। इसके साथ ही जागरूकता अभियान और शिक्षा कार्यक्रमों के माध्यम से पवित्र उपवनों की पारिस्थितिकी और आध्यात्मिक लाभ और उसके संसाधनों के उपयोग के कड़े नियमों पर भी प्रकाश डाला जाना चाहिए।

पवित्र उपवनों या स्थानों की विविधता से संबन्धित जैविक मुद्दों जैसे उनके आकार, उम्र, प्रजाति संरचना, जैव–विविधता और सहजता के स्तर के साथ ही किसी भी ऐतिहासिक, सामाजिक, सांस्कृतिक, धार्मिक, आर्थिक, राजनीतिक, कार्यकाल और कानूनी मुद्दों के साथ अधिक व्यवस्थित अनुसंधान करने की जरूरत है। इसी तरह एक ही आकार और जैविक संरचना वाले पवित्र स्थानों और उसके सन्निकट स्थित एक लौकिक क्षेत्र के बीच नियंत्रित तुलनात्मक वर्णन भी पवित्र उपवनों या स्थानों की स्थिति के कारण उत्पन्न होने वाले किसी भी अंतर के आकलन हेतु आवश्यक होगा। इस तरह के अपक्षरण से पवित्र उपवनों की रक्षा द्वारा एक साथ संस्कृतियों, धर्मों और अधिकार व इससे जुड़ी जैविक प्रजातियों और पारिस्थितिकी तंत्र की प्रक्रियाओं की रक्षा की जा सकती है। पारम्परिक संस्थाओं को मजबूत बनाने और कानूनी ढांचे के तहत नव पवित्र कला आंदोलन की नई पहल द्वारा भूमि पर अतिक्रमण करने वालों को चुनौती देना, शिकारियों को पकड़ना, इनकी पवित्रता की रक्षा और जैव–विविधता के संरक्षण में मदद पवित्र उपवनों को उनके प्रारम्भिक स्थिति और उनकी पारिस्थितिकीय सेवाओं को वापस ला सकता है। फिर पर्यावरण संरक्षण उपायों के नियमन के माध्यम से कड़ी कार्रवाई, एक नेटवर्क के माध्यम से प्रतिरोधक क्षेत्र (बफर जोन) को और चौड़ा करना और विकास के कोरीडोर, जो मानवजनित दबावों के जाल बनते जा रहे हैं, को अवरुद्ध करना आदि भी पवित्र उपवनों के प्रभावी तरीके से परिरक्षण, संरक्षण और प्रबन्धन के विचार से आवश्यक हैं।

9

संदर्भिका

1. भट्टाचार्या एस (2014) फॉरेस्ट एण्ड बायोडाइवर्सिटी कंजर्वेसन इन एन्सिएंट कल्चरः अ रिव्यू बेस्ड ऑन ओल्ड टेक्स्ट एण्ड आर्किओलोजिकल एविडेंसेज। इन्टरनेशनल लेटर्स ऑफ सोसल एण्ड ह्यूमेनिस्टिक साइनसेज, 19: 35–46
2. अग्नि पुराण 108.1–2
3. मत्स्य पुराण 121–122
4. शेषाद्री के जी (2016) क्लासिफिकेसन ऑफ फ्लोवर्स ईआईएस ग्लिण्ड फ्रम एन्सिएंट इंडियन लिटरेचर एण्ड कल्चर। एशियन एग्री–हिस्टरी, 20: 181–199
5. मुखर्जी आर के (2003) एन्सिएंट इंडियन एजुकेसनः ब्रहमनिकल एण्ड बुद्धिस्ट। मोतीलाल बनारसी दास पब्लिशर्स प्राइवेट लिमिटेड, दिल्ली। 661 पेज
6. निपुनागे दी एस एण्ड कुलकर्णी डी के (2010) देव–रहटी–ऐन एन्सिएंट कांसेप्ट ऑफ बायोडाइवर्सिटी कंजर्वेसन। एशियन एग्री–हिस्टरी, 14: 185–196
7. अमर्थलिंगम एम (2013) प्लांट डाइवर्सिटी इन द वाल्मीकि रामायण। प्रोसीडिंग ऑन द रामायण इन लिटरेचर, सोसाइटी एण्ड आर्ट्स। पब्लिशेड बाई सी पी आर पब्लिकेशन्स, सी पी आर इंस्टीट्यूट ऑफ इंडोलोजिकल रिसर्च, चेन्नई
8. जोशी एस जी (2004) मेडिसिनल प्लांट्स, ऑक्सफोर्ड – आई बी एच पब्लिशिंग कंपनी प्राइवेट लिमिटेड न्यू दिल्ली, 11 पेज
9. चन्द्रकान्त एम जी एण्ड रोम्म जे (1991) सेकरेड फोरेस्ट्स, सेकुलर फॉरेस्ट पोलिसिज एण्ड पीपुल्स एक्सन्स। नेचुरल रिसोर्स जर्नल, 31: 742–756
10. चौधरी के ए एण्ड घोस एस एस (1955) प्लांट रिमेन्स फ्राम हस्तिनापुर (1950–52)। एन्सिएंट इंडिया, 10: 121–137
11. पोखरिया ए के, श्रीवास्तव सी, विक्रम बी, डिमरी डी एन, नौतियल, सी एम एण्ड शरमा एस (2015) ऑन द बाटेनिकल फ़ाइंडिंग्स फ्रम एक्स्केवेसना एट अहिछत्रः अ मल्टी–कल्चरल साइट इन अपर गंगा प्लेन, उत्तर प्रदेश। करेंट साइन्स, 109: 1293–1304
12. सेनसरमा पी (2007) एथनों बायोलोजिकल इन्फोर्मेसन इन पाराशर संहिता। इंडियन जर्नल ऑफ हिस्टरी एण्ड साइन्स, 42: 117–132
13. दाश डी एम (2010) प्लेस ऑफ सबरी ऐज़ द सिंबल ऑफ परा भक्ति इन द रामायण। ओरिसा रिव्यू, अक्टूबररू 6–10
14. ली सी एण्ड वौच्पे एस (2003) द इम्पोर्टन्स ऑफ सेकरेड नेचुरल साइट्स फॉर बायोडाइवर्सिटी कंजर्वेसन। प्रोसीडिंग ऑफ इन्टरनेशनल वर्कसाप ऑन द इम्पोर्टन्स ऑफ सेकरेड नेचुरल साइट्स फॉर बायोडाइवर्सिटी कंजर्वेसन हेल्ड इन कममिंग एण्ड क्षिशुयांग्बन्न बायोस्फ़ेयर रिजर्व । पिपुल रिपब्लिक ऑफ चाइना
15. चौधरी के, सिंह एम एण्ड पिल्लई यू (2008) एथनोंबोटेनिकल सर्वे ऑफ राजस्थान–ऐन अपडेट। अमेरिकन–यूरेसियन जर्नल ऑफ बॉटनी, 1: 38–45

16. डोनोवन जी एच, बूतरी डी टी, माइकल वाई एल, प्रेस्टीमोन जे पी, लिबहोल्ड ए एम, गैत्जिओलिस डी एण्ड माओ एम वाई (2013) द रिलेशनसिप बिटविन ट्रीज़ एण्ड ह्यूमन हेल्थः एविडेंस फ्रोम द स्प्रेड ऑफ द एमराल्ड ऐश बोरर। अमेरिकन जर्नल ऑफ प्रिवेंटिव मेडिसिन, 44: 139–145

17. रॉय बर्मन जे जे (1995) द डाइनेमिक्स ऑफ सेकरेड ग्रूव्स। जर्नल ऑफ ह्यूमन इकोलोजी, 6: 245–254

18. डाफ्नी ए (2007) द सुपर नेचुरल कैरेक्टर एण्ड पावर ऑफ सेकरेड ट्रीज़ इन थे होल्ली लेंड। जर्नल ऑफ एथनोंबायोलॉजी एण्ड एथनोंमेडिसिन, 3: 10–14

19. फोवलर स्मिथ एल (2009) हिन्दू ट्री वेनेरेसन ऐज़ अ मोड ऑफ एनवायरमेंटल एनकऊंटर। लियोनार्डो, 42: 43–51

20. वात्सायन के (1992) इकोलजी एण्ड इंडियन माइथ। इंडियन इन्टरनेशनल सेंटर क्वार्टर्ली, 19: 157–180

21. मुर्थी डी बी आर (2006) सेकरेड ट्रीज। द हिन्दू, नवम्बर 3, 2006

22. मीनाक्षी बी, चौहान एन एस एण्ड कक ए (2011) ड़ाई यिल्डिंग प्लांट्स ऑफ हिमाचल प्रदेश। जर्नल ऑफ इकोनोमिक इकोनामिक बॉटनी, 35: 429–432

23. गोर्सुनोवा ओ वी (2008) सेकरेड ट्रीज़ ऑफ खोडझी बरोरः फाइटोलेट्रि एण्ड द कल्ट ऑफ फिमेल डाएटी इन सेंट्रल एसिया। एटनोराग्रैफिक ओबोज्रेनी, 1: 71–82

24. गोल्ड ए जी एण्ड गुर्जर बी आर (1998) ऑफ गोड्स, ट्रीज़ एण्ड बाऊन्डरिजरू डिवाइन कंजर्वेसन इन राजस्थान। एसियन फाक्लोर, 48: 221-229

25. शाह आर एण्ड पटेल आर (2011) स्टडी ऑफ ट्रेडिसनल वर्षिपिंग प्लांट ऑफ ऑफ बोरसाद तालुका (गुजरात), इंडिया। अभिनव, 1: 69–73

26. भाटला एन, मुखर्जी टी एण्ड सिंह जी (1984) प्लांट्स ट्रेडीसनल वर्सिपिंग। इंडियन जर्नल ऑफ हिस्टरी ऑफ साइंस, 19: 37–42

27. हेम्ब्रेम पी सी (1983) रिटर्न टू द सेकरेड ग्रूव्स। इनः सिंह के एस (एडिटर), ट्राइबल मूवमेंट इन इंडिया, न्यू दिल्ली

28. प्राइमेक आर एण्ड हिगुची एच (2006) क्लाइमेट चेंज एण्ड चेरी ट्री ब्लोसम फेस्टिवल्स इन जापान। आर्नोल्डिया, 65: 15–22

29. मेढ़ी पी एण्ड बोर्थकर एस के (2013) सेकरेड ग्रूव्स एण्ड सेकरेड प्लांट्स ऑफ द डिमासास ऑफ नॉर्थ–कैचर हिल्स ऑफ नॉर्थ–ईस्ट इंडिया। अफ्रीकन जर्नल ऑफ प्लांट साइन्सेज, 7: 67–77

30. कोल्डिंग जे एण्ड फोल्के सी (2001) सोसल ताबूजः इनविजिबूल सिस्टेम्स ऑफ लोकन रिसोर्स मैनेजमेंट एण्ड बायोलोजिकल कंजर्वेसन। इकोलोजिकल अप्लीकेसंस, 11: 584–600

31. ओर्मस्बी ए ए एण्ड भागवत एस ए (2010) सेकरेड फोरेस्ट्स ऑफ इंडियाः अ स्ट्रांग ट्रेडिसन ऑफ कम्यूनिटी–बेस्ड नेचुरल रिसोर्स मैनेजमेंट। एनवायरमेंटल कंजर्वेसन, 37: 320–326

32. हयजेज़ जे डी एण्ड चंद्रन एम डी एस (1998) सेकरेड ग्रूव्स एराउंड द अर्थ : ऐन ओवरव्यू इनः रामाकृष्णन पी एस, सक्सेना के जी एण्ड चन्द्रशेखर यू एम (एडिटर्स), पेज 69–96, कंजरविंग द सेकर्ड फॉर बायोडाइवर्सिटी मैनेजमेंट। ऑक्सफोर्ड एण्ड आई बी एच कंपनी प्राइवेट लिमिटेड, न्यू दिल्ली

33. टकारे एस (1989) हिस्टरी ऑफ रिलीजन। प्रोग्रेस पब्लिशर्स, मास्को

34. हयजेज़ जे डी (1990) पेन्स ट्रेवेलय एनवायरमेंटल प्रबलेंस ऑफ द एन्सिएंट ग्रीक एण्ड रोमनस। जॉन हापकिंस यूनिवर्सिटी प्रेस, बाल्टीमोर

35. गौड़ा बी (2006) सेकरेड प्लांट्स। कल्पतरु इसर्च एकेडेमी, बैंगलोर

36. फ्रेज़र जे बी (1915) द गोल्डेन बाग। लंदनः मेकमिलन एण्ड कम्पनी

37. लिटिल पी डी एण्ड ब्रोकेनशा डब्लू (1987) लोकल इन्स्टीट्यूसन, टिन्योर एण्ड रिसोर्स मैनेजमेंट इन ईस्ट अफ्रीका। इनः एंडरसन डी एण्ड ग्रूव आर (एडिटर्स), कंजर्वेसन इन अफ्रीकन पीपुल, पालिसिज एण्ड प्रेक्टिस, कैम्ब्रिजः कैम्ब्रिज यूनिवर्सिटी प्रेस

38. कास्ट्रो पी (1990) सेकरेड ग्रूव्स एण्ड सोसल चेंज इन किरीनियगा, केन्या। इनः चैकन एम एण्ड फ्लेवट्र्स ए (एडिटर्स), सोसल चेंज एण्ड एप्लाइड एंथ्रोपोलोजी, बौल्डेनः वेस्टव्यू प्रेस

39. बायर्स बी ए, कांलिफे आर एन एण्ड हुड़क ए टी (2001) लिंकिंग द कंजर्वेसन ऑफ कल्चर एण्ड नेचरः अ केस स्टडी ऑफ सेकरेड फोरेस्ट्स इन जिम्बाब्वे। ह्यूमन इकोलोजी, 29ः 187–218

40. केम्पबेल एम ओ (2005) सेकरेड गृव्स फॉर फॉरेस्ट कंजर्वेसन इन घानाज कोस्टल सवानाः एसेसिंग इकोलोजिकल एण्ड सोसल डाइमेन्संस। सिंगापुर जर्नल ऑफ ट्रोपिकल ज्योग्रैफी, 26ः 151–169

41. सरफ़ों–मेसह पी, ओडुरों डब्लू, फ्रेदुया इ ए एण्ड अमिसाह एस (2010) ट्रेडिसनल रिप्रेजेंटसना ऑफ द नेचुरल एनवायरमेंट एण्ड बायोडाइवर्सिटी कंजर्वेसनः सेकरेड ग्रूव्स इन घाना। फीम वर्किंग पेपर नम्बर 87.2010। http://ssrn.com/abstract=1665065 or http%@@dx-doi-org@10-2139@ssrn-1665065-

42. मल्होत्रा के सी (1998) एंथ्रोपोलोजिकल डाइमेन्सन्स एण्ड सेकरेड ग्रूव्स इन इंडियाः ऐन ओवरव्यू। इनः रामाकृष्णन पी एस, सक्सेना के जी एण्ड चन्द्रशेखर यू एम (एडिटर्स), पेज 423–438, कंजरविंग द सेकर्ड फॉर बायोडाइवर्सिटी मैनेजमेंट। ऑक्सफोर्ड एण्ड आई बी एच कंपनी प्राइवेट लिमिटेड, न्यू दिल्ली

43. मल्होत्रा के सी, गोखले वाई, चटर्जी एस एण्ड श्रीवास्तव एस (2007) सेकरेड ग्रूव्स ऑफ इंडियाः ऐन ओवरव्यू । आर्य्रन बुक, न्यू दिल्ली। 170 पेज

44. कोसम्बि डी डी (1962) माइथ्स एण्ड रियालिटी। बोंबेः पोपुलर प्रकाशन

45. चंद्रन एम डी एस, गाडगील एम एण्ड हयजेज़ जे डी (1998) सेकरेड ग्रूव्स ऑफ द वेस्टर्न घाट्स। इन: रामाकृष्णन पी एस, सक्सेना के जी एण्ड चन्द्रशेखर यू एम (एडिटर्स), पेज 211–232

46. मल्होत्रा के सी, गोखले वाई, चटर्जी एस एण्ड श्रीवास्तव एस (2001) कल्चरल एण्ड इकोलोजिकल डाइमेन्सन्स ऑफ सेकरेड ग्रूव्स इन इंडिया, आई एन एस ए, न्यू दिल्ली

47. ऐन्थवाल ए, गुप्ता एन, शर्मा ए, ऐन्थवाल एस एण्ड किहयूम के (2010) कंजर्विंग बायोडाइवर्सिटी थ्रू ट्रेडिसनल बिलिफ इन सेकरेड ग्रूव इन उत्तराखंड हिमालया, इंडिया। रिसोर्सेज, कंजर्वेसन एण्ड रिसाइक्लिग, 54ः 963–971

48. ब्रेंडिस डी (1897) इंडिजिनस इंडियन फोरेस्टरीः सेक्रेड ग्रूव्स। इनः इंडियन फ़ारिस्ट्रि वर्किंग। आरियेंटल इंस्टीट्यूट, इंग्लैंड

49. काला सी पी (2011) ट्रेडिसनल नालेज, सेकरेड ग्रूव्स एण्ड कजर्वेसन ऑफ बायोडाइवर्सिटी इन द पंचमढ़ी बायोस्फेयर रिजर्व ऑफ इंडिया। जर्नल ऑफ एनवायरमेंटल प्रोटेक्सन, 2: 967-973

50. काला सी पी (2005) एथनोंमेडिसिनल बॉटनी ऑफ द आपातानी इन द एस्टर्न हिमालयन रीज़न ऑफ इंडिया। जर्नल ऑफ एथनोंबायोलॉजी एण्ड एथनोंमेडिसिन, 1ः 1–12

51. भकत आर के एण्ड सेन यू के (2008) एथनोंमेडिसिनल प्लांट कंजर्वेसन थ्रू सेकरेड ग्रूव। ट्राइब्स एण्ड ट्राइबल्स, 2ः 55–58

52. जैन पी (2011) धर्म एण्ड इकोलोजी ऑफ हिन्दू कम्युनिटीजः सस्टिनेन्स एण्ड सस्टेनेबिलिटी। आशगेट पब्लिशिंग लिमिटेड, सुरे, यू के

53. मल्होत्रा के सी, गोखले वाई, चटर्जी एस एण्ड श्रीवास्तव एस (1999) सेकरेड ग्रूव्स ऑफ इंडियाः ऐन ओवरव्यँ नेशनल म्यूजियम ऑफ मैन काइंड, भोपाल।

54. काला सी पी (2010अ) एथनों बोटेनिकल एण्ड इकोलोजिकल एप्रोचेज़ फॉर कंजरवेसन ऑफ मेडिसिनल प्लांट्स। एक्टा हार्टीकल्चरी, 860ः 19–26

55. काला सी पी (2010ब) होम गार्डेन्स एण्ड मैनेजमेंट ऑफ की–स्पीसीज़ इन द पंचमढ़ी बायोस्फ़ेयर रिजर्व ऑफ इंडिया। जर्नल ऑफ बायोडाइवर्सिटी, 1ः 111–117

56. शर्मा बी आर (2000) सेकरेड ग्रूव्स एण्ड टेयर रोल ऊब सोसल लाइफ इन हिमांचल हिमालयाज़। एब्सट्रैक्टः नेशनल वर्कसाप ऑन कम्यूनिटी स्ट्रेटेजीज ऑन द मैनेजमेंट ऑफ नेचुरल रिसौर्सेज, भोपाल

57. डब्लू डब्लू एफ– आंध्रा प्रदेश (1996) सेकरेड ग्रूव्स ऑफ आंध्रा प्रदेश। वर्ड वाइड फंड फॉर नेचर, आंध्रा प्रदेश स्टेट ऑफिस, हैदराबाद

58. नायडू एम टी, कुमार ओ ए एण्ड वेंकैया एम (2015) वेसकुलर प्लांट डाइवर्सिटी इन द सेकरेड ग्रूव ऑफ मोड़पल्ली इन विशाखापत्तनम डिस्ट्रिक्ट ऑफ आंध्र प्रदेश, इंडिया। जर्नल ऑफ थ्रेटेंड टेक्सा, 7ः 7683–7690

59. चटर्जी एस, सास्त्री ए आर के, रॉय बी एन एण्ड लाहोन आर (2000) सेकरेड ग्रूव्स ऑफ सिक्किम एण्ड अरुणाचल प्रदेश। एब्स्ट्रेक्टः नेशनल वर्कशॉप ऑन द स्ट्रेटजीज ऑन द मैनेजमेंट ऑफ नेचुरल रिसोर्सेज, भोपाल

60. चक्रबर्ती एस (2010) कंजर्वेसन ऑफ ओरकिड्स बाई द पिपुल ऑफ नॉर्थ एस्टर्न इंडिया। ने बायो, 1: 48–52

61. पटनायक एस एण्ड पांडे ए (1998) अ स्टडी ऑफ इंडिजिनस कम्यूनिटी बेस्ड फॉरेस्ट मैनेजमेंट सिस्टेमः सामा (सेकरेड ग्रूव्स)। इनः रामाकृष्णन पी एस, सक्सेना के जी एण्ड चन्द्रशेखर यू एम (एडिटर्स), पेज 315–322, कंजरविंग द सेकरेड फॉर बायोडाइवर्सिटी मैनेजमेंट, ऑक्सफोर्ड एण्ड आई बी एच, न्यूयॉर्क

62. पाण्डे ए (2000) फ्रोम सरना (सेक्रेड ग्रूव्स) टू सस्टेनेबल नेचुरल रिसोर्स मैनेजमेंट। ऐब्स्ट्रेक्टः

63. बेविसकर ए (2014) मंगरबनी सेकरेड गृव नियर दिल्ली। http://www.vikalpsangam.org/article/mangarbani-sacred-grove-near delhi/#.U4R826I_Zko. एक्सेस्ड ऑन 27 मे 2014

64. ककर के (2013) मुविंग टू गोवा। पेंग्विन यू के बायोग्रैफी – आटोबायोग्राफी, पेज 240

65. गुप्ता ए, शुक्ला एस, कोरड़िया डी, भावसर पी, रामजी ए, पटेल पी एण्ड टेवियड आर (2000) अ कल्चरल एण्ड इकोलोजिकल स्टडी ऑफ सेकरेड ग्रूव इन बालाराम अंबाजी एण्ड जेसोर सेंक्चुयरी इन बनासकांठा डिस्ट्रिक्ट ऑफ गुजरात। एब्सट्रैक्टः नेशनल वर्कसाप ऑन कम्यूनिटी स्ट्रेटेजीज ऑन द मैनेजमेंट ऑफ नेचुरक रिसोर्सेज, भोपाल

66. पटेल पी के एण्ड पटेल एम के (2013अ) सेकरेड ग्रूव्स इन कंजर्वेसन ऑफ बायोडाइवर्सिटी इन बनासकांठा डिस्ट्रिक्ट, गुजरात, इंडिया। रिसेंट रिसर्च इन साइन्स एण्ड टेक्नोलोजी, 5: 13–16

67. पटेल पी के एण्ड पटेल एम के (2013ब) एथनोंबोटेनिकल प्लांट्स यूज्ड बाई द ट्राइब्स ऑफ आर डी एफ पोशीना फॉरेस्ट रेंज ऑफ सबरकांठा डिस्ट्रिक्ट, नॉर्थ गुजरात, इंडिया। इन्टरनेशनल जर्नल ऑफ साइंटिफिक रेसर्च, 3: 1–8

68. पटेल आर, महतो ए के आर एण्ड पटेल वाई एस (2014) स्टडी ऑन द फ्लोरिस्टिक डाइवर्सिटी ऑफ टू न्युलि रिकार्डेड सेकरेड ग्रूव्स फ्रोम कच्छ डिस्ट्रिक्ट ऑफ गुजरात, इंडिया। इंडियन जर्नल ऑफ प्लांट साइन्सेज, 3: 75–81

69. एन ए इ बी (1995) सेकरेड ग्रूव्स ऑफ कुरुक्षेत्र, हरियाणा। नेशनल एफफोरेसटसन एण्ड इको–डेव्लपमेंट बोर्ड, मिनिस्ट्री ऑफ एनवायरमेंट एण्ड फोरेस्ट्स, गवर्नमेंट ऑफ इंडिया, न्यू दिल्ली

70. कुमार के, मन्हास आर के एण्ड मगोत्रा आर (2011) द शंकराचार्य सेकरेड ग्रूव ऑफ श्रीनगर, काश्मीर, इंडिया। करेंट साइन्स, 101: 262–263

71. गुप्ता बी एण्ड शर्मा एस (2014) एस्टिमेसन ऑफ बायोमास एण्ड कार्बन सीक्वेस्ट्रेसन ऑफ ट्रीज़ इन इनफोर्मली प्रोटेक्टेड एरियाज ऑफ राजौरी, जे एन्ड के, इंडिया। इन्टरनेशनल रिसर्च जर्नल ऑफ एनवायरमेंट साइन्स, 3: 56–61

72. जयपाल जे, टंगावेलौ ए सी एण्ड पनीरसेलवम ए (2014) स्टडीज़ ऑन द प्लांट डाइवर्सिटी ऑफ मुनिअंदायर सेकरेड ग्रूव्स ऑफ थिरुवाइया : तंजावुर, तमिलनाडु। हाइजिया जर्नल ऑफ डी मेडिसिन, 6: 48–62

73. कलाम एम ए (1996) सेकरेड ग्रूव्स इन कोडगू डिस्ट्रिक्ट ऑफ कर्नाटक (साउथ इंडिया): अ सोसीओ हिस्टोरिकल स्टडी, इंस्टीट्यूट फ्रेंसेज डे पांडिचेरी, इंडिया

74. गोखले वाई (2000) सेकरेड कंजर्वेसन ट्रेडिसन इन इंडियाःऐन ओवरव्यँ एब्सट्रैक्टः नेशनल वर्कसाप ऑन कम्यूनिटी स्ट्रेटेजीज ऑन द मैनेजमेंट ऑफ नेचुरल रिसोर्सेज, भोपाल

75. राजेंद्रप्रसाद एम (1995) द फ्लोरिस्टिक, स्ट्रक्चरल एण्ड फंकसनल एनलिसिस ऑफ सेकरेड ग्रूव्स ऑफ केरला। पी एच डी थेसिस, यूनिवर्सिटी ऑफ केरला, थिरुवनंतपुरम

76. श्रीवास्तव एम के (1994) हिल कोरवाः पास्टए प्रेजेंट एण्ड पोटेन्सियल। श्री मुद्रण एण्ड पब्लिकेशन, रायपुर

77. देशमुख एस, गोगेट एम जी एण्ड गुप्ता ए के (1998) सेकरेड ग्रूव्स एण्ड बायोलोजिकल डाइवर्सिटीः प्रोवाइडिंग फ्यू डाइमेन्संस टु कंजर्वेसन इसू। इनः रामकृष्णन पी एस, सक्सेना के जी एण्ड चन्द्रशेखर

यू एम (एडिटर्स), पेज 397—414, कजरविंग द सेकरेड फॉर बायोडाइवर्सिटी मैनेजमेंट। ऑक्सफोर्ड एण्ड आई बी एच पब्लिशिंग कम्पनी, न्यू दिल्ली

78. तिवारी बी के, त्यन्सोंग एच, ल्यनरह एम एम, लपासम इ, डेब एस एण्ड शर्मा डी (2013) इन्स्टीट्यूसनल अरेंजमेंट एण्ड टाइपोलोजी ऑफ कम्यूनिटी फोरेस्ट्स ऑफ मेघालया, मिजोरम एण्ड नागालैंड ऑफ नॉर्थ ईस्ट इंडिया। जर्नल ऑफ फोरेस्ट्री रिसर्च, 24: 179—186

79. मल्होत्रा के सी, स्टेनले एस, हरमान एन एस एण्ड दास के (1997) बायोडाइवर्सिटी कंजर्वेसन एण्ड एथिक्सः सेकरेड ग्रूव्स एण्ड पूल्स। इनः फुजीकी एन एण्ड मेसर आर जे (एडिटर्स), पेज 338—345, बायो एथिक्स इन एशिया, युबोईस एथिक्स इंस्टीट्यूट, जापान, पेज 338—345

80. देबब्रत पी, सेखार बी एस एण्ड पलीता एस के (2015) फ्लोराल डाइवर्सिटी करसरवेसन थ्रू सेकरेड ग्रूव्स इन कोरापुट डिस्ट्रिक्ट, ओड़ीशा, इंडिया : अ केस स्टडी। इन्टरनेशनल रिसर्च जर्नल ऑफ एनवायरमेंटल साइन्स, 3: 80—86

81. सांबदन के एण्ड धत्चनामूर्ति एन (2012) स्टडीज़ ऑन द फाइटो डाइवर्सिटी ऑफ अ सेकरेड ग्रूव एण्ड इट्स ट्रेडिसनल यूजेज़ इन कराईकल डिस्ट्रिक्ट यू टी पुडुचेरी। जर्नल ऑफ फाइटोलोजी, 4: 16—21

82. सिंह ए एण्ड सिसोदिया पी (2003) ओरण—अ ट्रेडिसनल बायोडाइवर्सिटी मैनेजमेंट सिस्टेम इन राजस्थान। लिसा इंडिया, पेज 19—21, http://www.agriculturesnetwork.org/magazines/india/3-access-to-resources/oran-a-traditional-biodiversity-management-system/ at_download/article_pdf•एक्सेस्ड ऑन 14थ जुलाई 2014

83. अमृथलिंघम एम (1998) स्थला वृक्षास ऑफ तमिलनाडु। इनः कृष्ण एन एण्ड प्रभाकरन जे (एडिटर्स), द इकोलोजिकल ट्रेडिसन ऑफ तमिलनाडु, सी.पी.आर. एनवायरमेंट एजुकेसन सेंटर, चेनई

84. गोखले वाई एण्ड पाला एन ए (2011) इकोसिस्टेम सर्विसेज इन सेकरेड नेचुरल साइट्स ऑफ उत्तराखंडः अ प्रिलिमिनरी सर्वे। जर्नल ऑफ बायोडाइवर्सिटी, 2: 197—115

85. सिंह ए (2011) ओरण / देवबनी मेटर्स ट्रीज़ एण्ड टाइगर्स कंजर्वेसन बाई ट्राइब्सः अ केस स्टडी फ्राम सरिस्का। एनवीस न्यूज़ लेटर, 10: 2—6

86. गर्ग ए एण्ड सिंह वी (2013अ) मांडू सेकरेड ग्रूव्स इन अपर गंगा रामसर साइट, उत्तरप्रदेश। करेंट साइन्स, 104: 409—410

87. गर्ग ए एण्ड सिंह वी (2013ब) सिधवारी सेकरेड ग्रूव इन अपर गंगा रामसर साइट ऑफ उत्तरप्रदेश। करेंट साइन्स, 105: 1039—1040

88. मलिक वी (2015) एडिसन टू द सेकरेड ग्रूव्स ऑफ इंडिया। जर्नल ऑफ ग्लोबल बायो साइन्सेज, 4: 2699—2702

89. देब डी, देऊटी के एण्ड मल्होत्रा के सी (1997) सेकरेड ग्रूव्स रेलिक्स ऐज़ बर्ड रिफ़्यूजिया। करेंट साइन्स, 73: 815—817

90. खीवतम आर एस एण्ड रामाकृष्णन पी एस (1989) सोसीओ—कल्चरल स्टडीज़ ऐट द सेकरेड ग्रूव्स ऐट चेरापुंजी एण्ड एड्जोइनिंग एरियाज़ इन नॉर्थ एस्टर्न इंडिया। मैन इन इंडिया, 69: 64—71

91. रामाकृष्णन पी एस (1998) कंजरविंग द सेकरेड फॉर बायोडाइवर्सिटीः द कन्सेप्चुअल फ्रेमवर्क इनः रामाकृष्णन पी एस, सक्सेना के जी एण्ड चन्द्रशेखर यू एम (एडिटर्स), पेज 3—15, कंजरविंग द सेकरेड फॉर बायोडाइवर्सिटी मैनेजमेंट, ऑक्सफोर्ड एण्ड आई बी एच पब्लिशिंग कंपनी प्राइवेट लिमिटेड, न्यू दिल्ली

92. रामाकृष्णन पी एस (2001) इंक्रीजिंग पोपुलेसन एण्ड डिक्लाइनिंग बायोलोजिकल रिसोर्सेज इन द कंटेक्स्ट ऑफ ग्लोबल चेंज एण्ड ग्लोबलाइजेसन। जर्नल ऑफ बायोसाइन्स, 26: 465—479

93. सिन्हा बी एण्ड मैखुरी आर के (1998) कंजर्वेसन थ्रू सोसीओ—कल्चरल—रिलीजियस प्रेक्टिसेज इन गढ़वाल हिमालयाः अ केस अतड़ी ऑफ हरियाली सेकरेड साइट। ए पी एच पब्लिकेशन कार्पोरेसन, न्यू दिल्ली, पेज 289—299

94. त्रिपाठी आर एस, तिवारी बी के एण्ड बारीक एस के (1995) सेकरेड ग्रूव्स ऑफ मेघालयाः स्टेटस एण्ड स्ट्रेटेजी फॉर देयर कंजर्वेसन। एन ए इ बी, नेहू, शिलांग, पेज 112—125

95. जमीर एस ए एण्ड पांडे एच एन (2002) स्टेटस ऑफ बायोडाइवर्सिटी इन द सेकरेड ग्रूव्स ऑफ जैंतिया हिल्स, मेघालय इंडियन फोरेस्टर्म, 59: 738-744

96. चौधरी एच सी, डिमरी बी एम एण्ड चौधरी के आर (2002) ब्रीफ़ इंटरोड़कसन टु कम्प्रेहेंसिव कम्यूनिटी ड्राट प्रीपेयर्ड्नेस प्रोग्रेम टू इंप्रूव क्वालिटी ऑफ लाइफ ऑफ ओमेन एण्ड चिल्ड्रेन इन जोधपुर डिस्ट्रिक्ट। इनः प्रोसीडिंग ऑफ वर्कसाप ऑन डेवेलपमेंट ऑफ सूटेबल स्ट्रेटेजी फॉर रिहैबिलिटेसन ऑफ ओरण एण्ड गोचर इन राजस्थान, हेल्ड ऐट आफरी, जोधपुर ऑन 16–17 अप्रैल 2002

97. कृष्णा एन (2013) ओरण्स ऑफ राजस्थान। http://www.heritageonline.in/2013/10/natural-heritage-discussion-3/ एक्सेस्ड ऑन 17थ जुलाई 2014 एनन (2004) ऐनुअल रिपोर्ट। एरिड फारेस्ट रिसर्च इंस्टीट्यूटए जोधपुर, राजस्थान, इंडिया

98. एनन (2004) ऐनुअल रिपोर्ट, एरिड फॉरेस्ट रिसर्च इन्सिट्यूट, जोधपुर, राजस्थान, इण्डिया

99. पांडे डी एन (2000) सेकरेड वाटर एण्ड साइंटिफाइड वेजिटेसन: टेंक्स एण्ड ट्रीज इन इंडिया। http://dlc.dlib.indiana.edu/dlc/bitstream/handle/10535/2384/pandeyd041700.pdf? sequence=1. एक्सेस्ड ऑन 27थ मई 2014

100. रामचंद्रन बी (1999) सिग्निफिकेन्स ऑफ कावु–अ नोट ऑन द सेकरेड ग्रूव ऑफ केरला इन इको–कल्चरल कनेक्स्ट। जर्नल ऑफ ह्यूमन इकोलोजी, 10: 285–288

101. जोशी पी एण्ड श्रीवास्तव वाई (2000) ड्राप्स ऑफ नेचर कंजर्वेसन–सेकरेड ग्रूव। जर्नल ऑफ ह्यूमन इकोलोजी, 11: 327–330

102. क्षासा वी (1991) ओरण्सः रिलीजन, कस्टम एण्ड एनवायरमेंट। इनः सेन जी (एडिटर), पेज 101–109, इंडिजिनस विजन, सागा पब्लिकेसंस, न्यू दिल्ली

103. सिलजा वी पी, वर्मा के एस एण्ड मोहनन के वी (2008) एथनोंमेडिसिनल प्लांट नालेज ऑफ द मुलु कुरुमा ट्राइब ऑफ वायनाड़ डिस्ट्रिक्ट, केरला। इंडियन जर्नल ऑफ ट्रेडिसनल नालेज, 7: 604–612

104. यादव एस, यादव जे पी, आर्या वी एण्ड पंघाल एम (2010) सेकरेड ग्रूव्स इन कंजर्वेसन ऑफ प्लांट बायोडाइवर्सिटी इन महेन्द्रगढ़ डिस्ट्रिक्ट ऑफ हरियाणा। इंडियन जर्नल ऑफ ट्रेडिसनल नालेज, 9: 693-700

105. ओर्मस्बी ए ए (2011) द इम्पेक्ट्स ऑफ ग्लोबल एण्ड नेशनल पालिसी ऑन द मैनेजमेंट एण्ड कंजर्वेसन ऑफ सेकरेड ग्रूव्स ऑफ इंडिया। ह्यूमन इकोलोजी, 39: 783–793

106. गोडबोले ए, वाट्व ए, प्रभु एस एण्ड सरनायक जे (1998) रोल ऑफ सेकरेड ग्रूव्स इन बायोडाइवर्सिटी कंजर्वेसन विथ लोकल पिपुल पार्टीसीपेसनः अ केस स्टडी फ्रोम रत्नागिरी डिस्ट्रिक्टए महाराष्ट्र। इनः रामाकृष्णन पी एस, सक्सेना के जी एण्ड चन्द्रशेखर यू एम (एडिटर्स), पेज 233–246, कंजरविंग द सेकरेड फॉर बायोडाइवर्सिटी मैनेजमेंट, ऑक्सफोर्ड एण्ड आई बी एच पब्लिशिंग कम्पनी, न्यू दिल्ली

107. गाडगील एम एण्ड वर्तक वी डी (1976) सेकरेड ग्रूव्स ऑफ वेस्टर्न घाट्स इन इंडिया। इकोनोमिक बॉटनी 30: 152–160

108. तिवारी यू के, बैंक एस के एण्ड त्रिपाठी आर (1998) सेकरेड ग्रूव्स ऑफ मेघालया। इन: इनः रामकेशनन पी एस, सक्सेना के जी एण्ड चंद्रशेखर यू एम (एडिटर्स), पेज 253-262, कंजरविंग द सेकरेड फॉर बायोडाइवर्सिटी मैनेजमेंट। ऑक्सफोर्ड-आईबीएच पब्लिशिंग, न्यू दिल्ली

109. चन्द्रशेखर यू एम एण्ड संकर एस (1998) स्ट्रक्चर एण्ड फंक्सन ऑफ सेकरेड ग्रूव्स: केस स्टडी इन केरला। पेज 223-235

110. एंडरसन ई एन (1996) इकोलोजी ऑफ द हार्ट: इमोसन, बिलिफ़ एण्ड द एनवायरमेंट। न्यूयार्क: अक्सफोर्ड यूनिवर्सिटी प्रेस

111. शरीफ़ी एम, नदजफ़ी एफ, युसुफेशाही एच एण्ड हेममती जेड (2000) सेकरेड ग्रूव इन वेस्टर्न ईरान। जर्नल ऑफ एनवायरमेंटल स्टडीज़, 26: 49-58

112. जोशी एस एण्ड श्रिंगी एस के (2014) फ्लोरिस्टिक डाइवर्सिटी विथ स्पेसल रिफरेंस टू रेयर एण्ड थ्रेटेंड प्लांट्स ऑफ जवाहर सागर सेंक्चुयरी एरिया नियर कोटा, राजस्थान। बायोलोजिकल फोरम: ऐन इन्टरनेशनल जर्नल, 6: 84-91

113. सिसोडिया वी एण्ड मल्होत्रा के सी (1963) टेराकोटा मोतीफ्स एमन्ग द वरलीस ऑफ धरमपुर। ईस्ट एण्ड वेस्ट, 14: 97–105

114. रॉय बर्मन जे जे (2014) सेकरेड ग्रूव्सः अ कल्चरल सिंबल ऑफ ट्राइबल पोलिटिकल सेल्फ–असरसन। जर्नल ऑफ ट्राइबल इंटेलेक्च्युयल कलेक्टिव इंडिया, 1: 37–47

115. राव बी आर पी, बाबू एम वी एस, रेडी ए एम, राव वी एस, सुनिथा एस एण्ड गणेशैया के एन (2011) सेकरेड ग्रूव्स इन साउदर्न एस्टर्न घाट्स, इंडियाः आर दे बेटर मैनेज्ड देन फॉरेस्ट रिजर्व। ट्रापिकल इकोलोजी, 52: 79–90

116. ओर्मस्बी ए ए (2013) एनलिसिस ऑफ लोकल एटीच्यूडस टूवार्ड्स द सेकरेड ग्रूव्स ऑफ मेघालया एण्ड कर्नाटक, इंडिया। कंजर्वेसन एण्ड सोसाइटी, 11: 187–197

117. नाथ वाई वी एस (1960) भिल्स ऑफ रतनमल, महाराजा सयाजी राव यूनिवर्सिटी, बड़ौदा। ऑक्सफोर्ड एण्ड आई बी एच पब्लिशिंग कंपनी, न्यू दिल्ली

118. विद्यार्थी एल पी एण्ड राय बी के (1997) ट्राइबल कल्चर ऑफ इंडिया। कांसेप्ट पब्लिशर्स दिल्ली

119. फर्नांडेस डब्लू (1993) फॉरेस्ट एण्ड ट्राइबल्स, इनफारमल इकोनोमीः डिपेंडेंस एण्ड मैनेजमेंट डीसीजन। इन : मिरी एम (एडिटर), कम्यूनिटी एण्ड चेंज इन ट्राइबल सोसाइटी, इंडियन इंस्टीट्यूट ओड़ एडवांस सतड़ी, शिमला. file/0004/73489/IPA-Mesquite-PP37.pdf- एक्सेस्ड ऑन 22 जनवरी 2014

120. वाघचौरे सी के, टेटली पी, गुनले वी आर, अंतिया एन एच एण्ड बिरदी टी जे (2006) सेकरेड ग्रूव्स ऑफ परिछे वेली ऑफ पुणे डिस्ट्रिक्ट ऑफ महाराष्ट्र, इंडिया एण्ड देयर इम्पार्टेन्स। एंथ्रोपोलोजी एण्ड मेडिसिन, 13: 55–76

121. म्गुमिया एफ एच एण्ड ओबा जी (2003) पोटेन्सियल रोल ऑफ सेकरेड ग्रूव्स इन बायोडाइवर्सिटी कंजर्वेसन इन तंजानिया। एनवायरमेंटल कंजर्वेसन, 30: 259–265

122. चंद्राकर के, वर्मा डी के, शर्मा डी एण्ड यादव के सी (2014) अ स्टडी ऑन द रोल ऑफ सेकरेड ग्रूव्स इन कंजरविंग द जेनेटिक डाइवर्सिटी ऑफ द रेयर, एण्डेंजर्ड एण्ड थ्रेटेंड स्पीसीज़ ऑफ फ्लोरा – फाउना ऑफ छतीसगढ़ स्टेट (इंडिया)। इन्टरनेशनल जर्नल ऑफ साइंटिफिक एण्ड रिसर्च पब्लिकेसंस, 4(1): http://www.ijsrp.org/research-paper-0114/ijsrp-p2552.pdf.

123. येलवातीमथ जी पी एण्ड कोतरेसा के (2011) फ़ाइटोडाइवर्सिटी स्टडीज़ इन श्री रामतीर्थ सेकरेड ग्रूव, हलासी, खानपुर तालुक, बेलगावी डिस्ट्रिक्ट, कर्नाटक। लाइफ साइन्सेज लीफलेट्स, 18: 670–683

124. गोखले वाई, पाला एन ए, नेगी ए के, भट जे ए एण्ड टोडरिया एन पी (2011) सेकरेड लेंडस्केप ऐज़ रिपोजिटरिज ऑफ बायोडाइवर्सिटीः अ केस स्टडी फ्रोम हरियाली देवी सेकरेड लेंडस्केप, उत्तराखंड। ISSN: 2067.533X.

125. मारू आर एन एण्ड पटेल आर एस (2013) एथनों–बोटेनिकल सर्वे ऑफ सेकरेड ग्रूव्स एण्ड सेकरेड प्लांट्स ऑफ झलोद एण्ड सराऊंडिंग एरियाज इन दाहोद डिस्ट्रिक्ट, गुजरात, इंडिया। रिसर्च जर्नल ऑफ रिसेंट साइन्सेज, 2: 130–135

126. खंडाल डी (2014) सेव सेकरेड ग्रूव्स टू सेव आवर फोरेस्ट्स। http://www.mydigitalfc.com/leisure-writing/save-sacred-groves-save-our-forests-581•एक्सेस्ड ऑन17थ जुलाई 2014

127. नीरज ए के एण्ड गुप्ता वी के (2015) रोल ऑफ सेकरेड ग्रूव्स इन फ़ाउनल डाइवर्सिटी इन अलवर डिस्ट्रिक्ट। ग्लोबल जर्नल ऑफ प्लांट साइन्सेज, 1: http://gjess.co.in/index.php/GJPS/article/view/150/0.

128. सिंह जी (2008) एसेस्मेंट ऑफ स्वायल कार्बन स्टॉक एण्ड डाइनेमिक्स इन फॉरेस्ट स्वायल ऑफ इंडिया। http://afri.icfre.org/showdetails87fe.html?pid=16&statusp=d&keepThis=true&TB_iframe=true&height=500&width=600

129. विपत ए एण्ड भरूचा इ (2014) सेकरेड ग्रूव्सः कंसिक्वेंस ऑफ ट्रेडिसनल मैनेजमेंट। वोलुम 2014, आर्टिकिल आई डी 595314, 8 पेज, http://dx.doi.org/10.1155/2014/595314.

130. पुष्पांगदन पी, राजेंद्रप्रसाद एम एण्ड कृष्णन पी एन (1998) सेकरेड ग्रूव्स ऑफ केरला, सिंथेसिस ऑन द स्टेट ऑफ द आर्ट ऑफ नालेज। इनः रामाकृष्णन पी एस, सक्सेना के जी एण्ड चन्द्रशेखर यू एम (एडिटर्स), पेज 193–209, कंजरविंग द सेकरेड फॉर बायोडाइवर्सिटी मैनेजमेंट, ऑक्सफोर्ड एण्ड आई बी एच कंपनी प्राइवेट लिमिटेड, न्यू दिल्ली

131. हरिदासन के एण्ड राव पी आर (1985) फॉरेस्ट फ्लोरा ऑफ मेघालया वोलुम 1, बिसनसिंह, देहारादून

132. मोहनन सी एन एण्ड नायर एन सी (1981) कुंस्ट्लेरिया प्रम– अ न्यू जीनस रिकर्ड फॉर इंडिया एण्ड अ न्यू स्पीसीज इन द जीनस। प्रोसीडिंग्स ऑफ द इंडियन अकेडेमी ऑफ साइन्सेज, c90: 207–210

133. उनीकृष्णन वी (1995) सेकरेड ग्रूव्स ऑफ नॉर्थ केरलाः ऐन इकोफोल्क्लोर स्टडी (इन मलयालम), जीवरेखा, थ्रिसुर

134. मीना डी एण्ड सिंह, ए के (2012) ओरण ऑफ रोहिडाः ऐन एंडेनजर्ड ट्री स्पीसीज ऑफ राजस्थान। करेंट साइन्स, 103: 189–190

135. राठोर एम एस एण्ड शेखावत एन एस (2010) एथनोंबाटेनिकल इम्पार्टेन्स ऑफ ओरण्स,- ह्न्न मीन्स ऑफ कंजरविंग बायोडाइवर्सिटी। इन्टरनेशनल जर्नल ऑफ साइंटिफिक रिसर्च एण्ड टेक्नोलोजी, 1: 195–200

136. क्रिस्टोफर एम, टंकौ सी एम, डे–स्नू जी आर, डे–इओंघ एच एच एण्ड परसूँ जी (2014) वैरिएसन इन प्लांट बायोडाइवर्सिटी एक्रोस सेकरेड ग्रूव्स एण्ड फालोज इन वेस्टर्न हाईलेण्ड्स ऑफ कैमरून। अफ्रीकन इकोलोजी, 52: 10–19।

137. मोनडल के एण्ड रॉय एम (2010) सेकरेड फ्रूवः इट्स सिग्निफिकेन्स इन बायोडाइवर्सिटी कंजर्वेसन। लेप लैंबर्ट एकेडमिक पब्लिशिंग

138. राय आर, चंद्रन एम डी एस एण्ड रामचन्द्र टी वी (2014) बायोडाइवर्सिटी एण्ड इकोलोजिकल एसेस्मेंट ऑन इंडियन सेकरेड ग्रूव्स। जर्नल ऑफ फोरेस्ट्री रिसर्च, 25: 21–28

139. कोरडिया डी (2000) सेकरेड ग्रूव्स इन ड्राइलैंड्स सेंक्च्युरी। हनि बी, 11: 19–20

140. भकत आर के एण्ड पंडित पी के (2003) रोल ऑफ सेकरेड ग्रूव्स इन कंसर्वेसन ऑफ मेडिसिनल प्लांट्स। इंडियन फोरेस्टर, 129: 224–232

141. भकत आर के एण्ड पंडित पी के (2004) ऐन इनवेंटरी ऑफ मेडिसिनल प्लांट्स ऑफ सेक्रेड ग्रूव्स ऑफ पुरुलिया डिस्ट्रिक्ट, वेस्ट बंगाल। इंडियन फोरेस्टर, 130: 37–43

142. निथ्यादेवी जे एण्ड सिवाकुमार आर (2015) फाइटोलोजिकल एण्ड एथनोंमेडिसिनल स्टडीज ओड़ सेकरेड ग्रूव्स इन कोंजिकुपम विपेज, कडलोर डिस्ट्रिक्ट, तमिलनाडु। इन्टरनेशनल लेटर्स ऑफ नेचुरल साइन्सेज, 6: 77–91

143. राव बी आर पी एण्ड सुनीथा एस (2011) मेडिसिनल प्लांट रोसोर्सेज ऑफ रुद्रकोड सेकरेड ग्रूव्स इन नालमलाइज, आंध्रप्रदेश, इंडिया । जर्नल ऑफ बायोडाइवर्सिटी, 2: 75–89

144. राव एम एल एस, रामकृष्ण एन एण्ड सैदुलू सी एच (2014) एथनों–वेटेनरी हर्बल रेमेडीज़ ऑफ गुजजर्स एण्ड अदर फोल्क्लोर कम्युनिटीज ऑफ अलवर डिस्ट्रिक्ट, राजस्थान, इंडिया। इन्टरनेशनल जर्नल ऑफ आयुर्वेदिक फार्मा रिसर्च, 2: 40–45

145. साहू एस सी, ढल एन बी, लाल बी एण्ड मोहंती आर एम (2012) डिफरेंसेज इन ट्री स्पीसीज़ डाइवर्सिटी एण्ड स्वायल न्यूट्रीएंट स्टेटस इन अ ट्रापिकल सेकरेड फॉरेस्ट इकोसिस्टेम ऑन नियामगिरी हिल रेंज, एस्टर्न घाट्स, इंडिया। जर्नल ऑफ माउंटेन साइन्स, 9:492–500

146. पियर्स डी डब्लू एण्ड मोरन डी (1994) द इकोनोमिक वेलुज ऑफ बायोडाइवर्सिटी। अर्थ स्केन, लंदन, 24 पेज

147. किंग–ओलिवर आई ई डी, चित्रा वी एण्ड नरसिम्हा डी (1997) सेकरेड ग्रूव्सः ट्रेडिसनल इकोलोजिकल हेरिटेज। इन्टरनेशनल जर्नल ऑफ इकोलोजी एण्ड एनवायरमेंट, 23: 463–470

148. रहंगडाले, सी पी, पटले आर के एण्ड यादव के सी (2014) फाइटो डाइवर्सिटी ऑफ एथनोंमेडिसिनल प्लांट्स इन सेकरेड ग्रूव्स एण्ड इट्स ट्रेडीशनल यूजेज इन कबीर धाम डिस्ट्रिक्ट ऑफ छत्तीसगढ़। http://www.academia.edu/3642503/Accessed on 11th July 2014.

149. वरतक वी डी, कुभोजकर एम एस एण्ड निपुगे डी एस (1987) सेकरेड ग्रूव्स इन ट्राइबल एरियाज ऑफ वेस्टर्न घाट्सः ट्रेजर ट्रोव ऑफ मेडिसिनल प्लांट्स। बी. मेडिसिनल एथनोंबाटेनिकल रिसर्च, 8: 77–78

150. भण्डारी एम जे एण्ड चन्द्रशेखर के आर (2003) सेकरेड ग्रूव्स ऑफ दक्षिण कन्नण एण्ड उडुपी डिस्ट्रिक्ट ऑफ कर्नाटका। करेंट साइंस, 85: 655–656

151. पंडित पी के एण्ड भकत आर के (2007) कंजरविंग ऑफ बायोडाइवर्सिटी एण्ड एथिनक कल्चर थ्रू सेकरेड ग्रूव्स इन मिदनापुर डिस्ट्रिक्ट, वेस्ट बंगाल, इंडिया। इंडियन फोरेस्टर, 133: 323–344

152. स्वामी पी एस, सुंदरपाडियन एस एम एण्ड चन्द्रशेखरन एस (1998) सेकरेड ग्रूव्स ऑफ तमिलनाडु। इनः रामकेशनन पी एस, सक्सेना के जी एण्ड चन्द्रशेखर यू एम (एडिटर्स), पेज 357–361, कंजरविंग द सेकरेड फॉर बायोडाइवर्सिटी मैनेजमेंट। युनेस्को एण्ड ऑक्सफोर्ड–आईबीएच पब्लिशिंग, न्यू दिल्ली

153. सिंह जी एस एण्ड सक्सेना के जी (1998) सेकरेड ग्रूव्स इन द रुरल लेंडस्केपः स केस स्टडी ऑफ शेखला विलेज इन राजस्थान। इनः रामाकृष्णन पी एस, सक्सेना के जी एण्ड चन्द्रशेखर यू एम (एडिटर्स), पेज 153–161, कंजरविंग द सेकरेड फॉर बायोडाइवर्सिटी मैनेजमेंट। ऑक्सफोर्ड एण्ड आई बी एच, न्यू दिल्ली

154. झा एम, वर्धन एच, चटर्जी एस, कुमार के एण्ड शास्त्री, आर के (1998) स्टेटस ऑफ ओरन्स (सेकरेड ग्रूव्स) इन पीपसर एंफ खेजरली विलेजेज़ इन राजस्थान। इनः रामाकृष्णन पी एस, सक्सेना के जी एण्ड चन्द्रशेखर यू एम (एडिटर्स), कंजरविंग द सेकर्ड फॉर बायोडाइवर्सिटी मैनेजमेंट। ऑक्सफोर्ड एण्ड आई बी एच कंपनी प्राइवेट लिमिटेड, न्यू दिल्ली

155. उनीकृष्णन इ (1990) पार्ट प्लेड बाई द सेकरेड ग्रूव्स इन लोकल एनवायरमेंट। सेंटर फॉर साइन्स एण्ड एनवायरमेंट, न्यू दिल्ली

156. मित्रा ए एण्ड पाल एस (1994) बीसीज्ड द फोरेस्ट्स ऑफ द गोड्सः द स्प्रिट ऑफ सेंक्चुयरी। डाउन टू अर्थ (जनवरी 31): 21–36

157. साहा एस एण्ड अदर्स (2010) द एन सी इ पी क्लाइमेट फोरकस्त सिस्टेम रि एनलिसिस। बुलेटिन ऑफ द अमेरिकन मेटिओरोलोजिकल सोसाइटी, 91ः 1015–1057

158. महबल के बी (2013) इंडिया–फर्म्स रोब्ड ऑफ वाटर, फरमार्स लिवलिहुड। http://www.kractivist.org/tag/irrigation/

159. फू डि, डूयन सी, हाऊ एक्स, क्सिया टि एण्ड गाओ के (2009) पैटर्न एण्ड रिलेशन्सिप्स ऑफ प्लांट ट्रेट्स, कम्यूनिटी स्ट्रक्चरल एतरीबयूट्स एण्ड इको हाइड्रोलोजिकल फांकसंस ड्यूरिंग अ सब ट्रोपिकल सेकंडरी सक्सेसन इन सेंट्रल यूनान (साउथ वेस्ट चाइना)। आर्काइव ऑफ बायोलोजिकल साइन्स, वेलग्रेड, 61ः 741–749

160. लीमा टी टी एस, मिरान्डा आई एस एण्ड वेस्कोंसीलोस एस एस (2010) इफ़ेक्ट्स ऑफ वाटर एण्ड न्यूट्रीएंट्स एवेलेबिलिटी ऑन फाइन रूट ग्रोथ इन एस्टर्न अमेजोनियन फोरेस्ट्स रीग्रोथ, ब्राजील। न्यू फाइटोलोजिस्ट, 187ः 622–630

161. रावत वी एस (2012) फाइन रूट बायोमास एण्ड स्वायल न्यूट्रीएंट्स इन वन पंचायत फॉरेस्ट ऑफ अल्मोड़ा डिस्ट्रिक्ट। इंडियन जर्नल ऑफ प्लांट साइन्सेज, 1ः 101–108

162. त्रिपाठी जी, देवरा आर एण्ड सिंह जी (2013) द इन्फ़्लुएन्स ऑफ लिटर क्वालिटी एण्ड माइक्रो–हैबिटेट ऑन लिटर दि कंपोजिसन एण्ड स्वायल प्रापर्टीज इन अ सिलविपाशचर सिस्टेम। एक्टा ओइकोलोजिका, 50ः 40–50

163. स्कीनर ए के, लुंत आई डी, स्पूनर पी एण्ड मेकिंटायर एस (2009) द इफेक्ट्स ऑफ स्वायल कामपेकसन ऑन जर्मिनेसन एण्ड अर्ली ग्रोथ ऑफ *यूकेलिप्टस अलबेन्स* एण्ड ऐन एक्सोटिक्स ऐनुयल ग्रास। आस्ट्रल इकोलोजी, 34ः 698–704

164. करदेलस सी एल, स्कल पी, हेयर एच, बेमस–जार्ज एम, लोमैन् एम डी एण्ड एशेटे, डब्लू (2013) अ प्रिलिमिनरी एसेस्मेंट ऑफ एथिओपियन सेकरेड गृव्स स्टेटस ऐट द लेंडस्केप एण्ड इकोसिस्टेम स्केल। डाइवर्सिटी, 5ः 320–334

165. कुलकर्णी डी के एण्ड निपुनगे डी एस (2009) फ्लोरिस्टिक डाइवर्सिटी एण्ड इकोलोजिकल इवेलुएसन ऑफ धूप–रहटश सेकरेड ग्रूव्स फ्रोम पुणे डिस्ट्रिक्ट। जेओबायोस, 36ः 298–302

166. कुलकर्णी डी के एण्ड निपुनगे डी एस, हंगरे, एल एम एण्ड कांबले पी बी (2010) नेचुरल हेरिटेज ऑफ फॉरेस्ट कंजर्वेसन इन भोर रीजन ऑफ पुणे, इंडिया। एशियन जर्नल ऑफ एनवायरमेंटल साइन्स, 5ः 94–98

167. सेबास्टियानों टी (2009) रिसर्च प्रोटेक्सन एण्ड इवेलुएसन ऑफ सिसिलियन एण्ड मेडीटेरेनियन मेराइन कल्चरल हेरिटेज। कंजर्वेसन साइन्स–इन कल्चरल हेरिटेज, 9ः 79–112

168. बारबरों एस, कारकौसी आर, चैक्स बी ए, चिसेसी आर एम, कोग्नेटा जी एण्ड लोरुसो एल सी (2007) सेटिंग अप ऑफ अ प्रोटोकाल ऑफ एनवायरमेंटल रिसर्च फार प्रिजर्वेसन अँड राइट एक्सप्लायटेसन ऑफ द कल्चरल हेरिटेज। कंजर्वेसन साइन्स इन कल्चरल हेरिटेज, 7ः 267–321

169. अरोरा वी (2011) कंजर्विंग सेकरेड ग्रूव्स एण्ड मिटिगेटिंग क्लाइमेट चेंज, प्रजेंटेड ऐट द नेशनल कान्फरेंस ऑन एनवायरमेंट एण्ड बायोडाइवर्सिटी ऑफ इंडिया, न्यू दिल्ली

170. एफ ए ओ (2010) ग्लोबल फॉरेस्ट रिसोर्सेज एसेस्मेंट 2010। फूड एण्ड एग्रीकल्चर ओर्गेनाइजेसन, रोम। पेपर नंबर 163

171. हंगारगे एल एम, कुलकर्णी डी के, गायकवाद, वी बी, महाजन डी एम एण्ड चौधरी एन (2012) कार्बन सीक्वेस्ट्रेसन पोटेन्सियल ऑफ ट्री स्पीसीज़ इन सोमजाईचि राय (सेकरेड ग्रूव) ऐट नंघूर विलेज इन भोर रीज़न ऑफ पुणे डिस्ट्रिक्ट, महाराष्ट्र स्टेट, इंडिया। एनल्स ऑफ बायोलोजिकल रिसर्च, 3ः 342–346

172. चेन जे, ब्रोसोफ्स्की के डी, नुर्मेट्स ए, क्रो टी आर, ब्रेसे एम के, ले–मोइने जे एम, युस्कीचेन ई एस, मेथर एस वी एण्ड झेंग डी (2004) अ वर्किंग फ्रेमवर्क फॉर क्वांटिफाइंग कार्बन सीक्वेस्ट्रेसन इन डिस्टर्ब्ड लेंड मोजेक। एनवायरमेंटल मैनेजमेंट, 34ः 210–221

173. कैरेट ज सी एण्ड लॉयर डी (2003) मेडागास्कर प्रोटेकटेड़ एरिया नेटवर्क सस्टेनेबल फाइनेंसिंग

174. क्विरोज डी (2013) द रोल ऑफ स्प्रीचुअल वेलुज। http://www.ciwem.org/news/2013/aug/ the-role-of-spiritual-values.aspx

175. पुंडी एस (2007) रेयर ट्रीज़ इन फॉरेस्ट फ्रेगमेंट्स–विल दे सरवाइव अ स्टडी ऑफ फॉर क्लाइमेक्स फॉरेस्ट ट्री स्पीसीज वीथिन सेकरेड ग्रूव्स ऑफ द कोंकण रीज़न (नॉर्दर्न वेस्टर्न घाट्स) । प्रोजेक्ट रिपोर्टः एप्लाइड एनवायरमेंटल रिसर्च फाउंडेशन (ए इ आर एफ), कोथुर्ड, पुणे–411029, महाराष्ट्र–इंडिया

176. पटेल पी के एण्ड पटेल आर एस (2012) स्टडी ऑफ सेकरेड ग्रूव्स एण्ड सेकरेड प्लांट्स ऑफ आर डी एफ पोशीना फॉरेस्ट रेंज ऑफ सबरकांठा डिस्ट्रिक्ट, नॉर्थ गुजरात, इंडिया। लाइफ साइन्सेज लीफलेट्स, 5ः 11–16

177. भागवत एस ए, कुशलप्पा सी जी, विलियम पी एच एण्ड ब्राउन एन डी (2005) अ लेंडस्केप एप्रोच टु बायोडाइवर्सिटी कंजर्वेसन ऑफ सेक्रेड ग्रूव्स इन वेस्टर्न घाट ऑफ इंडिया। कंजर्वेसन बायोलॉजी, 19ः 1853–1862

178. ओर्मस्बी ए, एण्ड एडेलमैन सी (2010) टेफ़ी एटोम मंकी सेंक्चुयरी, घानाः कम्यूनिटी–बेस्ड इको–टूरिज़म ऐट अ सेकरेड साइट। इनः वर्श्चुरेन वी, वाइल्ड आर, मेकनीली जे एण्ड ओविएडो जी (एडिटर्स), पेज 233–243, सेकरेड नेचुरल साइट्सः कंजरविंग नेचर एण्ड कल्चर, लंदनः अर्थस्केन

179. डागला एच आर, पालीवाल ए एण्ड शेखावत एन एस (2007) ओरणः अ सेकरेड वे फॉर बायोडाइवर्सिटी कंजर्वेसन इन इंडियन डेजर्ट। करेंट साइन्स, 93ः 297–299

180. ब्लीचरसका, एम, मिकुसिन्स्की जी, गोडबोले ए एण्ड समायक जे (2013) सेफगार्डिंग बायोडाइवर्सिटी एण्ड इकोसिस्टेम सर्विसेज ऑफ सेकरेड ग्रूव्स–एक्सपीरिएन्स फ्रोम नार्थर्ण वेस्टर्न घाट्स। इन्टरनेशनल जर्नल ऑफ बायोडाइवर्सिटी साइंस, इकोसिस्टेम सर्विसेज एण्ड मैनेजमेंट, 9ः 339–346

181. साजवान बी एस एण्ड काला सी पी (2007) कंजर्वेसन ऑफ मेडिसिनल प्लांट्सः कान्वेंसनल एण्ड कनेम्पोरेरी स्ट्रेटेजीज, रेगुलेसन्स एण्ड एक्सक्लूजन्स। इंडियन फोरेस्टर, 133ः 484–495

182. यू एन–आरइडीडी (2012) एक्सेस्ड ऑन 22 मार्च 2016 फ्रोम http://reddpluspartnership.org/en/.

183. सिकोर टी, स्तहल जे, एंटर्स टी, रिबोट जे सी, सिंह एन, सुंदरलीन डब्लू डी एण्ड वोलेंबर्ग एल (2010) आरइडीडी, फॉरेस्ट पीपुल्स राइट एण्ड नेस्टेड क्लाइमेट गवानर्नेंस। ग्लोबल एनवायरमेंटल चेंज, 20ः 423–425

184. सामती एच एण्ड गोगोई आर (2007) सेकरेड ग्रूव्स ऑफ मेघालया। करेंट साइन्स, 93ः 1338–1339

185. सोक्काजेव्स्की पी (1998) लाइफ रिजर्व्स। अरबोर विटा, (आई यू सी एन / डब्लू डब्लू एफ), अप्रैल 2014

186. खुराना आई (1998) अननेचुरल डिक्लाइन। डाउन टू अर्थ, 6ः 34–38

187. ज्योति के एम एण्ड नामिर पी ओ (2015) बर्ड्स ऑफ सेकरेड ग्रूव्स ऑन नार्दर्न केरल, इंडिया। जर्नल ऑफ थ्रेटेंड टेकसा, 7ः 8226–8236

188. शेरिदान एम जे (2009) द एनवायरमेंटल एण्ड सोसल हिस्टरी ऑफ अफ्रीकन सेकरेड ग्रूव्सः अ तंजानियाँ केस स्टडी। अफ्रीकन स्टडीज रिव्यू, 52ः 73–98

189. खुम्बोंग्मयुम ए डी, खान एम एल एण्ड त्रिपाठी आर एस (2005अ) ऐन एथनोंबोटेनिकल स्टडी ऑफ मेडिसिनल प्लांट्स इन द सेकरेड ग्रूव्स ऑफ मणिपुर, नार्थ ईस्ट इंडिया। जर्नल ऑफ ट्रेडीशनल इकोलोजिकल नालेज, 4: 33–38

190. खुम्बोंग्मयुम ए डी, खान एम एल एण्ड त्रिपाठी आर एस (2005ब) सरवाइवल एण्ड ग्रोथ ऑफ सिडलिंग्स ऑफ अ फ्यू ट्री स्पीसीज़ इन द फॉर सेकरेड ग्रूव्स ऑफ मणिपुर, नार्थ ईस्ट इंडिया। करेंट साइन्स, 1781–1788

191. प्रूथी आई एण्ड बुर्च डब्लू जे (2009) अ सोसीओ-इकोलोजिकल स्टडी ऑफ सेकरेड ग्रूव्स एण्ड मेमोरियल पार्क्स: केसेज फ्रोम यू एस ए एण्ड इंडिया। जर्नल ऑफ एंवियायरमेंटल साइन्स एण्ड एंजिनियरिंग, 1: 7–14

192. चंद्रन एम डी एस एण्ड हयजेज़ जे डी (2000) सेकरेड ग्रूव्स एण्ड कंजरवेसनः द कंपरेटिव हिस्टरी ऑफ ट्रेडिसनल रिजर्व्स इन द मेडीटेरेनियन एरिया एण्ड इन साउथ इंडिया। एनवायरमेंट एण्ड हिस्टरी, 6: 169–186

193. नायर जी एच (1997) सेकरेड ग्रूव्स ऑफ इंडिया-वेणीसिंग ग्रीनरी। करेंट साइन्स, 72: 697-698

194. खुम्बोंग्मयुम ए डी, खान एम एल एण्ड त्रिपाठी आर एस (2004) सेकरेड ग्रूव्स ऑफ मणिपुर –आइडियल सेंटर्स ऑफ बायोडाइवर्सिटी कंजर्वेसन। करेंट साइंस, 87: 430–433

195. विनोथकुमार डी, मुरुगवेलु एस एण्ड केथ्सि प्रभावथी ए (2011) फाइटोसोसिओलोजिकल एण्ड एथनों बाटेनिकल स्टडीज़ ऑफ सेकरेड ग्रूव्स इन उडुकोटाइ डिस्ट्रिक्ट, तमिलनाडु, इंडिया। एशियन जर्नल ओड़ एक्सपेरिमेंटल बायोलॉजी एण्ड साइन्स, 2: 306–315

196. हैमिल्टन एल एस (2002) फोरेस्ट् एण्ड ट्री कंजर्वेसन थ्रू मेटा फिजिकल कॉंसट्रेंट्स। फोरेस्ट्स एण्ड ट्री कंजर्वेसन, 9: 57–78

197. खुशू टी एन (1994) सेंसस ऑफ इंडियाज़ बायोडाइवर्सिटीः टास्क्स एहीड। करेंट साइंस, 67: 577–582

198. खनवालकर एस (2005) राजस्थानः टेल्स ऑफ को–एक्जिस्टेंस। इनरू कम्यूनिटी कंजर्व्ड एरियाज़ इन इंडिया– अ डाइरेक्टरी। पेज 573–586। http://www.kalpavriksh.org/images/CCA/Directory/Rajasthan_StateChapter.pdf\ एक्सेस्ड ऑन 27थ मई 2014

199. खलादकर आर एम, महाजन पी एन एण्ड कुलकर्णी जे आर (2009) एलार्मिंग, राइज़ इन नम्बर एण्ड ईंटेंसिटी ऑफ एक्सट्रिम प्वाइंट्स रेनफाल इवेंट्स ओवर द इंडियन रीज़न अंडर क्लाइमेट चेंज सिनेरिओ, रिसर्च रिपोर्ट न. आर आर. 123, अगस्त, 2009, आई एस एस एन– 0252.1075.एआई आई टी एम., इंडिया

200. जयन्थी एन, राजीवन एम, श्रीवास्तव ए के, देवी एस, रॉय बी एस के एण्ड हटवर एच (2006) मानसून। मानसून रिपोर्ट 2006– अ रिपोर्ट, आई डी एम, मेट मोनोग्राफ, 4:103

201. गवर्नमेंट ऑफ इंडिया (2011) गवर्नमेंट ऑफ इंडिया सेंसस 2011, न्यू दिल्ली

202. बैमास–जार्ज एम (2012) स्वायल न्यूट्रीएंट्स कम्पोजीसन इन एफ्रोमोंटेन फोरेस्ट्स इन नार्दर्न इथियोपिया। कॉलगेट एकेडेमिक रिव्यूः वोलुम 8, आर्टिकिल 13

203. ओस्ट्रम इ (1998) आई एफ आर आई फील्ड मेनुयल वर्जन 10.5.2002। इन्टरनेशनल फोरेस्ट्री रिसोर्सेज एण्ड इन्स्टीट्यूसंस प्रोग्रेम इंडियाना यूनिवर्सिटी। वर्कशाप इन पालिटिकल थियरी एण्ड पालिसी एनलिसिस

204. केमेउजे वी एए सोनवा डी जे, कोङ्गमेनेक बी ए एण्ड मपोंगमेट्सेन पी एम (2016) सेकरेड ग्रूव्स एंफ बायोडाइवर्सिटी कंजर्वेसन इन सेमी–एरिड एरिया ऑफ केमरूनः केस स्टडी ऑफ डायमारे प्लेन। पेरिन, फ्रांस यूनाइटेड नेशंस एजुकेशनल, सिंटिफिक एण्ड कल्चरल आर्गेनाइजेसन (UNESCO)

205. ईडुचूडन एन सी (1996) इकोलोजिकल स्टडीज ऑन द सेकरेड ग्रूव्स ऑफ केरला। पी एच डी थेसिस, पांडिचेरी यूनिवर्सिटी, पांडिचेरी, 227 पेज

206. कुलकर्णी एस एण्ड कुलकर्णी डी के (2013) कालमविहिर सेकरेड ग्रूव– अ पोतेंसियल ट्री ग्रोथ फॉर कार्बन सिकवेस्टरेसन इन जवाहर तालुका ऑफ ठाणे डिस्ट्रिक्ट। एनल्स ऑफ बायोलोजिकल रिसर्च, 4: 119–123

207. सिंह जी (2014) स्टडीज़ ऑन कार्बन सिक्वेस्ट्रेसन इन डिफरेंट फॉरेस्ट टाइप्स ऑफ राजस्थान। प्रोजेक्ट कंक्लुडिंग रिपोर्ट सबमिटेड टू आई सी एफ आर इ, देहारादून, इंडिया

208. आई सी एफ आर ई (2013) रिविजिट फोरेस्ट्स टाइप्स ऑफ इंडिया। इंडियन काउंसिल ऑफ फोरेस्ट्री रिसर्च एण्ड एजुकेसन, देहारादून, उत्तराखंड

209. जयकुमार आर एण्ड नायर के के एन (2013) स्पीसीज डाइवर्सिटी एण्ड ट्रीरीजनरेसन पैटर्न इन ट्रोपिकल फोरेस्ट्स ऑफ द वेस्टर्न घट्स, इंडिया। आई एस अरर एन इकोलोजी, पेज 14. http://dx.doi.org/10.1155/2013/890862

210. हूकर जे डी (1897) फ्लोरा ऑफ ब्रिटिश इंडिया। 7: 156। रीव – कंपनी, लंदन

211. बोर एन एल (1960) द ग्रसेज ऑफ बर्मा, सिलोन, इंडिया एण्ड पाकिस्तान। पर्गमान प्रेस, लंदन 98, पेज 1–67

212. शेट्टी बी वी एण्ड सिंह वी (1993) फ्लोरा ऑफ राजस्थान, वोलुम 3, बॉटनिकल सर्वे ऑफ इंडिया, कलकत्ता

213. भण्डारी एम एम (1990) फ्लोरा ऑफ द इंडियन डेजर्ट। जोधपुरः प्रिंटेड बाई एम पी एस रेपरोस

214. ओवेलोवो ओ जे, अडुरडोला ए एम, ओनडेको एस ए एण्ड आगबूला डी ए (2014) सोसीओ–इकोनोमिक कंट्रिब्यूसन ऑफ सेलेक्टेद सेकरेड ग्रूव्स इन साउथ–वेस्टर्न नाइजीरिया। इन्टरनेशनल जर्नल ऑफ नावेल रिसर्च इन सिविल स्ट्रक्चरल एण्ड अर्थ साइन्स, 1: 36–45

215. ओलसोंन इ जी ए एण्ड औयातरा एस (2013) ओपोर्चुनिटी एण्ड चैलेंजेज़ टू कैप्चरिंग द मल्टीपल पोटेन्सियल बेनेफिट्स ऑफ आरइडीडी+ इन अ ट्रेडिसनल ट्रांसलेसनाल सवाना–वूडलैंड रीज़न इन वेस्ट अफ्रीका। एम्बिओ, 42: 309–319

216. हिक्स सी, वोरोनेकी एस, फैंकोर्ट एम, बेरी, एम, गार्सिया रोबेल्स एच, ट्रंपर के एण्ड मॉट आर (2014) द रिलेशनसिप बिटविन बायोडाइवर्सिटी, कार्बन स्टोरेज एण्ड द प्राविजन ऑफ अदर इकोसिस्टेम सर्विसेजः क्रीटिकल रिव्यू फॉर द फोरेस्ट्री कम्पोनेंट ऑफ द इन्टरनेशनल फंड। कैम्ब्रिज, यू के

217. होम्बेगौड़ा एच सी, वन स्ट्राटेन ओ, कोहलर एम एण्ड होलश्चर डी (2016) ऑन द रीबाऊण्डरू स्वायल आर्गेनिक कार्बन स्टॉक्स केन बाऊन्स बैक टू नैयर फॉरेस्ट लेवेल्स हवेन एग्रोफोरेस्ट रिप्लेस एग्रीकल्चर इन साऊदर्न इंडिया । स्वायल, 2: 13–23

218. गोसाईं बी जी, नेगी, जी सी, ध्यानी पी पी, बरगली एस एस एण्ड सक्सेना आर (2015) इकोसिस्टेम सर्विसेज ऑफ फोरेस्ट्सः कार्बन स्टॉक इन वेजिटेसन एण्ड स्वायल कम्पोनेंट्स इन अ वाटरशेड ऑफ कुमायु हिमालया, इंडिया। इन्टरनेशनल जर्नल ऑफ इकोलोजी एण्ड एनवायरमेंट, 41: 177–188

219. जैक्सन एम एल (1973) स्वायल केमिकल एनलिसिस (II एडिसन), प्रेंटिस हाल ऑफ इंडिया ओराइवेट लिमिटेड, न्यू दिल्ली, इंडिया

220. वाल्केली ए एण्ड ब्लेक आई ए (1934) ऐन एक्जामिनेसन ऑफ डेग्त्जेरेफ मेथड्स फॉर डिटरमाइनिंग स्वायल आर्गेनिक मैटर एण्ड अ प्रोपोज्ड मोडिफिकेसन ऑफ द क्रोनिक एसिफ़ टाइट्रेसन मेथड। स्वायल साइन्स, 37: 29–38

221. वैंग एक्स, वैंग जे एण्ड झेंग जे (2012) कम्पेरिजन्स ऑफ थ्री मेथड्स फॉर आर्गेनुक एण्ड इनआर्गेनिक कार्बन इन कैल्केरियस स्वायल्स ऑफ नॉर्थ–वेस्टर्न चाइना। प्लास वन, 7(8): e44334. doi:10.1371/journal.pone.0044334

222. मगुरन ए ई (1998) इकोलोजिकल डाइवर्सिटी एण्ड इट्स मेजरमेंट। प्रीन्स्टनः प्रीन्स्टन यूनिवर्सिटी प्रेस। 110 पेज

223. शेनन सी एफ एण्ड वीनर डब्लू (1963) द मैथेमेटिकल थियरी ऑफ कम्यूनिकेसन, युरबना, यूनाइटेड स्टेट्सः यूनिवर्सिटी ऑफ इलिनोइस प्रेस, 177 पेज

224. सिंपसन इ एच (1949) मेजरमेंट ऑफ डाइवर्सिटी। नेचर, 163: 683–688

225. पिलोव इ सी (1966) द मेजरमेंट ऑफ डाइवर्सिटी इन डिफरेंट टाइप्स ऑफ बायोलोजिकल कलेक्सन्स। जर्नल ऑफ थियरेटिकल बायोलॉजी, 13: 145–163

226. मिश्रा आर (1968) इकोलोजी वर्कबुक। ऑक्सफोर्ड एण्ड आई बी एच पब्लिशिंग कंपनी, न्यू दिल्ली

227. जोस्ट एल (2006) एंट्रापि एण्ड डाइवर्सिटी। ओइकोस, 113: 363–375

228. चाओ ए, गोटेल्ली, एन जे, सीह टी सी, सेंदर ई एल, मा के एच, कोलवेल आर के एण्ड एलिसन ए एम (2014) रेयर्फेक्सन एण्ड एक्स्ट्रापोलेसन विथ हिल नंबएर्स : अ फ्रेमवर्क फॉर सैंपलिंग एण्ड एस्टिमेसन इन स्पीसीज़ डाइवर्सिटी स्टडीज। इकोलोजिकल मोनोग्राफ, 84: 45–67

229. बेटजेस एन एच (1996) टोटल कार्बन एण्ड नाइट्रोजन इन द स्वायल ऑफ द वर्ड। यूरोपियन जर्नल ऑफ स्वायल साइन्स, 47: 151–163

230. सोकल आर आर एण्ड रोहल्फ एफ जे (1981) बायोमेट्री, 2न्ड एडिसन, न्यूयॉर्क, यू एस ए : डब्लू एच फ्रीमान

231. भकत आर के एण्ड सेन यू के (2012) सेकरेड ग्रूव्स ऐज ऐन इन्स्टीट्यूसन ऑफ कल्चर एण्ड कंजर्वेसन। इंडियन जर्नल ऑफ बायोलोजिकल साइनसेज, 18: 38–40

232. अय्यर एस (2010) मेजर थ्रेट्स टू द सेकरेड ग्रूव्स ऑफ इंडिया। इको न्यूज, 16: 27–30

233. चन्द्रकान्थ एम जी, भट एम जी एण्ड एकावा एम एस (2004) सोसीओ–इकोनोमिक चेंजेज़ एण्ड सेकरेड ग्रुव्स इन साउथ इंडियाः प्रोटेक्टिंग अ कम्यूनिटी बेस्ड रिसोर्स मैनेजमेंट इन्स्टीट्यूसंस। नेचुरल रिसोर्सेज फोरम, 28: 102–111

234. जीवा एस, मिश्रा बी पी, वेणुगोपाल एन, खरलुखी एल एण्ड लालू आर सी (2006) ट्रेडिसनल नालेज एण्ड बायोडाइवर्सिटी कंजर्वेसन इन द सेकरेड ग्रूव्स ऑफ मेघालया। इंडियन जर्नल ऑफ ट्रेडिसनल नालेज, 5: 563–568

235. रे आर, चंद्रन एम डी एस एण्ड रामचन्द्र टी वी (2012) कंजर्वेसन इम्पेक्ट्स ऑन सेकरेड फॉरेस्ट फ्रेगमेंट्सः अ केस स्टडी फ्रोम कर्नाटका, इंडिया। इंडियन फोरेस्टर, 138: 248–251

236. चौधरी वी (2016) बायोडाइवर्सिटी कंजर्वेसन इन सेकरेड ग्रूव्स–कंप्लीट डिटेल। http://nature-conservation.in/biodiversity-conservation-in-sacred-groves-complete-detail/. रिट्रीव्ड ऑन 4 अप्रैल 2016

237. सेठी एन एण्ड विश्वनाथ (2003) सेकरेड ग्रूव फॉर फ्रेगमेंट्स सेक। डाउन टू अर्थ सप्लिमेंट, 31स्ट दिसंबर, पेज 69

238. डांडे आर (2014) ट्रेडिसनल कम्यूनिटी मैनेजमेंट सिस्टेम टू क्लाइमेट वैरिएबिलिटीः केस ऑफ कामन प्रापर्टी रिसोर्स इन थार डेजर्ट ऑफ वेस्टर्न राजस्थान। http://admin.indiaenvironmentportal.org.in/files/file/Rucha%20Dande.pdfA एक्सेस्ड ऑन 28 में 2014

239. दीक्षित एस, तिवारी, जे सी, वाणी एस पी, विनीला सी, चौरसिया ए के एण्ड पांचाल एच बी (2007) पार्टीसीपेटरी एण्ड कान्वेंसनल बायोडाइवर्सिटी एसेस्मेंटः क्रिएटिंग अवेयरनेस एण्ड फॉर बेटर नेचुरल रिसोर्स मैनेजमेंट। एनल्स ऑफ एरिड ज़ोन, 46: 197–204

240. एनवीस (2015) एनवीस सेंटर ऑन कंजर्वेसन ऑफ इकोलोजिकल हेरिटेज एण्ड सेकरेड साइट इन इंडिया। http://cpreecenvis.nic.in/सिकोडिकोन, अंडेटेड ओरण्स : मरुभूमि में हरियाली की चादर। शील के डुगरी, चाकसू, सिकोडिकोन

241. सिंह जी (2008) बेसलाइन सर्वे स्टडी आन बायोलोजिकल डाईवर्सिटी इन मंगला, सरस्वती एण्ड रागेश्वरी एरियाज ऑफ राजस्थान हाइड्रोकार्बन प्रोजेक्ट। प्रोजेक्ट रिर्पोट सब्मिटेड टू केयर्न प्राइवेट इण्डिया लिमिटेड, न्यू दिल्ली

242. चरंजी के (2008) रेस्कुइंग द लेंड ऑफ कृष्ण। सिविल सोसाइटी, मई 2008 एडिसन, www.vineetnarain.net www.brajfoundation.org

243. यू एन डी पी (2008) ह्यूमन डेव्लपमेंट प्रोफाइल। झालावाड डिस्ट्रिक्ट। इंस्टीट्यूट ऑफ डेव्लपमेंट स्टडीज, जयपुर

244. सिंह के (2015) इफ़ेक्ट्स ऑफ लेंडयूज टाइप्स ऑन फ्लोरल डाइवर्सिटी एण्ड कार्बन स्टॉक इन जोधपुर डिस्ट्रिक्ट। पी एच डी थेसिस, एफ आर आई यूनिवर्सिटीए देहरादून, उत्तराखंड, इंडिया

245. सेवा मंदिर (1997) डाकुमेंटेसन ऑफ पीपुल्स नालेज एण्ड पर्सेप्सन एबाउट बायोडाइवर्सिटी एण्ड कंजर्वेसन एक्रास रिलेटेड इकोसिस्टेंस एण्ड एग्रो–इकोलोजी जोन्स इन राजस्थान, उदयपुर।

246. सिंह ए (2010) कम्युनिटीज़ मैनेज ओरण्स फॉर प्रोटेक्टिंग देयर लिवलिहूड्स। इनः राधा टी एम, टफुर जे सी, मरतीनेट ए एण्ड येप इ (एडिटर्स), पेज 52–55, सस्टेनिंग पार्टीसीपेटिंग एण्ड स्केलिंग अप फारमर्स इंपावरमेंटए मिसेरेओर

247. इसबेल एफ, केल्केग्नों वी, हेक्टर ए, कोनोली जे, हरपोले डब्लू एस, राइच पी बी, लोरेंजेन एम एस, स्क्मिड बी, टिलमान डी, वां रूईजमेन जे, वेगेल्ट ए, विलसे बी जे, जवालेटा ई एण्ड लोरेउ एम (2011) हाई प्लांट डाइवर्सिटी इज नीडेड टू मेंटेन इकोसिस्टेम सर्विसेज। नेचर, 477: 199–202

248. कार्डिनेल बी जे, माटुलीच के एल, हुपर डी य, बाइम्स जे ई, डफी ई, गैम्फेल्ट्ट एल, बलवानेरा पी, ओकोनर एम एल एण्ड गोंजलेज ए (2011) द फंक्सनल रोल ऑफ प्रोड्यूसर डाइवर्सिटी इन इकोसिस्टेंस। अमेरिकन जर्नल ऑफ बाटनी, 98: 572–592

249. बेनेट ए बी एण्ड ग्रेटन सी (2013) फ्लोरल डाइवर्सिटी इंक्रीजेज़ बेनेफिसियल आर्थ्रोपोड रिचनेस एण्ड डिक्रिजेज़ वैरिएबिलिटी इन आर्थ्रोपोड कम्यूनिटी कम्पोजीसन। इकोलोजिकल अप्लीकेसन, 23: 86–95

250. कोटवाल पी सी एण्ड बनर्जी एस (2000) बायोडाइवर्सिटी कंजर्वेसन इन मैनेज्ड फोरेस्ट्स एण्ड प्रोटेक्टेड़ एरियाज़। एग्रोबायोस (इंडिया) पब्लिकेशन्स, जोधपुर। पेज 217–224

251. बोरयाह के टी, बसुदेवा आर, क्षोनिल ए, बगावत के आर एण्ड कुशलप्पा सी जी (2003) डू इंफार्मली मैनेज्ड सेकरेड ग्रूव्स हेव हायर रिचनेस एण्ड रिजनरेसन ऑफ मेडिसिनल प्लांट्स देन स्टेट मैनेज्ड रिजर्व फोरेस्ट्स। करेंट साइंस, 84: 804–808

252. माला एम, दीपा जे एण्ड स्रवनकुमार के (2013) स्टडीज़ ऑन फ्लोरिस्टिक डाइवर्सिटी एण्ड एथनों मेडिसिनल आस्पेक्ट ओड़ सेकरेड ग्रूव इन सालूपई विलेज अरियालुर डिस्ट्रिक्ट। करेंट रिसर्च इन ड्रग टार्जेटिंग, 3: 1–5

253. रानी एस एस, मुसथी के एस आर, गौड़ पी एस पी एण्ड पुलैयाह टी (2003) ट्री वेल्थ इन द लाइफ एण्ड इकोनोमी ऑफ द ट्राइब्स पीपुल ऑफ आंध्रप्रदेश, इंडिया। जर्नल ऑफ ट्रापिकल फॉरेस्ट साइन्स, 15: 259–278

254. मैखुरी आर के, नौटियाल एस, राव के एस एण्ड सक्सेना के जी (1998) रोल ऑफ मेडिसिनल प्लांट्स इन द ट्रेडिसनल हेल्थकेयर सिस्टेम्सः अ केस स्टडी फ्रोम नन्दा देवी बायोस्फेयर रिजर्व। करेंट साइन्स, 75: 152–157

255. राजकुमार जी, रविपौल एस, सिवासमी ए, अनुराधा जी एण्ड मोहम्मद एस आर (2014) फ्लोरिस्टिक कम्पोजीसन एण्ड प्रेक्टिसेज ऑन द सेलेक्टेद सेकरेड ग्रूव्स ऑफ पेरंबलूर डिस्ट्रिक्ट, तमिलनाडु। इन्टरनेशनल जर्नल ऑफ माडर्न रिसर्च एण्ड रिव्यू, 2: 286–29

256. क्रिस्टोफर एल सी ई डब्लू (2014) ट्रीज़ एण्ड द सेकरेड। http://witcombe.sbc.edu/sacredplaces/trees.html । एक्सेस्ड ऑन 5 जुलाई 2014

257. कौर के एण्ड शर्मा एस (2014) डाइवर्सिटी एण्ड फाइटो सोसिओलोजिकल एनलिसिस ऑफ टीआरआर स्पीसीज़ इन सेकरेड ग्रूव्स ऑफ विजयपुर ब्लॉक, सांभा (जे – के)। इन्टरनेशनल जर्नल ऑफ साइन्स एण्ड रिसर्च, 3: 859–862

258. खुम्बोंग्मयुम ए डी, खान एम एल एण्ड त्रिपाठी आर एस (2006) बायोडाइवर्सिटी कंजर्वेसन इन सेकरेड ग्रूव्स ऑफ मणिपुर, नार्थ ईस्ट इंडिया : पोपुलेसन स्ट्रक्चर एण्ड रीजनरेसन स्टेटस ऑफ वूड़ी स्पीसीज। बायोडाइवर्सिटी एण्ड कंजर्वेसन, 15: 2439–2456

259. भारती एस एण्ड देवी प्रसाद ए जी (2015) डाइवर्सिटी एण्ड रिजनरेसन स्टेटस ऑफ ट्री स्पीसीज़ इन द सेकरेड ग्रूव्स ओड़ सेंट्रल वेस्टर्न घाट, इंडिया। जर्नल ऑफ बायोडाइवर्सिटी एण्ड एनवायरमेंटल साइनसेज, 7: 10–21

260. सुंदरपांडियन एस एम एण्ड सुबियाह एस (2015) डाइवर्सिटी एण्ड ट्री पोपुलेसन ऑफ ट्रापिकल ड्राई फोरेस्ट्स इन सीवगंगाई डिस्ट्रिक्ट ऑफ तमिलनाडु, इंडिया। ट्रापिकल प्लांट रिसर्च, 2: 36–46

261. लालू आर सी, खार्लुखीए एल, सीवा एस एण्ड मिश्रा बी पी (2006) स्टेटस ऑफ मेडिसिनल प्लांट्स इन द डिस्टर्ब्ड एण्ड द अनडिस्टर्ब्ड सेकरेड फोरेस्ट्स ऑफ मेघालया, नॉर्थ–ईस्ट, इंडियाः पापुलेसन स्ट्रक्चर एण्ड री जनरेसन इफिकेसी ओड़ सम इंपार्टटैंट स्पीसीज़। करेंट साइन्स, 90: 225–232

262. जोस्ट एल (2010) द रिलेशन बिट्वीन इवेननेस एण्ड डाइवर्सिटी। डाइवर्सिटी, 2: 207–232

263. मिश्रा बी पी, त्रिपाठी ओ पी, त्रिपाठी आर एस एण्ड पांडे एच एन (2004) इफेक्ट्स ऑफ एंथ्रोपोजेनिक डिसटरबेन्स ऑन प्लांट डाइवर्सिटी एण्ड कम्यूनिटी स्ट्रक्चर ऑफ अ सेकरेड ग्रूव इन मेघालया, नॉर्थ–ईस्ट इंडिया। बायोडाइवर्सिटी एण्ड कंजर्वेसन, 13: 421–436

264. कंगाह–कैसे एल, अत्तूक्वेफिओए डी, औउसू ई एण्ड ग्बोग्बो एफ (2007) बर्ड स्पीसीज़ डाइवर्सिटी एण्ड एबंडेंस इन द एबिरिव सेकरेड ग्रूव इन द एस्टर्न रीज़न ऑफ घाना। वेस्ट अफ्रीकन जर्नल ऑफ एप्लाइड इकोलोजी, 11: 38-44

265. बेकर एल आर, टैनिमोला ए ए, ओलुबोडे ओ एस एण्ड गरसेलिस डी एल (2009) डिस्ट्रीब्यूसन एण्ड एबंडेंस ऑफ सेकरेड मंकीज इन इगबोलेंड, साउथ नाइजीरिया। अमेरिकन जर्नल ऑफ प्राइमेटोलोजी, 71: 574–586

266. गौड़े के एण्ड जनार्थनम एम के (2015) द बटरफ्लाई (इन्सेक्टा : लेपिडोप्टेरा) डाइवर्सिटी ऑफ फोर सेकरेड ग्रूव्स ऑफ गोवा, इंडिया। जर्नल ऑफ थ्रेटेण्ड टेक्सा, 7: 7927–7932

267. परिहार जी आर (2015) फाइनल डाइवर्सिटी रिचनेस ऑफ इकोलोजिकल इंस्टीट्यूट इन द विलेज लेंडस्केप ऑफ द थार इको–रीजन राजस्थान, इंडिया। इन्टरनेशनल जर्नल ऑफ इंजीनियरिंग मैनेजमेंट – साइन्स, 2: 6–8

268. इमाम आई, मजूमदार ए, मालिक के, मित्रा एस एण्ड दास पी (2016) डाइवर्सिटी ऑफ ग्राउन्ड ड्वेलिंग इनसेक्ट फ़ाउना इन द सेकरेड ग्रूव्स ऑफ पुरुलिया डिस्ट्रिक्ट, एस्ट बंगाल। जर्नल ऑफ एंटोमोलोजी एण्ड जुलोजी स्टसडीज़, 4: 474–478

269. पद्मनाभम पी (2005) डाकुमेंटेसन एण्ड कंजर्वेसन ऑफ स्माल मैमल्स इन द सेकरेड ग्रूव्स ऑफ केरला, पेनिनसुलर इंडिया। के एफ आर आई रिसर्च रिपोर्ट नम्बर 406

270. मोहनता आर के, अधिकारी बी एस, साहूए एच के एण्ड स्वाइन के के (2012) द बायोलोजिकल वेलुज एण्ड कंजर्वेसन स्टेटस ऑफ सेकरेड ग्रूव्स इन द बालासोर वालिद लाइफ डिवीजन, ओड़ीसाः अ केस स्टडी। इन्टरनेशनल जर्नल ऑफ कंजर्वेसन साइन्सेज, 3: 207–16

271. भट्ट एस, बब्रूम एन पी, कोठारी ए एण्ड ब्लेसिनोरवाला टी (2012) कम्यूनिटी कंजर्ब्ड एरियाज़ इन साउथ एशियाः अ केस स्टडीज़ एण्ड एनालिसिस फ्रोम बांगलादेश, इंडिया, नेपाल, पाकिस्तान एण्ड श्रीलंका। कल्पवृक्ष, न्यू दिल्ली

272. यूसेफ़ी एम, तविली ए, जाफरी एम एण्ड जरेचाहौकी एम ए (2008) रिलेसनसीप्स बिट्वीन डोमिनेंट स्पीसीज़ एण्ड स्वायल केमिकल प्रापर्टीज़ इन गर्मसार रीज़न। पजोहेश–वा–सजनदेगी, 21: 161–168

273. आयेर्स ई, स्टेल्टजर एच, बर्ग एस, वेलेस्टीन एम डी, सिमोन्सए बी एल एण्ड वाल डी एच (2009) ट्री स्पीसीज़ ट्रेट्स इन्फ़्लुएन्स स्वायल फिजिकल, केमिकल एण्ड बायोलोजिकल प्रापर्टीज इन हाई एलिवेसन फोरेस्ट्स। प्लास वन, 2009: 4(6): e5964, doi: 10.1371/journal.pone.0005964.

274. सिल्वा डी एम, बटलहाए एम ए एण्ड सियानसीओरुसा एम वी (2013) इन्फ़्लुएन्स ऑफ फायर हिस्टरी एण्ड स्वायल प्रापर्टीज़ ऑन प्लांट स्पीसीज़ रिचनेस एण्ड फंक्सनल डाइवर्सिटी इन अ निओट्रापिकल सवाना । एक्टा बाटेनिका ब्राजीलिका, 27: 490–497

275. ल्यिंगवी एन ए एण्ड जोशी एस आर (2015) ट्रेडिसनल सेकरेड ग्रूव्सः ऐन एथनिक स्ट्रेटेजी फॉर कंजर्वेसन ऑफ माइक्रोबियल डाइवर्सिटी। इंडियन जर्नल ऑफ ट्रेडिसनल नालेज, 14: 474–480

276. ल्यिंगवी एन ए, नोङग्ख्लाव एम, कालीता डी एण्ड जोशी एस आर (2016) बायोप्रासपेकटिंग ऑफ प्लांट ग्रोथ प्रोमोटिंग बेसिली एण्ड रिलेटेड जेनेरा प्रिवेलेंट इन स्वायल्स ऑफ प्रिस्टाइन सेकरेड ग्रूव्सः बायोकेमिकल एण्ड मलेकुलर एप्रोच। प्लास वन, 11(4): e0152951. doi:10.1371/journal.pone.0152951.

277. ओग्ले के एण्ड रेनोल्ड्स जे एफ (2004) प्लांट रिस्पन्सेज टू प्रेसीपीटेसन इन डेजर्ट इकोसिस्टेंसः इंटीग्रेटिंग फांकसनाल टाइप्सए पलसेज, थ्रेशोल्ड्स एण्ड डिले। ओइकोलोजिया, 141: 282–294

278. स्चेनेक एच जे एण्ड जैक्सन आर बी (2002) रूटिंग डेप्थ्स, लेटरल रूट स्प्रेड्स एण्ड बिलो–ग्राउंड / एबव–ग्राउंड एलोमेट्रीज ऑफ प्लांट्स इन वाटर लिमिटेड इकोसिस्टेंस। जर्नल ऑफ इकोलोजी, 90: 480–494

279. सिंह जी (2015) स्टडीज ऑन द एफ़ेक्ट्स ऑफ एमपावर ऑन मिटिगेसन एण्ड एडेप्टेसन टुवाड्र्स क्लाइमेट चेंज इन वेस्टर्न राजस्थान। प्रोजेक्ट कनक्लुडिंग रिपोर्ट सबमिटेड टू एमपॉवर, जोधपुर

280. आस्ट्रेलियन ग्रीन हाउस ऑफिस (2001) https://en.wikipedia.org/wiki/Australian_Greenhouse_Office.

281. स्टेफेंसन एन एल, दास ए जे, कोनदीत आर, रुस्सों एस इ एट आल (2014) रेट ऑफ ट्री कार्बन इंक्रीजेज कंटीनुअसली विथ ट्री साइज। नेचर, डी ओ आई: 10-1038/uspj12914 (2014)

282. मेकगारवे जे सी, थाम्पसन जे आर, एपस्टिन एच इ एण्ड शुगर्ट जे आर एच एच (2015) कार्बन स्टोरेज इन ओल्ड–ग्रोथ फोरेस्ट्स ऑफ द मिड–अटलांटिक : टूवर्ड्स बेटर अंडरस्टेंडिंग द एस्टर्न फॉरेस्ट कार्बन सिंक। इकोलोजी, 96: 311–317

283. जॉन्सन डी आर ई एंफ कोबार्न सी ए (2010) ड्राट स्ट्रेस इकोफीजीओलोजी ऑफ श्रब एण्ड ग्रास फांकसनाल ग्रुप्स ऑन ओपोजिंग स्लोपे आस्पेक्ट्स अ टेम्परेट ग्रासलैंड्स वेली। बॉटनी, 88: 850–866

284. अशाग्रीए वाई, जेच डब्लू, गुगेनबरगर जी एण्ड मामों टी (2007) स्वायल एग्रीगेसन एण्ड टोटल एण्ड पार्टीकुलेट आर्गेनिक मैटर फालोइंग कनवर्ज़न ऑफ नेटिव फारेस्ट्स टू कांटीन्यूअस कल्टीवेसन इन इथियोपिया। स्वायल टिलेज रिसर्च, 94: 101–108

285. कृस्टेनसन एल एम, लोवेत जी एम, विथर के सी एण्ड आर्थर एम ए (2009) द इन्फ़्लुएन्स ऑफ ट्री स्पीसीज़ए नाइट्रोजन फर्टिलाइजेसन एण्ड कार्बन टू नाइट्रोजन रेसीओ ऑन ग्रोस स्वायल नाइट्रोजन ट्रान्स्फ़ोर्मेसंस। स्वायल साइन्स सोसाइटी ऑफ अमेरिका जर्नल, 73 638–646

286. ली क्यू, झाऊ डी डब्लू, जिन वाई एच, मैंग एम एल, सोंग वाई टी एण्ड ली जी डी (2014) इफ़ेक्ट्स ऑफ फेंसिंग ऑन वेजिटेसन एण्ड स्वायल रेस्टोरेसन इन डिग्रेडेड एल्केलाइन ग्रासलेंड इन नॉर्थ–ईस्ट चाइना। जर्नल ऑफ एरिड लेंड, 6: 478–48

287. आन एस, मेंटलर ए, मेयर एच एण्ड ब्लूम डब्लू ई एच (2010) स्वायल एग्रीगेसन, एग्रीगेट स्टेबिलिटी, आर्गेनिक कार्बन एण्ड नाइट्रोजन इन डिफरेंट स्वायल एग्रीगेट फ्रेक्सन अंडर फोरेस्ट एण्ड स्रब वेजिटेसन ऑन द लोएस प्लेट्चु, चाइना। कैटीना, 81: 226–233

288. गार्टजिया–बेडोट्क्षेया एन, गोंजलेज–एरियास ए, मेरिनो ए एण्ड मार्टिनेजडे एरेण्डो आई (2009) स्वायल आर्गेनिक मैटर इन स्वायल फिजिकल फ्रेकसना इन अद्जेसेंट सेमी–नेचुरल एण्ड कल्टीवेटेड स्टेण्ड्स इन टेम्परेट एटलांटिक फोरेस्ट्स। स्वायल बायोलॉजी एण्ड बायोकेमिस्ट्री, 41: 1674–1683

289. हायनेस आर जे (1999) लेबाइल आर्गेनिक मैटर फ्रेक्सन एण्ड एग्रीगेट अंडर सॉर्ट–टाइमए ग्रास बेस्ड लेज। स्वायल बायोलॉजी एण्ड बायोकेमिस्ट्री, 31: 1821–1830

290. हुआंग एस, सुन वाई–एन, रुई डब्लू–वाई, लिउ डब्लू–आर एण्ड झेंग डब्लू–जे (2010) लाँग टर्म इफेक्ट ऑफ नौ–टिलेज ऑन सवाल आर्गेनिक कार्बन फ्रेक्सन्स इन अ कांटीनुअस मेज क्रापिंग सिस्टेम्स ऑफ नार्थईस्ट चाइना। पीडोस्फेयर, 20: 285–292

291. बिडी टी एल, स्नैप एस एस, एकनिफेसी एफ के एण्ड साइलेसी जीआई डब्लू (010) इम्पैक्ट ऑफ *ग्लाइरिसाइडिया सेपियम* इंटर क्रापिंग ऑन स्वायल आर्गेनिक मैटर फ्रेक्सन इन अ मेज–बेस्ड क्रापिंग सिस्टेम। एग्रीकल्चर, इकोसिस्टेम एण्ड एनवायरमेंट, 138: 139–146

292. बेटिना जे, यामाशिता टी, लुडविग बी एण्ड फ्लेसा एच (2005) स्टोरेज ऑफ आर्गेनिक कार्बन इन एग्रीगेट एण्ड डेंसीटी फ्रेक्सन ऑफ सिल्ट स्वायल्स अंडर डिफरेंट टाइप्स ऑफ लेंड यूज । जिओडर्मा, 128: 63–79

293. लेफेल्ड जे एण्ड कोगेल के (2005) स्वायल आर्गेनिक मैटर फ्रेक्सन ऐज अर्ली इंडिकेटर फॉर कार्बन स्टॉक छेंजेज़ अंडर डिफरेंट लेंड यूज। जिओडर्मा, 124: 143–155

294. फालाहजाद जे एण्ड हजाबासी एम ए (2011) स्वायल आर्गेनिक मैटर स्टेटस चेंजेज विथ कल्टीवेसन ऑफ ओवरग्रेज्ड पश्चर इन सेमी ड्राई वेस्ट सेंट्रल ईरान। इन्टरनेशनल जर्नल ऑफ स्वायल साइन्स, 6: 114–123

295. चाँदी एस, चंद्रन एम डी एस एण्ड रामचन्द्र टी वी (2014) स्वायल क्वालिटी–कंपरेटिव स्टडी बिटविन सेकरेड एंफ नान सेकरेड ग्रूव्स फोरेस्ट्स। लेक 2014: कान्फरेंस ऑन कंजर्वेसन एण्ड सस्टेनबल मैनेजमेंट ऑफ वेट लेंड इकोसिस्टेंस इन वेस्टर्न घाट। 13–15 नवम्बर 2015। http://wgbis.ces.iisc.ernet.in/energy/lake2014/theme8/T7_P4_SAIRA.pdf.

296. ट्रौसे ए जेआर एण्ड हंबर्ट आर (1961) सम इफ़ेक्ट्स ऑफ स्वायल कामपेकसन ऑन द डेव्लपमेंट ऑफ शुगरकेन रूट्स। स्वायल साइन्स, 91: 208–217

297. विलेट एस टी एण्ड पुलर डी एम (1984) चेंजेज इन अवायल फिजिकल प्रापर्टीज़ अंडर ग्रेज्ड पश्चर्स। आस्ट्रेलियन जर्नल ऑफ स्वायल रिसर्च, 22: 343–348

298. एक्सु डब्लू, लिउ एल, हे टी, काओ एम, सा एल, हु वाई, ली क्यू एण्ड ली जे (2016) स्वायल्प्रापर्टीज ड्राइव अ नेगेटिव कोरिलेसन बिट्वीन स्पीसीज डाइवर्सिटी एण्ड जैनेटिक

डाइवर्सिटी इन अ ट्रापिकल सीजनाल रेनफॉरेस्ट। साइंटिफिक रिपोर्ट, 6, आर्टिकिल नंः 20652, doi:10.1038/srep20652

299. सिंह आर के आर एण्ड गर्ग ए (2014) द ट्रांसलोकेटेड कुर्दी अंगोद सेकरेड साइट– अ कंजरवेटरी ऑफ आर इ टी प्लांट्स ऑफ द वेस्टर्न घाट्स। करेंट साइन्स, 106: 11–12

300. युआन एच एण्ड हाऊ एफ (2015) ग्रेजिंग ईंटेंसिटी एण्ड स्वायल डेप्थ ए इफ़ेक्ट्स ऑन स्वायल प्रापर्टीज़ इन एल्पाइनमिडो ऑफ क्विलॉन माउंटेन इन नार्थ वेस्ट चाइना। एक्टा एग्रीकल्चरी स्कैंडेनेविका, 65: 222–232

301. सिंह जी (2005) कार्बन सिकवेस्टरेसन अंडर ऐन एगरी–सिल्विकल्चरल सिस्टेम इन द एरिड रीजन। इंडियन फोरेस्टर, 131: 543–552

302. सिंह एन के (2011) अ सर्वे ओड़ सेक्रेड ग्रूव्स ऑफ देविपाटन रीज़न ऑफ यू पी। पेपर प्रेजेंटेड ऐट द नेशनल कान्फरेंस ऑन फॉरेस्ट बायोडाइवर्सिटी अर्थ्स लिविंग ट्रेजर। यू पी स्टेट बायोडाइवर्सिटी बोर्ड सोवेनियर, पेज 153–157

303. फोलेट आर एफ, कैस्तिलानो जे जेड एण्ड बुएंगर ई डी (2005) कार्बन डाइनेमिक्स एण्ड सीक्वेस्ट्रेसन इन ऐन इरिगेटेड वर्टिसाल इन सेंट्रल मेक्सिको। स्वायल एण्ड टिलेज रिसर्च, 83: 148–158

304. गर्ग वी के (1998) इंटरेक्सन ऑफ ट्री क्रोप्स विथ अ सोडिक स्वायल एनवायरमेंट : पोटेन्सियल फॉर रिहैबिलिटेसन ऑफ डिग्रेडेड एनवायरमेंट। लेंड डिग्रेडेसन एण्ड डेव्लपमेंट, 9: 81–93

305. सिंह जी (2013) कार्बन सिक्वेस्ट्रेसन ड्यूरिंग रेस्टोरेसन ऑफ डिग्रेडेड हिल्स। पेंफ्लेट, आफरी, जोधपुर

306. गिरि जे डी, सिंह एस के, सिंह आर एस एण्ड श्यामपुरा आर एल (2007) कार्बन स्टॉक एण्ड इट्स डिस्ट्रीब्यूसन इन स्वायल्स ऑफ अजमेर डिस्ट्रिक्ट एण्ड मैनेजमेंट स्ट्रेटेजीज फॉर कार्बन सिक्वेस्ट्रेसन। एग्रोपेडोलोजी, 18: 21–32

307. पाला एन ए, नेगी ए के, विक्रांत के के, गोखले वाई एण्ड टोडरिया एन पी (2013) कार्बन स्टोरेज इन सेकरेड ग्रूव्स – अ केस स्टडी फ्रोम चंदरबदनी सेकरेड ग्रूव इन गढ़वाल हिमालया। उत्तराखंड, इंडिया। जर्नल ऑफ बायोडाइवर्सिटी एण्ड इकोलोजिकल साइन्सेज, 3: 75–79

308. चेपलोट वी, बौहोम बी एण्ड वेलेंटिन सी (2010) स्वायल आर्गेनिक कार्बन स्टॉक इन लाओसः स्पेसियल वेरिएसन एण्ड कंट्रोलिंग फ़ैक्टर्स। ग्लोबल चेंज बायोलॉजी, 16: 1380–1393

309. सिंह जी, मिश्रा डी, सिंह के एण्ड परमार आर (2013) इफेक्ट्स ऑफ रेनवाटर हार्वेस्टिंग ऑन प्लांट ग्रोथए स्वायल वाटर डाइनेमिक्स एण्ड हरबेसियस बायोमास ड्यूरिंग रिहैबिलिटेसन ऑफ डिग्रेडेड हिल्स इन राजस्थान, इंडिया। फॉरेस्ट इकोलोजी एण्ड मैनेजमेंट, 30: 612–622

310. डर्नर जे डी एण्ड स्कूमान जी ई (2007) कार्बन सिकुएस्ट्रेसन एण्ड रेंजा लैण्ड्सः आ सिंथेसिस ऑफ द लैंड मैनेजमेंट एण्ड प्रेसीपीटेसन इफ़ेक्ट्स । जर्नल ऑफ स्वायल एण्ड वाटर कंजर्वेसन, 62: 77–85

311. थोमे एम एल, फोर्डए पी एल, रीव्स एम सी, फिंच डी एम, लिटवाक एम इ एण्ड कॉलिन्स एस एल (2014) रिवयी ऑफ क्लाइमेट चेंज इम्पेक्ट्स ऑन फ्यूचर कार्बन स्टोर्स एण्ड मैनेजमेंट ऑफ वर्म डेजर्ट ऑफ यूनाइटेड स्टेट्स। जनरल टेक्निकल रिपोर्ट आर एम आर एस–जी टी आर–316, फोर्ट कॉलिन्स, कंपनीः यू एस डिपार्टमेन्ट ऑफ एग्रीकल्चर, फ़ॉरेस्ट सर्विस, रोकी माउंटेन रिसर्च स्टेशन। 26 पेज

312. एर्फानजादेह आर, बहरामी बी, मोटामेडी जे एण्ड पेटिल्लोन जे (2014) चेंजेज़ इन स्वायल आर्गेनिक मैटर ड्राइवेन बाई शिफ्ट्स इन को–डोमिनेंट प्लांट स्पीसीज़ इन अ रेंजलेंड। ज्योडर्मा, 213: 74–78

313. चौधरी पी आर, अहीर वी डी, चक्रवर्ती एम एण्ड मेटी एस (2013) स्वायल बल्क डेंसीटी ऐज़ रिलेटेड टू स्वायल टेक्शचरए आर्गेनुक मैटर कंटेन्ट एण्ड एवलेबल टोटल न्यूट्रीएंट्स ऑफ कोयंबटूर स्वायल। इन्टरनेशनल जर्नल ऑफ साइंटिफिक एण्ड रिसर्च पब्लिकेशन्स, 3: 1–8

314. अरोरा सी एल (2002) एनलिसिस ऑफ स्वायलए प्लांट एण्ड फर्टिलाइजर। इनः फंडामेंटल ऑफ स्वायल साइन्स, सेखोन जी एस, चोनेंकर पी के, दास डी के, गोस्वामी एन एन, नारायनसामी जी, पुनिया एस आर, रतन आर के एण्ड सहगल जे (एडिटर्स) इंडियन सोसाइटी ऑफ स्वायल साइन्स न्यू दिल्ली

315. देसौगी एम ए आली एन ए एण्ड एडम ए ए (2016) इफेक्ट्स ऑफ स्वायल फिजिकल एण्ड केमिकल प्रापर्टीज़ ऑन द ट्रीज़ इन सम इकोलोजिकल जोन्स ऑफ जेलिंगे–डारफर, सूडान। इन्टरनेशनल जर्नल ऑफ इंजीनियरिंग रिसर्च एण्ड साइन्स 2: 131-139

316. खुशू टी एन (2008) एनवायरमेंटल कंसर्न्स एब्द स्ट्रेटेजीज। 3र्ड एडिसन, एपीएच पब्लिशिंग, दरियागंज, न्यू दिल्ली

317. सिंह वाई पी, शर्मा डी के, सिंह जी, नायक ए के, मिश्रा वी के एण्ड सिंह आर (2008) एल्टर्नेट लेंड यूज मैनेजमेंट फॉर सोडिक स्वायल्स। टेक्निकल बुलेटिन नम्बर 2/2008, सेंट्रल स्वायल सेलिनीति रिसर्च इंस्टीट्यूटए रिजनल रिसर्च स्टेशन, लखनऊ–226005 (इंडिया), 16 पेज

318. सन्न बी, कंजकी एम एण्ड ओहता एस (2016) वेजिटेसन पटर्न्स एण्ड स्पीसीज–फिल्टरिंग इफेक्ट्स ऑफ स्वायल इन सेकंडरी सक्सेसन इन ट्रापिकल ड्राई फोरेस्ट इन सेंट्रल म्यांमार। जर्नल ऑफ ट्रापिकल इकोलोजी, 32: 116–124

319. रामोलिया पी जे एण्ड पटेल एच एम एण्ड पाने ए एन (2004) इफेक्ट्स ऑफ सेलिनाइजेसन ऑफ स्वायल ऑन ग्रोथ एण्ड मेक्रो–एण्ड माइक्रो–न्यूट्रीएंट्स एक्यूमुलेसन इन सिडलिंग ऑफ *अकेसिया कैट्चु* मिमोसेसी। एनल्स ऑफ एप्लाइड बायोलॉजी, 144: 321–332

320. बाला एन, कुमार पी, बोहरा एन के, लिम्बा एन के, बलोच एस आर एण्ड सिंह जी (2010) प्रोडक्सन एण्ड डिकंपोजिसन ऑफ लीटर इन प्लांटेसन फोरेस्ट्स ओग *यूकेलिप्टस कमाल्डुलेन्सिस* एलांग कैनाल कमांड एरिया इन इंडियन डेजर्ट। इंडियन फारेस्टर, 136: 163-172

321. गिथाए ई डब्लू, गचेने सी के के एण्ड न्जोका जे टी (2011) स्वायल फिजिकों–केमिकल प्रापर्टीज़ अंडर अकेसिया सेनेगल वेराइटीज इन द ड्राईलेंड एरियाज ऑफ केन्या। अफ्रीकन जर्नल ऑफ प्लांट साइन्स, 5: 475–482

322. बेरेण्डेसे एफ (1998) इफेक्ट्स ऑफ डोमिनेंट प्लांट स्पीसीज ऑन स्वायल्स ड्यूरिंग सक्सेसन इन न्यूट्रीएंट–पूयर इकोसिस्टेंस। बायो–जियोकेमिस्ट्री, 42: 73–88

323. जंदल आर, लिंडनेर एम, वेस्टर्डल एल, बौमेंस बी, बारीट्ज आर, हगेडोम एफ, जॉनसन डी डब्लू, मेंकिनेन के एण्ड ब्यमे के ए (2007) हाऊ स्ट्रांगली केन फॉरेस्ट मैनेजमेंट इन्फ्लुएन्स स्वायल कार्बन सिक्वेस्टेसन। जिओडर्मा, 137: 253–268

324. डू एच, जेंग एफ, पेंग डब्लू, वैंग के, लिउ एल एण्ड सॉन्ग टी (2015) कार्बन स्टोरेज इन अ यूकेलिप्टस प्लांट्स क्रोनोसीक्वेंस इन साउदर्न चाइना । फोरेस्ट्स, 6: 1763–1778

325. एकसुलूक–टोलोसा, एफ जे,ए वेस्टर एच एफ एम, रेमिरेज–मार्सियल एन, केसतीलनोस–एल्बोरेस जे एण्ड लारेंस डी (2003) लीफ लीटर दिकंपोजिसन ऑफ ट्री स्पीसीज इन थ्री सक्सेसनाल फेजेज ऑफ ट्रापिकल ड्राई सेकंडरी फॉरेस्ट इन केंपेचेए मेक्सिको। फॉरेस्ट इकोलोजी एण्ड मैनेजमेंट, 174: 401– 412

326. गाओ वाई, चेंग जे, मा जेड, झाओ वाई एण्ड सू जे (2014) कार्बन स्टोरेज इन बायोमास, लिटर, एण्ड स्वायल ऑफ डिफरेंट प्लांटेसन्स ईन अ सेमी एरिड टेम्परेट रीजन ऑफ नॉर्थवेस्ट चाइना। फॉरेस्ट साइन्स, 71: 427–435

327. सेरिईल्डीज टी, सवासी जी एण्ड क्रेवकज आई एस (2015) इफेक्ट्स ऑफ ट्री स्पीसीज, स्टैंड एज एण्ड लेंड यूज चेंज ऑन स्वायल कार्बन स्टॉक रेट्स इन नॉर्थ–वेस्टर्न टर्की। जर्नल ऑफ बायोजियोसाइन्स एण्ड फोरेस्ट्री, 9: 165–170

328. वे वाई, ली एम, छें, एच, लूइस बी जे, यू डी, झाऊ एल एट आल (2013) वैरिएसन इन कार्बन स्टोरेज एण्ड इट्स डिस्ट्रीब्यूसन बाई स्टैंड एज एण्ड फॉरेस्ट टाइप्स इन बोरियल एण्ड टेम्परेट फोरेस्ट्स इन नॉर्थ–एस्टर्न चाइना। प्लास वन, 8(8): e72201. doi:10.1371/journal.pone.0072201

329. बेरेण्डेसे एफ, लेमट्र्स ई जे एण्ड ओल्फ एच (1998) आर्गेनिक मैटर एक्यूमुलेसन एण्ड इट्स इम्प्लीकेसंस फॉर नाइट्रोजन मिनरलाइजेसन एण्ड प्लांट स्पीसीज़ कम्पोजीसन ड्यूरिंग सक्सेसन इन कोस्टल ड्यून स्लैक्स। प्लांट इकोलोजी, 137: 71–78

330. लिउ जेड, शाओ एम एण्ड वैंग वाई (2011) इफेक्ट्स ऑफ एनवायरमेंटल फैक्टर्स ऑन रिजनल स्वायल आर्गेनिक कार्बन स्टॉक्स एक्रास द लोएसेस प्लेटयू रिजन, चाइना। एग्रीकल्चर, इकोसिस्टेम एण्ड एनवायरमेंट, 142: 184–194

331. वेंकना के, मण्डल यू के, राजू ए जे एस, शरमा के एल, अड़के आर वी, पुष्पांजलि रेडी बी एस, मसाने आर एन, वेंकटरवाम्मा के एण्ड बाबू बी पी (2014) कार्बन स्टॉक इन मेजर स्वायल टाइप्स एण्ड लेंड यूज सिस्टेम्स इन सेमी–एरिड ट्रापिकल रीजन ऑफ साऊदर्न इंडिया। करेंट साइन्स, 106: 604–611

332. चेन जी, येंग वाई, येंग जेड, क्सिए जेड, गुओ जे, गुओ आर, यीन वाई एण्ड रॉबिन्सन डी (2016) एक्सिलरेटेड स्वायल कार्बन टर्नओवर अंडर ट्री प्लांटेसन्स लिमिट्स स्वायल कारणों स्टोरेज। साइंटिफिक रिपोर्ट, 6: आर्टिकिल नंबर 19693 (2016), doi:10.1038/srep19693.

333. एक्सु डब्लू, लिउ डब्लू, येंग डब्लू, टेंग सी एण्ड ब्लैंक डी (2012) हॉन्बोंयस ओपीमस कंट्रिब्यूसन टू द फरटाइल आइसलेन्ड" इफेक्ट्स ऑफ टेमेरिस्क माउंड इन जुंगर बसीं। इकोलोजिका रिसर्च, 27: 775–781

334. ब्रूकर के, हंतसिंगर एल, बार्टोलोम जे डब्लू, सायरे एन एफ एण्ड स्टीवर्ट डब्लू (2013) हवाट केन इकोलोजिकल साइंस टेल अस एबाउट अपार्च्यूनीटिज फॉर कार्बन सिकुएस्ट्रेसन ऑन एरिड रेंज लेंड इन यूनाइटेड स्टेट्स। ग्लोबल एनवायरमेंटल चेंज, 23: 240–251

335. कार्लसन सी एच, डोब्रोस्की एस जेड एण्ड सेफर्ड एच डी (2012) वैरिएसन इन ट्री मोर्टलिटी एण्ड रिजनरेसन अफेक्ट फॉरेस्ट कार्बन रिकवरी फालोइंग फ्युल ट्रीटमेंट्स एण्ड वाइल्डफायर इन द लेक टाहोए बेसिन, कैलिफोर्निया, यू एस ए। कार्बन बैलेंस मैनेजमेंट, 7: 7 doi: 10.1186/1750-0680-7-7

336. हानसेन ई एम (2014) फॉरेस्ट डेव्लपमेंट एण्ड कार्बन डाइनेमिक्स आफ्टर माउंटेन पाइने बीटल आउट ब्रेक। फोरेसी साइन्स, 60: 476–488

337. मेकनीली जे ए, मिलर के आर, रीड डब्लू आर एण्ड वार्नर टी बी (1990) कंजरविंग द वड्र्स बायोलोजिकल डाइवर्सिटी। आई यू सी एनए ग्लैण्ड, स्विट्जरलैंड

338. देवागीरी जी एम, कुशलप्पा सी जी, प्रकाश एन ए, मोहन जी एस, रघु एच बी एक एण्ड सतीश बी एन (2012) पेमेंट फॉर कार्बन सीक्वेस्ट्रेसन सर्विसः अ टूल फॉर सस्टेनबल मैनेजमेंट ऑफ कोडगू लेंडस्केप इन सेंट्रल वेस्टर्न घाट्स। सेरोनिका जर्नल, 3: 1–7

339. चन्द्रशेखर यू एम (2011) कल्चरल एण्ड कंजर्वेसन वेलुज ऑफ सेकरेड ग्रूव्स ऑफ केरला। इन्टरनेशनल जर्नल ऑफ इकोलोजी एण्ड एनवायरमेंट, 37: 143–155

340. भसीन वी (1999) रिलीजियास एण्ड कल्चरल पर्सपेक्टिव ऑफ अ सेकरेड साइट–सिताबारी इन राजस्थान। जर्नल ऑफ ह्यूमन इकोलजी, 10: 329–340

341. सुकुमारन एस एण्ड राज ए डी एस (2010) मेडिसिनल प्लांट्स ऑफ सेकरेड ग्रूव्स इन कन्याकुमारी डिस्ट्रिक्टए साऊदर्न वेस्टर्न घाट्स। इंडियन जर्नल ऑफ ट्रेडिसनल नालेज, 9: 294–299

342. इटन डी ए आर, फेनस्तर सी बी, हेरेफोर्ड जे, हुआंग एस एण्ड री आर एच (2012) फ्लोरल डाइवर्सिटी एण्ड कम्यूनिटी स्ट्रक्चर इन पेडीकुलेरिस (ओरोबांकेसी)। इकोलोजी, 93: 182–194

343. जीवा एस, मिश्रा बी पी, वेणुगोपाल एन एण्ड लालू आर सी (2005) सेकरेड फोरेस्ट्स : ट्रेडिसनल इकोलोजिकल नालेज हेरिटेज इन मेघालया। जर्नल ऑफ स्काटिश रिसर्च फोरम, 1: 93–97

344. ऐन्थवाल ए, शर्मा आर सी एण्ड शर्मा ए (2006) सेकरेड ग्रूवरू ट्रेडीसनल वे ऑफ कंजर्विंग प्लांट डाइवर्सिटी इन गढ़वाल हिमालया, उत्तरांचल। द जर्नल ऑफ अमेरिकन साइन्स, 2: 35–43

345. कंडारी एल एस, बिष्ट, वी के, भारद्वाज एम एण्ड ठाकुर ए के (2014) कंजर्वेसन एण्ड मैनेजमेंट ऑफ सेकरेड ग्रूव्स, माइथ्स एण्ड बिलिफ ऑफ ट्राइबल कम्युनिटीजः अ केस स्टडी फ्रोम नार्थ इंडिया। एनवायरमेंटल सिस्टेम्स रिसर्च, 3: 16–22

346. तिवारी एस एण्ड राव पी (2015) इकोसिस्टेम कंजर्वेसन थ्रू सेकरेड ग्रूव्स। http://www.krishisanskriti.org/vol_image/11Sep201505095226.pdf• एक्सेस्ड ऑन 23 मार्च 2016

347. अपेल जी एन (2013) सेकरेड ग्रूव्स एमंग द रंगस ऑफ नार्दर्न बोर्नियो : रेलिक्ट एरिया ऑफ बायोडाइवर्सिटी। http://firebirdfellowships.org/sacred-groves-among-the-rungus-of-northen-borneo-relict-areas-of-diversity.html. रिट्रीव्ड ऑन 25 मार्च 2016

348. रे आर, चंद्रन एम डी एस एण्ड रामचन्द्र टी वी (2014) हाइड्रोलोजिकल इम्पार्टेन्स ऑफ सेकरेड फॉरेस्ट फ्रेगमेंट्स इन सेंट्रल वेस्टर्न घाट्स ऑफ इंडिया। ट्रापिकल इकोलोजी, 56: 87–89

349. मैकेन जे सी (1997) द प्लाऊ एण्ड द फॉरेस्टः नैरेटिव्स ऑफ डिफोरेस्टेसन इन इथिओपिया, 1840–1992। एनवायरमेंटल हिस्टरी, 2: 138–159

350. निउव्होफ ए (2006) छेंजिंग लेंड स्केप एण्ड ग्रेजिंगः मेकरो–रिमेन्स फ्रोम द टर्प पेन्स–ईस्ट प्राविन्स ऑफ फ्राइसलैण्ड, द नीदरलैंड। वेजिटेसन हिस्टरी एण्ड आर्किओबाबटनी, 15: 125–136

351. शर्मा एस एण्ड देवी आर (2014) सेकरेड ग्रूव्सः ट्रेडिसनल वे ऑफ प्लांट डाइवर्सिटी इन ब्लॉक भालवाल ऑफ जम्मू डिस्ट्रिक्ट (जे–के)। इन्टरनेशनल जर्नल ऑफ साइंटिफिक रिसर्च, 3: 239–242

352. वैरियर के सी एस, कुनहीकन्नन सी एण्ड शशिधारण के आर (2015) एंडेंजरींग सेकरेड ग्रूव्स ऑफ अ नॉन फोरेसटेड रीजन इन केरलाए इंडिया एण्ड स्ट्रेटजीज फॉर देयर कंजर्वेसन। इंडियन फोरेस्टर, 141: 832–837

353. बेहेरा एम के एण्ड प्रधान टी आर (2015) सेकरेड गृव्स ऑफ फूलबनी फॉरेस्ट डिवीजन ऑफ ओड़ीशाः सोसीओ कल्चरल एलीमेंट्स एण्ड प्लांट बायोडाइवर्सिटी। इंडियन फोरेस्टर, 141: 173–176

354. देव ए एण्ड डे जे एन (2012) ट्रेडिसनल यूज ऑफ प्लांट्स अगेन्स्ट स्नेकबाइट इन इंडियन सब कोंटीनेंटः अ रिव्यू ऑफ द रिसेंट लिटरेचर। अफ्रीकन जर्नल ऑफ कंप्लीमेंटरी एल्टर्नेटिव मेडिसिन, 9: 153–174

355. पांडे डी एन (1998अ) एथनोंफोरेस्ट्रीः लोकल नालेज फॉर सस्टेनेबल फोरेस्ट्री एण्ड लिवलिहूड़ सिक्यूरिटी। हिमांशु पब्लिकेशन्स, उदयपुर

356. पांडे डी एन (1998ब) सेकरेड ग्रूव्स, सेकरेड कोरिडोर्स, सेकरेड गार्डेन्स एण्ड टेंपुल फोरेस्ट्स ऑफ राजस्थान। पेपर प्रजेंटेड इन द नेशनल वर्कसाप ऑन सेकरेड ग्रूव्स ऐट सी पी आर एनवायरमेंटल एजुकेशन सेंटर, चेन्नई

357. रामपिला वी, मोहम्मद के एस एण्ड करूमनु बी (2015) फ्लोरिस्टिक डाइवर्सिटी एण्ड फाइटो–सोसिओलोजिकल स्टडीज ऑफ इंद्रकीलाद्रीसेकरेड ग्रूव इन कृष्णा डिस्ट्रिक्ट, आंध्र प्रदेश, इंडिया। जर्नल ऑफ फार्मेसी एण्ड बायोलोजिकल साइन्स, 10: 61–75

358. अविनाश एच एण्ड यादव के सी (2014) फेस्टिवल्स, ट्रेदिसना एण्ड रितुयल्स एसोसिएटेड विथ सेकरेड ग्रूव्स ऑफ छत्तीसगढ़ । इंडियन जर्नल ऑफ ट्रापिकल बायोडाइवर्सिटी, 22:156–163

359. प्रिया के एण्ड शर्मा एस (2014) डिटरिओरेटिंग कंडीसन ऑफ सेकरेड ग्रूव्स इन जम्मू सिटी अँड इट्स सराउंडिंग, जे – के इन्टरनेशनल जर्नल ऑफ साइंटिफिक रिसर्च, 3: 213–215

360. न्वांकों इ ए एण्ड आगबोएज एम यू (2016) सेफ्टी ईसूज एट सेलेक्टेद श्राइन। सेकरेड ग्रूव्स इन एस्टर्न नाइजीरिया। इन्टरनेशनल जर्नल ऑफ सोसल साइन्सेज, 6: 80-92

361. केमेउजे वी ए, मपोंगमेट्सेन पी एम, सोनवा डी जे, फोंग्नजोससी ई एण्ड कोङ्गमेनेक बी ए (2015) प्लांट डाइवर्सिटी एण्ड कार्बन स्टॉक इन सेकरेड ग्रूव्स ऑफ सेमी–एरिड एरियाज़ ऑफ केमरूनः केस स्टडी ऑफ मंडारा माउंटेन। इन्टरनेशनल जर्नल ऑफ एनवायरमेंट, 4: 308–318

362. माडेवेया के एच, ओका एच एण्ड मत्सुमोटों एम (2004) सस्टेनेबल मैनेजमेंट ऑफ सेकरेड फोरेस्ट्स एण्ड देयर पोटेन्सियल फॉर इको–टूरिजम इन जंजीबार। बुलेटिन ऑफ एफ एफ पी आर आई, 3: 33–48

363. जारयन वी, उनियाल गोपीचन्द एस के, सिंह आर डी, लाल बी, कुमार ए एण्ड शर्मा वी (2010) रोल ऑफ ट्रेडिसनल कंजर्वेसन प्रेक्टिसः हाइलाइटिंग द इम्पार्टेन्स ऑफ शिवबारी सेकरेड ग्रूव इन बायोडाइवर्सिटी कंजर्वेसन। एंवायरमेंटलिस्ट, 30: 101–110

364. उगवु सी ओ टी (2014) द डेमाइस ऑफ द अफ्रीकन गोदस्ल फैलेसी ओड़ रियलीटी। ऐन इनआगूर लेक्चर। न्सुक्काः यूनिवर्सिटी ऑफ नाइजीरिया

365. भट्टाचार्य पी (2014) सेकरेड ग्रूव्स ऐट रिस्क ऐज फेट इरोड्स। इंडियन एक्सप्रेस, 5 जनवरी 2014

366. ड़ाए डी डी एण्ड हेयली जे आर (2015) इम्पेक्ट्स ऑफ लेंड यूज चेंज ऑन सेकरेड फोरेस्ट्स ऐट द लेंडस्केप स्केल। ग्लोबल इकोलोजी एण्ड कंजर्वेसन, 3: 349–358

367. हांसकी आई (1998) मेटपोपुलेशन डाईनेमिक्स। नेचर, 396: 41–49

368. पोद्दार जे (2014) सेकरेड ग्रूव्स इन मानसरोवर क्लिंड अंडर इको–स्कूल प्रोग्रेम। जनवरी 31, 2014। http://news.vrindavantoday.org/2014/01/sacred-groves-in-mansarovar-cleaned-under-the-eco-school-programme/ एक्सेस्ड ऑन 4 अप्रैल 2016

369. डेल यू, कल्मसे एच एण्ड मोहम्म्द बी (2005) सेकरेड ग्रूव्स इन मोरोक्को: अ सोसाइटीज कंजरवेसन ऑफ नेचर स्प्रिचूअल रिजन्स। सिल्वा करेलीका, गोरेस्ट्स, कल्चर एण्ड रिलीजन, 49: 185-201

370. सोलीवेरेस एस एण्ड एलड्रिडजे डी जे (2014) डू चेंजेज इन ग्रेजिंग प्रेसर एण्ड द डिग्री ऑफ श्रब एंकरोचमेंट एल्टर द इफ़ेक्ट्स ऑफ इंडिविदूयल श्रब ऑन अंडरस्टोरी प्लांट कम्युनिटीस एण्ड स्वायल फंक्शन। फंक्सनल इकोलोजी, 28: 530–53

371. रीडर जे डी, श्चुमान जी इ, मॉर्गन जे ए एण्ड ले–केन डी आर (2004) रिसपोन्स ऑफ आर्गेनिक एण्ड इनओर्गेनिक कार्बन एण्ड नाइट्रोजन टू लॉन्ग–टर्म ग्रेजिंग ऑफ द सॉर्टग्रास स्टेपी। एनवायरमेंटल मैनेजमेंट, 33: एस485–एस495

372. एलिसन एल (1960) इन्फ़्लुएन्स ऑफ ग्रेजिंग ऑन प्लांट सक्सेसन ऑफ रेंजलेंड। द बोटेनिकल रिव्यू, 26: 1–78

373. बेलस्की ए जे (1986) डज हर्विबोरी बेनिफिट प्लांट्स, ए रिव्यू ऑफ द एविडेंस। अमेरिकन नेचुरलिस्ट, 127: 870–892

374. पेंटर इ एल एण्ड बेलस्की ए जे (1993) एप्लीकेसन ऑफ हर्बीबोर आप्टिमाईजेसन थियरी टू रेंजलैण्ड्स ऑफ द वेस्टर्न यूनाइटेड स्टेट्स। इकोलोजिकल एप्लीकेसंस, 3: 2–9

375. होलेचेक जे एल, गोमेज एच, मोलिनार एफ एण्ड गलत डी (1999) ग्रिंजग स्टडीजः हवाट वी हेव लिम्ड। रेंजलैण्ड्स, 21: 12–26

376. रेसनर ए डी, ग्रेस जे बी, पाइक डी ए एण्ड डोएश्चर पी एस (2013) कंडीसंस फेवरींग *ब्रोमस टेकरोरम* डोमिनेंस ऑफ एण्डेंजर्ड सेगब्रुश स्टेपी इकोसिस्टेंस। जर्नल ऑफ एप्लाइड इकोलोजी, 50: 1039–1049

377. सुंदरियाल आर सी, शर्मा इ इ एण्ड राज एस सी (1994) ट्री स्ट्रक्चर, रिजनरेसन एण्ड वूड़ी बायोमास रिमुवल इन अ सब ट्रापिकल फॉरेस्ट ऑफ मामले वाटरशेड इन सिक्किम हिमालय। वेजिटेसन, 113: 53–63

378. चन्द्रकान्त एम जी एण्ड रोम्म जे (1991) सेकरेड फोरेस्ट्स, सेकुलर फोरेस्ट्स पालिसिज एण्ड पीपुल्स एक्सन्स। नेचुरल रिसोर्स जर्नल, 31: 741–756

379. ललिथा के पी (2015) ऐन एनलिसिस ऑफ सेकरेड ग्रूव्स विथ स्पेसल रिफरेंस टू कूर्ग। इन्टरनेशनल जर्नल ऑफ रिसर्च ऑन ह्यूमनीटिज एण्ड सोसल स्टडीज़, 2: 38–43

380. मनिकानंदन पी, वेंकटेश डी आर एण्ड मुथुचेलियन के (2011) कंजर्वेसन एण्ड मैनेजमेंट ऑफ सेकरेड ग्रूव्स इन थेनी डिस्ट्रिक्ट, तमिलनाडु, इंडिया। जर्नल ऑफ बायो साइन्स रिसर्च, 2: 76–80

381. महतो एन के (2015) आदिवासी (इंडिजिनस पीपुल) पर्सेप्सन ऑफलेंडस्केपः द केस ऑफ मनभूम। जर्नल ऑफ आदिवासी एण्ड इंडिजिनस स्टडीज़, 2: 51–66

382. कर एस, पाठक एस एण्ड सिंह पी (2015) एक्जिस्टिंग स्टेटस ऑफ चिल्किगढ़ सेकरेड ग्रूव इन मिदिनापुर, वेस्ट बंगाल। जू प्रिंट 30: 15–17

383. प्रसाद एम आर, पाटी एम आर, सरकार एस, गाएन ए, गुइन पी एण्ड मिश्रा टी (2015) जनरल अवेयरनेस एण्ड पर्सेप्संस अबाउट सेकरेड ग्रूव्स एण्ड बायडाइवर्सिटी कंजर्वेसन इन अर्बन पीपुल ऑफ बांकुरा डिस्ट्रिक्ट, वेस्ट बंगाल, इंडिया। इन्टरनेशनल जर्नल ऑफ एनवायरमेंट साइन्स, 4: 16–21

384. अशोकन ए, चौहान एस एण्ड सिंह वी (2015) सेकरेड ग्रूव–ए नेचर्स गिफ्ट–ऐज अ रेमिडी फार ह्यूमन एलमेंट्स, अ बायोडाइवर्सिटी रिजरवायर फार रेस्टोरिंग इंडिजिनस ट्रेट्स फार एंडेंजर्ड लिस्टेड प्लांट्स–अ रिव्यू। ओपेन एक्सेस लाइब्रेरी जर्नल 2: e1517. http://dx.doi.org/10.4236/oalib.1101517

385. फोर्नियर ए एण्ड सनौ एल (2013) रिविजिटिंग प्लांट कंजर्वेसन ऑन वूडेड स्राइन्स बाई अ ट्रांसवरसल एप्रोचः कोर वरसस सेटेलाइट स्पीसीज़ एण्ड एंथ्रोपोलोजिकल नालेज इन ब्वाबा लेंड, बर्किनाफासो। http://agris.fao.org/aos/records/CN2013200007?output=xml। रिट्रीव्ड़ ऑन 4 अप्रैल 2016 भुज आर एण्ड

386. राममकृशनन पी एस (1998) कंजरविंग द सेकरेड ग्रूव्सः फॉर बायोडाइवर्सिटी मैनेजमेंट, रामकृष्णन पी एस, सक्सेना के जी एण्ड चन्द्रशेखर यू (एडिटर्स), पेज 253–262, युनेस्को एण्ड ऑक्सफोर्ड–आई बी एच पब्लिसिंग, न्यू दिल्ली

387. कारन्थ के यू (1886) सेकरेड ग्रूस फॉर द 21स्ट सेंचुरी। सेमिनार 466– रीकाउंसिलिंग द नीड्स ऑफ मैन एण्ड वाइल्ड लाइफ इन इंडिया। कान्फरेंस प्रोसीडिंग आई यू सी एन/एस ए सी सी ऐट स्पेसियलिस्ट ग्रुप–डि्जटल कैट लाइब्रेरी

388. रॉय बर्मन जे जे (1992) द इन्स्टीट्यूसन ऑफ सेकरेड ग्रूव्स। जर्नल ऑफ इंडियन एंथ्रोपोलोजिकल सोसाइटी, 27: 219–238

389. रॉय बर्मन जे जे (1996) अ कम्पेरिजन ऑफ सेकरेड ग्रूव्स एमंग द महादेव कोलीज़ एण्ड कुंबीज ऑफ महाराष्ट्र। इंडियन एंथ्रोपोलोजी, 26: 37–46

390. ताकाहशी वाई, वेरिसीमों डी, मेकमिलन डी सी एण्ड गोडबोले ए (2012) स्टेखोलदार पर्सेप्संस ऑफ पोटेन्सियल फ़्लैगसिप स्पीसीज़ फॉर द सेकरेड ग्रूव्स ऑफ द नॉर्थ दृड्ढह्य×ध्)ड्ढर्ध घाट्स, इंडिया। ह्यूमन डाइमेन्सन्स ऑफ वाइल्डलाइफः ऐन इन्टरनेशनल जर्नल, 17: 257–269

391. गांधी के एण्ड वर्धन एम (1997) डोकुमेंटेसन ऑफ पिपुल नालेज एण्ड पेरसेपसंस अबाउट बायोडाइवर्सिटी एण्ड कंजर्वेसन एक्रास सेलेक्टेड इकोसिस्टेंस एण्ड एगरों–इकोलोजिकल जोन्स इन राजस्थान। सेवा मंदिर उदयपुर, राजस्थान

392. वासन एस एण्ड कुमार एस (2006) सीटूएटिंग कंजरविंग कम्युनिटीस इन देयर प्लेसः पालिटिकल इकोनोमी ऑफ कुलु। देवबन कंजर्वेसन सोसाइटी, 4: 325–346

393. प्रसाद के एस एण्ड रवीन्द्रन के (2012) एंडेमिक प्लांट डाइवर्सिटी इन सेलेक्टेड सेकरेड ग्रूव्स ऑफ कसारागोड डिस्ट्रिक्ट, केरल। इन्टरनेशनल जर्नल ऑफ प्लांट, एनिमल एण्ड एनवायरमेंटल साइन्स, http://www.rroij.com/open-access/endemic-plant-diversity-in-selected-sacred-groves-of-kasaragod-district-kerala-240-244.pdf.php?aid=39699• एक्सेस्ड ऑन 5 अप्रैल 2016

394. गायकवाड़ एस एस, परलीकर एस एन, छावन वी एण्ड कृष्णन एस (2004) डिजिटाईजिंग सेकरेड गृव्स–ऐन इन्फार्मेसन मॉडल फॉर वेब इंटरफेस्डमल्टी मीडिया डाटाबेस। इनः घाटे वी, हेमा एसेंड रानाडे एस एस (एडिटर्स), पेज 123–128, फोकस ऑन सेकरेड ग्रूव्स एण्ड एथनोंबॉटनी, पेरिसाम पब्लिकेशन, मुंबई

395. चौधरी पी आर (2015) सेल्व द सेव सेकरेड ग्रूव प्लान्स टू द सेकरेड ग्रूव्सः ऐन अपील टू गवर्नमेंट ऑफ ओड़ीशा टु रिविजिट सेकरेड ग्रोव प्लान। http://www.orissadiary.com/ShowOriyaColumn.asp?id=59999A रिट्रीव्ड ऑन 5 अप्रैल 2016

396. ओनिक्वेलु जे सी एण्ड ओलुसोला जे ए (2014) रोल ऑफ सेकरेड ग्रूव इन इन–सीटू बायोडाइवर्सिटी कंजर्वेसन इन रेनफोरेस्ट जिन ऑफ साउथ–वेस्टर्न नाइजीरिया। जर्नल ऑफ ट्रापिकल फॉरेस्ट साइन्स, 26: 5–15

397. टेगेग्न जी जी (2008) एक्सपीरिएनसेज ऑन प्रोस्पिस मैनेजमेंट केस ऑफ अफर रीजन। एफ ए आर एम, लंदन

398. केंट ई एफ (2013) सेकरेड ग्रूव्स एण्ड लोकल गोड्सः रिलीजन एण्ड एंवायरमेंटलिज्म इन साउथ इंडिया। ऑक्सफोर्ड यूनिवर्सिटी प्रेस, मेडिसन एवेन्यू, न्यूयॉर्क। 223 पेज

399. रामाकृष्णन पी एस (2002) हवाट इज ट्रेडिसनल इकोलोजिकल नालेज इनः रामाकृष्णन, पी एस, राय आर के, कटवाल आर पी एस एण्ड मेहंदीरट्ट एस (एडिटर्स), पेज 3–12, ट्रेडिशनल इकोलोजिकल नालेज फॉर मैनेजिंग द बायोस्फेयर रिजर्व इन साउथ एण्ड सेंट्रल एशिया, ऑक्सफोर्ड यूनिवर्सिटी प्रैस, न्यू दिल्ली

400. रमेश एम एण्ड ईश्वर एन एम (2008) स्टेटस एण्ड डिस्ट्रीब्यूसन ऑफ द इंडियन स्पाइनी टेल्ड लिजर्द *यूरोमैटिक्स हार्डविकी* इन द थार डेजर्ट, वेस्टर्न राजस्थान। जी एन ए पी ए टेक्निकल रिपोर्ट नम्बर टी 02, 48 पेज

401. स्पोंसेल एल इ (2008) सेकरेड प्लेसेज एण्ड बायोडाइवर्सिटी कंजर्वेसन। http://www.eoearth.org/view/article/155815/ रिट्रीव्ड ऑन 5थ अप्रैल 2016

402. वाघ वी वी एण्ड जेन ए क (2015) इंवेसिव एलीएन फ्लोरा ऑफ झबिया डिस्ट्रिक्ट, मध्य प्रदेश, इंडिया। इन्टरनेशनल जर्नल ऑफ बायोडाइवर्सिटी एण्ड कंजर्वेसन, 7: 227–237

403. सिंह के पी, शुक्ला ए एन एण्ड सिंह जे एस (2010) स्टेट लेवेल इनवेंटरी ऑफ इंवेसिव एलीएन प्लांट्स, देयर सोर्स रिजन्स एण्ड यूज पोटेन्सियल। करेंट साइन्स, 99: 107–114

404. त्रिपाठी एस एण्ड शुक्ला आर पी (2007) इफेक्ट्स ऑफ क्लिपिंग एण्ड ग्रेजिंग ऑन वैरियस वेजिटेसन पैरामीटर्स ऑफ ग्रासलैंड कम्यूनिटीज ऑफ गोरखपुर, उत्तर प्रदेश। ट्रापिकल इकोलजी, 48: 61–70

405. डोगरा के एस, कोहली आर के एण्ड सूद एस के (2009) ऐन एसेस्मेंट एण्ड इंपेक्ट ऑफ थ्री इंवेसिव स्पीसीज ऑफ हिमाचल प्रदेश, इंडिया। इन्टरनेशनल जर्नल ऑफ बायोडाइवर्सिटी एण्ड कंजर्वेसन, 1: 4–10

406. सिगु जी ओ, ओमेन्दा टी ओ, ओंगुगो पी ओ एण्ड ओपियों ए (2001) सेकरेड ग्रूव्स इन्स्टीट्यूसंस, रूल एंफोर्समेंट एण्ड इंपेक्ट ऑन फॉरेस्ट कंडीसन: द केस ऑफ रमोगी हिल्स फॉरेस्ट रिजर्व, केन्या। https://www.cbd.int/doc/case-studies/for/cs-ecofor-ke-01-en.pdf एक्सेस्ड ऑन 5थ अप्रैल 2016

407. बुश्च जे, दावे आर, हानाह एल, अशकेनजी ई, केमिरान ए, फिश्च्मान डी, रेसोलोहेरी ए एण्ड श्चाट्ज़ जी (–) क्लाइमेट चेंज एण्ड द कास्ट ऑफ कंजरविंग बायोडाइवर्सिटी इन मेडागास्कर। http://www.gripweb.org/gripweb/sites/default/files/disaster_risk_profiles/climate%20change%20and%20the%20cost%20of%20conserving%20biodiversity%20in%20Madagascar.pdf

408. गाडगील एम एण्ड बरकेस एफ (1991) ट्रेडीशनल रिसोर्स मैनेजमेंट सिस्टेम्स। रिसोर्स मैनेजमेंट एण्ड ओप्टीमाइजेसन, 18: 127–141

409. गाडगील एम, बरकेस एफ एण्ड फोल्के सी (1993) इंडिजिनस नालेज फॉर बायोडाइवर्सिटी कंजर्वेसन। जर्नल ऑफ द ह्यूमन एनवायरमेंट, 22: 151–156

410. कौर एम आर, मलही आर के एम एण्ड कारण जी एस (2013) इंपेक्ट ऑफ ज्वाइंट फॉरेस्ट मैनेजमेंट स्ट्रेटेजी ऑन फर्टिलिटी ऑफ फॉरेस्ट स्वायल्स। बुलेटिन ऑफ एनवायरमेंटल एण्ड साइंटिफिक रिसर्च, 2: 7–11

411. वाइल्ड आर डब्लू एण्ड मेकलिओड़ सी में (एडिटर्स) (2008) सेकरेड नेचरल साइट्स: गाइडलाइंस फॉर प्रोटेक्टेड एरिया मैनेजर्स। ग्लैण्ड: आई यू सी एन

412. चौधरी के (2016) फायर वुड एण्ड टिंबर कलेक्सन एण्ड इट्स इंपेक्ट ऑन नेचुरल रिसोर्सेज। http://natureconservation.in/firewood-and-timber-collection-and-its-impact-on-natural-resources/. रिट्रीव्ड ऑन 1 अप्रैल 2016

413. शर्मा एल एण्ड उपाध्याय डी पी (2014) बायोडाइवर्सिटी कंजर्वेसन इन राजस्थान: रोल ऑफ अ बाटनिस्ट। रिसर्च जर्नल ऑफ फार्मेसीए बायोलॉजी एण्ड केमिकल साइन्सेज, 5: 1037–1044

414. गौलूग आर आर (2009) द प्रिजर्वेसन ऑफ इंडिजिनस कल्चरल हेरिटेज ऑफ द खासीज ऑफ मेघलाया: सम की इसूज। मैन एण्ड सोसिटी: अ जर्नल ऑफ नॉर्थ ईस्ट स्टडीज, 6: 95–104

415. भागवत एस ए एण्ड रुटे सी (2006) सेक्रेड ग्रूव्स: पोटेंसियल फॉर बायोडाइवर्सिटी मैनेजमेंट। फ्रंटियर्स इन इकोलजी एण्ड द एनवायरमेंट, 4: 519–524

416. अनंतकृष्णन टी एन (1999) मल्टीडाइमेन्सनल लिंक इन बायोडाइवर्सिटी रिसर्च : ऐन इंटीग्रेटेड एक्सरसाइज। करेंट साइन्स, 77: 356–358

417. प्रियंका एन एण्ड जोशी पी के (2013) अ रिव्यू ऑफ *लंटाना कमारा* स्टडीज इन इंडिया। इन्टरनेशनल जर्नल ऑफ साइंटिफिक एण्ड रिसर्च पब्लिकेशन्स, 3: 1–11

418. हारेगेवीण एन, सुनेकावा ए, सूबो एम, मेशेषा डी एण्ड मेलकी ए (2013) एनलिसिस ऑफ द इंवेजन रेट, इम्पेक्ट्स एण्ड कंट्रोल मेजर्स ऑफ *प्रोसोपिस जुलिफ्लोरा* : अ केस स्टडी ऑफ अरनिबारा डिस्ट्रिक्ट, ईस्टर्न इथियोपिया। एनवायरमेंटल मानीटरिंग एण्ड एसेस्मेंट, 185: 7527–7542

419. शर्मा जी पी एण्ड रघुबंशी ए एस (2010) हाउ लंटाना इन्वेड्स ड्राई डेसीडुअस फॉरेस्ट: अ केस स्टडी फ्रोम विंध्यान हाइलैण्ड्स, इंडिया। ट्रॉपिकल इकोलोजी, 51: 305–316

420. डे एम डी, विले सी जे, प्लेफोर्ड जे एण्ड जालूकी एम पी (2003) लंटाना: करेंट मैनेजमेंट, स्टेटस एण्ड फ्यूचर प्रसपेक्ट्स। आस्ट्रेलियन सेंटर फॉर इन्टरनेशनल एग्रीकल्चरल रिसर्च, 5: 1–20

421. लोव ए, बालू एस एण्ड बाबू सी आर (2009) मैनेजमेंट ऑफ लंटाना: ऐन इंवेसिव एलीएन वीड इन फॉरेस्ट इकोसिस्टेम ऑफ इंडिया। करेंट साइन्स, 97: 1421–1429

422. बेल्टन टी (2008) मैनेजमेंट स्ट्रेटेजी फॉर मेक्सिकन थोर्न (*प्रोसोपिस जुलिफ्लोरा*) ऑन एसेसन आइसलैंड: ऐन एसेसमेंट ऑफ दिस स्पेसिज एण्ड रिकोमेन्डेसन फॉर मैनेजमेंट

http://www.issg.org/database/species/reference_files/projul/AscensionProsopisPlan.pdf. एक्सेस्ड ऑन 22 जुलाई 2014

423. गीसिंग डी, अल–खवलनी एम एण्ड अब्बा एम एल (2004) मैनेजमेंट ऑफ इण्ट्रौड्यूस्ड *प्रोसोपिस जिलीफ्लोरा* स्पीसीजः केन इकोनोमिक एक्स्प्ल्याटेसन कंट्रोल ऐन इंवेसिव स्पीसीज। उनासिल्वा, 55: 36–44

424. डी ए एफ टी क्वींसलैंड (2013) ऑन लाइन एवेलेबल ऐट http://www.daff.qld.gov.au/__data/assets/pdf_

■■■■

10

अनुलग्नक

अनुलग्नक 1 . राजस्थान के विभिन्न जिलों के ओरणों में पाये गए वृक्ष और झाड़ियों की प्रजातियाँ एवं उनके स्थानीय नाम और कुल।

क्रम	प्रजाति नाम	स्थानीय नाम	कुल	वानस्पतिक नाम
1	*अकेसिया आरीकुलिफोर्मीस*	आस्ट्रेलियन बबूल	फेबेसी	*Acacia auriculiformis* A. Cunn. ex Benth.
2	*अकेसिया कैटचू*	खेर	फेबेसी	*Acacia catechu* Willd.
3	*अकेसिया ल्यूकाफ्लोइया*	रोंज	फेबेसी	*Acacia leucophloea* (Roxb.) Willd.
4	*अकेसिया निलोटिका*	देसी बबूल, देसी बावल	फेबेसी	*Acacia nilotica* L.
5	*अकेसिया निलोटिका वैराइटी क्यूप्रेसीफोर्मीस*	काबुली कीकर, सूलिया बबूल रामकांटी	फेबेसी	*Acacia nilotica* var. *Cupressiformis* (J. L. Stewart) Ali & Faruqi
6	*अकेसिया पिन्नेटा*	अगला बेल, बीसवाल, सेम्बी, चीलर	फेबेसी	*Acacia pennata* (L.) Willd.
7	*अकेसिया सेनेगल*	कुमठा	फेबेसी	*Acacia senegal* (L.)Willd.
8	*अकेसिया टोर्टाइलिस*	इजरायली बबूल, बावली	फेबेसी	*Acacia tortilis* (Forssk.) Hayne
9	*एडेनसोनिया डिजिटेटा*	कल्पवृक्ष	बाम्बेकेसी	*Adansonia digitata* L.
10	*एडिना कोर्डिफोलिया*	हल्दु, हेड	रूबीएसी	*Adina cordifolia* (Roxb.) Brandis
11	*एगिल मारमिलोस*	बेल	रुटेसी	*Aegle marmelos* (Linn.) Corr.
12	*एलेन्थस एक्सेल्सा*	अरडु, अडुसों	सीमारोबेसी	*Ailanthus excelsa* Roxb.
13	*एल्बिजिया लेबेक*	काला सिरिस	फेबेसी	*Albezzia lebbeck* (L.) Benth
14	*एल्बिजिया प्रोसेरा*	सिरिस (सफेद)	फेबेसी	*Albizzia procera* (Roxb.) Benth
15	*एनोगीस्सस लैटीफोलिया*	सफेद धावड़ा	कोम्ब्रेटेसी	*Anogeissus latifolia* (DC.) Wallich ex Guill. & Perr.
16	*एनोगीस्सस पेंडुला*	काला धोंक	कोम्ब्रेटेसी	*Anogeissus pendula* Edgew.
17	*एनोगीस्सस सिरेसिया*	इन्दोकों, ईंड्रोक धौ	कोम्ब्रेटेसी	*Anogeissus sericea* (Brandis.)

क्रम	प्रजाति नाम	स्थानीय नाम	कुल	वानस्पतिक नाम
18	*एनोगीस्सस सिरेसिया स्शीज नुमुलैरिया*	इन्द्रोका	कोम्ब्रेटेसी	*Anogeissus sericea* ssp. *nummularia* Brandis
19	*एजाड़िरेक्टा इंडिका*	नीम, नीमड़ों	मेलिएसी	*Azadirachta indica* A. Juss.
20	*बैलेनाईटिस ऐजिप्टएका*	हिंगोटा	सीमारोबेसी	*Balanites aegyptiaca* (Linn.) Del.
21	*बौहिनिया रेसीमोसा*	झींझा, आसुन्द्रों, आसित्रों	फेबेसी	*Bauhinia racemosa* Lam.
22	*बोम्बैक्स सीबा*	सेमल	बाम्बेकेसी	*Bombex ceiba* L.
23	*बोस्वेलिया सिरेटा*	सालर	बरसिरेसी	*Boswellia serrata* Roxb. ex Colebr.
24	*ब्राइडेलिया रिट्यूसा*	कलझारिया असन, दांतेलो	यूफोरबीएसी	*Bridelia retusa* (L.) Spreng.
25	*ब्यूटिया मोनोस्पर्मा*	पलास, छोला, खाखरा	फेबेसी	*Butea monosperma* (Lam.)
26	*कैपरिस डेसीडुया*	केर, केरो, करील	कैपेरेसी	*Capparis decidua* (Forsk.) Edgew.
27	*केसिया फिस्टुला*	अमलतास, गरमाला करमेला	फेबेसी	*Cassia fistula* L.
28	*केसिया सियामिया*	कसोद	फेबेसी	*Cassia siema* Lam.
29	*कोकस न्यूसिफेरा*	नारियल	एरीकेसी	*Cocos nucifera* L.
30	*कार्डिया डाइकोटोमा*	गूँदा, लसोड़ा श्लेषमंतक	बोराजिनेसी	*Cordia dichotoma* G. Forst.
31	*कार्डिया घराफ*	गूँदी	बोराजिनेसी	*Cordia gharaf* (Forssk.) Ehrenb. ex Asch.
32	*कार्डिया मिक्सा*	गोंदा, लसोड़ा, लहसुआ	बोराजिनेसी	*Cordia myxa* L.
33	*क्रेटीवा नरवाला*	बरना	कैपेरेसी	*Cretiva nurvala* Buch. Ham.
34	*डलबर्जिया सिस्सू*	शीशम सिसू	फेबेसी	*Dalbergia sissoo*
35	*डेलोनिक्स रेजिया*	गुलमोहर	फेबेसी	*Delonix regia* Raf.
36	*डायोस्पाइरोस कोर्डिफोलिया*	बिसतेन्दु, चिकोन	इबेनेसी	*Diospyros cordifolia* Roxb.
37	*डायोस्पाइरोस मिलैनाक्सिलोन*	टिमरु, तेंदू	इबेनेसी	*Diospyros melanoxylon* Roxb.
38	*डोलीकैन्ड्रोन फेलकाटा*	मेड़िंशगी, पाड़ोल, जेऊली, टेंटु	बिग्नोनिएसी	*Dolichandrone falcata* (Wall.ex DC.) Seem
39	*एहरेटिया आस्पेरा*	तम्बोलिया, चनरोर	बोराजिनेसी	*Ehretia aspera* Willd.
40	*एहरेटिया लेविस*	तम्बोलिया	बोराजिनेसी	*Ehretia laevis* Roxb.
41	*इलेइओकार्पस गेनाईट्रस*	रुद्राक्ष	इलिओकार्पेसी	*Elaeocarpus ganitrus* (Roxb.)

क्रम	प्रजाति नाम	स्थानीय नाम	कुल	वानस्पतिक नाम
42	*एम्बिलिका ओफिसिनैलिस*	आमला	यूफोरबीएसी	*Emblical officinalis* Gaertn.
43	*यूकैलिप्टिस कमाल्डुलेन्सिस*	सफेदा, नीलगिरी	मिरटेसी	*Eucalyptus camaldulensis* Dehn
44	*फेरोनिया लिमोनिया*	कैथ, कोटबड़ी	रुटेसी	*Feronia limonia* Linn.
45	*फाइकस बेंगालेन्सिस*	बरगद, बड़	मोरेसी	*Ficus bengalensis* Linn.
46	*फाइकस ग्लोमेराटा*	गूलर	मोरेसी	*Ficus glomerata* Roxb.
47	*फाइकस इन्फेक्टोरिया*	पाकर	मोरेसी	*Ficus infectoria* Roxb.
48	*फाइकस रेलीजियोसा*	पीपल	मोरेसी	*Ficus religiosa* (L.)
49	*ग्रेविया टिलीफोलिया*	धामन	टिलिएसी	*Grewia tiliifolia* Vahl
50	*गुआजुमा उल्मीफोलिया*	रुद्राक्षी	स्टरकुलिएसी	*Guazuma ulmifolia* Lam.
51	*होलोर्राहिना एंटिडिसेंन्ट्रिका*	दुधी, करवाला	एपोसायनेसी	*Holarrhina antidysenterica* Wall. ex A. DC.
52	*होलोप्टिलिया इंटिग्रिफोलिया*	कंजी, पापरी, चुरेल	अलमेसी	*Holoptelea integrifolia* Roxb.
53	*लान्निया कोरोमेंन्डेलिका*	गोदल	एनाकार्डिएसी	*Lannea coromendelliaca* (Houtt.) Merr.
54	*लासोनिया इनरमिस*	मेहंदी	लिथरेसी	*Lawsonia inermis* Linn.
55	*ल्यूसिना ल्यूकोसिफेला*	सुबबूल	फेबेसी	*Leucaena leucocephala* (Lam.) De Wit.
56	*मधुका इंडिका*	महुआ	सेपोटेसी	*Madhuca indica* J.Gmelin
57	*मैंन्जिफेरा इंडिका*	आम	एनाकार्डिएसी	*Mangifera indica* Linn.
58	*माईटिनस इमर्जिनाटा*	कंकेरा	सिलेस्ट्रेसी	*Maytenus emarginata* (Willd.)
59	*मिलिओसा टोमेण्टोसा*	उम्बिया	एनोनेसी	*Miliusa tomentosa* (Roxb.) J. Sinclair
60	*मिलिंग्टोनिया होर्टेन्सिस*	आकाश नीम, नीम चमेली	बिग्नोनिएसी	*Millingtonia hortensis* Linn.
61	*मित्रगाइना पार्विलोरा*	कदम, कलम	रूबीएसी	*Mitragyna parviflora* (Roxb.) Korth
62	*मोरिंडा टिंकटोरिया*	आल, अलेडी	रूबीएसी	*Morinda tinctoria* (Roxb.)
63	*मोरिंगा कोंनकैनेन्सिस*	सरगोड़ा सरगुआ	मोरिंगेसी	*Moringa concanensis* nimmo ex Dalz. & Gibson
64	*मोरस अल्बा*	शहतूत	मोरेसी	*Morus alba* L.
65	*उजीनिया उजेनेसिस*	संदन	फेबेसी	*Ougeinia oojeinensis* (Roxb.)
66	*फोइनिक्स सिलवेस्ट्रिस*	खजूर	एरीकेसी	*Phoenix sylvestris* Roxb.
67	*पिथेसेलोवियम डुल्स*	जंगल जलेबी, परदेसी इमली	फेबेसी	*Pithecellobium dulce* (Roxb.) Benth.

क्रम	प्रजाति नाम	स्थानीय नाम	कुल	वानस्पतिक नाम
68	*पोलिएल्थिया लोंगिफोलिया*	अशोक	एनोनेसी	*Polyalthia longifolia* (Sonn.) Thwaites
69	*पोंगामिया पिन्नाटा*	करंज	फेबेसी	*Pongamia pinnata* L.
70	*प्रोसोपिस सिनरेरिया*	खेजड़ी	फेबेसी	*Prosopis cineraria* (L.) Druce.
71	*प्रोसोपिस जूलिफ्लोरा*	विलायती बबूल	फेबेसी	*Prosopis juliflora* (Sw) dc
72	*पुत्रंजीवा रोक्सबरघाई*	जैपुथा, पुतरंजीवा	पुतरंजीवेसि	*Putranjiva roxburghii* Wall.
73	*रैन्डीया डुमेटोरम*	मिंडाल	रूबीएसी	*Randia dumentorum* Lam.
74	*साल्वाडोरा ओलिओइडिस*	मीठा जाल / पीलू	साल्वेडोरेसी	*Salvadora oleoides* Decne
75	*साल्वाडोरा पर्सिका*	मीठा जाल, खाराजाल	साल्वेडोरेसी	*Salvadora persica* L.
76	*सैंटेलम एल्बम*	चन्दन	सैनटेलेसी	*Santallum album* Linn.
77	*सैपिंडस मुकरोसी*	अरीठा	सैपिनडेसी	*Sapindus mukorossi* Gaertn.
78	*सोयमिड़ा फेब्रिफुगा*	रोहन	मेलिएसी	*Soymida febrifuga* (Roxb.) A.Juss.
79	*स्टर्कुलिया युरेन्स*	कड़ाया	स्टरकुलिएसी	*Sterculia urense* Roxb.
80	*सीज़ियम क्यूमिनी*	जामुन	मिरटेसी	*Syzygium cumini* (L.)
81	*टैमरिंडस इंडिका*	इमली	फेबेसी	*Tamarandis indica* Linn.
82	*टैमरिक्स अफाइला*	फरास	टैमेरिकेसी	*Tamarix aphylla* (L.) H. Karst.
83	*टिकोमेला अंडूलाटा*	रोहिडा	बिग्नोनिएसी	*Tecomella undulata* D.Don
84	*टेक्टोना ग्रेंडिस*	सागवान	वरबीनेसी	*Tectona grandis* L.f.
85	*टर्मिनेलिया अर्जुना*	अर्जुन, कोहड़ा	कोम्ब्रेटेसी	*Terminallia arjuna* (DC.) Wight & Arn
86	*टर्मिनेलिया बैलेरिका*	बहेड़ा, बहेडो	कोम्ब्रेटेसी	*Terminallia bellerica* (Gaertn.) Roxb.
87	*थेसपिसिया पोपुलिनिया*	पारस पीपल	मालवेसी	*Thespesia populnea* Linn
88	*राइटिया टिंकटोरिया*	खिरनी, दूधी	एपोसायनेसी	*Wrightia tinctoria* (Roxb.) R. Br.
89	*जिजीफस मौरिसियाना*	बेर, बोरडी	रहेम्नेसी	*Zizyphus mauritiana* Lam.
90	*जिजीफस रोटन्डिफोलिया*	बेर, बोरडी	रहेम्नेसी	*Zizyphus rotundifolia* Lam.
झाड़ी प्रजाति				
91	*अकेसिया जैक्मोन्साई*	भू–बावली	फेबेसी	*Acacia jacquemontii* Benth
92	*एधाटोडा वेसिका*	अडूसा	एकेन्थेसी	*Adhatoda vasica* Nees
93	*अगेव अमेरिकाना*	रामबांस	एगेवेसी	*Aegave americana* L.
94	*अरवा पर्सिका*	बुई	अमरेनथेसी	*Aerva persica* (Burm. f.) Merrill. in Philipp.

क्रम	प्रजाति नाम	स्थानीय नाम	कुल	वानस्पतिक नाम
95	*अरवा स्यूड़ोंटोमेंटोसा*	बुई	अमरेनथेसी	*Aerva pseudotomenosa* Blatt. & Hallb
96	*एनोना स्कूयामोसा*	सीताफल	एनोनेसी	*Annona squamosa* L.
97	*बारलेरिया प्रायोनाइटिस*	पीली कटेली	एकेन्थेसी	*Barleria prionitis* L.
98	*कडावा फ्रूटीकोसा*	दाबी, कालो पींजोलों	कैपेरेसी	*Cadaba fruticosa* (L.) Druce
99	*कैलीगोनम पोलिगोनोइडिस*	फोग	पोलिगोनेसी	*Calligonum polygonoides* Linn
100	*कैलोट्रोपिस प्रोसेरा*	आक सफेद	एसक्लीपिएडेसी	*Calotropis procera* (Ait.) Ait.f
101	*केपैरिस सेपिएरा*	कंथार, कांटेर, हींस, कंथारो	कैपेरेसी	*Capparis sepiera* L.
102	*कैरिसा कैरेंडस*	करौंदा, करमदा	एपोसायनेसी	*Carissa carandas* Linn
103	*कैसिया औरीकुलेटा*	आँवल, तरवार	फेबेसी	*Cassia auriculata* L.
104	*क्लेरोडेंड्रोन फ्लोमोइडिस*	अरनी	वरबीनेसी	*Clerodendrum phlomidis* Linn.
105	*कोम्मीफोरा वाइटी*	गूगल	बरसिरेसी	*Commiphora wightii* (Am) Bhand,
106	*क्रोटोलेरिया बुरिया*	सीनिया, खर्षना	फेबेसी	*Crotolaria burhia* Buch.-Ham.
107	*डाइक्रोस्टैकस सिनेरिया*	कमलाई, एमना, गोयाखैर	फेबेसी	*Dichrostachys cinerea* (L.) Wight & Arn
108	*डेरोफाइटम इंडिकम*	छितरल	प्लंबाजिनेसी	*Dyerophytum indicum* Kuntze
109	*यूफोर्बिया केडूसीफोलिया*	थोर, डंडा–थोर	यूफोरबीएसी	*Euphorbia caducifolia* Haines
110	*यूफोर्बिया नेरीफोलिया*	डंडा–थोर, पाटन की सेंद, सेहुन्द, सीज	यूफोरबीएसी	*Euphorbia neriifolia* L.
111	*फ्लेकोर्टिया इंडिका*	कांकेर, काकोन, काकून	फ्लैकोर्टिएसी	*Flacortia indica* (Burm. f.)
112	*ग्रेविया फ्लेविसेन्स*	फ़ांगन, काली सियाली	टिलिएसी	*Grewia flavescens* Juss.
113	*ग्रेविया टेनेक्स*	गाँगन, गंगेरन	टिलिएसी	*Grewia tenax* (Forssk.)
114	*ग्रेविया विलोसा*	धोलकन, बन–फालसा	टिलिएसी	*Grewia villosa* Willd.
115	*जिम्नोस्पोरा मोंटाना*	बेकल	सिलेस्ट्रेसी	*Gymnosporea montana* (Roth) Bemth
116	*हेलोक्सिलोन सैलीकोरनिकम*	लाना, खार	चीनोपोडिएसी	*Haloxylon salicornicum* (Moq.) Bunge ex Boiss
117	*जेट्रोफा गोसीपीफोलियम*	छोटा रतनजोत, जमालगोटा	यूफोरबीएसी	*Jatropha gossipifolium* L.

क्रम	प्रजाति नाम	स्थानीय नाम	कुल	वानस्पतिक नाम
118	*जेट्रोफा करकस*	रतनजोत	यूफोरबीएसी	*Jatropha curcus* L.
119	*लंटाना कमारा*	लंटाना, धनीदारिया	वरबीनेसी	*Lantana camara* L.
120	*लेप्टाडिनिया पाइरोटेकनिका*	खींप, खींपड़ो	एसक्लीपिएडेसी	*Leptadenia pyrotechnica* (Forssk.) Decne
121	*लाइसियम बारबेरम*	मुराली, तलेटी	सोलेनेसी	*Lycium barbarum* L.
122	*मरुआ ओब्लोंगिफोलिया*	ओरापा	कैपेरेसी	*Maerua oblongifolia* (Forssk.) A. Rich.
123	*नेरियम ओड़ोरेटम*	क्नेर, लाल कन्नेर	एपोसायनेसी	*Nerium odoratum* Lam.
124	*ओपनटिया डिलेनाई*	नाग फनी, नागनी थोर	कैक्टेसी	*Opuntia dillenii* (Ker-Gawl) Haw.
125	*पैन्डेनस ओड़ोरैटीसिमस*	केवरा, केवड़ा	पैनडेनेसी	*Pendanus odoratissimus*
126	*रस माइसूरेंसिस*	डासर	एनाकार्डिएसी	*Rhus mysorensis* G.Don
127	*सेकुरिंजीया विरोसा*	सेल्पी, हेलपी	यूफोरबीएसी	*Securengia virosa* Roxb. ex Willd.
128	*जिजीफस न्यूमुलेरिया*	बोरडी, झाड बेर	रहेम्नेसी	*Zizyphus nummularia* (Burm. f.) Wight et Arn.

अनुलग्नक 2. राजस्थान के विभिन्न जिलों के ओरणों में दर्ज की गई शाकीय और घास की प्रजातिया, उनके स्थानीय नाम और कुल।

क्रम	नाम	स्थानीय नाम	कुल	वानस्पतिक नाम
1	*एकाइरेन्थस एस्पेरा*	आँधी जालो, उंडो–कांटो, अंधीझाड़	अमरेनथेसी	*Achyranthes aspera* L.
2	*एक्टिनोप्टेरिस रेडिएटा*	मोरपंखी	टेरिडेसी	*Actiniopteris radiata* (Swartz) Link
3	*एडीएंटम लुनुलेटम*	हंसापड़ी	एडिएंटेसी	*Adiantum lunulatum* Burm
4	*अरवा लेनाटा*	सानी बुई, गोरखड़ी, कपूरी	अमरेन्थेसी	*Aerva lanata* (L.) Juss. Ex Schult.
5	*एलाइसीकार्पस मोनीलीफर्स*	पट सनेरवों	पैपिलिओनेसी	*Alysicarpus monilifer* (L.) DC.
6	*एलाइसीकार्पस वेगीनेलिस*	बेला	पैपिलिओनेसी	*Alysicarpus vaginalis* (L.) D.C.
7	*एमरेन्थस विरीडिस*	जंगली चौलाई, धीमड़ों	अमरेनथेसी	*Amaranthus viridis* L.
8	*एंटिकैरिस सेनेगालेन्सिस*	वेकड़, धुनिया	स्क्रोफूलेरिएसी	*Anticharis senegalensis* (Walp.) Bhandari.
9	*एप्लूड़ा म्यूटिका*	लांपला, फुलकिया	पोएसी	*Apluda mutica* L.
10	*आर्जिमोन मेक्सिकाना*	सत्यानाशी	पैपेवरेसी	*Argemone mexicana* L.
11	*एरिस्टिडा एड्सेंसियोनिस*	लांप, लांपरो	पोएसी	*Aristida adscensionis* L.
12	*एरिस्टिडा फ्यूनीकुलाटा*	लांप, रांम्पला	पोएसी	*Aristida funiculata* Trin. & Rupr.
13	*अर्निबिया हिस्पिडीसिमा*	रामबैया, राम–बुई, रामबस	बोरागीनेसी	*Arnebia hispidissima* (Lehm.) DC.
14	*बारलेरिया अकेन्थोइडिस*	बजरदंती, चापरी	एकेन्थेसी	*Barleria acanthoides* Vahl.
15	*ब्लेनवेलिया एकमेला*	धोलू फुलादू	एस्टेरेसी	*Blainvillea acmella* (L.) Philipson
16	*ब्लूमिया एरिएन्था*	बुराड़ी	एस्टेरेसी	*Blumea eriantha* DC.
17	*ब्लूमिया मोलिस*		एस्टेरेसी	*Blumea mollis* (D. Don) Merr.
18	*बोरेहेबिया डिफ्यूजा*	पुनर्नवा, चिनावरी, सेंटी, सांटोडी	निक्टागीनेसी	*Boerhavia diffusa* L.
19	*बोरहाबिया इरेक्टा*	श्वेता, पंढारी पुनर्नवा	निक्टागीनेसी	*Boerhavia erecta* L.
20	*बोरहाबिया रिपेन्स*	शेतापूर्ना	निक्टागीनेसी	*Boerhavia repens* L.
21	*बोरेरिया आर्टीकुलेरिस*	अजियों, गाण्ठियू	रूबीएसी	*Borreria articularis* (L.F) F.N. Willams
22	*बोरेरिया प्यूसिला*	—–	रूबीएसी	*Borreria pusilla* (Wall.) DC.

क्रम	नाम	स्थानीय नाम	कुल	वानस्पतिक नाम
23	*ब्रैकिएरिया रेमोसा*	मुरट, मढ़ियारों, सावरी	पोएसी	*Brachiaria ramosa* (L.) Stapf.
24	*केसिया इटेलिका*	भिंडा आँवल, गोरनवाल, मेडी–आँवल	सीसलपीनेसी	*Cassia italica* (Mill.) Lam. ex F.W. Ander
25	*केसिया टोरा*	पोंवार, पूआड़	सीसलपीनेसी	*Cassia tora* L.
26	*सेंक्रस बाइफ्लोरस*	बकुट, भूरट	पोएसी	*Cenchrus biflorus* Roxb.
27	*सेंक्रस सिलिएरिस*	धामन, धामनियों	पोएसी	*Cenchrus ciliaris* L.
28	*सेंक्रस स्पशीज़*	धामन प्रजाति	पोएसी	*Cenchrus* spp.
29	*कैमिक्रिस्टा प्युमिला*	चरोता, चकवड़	सीसलपीनेसी	*Chamaecrista pumila* (Lamk.) K. Larsen,
30	*चीनोपोडियम मुरेल*	गोलिओ, गोयालों	चीनोपोडिएसी	*Chenopodium murale* L.
31	*क्लोरिस बारबेटा*	फुलियारों, मिंडाडीयू	पोएसी	*Chloris barbata* Sw.
32	*सिसटेन्स ट्यूबलोसा*	बेफोर, लोंकी का मूला	ओरोबैंकेसी	*Cistanche tubulosa* (Schrenk) Wight
33	*क्लिओम विसकोसा*	बागरो, हंडी बागरो	कैपेरेसी	*Cleome viscosa* L.
34	*कमेलिना बेंगालेन्सिस*	कंकुआ	कमेलीनेसी	*Commelina benghalensis* L.
35	*कनवोलवुलस स्पशीज़*	शंखपुष्पी प्रजाति	कोन्वोंलबुलेसी	*Convolvulus* spp.
36	*कोरकोरस डेपरेसस*	बहुफली, चाम–घास, मुंडेरी	टिलिएसी	*Corchorus depressus* (L.) Stocks
37	*कोरकोरस ट्राईडेन्स*	काग–नशा, दातरो, जंगली जूट	टिलिएसी	*Corchorus tridens* L.
38	*क्रेसा क्रेटीका*	रुदन्ती	कोन्वोंलबुलेसी	*Cressa cretica*
39	*क्रोटेलेरिया मेडिकाग्निया*	गूंगारियों	पैपिलिओनेसी	*Crotalaria medicaginea* Lam.
40	*साइनोडोन डेक्टाइलोंन*	दूब, द्रब, छाबर	पोएसी	*Cynodon dectylon* (L.) Pers.
41	*साइप्रस रोटन्डस*	मोथों, मोथा	साइपरेसी	*Cyperus rotundus* L.
42	*डेक्टाइलोंक्टिनियम एजिप्सियम*	झर्निया, मकरा	पोएसी	*Dactyloctenium aegyptium* (L.) Willd.
43	*डेक्टाइलोंक्टिनियम सिंडिकम*	तांतिया, ऊबियों–गांटीओ	पोएसी	*Dactyloctenium scindicum* Boiss.
44	*धतूरा स्ट्रामोनियम*	सफ़ेद धतूरा	सोलेनेसी	*Datura stramonium* L.
45	*डेस्मोस्टाकिया बाइपिन्नाटा*	डाब, धाब	पोएसी	*Desmostachya bipinnata* (L.) Stapf.
46	*ड़ाईकैनथियम फोवियोलेटम*	बुहारी, गंधेल	पोएसी	*Dichanthium foveolatum* (Del.) Roberty
47	*डाइजेरा म्युरीकेटा*	लोलरु, लुलुर	अमरेनथेसी	*Digera muricata* (L.) Mart.

क्रम	नाम	स्थानीय नाम	कुल	वानस्पतिक नाम
48	*डिजिटेरिया सिलिएरिस*	झरनिया, पचर घास	पोएसी	*Digitaria cilliaris* (Retz.) Koel.
49	*डिप्टेराकैन्थस पेटुलस*	हद्जुद	एकेन्थेसी	*Dipteracanthus patulus* (Jacq.) Nees
50	*इकाइनोक्लोआ कोलोना*	जिरीओ, सीवण, सनवाक	पोएसी	*Echinochloa colona* (L.) Link
51	*एलाइट्रेरिया एकोलीस*	गलोबी	एकेन्थेसी	*Elytraria acaulis* (L.f.) Lindau.
52	*एनिकोस्टेमा एक्जिलेरी*	मामेजवों	जेंटिनेसी	*Enicostema axillare* (Lam.) Raynal
53	*एरेग्रोस्टिस सिलिएरिस*	लूटीओ लांप, उंदर–पूंछों, पुचीर घास	पोएसी	*Eragrostis ciliaris* (Linn.) R.Br.
54	*एरेग्रोस्टिस माइनर*		पोएसी	*Eragrostis minor* Host.
55	*एरेग्रोस्टिस टेनेला*	चिरिओ रो खेत	पोएसी	*Eragrostis tenella* (L.) P. Beauv. ex Roem. & Schult
56	*यूफोरबिया चैमिटसिस*	दूधी	यूफोरबीएसी	*Euphorbia chamaetsyce* L.
57	*यूफोरबिया ग्रेनूलेटा*	खीरवाल, मामिचो	यूफोरबीएसी	*Euphorbia granulata* Forssk.
58	*यूफोरबिया हिर्टा*	दुद्धि, ढेड़ी–दुहेली	यूफोरबीएसी	*Euphorbia hirta* L
59	*यूफोरबिया इंडिका*	दुधेली, हजारदाना	यूफोरबीएसी	*Euphorbia indica* Lam.
60	*इवोल्वुलस अल्सीनोइडिस*	निली शंखपुष्पी, काली शंखावली	कोन्वोंबुलेसी	*Evolvulus alsinoides* (L.) L.
61	*फेगोनिया क्रिटिका*	धमासों, कंडिरा	जाइगोफिल्लेसी	*Fagonia cretica* L.
62	*फारसेटिया हैमिल्टोनाई*	हिरण चाबो, काग–पिलंग	ब्रेसिकेसी	*Farsetia hamiltonii* Royle
63	*फ्यूमेरिया इंडिका*	पिथपापरो	फ्यूमेरिएसी	*Fumaria indica* (Haussk.) Pugsley
64	*गाइसेकिया फर्नेकोइडिस*	सरेली, मोरंग, बालू–का–साग	मोलुजिनेसी	*Gisekia pharnaceoides* L.
65	*ग्लाइनस लोटोइडिस*	ढोलकनी, हाता, मट्टेर	मोलुजिनेसी	*Glinus lotoides* L.
66	*ग्लोसोकार्डिया बोस्वेलिया*	दावनपाड़ा	अमरेनथेसी	*Glossocardia bosvallea* (L. f.) DC.
67	*हैक्लोक्लोआ ग्रेनुलेरिस*	कासिउ	पोएसी	*Hackelochloa granularis* (L.) Ktze.
68	*हेलिओट्रोपियम मेरीफोलियम*	छोटी संतरी	बोरागीनेसी	*Heliotropium marifolium* Koen ex Retz.
69	*हेलिओट्रोपियम स्पसीज*	–	बोरागीनेसी	*Heliotropium* spp.
70	*हेलिओट्रोपियम सुबुलेटम*	काली बुई	बोरागीनेसी	*Heliotropium subulatum* (Hochst. ex DC.) Vatke
71	*हेटरोपोगोन कंटोर्टस*	सूवा घास, सुरवाला, सू खाला, लापड़ी	पोएसी	*Heteropogon contortus* (L.) P. Beauv

क्रम	नाम	स्थानीय नाम	कुल	वानस्पतिक नाम
72	*हिबिस्कस प्रजाति*	–	मालवेसी	*Hibiscus* spp.
73	*हिप्टिस सुआवीयोलेंस*	विलायती तुलसी, वन तुलसी	लैमिएसी	*Hyptis suaveolens* (L.) Poit
74	*इंडिगोफेरा कोर्डिफोलिया*	बेकर, बेकारिओ, बासरी	पैपिलिओनेसी	*Indigofera cordifolia* Heyne ex Roth
75	*इंडिगोफेरा लाईनीफोलिया*	लंबी–बेकरिओ, तोरकी	पैपिलिओनेसी	*Indigofera linifolia* (L.f.) Retz.
76	*इंडिगोफेरा लीनेइ*	लटहाइ	पैपिलिओनेसी	*Indigofera linnaei* Ali
77	*आइपोमिया पेसटिग्रिडिस*	पंचपटिया	कोन्वोंबुलेसी	*Ipomea pestigridis* L.
78	*जस्टीसिया प्रोकम्बेंस*	कागनेर, पिथपापरो	एकेन्थेसी	*Justicia procumbens* L.
79	*जस्टीसिया सिम्प्लेक्स*	कारी, अंधेड़ी	एकेन्थेसी	*Justicia simplex* D. Don.
80	*लैसियूरस सिंडिकस*	सेवन	पोएसी	*Lasiurus sindicus* Henr.
81	*लिओनोटिस नेपेटीफोलिया*	माटीजेर	लौरेसी	*Leonotis nepetiifolia* (L.) R. Br.
82	*लेपिडागैथिस ट्राइनर्विस*	कंटालो, ऊँट–कंटालो	एकेन्थेसी	*Lepidagathis trinervis* Nees.
83	*ल्यूकास सिफैलोटस*	गोमो	लैमिएसी	*Leucas cephalotes* (Koen. ex Roth) Spreng.
84	*लिंडेनबरजिया म्यूरेरिया*	पिंडरू	स्क्रोफूलेरिएसी	*Lindenbergia muraria* (Roxburgh ex D. Don)
85	*मार्टिना एनुआ*	बाघ नखी, बीछूआ	मार्टीनेसी	*Martynia annua* L.
86	*मिलेनोसेंक्रस जैक्मोन्साई*	मखानिया	पोएसी	*Melanocenchris jacquemontii* Jaub. & Spach
87	*मोलिगो सर्वियाना*	चिरिओ रो खेत, पाड्र, हजार दाना	मोलुजिनेसी	*Mollugo cerviana* (L.) Seringe
88	*ओक्थोक्लोआ कोम्प्रेसा*	घोड़ा दूब, घंडेर, मडारो	पोएसी	*Ochthochloa compressa* (Forssk.) Hilu.
89	*ओसिमम कैनम*	जंगली तुलसी	लैमिएसी	*Ocimum canum* Sims
90	*ओरोपेटीयम थोमेयम*	सुरशिआ	पोएसी	*Oropetium thomaeum* (L. f.) Trin.
91	*पेगेनम हरमाला*	गंदियोहियो, हरमल	जाइगोफ़िल्लेसी	*Paganum harmala* Linn.
92	*पार्थेनियम हिस्टेरोफोरस*	गाजर घास	एस्टेरेसी	*Parthenium hysterophorus* L.
93	*पेवोनिया अरेविका*	कपास वल, हांजों	मालवेसी	*Pavonia arabica Hochst.* Ex Steud.
94	*पीडेलियम म्यूरेक्स*	गोखरू कांटी, बड़ा गोखरू	पेडेलिएसी	*Pedalium murex* Linn.

क्रम	नाम	स्थानीय नाम	कुल	वानस्पतिक नाम
95	*पेंटाट्रोपिस स्पाइरेलिस*	अकारी बेल	एसक्लीपिएडेसी	*Pentatropis spiralis* (Forsk.) Decne.
96	*पेरिस्ट्रोफी पैनीकुलाटा*	कागनेर, उबूट, कुंदरी	एकेन्थेसी	*Peristrophe paniculata* (Forssk.) Brumm.
97	*पेरोटिक्स इंडिका*	उंदर–पूंछा	पोएसी	*Perotis indica* (L.) O. Ktze.
98	*फिलेन्थस अमारस*	भुई आंवला	यूफोरबीएसी	*Phyllanthus amarus* Schum. & Thonn.
99	*फाईसेलिस मिनिमा*	चिरफोटी, पीपट	सोलेनेसी	*Physalis minima* L.
100	*पोलीगेला इरिओप्टेरा*	सरभा गोलिया, विसोनी	पालिगोनेसी	*Polygala erioptera* DC.
101	*प्युपेलिया लपासिया*	उंदीओ भूरट	अमरेनथेसी	*Pupalia lappacea* (L) Juss.
102	*रींकोसिया मिनीमा*	कलता	पैपिलिओनेसी	*Rhynchosia minima* (L.) DC.
103	*रंगीया पेक्टिनाटा*	खरमोर	एकेन्थेसी	*Rungia pectinata* (L.) Nees
104	*सैक्रम मुंजा*	मूँज	पोएसी	*Saccharum munja* Roxb.
105	*सीडा कार्डेटा*	धामनी, बरियारा	मालवेसी	*Sida cordata* (Burm.f.) Borss.
106	*सीडा कोरडिफोलिया*	बला, खरेंटी	मालवेसी	*Sida cordifolia* L.
107	*सोलेनम एल्बिकोले*	नर–काँटा	सोलेनेसी	*Solanum albicaule* Kotschy ex Dunal
108	*सोलेनम नाईग्रम*	मकोय	सालेनेसी	*Solanum nigrum* L.
109	*स्पर्गुला आरवेनसिस*	वन धनिया, वेकर	कैरियोफिल्लेसि	*Spergula arvensis* L.
110	*स्पोरोबोलस स्पशीज*	उआरी, चिड़ियों का चावलीया	पोएसी	*Sporobolus* spp.
111	*टेफ्रोसिया परपूरिया*	बिसोनी, बियानी, सरपंखों	पेपिलिओनेसी	*Tephrosia purpurea* (L.) Pers.
112	*थिमेड़ा क्आड्रीवेलविस*	रातरड़ा, मोटी बेहड़ी	पोएसी	*Themeda quadrivalvis* (L.) Kuntze.
113	*ट्रेगस रोक्सबरघाई*	गड़ेरियों	पोएसी	*Tragus roxburghii* Panigrahi
114	*ट्रिबुलस टेरेस्ट्रिस*	गोखरू, कांटी	जाइगोफ़िल्लेसी	*Tribulus terrestris* L.
115	*ट्राइडेक्स प्रोकबेंन्स*	घामरा, विलायती भांगरों	एस्टेरेसी	*Tridax procumbens* L.
116	*ट्रंमफेटा रंम्बोइडिया*	लापटा, जीपटी	टिलिएसी	*Triumfetta rhomboidea* Jacq.
117	*अर्जीनिया इंडिका*	जंगली प्याज या डूंगली	लिलिएसी	*Urginea indica* (Roxb.) Kunth
118	*वर्बिसिना इन्सेलिओइडिस*	नकली सूरजमुखी	एस्टेरेसी	*Verbesina encelioides* (Cav.) Benth. & Hook. f.
119	*वरनोनिया सिनेरिया*	सहदेवी, सादेडी	एस्टेरेसी	*Vernonia cinerea* (L.) Less.
120	*जैन्थियम स्ट्रूमेरियम*	आधाशीशी, अंधड़ा	एस्टेरेसी	*Xanthium strumarium* L.
121	*जार्निया गिब्बोसा*	जेवानी, सामरापानी	सीसलपीनेसी	*Zornia gibbosa* Span.
122	*जाइगोफिल्लम सिम्प्लेक्स*	लुनवों, पडलानी, अलेठी	जाइगोफ़िल्लेसी	*Zygophyllum simplex* L.

अनुलग्नक 3. राजस्थान के विभिन्न जिलों के पवित्र उपवनों में प्रेक्षित 30 सेमी परिधि व 10–30 सेमी परिधि वाले वृक्षों का जैव विविधता सूचकांक।

क्रम	ओरण का नाम	जिला	30 सेमी से अधिक परिधि के वृक्ष					10–30 सेमी परिधि वाले वृक्ष				
			संख्या	प्रसं	विविधता	प्रप्रसं	सीसुवि	संख्या	प्रसं	विविधता	प्रप्रसं	सीसुवि
1	देवनारायणजी का ओरण	अजमेर	63	5	0.32	1.38	1.14	6	1	0.00	1.00	1.00
2	भेरुजी का ओरण	अजमेर	59	5	0.46	1.59	1.23	9	2	0.69	1.99	1.98
3	भूना बाईजी का ओरण	अजमेर	64	3	0.27	1.31	1.13	43	1	0.00	1.00	1.00
4	मंडल नाथजी टोडली का ओरण	अलवर	80	10	1.64	5.17	3.49	22	5	1.42	4.16	3.67
5	हनुमान जी का ओरण	अलवर	98	8	1.43	4.19	2.77	12	3	0.82	2.28	1.95
6	झरना जी का ओरण	अलवर	75	9	1.78	5.90	4.52	23	7	1.78	5.90	5.34
7	रुपू का वास ओरण	अलवर	272	2	0.16	1.17	1.08	1	1	0.00	1.00	1.00
8	शिवजी महाराज का ओरण	अलवर	43	7	1.70	5.48	4.68	18	7	1.82	6.15	5.59
9	दि्जया भेरुजी का ओरण	बांसवाड़ा	54	5	0.32	1.38	1.14	373	5	0.83	2.29	1.92
10	प्रथुरीनाथजी का ओरण	बांसवाड़ा	47	6	0.87	2.39	1.66	-	-	0.00	-	-
11	साई बाबाजी का मंदिर	बांसवाड़ा	50	5	1.01	2.73	2.13	3	2	0.64	1.89	1.80
12	देवनारायणजी का ओरण	बारां	52	9	1.41	4.09	2.58	-	-	0.00	-	-
13	मुसैन माताजी का ओरण	बारां	61	8	1.44	4.22	3.05	63	7	1.29	3.63	2.78
14	कालाजी का बाग	बारां	141	10	1.75	5.77	4.59	48	2	0.56	1.75	1.60
15	बांकलमाताजी का ओरण	बाड़मेर	27	3	0.85	2.34	1.98	34	2	0.30	1.35	1.19
16	वीरात्रामाताजी का ओरण	बाड़मेर	27	3	0.50	1.65	1.35	-	-	0.00	-	-
17	माताजी का ओरण	बाड़मेर	20	1	0.00	1.00	1.00	-	-	0.00	-	-
18	खुवासमाताजी का ओरण	बाड़मेर	26	4	1.03	2.81	2.37	-	-	0.00	-	-
19	मामा जी के सेलेनाडी	बाड़मेर	41	4	1.26	3.54	3.25	1	1	0.00	1.00	1.00
20	घनश्यामबाबाजी का आश्रम	भरतपुर	237	12	1.91	6.75	0.81	34	9	2.00	7.37	6.49
21	आदि बद्री धाम	भरतपुर	64	9	1.76	5.84	4.49	3	1	0.00	1.00	1.00
22	सवाई भोज/ देवनारायण मंदिर	भीलवाड़ा	30	8	1.82	6.16	4.64	6	4	1.24	3.46	3.00
23	देवनारायणजी का ओरण	भीलवाड़ा	150	4	0.45	1.56	1.31	-	-	0.00	-	-
24	देवनारायणजी का ओरण	भीलवाड़ा	35	7	1.58	4.84	3.64	-	-	0.00	-	-
25	गोगाजी का ओरण	बीकानेर	36	3	0.92	2.51	2.34	1	1	0.00	1.00	1.00
26	करणीमाताजी का ओरण	बीकानेर	65	5	1.38	3.96	2.13	14	3	0.76	2.14	1.78
27	करणीमाताजी का ओरण	बीकानेर	70	1	0.00	1.00	1.00	-	-	0.00	-	-
28	सियां माता जी की बनी	बूंदी	114	4	1.27	3.54	3.27	18	2	0.69	2.00	2.00

क्रम	ओरण का नाम	जिला	30 सेमी से अधिक परिधि के वृक्ष					10–30 सेमी परिधि वाले वृक्ष				
			संख्या	प्रसं	विविधता	प्रप्रसं	सीसुवि	संख्या	प्रसं	विविधता	प्रप्रसं	सीसुवि
29	गंगरावल महाराजजी की बनी	बूंदी	115	3	1.02	2.78	3.18	38	3	0.71	2.03	1.69
30	पर्वतेश्वर महादेवजी की बनी	बूंदी	68	10	2.12	8.33	10.8	32	9	1.71	5.51	5.95
31	देवनारायणजी का ओरण	चित्तौड़गढ़	76	7	0.51	1.67	1.25	11	1	0.00	1.00	1.00
32	ऋषि मगरी ओरण	चित्तौड़गढ़	92	3	0.33	1.39	1.19	16	5	1.24	3.47	2.67
33	नाहरसिंहजी माता का ओरण	चित्तौड़गढ़	173	3	0.18	1.20	1.07	21	3	0.85	2.33	2.17
34	जुंजान डोडाजी का ओरण	चुरू	101	4	0.54	1.72	1.33	2	1	0.00	1.00	1.00
35	गोगाजी का ओरण	चुरू	79	4	1.09	2.97	2.36	3	1	0.00	1.00	1.00
36	गोसाईजी का ओरण	चुरू	53	5	0.54	1.71	0.56	57	1	0.00	1.00	1.00
37	कालूदास बाबाजी की डूंगरी	दौसा	263	2	0.14	1.15	1.06	11	4	1.12	3.07	2.57
38	देवनारायणजी का ओरण	दौसा	107	5	0.61	1.83	1.37	22	3	0.91	2.48	2.12
39	साँवरियाजी सेठ धाम	दौसा	207	3	0.58	1.78	1.55	4	1	0.00	1.00	1.00
40	बलि बाबा की दरगाह	धौलपुर	47	5	0.62	1.85	1.41	44	4	0.96	2.62	3.55
41	मचकुंडजी का ओरण	धौलपुर	30	6	1.23	3.43	2.57	71	7	1.30	3.67	2.71
42	महादेवजी का ओरण	धौलपुर	24	4	1.21	3.34	3.45	4	3	1.04	2.83	5.33
43	गोविन्दगुरु चरी मगरी	डूंगरपुर	80	3	0.18	1.20	1.08	1	1	0.00	1.00	1.00
44	भूनेश्वर महादेवजी का ओरण	डूंगरपुर	189	9	1.14	3.13	2.15	92	6	0.57	1.77	1.31
45	नीलकंठ महादेवजी का ओरण	डूंगरपुर	61	6	0.71	2.02	1.46	5	2	0.50	1.65	1.47
46	भद्रकालीमाताजी का ओरण	हनुमानगढ़	99	7	1.49	4.42	3.18	5	1	0.00	1.00	1.00
47	चिश्ती पीर की दरगाह	हनुमानगढ़	48	5	0.40	1.50	1.19	6	1	0.00	1.00	1.00
48	गुरु गोरखनाथजी का ओरण	हनुमानगढ़	30	7	1.45	4.27	3.00	6	5	1.56	4.76	4.50
49	काली माताजी की बनी	जयपुर	29	6	1.17	3.23	2.56	4	3	1.04	2.83	2.67
50	कपिल मुनिजी का आश्रम	जयपुर	51	11	1.72	5.57	3.83	3	2	0.64	1.89	1.80
51	शिव डूंगरी	जयपुर	59	4	0.70	2.02	1.62	12	5	1.31	3.72	3.00
52	रामदेवजी का ओरण	जैसलमर	37	4	1.12	3.08	2.81	13	3	1.06	2.88	2.77
53	भादरिया माताजी का ओरण	जैसलमर	27	2	0.16	1.17	1.08	17	1	0.00	1.00	1.00
54	मलानी ओरण	जैसलमर	36	1	0.00	1.00	1.00	12	2	0.29	1.33	1.18

क्रम	ओरण का नाम	जिला	30 सेमी से अधिक परिधि के वृक्ष					10–30 सेमी परिधि वाले वृक्ष				
			संख्या	प्रसं	विविधता	प्रप्रसं	सीसुवि	संख्या	प्रसं	विविधता	प्रप्रसं	सीसुवि
55	बेलानी ओरण	जैसलमर	14	2	0.60	1.82	1.69	2	2	0.69	2.00	2.00
56	धारनेश्वर महादेवजी का ओरण	जालोर	149	6	0.49	1.63	1.27	23	2	0.46	1.58	1.41
57	दुधेश्वर महादेवजी का ओरण	जालोर	140	4	0.91	2.48	1.89	5	2	0.50	1.65	1.47
58	झूठाना माताजी का ओरण	जालोर	116	3	0.81	2.25	1.89	11	2	0.30	1.35	1.20
59	कल्लाजी का ओरण	झालावाड़	34	6	1.30	3.68	2.82	34	3	0.87	2.38	2.21
60	बापुलाल स्मृति वन	झालावाड़	89	3	0.74	2.10	2.03	100	2	0.68	1.98	1.96
61	देवनारायणजी का स्थान	झालावाड़	63	7	1.15	3.16	2.46	14	1	0.00	1.00	1.00
62	शिवमंदिरजी स्थान	झालावाड़	51	4	0.83	2.30	1.78	13	2	0.67	1.95	1.90
63	भैरवजी का बाग़	झालावाड़	106	10	1.62	5.03	3.61	29	6	1.52	4.59	3.64
64	बिहारीजी का मंदिर	झुन्झुनु	60	3	0.77	2.16	1.95	1	1	0.00	1.00	1.00
65	पृथवीराजजी की बनी	झुन्झुनु	38	3	0.63	1.88	1.59	-	-	0.00	-	-
66	पंचमीर पीर की बनी	झुन्झुनु	57	5	0.89	2.43	1.76	8	2	0.69	2.00	2.00
67	कोलू पाबूजी का ओरण	जोधपुर	37	2	0.04	1.04	1.08	-	-	0.00	-	-
68	करनी माताजी का ओरण	जोधपुर	37	4	0.90	2.47	2.23	32	4	0.99	2.70	2.38
69	रामदेवजी का ओरण	जोधपुर	25	2	0.55	1.74	1.57	7	3	1.08	2.94	2.88
70	कोलू पाबूजी का ओरण	जोधपुर	15	1	0.00	1.00	1.00	19	1	0.00	1.00	1.00
71	जोलीयालीजी का ओरण	जोधपुर	33	2	0.23	1.26	1.13	-	-	0.00	-	-
72	जरदाबालाजी का ओरण	करौली	27	11	2.17	8.75	7.36	-	-	0.00	-	-
73	बडबासनी माताजी का ओरण	करौली	65	4	0.58	1.79	1.42	-	-	0.00	-	-
74	देवनारायणजी की बनी	करौली	34	1	0.00	1.00	1.00	-	-	0.00	-	-
75	ड़ारदेवीमाताजी का ओरण	कोटा	113	15	2.18	8.84	5.90	18	4	1.04	2.82	2.45
76	देवनारायणजी का ओरण	कोटा	74	10	1.50	4.50	2.81	1	1	0.00	1.00	1.00
77	देवनारायणजी का ओरण	कोटा	100	3	0.64	1.89	1.51	14	2	0.26	1.29	1.15
78	देवनारायणजी का ओरण	कोटा	80	8	1.59	4.91	4.00	13	3	0.90	2.46	2.25
79	धोकड़ वाली माताजी का ओरण	कोटा	72	4	0.57	1.77	1.41	5	2	0.50	1.65	1.47
80	देवनारायणजी का ओरण	कोटा	193	8	1.09	2.97	2.01	86	7	1.42	4.13	3.35
81	हनुमानजी का ओरण	कोटा	98	2	0.06	1.06	1.02	20	3	0.94	2.57	2.38
82	देवनारायणजी का ओरण	कोटा	120	7	1.47	4.35	3.34	41	4	1.16	3.20	3.01
83	कालाजी–गोराजी का ओरण	कोटा	71	10	1.16	3.19	2.00	5	2	0.50	1.65	1.47

क्रम	ओरण का नाम	जिला	30 सेमी से अधिक परिधि के वृक्ष					10–30 सेमी परिधि वाले वृक्ष				
			संख्या	प्रसं	विविधता	प्रप्रसं	सीसुवि	संख्या	प्रसं	विविधता	प्रप्रसं	सीसुवि
84	भेरुजी का ओरण	नागौर	23	5	1.27	3.57	3.06	-	-	0.00	-	-
85	भैरोंजी का ओरण	नागौर	105	5	1.09	2.98	2.50	22	4	1.00	2.71	2.40
86	गोसाईजी का ओरण	नागौर	54	3	1.00	2.70	2.45	21	1	0.00	1.00	1.00
87	साटिका जोगमायाजी का ओरण	नागौर	31	3	0.61	1.85	1.49	1	1	0.00	1.00	1.00
88	लांबाजी महाराज का ओरण	पाली	24	2	0.17	1.19	1.09	25	2	0.44	1.55	1.37
89	मामाजी का ओरण	पाली	134	4	0.74	2.09	1.58	118	4	0.75	2.11	1.92
90	देवनारायणजी का ओरण	पाली	23	3	0.95	2.59	2.33	152	2	0.22	1.25	1.13
91	आशापुरा माताजी का ओरण	पाली	71	5	0.99	2.69	1.96	47	2	0.10	1.11	1.04
92	माताजी का ओरण मादा	पाली	16	6	1.47	4.36	3.28	124	6	0.99	2.69	2.12
93	धुंधली माताजी का ओरण	प्रतापगढ़	207	16	1.56	4.76	2.70	298	8	1.26	3.53	2.70
94	बीजासाउ माताजी का ओरण	प्रतापगढ़	44	6	1.30	3.68	2.86	22	3	0.37	1.44	1.20
95	चंडीमाताजी का ओरण	प्रतापगढ़	34	6	1.41	4.11	3.27	28	2	0.15	1.17	1.07
96	देवनारायणजी का ओरण	प्रतापगढ़	51	2	0.43	1.54	1.36	15	2	0.58	1.79	1.64
97	देवनारायणजी का ओरण	राजसमंद	100	3	0.15	1.17	1.06	2	2	0.69	2.00	2.00
98	भेरुनाथजी की बनी	राजसमंद	110	9	1.44	4.24	3.13	3	1	0.00	1.00	1.00
99	चामुंडा माताजी की बनी	राजसमंद	93	2	0.56	1.75	1.59	1	1	0.00	1.00	1.00
100	हनुमानजी की डूंगरी	सवाई माधोपुर	39	3	0.77	2.17	2.01	6	1	0.00	1.00	1.00
101	जसराम बाबाजी की बनी	सवाई माधोपुर	31	8	1.81	6.12	5.14	6	5	1.56	4.76	4.50
102	पीरबाबा की दरगाह	सवाई माधोपुर	82	6	0.74	2.09	1.57	14	2	0.68	1.98	1.96
103	भेरुजी की बनी	सीकर	42	4	1.23	3.43	3.25	11	2	0.66	1.93	1.86
104	खेरीवाले बालाजी का ओरण	सीकर	79	5	1.49	4.44	3.98	6	3	1.01	2.75	2.57
105	सतीमाता जी मंदिर	सीकर	46	2	0.69	1.99	1.98	38	1	0.00	1.00	1.00
106	सिद्धेश्वर महादेवजी का मंदिर	सिरोही	160	5	1.04	2.82	2.20	37	3	1.06	2.87	2.99
107	वोरडा हनुमान जी का ओरण	सिरोही	148	3	0.76	2.15	1.84	3	1	0.00	1.00	1.00

क्रम	ओरण का नाम	जिला	30 सेमी से अधिक परिधि के वृक्ष					10–30 सेमी परिधि वाले वृक्ष				
			संख्या	प्रसं	विविधता	प्रप्रसं	सीसुवि	संख्या	प्रसं	विविधता	प्रप्रसं	सीसुवि
108	मगरीवाली माता जी का ओरण	सिरोही	100	7	1.06	2.88	1.87	19	3	0.81	2.25	1.99
109	गोसाई जी की जोड़	श्रीगंगानगर	99	5	0.54	1.71	1.31	34	2	0.13	1.14	1.06
110	बाबा गादनपीर जी की दरगाह	श्रीगंगानगर	48	4	1.16	3.18	2.61	13	2	0.67	1.95	1.90
111	मियां मामा पीर बाबा	श्रीगंगानगर	117	4	0.88	2.41	1.97	12	3	0.57	1.76	1.41
112	बाबा राहूपीर जी की दरगाह	श्रीगंगानगर	55	5	1.17	3.22	2.51	9	2	0.53	1.70	1.53
113	माता जी का दर्रा	टोंक	104	2	0.64	1.89	1.81	131	2	0.04	1.05	1.02
114	देवनारायण जी का स्थान	टोंक	203	7	0.49	1.64	1.24	20	5	1.01	2.74	1.94
115	देवमहाराज जी का स्थान	टोंक	158	6	0.30	1.35	1.12	1	1	0.00	1.00	1.00
116	पवा–बाब जी का ओरण	उदयपुर	104	16	1.82	6.20	3.49	20	10	2.08	8.02	6.67
117	हनुमान जी का ओरण	उदयपुर	37	2	0.21	1.23	1.11	-	-	0.0	-	-
118	श्रंगी ऋषिजी का ओरण	उदयपुर	65	8	1.65	5.22	3.95	7	1	0.00	1.00	1.00
119	भंवर माता जी की बनी	उदयपुर	125	8	0.78	2.17	1.59	53	4	0.90	2.47	2.08
120	काली पहाड़ी ओरण	उदयपुर	77	4	0.80	2.22	1.72	28	2	0.26	1.29	1.15
121	कुंडेश्वर महादेव जी का ओरण	उदयपुर	69	13	1.76	5.83	3.52	9	6	1.68	5.35	4.76
122	ताड्केश्वर महादेव जी का ओरण	उदयपुर	76	16	2.35	10.5	6.75	23	5	0.90	2.45	1.76
123	ऊंबेश्वरजी का ओरण	उदयपुर	64	12	1.91	6.72	4.65	19	7	1.57	4.82	3.72

संख्या : संख्या प्रति 1.25 हेक्टेयर; प्र.सं.: प्रजाति संख्या; विविधता: शेनन-विनर विविधता सूचकांक;
प्र प्र सं : प्रभावी प्रजाति संख्या; सी सु वि : सिंपसन सूचकांक का विलोम

अनुलग्नक 4. राजस्थान के विभिन्न जिलों के पवित्र उपवनों में प्रेक्षित झाड़ी प्रजातियाँ व 10 सेमी से कम से लेकर 3 सेमी परिधि वाले पौध का जैव विविधता सूचकांक।

क्रम	ओरण का नाम	जिला	झाड़ी					पौध				
			संख्या	प्रसं	विविधता	प्रप्रसं	सीसुवि	संख्या	प्रसं	विविधता	प्रप्रसं	सीसुवि
1	देवनारायणजी का ओरण	अजमेर	2	2	0.69	2.00	2.00	3	1	0.00	1.00	1.00
2	भेरु जी का ओरण	अजमेर	19	5	1.55	4.70	2.96	4	1	0.00	1.00	1.00
3	भूना बाई जी का ओरण	अजमेर	14	5	1.39	4.00	2.93	3	1	0.00	1.00	1.00
4	मंडल नाथ जी टोडली का ओरण	अलवर	27	5	0.83	2.28	1.62	1	1	0.00	1.00	1.00
5	हनुमान जी का ओरण	अलवर	38	5	1.26	3.54	3.19	-	-	0.00	-	-
6	झरना जी का ओरण	अलवर	39	5	1.17	3.24	2.48	-	-	0.00	-	-
7	रुपू के वास का ओरण	अलवर	1	1	0.00	1.00	1.00	-	-	0.00	-	-
8	शिव जी महाराज का ओरण	अलवर	31	10	1.95	7.00	4.98	1	1	0.00	1.00	1.00
9	दि्जयाभेरुजी का ओरण	बांसवाड़ा	11	3	0.93	2.55	2.37	-	-	0.00	-	-
10	प्रथुरीनाथजी का ओरण	बांसवाड़ा	-	-	0.00	-	-	14	2	0.60	1.82	1.69
11	साई बाबाजी का मंदिर	बांसवाड़ा	7	4	1.28	3.59	3.27	21	4	1.21	3.36	2.96
12	देवनारायणजी का ओरण	बारां	7	5	1.48	4.37	3.77	5	1	0.00	1.00	1.00
13	मुसैन माताजी का ओरण	बारां	10	4	1.09	2.97	2.38	50	5	1.00	2.72	2.04
14	कालाजी का बाग़	बारां	18	1	0.00	1.00	1.00	5	2	0.67	1.96	1.92
15	बाकलमाताजी का ओरण	बाड़मेर	9	2	0.64	1.89	1.80	78	2	0.69	1.99	1.99
16	वीरात्रामाताजी का ओरण	बाड़मेर	64	8	1.76	5.79	4.73	-	-	0.00	-	-
17	माताजी का ओरण	बाड़मेर	24	4	1.27	3.55	3.31	5	1	0.00	1.00	1.00
18	खुवासमाताजी का ओरण	बाड़मेर	33	3	1.09	2.97	2.94	3	2	0.64	1.89	1.80
19	मामाजी के सेलेनाडी	बाड़मेर	4	1	0.00	1.00	1.00	-	-	0.00	-	-
20	घनश्याम बाबाजी का आश्रम	भरतपुर	-	-	0.00	-	-	-	-	0.00	-	-
21	आदि बद्री धाम	भरतपुर	5	1	0.00	1.00	1.00	-	-	0.00	-	-
22	सवाई भोज/ देव नारायण मंदिर	भीलवाड़ा	11	5	1.47	4.34	3.90	8	1	0.00	1.00	1.00
23	देवनारायणजी का ओरण	भीलवाड़ा	-	-	0.00	-	-	-	-	0.00	-	-
24	देवनारायणजी का ओरण	भीलवाड़ा	1	1	0.00	1.00	1.00	3	1	0.00	1.00	1.00
25	गोगाजी का ओरण	बीकानेर	1	1	0.00	1.00	1.00	-	-	0.00	-	-
26	करणीमाताजी का ओरण	बीकानेर	17	1	0.00	1.00	1.00	34	1	0.00	1.00	1.00

क्रम	ओरण का नाम	जिला	झाडी					पौध				
			संख्या	प्रसं	विविधता	प्रप्रसं	सीसुवि	संख्या	प्रसं	विविधता	प्रप्रसं	सीसुवि
27	करणीमाता जी का ओरण	बीकानेर	83	5	1.12	3.06	2.50	-	-	0.00	-	-
28	सियां माता जी की बनी	बूंदी	-	-	0.00	-		-	-	0.00	-	-
29	गंगरावल महाराज जी की बनी	बूंदी	8	3	0.96	2.60	2.33	14	1	0.00	1.00	1.00
30	पर्वतेस्वर महादेवजी की बनी	बूंदी	13	4	1.03	2.81	2.20	-	-	0.00	-	-
31	देवनारायणजी का ओरण	चित्तौड़गढ़	2	2	0.69	2.00	2.00	-	-	0.00	-	-
32	ऋषि मँगरी ओरण	चित्तौड़गढ़	11	3	0.86	2.36	2.05	13	2	0.54	1.72	1.55
33	नाहरसिंहजी माता का ओरण	चित्तौड़गढ़	6	2	0.45	1.57	1.38	10	5	1.42	4.13	-
34	जुंजानडोडाजी का ओरण	चुरू	31	4	1.20	3.32	2.94	-	-	0.00	-	
35	गोगा जी का ओरण	चुरू	7	1	0.00	1.00	1.00	-	-	0.00	-	
36	गोसाई जी का ओरण	चुरू	36	3	0.71	2.03	1.79	-	-	0.00	-	
37	कालूदास बाबा जी की डूंगरी	दौसा	-	-	0.00	1.00		8	1	0.00	1.00	1.00
38	देव नारायण जी का ओरण	दौसा	60	6	1.37	3.94	3.14	-	-	0.00	-	-
39	साँवरिया जी सेठ धाम	दौसा	8	1	0.00	1.00	1.00	2	1	0.00	1.00	1.00
40	बलि बाबा की दरगाह	धौलपुर	105	3	1.08	2.95	2.90	-	-	0.00	-	-
41	मचकुंड जी का ओरण	धौलपुर	31	4	1.16	3.18	2.79	-	-	0.00	-	-
42	महादेव जी का ओरण	धौलपुर	29	3	1.09	2.99	2.97	-	-	0.00	-	-
43	गोविन्दगुरु चरी मगरी	डूंगरपुर	1	1	0.00	1.00	1.00	1	1	0.00	1.00	1.00
44	भूनेस्वर महादेव जी का ओरण	डूंगरपुर	17	7	1.71	5.54	4.59	3	1	0.00	1.00	1.00
45	नीलकंठ महादेव जी का ओरण	डूंगरपुर	10	3	1.03	2.80	2.63	48	1	0.00	1.00	1.00
46	भद्रकाली माता जी का ओरण	हनुमानगढ़	-	-	0.00	1.00		5	2	0.50	1.65	1.47
47	चिश्ती पीर की दरगाह	हनुमानगढ़	34	3	0.55	1.73	1.43	7	1	0.00	1.00	1.00
48	गुरु गोरखनाथ जी का ओरण	हनुमानगढ़	1	1	0.00	1.00	1.00	-	-	0.00	-	-
49	काली माताजी की बनी	जयपुर	3	1	0.00	1.00	1.00	6	1	0.00	1.00	1.00
50	कपिलमुनि जी का आश्रम	जयपुर	10	3	1.03	2.80	2.63	-	-	0.00	-	-
51	शिव डूंगरी	जयपुर	1	1	0.00	1.00	1.00	5	1	0.00	1.00	1.00
52	रामदेव जी का ओरण	जैसलमर	40	2	0.53	1.70	1.54	4	1	0.00	1.00	1.00

क्रम	ओरण का नाम	जिला	झाड़ी					पौध				
			संख्या	प्रसं	विविधता	प्रप्रसं	सीसुवि	संख्या	प्रसं	विविधता	प्रप्रसं	सीसुवि
53	भादरिया माताजी का ओरण	जैसलमर	-	-	0.00	-	-	-	-	0	-	-
54	मलानी ओरण	जैसलमर	197	5	0.87	2.40	1.97	-	-	0	-	-
55	बेलानी ओरण	जैसलमर	31	2	0.67	1.95	1.90	1	1	0.00	1.00	1.00
56	धारनेश्वर महादेवजी का ओरण	जालोर	26	3	0.47	1.60	1.45	-	-	0.00	-	-
57	दुधेश्वर महादेवजी का ओरण	जालोर	14	3	0.13	1.14	1.10	9	1	0.00	1.00	1.00
58	झूठाना मामा जी का ओरण	जालोर	3	1	0.15	1.16	1.12	10	1	0.00	1.00	1.00
59	कल्लाजी का ओरण	झालावाड़	-	-	0.00	-	-	-	-	0.00	-	-
60	बापुलाल स्मृति वन	झालावाड़	-	-	0.00	-	-	-	-	0.00	-	-
61	देवनारायणजी का स्थान	झालावाड़	5	1	0.00	1.00	1.00	5	1	0.00	1.00	1.00
62	शिवमंदिरजी स्थान	झालावाड़	-	-	0.00	-	-	-	-	0.00	-	-
63	भैरवजी का बाग	झालावाड़	19	2	0.34	1.40	1.23	19	2	0.34	1.40	1.23
64	बिहारी जी का मंदिर	झुन्झुनु	-	-	0.00	-	-	-	-	0.00	-	-
65	पृथवीराज जी की बनी	झुन्झुनु	12	1	0.00	1.00	1.00	-	-	0.00	-	-
66	पंचमीर पीर की बनी	झुन्झुनु	25	2	0.59	1.81	1.68	-	-	0.00	-	-
67	कोलू पाबूजी का ओरण	जोधपुर	-	-	0.00	-		-	-	0.00	-	-
68	करनीमाताजी का ओरण	जोधपुर	7	5	1.55	4.71	4.45	5	1	0.00	1.00	1.00
69	रामदेवजी का ओरण	जोधपुर	6	1	0.00	1.00	1.00	4	1	0.00	1.00	1.00
70	कोलू पाबूजी का ओरण	जोधपुर	-	-	0.00	-	-	19	1	0.00	1.00	1.00
71	जोलीयालीजी का ओरण	जोधपुर	-	-	0.00	-	-	5	1	0.00	1.00	1.00
72	जरदाबालाजी का ओरण	करौली	34	4	1.05	2.85	2.48	-	-	0.00	1.00	-
73	बडबासनीमाताजी का ओरण	करौली	-	-	0.00	-	-	15	1	0.00	1.00	1.00
74	देवनारायणजी की बनी	करौली	12	2	0.29	1.33	1.18	-	-	0.00	-	-
75	ड़ारदेवी माताजी का ओरण	कोटा	12	3	0.82	2.28	1.95	24	2	0.45	1.57	1.38
76	देवनारायणजी का ओरण	कोटा	7	1	0.00	1.00	1.00	14	2	0.60	1.82	1.69
77	देवनारायणजी का ओरण	कोटा	-	-	0.00	-	-	23	2	0.52	1.69	1.52
78	देवनारायणजी का ओरण	कोटा	25	3	1.05	2.86	2.73	-	-	0.00	-	-
79	धोकड़ वाली माताजी का ओरण	कोटा	9	1	0.00	1.00	1.00	-	-	0.00	-	-
80	देवनारायणजी का ओरण	कोटा	44	4	1.28	3.60	3.29	35	1	0.00	1.00	1.00

क्रम	ओरण का नाम	जिला	झाड़ी					पौध				
			संख्या	प्रसं	विविधता	प्रप्रसं	सीसुवि	संख्या	प्रसं	विविधता	प्रप्रसं	सीसुवि
81	हनुमानजी का ओरण	कोटा	20	3	0.73	2.08	1.68	23	2	0.52	1.69	1.52
82	देवनारायणजी का ओरण	कोटा	10	1	0.00	1.00	1.00	47	2	0.52	1.68	1.50
83	काला–गोरा जी का ओरण	कोटा	9	3	0.85	2.34	1.98	-	-	0.00	-	-
84	भेरुजी का ओरण	नागौर	54	7	1.75	5.77	5.12	-	-	0.00	1.00	-
85	भैरोंजी का ओरण	नागौर	37	3	0.64	1.90	1.61	14	1	0.00	1.00	1.00
86	गोसाईजी का ओरण	नागौर	2	1	0.00	1.00	1.00	-	-	0.00	-	-
87	साटिका जोगमायाजी का ओरण	नागौर	86	5	1.37	3.94	3.48	-	-	0.00	-	-
88	लांबाजी महाराज का ओरण	पाली	-	-	0.00	-		20	2	0.65	1.91	1.83
89	मामाजी का ओरण	पाली	7	2	0.13	1.14	1.96	5	1	0.00	1.00	1.00
90	देवनारायणजी का ओरण	पाली	1	1	0.00	1.00	1.00	2	1	0.00	1.00	1.00
91	आशापुरा माताजी का ओरण	पाली	31	2	0.51	1.67	1.49	35	2	0.41	1.51	1.32
92	माताजी का ओरण (मादा)	पाली	15	4	0.36	1.43	1.45	4	2	0.56	1.75	1.60
93	धुंधलीमाताजी का ओरण	प्रतापगढ़	7	2	0.60	1.82	1.69	5	1	0.00	1.00	1.00
94	बीजासाउमाता जी का ओरण	प्रतापगढ़	3	1	0.00	1.00	1.00	-	-	0.00	-	-
95	चंडीमाताजी का ओरण	प्रतापगढ़	11	1	0.00	1.00	1.00	-	-	0.00	-	-
96	देवनारायणजी का ओरण	प्रतापगढ़	8	2	0.38	1.46	1.28	-	-	0.00	-	-
97	देवनारायणजी का ओरण	राजसमंद	4	2	0.56	1.75	1.60	4	2	0.69	2.00	2.00
98	भेरुनाथ जी की बनी	राजसमंद	4	2	0.56	1.75	1.60	7	1	0.00	1.00	1.00
99	चामुंडा माताजी की बनी	राजसमंद	14	1	0.00	1.00	1.00	3	1	0.00	1.00	1.00
100	हनुमानजी की डूंगरी	सवाई माधोपुर	4	1	0.00	1.00	1.00	3	1	0.00	1.00	1.00
101	जसरामबाबाजी की बनी	सवाई माधोपुर	11	3	0.76	2.14	1.75	-	-	0.00	-	-
102	पीरबाबा की दरगाह	सवाई माधोपुर	5	1	0.00	1.00	1.00	-	-	0.00	-	-
103	भेरुजी की बनी	सीकर	18	3	0.79	2.20	1.91	-	-	0.00	-	-
104	खेरीवाले बालाजी का ओरण	सीकर	33	2	0.67	1.96	1.91	-	-	0.00	-	-
105	सती माताजी मंदिर	सीकर	2	1	0.00	1.00	1.00	-	-	0.00	-	-

क्रम	ओरण का नाम	जिला	झाड़ी					पौध				
			संख्या	प्रसं	विवि धता	प्रप्र सं	सी सु वि	संख्या	प्रसं	विवि धता	प्रप्र सं	सीसु वि
106	सिद्धेश्वर महादेव जी का मंदिर	सिरोही	26	2	0.53	1.70	1.61	19	2	0.66	1.93	1.87
107	वोरडा हनुमान जी का ओरण	सिरोही	6	1	0.00	1.00	1.00	7	1	0.00	1.00	1.00
108	मगरीवाली माता जी का ओरण	सिरोही	5	1	0.00	1.00	1.00	11	2	0.69	1.99	1.98
109	गोसाई जी की जोड़	श्रीगंगानगर	33	2	0.67	1.96	1.91	-	-	0.00	-	-
110	बाबा गादनपीर जी की दरगाह	श्रीगंगानगर	-	-	0.00	-	-	16	2.00	0.38	1.46	1.28
111	मियां मामापीर बाबा	श्रीगंगानगर	4	2	0.69	2.00	2.00	-	-	0.00	-	-
112	बाबा राहूपीर जी की दरगाह	श्रीगंगानगर	21	1	0.00	1.00	1.00	14	2.00	0.60	1.82	1.69
113	माताजी का दर्रा	टोंक	1	1	0.00	1.00	1.00	5	1	0.00	1.00	1.00
114	देवनारायणजी का स्थान	टोंक	3	1	0.00	1.00	1.00	12	2	0.64	1.89	1.80
115	देवमहाराजजी का स्थान	टोंक	0	0	0.00	1.00	-	5	1	0.00	1.00	1.00
116	पवा–बाबजी का ओरण	उदयपुर	96	3	0.98	2.66	2.49	14	4	1.30	3.67	3.38
117	हनुमानजी का ओरण	उदयपुर	-	-	0.00	-	-	-	-	0.00	-	-
118	श्रंगीऋषिजी का ओरण	उदयपुर	18	5	1.43	4.17	3.52	-	-	0.00	-	-
119	भंवर माताजी की बनी	उदयपुर	27	5	1.06	2.88	2.36	27	1	0.00	1.00	1.00
120	काली पहाड़ी ओरण	उदयपुर	-	-	0.00	-	-	-	-	0.00	-	-
121	कुंडेश्वर महादेवजी का ओरण	उदयपुर	3	2	0.64	1.89	1.80	-	-	0.00	-	-
122	ताड्केश्वर महादेवजी का ओरण	उदयपुर	58	5	1.03	2.81	2.40	62	6	1.55	4.70	4.01
123	ऊंबेश्वरजी का ओरण	उदयपुर	111	8	1.23	3.41	2.36	4	2	0.56	1.75	1.60

विविधता: शेनन-विनर विविधता सूचकांक; प्र प्र सं : प्रभावी प्रजाति संख्या;
सी सु वि : सिंपसन सूचकांक का विलोम

अनुलग्नक 5. राजस्थान के विभिन्न जिलों के पवित्र उपवनों में प्रेक्षित 30 सेमी से अधिक व 10–30 सेमी परिधि वाले वृक्ष, झाड़ी व 10 सेमी से कम से लेकर 3 सेमी परिधि वाले पादपों का प्रमुखता सूचकांक (आइ.वी.आइ.)।

क्रम	ओरण का नाम	30 सेमी से अधिक परिधि		10–30 सेमी परिधि		झाड़ी		पौध	
		प्रजाति	ममू. सू.	प्रजाति	ममू. सू.	प्रजाति	ममू. सू.	प्रजाति	ममू. सू.
1	देव नारायण जी का ओरण	*प्रोसोपिस जूलिफ्लोरा*	194	*प्रोसोपिस जूलिफ्लोरा*	300	*लंटाना कमारा*	170	*प्रोसोपिस जूलिफ्लोरा*	300
2	भेरु जी का ओरण	*मेटिनस इमार्जिनाटा*	231	*प्रोसोपिस जूलिफ्लोरा*	168	*अकैशिया जैक्मोन्साई*	117	*प्रोसोपिस जूलिफ्लोरा*	300
3	भूना बाई जी का ओरण	*प्रोसोपिस जूलिफ्लोरा*	246	*प्रोसोपिस जूलिफ्लोरा*	300	*कैलोट्रोपिस प्रोसेरा*	125	*प्रोसोपिस जूलिफ्लोरा*	300
4	मनलदान जी टोडली का ओरण	*अकेसिया निलोटिका*	145	*मेटिनस इमार्जिनाटा*	116	*जिजीफस न्यूमुलेरिया*	205	*होलोप्टिलिया इंटिग्रिफोलिया*	300
5	हनुमान जी का ओरण	*साल्वाडोरा ओलिओइडिस*	142	*होलोप्टिलिया इंटिग्रि फोलिया*	165	*क्लेरोडेंड्रोन फ्लोमोइडिस*	107	——	–
6	झरना जी का ओरण	*प्रोसोपिस जूलिफ्लोरा*	92	*मेटिनस इमार्जिनाटा*	68	*जिजीफस न्यूमुलेरिया*	150	——	–
7	रुपू के वास का ओरण	*एनोगीसस पेंडुला*	248	*एनोगीसस पेंडुला*	300	*एरवा लनाटा*	300	——	–
8	शिव जी महाराज का ओरण	*अकैसिया लिउकोफ्लोइया*	110	*प्रोसोपिस जूलिफ्लोरा*	76	*एढेटोडा वेसिका*	73	*मेटिनस इमांर्जिनाटा*	300
9	दिजया भेरु जी का ओरण	*टेक्टोना ग्रेंडिस*	150	*टेक्टोना ग्रेंडिस*	178	*लंटाना कमारा*	161	——	–
10	प्रथुरीनाथ जी का ओरण	*टेक्टोना ग्रेंडिस*	160	–	–	——	–	*टेक्टोना ग्रेंडिस*	209
11	साई बाबा जी का मंदिर	*टेक्टोना ग्रेंडिस*	131	*होलोप्टिलिया इंटिग्रि फोलिया*	171	*लंटाना कमारा*	114	*होलोराइना एंटिडिसेंटरिका*	108
12	देव नारायण जी का ओरण	*ब्यूटिया मोनोस्पर्मा*	133	–	–	*जिजीफस न्यूमुलेरिया*	129	*ब्यूटिया मोनोस्पर्मा*	300
13	मुसैन माता जी का ओरण	*एनोगीसस पेंडुला*	164	*एनोगीसस पेंडुला*	114	*फ्लेकोर्टिया इंडिका*	175	*होलोराइना एंटिडिसेंटेरिका*	132
14	काला जी का बाग़	*ब्यूटिया मोनोस्पर्मा*	95	*प्रोसोपिस जूलिफ्लोरा*	204	*केपैरिस सेपिएरा*	300	*ब्यूटिया मोनोस्पर्मा*	186
15	बाकल माता जी का ओरण	*टिकोमेला अंड्यूलाटा*	181	*टिकोमेला अंड्यूलाटा*	245	*अरवा परसिका*	249	*टिकोमेला अंड्यूलाटा*	160
16	वीरात्रा माता जी का ओरण	*माइटिनस इमार्जिनाटा*	224	–	–	*जिजीफस न्यूमुलेरिया*	92	——	–

क्रम	ओरण का नाम	30 सेमी से अधिक परिधि		10–30 सेमी परिधि		झाड़ी		पौध	
		प्रजाति	ममू. सू.	प्रजाति	ममू. सू.	प्रजाति	ममू. सू.	प्रजाति	ममू. सू.
17	माता जी का ओरण	*कैपरिस डेसीडुया*	300	*कैपरिस डेसीडुया*	300	*जिजीफस नुमुलेरिया*	127	*कैपरिस डेसीडुया*	300
18	खुवास माता जी का ओरण	*साल्वाडोरा ओलिओइडिस*	174	–	–	*डाइक्रोस्टैकस सिनेरिया*	138	*साल्वाडोरा ओलिओइडिस*	178
19	मामा जी के सेलेनाडी	*प्रोसोपिस सिनरेरिया*	101	–	–	*जिजीफस न्यूमुलेरिया*	300	––	–
20	घनश्याम बाबा जी का आश्रम	*साल्वाडोरा ओलिओइडिस*	224	*एनोजीस्सेस पेंडुला*	61	––	–	––	–
21	आदि बद्री धाम	*मित्रागाइना पार्विफ्लोरा*	74	*कोरडिया डाइकोटोमा*	300	*जिजीफस न्यूमुलेरिया*	300	––	–
22	सवाई भोज/ देव नारायण मंदिर	*प्रोसोपिस जूलिफ्लोरा*	88	*कैपरिस डेसीडुया*	139	*यूफोर्बिया नेरीफोलिया*	113	*प्रोसोपिस जूलिफ्लोरा*	300
23	देव नारायण जी का ओरण	*एनोगीसस पेंडुला*	225	–	–	––	–	––	–
24	देव नारायण जी का ओरण	*अकैसिया लिउकोफ़्लोइया*	98	–	–	*सेक्यूरिंजीया विरोसा*	300	*प्रोसोपिस जूलिफ्लोरा*	300
25	गोगा जी का ओरण	*जिजीफस रोटनडिफोलिया*	140	*प्रोसोपिस जूलिफ्लोरा*	300	––	–	––	–
26	करणी माता जी का ओरण	*जिजीफस रोटनडिफोलिया*	154. 79	*अकेसिया टोर्टलिस*	210	*लाइसियम बारबेरम*	300	*अकेसिया टोर्टाइलिस*	300
27	करणी माता जी का ओरण	*जिजीफस रोटनडिफोलिया*	300	–	–	*लेप्टाडिनिया पाइरो टेक्निका*	141	––	–
28	सियां माता जी की बनी	*एनोगीसस पेंडुला*	230	*प्रोसोपिस जूलिफ्लोरा*	181	––	–	––	–
29	गंगरावल महाराज जी की बनी	*एनोगीसस पेंडुला*	220	*एनोगीसस पेंडुला*	201	*एढेटोडा वेसिका*	171	*प्रोसोपिस जूलिफ्लोरा*	300
30	पर्वतेस्वर महादेव जी की बनी	*मित्रगाइना पार्विफ्लोरा*	151	*बैलेनाईटिस ऐजिप्टका*	68	*डाइक्रोस्टैकस सिनेरिया*	113	––	–
31	देव नारायण जी का ओरण	*एनोगीसस पेंडुला*	210	*एनोगीसस पेंडुला*	300	*मरुआ ओब्लोंगि फोलिया*	150	––	–
32	ऋषि मँगरी ओरण	*एनोगीसस पेंडुला*	229	*एनोगीसस पेंडुला*	144	*डाइक्रोस्टैकस सिनेरिया*	148	*एनोगीसस पेंडुला*	222
33	नाहर सिंह जी माता का ओरण	*एनोगीसस पेंडुला*	277	*एनोगीसस पेंडुला*	162	*लंटाना कमारा*	220	*होलोप्टिलिया इंटिग्रिफोलिया*	119

क्रम	ओरण का नाम	30 सेमी से अधिक परिधि		10–30 सेमी परिधि		झाड़ी		पौध	
		प्रजाति	ममू. सू.	प्रजाति	ममू. सू.	प्रजाति	ममू. सू.	प्रजाति	ममू. सू.
34	जुंजान डोडा जी का ओरण	*मेटिनस इमार्जिनाटा*	223	*मेटिनस इमार्जिनाटा*	300	*कैलोट्रोपिस प्रोसेरा*	108	—	–
35	गोगा जी का ओरण	*मेटिनस इमार्जिनाटा*	162	*अकेसिया टोर्टाइलिस*	300	*लेप्टाडिनिया पाइरो टेक्निका*	300	—	–
36	गोसाई जी का ओरण	*साल्वाडोरा ओलिओइडिस*	331	*अकेसिया टोर्टाइलिस*	300	*जिजीफस न्यूमुलेरिया*	219	—	–
37	कालूदास बाबा जी की डूंगरी	*एनोगीसस पेंडुला*	265	*एनोगीसस पेंडुला*	146	—	–	*होलोप्टिलिया इंटिग्रिफोलिया*	300
38	देव नारायण जी का ओरण	*अकेसिया निलोटिका*	205	*अकेसिया निलोटिका*	188	*एढेटोडा वेसिका*	117	—	–
39	साँवरिया जी सेठ धाम	*होलोप्टिलिया इंटिग्रिफोलिया*	231	*होलोप्टिलिया इंटिग्रि फोलिया*	300	*एढेटोडा वेसिका*	300	*होलोप्टिलिया इंटिग्रिफोलिया*	300
40	बलि बाबा की दरगाह	*प्रोसोपिस जूलिफ्लोरा*	154	*होलोप्टिलिया इंटिग्रि फोलिया*	150	*जिजीफस न्यूमुलेरिया*	145	—	–
41	मचकुंड जी का ओरण	*एनोगीसस पेंडुला*	152	*एनोगीसस पेंडुला*	165	*कैलोट्रोपिस प्रोसेरा*	131	—	–
42	महादेव जी का ओरण	*फाइकस बेंगालेन्सिस*	132	*एजाड़िरेक्टा इंडिका*	75	*जिजीफस न्यूमुलेरिया*	112	—	–
43	गोविन्दगुरु चरी मगरी	*प्रोसोपिस जूलिफ्लोरा*	264	*प्रोसोपिस जूलिफ्लोरा*	300	*एहरेटिया लेविस*	300	*प्रोसोपिस जूलिफ्लोरा*	300
44	भूनेस्वर महादेव जी का ओरण	*एनोगीसस पेंडुला*	148	*एनोगीसस पेंडुला*	214	*डाइक्रोस्टैकस सिनेरिया*	98	*एनोगीसस पेंडुला*	300
45	नीलकंठ महादेव जी का ओरण	*प्रोसोपिस जूलिफ्लोरा*	182	*प्रोसोपिस जूलिफ्लोरा*	241	*जट्रोफा करकस*	151	*प्रोसोपिस जूलिफ्लोरा*	300
46	भद्रकाली माता जी का ओरण	*प्रोसोपिस जूलिफ्लोरा*	105.22	*प्रोसोपिस जूलिफ्लोरा*	300.00	—	0.00	*प्रोसोपिस जूलिफ्लोरा*	237
47	चिस्ती पीर की दरगाह	*कैपरिस डेसीडुया*	232	*कैपरिस डेसीडुया*	300	*जिजीफस न्यूमुलेरिया*	244	*डलबरजिया सिस्सू*	300
48	गुरु गोरखनाथ जी का ओरण	*साल्वाडोरा ओलिओइडिस*	167	*एजाड़िरिक्टा इंडिका*	80	*जिजीफस न्यूमुलेरिया*	300	—	–
49	काली माताजी की बनी	*अकेसिया टोर्टाइलिस*	129	*प्रोसोपिस जूलिफ्लोरा*	137	*केपैरिस सेपिएरा*	300	*प्रोसोपिस जूलिफ्लोरा*	300
50	कपिल मुनि जी का आश्रम	*एजाडिरेक्टा इंडिका*	93	*एजाडिरेक्टा इंडिका*	192	*कैलोट्रोपिस प्रोसेरा*	138	—	–

क्रम	ओरण का नाम	30 सेमी से अधिक परिधि		10–30 सेमी परिधि		झाड़ी		पौध	
		प्रजाति	ममू. सू.	प्रजाति	ममू. सू.	प्रजाति	ममू. सू.	प्रजाति	ममू. सू.
51	शिव डूंगरी	*प्रोसोपिस जूलिफ्लोरा*	178	*प्रोसोपिस जूलिफ्लोरा*	138	*जिजीफस न्यूमुलेरिया*	300	*प्रोसोपिस जूलिफ्लोरा*	300
52	रामदेव जी का ओरण	*साल्वाडोरा ओलिओइडिस*	134	*साल्वाडोरा ओलिओइडिस*	142	*क्रोटोलेरिया बुरिया*	170	*अकेसिया टोर्टाइलिस*	300
53	भादरिया माताजी का ओरण	*जिजीफस रोटनडिफोलिया*	265	*जिजीफस रोटनडिफोलिया*	300	––	–	––	–
54	मलानी ओरण	*कैपरिस डेसीडुया*	300	*प्रोसोपिस जूलिफ्लोरा*	243	*कैलोट्रोपिस प्रोसेरा*	210	––	–
55	बेलानी ओरण	*कैपरिस डेसीडुया*	202	*अकेसिया सेनेगल*	179	*जिजीफस न्यूमुलेरिया*	196	*अकेसिया टोर्टाइलिस*	300
56	धारनेस्वर महादेव जी का ओरण	*टिकोमेला अंड्यूलाटा*	233	*टिकोमेला अंड्यूलाटा*	240	*अकेसिया जैक्मोन्साई*	151	––	–
57	दुधेस्वर महादेव जी का ओरण	*साल्वाडोरा ओलिओइडिस*	193	*प्रोसोपिस जूलिफ्लोरा*	208	*अकेसिया जैक्मोन्साई*	203	*प्रोसोपिस जूलिफ्लोरा*	300
58	झूठाना माताजी का ओरण	*साल्वाडोरा ओलिओइडिस*	198	*प्रोसोपिस जूलिफ्लोरा*	264	*कैसिया औरीकुलाटा*	300	*प्रोसोपिस जूलिफ्लोरा*	300
59	कल्ला जी का ओरण	*अकेसिया लिउकोफ़्लोइया*	155	*प्रोसोपिस जूलिफ्लोरा*	154	––	–	*अकेसिया निलोटिका*	300
60	बापुलाल स्मृति वन	*एनोगीसस पेंडुला*	193	*डायोस्पाइरोस मिलैनो जाइलोन*	174	––	–	*डायोस्पाइरोस मिलैनोजाइलोन*	300
61	देव नारायण जी का स्थान	*अकेसिया लिउकोफ़्लोइया*	148	*प्रोसोपिस जूलिफ्लोरा*	300	*कैलोट्रोपिस प्रोसेरा*	300	*अकेसिया निलोटिका*	103
62	शिवमंदिर जी स्थान	*डायोस्पाइरोस मिलैनोजाइलोन*	161	*डायोस्पाइरोस मिलैनो जाइलोन*	175	––	–	––	–
63	भैरव जी का बाग़	*ब्यूटिया मोनोस्पर्मा*	100	*मित्रागाइना पार्विफ्लोरा*	94	*केपैरिस सेपिएरा*	262	*मित्रागाइना पार्विफ्लोरा*	104
64	बिहारी जी का मंदिर	*साल्वाडोरा ओलिओइडिस*	160	*साल्वाडोरा ओलि ओइडिस*	300	––	–	––	–
65	पृथवीराज जी की बनी	*प्रोसोपिस सिनेरेरिया*	218	–	–	*कैलोट्रोपिस प्रोसेरा*	300	––	–
66	पंचमीर पीर की बनी	*अकेसिया टोर्टाइलिस*	125	*अकेसिया टोर्टाइलिस*	174	*जिजीफस न्यूमुलेरिया*	237	––	–

क्रम	ओरण का नाम	30 सेमी से अधिक परिधि		10–30 सेमी परिधि		झाड़ी		पौध	
		प्रजाति	ममू. सू.	प्रजाति	ममू. सू.	प्रजाति	ममू. सू.	प्रजाति	ममू. सू.
67	कोलू पाबू जी का ओरण	*कैपरिस डेसीडुया*	240	–	–	—	–	—	–
68	करनी माता जी का ओरण	*कैपरिस डेसीडुया*	139	*प्रोसोपिस जूलिफ्लोरा*	154	*जिजीफस न्यूमुलेरिया*	82	*प्रोसोपिस जूलिफ्लोरा*	300
69	रामदेव जी का ओरण	*प्रोसोपिस सिनरेरिया*	235	*प्रोसोपिस जूलिफ्लोरा*	121	*कैलोट्रोपिस प्रोसेरा*	300	*प्रोसोपिस जूलिफ्लोरा*	300
70	कोलू पाबूजी का ओरण	*प्रोसोपिस जूलिफ्लोरा*	300	*प्रोसोपिस जूलिफ्लोरा*	300	—	–	*प्रोसोपिस जूलिफ्लोरा*	300
71	जोलीयाली जी का ओरण	*प्रोसोपिस सिनेरेरिया*	267	–	–	—	–	*प्रोसोपिस जूलिफ्लोरा*	300
72	जरदाबाला जी का ओरण	*एम्बिलिका आफिसिनैलिस*	71	–	–	*कैलोट्रोपिस प्रोसेरा*	150	—	–
73	बडबासनी माता जी का ओरण	*एनोगीसस पेंडुला*	215	–	–	—	–	*एनोगीसस पेंडुला*	300
74	देव नारायण जी की बनी	*एनोजीस्सेस पेंडुला*	300	–	–	*डाइक्रोस्टैकस सिनेरिया*	265	—	–
75	ड़ार देवी माता जी का ओरण	*टर्मिनैलिया अर्जुना*	101	*प्रोसोपिस जूलिफ्लोरा*	153	*जिजीफस न्यूमुलेरिया*	196	*प्रोसोपिस जूलिफ्लोरा*	234
76	देव नारायण जी का ओरण	*अकेसिया कटेचू*	120	*प्रोसोपिस जूलिफ्लोरा*	300	*डाइक्रोस्टैकस सिनेरिया*	300	*प्रोसोपिस जूलिफ्लोरा*	222
77	देव नारायण जी का ओरण	*यूकैलिप्टिस कमाल्डुलेन्सिस*	208	*प्रोसोपिस जूलिफ्लोरा*	264	—	–	*प्रोसोपिस जूलिफ्लोरा*	225
78	देव नारायण जी का ओरण	*अकेसिया निलोटिका*	92	*प्रोसोपिस जूलिफ्लोरा*	166	*डाइक्रोस्टैकस सिनेरिया*	177	—	–
79	धोकड़ वाली माताजी का ओरण	*एनोगीसस पेंडुला*	211	*एनोगीसस पेंडुला*	228	*केपैरिस सेपिएरा*	300	—	–
80	देव नारायण जी का ओरण	*अकेसिया कटेचू*	163	*कैपरिस डेसीडुया*	111	*डाइक्रोस्टैकस सिनेरिया*	127	*ब्यूटिया मोनोस्पर्मा*	300
81	हनुमानजी का ओरण	*ब्यूटिया मोनोस्पर्मा*	271	*ब्यूटिया मोनोस्पर्मा*	152	*जिजीफस न्यूमुलेरिया*	202	*ब्यूटिया मोनोस्पर्मा*	230
82	देव नारायण जी का ओरण	*प्रोसोपिस जूलिफ्लोरा*	102	*बैलेनाईटिस ऐजिप्टका*	102	*केपैरिस सेपिएरा*	300	*बैलेनाईटिस ऐजिप्टका*	232
83	काला जी–गोरा जी का ओरण	*एनोगीसस पेंडुला*	158	*एनोगीसस पेंडुला*	190	*जिजीफस न्यूमुलेरिया*	165	—	–
84	भेरु जी का ओरण	*प्रोसोपिस सिनेरेरिया*	111	–	–	*अकेसिया जैक्मोन्साई*	135	—	–

क्रम	ओरण का नाम	30 सेमी से अधिक परिधि		10–30 सेमी परिधि		झाड़ी		पौध	
		प्रजाति	ममू. सू.	प्रजाति	ममू. सू.	प्रजाति	ममू. सू.	प्रजाति	ममू. सू.
85	भैरों जी का ओरण	*प्रोसोपिस जूलिफ्लोरा*	133	*प्रोसोपिस जूलिफ्लोरा*	157	*लाइसियम बारबेरम*	202	*प्रोसोपिस जूलिफ्लोरा*	300
86	गोसाई जी का ओरण	*कैपरिस डेसीडुया*	114	*कैपरिस डेसीडुया*	300	*जिजीफस न्यूमुलेरिया*	300	—	–
87	साटिका जोगमाया जी का ओरण	*कैपरिस डेसीडुया*	194	*कैपरिस डेसीडुया*	300	*जिजीफस न्यूमुलेरिया*	168	—	–
88	लांबा जी महाराज का ओरण	*एनोगीसस सिरेसिया*	279	*अकेसिया टोर्टलिस*	235	—	–	*अकेसिया टोर्टलिस*	180
89	मामा जी का ओरण	*प्रोसोपिस जूलिफ्लोरा*	126	*प्रोसोपिस जूलिफ्लोरा*	170	*केसिया आरीकुलाटा*	263	*कैपरिस डेसीडुया*	300
90	देव नारायण जी का ओरण	*साल्वाडोरा ओलिओइडिस*	196	*प्रोसोपिस जूलिफ्लोरा*	249	*केसिया आरीकुलाटा*	300	*प्रोसोपिस जूलिफ्लोरा*	300
91	आशापुरा माता जी का ओरण	*साल्वाडोरा ओलिओइडिस*	199	*प्रोसोपिस जूलिफ्लोरा*	280	*कैपैरिस सेपिएरा*	228	*प्रोसोपिस जूलिफ्लोरा*	286
92	माता जी का ओरण (मादा)	*अकैसिया लिउकोफ़्लोइया*	149	*प्रोसोपिस जूलिफ्लोरा*	160	*केसिया आरीकुलाटा*	210	*प्रोसोपिस जूलिफ्लोरा*	169
93	धुंधली माता जी का ओरण	*टेक्टोना ग्रांडिस*	132	*राइटिया टिंकटोरिया*	126	*फ्लेकोर्टिया इंडिका*	208	*राइटिया टिंकटोरिया*	300
94	बीजासाउ माता जी का ओरण	*टेक्टोना ग्रांडिस*	133	*होलोप्टिलिया इंटिग्रि फोलिया*	254	*लंटाना कमारा*	300	—	–
95	चंडीमाताजी का ओरण	*टर्मिनैलिया अर्जुना*	105	*ब्यूटिया मोनोस्पर्मा*	274	*लंटाना कमारा*	300	—	–
96	देवनारायणजी का ओरण	*टेक्टोना ग्रोंडिस*	227	*टेक्टोना ग्रोंडिस*	209	*लंटाना कमारा*	250	—	–
97	देवनारायणजी का ओरण	*एनोगीसस पेंडुला*	253	*एनोगीसस पेंडुला*	171	*डाइक्रोस्टैकस सिनेरिया*	194	*एनोगीसस पेंडुला*	153
98	भेरु नाथ जी की बनी	*एनोगीसस पेंडुला*	130	*प्रोसोपिस जूलिफ्लोरा*	300	*ग्रेविया टिनेक्स*	197	*प्रोसोपिस जूलिफ्लोरा*	300
99	चामुंडा माता जी की बनी	*एनोगीसस पेंडुला*	216	*एनोगीसस पेंडुला*	300	*रस माइसूरेंसिस*	300	*एनोगीसस पेंडुला*	300
100	हनुमान जी की डूंगरी	*प्रोसोपिस जूलिफ्लोरा*	141	*एनोगीसस पेंडुला*	300	*कैलोट्रोपिस प्रोसेरा*	300	*अकेसिया निलोटिका*	300
101	जसराम बाबा जी की बनी	*मित्रगाइना पार्विफ्लोरा*	87	*प्रोसोपिस जूलिफ्लोरा*	91	*क्लेरोडेंड्रोन फ्लोमोइडिस*	221	—	–
102	पीर बाबा की दरगाह	*एनोगीसस पेंडुला*	212	*प्रोसोपिस जूलिफ्लोरा*	131	*केपैरिस सेपिएरा*	300	—	–

क्रम	ओरण का नाम	30 सेमी से अधिक परिधि		10–30 सेमी परिधि		झाड़ी		पौध	
		प्रजाति	ममू. सू.	प्रजाति	ममू. सू.	प्रजाति	ममू. सू.	प्रजाति	ममू. सू.
103	भेरु जी की बनी	*प्रोसोपिस सिनेरेरिया*	125	*अकेसिया टोर्टलिस*	193	*कैलोट्रोपिस प्रोसेरा*	191	—	–
104	खेरी वाले बालाजी का ओरण	*कैपरिस डेसीडुया*	104	*कैपरिस डेसीडुया*	145	*जिजीफस न्यूमुलेरिया*	171	—	–
105	सती माता जी मंदिर	*प्रोसोपिस सिनरेरिया*	184	*कैपरिस डेसीडुया*	300	*कैलोट्रोपिस प्रोसेरा*	300	—	–
106	सिद्धेश्वर महादेव जी का मंदिर	*अकेसिया सेनेगल*	134	*अकेसिया सेनेगल*	112	*जिजीफस न्यूमुलेरिया*	183	*प्रोसोपिस जूलिफ्लोरा*	168
107	वोरडा हनुमान जी का ओरण	*साल्वाडोरा ओलिओइडिस*	197	*प्रोसोपिस जूलिफ्लोरा*	300	*केसिया औरीकुलाटा*	300	*प्रोसोपिस जूलिफ्लोरा*	300
108	मगरीवाली माता जी का ओरण	*एनोगीसस पेंडुला*	172	*एनोगीसस पेंडुला*	200	*ग्रेविया टिनेक्स*	300	*एनोगीसस पेंडुला*	158
109	गोसाई जी की जोड़	*कैपरिस डेसीडुया*	197	*कैपरिस डेसीडुया*	280	*जिजीफस न्यूमुलेरिया*	188	—	–
110	बाबा गादनपीर जी की दरगाह	*कैपरिस डेसीडुया*	99	*प्रोसोपिस जूलिफ्लोरा*	192	—	–	*प्रोसोपिस जूलिफ्लोरा*	257
111	मियां मामा पीर बाबा	*अकेसिया निलोटिका*	172	*कैपरिस डेसीडुया*	234	*कैलोट्रोपिस प्रोसेरा*	169	—	–
112	बाबा राहूपीर जी की दरगाह	*साल्वाडोरा ओलिओइडिस*	180	*प्रोसोपिस जूलिफ्लोरा*	204	*जिजीफस न्यूमुलेरिया*	300	*प्रोसोपिस जूलिफ्लोरा*	221
113	माता जी का दर्रा	*प्रोसोपिस जूलिफ्लोरा*	152	*प्रोसोपिस जूलिफ्लोरा*	281	*केपैरिस सेपिएरा*	300	*प्रोसोपिस जूलिफ्लोरा*	300
114	देवनारायणजी का स्थान	*एनोगीसस पेंडुला*	207	*एनोगीसस पेंडुला*	199	*केपैरिस सेपिएरा*	300	*एनोगीसस पेंडुला*	217
115	देव महाराज जी का स्थान	*एनोगीसस पेंडुला*	223	*प्रोसोपिस जूलिफ्लोरा*	300	—	–	*प्रोसोपिस जूलिफ्लोरा*	300
116	पवा–बाबजी का ओरण	*राइटिया टिंकटोरिया*	112	*राइटिया टिंकटोरिया*	64	*ग्रेविया विलोसा*	132	*टर्मिनेलिया बेलेरिका*	87
117	हनुमान जी का ओरण	*फाइकस बेंगालेन्सिस*	277	—	–	—	–	—	–
118	श्रंगी ऋषिजी का ओरण	*अकेसिया सेनेगल*	114	*अकेसिया सेनेगल*	300	*ग्रेविया टिनेक्स*	119	–	–
119	भंवर माता जी की बनी	*एनोगीसस पेंडुला*	188	*एनोगीसस पेंडुला*	181	*यूफोर्बिया कडूसी फोलिया*	163	*एनोजीस्सेस पेंडुला*	300
120	काली पहाड़ी ओरण	*प्रोसोपिस जूलिफ्लोरा*	180	*प्रोसोपिस जूलिफ्लोरा*	272	—	–	—	–

क्रम	ओरण का नाम	30 सेमी से अधिक परिधि		10–30 सेमी परिधि		झाड़ी		पौध	
		प्रजाति	ममू. सू.	प्रजाति	ममू. सू.	प्रजाति	ममू. सू.	प्रजाति	ममू. सू.
121	कुंडेश्वर महादेव जी का ओरण	*फाइकस बेंगालेन्सिस*	141	*सैंटेलम एल्बम*	79	*केपैरिस सेपिएरा*	183	––	–
122	ताड़केश्वर महादेवजी का ओरण	*पुतरंजीवा रोक्स्बरघाई*	53	*पुत्रंजीवा रोक्स्बरघाई*	157	*एनोना स्कूयामोसा*	168	*होलोप्टिलिया इंटिग्रिफोलिया*	100
123	ऊंबेश्वरजी का ओरण	*यूकेलिप्टिस कमान्डुलेन्सिस*	83	*ब्यूटिया मोनोस्पर्मा*	112	*लंटाना कमारा*	136	*डायोस्पाइरोस कोर्डिफोलिआ*	209

म.मू.सू.: महत्वपूर्ण मूल्य सूचकांक

अनुलग्नक 6. प्रेक्षित एवं स्थानीय लोगों के अनुसार राजस्थान के पवित्र उपवनों में पाये जाने वाले विभिन्न प्रकार के वन्य जीव।

क्र सं	जन्तु नाम	स्थानीय नाम	जन्तु प्रकार	वैज्ञानिक नाम
1	*अक्रिडोथिरेस गिंगिनिएनस*	बैंक मैना	पक्षी	*Acridotheres ginginianus*
2	*अक्रिडिठिरेस ट्रिस्टिस*	मैना	पक्षी	*Acridotheres tristis*
3	*अगमा एगिलीस*	अगमा	सरीसृप	*Agma agilis*
4	*अनहिंगा अनहींगा*	स्नेक बर्ड	पक्षी	*Anhinga anhinga*
5	*एक्विला हास्टेट*	बाज	पक्षी	*Aquila hastate*
6	*एथेनी ब्रेमा*	धब्बेदार उल्लू	पक्षी	*Athene brama*
7	एक्सिस एक्सिस	हिरण	स्तनपायी	*Axis axis*
8	*बोस टोरस*	गाय	स्तनपायी	*Bos taurus*
9	*बोसिलेफस ट्रेगोकेमिलस*	नीलगाय	स्तनपायी	*Boselaphus tragocamelus*
10	*केनिस आरियस आरियस*	सियाल	स्तनपायी	*Canis aureus auveus*
11	*केनिस लुपस पैलिपेस*	भेड़िया	स्तनपायी	*Canis lupus pallipes*
12	*कैमिलिओ जिलेनिकस*	गिरगिट	सरीसृप	*Chamaeleo zeylanicus*
13	*कोलम्बिया लिविया*	रोक कबूतर	पक्षी	*Columba livia*
14	*कोलंबुयालिविया डोमेस्टिका*	कबूतर	पक्षी	*Columba livia domestica*
15	*कोर्वस मैक्रोरहाईकोस*	जंगल कौआ	पक्षी	*Corvus macrorhynchos*
16	*कोर्वस स्प्लेंडेन्स*	कौआ	पक्षी	*Corvus splendens*
17	*कोटुर्निक्स कोटिर्निक्स*	बटेर	पक्षी	*Coturnix coturnix*
18	*कुओन अल्पाइनस*	जगली कुत्ता	स्तनपायी	*Cuon alpinus*
19	*एकिस केरिनेटस*	वाइपर	सरीसृप	*Echis carinatus*
20	*आर्डिया अलबा*	बगुला	पक्षी	*Ardea alba*
21	*एरिक्स कोनीकस*	सैंड बोवा	सरीसृप	*Eryx conicus*
22	*एरिक्स जोहनी*	मृदा साप	सरीसृप	*Eryx johnii*
23	*यूडिनेमिस स्कोलोपेसियस*	कोयल	पक्षी	*Eudynamys scolopaceus*
24	*फेलिस चौस*	जंगली बिल्ली	स्तनपायी	*Felis chaus*
25	*फेलिस सिलवेतरी ओरेनेटा*	मरु बिल्ली	स्तनपायी	*Felis silvetri oranata*
26	*फ्रैंकोलीनस पोंडिसेरीएनस*	तितर	पक्षी	*Francolinus pondicerianus*
27	*फुनेम्बूलस पामेरम*	गिलहरी, रूखी	स्तनपायी	*Funambulus palmarum*
28	*फुनेम्बूलस पिनेटी*	पंचधारी गिलहरी	स्तनपायी	*Funambulus pennati*
29	*गजेला गजेला*	चिंकारा	स्तनपायी	*Gazella gazella*
30	*जिप्स बेंगालेन्सिस*	सफेद गिद्ध	पक्षी	*Gyps bengalensis*
31	*हेमिडेक्टाइलिस फलेर्विविरीडिस*	माउस गेंको	सरीसृप	*Hemidactylus flarviviridis*
32	*हेमीएकाइनस औरीटस कैलेरिस*	झाऊ चूहा	स्तनपायी	*Hemiechinus auritus callaris*
33	*हेरपेस्टिस एडवार्डसि*	नेवला	स्तनपायी	*Herpestes edwardsi*
34	*हियाना हियाना*	लकड़बग्घा	स्तनपायी	*Hyaena hyaena*

क्र सं	जन्तु नाम	स्थानीय नाम	जन्तु प्रकार	वैज्ञानिक नाम
35	*हिस्ट्रीक्स इंडिका इंडिका*	सेई	स्तनपायी	*Hystrix indica indica*
36	*लैनियस एकसुबिटर*	ग्रे स्राइक	पक्षी	*Lanius exubitor*
37	*लेप्टोकोमा जिलोनिका*	सन बर्ड	पक्षी	*Leptocoma zeylonica*
38	*लीपस नाइग्रिकोलिस*	खरगोश	स्तनपायी	*Lepus nigricollis*
39	*मकाका फ़ैसिकुलेरिस*	बंदर	स्तनपायी	*Macaca fascicularis*
40	*मेलुर्सस अर्साइनस*	भालू	स्तनपायी	*Melursus ursinus*
41	*मेरिओन्स हरिनेई*	मरु चूहा	स्तनपायी	*Meriones hurrianae*
42	*ओफिओमोरस ट्राइडेक्टाइलस*	सैन्ड फीश	सरीसृप	*Ophiomorus tridactylus*
43	*ओफिओफ़ेगस हाना*	गेहुयन, नाग	सरीसृप	*Ophiophagus hannah*
44	*ओरिक्तोलेगास कुनीकुलस*	खरहा	स्तनपायी	*Oryctolagus cuniculus*
45	*पैन्थेरा पार्डस*	पेंथर	स्तनपायी	*Panthera pardus*
45	*फेसर डोमेस्टिकस*	गौरैया	पक्षी	*Passer domesticus*
46	*पेवों क्रिस्टेटस*	मोर	पक्षी	*Pavo cristatus*
47	*पिक्नोनोटस कैफर*	बुलबुल	पक्षी	*Picnonotus cafer*
48	*सीटेकुला यूपेट्रीया यूपेट्रीया*	एलेक्जेंडराइन तोता	पक्षी	*Psittacula eupatria eupatria*
49	*सीटेकुला क्रैमेरी*	तोता	पक्षी	*Psittacula krameri*
50	*टेरोक्लीस एक्सुस्टस*	नेवला	पक्षी	*Pterocles exustus*
51	*टेरोपस गिगैंटियस*	चमगादड़	स्तनपायी	*Pteropus giganteus*
52	*रेतस नार्वेगिकस*	चूहा	स्तनपायी	*Rattus norvegicus*
53	*रूसा उनिकलर*	साँभर	स्तनपायी	*Rusa unicolor*
54	*सेम्नोपिथेकस एंटेलस*	लंगूर	स्तनपायी	*Semnopithecus entellus*
55	*स्ट्रेप्टोपेलिया कैपिकोला*	रिंगयुक्त डोव	पक्षी	*Streptopelia capicola*
56	*स्ट्रीक्स इंडिका*	उल्लू	पक्षी	*Strix indica*
57	*स्ट्रेप्टोपेलिया डिकोक्टो*	धब्बेदार कबूतर	पक्षी	*Streptopelia decocto*
58	*सास स्क्रोफा*	जंगली सूअर	स्तनपायी	*Sus scrofa*
59	*टेटेरा इंडिका*	जरबिल	स्तनपायी	*Tetera indica*
60	*टरडोइडिस कोडेटस*	सामान्य बेबलर	पक्षी	*Turdoides caudatus*
61	*यूरोमेस्ट्रीक्स हार्डविकी*	साँड़ा	सरीसृप	*Uromastix hardwickii*
62	*वैरेनस बेंगालेन्सिस*	पाटागोह	सरीसृप	*Varanus bengalensis*
63	*वैरेनस ग्राइसियस*	चन्दन गोह	सरीसृप	*Varanus griseus*
64	*वुलपस बेंगालेंसिस*	लोमड़ी	स्तनपायी	*Vulpes bengalehsis*
65	*वुलपस वुलपस पुसीला*	मरु लोमड़ी	स्तनपायी	*Vulpes vulpes pusilla*